René Nünlist

Poetologische Bildersprache

in der frühgriechischen Dichtung

Beiträge zur Altertumskunde

Herausgegeben von
Michael Erler, Ernst Heitsch, Ludwig Koenen,
Reinhold Merkelbach, Clemens Zintzen

Band 101

B. G. Teubner Stuttgart und Leipzig

Poetologische Bildersprache in der frühgriechischen Dichtung

Von

René Nünlist

B. G. Teubner Stuttgart und Leipzig 1998

Gedruckt mit Unterstützung der Max Geldner-Stiftung

Die Deutsche Bibliothek – CIP-Einheitsaufnahme

Nünlist, René:
Poetologische Bildersprache in der frühgriechischen Dichtung / von René Nünlist. – Stuttgart; Leipzig: Teubner, 1998
(Beiträge zur Altertumskunde; Bd. 101)
Zugl.: Basel, Univ., Diss., 1996
ISBN 3-519-07650-0

Printed in Germany
Druck und Bindung: Röck, Weinsberg

Meinen Eltern

Vorwort

Diese Untersuchung ist die überarbeitete Fassung meiner Dissertation, die im Sommersemester 1996 der Philosophisch-Historischen Fakultät der Universität Basel vorgelegen hat.

Die ersten Anregungen zu dieser Arbeit gehen letztlich auf verschiedene Lehrveranstaltungen zurück, in denen Herr Prof. Dr. J. Latacz die spärlichen Reste der frühgriechischen Lyrik überhaupt erst 'zum Sprechen gebracht' hat. Mit der Zeit hat sich daraus eine gemeinsame kritische Auseinandersetzung mit den Texten und der dieser Untersuchung zugrunde gelegten Fragestellung entwickelt, ohne die dieses Buch nie geschrieben worden wäre.

Für die Übernahme des Korreferats danke ich Herrn Prof. Dr. B. Seidensticker und Herrn Prof. Dr. F. Graf. Ihre Anregungen und Vorschläge waren mir in mehrfacher, insbesondere methodischer Hinsicht eine willkommene Hilfe.

Herr Prof. Dr. W. Iser und Herr PD Dr. H. Raguse haben dem Nicht-Spezialisten einen Weg durch das nicht immer leicht zu überblickende Feld von literaturwissenschaftlichen Fiktions- und Textpersonen-Modellen gewiesen, wofür ich ihnen dankbar bin.

Herrn Prof. Dr. E. Heitsch danke ich für die Aufnahme der Arbeit in die Reihe der 'Beiträge zur Altertumskunde'. Der Druck wurde durch einen großzügigen Beitrag der Max Geldner-Stiftung unterstützt.

Aus meinem Freundeskreis haben Anja Huovinen, Martin Müller, Barbara von Reibnitz, Karin Schlapbach und Christine Walde verschiedene Teile der Arbeit sorgfältig gelesen und eingehend mit mir diskutiert. Für die aufmunternde Kritik sei ihnen auch an dieser Stelle herzlich gedankt.

Bei der Überprüfung der Stellen erwies sich Simone Vögtle als unschätzbare Hilfe.

Alle genannten Personen haben die vorliegende Arbeit auf vielfältige Weise gefördert. Wie üblich tragen sie weder die Verantwortung für die stehengebliebenen Fehler, noch stimmen sie den einzelnen Interpretationen durchwegs zu.

Basel, im Mai 1998 René Nünlist

Inhalt

A. Einleitung

(a) Definition von 'Bildersprache'

Mit 'Bildersprache' ist das Sprechen in Bildern gemeint. Sie gehört zu den Tropen, deren Kennzeichen das 'uneigentliche Sprechen' ist.[1] Ihren Kern bilden sprachliche Zeichen, die nicht nur ihre eigenen Denotate und Konnotate aufweisen, sondern zusätzlich (und bisweilen vornehmlich) für anderes stehen. Bildersprache umfaßt somit Redeformen, in denen ausdrücklich oder unausdrücklich ein Vergleich erfolgt: Vergleiche, Gleichnisse, Metaphern, Allegorien.[2] Freilich gehören nicht alle vergleichenden Tropen zur Bildersprache. Die ebenfalls auf einem Vergleich basierenden Tropen Metonymie und Synekdoche sind nicht Teil der Bildersprache:[3] Das für die Bildersprache entscheidende Zusammentreffen eigentlich nicht zueinander gehöriger Elemente ist bei ihnen nicht wirklich vorhanden, weil sie Wörter miteinander in Beziehung setzen, die bereits in gewisser Weise verwandt sind. Metonymie und Synekdoche bezeichnen einen bestimmten Aspekt *von* etwas und stehen in dem Sinn nicht *für* etwas.[4]

'Uneigentliches Sprechen' ist vor allem in bezug auf die Metaphern zu differenzieren: Die vorliegende Studie hängt nicht der 'Substitutionstheorie' an, die Metaphern ausschließlich als Stellvertreter eines 'eigentlich Gemeinten' ver-

---

[1] Quint. 9.1.4: *est ... tropos sermo a naturali et principali significatione translatus ad aliam ornandae orationis gratia, vel, ut plerique grammatici finiunt, dictio ab eo loco, in quo propria est, translata in eum, in quo propria non est.* Vgl. Arist. *Po.* 1457b6–7: μεταφορὰ δέ ἐστιν ὀνόματος ἀλλοτρίου ἐπιφορά. Allerdings hat 'Metapher' bei Aristoteles eine weitere, ungefähr mit 'Tropus' gleichzusetzende Bedeutung, die Einschränkung des Begriffs auf einen bestimmten Tropus ist nacharistotelisch (Lausberg 1990, 283). Quintilians Gegensatzpaar *proprius* vs. *non proprius* lautet bei Aristoteles μεταφορᾶι/κατὰ μεταφοράν vs. κύριον/εἰωθός, z.B. *Top.* 123a33–36, vgl. den Kommentar von Bywater (1909) zu *Po.* 1457b1.

[2] Vgl. Silks Definition von 'imagery' (1974, 5): "By imagery I mean primarily metaphor, simile and the various forms of *comparatio*; the tropes and schemes, that is, based on analogy and similarity."

[3] Vgl. u.a. Silk (1974, 6); Müller (1974, 4).

[4] Diese prinzipielle Unterscheidung ist im Einzelfall oft nicht leicht zu treffen. Gerade zwischen Metapher und Metonymie sind die Grenzen fließend (Lausberg 1990, 295).

steht.[5] Statt dessen wird das einflußreiche Metaphernmodell von Richards (1965, urspr. 1936) zugrunde gelegt. Richards geht von einem zweigliedrigen Syntagma aus, das aus *vehicle* und *tenor* besteht (Nieraad 1977, 53–54).[6]

> "As used by Richards, the tenor is ›the underlying idea‹, and the vehicle the other idea, the one brought in from outside, so to speak, the one to which the tenor is, in logical terms, compared." (Silk 1974, 9).

> "*Tenor* und *vehicle* bezeichnen zwei Wörter, deren Kontexte in einem spezifischen Spannungsfeld (*tension*) stehen, das durch überraschend evozierte Vergleichs- oder Ähnlichkeitsmomente im weitesten Sinn unter Einschluß bewußt aktualisierter Disparatheiten zwischen den mit den Metapherngliedern verbundenen Vorstellungsbereichen konstituiert wird." (Nieraad 1977, 53).

Diese Metaphernauffassung wird als 'Interaktionstheorie' bezeichnet, weil ihr zufolge nicht der eine Begriff den andern ersetzt (Substitution), sondern beide in einem Spannungsfeld stehen, d.h. miteinander interagieren.[7]

Beispiel:

Il. 16.39 (Patroklos möchte in den Kampf ziehen):

ἤν πού τι φόωϲ Δαναοῖϲι γένωμαι.

'Ob ich wohl ein Licht den Danaern werde'.

Nach der Substitutionstheorie steht φόωϲ ('Licht') für 'Rettung, Hilfe'. Der Dichter habe Patroklos eigentlich sagen lassen wollen: 'ob ich wohl den Danaern eine Rettung werde'. Dem würden die Verfechter der Interaktionstheorie mit Recht entgegenhalten, daß der Tropus so nicht zu seinem vollen Recht kommt, weil die Konnotate von φόωϲ dabei weitgehend unberücksichtigt bleiben. Das von der Metapher hervorgerufene Affektbündel ginge auf diese Weise verloren. Der Dichter hätte gar keine Metapher verwenden müssen.[8] – Die Berechtigung des Einwands ist evident: Der Reiz der Metapher liegt gerade im Spannungsverhältnis zwischen *vehicle* ('Licht') und *tenor* ('Rettung'). Diese Spannung aufzulösen bedeutet, die Metapher um ihr entscheidendes Merkmal zu bringen. Eine Metapher sagt ja immer mehr, als durch die Substitution ausgedrückt werden kann. Daher können Metaphern in letzter Konsequenz nie erschöpfend erläutert werden.

---

[5] Die (mit Aristoteles beginnende) Geschichte der Substitutionstheorie und deren Grenzen sind in geraffter Form dargestellt bei Nieraad 1977, 11–14 (mit Lit.).

[6] Im deutschen Sprachraum wird dafür oft die Terminologie von Weinrich benutzt (Kurz 1993, 22: 'Bildspender' für *vehicle*, 'Bildempfänger' für *tenor*), die aber den Sachverhalt weniger präzise wiedergibt, weshalb in der vorliegenden Arbeit die englische Terminologie beibehalten wird.

[7] Kurz 1993, 8, mit einer Liste der wichtigsten Vertreter in Anm. 3. – Vgl. auch den programmatischen Titel von Silks Studie 'Interaction in Poetic Imagery' (1974).

[8] Ricœur 1975, 30: "C'est l'idée de substitution qui paraît la plus lourde de conséquence; si en effet le terme métaphorique est un terme substitué, l'information fournie par la métaphore est nulle le

Ein weiterer Vorteil von Richards' Metaphernmodell besteht darin, daß es *mutatis mutandis* auch auf die anderen vergleichenden Tropen angewandt werden kann, obwohl es dafür eigentlich nicht konzipiert ist.[9]

Die Unterschiede zwischen den einzelnen Formen des Vergleichens (Vergleich, Gleichnis, Metapher, Allegorie) können hier nicht eigens behandelt werden. Ein Einbezug sämtlicher Bilder (nicht nur der poetologischen) wäre dafür unumgänglich. Ungeachtet ihrer Differenzen werden die genannten vergleichenden Tropen (unter Ausschluß von Metonymie und Synekdoche) im folgenden unter das Stichwort 'Vergleichung' subsumiert, um Verwechslungen mit 'Vergleich' im engeren Sinn zu vermeiden.

Ebenfalls ausgeklammert wird eine weitere Differenzierung, die vor allem die Metapher betrifft: die Unterscheidung zwischen 'lebendiger' und 'toter' Metapher. 'Tot' ist eine Metapher (auch Cliché genannt[10] – gelegentlich ist auch von 'bewußten' und 'unbewußten' bzw. 'lexikalisierten' Metaphern die Rede) dann, wenn die nicht-metaphorische Verwendung des betreffenden Wortes nicht mehr gespürt oder (bewußt) assoziiert wird: Durch seine wiederholte Verwendung im gleichen 'uneigentlichen' Umfeld ist der Umstand, daß das als Metapher verwendete Wort ursprünglich einem 'eigentlichen' Bereich angehört, weitgehend in Vergessenheit geraten. Dies ist ein dem Zeichensystem 'Sprache' inhärentes Phänomen. Denn jede Sprache besteht zu einem beträchtlichen Teil aus lexikalisierten Metaphern (vgl. etwa dt. 'Schlüssel' im Sinn von 'Auflösungsteil' oder als musikalisches Notationszeichen[11]). Das Cliché kann somit nicht mehr der Bildersprache zugeordnet werden, wie sie hier untersucht werden soll. Es versteht sich von selbst, daß gerade deshalb eine Unterscheidung zwischen lebendigen und toten Metaphern wichtig wäre. Wenn sie im folgenden dennoch nicht versucht wird, geschieht dies aus der Überzeugung heraus, daß in diesem Punkt für das zur Diskussion stehende Textkorpus keine schlüssigen

---

terme absent pouvant être restitué s'il existe; et si l'information est nulle, la métaphore n'a qu'une valeur ornementale, décorative."

[9] Vgl. Silk 1974, 13: "and for my purpose it is an overriding advantage that these terms (sc. Richards' vehicle and tenor) can be employed with equal ease in the analysis of the formally distinct types of 'explicit imagery'."

[10] Anders Silk (1974, 28), der den Clichés eine "intermediate position" zwischen toten und lebendigen Metaphern attestiert. Gleich darauf heißt es aber: "All one can say in general about cliché is that it more or less approximates to the status of 'dead metaphor'." Die Dreiteilung ist unnötig, zumal "the difference (sc. of dead metaphor) with live metaphor is here one of degree, not kind."

[11] Am Beispiel 'Schlüssel' läßt sich ein bemerkenswertes Phänomen aufweisen. Stark auf Anschaulichkeit ausgerichtete Bildzeichen-Sprachen wie Piktogramme oder Computer-Icons können durch die Darstellung des Begriffs in eigentlicher Bedeutung, aber in übertragener Verwendung (z.B. ein Schlüssel-Icon, der zum Auflösungsteil des Lernprogramms führt) die Spannung (*tension*) der Metapher wieder neu bewußt machen.

Resultate erzielt werden können. Die Bestimmung der Lebendigkeit von Metaphern ist ja vor allem eine Bestimmung des Verhältnisses zwischen Normal- und Dichtersprache. Wie die frühgriechische Normalsprache ausgesehen haben könnte, ist aber fast völlig unbekannt. Dies ist maßgeblich darauf zurückzuführen, daß Prosatexte, die der Normalsprache näher stehen, für die fragliche Periode kaum vorliegen.[12] Auf seiten der Dichtersprache stellt sich das Problem, daß die Kenntnisse sehr unausgewogen sind. Sehr gut bezeugt ist die Sprache des homerischen Epos (8. Jh.), recht gut die der Epinikien (1. Hälfte 5. Jh.). Die dazwischenliegende Phase (und damit ganze literarische Genera) ist zwar durch die Papyrusfunde der letzten gut hundert Jahre in ein neues Licht gerückt worden, so daß z.B. neue Erkenntnisse über den vermutlichen Umfang gewonnen werden konnten (Latacz 1990). Alles in allem präsentiert sich die frühgriechische Lyrik aber nach wie vor als ein Trümmerfeld, dessen Überreste für eine tragfähige Rekonstruktion des Gesamtpotentials der frühgriechischen Dichtersprache nicht ausreichen. Selbst was besser überlieferte Dichtersprachen wie die homerische betrifft, ergeben sich Probleme:

> Auch wenn man zu Recht die außergewöhnliche Stellung und Bedeutung Homers herausstreicht, wäre es doch verfehlt, die homerischen Epen als singuläres Phänomen anzusehen. Die Oral Poetry-Forschung hat gezeigt, wie traditionsgebunden die epische Versifikationstechnik Homers ist.[13] Infolgedessen läßt der Umstand, daß nichts über seine Vorgänger und 'Konkurrenten' bekannt ist, viele Fragen offen. Was an Homer ist spezifisch 'Homerisch', d.h. was ist als Idiolekt, was als allgemeine Dichtersprache anzusehen? Was ist sprachlich signifikant für das Epos als narratives Genos (z.B. im Unterschied zur selektiven Lyrik)? Die Unterscheidung zwischen 'normaler' und 'außergewöhnlicher' Verwendung gehört ja als sprachliches Phänomen dem 'mikrostrukturellen' Bereich an. Daß die Sonderstellung Homers auf den 'makrostrukturellen' Qualitäten (Aufbau, Stimmigkeit) seiner Epen basiert, ist eine plausible Hypothese.[14] Was hingegen die Mikrostruktur betrifft, können nur Vermutungen angestellt werden, weil nur *wir* keine epische Dichtersprache außer der homerischen kennen.
>
> Man könnte einwenden, daß die innerhalb der frühgriechischen Literaturperiode fortschreitende Kanonisierung Homers eine genauere Kenntnis (der Sprache) seiner Dichterkollegen entbehrlich mache. Für die Erforschung der Dichter, die zeitlich bereits um einiges von Homer entfernt sind, mag dieser Einwand in der Tendenz berechtigt sein.[15] Hingegen ist er zumal für frühe Dichter wie Archilochos, Alkman oder Tyrtaios problematisch; denn:

---

[12] Zur größeren Bedeutung der Prosa für die Rekonstruktion der Normalsprache s. Silk (1974, 35).

[13] Z.B. Parry 1971 (≈ 1928); Hoekstra 1965; Visser 1987.

[14] Schon Herodot (2.116–117) ist der Auffassung, daß die *Kypria* wegen ihrer einfacheren Erzählstruktur nicht das Werk Homers sein können (Nagy 1990, 78 mit Anm. 126).

[15] Vgl. Silk: "For all *later* poetry, Homeric usage is effectively a standard in its own right" (1974, 41; Hervorhebung: R.N.).

(1) Es ist wenig plausibel, daß die Sprache der heute verlorenen Epiker keinen Niederschlag in der Sprache der älteren Lyriker gefunden haben soll.

(2) Es ist unwahrscheinlich, daß der geistige Schöpfungsprozeß der frühgriechischen Lyriker lediglich eine auf homerischen Versatzstücken basierende additiv-mechanistische Kombinationstechnik ist (Latacz 1977, 1–10, gegen die Tyrtaios-Interpretation Snells 1969, 51–52). Statt dessen ist den Dichtern eine produktiv-kreative "epische Sprachkompetenz" (1977, 4) zu attestieren, was den vermutlichen Entstehungsprozeß frühgriechischer Dichtung adäquater wiedergibt. Auf diesem Hintergrund wird deutlich, daß die Kommentierung sich nicht auf eine Zusammenstellung homerischer 'Parallelen' beschränken darf.[16] Als Materialsammlungen sind sie hilfreiche Arbeitsmittel, bilden aber nur den Ausgangspunkt einer Interpretation.

Wie das Verhältnis von individueller Dichtersprache, allgemeiner Dichtersprache, Prosa und Normalsprache im frühen Griechenland ausgesehen hat, ist weitgehend unbekannt. Das ist nicht zuletzt auf die Überlieferungslage zumal der Lyrik zurückzuführen. Das häufige Fehlen eines weiteren Kontexts macht die Unterscheidung zwischen lebendiger und toter Metapher selbst in dem seltenen Fall schwierig, daß ein Dichter exakt dieselbe Formulierung wählt wie ein Vorgänger oder sie selbst mehrfach verwendet. Vordergründig könnte man gleich auf 'Cliché' schließen. Die Sachlage ist jedoch komplizierter, wie ein kontrastierender Vergleich mit Homer deutlich machen dürfte. Hier hat die Oral Poetry-Forschung den Nachweis erbracht, daß gewisse Epitheta 'formelhaft' sind und deshalb tendenziell wenig Information enthalten. Eine Stelle wie *Il.* 1.488–492 zeigt aber deutlich, daß ein an sich bereits sinnentleertes Epitheton offenbar jederzeit mit einem neuen Inhalt versehen werden kann.[17] Entsprechende 'Revitalisierungen' von 'toten' Metaphern wird es in der Lyrik ohne Zweifel auch gegeben haben, doch ist ein Nachweis wegen der schlechten Überlieferungslage praktisch unmöglich.

Im Lichte der Feststellung, daß die Rekonstruktion der frühgriechischen Normalsprache am weitgehenden Fehlen zeitgenössischer Prosa scheitert, ist auf den

---

[16] Vgl. etwa die reinen Zusammenstellungen 'homerischen' Sprachmaterials bei Archilochos von Page (1964) und speziell in bezug auf die Kölner Epode (196a; zu den Zitierkonventionen s. S. 34f.) von Campbell (1976). Fowlers erste 'preliminary study' (1987, 3–52) ist ein ausführlicher Nachweis, daß eine zu rigorose Beschränkung auf den Aspekt der 'Homer-Imitation' den frühgriechischen Lyrikern nicht gerecht wird.

[17] *Il.* 1.488–492: αὐτὰρ ὁ μήνιε νηυϲὶ παρήμενοϲ ὠκυπόροιϲι | διογενὴϲ Πηλῆοϲ υἱόϲ, πόδαϲ ὠκὺϲ Ἀχιλλεύϲ· | οὔτε ποτ' εἰϲ ἀγορὴν πωλέϲκετο κυδιάνειραν | οὔτε ποτ' ἐϲ πόλεμον, ἀλλὰ φθινύθεϲκε φίλον κῆρ | αὖθι μένων, ποθέεϲκε δ' ἀϋτήν τε πτόλεμόν τε. – 'Der aber zürnte fort, sitzend bei den schnellfahrenden Schiffen, der zeusentsproßte Sohn des Peleus, der fußschnelle Achilleus. Weder ging er je in die männerehrende Versammlung noch je in den Kampf, sondern er verzehrte sein Herz, dort am Orte bleibend, und sehnte sich nach Kampfgeschrei und Krieg'. – Die Anwendung des 'stehenden' Beiworts πόδαϲ ὠκύϲ auf einen Achilleus, der sich selbst zu Passivität zwingt, setzt sicher eine Pointe (Latacz 1992, 815 = 1994, 243–244).

Versuch von Silk (1974, 27–56) einzugehen, eine Unterscheidung zwischen lebendigen und toten Metaphern vorzunehmen. Silk stellt eine Liste von zehn 'assumptions' auf, die eine Bestimmung von Normalsprache im allgemeinen und der frühgriechischen Normalsprache im speziellen ermöglichen sollen. Im vorliegenden Zusammenhang sind vor allem die 'assumptions' 6, 7 und 10 wichtig.

'Assumption' 6 hält fest, daß Normalsprache in bestimmten Textsorten weit eher anzutreffen ist als in anderen. "With certain qualifications, prose evidence is a better guide to normal usage than poetic evidence. Prose usage is, in a relevant sense, generally nearer the norm." Dieses Kriterium nennt Silk "quality" (35).

'Assumption' 7 relativiert den Einfluß poetischer Diktion auf die Normalsprache: "The influence on normal locutions of specifically poetic ones is in general marginal. Hence in any case of coincidence between later usage which is presumed normal and earlier poetic usage, it is not likely that the poetic usage engendered the norm, and most likely that the pattern reflects poetic employment of what was already normal usage" (35–36).

'Assumption' 10 diskutiert vor allem die zeitliche Komponente ("period"). "Contemporary or earlier evidence is more reliable than later evidence" (36). Freilich stellt sich das oben erwähnte Problem, daß geeignete 'contemporary or earlier evidence' praktisch nicht vorhanden ist. Silk versucht dem mit späterem Material beizukommen: "but, within reason, period [= assumption 10] is less important than quality [= assumption 6]" (36). Daran anschließend verwendet er vornehmlich klassische Prosa (aus der zweiten Hälfte des 5. und aus dem 4. Jh.), um frühgriechische und klassische Normalsprache zu ermitteln. Dabei achtet er insbesondere darauf, Autoren zu verwenden, die von antiken Testimonien als 'prosaische' ausgewiesen werden. Aufgrund dieses Kriteriums scheidet z.B. Platon aus (Silk 1974, 43–48; dort auch die Autoren, auf die er sich vor allem stützt). Silk ist sich bewußt, daß bei zunehmender zeitlicher Distanz die Sicherheit seiner Resultate abnimmt, wie er an der exemplarischen Diskussion einer Sappho-Stelle (Sapph. 31.10 auf dem Hintergrund von Hp. *Fract.* 27) deutlich macht (40–41), bleibt aber insgesamt zuversichtlich. Angesichts des Umstands, daß der größte Teil seiner Studie den vergleichsweise späten (und besser überlieferten) Dichtern Pindar und Aischylos gewidmet ist, mag diese Zuversicht bis zu einem gewissen Grad berechtigt sein. In bezug auf die früheren Dichter unterliegt die Methode aber erheblichen Zweifeln.

Die vorliegende Untersuchung ist hinsichtlich einer schlüssigen Differenzierung zwischen Metaphern und Clichés skeptischer als die Silks. Obwohl dessen Erörterungen in verschiedener Hinsicht (insbesondere in bezug auf die Lexikographie: 33; 83–84) erhellend sind, wird in dieser Arbeit grundsätzlich von einer

'Lebendigkeit' der Metaphern ausgegangen.[18] Das Risiko, auf diese Weise Clichés einzubeziehen, wird in Kauf genommen.

Dagegen folgt die Untersuchung der Differenzierung Silks (1974, 29–31) zwischen 'Cliché' und 'Topos'. 'Cliché' bezieht sich als Begriff auf die *sprachliche Form.* Die hinter einer Formulierung liegende *Vorstellung* stellt eine andere Kategorie dar. Eine konventionelle *Vorstellung* ist ein 'Topos', eine konventionelle *Formulierung* ein 'Cliché'. Das 'Cliché' hat einen 'Topos' zur Voraussetzung, die Umkehrung dieser Bedingung gilt *nicht.* Eine lebendige Metapher, die einen 'Topos' zum Ausdruck bringt, ist um nichts weniger eine lebendige Metapher.[19]

Beispiel: '*Schreiende* Farben' ist ein Cliché, '*kreischende* Farben' ist eine Metapher, die den Topos 'Farbe + laute akustische Äußerungsform des Menschen' zum Ausdruck bringt.

Der Nachweis, daß verschiedene Dichter ähnliche Vorstellungen zum Ausdruck bringen, die zu Topos-Komplexen zusammengefügt werden können, stellt durchaus ein Hauptziel der vorliegenden Untersuchung dar. Verzichtet wird lediglich auf die Unterscheidung, welche dieser Bilder Clichés und welche Metaphern sind.

Die Unterscheidung zwischen lebendiger und toter Metapher dreht sich vor allem um die Frage, ob ein Wort *noch* metaphorisch zu verstehen ist. Dieser Frage geht im Grunde die prinzipiellere Frage voraus, ob ein Wort *überhaupt* metaphorisch verstanden werden kann. (Bei den ausdrücklich vergleichenden Tropen – Vergleich, Gleichnis – stellt sich dieses Problem nicht.) Die Beantwortung dieser nicht minder bedeutsamen Frage hängt von ähnlichen Faktoren ab, wie sie im vorstehenden in bezug auf die Lebendigkeit von Metaphern erörtert worden sind. Erneut erweisen sich die zeitliche Distanz und die schlechte Quellenlage für den modernen Interpreten als Haupthindernis. Das Problem, ob eine Stelle metaphorisch zu verstehen ist, stellt sich in der vorliegenden Untersuchung vornehmlich in zwei Formen:

(1) Bei vielen Wörtern – zumal bei Verben – läßt sich nicht mit Sicherheit bestimmen, ob die in den Lexika erschlossene Grundbedeutung bildhaft ist und,

---

[18] Dies wirkt sich auch auf die Wortwahl aus, insofern mit 'Metapher' im folgenden immer 'lebendige Metapher' gemeint ist, sofern nicht ausdrücklich etwas anderes gesagt ist.

[19] Diese Unterscheidung zwischen 'Cliché' und 'Topos' ist in der Literaturwissenschaft nicht durchgängig gebräuchlich. Curtius' einflußreiche Definition der Topoi ("feste Clichés oder Denk- und Ausdrucksschemata") wurde von Kayser in seinem 'Sprachlichen Kunstwerk' sogleich übernommen (Curtius 1948 [≈ 1984], 79–80; Kayser 1948 [≈ 1983], 72) und findet sich noch in der neusten Auflage des 'Sachwörterbuchs der Literatur' (Wilpert 1989, s.v. 'Topos'). – Silk (1974, 31 Anm. 11) dokumentiert die Verwechslung der Kategorien mit anschaulichen Beispielen aus der altertumswissenschaftlichen Kommentarliteratur.

wenn ja, welches Bild zugrunde liegt. Z.B. kommt das Verb ἵημι unter anderem in Verbindung mit Geschossen (*Il.* 1.48), Flüssigkeiten (*Il.* 12.25) und der menschlichen Stimme (*Od.* 12.192) vor. Liegt an einer dieser Stellen metaphorische Verwendung vor, oder handelt es sich um Polysemie? Offenkundig kann diese Frage nicht mit der nötigen Sicherheit beantwortet werden, weshalb Wörter wie ἵημι für sich selbst genommen nicht berücksichtigt werden konnten.[20] Solche 'Auslassungen' erfolgen im allgemeinen stillschweigend. Eine Erörterung der ausgeschiedenen Belege hätte zu weit geführt.

(2) Eine weitere Gruppe von Wörtern entzieht sich zunächst scheinbar einer Deutung als Bild, weil diese Wörter ohne weiteres eine Entsprechung im tatsächlichen realen oder geistigen Umfeld des Liedvortrags gehabt haben können (z.B. ein Hinweis auf den Siegespreis des Athleten). Daß die wörtliche Bedeutung hier 'paßt', schließt aber eine metaphorische Deutung nicht von vornherein aus. Der Satz des Festredners 'Ich überreiche dir den Kranz' kann wörtlich (als performativer Sprech-Akt) *und* metaphorisch richtig sein. Dieses doppelte Verstehen wird in der Rhetorik unter dem Stichwort 'Syllepsis' behandelt.[21]

Dadurch, daß in der Syllepsis die beiden Bedeutungsebenen gleichberechtigt nebeneinander stehen, entsteht auch kein grundsätzlicher Widerspruch zur pragmatischen Interpretation, die in den letzten drei Jahrzehnten mit großem Gewinn auf die frühgriechische Lyrik angewandt worden ist.[22] Die pragmatische Lyrikinterpretation hat der wörtlichen Bedeutung zu einem neuen Recht verholfen, indem sie zu zeigen bestrebt war, daß Teile der frühgriechischen Lyrik auf unmittelbar präsente Personen und Gegenstände hinweisen. Diesen Zeigegestus hat man im Anschluß an den Sprachpsychologen Bühler 'demonstratio ad oculos' (Hinweis auf unmittelbar Präsentes) genannt, im Unterschied zur 'Deixis am Phantasma' (Hinweis auf lediglich Vorgestelltes).[23] Primäres Beweisziel der Pragmatiker war es, diese 'demonstratio ad oculos' als solche ernst zu nehmen und aufzuzeigen, daß die Produktions- und Rezeptionsbedingungen von *Lese*-Lyrik fundamental anders sind, weil dort nur 'Deixis am Phantasma' vorzufin-

[20] Selbst die Etymologie kann hier, sofern sie bekannt ist, nicht weiterhelfen, weil die etymologische Bedeutung eines Wortes weder seine Grundbedeutung sein muß (Kurz 1993, 12) noch zwingend etwas über die Bildhaftigkeit aussagt.

[21] Vgl. Lausberg 1990, §§ 702–708; Riffaterre 1980, v.a. 629. Im Grunde müßte man von 'semantischer Syllepsis' sprechen (Lausberg 1990, §§ 707–708), da es auch eine 'syntaktische Syllepsis' gibt: das Zeugma.

[22] Im Zentrum stehen die Arbeiten der 'Urbino-Gruppe' um B. Gentili (vgl. neben der von diesem begründeten Kommentarreihe *Lyricorum Graecorum quae exstant* und den verschiedenen Beiträgen in *QUCC* v.a. seine Zusammenführung der Ergebnisse: Gentili 1989). Für den deutschen Sprachraum waren die Arbeiten Röslers (1975, 1976, 1980, 1983, 1984) wegweisend. – Zur Forschungsgeschichte: Latacz 1986 (= 1994, 283–307); Krummen 1990, 1–30.

[23] Die Begriffe wurden in die Interpretation frühgriechischer Lyrik eingeführt von Rösler 1983.

den ist, die lediglich den Anschein erweckt, 'demonstratio ad oculos' zu sein. Dagegen findet sich in der mündlich vorgetragenen frühgriechischen Lyrik (jedenfalls beim Erstvortrag) echte 'demonstratio ad oculos', die einen ganz anderen Appellcharakter hat. Frühgriechische Lyrik unterscheidet sich dadurch von Lese-Lyrik, daß beide Formen des Zeigegestus gleichzeitig und nebeneinander existieren.[24] Dieses Nebeneinander hat allerdings zur Folge, daß der Unterschied zwischen den beiden Formen nur graduell sein kann. Auch von daher zeigen sich keine Hindernisse, ein Wort im Sinn der Syllepsis gleichzeitig als 'demonstratio ad oculos' *und* als 'Deixis am Phantasma' zu deuten. Im Unterschied zur pragmatischen Lyrikinterpretation wird das Augenmerk der vorliegenden Untersuchung vornehmlich auf der figurativen Bedeutung der Wörter liegen.

Eine Frage der pragmatischen Interpretation sei an dieser Stelle kurz erörtert: An welchen Textsignalen kann der Interpret die 'demonstratio ad oculos' erkennen? Rösler (1980, 37–42 und passim; 1983) hat die zentrale Bedeutung von Anredestruktur (Vokativen und Personalpronomina der 1. und 2. Person) und deiktischen Wörtern (z.B. ὅδε) herausgestrichen und die drei Formen der Deixis – personal, temporal und lokal – für die Lyrikinterpretation nutzbar gemacht. Doch Schwierigkeiten bleiben bestehen. Denn: Eindeutige Signale für 'demonstratio ad oculos' gehen nach den Untersuchungen von Danielewicz nur vom lokal deiktischen Pronomen ὅδε aus, und auch bei diesem nur, sofern es nicht Teil einer direkten Rede ist. Dagegen sind Vokative, Personalpronomina und Verbformen der 1. Person kein eindeutiger Hinweis auf 'demonstratio ad oculos'.[25] Mit dieser Einschränkung wird die Textmenge, über die sich gesicherte

---

24 In diesem Zusammenhang sind die Präzisierungen Röslers wichtig, die eine Reihe von Mißverständnissen bereinigt haben. Da sie an einem ungewöhnlichen Ort erschienen sind (in der Rezension zu Meyerhoff 1984) und in der Forschung m.E. nicht genügend zur Kenntnis genommen worden sind, seien sie hier ausführlicher zitiert: "Nun wäre eine solche Auffassung (sc. daß Deixis am Phantasma der frühgriechischen Lyrik fremd sei) offenkundig schon allein deshalb abwegig, weil das Vorstellungsvermögen zur Grundausstattung des Menschen gehört und Verweise auf den Vorstellungsbereich demgemäß eine fundamentale Dimension des Sprechens bilden [...]. Auf der Voraussetzung einer solchen – wie gesagt, selbstverständlichen und deshalb nicht problematisierungsbedürftigen – Deixis am Phantasma beruht denn auch eine ganze Reihe von Gedichtinterpretationen, die sich in meinem Alkaios-Buch [1980] finden. [...] In dem genannten Deixis-Aufsatz [1983] ist die Perspektive dagegen von vornherein begrenzter. Es geht, wie mehrfach klargestellt wird, um einen ganz bestimmten Komplex von Verweisen in der frühgriechischen Lyrik: um jene, die sich unmittelbar auf Rahmen und Konstellation der mündlichen Darbietung beziehen. Gezeigt werden soll, daß dieser Komplex als tatsächliche Demonstratio ad oculos ernstgenommen werden muß [...]; daß derartige Verweise sekundär, im Verlauf der weiteren Rezeptionsgeschichte der betreffenden Texte, zwangsläufig in Deixis am Phantasma überführt wurden; wie schließlich spätere Lyrik, die von vornherein für Leser verfaßt war, vordergründig entsprechende Verweise gezielt in die Fiktion (wie sie für solche Lyrik konstitutiv ist) integriert. Diesem speziellen Bereich von Deixis gelten ersichtlich alle Aussagen, die in dem Aufsatz gemacht werden." (Rösler 1985a, 149–150 Anm. 1)

25 Danielewicz (1990, 16): "not all deictic expressions, when taken separately, were univocal enough to be considered as reliable indicators of the extratextual relations of time and space. Neither using verb forms in the first person, nor employing the present tense or addressing somebody by

Angaben machen lassen, vergleichsweise gering. – Ohne Zweifel kann eine eingehende Analyse des Kontexts gelegentlich auf eine 'demonstratio ad oculos' führen, die nicht auf lokale Deixis (ὅδε) zurückgeht. Freilich dürften meist nicht mehr als Wahrscheinlichkeitsschlüsse zu erzielen sein. Von daher kann das Fazit Krummens in bezug auf Pi. *O.* 3 als symptomatisch gelten (1990, 231): "Man kann vorläufig festhalten, daß die Indizien aus den Versen 1–9 [...] nachdrücklich auf eine aktuelle Theoxenienfeier hinweisen, wenn auch Sicherheit in dieser Frage nicht ganz zu erlangen ist. Zumindest sollte man zugestehen, daß das Siegessymposion der Verse 4–9 durch den Liedbeginn [...] eine auffallend 'theoxenienhafte Einfärbung' erhält." Diese Unsicherheit tut ihrer Interpretation überhaupt keinen Abbruch. Sie hat zuvor nachdrücklich gezeigt, wie wichtig die Aktualisierung der Vorstellung 'Theoxenienfest' für die Interpretation ist, so daß m.E. zweitrangig ist, ob die Theoxenie mittels 'demonstratio ad oculos' oder mittels 'Deixis am Phantasma' in den Text gelangt ist.

(b) Definition von 'poetologisch'

Unter die Rubrik 'poetologisch' fallen diejenigen Aussagen, aus denen ein dichterisches Programm (eine 'immanente Poetik') abgeleitet werden kann. Wie aus (a) hervorgeht, wird das Augenmerk auf den poetologischen Aussagen liegen, die in Form von Bildern gemacht werden.

Eine systematische Aufarbeitung der gesamten Bildersprache der frühgriechischen Dichtung ist ein Forschungsdesiderat. Im Rahmen eines Einzelprojekts kann diese Lücke freilich nicht geschlossen werden. Dies wird nur durch Aufteilung in Teilbereiche und anschließende Zusammenführung der Ergebnisse möglich sein.

Der Teilbereich 'Poetologie' ist aus zwei Gründen ausgewählt worden:

(1) Die Aufarbeitung führt – nicht zuletzt durch den Einbezug der *lyrici minores* (vgl. S. 26) – zu einem vertieften Verständnis für das, was man 'die Auffassung des Dichterberufs' (Maehler 1963) genannt hat: Wie beschreibt der Dichter seine Tätigkeit? Wie schätzt er sie ein? Worauf legt er besonderen Wert? Wie sieht er gesellschaftliche Stellung und Funktion seiner Dichterperson und seiner Dichtung? usw.

(2) Es dürfte eine plausible Hypothese sein, daß die Verwendung der Bildersprache in dem Bereich, der die eigene Tätigkeit des Dichters betrifft, repräsentativ (oder zumindest symptomatisch) für seine Verwendung von Bildersprache

---

their name in the vocative sufficed, as such, for generalizations; generalizations could be made safely only when supported by the occurence of the demonstrative ὅδε, unmistakable in its meaning. The importance of this demonstrative stems from the fact that it *always* retains its basic meaning 'this here', 'this before you', 'this present' and – unless in quotations of the heroes' words – refers to the here-and-now of the original performance". Und selbst dann bleiben Unsicherheiten bestehen. Wie will man schlüssig entscheiden, ob τὦργον ... τόδε ('dieses Werk hier') am Ende von Alkaios' sog. 'Waffensaalgedicht' (Alk. 140.15) tatsächlich oder 'nur' unmittelbar geistig präsent ist?

überhaupt ist: Wann verwendet er Bilder? Wie oft verwendet er sie? Welche Stilmittel bevorzugt er dabei (Metaphern, Vergleiche, Bilderreihungen, Bildervermischungen, Adjektiv-Metaphern usw.)? Gibt es Vorlieben für bestimmte Bildsphären? usw. – Aus den oben genannten Gründen wird ein Urteil über den Wert dieser Hypothese allerdings erst möglich sein, sobald weitere Teilbereiche der frühgriechischen Bildersprache erforscht sind.

Daß die Interpretation der verschiedenen Bilder auf den *tenor*-Aspekt 'Dichtung' eingeschränkt wird, ist eine zwingende Folge der hier eingenommenen sozusagen onomasiologischen Perspektive und steht nicht im Widerspruch zur Ablehnung der Substitutionstheorie (S. 1ff.).

(c) Bestimmung des Textkorpus: Frühgriechische Dichtung

Die Bestimmung des genannten Zeitraums und seiner literarischen Erzeugnisse fällt schwer und läuft unweigerlich Gefahr, zu strittigen Resultaten zu führen. Aus der Überzeugung heraus, daß eine zu rigorose Festlegung von Epochen- und Gattungsgrenzen in der vorliegenden Fragestellung dem Erkenntnisgewinn – wie oft – nur hinderlich sein kann, werden relativ durchlässige Auswahlkriterien angewandt.

Den primären Gegenstand bilden die Hexameter-Dichtung[26] und die Lyrik[27] von den frühesten greifbaren Texten (8. Jh.) bis ungefähr zum Ende des 5. Jahrhunderts. Das eigentliche Schwergewicht liegt auf der Lyrik (einschließlich der inschriftlich überlieferten); einzig für sie ist eine möglichst vollständige Erfassung der einschlägigen Bilder und ihrer Belege angestrebt.

---

[26] Dieser Begriff soll so disparate Ausformungen wie das (homerische) Epos, die 'Lehr'- und Katalogdichtung Hesiods, die 'homerischen' Hymnen, aber auch die Philosophen-Dichter Parmenides und Empedokles umfassen. (Aus Arist. *Po.* 1447b12–19 geht hervor, daß dies antikem Usus entspricht: West 1974, 6.)

[27] Die Gattungsbezeichnung 'Lyrik' ist erklärungsbedürftig, weil sie Mißverständnisse hervorrufen könnte. 'Lyrik' wird hier in dem in der altertumswissenschaftlichen Diskussion vorherrschenden Sinn verwendet: als Sammelbezeichnung für sämtliche 'gebundenen' Formen, einschließlich Elegie und Iambos, ohne Epos und Drama (Rösler 1980, 12 Anm. 7). Dieser Lyrikbegriff unterscheidet sich von der Vorstellung, die Griechen, Römer und Moderne je damit verbinden. Im Griechischen kommt die Bezeichnung relativ spät (3. Jh. v. Chr.) als Ersatz für μελοποιοί 'Liedermacher' auf, schließt also Elegie und Iambos aus (Latacz 1998, 144). – Die Beibehaltung eines Terminus, der so viele falsche Assoziationen zu wecken vermag, mag zwar bedauerlich sein (Calame 1993, 226), ist aber in Ermangelung eines anderen geeigneten Sammelbegriffs unvermeidlich (Latacz 1998, 144–145). Vgl. etwa Miller, der trotz nachdrücklicher Betonung, daß frühgriechische Lyrik nicht Lyrik im modernen Sinn ist, trotzdem von "choral lyric, such as that produced by Alcman, Bacchylides and Pindar" spricht (1994, 80 und passim). Vgl. auch Gentili 1989, 41: "Anche se la tendenza a comprendere sotto la denominazione di 'lirica' greca la poesia elegiaca e giambica non è corretta nei confronti della terminologia ellenistica, non è tuttavia impropria sotto il profilo dei contenuti per il suo rapporto con l'uditorio."

Diese Phase und ihre Dichtung werden im folgenden 'frühgriechisch' genannt. Ausdrücklich vermieden wird dagegen der Begriff 'archaisch', der aus folgenden Gründen nicht geeignet ist:[28] (1) Er ist etymologisch 'falsch'. Epoche und Dichtung, die damit bezeichnet werden, stehen lediglich für *uns* am Anfang (ἀρχή). Für beides kann gezeigt werden, wie willkürlich die Setzung eines Anfangs ist. Die *Epoche* hat insbesondere durch die zunehmende 'Aufhellung' der 'Dunklen Jahrhunderte' in der jüngeren Forschungsgeschichte viel von ihrer 'Anfänglichkeit' verloren. Allenfalls liegt ein *Neu*-Anfang vor, weshalb man mit Hägg (1983) und anderen von einer 'Griechischen Renaissance' sprechen kann. Im Bereich der *Dichtung* ist das homerische Epos durch die Erkenntnisse der Oral Poetry-Forschung endgültig als 'spät' erwiesen worden. Aber auch die Lyrik fußt sprachlich und konzeptionell auf einer Tradition, die im Lauf der Überlieferungsgeschichte zwar verlorengegangen ist, aber als notwendige Voraussetzung des Überlieferten mitgedacht werden muß. – (2) Der Begriff 'archaisch' ist forschungsgeschichtlich gesehen jung und entwickelt sich erst im ausgehenden 19. Jh. (Most 1989). – (3) Er sagt mehr aus über die Epoche, die ihn (in dieser Form) geprägt hat, als über die damit bezeichnete Epoche. – Denn: (4) 'Archaisch' weckt völlig falsche Vorstellungen. Die damit verbundenen Assoziationen reichen von 'ursprünglich, unverfälscht' über 'naturverbunden, unkultiviert' bis zu 'krude, primitiv' und sind Ausdruck entweder einer romantisierend verklärenden 'Zurück-zu-den-Anfängen'- oder einer Abwertungs-Tendenz.

Die oben bezeichneten ungefähren Grenzen werden gegen mehrere Seiten hin durchlässig behandelt. So sind Parallelen aus anderen Dichtersprachen in die Untersuchung eingearbeitet.[29] Im Vordergrund stehen dabei zum einen die sprachgenetisch verwandte gemein-indogermanische Dichtersprache, zum andern der lokal benachbarte vorderasiatische Sprach- und Kulturraum.[30] Ferner liegt für die spätere Phase der frühgriechischen Dichtung in Form des Dramas (Tragödie und Komödie) eine Parallelerscheinung vor, die dem hier behandelten Gegenstand mehr Profil verleihen kann. Schließlich ist zumal für das lyrische Genos ein Einbezug des 'Fortlebens' in hellenistischer Zeit von Interesse. Kaum

---

[28] Vgl. zum Folgenden Most 1989; Latacz 1998, 12.

[29] Zur Definition dieser Parallelen s. S. 28f.

[30] Für den Einbezug dieser nicht-griechischen Dichtersprachen mußte (abgesehen von einschlägigen Arbeiten wie Schmitt 1967, Durante 1968, Durante 1968a, Dunkel 1979) mangels eigener Sprachkompetenz auf Übersetzungen und Anthologien zurückgegriffen werden: *ANET*, Coogan 1978, Dalley 1989, Foster 1993, Geldner 1951–57, Hoffner 1990, Lichtheim 1973–1980, *TUAT*. Allerdings ist sichergestellt worden, daß die in der Übersetzung vorgefundenen Bilder eine Entsprechung im Originaltext haben. In diesem Zusammenhang möchte ich mich namentlich bei Prof. B. Foster (Yale) für die freundliche Unterstützung bedanken. – Was speziell die vorderasiatischen Parallelen betrifft, ist jetzt Wests Studie 'The East Face of Helicon' (1997) zu konsultieren, die nicht mehr systematisch in die vorliegende Untersuchung eingearbeitet werden konnte.

berücksichtigt ist hingegen die Prosa.[31]

Eine erschöpfende Aufarbeitung der drei ergänzenden Themenkreise (allgemeine Dichtersprache, Drama, Fortleben) würde den Rahmen einer Einzelarbeit sprengen. Sie können daher nur selektiv und exemplarisch einbezogen werden. Sie stellen keinen eigenständigen Teil der Untersuchung dar. Wie bei komparatistischen Arbeiten unvermeidlich, müssen die kontextuellen Unterschiede zwischen den miteinander verglichenen Textstellen bis zu einem gewissen Grad vernachlässigt werden. Denn primäres Ziel der ergänzenden Themenkreise ist es, den Gegenstand in einen weiteren Kontext zu stellen und auf diese Weise die Fluchtlinien des Themas anzudeuten.

(d) Ist frühgriechische Dichtung Fiktion?

Im Lauf der Arbeit hat sich die Frage nach dem Fiktionscharakter der frühgriechischen Dichtung als wiederkehrendes Problem erwiesen. Da die Berechtigung des hier verfolgten Ansatzes nicht selten aufgrund des (behaupteten bzw. geleugneten) Fiktionscharakters der frühgriechischen Dichtung beurteilt wird, ist es sinnvoll, die Frage grundsätzlich zu erörtern.

Als besonders einflußreich ist Röslers Aufsatz 'Die Entdeckung der Fiktionalität in der Antike' (1980a) anzusehen. Darin versucht Rösler den Nachweis zu erbringen, daß das Bewußtsein für Fiktionalität sich erst aufgrund der einsetzenden Schriftlichkeit allmählich entwickelt habe. Röslers Argumentation stützt sich auf kulturtypologische Studien, wie sie etwa von Havelock (1963, 1978), Goody-Watt (1968) und Detienne (1967) vorliegen, ohne freilich in allen Einzelheiten mit ihnen einig zu gehen. Diese fassen den mündlichen Dichter mit einem aus der Soziologie entlehnten Begriff als (Re-)Produzenten einer 'mémoire collective' auf, der der reinen Wahrheit verpflichtet ist, weshalb Fiktion ihm fremd, ja unbekannt ist. Diesen Wahrheitsanspruch sieht Rösler auf der Produzentenseite an denjenigen Stellen des homerischen Epos bestätigt, an denen der Sänger sich als 'passives Sprachrohr' der allwissenden Musen präsentiert (besonders deutlich in *Il.* 2.484–487, aber auch im Eingangsvers der beiden Epen). Was die Rezipientenseite betrifft, leitet Rösler aus der an Homer geübten Kritik (Hesiod, Xenophanes, Heraklit) ab, daß die Rezipienten vermehrt Schwierigkeit gehabt hätten, den (von ihnen durchaus geteilten) Wahrheitsanspruch des homerischen Epos mit den für sie geltenden Gegebenheiten zu vereinbaren. Diese allmählich zunehmende Irritation macht Rösler ursächlich von der wachsenden Verbreitung der Schriftlichkeit abhängig. Die Irritation sei später noch zusätzlich

[31] Der weitgehende Ausschluß der Prosa ist nicht darauf zurückzuführen, daß das untersuchte Phänomen auf die Dichtung beschränkt wäre. Gerade eine Behandlung der Prosa etwa Platons dürfte in dieser Hinsicht erhellend sein. Vgl. Silk 1974, 48 Anm. 24.

dadurch gesteigert worden, daß die Diskrepanz zwischen unmittelbarer Wahrheit und Fiktion für den Rezipienten sowohl in der dramatischen Kunst als auch in der allmählich sich entwickelnden Lesekultur geradezu mit Händen zu greifen gewesen sei. Schließlich wurde eine (neue) theoretische Grundlegung des Problems erforderlich, wie sie in den Schriften des Aristoteles vorliegt.

Vor einer Beurteilung der Entwicklung, die zu Aristoteles' Auseinandersetzung mit dem, was heute 'Fiktionalität' genannt wird, geführt hat, ist zunächst zu prüfen, ob die für das homerische Epos entwickelten Prämissen stichhaltig sind:

(1) Der mündliche Sänger als maître de vérité: Dies ist im Grunde eine Erkenntnis der Oral-Tradition-Forschung der sechziger Jahre, die freilich anschließend weiterentwickelt und modifiziert worden ist. In der jüngsten Forschung scheint sich die Ansicht durchzusetzen, daß eine Auffassung, die den Sänger auf die Vermittlung einer absoluten, kollektiven Wahrheit einschränkte, zu rigide wäre. Vielmehr zeichnet sich ab, daß mündliche Dichtung eine flexible Auffassung von Wahrheit erlaubt, mithin fiktive Elemente zuläßt, ohne daß die identitätsstiftende Funktion der mündlichen Dichtung dadurch beeinträchtigt würde. Der mündliche Sänger ist demzufolge durchaus ein maître de vérité, doch ist diese Wahrheit nicht zwingend und nicht ausschließlich an der Textoberfläche anzutreffen. Der Sänger vermittelt eine 'tiefere' Wahrheit – unter Zuhilfenahme auch fiktiver Elemente.[32] Im übrigen wäre noch zu fragen, ob man von einem Sänger, dem Fiktion fremd ist, nicht eine spontane Vermittlung von Wahrheit erwarten müßte. Eine Berufung auf die Wahrheit, wie sie aus *Ilias* 2.484–487 hervorgeht, setzt implizit voraus, daß es auch Unwahrheit gibt. Ausdrücklich wird dies von Hesiod in der Musenweihe thematisiert (Hes. *Th.* 27–28).

(2) Die Rezipientenseite: Aus Xenophanes' und Heraklits Kritik soll hervorgehen, daß der literarischen Tradition ein "einheitlich geltende[s], dabei zugleich unspezifische[s] Wahrheitsgebot" (Rösler 1980a, 287) attestiert und als selbstverständlich vorausgesetzt wird. Die literarische Tradition muß sich "eine Überprüfung auf 'wahr' oder 'unwahr' gefallen" lassen (287). Rösler verbindet diese vorsokratische Kritik mit der ebenfalls bei Xenophanes und Heraklit bezeugten Information, daß die 'einfachen Leute' nach der literarischen Tradition gelernt hätten.

> "Der Tadel signalisiert indessen nicht zuletzt auch einen Grundkonsens. Bezugspunkt der Kritiker (wie Xenophanes und Heraklit) ebenso wie der apostrophierten kritiklosen Masse ist eine – je nachdem bezweifelte oder vorausgesetzte – sachliche Richtigkeit von Dichtung: Man nimmt den Dichter beim Wort. Hierbei sind Polemik bzw. Affirmation sekundäre Einstellungen, die die prinzipielle Überein-

[32] Vgl. Pratt 1993, 14 Anm. 5, und die dort zitierte Literatur.

stimmung hinsichtlich einer Grundkonzeption von Dichtung nicht in Frage stellen." (Rösler 1980a, 289).

Die Uniformität des je an die literarische Tradition herangetragenen Wahrheitsbegriffs darf aber mit guten Gründen bezweifelt werden. Rösler sagt selbst über Heraklit: "was für ihn allein zählt, ist die (an seiner eigenen Lehre gemessene) 'Verständigkeit' eines Autors bzw. im Hinblick auf den einzelnen Text: dessen Wahrheitsqualität" (287). Hierbei handelt es sich aber um einen 'tieferen', individuell Heraklitischen Wahrheitsbegriff, der kein brauchbares Unterscheidungskriterium zwischen 'wahr' (im Sinn von nicht-fiktional) und 'unwahr' (im Sinn von fiktional) darstellt.[33]

Ungenau ist m.E. bereits Röslers Ausgangspunkt, wonach Xenophanes und Heraklit "einen uniformen Literaturbegriff" (287) zugrunde legen. Zwar geht aus Heraklit B 40 DK in der Tat hervor, daß er nicht zwischen den Textsorten unterscheidet. Den gleichen Schluß aus Xenophanes B 11 (und 12) DK zu ziehen überzeugt nicht.[34] Insgesamt ist schwer zu verstehen, warum es sich verbieten soll, "die von Xenophanes und Heraklit eingenommene Haltung etwa als isolierten Reflex ihrer spezifisch philosophischen Interessen zu interpretieren" (289). Die vorsokratische Kritik an der literarischen Tradition ist auf dem Hintergrund des je einzelnen Wahrheitsbegriffs zu beurteilen. Es ist nicht zutreffend, daß "der sachliche, philosophiegeschichtlich relevante Kern der Auseinandersetzung hier weitgehend außer Betracht bleiben" (286) kann.

Im übrigen stellt sich grundsätzlich die Frage, inwiefern die Rezeptionshaltung der vorsokratischen Philosophen als repräsentativ gelten kann. Die groben interpretatorischen Verzerrungen, die Heraklit vornehmen muß, um aus Homer einen 'Astrologen' zu machen (B 105 DK), lassen sich kaum mit den vermutlichen Entstehungsbedingungen einer mémoire collective vereinbaren.[35]

Der wichtigste Einwand gegen die aus Xenophanes und Heraklit abgeleitete Rezeptionshaltung ist, daß sie im Widerspruch zur 'Rezeptionsanleitung' steht, die das homerische Epos selbst gibt und die bei Rösler nicht ausreichend ausgewertet ist:

---

[33] Zur Problematik der Opposition wahr/nicht-fiktional vs. unwahr/fiktional s.u. S. 21ff.

[34] Heraklit VS 22 B 40 DK: πολυμαθίη νόον ἔχειν οὐ διδάcκει· Ἡcίοδον γὰρ ἂν ἐδίδαξε καὶ Πυθαγόρην αὖτίc τε Ξενοφάνεά τε καὶ Ἑκαταῖον. ('Vielwisserei lehrt nicht Verstand haben. Sonst hätte sie es Hesiod gelehrt und Pythagoras, ferner auch Xenophanes und Hekataios.') Xenophanes VS 21 B 11 DK: πάντα θεοῖc ἀνέθηκαν Ὅμηρόc θ' Ἡcίοδόc τε, | ὅcca παρ' ἀνθρώποιcιν ὀνείδεα καὶ ψόγοc ἐcτίν, | κλέπτειν μοιχεύειν τε καὶ ἀλλήλουc ἀπατεύειν. ('Alles haben den Göttern zugeschrieben Homer und Hesiod, was an Schimpf und Tadel bei den Menschen vorhanden ist: Diebstahl, Ehebruch und gegenseitige Täuschung.') B 12 deckt sich inhaltlich weitgehend mit B 11.

[35] Ähnliches gilt für die allegorischen Interpretationen von Theagenes oder Pherekydes.

(3) Die Produzentenseite: Zunächst ist in bezug auf die Musenanrufungen, die nach Rösler als einzige für die Rekonstruktion der dichterischen Selbsteinschätzung herangezogen werden dürfen, festzuhalten, daß sie ebenfalls einen Kunstgriff des Dichters darstellen.[36] A. Assmann hat die Funktion des Kunstgriffs wie folgt beschrieben:

> "Um Geltung und Wahrheit für Eigenes beanspruchen zu können, bedurfte der Autor besonderer Sicherungsmaßnahmen. Die Produktion mußte im Gewand der Reproduktion auftreten, das Eigene mußte ent-eignet werden, bevor es als verbürgt auftreten konnte. [...] als wichtigste Lösung dieses Problems [bot sich] die Inspiration an. Sie ermöglicht den grandiosen Kompromiß, mit Dignität und Verbindlichkeit Eigenes zu sagen, ohne auf die Phantasie als Quelle zurückgehen zu müssen. Die Musen entlasten den Dichter von seiner Eigenverantwortung, ohne ihm seine Worte wirklich zu präformieren." (Assmann 1989, 247–248).

Assmann unterscheidet zwei Formen, wie der Dichter sein Produkt autorisieren kann:

> "Man kann [...] den Text autorisieren, indem man ihn als einen nicht eigenen ausweist, man kann aber auch die Geschichte autorisieren, indem man sie einem verläßlichen Zeugen zuschreibt." (Assmann 1989, 254, ihre Hervorhebungen).

Allerdings schließen diese Autorisierungsverfahren das Risiko ein, sich ins Gegenteil zu wenden.

> "Prekär ist dabei nur, daß bereits die allzu explizite Wahrheitsbeteuerung zum Signal für Fiktionsverdacht werden kann" (ebd.).[37]

Dieser 'Fiktionsverdacht' erhärtet sich, wenn man über die Museninvokationen hinausblickt. Zumal in der *Odyssee* läßt sich eine Bedeutungsebene nachweisen, die einem Wahrheitsanspruch in gewisser Weise zuwiderläuft. Man hat längst gesehen, daß der Odysseedichter eine enge Verwandtschaft zwischen Odysseus und einem Sänger herstellt. Odysseus ist – ähnlich wie Demodokos und Phemios – ein 'Modell-Dichter'. Die Art und Weise, wie der Odysseedichter seinen Helden seine Geschichte vortragen läßt, ist somit aufschlußreich. Für den vorliegenden Zusammenhang ist von besonderer Bedeutung, daß Odysseus zumal in der zweiten Hälfte des Epos längst nicht immer der Wahrheit verpflichtet ist.[38] Hier

---

[36] "Die Homerischen Musenanrufe machen jede weiter ausholende Analyse überflüssig." (Rösler 1980a, 294 mit Anm. 28, in der die besondere Bedeutung des "hier entfalteten kulturtypologischen Hintergrund[s]" herausgestrichen wird). Die geforderte Beschränkung ist nicht überzeugend, vgl. Murray 1981, 96–97; Bowie 1993, 13.

[37] Maeder (1991) hat diese Fiktionssignale im griechischen Roman nachgewiesen und bis zu Herodot zurückverfolgt.

[38] Ein ähnliches Verhältnis zwischen Dichter und 'Held' läßt sich im homerischen Hymnos auf Hermes feststellen (vgl. Pratt 1993, 55). Was die *Odyssee* betrifft, sind es diese Qualitäten als 'Betrüger', die Odysseus auf der göttlichen Ebene mit Athene verbinden und – ebenso wichtig – auf der

ist gleich zu betonen, daß Odysseus' 'Lügen' in keiner Phase der Erzählung auch nur der geringste Makel anhaftet – im Gegenteil: Als Mittel zu einem höheren (und zweifellos befürworteten) Zweck, der erfolgreichen Heimkehr, sind sie voll akzeptiert. Odysseus erreicht sein Ziel nicht zuletzt dadurch, daß seine Erzählungen – Wahrheit und 'Lüge' auf besonders geschickte Weise kombinierend[39] – äußerst plausibel sind. Diese Plausibilität ist es, die die außerordentliche Wirkung auf die textinternen Zuhörer ausübt, von der wiederum das Gelingen von Odysseus' Racheplan abhängt. Nur wenn Odysseus seine Zuhörer zu 'täuschen' vermag, ist ihm die erfolgreiche Heimkehr gewiß. Es gehört zu den bemerkenswerten Ironien der *Odyssee* und trägt nicht wenig zu ihrer Spannung bei, daß Odysseus nicht nur seine Feinde (die Freier), sondern auch seine Freunde (Eumaios, Penelope, sogar Athene, die es natürlich merkt) bis zu einem gewissen Grad hinters Licht führen muß. Der textexterne Hörer hat keinen Grund, daran zu zweifeln, daß dieses Täuschen im Fall der Freier zu deren Nachteil, im Fall der Angehörigen zu deren Vorteil ausfallen wird. Odysseus' Qualitäten als Erzähler sind also im Ablauf der *Odyssee* bestens motiviert.

Eine ähnliche Billigung von Odysseus' 'Lügengeschichten' läßt sich auch für seine textinternen Hörer nachweisen, die ja in ähnlicher Weise Modell-Hörer sind, wie er ein Modell-Dichter ist.

Eumaios begegnet dem verkleideten Odysseus grundsätzlich mit sehr viel Skepsis. Zum einen hält er die Landstreicher, die gelegentlich vorbeikommen, ohnehin nur für ausgemachte Lügner (14.122–127).[40] Zum anderen ist die Behauptung des Bettlers, daß Odysseus bald zurückkehren werde (149–152), besonders wenig glaubwürdig (363–365). Auf eine weitere Geschichte des Bettlers reagiert Eumaios aber anders. Der Bettler erzählt, wie Odysseus ihm in einer kalten Winternacht vor Troias Mauern einen Mantel verschafft habe (462ff.). Daß Eumaios dem Bettler diese einigermaßen überdrehte Anekdote abnimmt, ist nicht anzunehmen. Er bezichtigt ihn aber auch nicht der Lüge wie vorher, sondern antwortet:

menschlichen mit Penelope. Dadurch, daß sie die Freier mit ihrer Weblist hinhält, erweist sie sich als rechtmäßige Gattin des vielgewandten Mannes, den sie am Schluß gleich selbst auf die Probe stellt (vgl. u.a. Goldhill 1991, 22). – Die Argumentation von Puelma (1989, 74–75 Anm. 15), derzufolge nur der (der Wahrheit verpflichtete) Odysseus der Apologen mit einem ἀοιδός verglichen wird (*Od.* 11.368), übersieht, daß dieselbe Vergleichung auch dem 'lügnerischen' Odysseus gilt (*Od.* 17.518, s.u.).

[39] Besonders aussagekräftig ist in diesem Zusammenhang *Od.* 19.203: ἴσκε ψεύδεα πολλὰ λέγων ἐτύμοισιν ὁμοῖα – 'er erfand viele Lügen, indem er der Wahrheit Ähnliches sprach' (zu dieser Bedeutung von ἴσκε vgl. LfgrE s.v.).

[40] Vgl. Goldhill (1991, 38), der die interessante Möglichkeit aufwirft, daß in ἀλαλήμενος (122), ἀλῆται (124), ἀληθέα (125) und ἀλητεύων (126) ein Wortspiel vorliegt.

Od. 14.508–509:

ὦ γέρον, αἶνος μέν τοι ἀμύμων, ὃν κατέλεξας,
οὐδέ τί πω παρὰ μοῖραν ἔπος νηκερδὲς ἔειπες·

'Alter, die Geschichte, die du erzählt hast, ist ohne Tadel, und kein Wort hast du wider Gebühr ohne Nutzen geredet'.

Mit Blick auf die spätere Bedeutungsentwicklung von αἶνος kann man paraphrasieren (vgl. Hoekstra 1989, z.St.): 'Ich habe deine Parabel verstanden.' Die Faktizität der Ereignisse ist unerheblich, die implizierte Botschaft ist aber angekommen und wird gutgeheißen.

Wie sehr Eumaios sich von Odysseus' Qualitäten als Erzähler 'einlullen' läßt, ist im weiteren an der Beschreibung ersichtlich, die er Penelope vom Bettler gibt (17.513ff.). Eumaios' frühere Skepsis ist weitgehend verflogen. Er schildert Odysseus' Qualitäten so eindrücklich (einschließlich des vielsagenden Vergleichs mit einem Sänger: 17.518[41]), daß Penelope geradezu darauf brennen muß, mit dem Bettler zu sprechen. Der Wandel ist um so erstaunlicher, als Eumaios unmittelbar zuvor in der 'Schemelwurf-Szene' eigentlich die Bestätigung für seine Zweifel hätte finden können. Die Lebensgeschichte, die der Bettler dem Freier Antinoos erzählt hat, deckt sich zwar in wichtigen Punkten mit derjenigen, die Eumaios selbst zu hören bekommen hatte, weicht aber in nicht unerheblichem Maße auch davon ab.[42] Genauso wie der Hörer der *Odyssee* akzeptiert Eumaios, daß Odysseus das der jeweiligen Situation Angemessene erzählt. Hier ist entscheidend, daß der Bettler die Freier 'belügt', die ja auch Eumaios' 'Feinde' sind. Eumaios nimmt keinen Anstoß an Odysseus' Erzählung, weil Odysseus gut erzählt und damit etwas Positives erreicht.

Die folgende Stelle ist etwas anders gelagert, weist aber grundsätzlich in die gleiche Richtung. Demodokos, der blinde Sänger der Phaiaken, trägt improvisierte Dichtung aus dem Themenkreis 'Troia' vor und wird vom ebenfalls anwesenden Odysseus dafür gelobt:

Od. 8.489–491 (Odysseus zu Demodokos):

λίην γὰρ κατὰ κόσμον 'Αχαιῶν οἶτον ἀείδεις,
ὅσσ' ἔρξαν τ' ἔπαθόν τε καὶ ὅσσ' ἐμόγησαν 'Αχαιοί,

---

41 Schon aus Eumaios' Antwort auf Antinoos' Schelte (17.381–387) wird deutlich, daß er Odysseus für einen Demiurgen hält. Nagy (1979, 234) kommt aufgrund der 'wachsenden Glieder' (Seher 1 Wort, Arzt und Handwerker je 2, Sänger ganzer Vers) zum Schluß, daß "the formal presentation of alternatives implies that the stranger is most likely to be a poet".

42 Vgl. 14.199ff. mit 17.419ff. – Die Differenzen werden m.E. im Kommentar von Russo (1992, z.St.) zu gering veranschlagt. Zwar ist der Bericht über den Ägyptenzug tatsächlich identisch (14.258–272 = 17.427–441), die Enden weichen aber beträchtlich voneinander ab. Hier die Kapitulation des Kreters (mit ihren bemerkenswerten Parallelen zu Archil. 5, s. Seidensticker 1978) mit anschließendem siebenjährigem Aufenthalt beim König der Ägypter (14.276–286), dort der Verkauf nach Zypern (17.442–444).

ὥς τέ που ἢ αὐτὸς παρεὼν ἢ ἄλλου ἀκούσας.

'Sehr der Ordnung entsprechend singst du nämlich das schlimme Geschick der Achaier – alles das, was sie taten und litten, und alles das, was sie unter Strapazen bewirkten – und irgendwie so, wie wenn du selbst dabeigewesen wärst oder es von einem anderen (der dabei war) gehört hättest'.

Mit dem bemerkenswerten Kunstgriff der Erzählung in der Erzählung gibt der Odysseedichter den Blick frei auf seine Selbsteinschätzung. Damit nicht genug: Er schafft dadurch eine außergewöhnliche Konstellation, daß Odysseus, der Hörer von Demodokos' Lied, gleichzeitig Gegenstand dieses Lieds ist, was freilich unter den Anwesenden nur Odysseus selbst bewußt ist. Odysseus' Lob bezieht sich in erster Linie auf Demodokos' erstes Lied, das vom Streit zwischen Achilleus und eben Odysseus gehandelt hatte. Wer sollte in der Lage sein, ein solches Lied zu beurteilen, wenn nicht Odysseus selbst? An dieser Stelle wird der letzte Vers des Lobes bedeutsam (491). Demodokos' Lied wirkt so überzeugend, daß man den Eindruck gewinnen könnte, er sei selbst dabeigewesen. Odysseus weiß natürlich, daß dies nicht der Fall ist. Erneut zeigt sich, daß der textinterne Hörer Odysseus die Leistung des Sängers nicht an den Fakten, sondern an deren stimmiger Wiedergabe mißt. Qualität und Wirkung von Demodokos' Lied hängen nicht davon ab, daß er als Augenzeuge berichtet, 'wie es wirklich war', sondern 'wie es gewesen sein könnte'.[43]

Als Resultat läßt sich festhalten, daß der Odysseedichter einen Wahrheitsanspruch, wie Rösler ihn voraussetzt, nicht hat. Mehr noch: In der vorgeführten gelungenen Mischung von 'Lüge' und Wahrheit zeichnet sich ein spielerisches Ausschöpfen der Möglichkeiten ab, die der Fiktion innewohnen. Dieses Verhältnis zur Fiktion wird an der Darstellung sowohl seiner Modell-Autoren als auch seiner Modell-Hörer deutlich.[44]

Schließlich ist eine grundsätzliche Bemerkung zu den direkten Reden im Epos zu machen. Direkte Reden sind fester Bestandteil des Epos. Daß sie zwangsläufig unauthentisch, also fiktional sind, war für Dichter und Publikum selbstverständlich (Latacz 1997, 111). Rösler ist sich bewußt, daß die direkten Reden nicht authentisch sein können, unterschätzt aber m.E. die Konsequenzen, die sich daraus für seine These ergeben.[45]

---

[43] Ausführliche Argumentation bei Latacz 1988, 167–169 (= 1994, 52–54).

[44] Vgl. Goldhill 1991, 1: "For the *Odyssey* highlights the role and functioning of language itself, both in its focus on the hero's lying manipulations and in its marked interest in the bewitching power of poetic performance. It is in the *Odyssey*, too, that we read one of the most developed narratives of concealed identity, boasted names and claims of renown, and the earliest extended first-person narrative in Greek literature. Indeed, the *Odyssey* is centred on the representation of a man who is striving to achieve recognition in his society, a man, what's more, who is repeatedly likened to a poet."

[45] Rösler 1980a, 297 Anm. 34 (mit Bezug auf Thukydides' Methodenkapitel 1.22): "Offenbar

Es hat sich gezeigt, daß der Teil von Röslers These, der der ältesten griechischen Dichtung und ihren Rezipienten jegliches Fiktionalitätsbewußtsein abspricht, zumindest der Differenzierung bedarf. Faßt man die 'Entdeckung der Fiktionalität' als Erwachen eines Reflexionsprozesses, der ein der Dichtung grundsätzlich inhärentes Phänomen zum Gegenstand hat, an das sich theoretische Erörterungen und entsprechende Studien anschließen, so ist gegen Röslers These nichts einzuwenden. Er hat die Stationen dieses Prozesses überzeugend nachgezeichnet. Daß die Theoretiker, deren Bemühungen in den Schriften des Aristoteles einen ersten Höhepunkt erreichten, die Fiktionalität als solche 'entdeckten' und zum Gegenstand ihrer Untersuchungen machten, führt aber nicht zwingend zum Schluß, daß die Praktiker nicht 'spontan' fiktionale Literatur produzierten. Daß frühgriechische Dichtung (ebenso wie jede andere Dichtung) fiktional ist, muß umgekehrt nicht heißen, daß sie nicht als 'wahr' gedeutet werden kann. Dabei handelt es sich aber – wie gesagt – nicht um eine Wahrheit, die ausschließlich an der Textoberfläche selbst vorzufinden ist.[46]

Daß die fortschreitende Verbreitung von Schriftlichkeit, die schließlich zu einem entscheidenden Wandel im Rezeptionsverhalten geführt hat (lesen statt zuhören), die auf die Fiktionalität gerichtete Reflexion förderte, geht aus Röslers Aufsatz deutlich hervor. Die Frage, ob in der Übernahme der Schrift der eigentliche Auslöser für diesen Prozeß zu sehen ist, möchte ich offen lassen. Ihre Implikationen würden den Rahmen der vorliegenden Arbeit sprengen.[47]

Röslers Versuch, der frühesten griechischen Dichtung Fiktionalität abzusprechen, hatte vornehmlich mit dem Argument des Wahrheitsanspruchs operiert. Offenbar faßt Rösler 'Fiktion' einer gängigen Auffassung entsprechend als Gegenbegriff zu 'Realität' auf.[48] Auf diesem Hintergrund läßt sich besser nachvoll-

---

wurde sie (sc. die Redenfiktion) also noch lange nach Hesiod (sc. bei Thukydides) als so unentbehrliches wie andererseits ausschließlich darstellungstechnisches Verfahren verstanden, das insofern von der Wahrheitsfrage unberührt blieb." Wie aus der unten folgenden Diskussion des Fiktionsbegriffs hervorgehen wird, ist Fiktion nichts anderes als ein 'darstellungstechnisches Verfahren'.

46 Vgl. Goldhill (1991, 44): "The story (sc. *Od.* 17.415ff.) is a fiction to reveal the truth." Und vor allem (46): "in his (sc. Odysseus') falsehoods which are like the truth, there can be seen an awareness and manipulation of language's subtle possibilities of veiling and revealing elements of truth in fiction."

47 Als zusätzliches, hier nicht weiter zu verfolgendes Problem stellt sich die Frage, ob die eigentliche Reflexion der Fiktionalität letztlich nicht doch erst in der frühen Neuzeit vorliegt; vgl. die grundsätzlichen Ausführungen von Iser 1983, 139–140; 1991, 165.

48 Vgl. Röslers Einschätzung Solons (1980a, 298): "Solon, Verfasser von Iamben und Elegien, [steht] in seinen eigenen Gedichten von vornherein außerhalb der Fiktionalitätsproblematik. In ihnen reflektiert und kommentiert er vor allem politisch-moralische Probleme aus der Perspektive des Verantwortung Tragenden, der auf diese Weise eine genuin politische Wirkung erzielen, eine politische 'Wahrheit' vermitteln will."

ziehen, warum Rösler die Unterscheidung zwischen 'Fiktion' und 'Imagination' für so entscheidend hält.[49] Faßt man den Gegenstand der Dichtung z.B. eines Alkaios als 'fiktiv' im Sinn von 'der Realität nicht entsprechend' auf, so wird ja einer pragmatischen Interpretationsweise von vornherein der Boden entzogen.

In diesem Zusammenhang ist auf eine Tendenz in der neueren Literaturwissenschaft hinzuweisen, das gängige Oppositionspaar 'Fiktion versus Realität' durch andere Modelle zu ersetzen, weil es als Beschreibungsmuster ungeeignet ist.[50]

> "Die Opposition von Wirklichkeit und Fiktion gehört zu den Elementarbeständen unseres 'stummen Wissens', und mit dieser von der Wissenssoziologie geprägten Bezeichnung ist jener Vorrat an Gewißheit gemeint, der so gesichert erscheint, daß er als selbstverständlich gelten darf. Nun fragt es sich aber, ob die gewiß handliche Unterscheidung von fiktionalen und nicht-fiktionalen Texten sich an dieser geläufigen Opposition festmachen läßt. Sind fiktionale Texte wirklich so fiktiv und sind jene, die man nicht so bezeichnen kann, wirklich ohne Fiktionen? [...] Wenn fiktionale Texte nicht bar jeglicher Realität sind, dann erscheint es angezeigt, ein solches Oppositionsverhältnis als Orientierung für die Beschreibung fiktionaler Texte aufzugeben, denn die in ihnen erkennbaren Mischungsverhältnisse von Realem und Fiktivem bringen offensichtlich Gegebenes und Hinzugedachtes in eine Beziehung. Folglich kommt in diesem Verhältnis mehr als nur eine Opposition zum Vorschein, so daß es sich empfiehlt, die Zweistelligkeit von Fiktion und Wirklichkeit durch eine dreistellige Beziehung zu ersetzen. Enthält der fiktionale Text Reales, ohne sich in der Beschreibung dieses Realen zu erschöpfen, so hat seine fiktive Komponente wiederum keinen Selbstzweckcharakter, sondern ist als fingierte die Zurüstung eines Imaginären." (Iser 1983, 121).[51]

Das Fiktive äußert sich nach Iser in den verschiedenen *Akten des Fingierens*, die Realitäten in den fiktionalen Text einbauen und damit dem Imaginären eine Konkretisierung verschaffen. Einer dieser Akte des Fingierens ist die *Selektion*, die die Realitätselemente aus ihrem normalen System herauslöst und damit im

---

[49] Rösler 1985a, 149–150 Anm. 1; vgl. unten Anm. 51.

[50] Vgl. Iser 1983; Pavel 1986; Walton 1990.

[51] Die Begriffe des 'Imaginären' (Iser) und der 'Imagination' (Rösler) sind nicht kongruent. Das 'Imaginäre' ist nach Iser etwas 'Ungeformtes', das erst durch den 'Akt des Fingierens' geformt wird und dadurch Teil des fiktionalen Textes werden kann. "Da das Fingieren auf Zwecksetzung bezogen ist, müssen Zielvorstellungen durchgehalten werden, die dann die Bedingungen dafür verkörpern, Imaginäres in eine bestimmte Gestalt zu überführen, welche sich von den Phantasmen, Projektionen, Tagträumen und ziellosen Ideationen unterscheidet, durch die das Imaginäre direkt in unsere Erfahrung tritt" (Iser 1983, 123). "[D]as Imaginäre [gewinnt] im Akt des Fingierens eine Bestimmtheit, die ihm als solchem nicht zukommt" (124). Rösler dagegen geht davon aus, daß im literarischen Text 'Imagination' zum Ausdruck kommt, ohne daß Fiktion vorliegt. Er ist der Auffassung, daß "in den zahlreichen Gebetsgedichten der frühen griechischen Lyrik der Gott, an den sich die Anrede richtet, vorgestellt wird und daß die Zuhörer die Imagination mitvollziehen sollten" (Rösler 1985a, 149–150 Anm. 1). Aus dem Zusammenhang wird ersichtlich, daß diese 'Imagination' Fiktion ausdrücklich nicht einschließt.

fiktionalen Text überhaupt erst wahrnehmbar macht.

> "Solange sie (sc. die Realitätselemente) als Systeme die Organisationsform unserer sozio-kulturellen Welt bilden, fallen sie so weitgehend mit ihren regulativen Funktionen zusammen, daß sie kaum als solche wahrgenommen werden; sie werden für die Realität selbst gehalten. Die Selektion reißt sie aus dieser Identifikation heraus und macht sie zu einem Gegenstand der Wahrnehmung." (126).

Das Fiktive äußert sich im Akt des Fingierens (z.B. in der Selektion), nicht aber im in den fiktionalen Text eingekapselten Realitätselement selbst. "Diese gewiß unterschiedlichen Realitäten sind ihrerseits keine Fiktionen, und sie werden auch nicht zu solchen, nur weil sie in die Darstellung fiktionaler Texte eingehen." (122). Dieser letzte Punkt ist deshalb so wichtig, weil er dazu geeignet ist, die gängigen Vorbehalte gegenüber der Fiktion zu entkräften.

Betrachtet man das folgende Fazit Röslers zur Interpretation frühgriechischer Lyrik (Sapphos im speziellen) auf dem Hintergrund von Isers Modell, wird deutlich, daß die Differenz lediglich terminologischer Natur ist. Rösler schreibt:

> "Sappho *fingiert* weder das junge Paar von Φαίνεταί μοι κῆνος, Anaktoria in Fr. 16 oder die Freundin, die jetzt in Lydien lebt (Fr. 96), noch Aphrodite als Adressatin ihres Gebets in Fr. 1 und auch nicht Hektor und Andromache in Fr. 44. Sie *stellt* sie vielmehr *vor als* reale Wesen, die sei es gleichzeitig mit ihr existieren oder (so das letzte Beispiel) in der Vergangenheit einmal existiert haben." (Rösler 1990, 286; Hervorhebungen: R.N.).

Offensichtlich faßt Rösler 'fingieren' als reine Erfindung auf, wovon in bezug auf seine Beispiele wohl tatsächlich nicht die Rede sein kann. Hingegen ist mit dem, was er 'vorstellen als' nennt, genau der Akt des Fingierens bezeichnet, mit dem die Realitätselemente (hier die genannten Personen) überhaupt erst wahrnehmbar gemacht werden. Folglich liegt auch kein Grund vor, warum frühgriechische Lyrik nicht als Fiktion (im Sinn Isers) angesehen werden darf.

Man kann noch einen Schritt weiter gehen und aufgrund von Isers Theorie eine Folgerung bezüglich der 'wörtlichen Ebene' des Textes ziehen.

> "Andererseits ist es jedoch ebenso zutreffend, daß solche Wirklichkeiten, wenn sie im fiktionalen Text auftauchen, dort nicht um ihrer selbst willen wiederholt werden. Bezieht sich der fiktionale Text auf Wirklichkeit, ohne sich in deren Bezeichnung zu erschöpfen, so ist die Wiederholung ein Akt des Fingierens, durch den Zwecke zum Vorschein kommen, die der wiederholten Wirklichkeit nicht eignen." (Iser 1983, 121).

Das steht im Einklang mit dem oben (S. 8) unter dem Stichwort 'Syllepsis' explizierten Verfahren, über die wörtliche Bedeutung hinaus zu weiteren Bedeutungsebenen vorzudringen.

(e) Das 'Ich' im lyrischen Gedicht; die 'Epinikien-Debatte'

Von den Fragestellungen, die in der gegenwärtigen Forschung zur frühgriechischen Lyrik intensiver diskutiert werden, sind zwei weitere kurz zu erörtern. Insofern der Kern der vorliegenden Untersuchung von diesen beiden Fragenkomplexen nicht wirklich tangiert wird, handelt es sich dabei zwar um eine 'negative' Erörterung, die aber nicht entbehrt werden kann, weil sie notwendigen Hintergrund schafft.

Der erste Komplex betrifft das Verhältnis zwischen dem 'Ich' des Textes und der historisch-biographischen Person des Autors (anders ausgedrückt: zwischen dem impliziten und dem historischen Autor). Dieses allgemein die Interpretation literarischer Texte betreffende Problemfeld wird in der Klassischen Philologie eigentlich erst seit der Publikation der Kölner Epode des Archilochos mit der ihm angemessenen Aufmerksamkeit diskutiert.[52] Zuvor war eine nicht eigens problematisierte biograph(ist)ische Lektüre fast durchwegs die Regel.

Trotz intensivierter Bemühungen ist ein Konsens in der Frage 'biographisch oder fiktiv?' nicht in Sicht.[53] Eines aber ist klar: Auch wer die Auffassung vertritt, daß Literatur letztlich (mehr oder weniger direkt) reale biographische Erlebnisse widerspiegelt, wird zugeben müssen, daß "the major stumbling-block will always be our almost complete ignorance of the extralinguistic context of the poem at the time of its performance" (Slings 1990, 16).[54]

Was speziell die vorliegende Untersuchung betrifft, so verbietet sich hier eine unmittelbar biographische Lektüre schon deshalb, weil es um die *figurativen*, also 'uneigentlichen' (Selbst-)Beschreibungen geht. Der Rollencharakter dieser Beschreibungen ist allein aufgrund der literarischen Rhetorik evident. Diese grundsätzliche Kautel gilt auch für die scheinbar eindeutigen Bilder des 'Kommens' und 'Schickens'.[55]

---

[52] Archil. 196a (*ed. pr.*: Merkelbach-West 1974). – Die Diskussion wurde maßgeblich initiiert durch die konträren Interpretationen der beiden Herausgeber: Merkelbach in der *ed. pr.*, West (1975) in einem 'Epilog'.

[53] An wichtigeren Arbeiten zum Thema sind zu nennen: Dover 1964; West 1974; Bremer 1978; Rösler 1985; Gentili 1990; Slings 1990; vgl. auch die Liste bei Gerber 1997, 6 Anm. 23.

[54] Als Vertreter dieser 'Widerspiegelungs-Auffassung' kann z.B. Gentili gelten (1990, 12–13): "Die Situation, die das Gedicht (sc. die Kölner Epode) darstellt, muß als mit typischen Fakten des Lebens des Archilochos verbunden aufgefaßt werden und nicht als reine 'literarische Fiktion'." Allerdings differenziert er anschließend: "Damit ist nicht die Annahme intendiert, der Bericht sei die wirklichkeitsgetreue Beschreibung von Fakten, die real geschehen sind. Was zu unterstreichen beabsichtigt wird, ist vielmehr dies: die Episode korrespondiert tatsächlichen biographischen Erlebnissen, auch wenn sie von Erfindungen, wie sie der Verleumdungsabsicht entspringen, verändert ist." Und: "Die Diffamierung, sei sie wahr oder falsch, realisiert bei Archilochos dessen Lebens- und Kunstprogramm". Auf einer ähnlichen Linie liegen die Arbeiten von Slings (1990) und Latacz (1992a).

[55] Vgl. S. 229 mit Anm. 3.

Der zweite Fragenkomplex betrifft die Gattung der Chorlyrik und speziell die Aufführungspraxis von Epinikien.[56] Nachdem der chorische Vortrag von Epinikien lange Zeit als nicht problematisierungsbedürftig galt, wurde (im Anschluß an Vorarbeiten) in den achtziger Jahren die These eines monodischen Vortrags aufgestellt, aus der sich eine regelrechte 'Epinikien-Debatte' entwickelt hat.[57] Entscheidend für die vorliegende Arbeit ist die auch von Skeptikern der Einzelsänger-These (z.B. Bremer 1990; West 1992a, 346 mit Anm. 80) geteilte Auffassung, daß alle Ich-Aussagen (oder zumindest die überwiegende Mehrheit) aus der Perspektive des *Dichters* gesprochen sind. Die Behandlung der einschlägigen Stellen in einer Arbeit zur poetologischen Bildersprache ist damit ausreichend begründet – unabhängig von der tatsächlichen Vortragspraxis, die mit den zur Verfügung stehenden Mitteln ohnehin nicht abschließend zu bestimmen sein dürfte.[58]

Die Behandlung dieser Stellen ließe sich im übrigen auch damit begründen, daß auch Vortragende, deren Perspektive nicht mit derjenigen des Autors übereinstimmen muß (ausdrückliche Rollengedichte,[59] Sänger als handelnde Figuren

[56] Beim ersten Punkt geht es um die Aufteilung in Chorlyriker und Monodiker. In einem eigens diesem Thema gewidmeten Aufsatz hat Davies (1988) zeigen können, daß die Unterscheidung zwischen chorlyrischen und monodischen *Dichtern* erst im späten 18. oder frühen 19. Jh. in die Forschung gekommen ist, während die antiken Zeugnisse nur zwischen chorlyrischen und monodischen *Texten* unterscheiden. Daß Sappho, Alkaios und Anakreon in beiden Bereichen tätig waren, weiß man schon länger, für Alkman, Stesichoros, Ibykos, Simonides, Pindar, Bakchylides und andere drängt sich eine entsprechende Vermutung immer mehr auf. Die in Handbüchern (z.B. Literaturgeschichten) nach wie vor gebräuchliche Aufteilung in chorlyrische und monodische *Dichter* sollte daher aufgegeben werden. Die Brisanz dieses Punkts kann an zwei Kuriosa der letzten größeren Literaturgeschichte (Easterling-Knox 1985) illustriert werden: (1) Stesichoros wird im Kapitel 'Archaic Choral Poetry' behandelt, wo es heißt: "the new texts point to poems which [...] do not look as if they were choral" (Segal 1985, 187). (2) Ibykos findet sich im Kapitel 'Monody', das die Polykrates-Ode (S151) als "choral poem written for Polycrates" bezeichnet (Campbell 1985, 216).

[57] Zur Einzelsänger-These: Lefkowitz 1991 (Sammlung mehrerer einschlägiger Arbeiten); Heath 1988; Lefkowitz-Heath 1991; Lefkowitz 1995. Contra: Burnett 1989; Carey 1989; Carey 1991; D'Alessio 1994.

[58] In diesem Sinn schon vor der 'Epinikien-Debatte' Herington 1985, 20–31. – Dieses Bekenntnis zum *non liquet* darf nicht mit der Auffassung verwechselt werden, die Unterscheidung sei unwichtig. Im Gegenteil: Im Fall eines chorischen Vortrags war die von der modernen Narratologie postulierte Trennung zwischen historischem Autor auf der einen und implizitem Autor und Erzähler auf der anderen Seite für den antiken Zuhörer evident.

[59] Zwei Faktoren erschweren die Bestimmung ausdrücklicher Rollengedichte: (1) bei den auf Papyrus überlieferten Fragmenten der oft fehlende Kontext; (2) bei den indirekt überlieferten Fragmenten die antike Zitierpraxis, die sich oft nicht darum kümmert, ob eine Aussage aus dem Mund einer Figur oder des Erzählers stammt. Das Phänomen läßt sich mit Sicherheit fast nur bei den Dramen nachweisen, weil dort auch der vollständige Text vorliegt: Z.B. wird Sophokles bei Athenaios (12.547c) aufgrund einer Stelle aus der *Antigone* als Epikureer *avant la lettre* angesehen (S. *Ant.* 1165–1171): καὶ γὰρ ἡδοναὶ | ὅταν προδῶςιν ἀνδρός, οὐ τίθημ' ἐγὼ | ζῆν τοῦτον, ἀλλ' ἔμψυχον ἡγοῦμαι νεκρόν. | πλούτει τε γὰρ κατ' οἶκον, εἰ βούληι, μέγα, | καὶ ζῆ τύραννον cχῆμ'

im Text), einen Eindruck davon vermitteln, wie der Autor den Themenkomplex 'Dichtung' verstanden wissen will.

(f) Die Präsentation des Materials und ihre methodischen Implikationen

Für einen Gegenstand wie den hier darzustellenden werden in der Forschung folgende zwei Darstellungstypen angeboten:[60]

• Nach *Autoren* geordnet (mit Einbezug chronologischer und/oder gattungsspezifischer Kriterien).

• Nach *Bildern* geordnet.

Beiträge, die sich mit einem einzelnen Bild(komplex) auseinandersetzen (z.B. Wilhelmi 1967, Müller 1974, Snyder 1980), einem einzelnen Autor gewidmet sind (z.B. Gianotti 1975, Steiner 1986) oder beides miteinander kombinieren (z.B. Péron 1974), verwenden zwangsläufig den zweiten Typ. Dagegen ist der erste (mit weitgehend chronologischer Anordnung) in den übergreifenden Arbeiten vorherrschend (z.B. Dietel 1939, Maehler 1963, Lanata 1963, Kößling 1965, Walsh 1984). Obwohl die vorliegende Untersuchung zu den übergreifenden zu rechnen ist, wird das Darstellungsprinzip nach Autoren für den Hauptteil aufgegeben, weil nur für die wenigsten Autoren eine abgerundete Darstellung präsentiert werden kann.[61] Dieses Faktum hat in autorenübergreifenden Studien zur Folge, daß sie im allgemeinen von einigen wenigen Dichterpersönlichkeiten dominiert werden. Dadurch entsteht dann leicht der Eindruck, daß das jeweils untersuchte Phänomen ein Spezifikum der behandelten Autoren ist. In Wahrheit dürfte das Ungleichgewicht viel eher auf die unterschiedliche Überlieferungslage zurückzuführen sein.[62] Die vorliegende Arbeit geht von der Hypothese aus,

ἔχων, ἐὰν δ' ἀπῆι | τούτων τὸ χαίρειν, τἄλλ' ἐγὼ καπνοῦ cκιᾶc | οὐκ ἂν πριαίμην ἀνδρὶ πρὸc τὴν ἡδονήν. – ' Denn wenn die Freude den Mann im Stich läßt, zähle ich diesen nicht zu den Lebenden, sondern halte ihn für einen beseelten Leichnam! Häufe Reichtum an im Haus, wenn du willst, in großem Maß und lebe wie ein Herrscher im Wohlstand. Wenn dem die Freude abgeht, würde ich dir den Rest nicht um den Schatten eines Rauchs abkaufen an Stelle der Freude!' (Der Bote spricht – auf dem Hintergrund des gleich zu meldenden Selbstmords Haimons!)

[60] Vgl. Pöschl (1964, VII) in der Einleitung zur 'Bibliographie der antiken Bildersprache', die gleichzeitig einen Sonderfall darstellt, weil sie beide Darstellungsmuster nacheinander umsetzt.

[61] Walsh (1984, vii) geht noch einen Schritt weiter: "It (sc. my method) requires more material than some poets provide. Archilochus and Sappho are excluded, most notably among authors of lyric, because the extant fragments are neither copious enough nor explicit enough about poetics to support an articulated argument." Dies hat zur Folge, daß er von den frühgriechischen Dichtern nur Homer, Hesiod und Pindar behandelt.

[62] Übergreifende Studien werden dominiert vom Epos (Homer, Hesiod) einerseits und von Pindar und Bakchylides andererseits. Diese beiden 'Eckpunkte' unterscheiden sich in zweifacher Hinsicht von den Dichtern dazwischen: (1) Durch den Umfang (Epos: ca. 30'000 Verse, Pindar und

daß poetologische Bilder grundsätzlich in sämtlichen dichterischen Texten vorkommen können. Deshalb sind die Stellen im Hauptteil nach den *Bildern* angeordnet. Auf diese Weise können auch einschlägige Stellen aus den *lyrici minores* oder aus anonym überlieferten Texten miteinbezogen werden.

Die einzelnen Bilder werden im Hauptteil der Arbeit zu Gruppen zusammengefaßt. Diese werden zusätzlich nach thematischen Kriterien strukturiert (s.u.).[63] Die anhand von modernen Begriffen erfolgte Gruppeneinteilung dient lediglich der Übersichtlichkeit, um die Zusammenstellung auch als Nachschlagewerk benutzbar zu machen. Die Bildkomplexe sollen aber keinesfalls einen 'genetischen' Zusammenhang zwischen den einzelnen Bildern und Ausdrücken suggerieren. Eine Erklärung für ihre Entstehung läßt sich nur in den wenigsten Fällen und mit Vorbehalten geben. Überdies widersetzt sich das Material gelegentlich den Kategorien, was sich z.B. darin äußert, daß meine Bild-Trennlinien einzelne Belege 'zerschneiden', weswegen diese Belege mehrfach aufgeführt werden müssen. Mit den Mehrfachnennungen und den modernen Begriffen als Einteilungskriterien ergeben sich Kategorien, die genaugenommen sachfremd sind.

Es hat sich jedoch als unmöglich erwiesen, aus dem griechischen Material ein inhärentes Kategorien- und Begriffssystem zu deduzieren. Ein semasiologisches Vorgehen wäre vor allem dann wichtig, wenn eine Unterscheidung zwischen Innovativität und Clichéhaftigkeit des Einzelbelegs angestrebt wäre. Aus den oben (S. 3ff.) dargelegten Gründen wird darauf aber verzichtet. Statt dessen wird die Frage ins Zentrum gerückt, welche antiken Vorstellungen zur Prägung der einzelnen Bilder geführt haben könnten. Bei der Erarbeitung von (antiken) Konzeptionen greift die rein semasiologische Vorgehensweise gelegentlich zu kurz, weil sie alle die Fälle, in denen zwar eine Vorstellung besteht, aber kein eigentlicher Begriff dafür im Material greifbar ist, nicht zu erfassen vermag.[64] Die gewählte Methode wird also dem Gegenstand eher gerecht. Ein weiterer Vorteil

---

Bakchylides: gegen 5'000 Verse, die (teilweise umfangreichen) Fragmente nicht gerechnet). (2) Dadurch, daß sie weitgehend *vollständig* überliefert sind (in bezug auf Pindar und vor allem Bakchylides mit Einschränkungen), weshalb die Interpretation nicht laufend durch das Fehlen eines weiteren Kontexts in Frage gestellt wird.

[63] In Zielsetzung und Materialaufarbeitung ergeben sich Analogien zur Dissertation von Kuhlmann (1906). Allerdings verzichtet Kuhlmann darauf, die Bilder-Gruppen zusätzlich zu strukturieren und die Einteilung zu kommentieren. Deshalb handelt es sich im wesentlichen um eine (nicht vollständige) Stellensammlung.

[64] Dieses methodische Problem kann in den verschiedensten Zusammenhängen auftauchen. Lloyd-Jones (1983, 157–158) streicht die Grenzen der reinen Semasiologie bei der Rekonstruktion von Rechtsvorstellungen (zumal des homerischen Epos) heraus, Latacz (1977, 7–10) diejenigen bei der Interpretation von Tyrtaios' Kampfparainesen auf dem Hintergrund der homerischen. – Der Verzicht auf eine rein semasiologische Methode hat Konsequenzen für die Materialerfassung, weil Indices und das CD-ROM des 'Thesaurus Linguae Graecae' (University of California, Irvine) lediglich als ergänzende Hilfsmittel beigezogen werden können.

besteht darin, daß nicht-griechisches Material auch dann ohne Schwierigkeiten eingearbeitet werden kann, wenn es nicht aus etymologischen Gründen beigezogen wird. Nicht zuletzt geht es bei der Einteilung in Bilder-Gruppen darum, die Stufe einer reinen Aufzählung von Beispielen zu überwinden.[65] Das letztlich unvermeidliche Problem der Mehrfachnennungen wird durch ein Verweissystem (s.u.) entschärft.

Das Erscheinungsbild der einzelnen Kapitel ist recht unterschiedlich. Zum einen divergieren sie in quantitativer Hinsicht ziemlich stark, zum andern sind einzelne Gruppen weit homogener als andere. Ein für sämtliche Bildkomplexe identisches Darstellungsprinzip wäre deshalb sinnwidrig. Dennoch sollen gewisse allgemeine Richtlinien gelten:

Chronologische Gesichtspunkte werden zwar berücksichtigt, stellen aber nicht das zentrale Anordnungsprinzip dar. Im Wissen um die Probleme, die eine chronologische Abfolge gerade für diesen Zeitabschnitt stellt (gleiches gilt im übrigen für die Bestimmung der Gattungen: West 1974, 18), verzichtet die vorliegende Arbeit fast vollständig auf Quellenforschung. Dadurch wird zweierlei erreicht:

(1) Der Einzelbeleg (und damit der einzelne Dichter) kommt mehr zu seinem Recht. Die Quellenforschung läuft latent Gefahr, es beim Herausarbeiten von Bezügen bewenden zu lassen. Damit verkürzt sie die Interpretation um eine entscheidende Komponente, weil der Nachweis, wo der Dichter X das Element Y her hat, nur bedingt etwas darüber aussagt, was dieses Element in seinem 'neuen', aktuellen Kontext leistet.[66] Mit Recht ist angezweifelt worden, daß die Vorstellung eines Versatzstücke kombinierenden frühgriechischen Dichters dessen geistigen Schöpfungsprozeß adäquat wiedergibt (s. S. 5). Im übrigen müssen Resultate der Quellenforschung angesichts der schwierig zu etablierenden Chronologie und angesichts der schlechten Überlieferungslage grundsätzlich mit einem Fragezeichen versehen werden (Edwards 1971, 189).

(2) Die Betonung der 'synchronen' Ebene verleiht den Resultaten der Untersuchung ein gewisses eigenständiges Recht, das nicht vom Gelingen bzw. Mißlingen der (notgedrungen) oft hypothetischen Datierung und Gattungszuweisung abhängig ist.

Der weitgehende Verzicht auf Quellenforschung hat nicht zur Folge, daß diachrone Aspekte gänzlich unberücksichtigt bleiben. Die historische Entwicklung

---

[65] Trotz ihres Materialwerts ist dieses reine Aufzählen ein Defizit von Arbeiten wie Dornseiff 1921, Gundert 1935, Campbell 1983; ebenso Steiner 1986, die die Einteilung in thematische Gruppen, die sie in den Kapitelüberschriften andeutet, nicht wirklich umsetzt.

[66] Vgl. Bowras Bemerkung zu Anakr. 358.5–6: "It (sc. ἀπ' εὐκτίτου Λέcβου) is clearly derived from the Homeric ἐϋκτιμένηι ἐνὶ Λέcβωι, but that does not explain why Anacreon uses it" (Bowra 1961, 285).

soll aber eher so nachgezeichnet werden, daß generelle Tendenzen ausgemacht werden, statt auf Einzelstellen bezogene Quellenforschung zu betreiben. Dieses Nachzeichnen der Tendenzen erfolgt im Schlußkapitel (S. 352ff.).

Der Diachronie übergeordnet ist der Versuch, die Bildlogik durch eine möglichst sinnvolle Anordnung der Stellen deutlich werden zu lassen. Auf seiten der *vehicles* bedeutet dies, die einzelnen poetologischen Bilder (und die dahinterliegenden Konzeptionen) so genau wie möglich zu erfassen und sowohl Berührungspunkte als auch Differenzen zu verwandten Bildern deutlich werden zu lassen. Um ermüdende Wiederholungen zu vermeiden, ist die Kommentierung hier (wie allgemein in dieser Arbeit) knapp gehalten. Die Anordnung der Belege soll zu einem gewissen Grad für sich selbst sprechen, indem die Stellen sich gegenseitig kommentieren (oft unterstützt durch ausdrückliche Querverweise).

Die knappe Kommentierung und der weitgehende Ausschluß der nicht die Poetologie betreffenden Bedeutungsebenen stellen zweifellos eine beträchtliche Verkürzung der Interpretation dar. Ein anderes Vorgehen hätte aber bei weit über 600 zu behandelnden Stellen eine überblickbare Materialdarstellung unmöglich gemacht (zu den Gründen gegen eine exemplarische Behandlung s. S. 29). Zumal in den umfangreicheren Kapiteln würde eine ausführliche Behandlung der einzelnen Stelle das primäre Erkenntnisziel fast zwangsläufig aus dem Blick kommen lassen.

Auf seiten des *tenor* wird nach Möglichkeit differenziert, ob die Vergleichung dem Produzenten (dem Dichter) oder dem Produkt (dem Gedicht/Lied) gilt. Entsprechend ist von 'produzentenbezogenen' und 'produktbezogenen' Vergleichungen die Rede. Die Unterscheidung ist nicht in allen Fällen möglich bzw. sinnvoll, etwa dann nicht, wenn beide Vergleichungsarten kombiniert sind.[67] Die Unterscheidung ist aber grundsätzlich sinnvoll, weil die rein 'produktbezogenen' Vergleichungen gemäß der Bildlogik dem Lied eine gewisse Unabhängigkeit von der Person des Dichters verschaffen. Diese zumal für die 'Nachwirkung' von Dichtung bedeutsame Implikation wird S. 355ff. zusammenfassend ausgewertet.

Konkret sieht die Darstellung wie folgt aus:

Vorausgeschickt (gelegentlich auch dazwischengeschaltet) werden in Petit-Satz die nicht-griechischen (d.h. indogermanischen und vorderasiatischen) 'Parallelen', die einen Beleg oder eine Vorstufe des jeweiligen poetologischen Bildes enthalten.

'Vorstufe' ist erneut nicht produktionsästhetisch-genetisch zu verstehen und suggeriert keine Abfolge. Die nicht-griechischen Parallelen sollen einen Hinweis

---

[67] Z.B. Pi. fr. 179: ὑφαίνω δ' Ἀμυθαονίδαισιν ποικίλον | ἄνδημα. – 'Ich webe den Amythaoniden ein buntes Gewebe'. — [3.82]

darauf geben, daß das Bild Teil einer 'allgemeinen Dichtersprache' bilden könnte. Ob die einzelnen frühgriechischen Dichter diese Texte gekannt haben (können), ist daher in diesem Zusammenhang unerheblich. Daß es sich bei diesen nichtgriechischen Parallelen um Vorstufen handelt, wird auch daran ersichtlich, daß nicht nur Bilder für die dichterische Rede, sondern auch solche für die allgemeine Rede berücksichtigt sind.

In Normaldruck folgen (sofern vorhanden) griechische Belege, die nicht als poetologische Bilder im eigentlichen Sinn gelten können (unter gelegentlichem Einschluß von Bildern für die nicht spezifisch dichterische Rede). Sie bilden gewissermaßen die Vorstufe oder das Fundament, auf der die poetologische Verwendung aufbaut (wiederum ohne genetische Implikation). Diese Stellen sind am rechten Seitenrand mit der Sigle 'F' markiert.[68]

Die einschlägigen poetologischen Bilder werden alle ausgeschrieben. Die beiden Alternativen, die erwogen wurden, (1) Auswahl exemplarischer Stellen oder (2) Auswahl einzelner Bildkomplexe, erwiesen sich als ungeeignet. Die (1) Auswahl exemplarischer Stellen verbot sich, weil sie fast zwangsläufig dazu führen würde, in einer Art Blütenlese die schlagendsten Stellen vorzuführen. Es ist aber ein erklärtes Ziel der vorliegenden Arbeit, gerade die Fülle und Vielfalt der poetologischen Bilder zu dokumentieren. Darin ist eingeschlossen, die (quantitativen) Unterschiede zwischen den verschiedenen Bildkomplexen deutlich werden zu lassen. Außerdem beleuchten besonders einprägsame und eher beiläufig gesetzte Bilder sich gegenseitig. Eine (2) Auswahl einzelner Bildkomplexe wiederum würde dazu verleiten, aus diesen Bildkomplexen Schlußfolgerungen zu ziehen, die vor der Gesamtheit der Bildkomplexe keinen Bestand hätten.[69]

Die einzelne Belegstelle hat folgendes Aussehen:

[6.11] Pi. *I.* 5.62–63 (Liedschluß; Selbstapostrophe): B

λάμβανέ οἱ cτέφανον, φέρε δ' εὔμαλλον μίτραν,
καὶ π τ ε ρ ό ε ν τ α νέον cύμπεμψον ὕμνον.

'Nimm für ihn (sc. den Sieger) einen Kranz und bringe ihm eine schönwollige Binde und sende mit ein geflügeltes neues Lied!' — [9.35], [10.1], [14.8], [16.8]

Links vorangestellt ist in eckigen Klammern die Kapitel- und Laufnummer [6.11]. Sie dient den Querverweisen. Daran schließt sich die übliche Stellenangabe an (Pi. *I.* 5.62–63, zu den Zitierkonventionen S. 34f.). Fehlt eine Angabe zur Verszahl, ist der Text (im allgemeinen ein Fragment) vollständig abgedruckt.

---

[68] 'F' steht für 'Fundament'. Wegen der Ähnlichkeit der Vorstufen mit den eigentlichen Bildern könnte man bei F auch an 'Folie' denken, doch wird dieser Begriff im Text für anderes verwendet (vgl. S. 32).

[69] Vgl. dazu die Auseinandersetzungen mit entsprechenden Einzeluntersuchungen S. 69 Anm. 5, 110 Anm. 56, 124f., 134 Anm. 20, 178 Anm. 1.

In runden Klammern folgen zusätzliche Hinweise, v.a. auf besondere Stellung im Text, auf Selbstapostrophen (S. 33) und bei direkten Reden auf die Identität des Sprechers. Die Siglen am rechten Seitenrand unterscheiden zwischen B für (poetologisches) Bild, D für Dubium und F für Fundament (s.o.).

Das/die für den Bildkomplex des aktuellen Kapitels entscheidende/n Wort/ Wörter ist/sind im Text durch Sperrung hervorgehoben. Enthält der zitierte Passus zusätzlich einschlägige Bilder, die in anderen Kapiteln behandelt sind, wird am Ende der Übersetzung auf die entsprechenden Kapitel- und Laufnummern verwiesen.

Die Übersetzung verfolgt zunächst das Ziel, eine unmittelbare Verständnishilfe für die oft aus dem Zusammenhang gerissenen Passagen anzubieten – dies nicht zuletzt mit Blick auf eine fachübergreifende Benutzbarkeit des Buchs. Dabei hat die Übersetzung in erster Linie die Aufgabe, das poetologische Bild des Originals in die Zielsprache zu übertragen. Andere im Grunde bedeutsame Aspekte (Stilebene, 'Poetizität', Versmaß, deutsche Phraseologie usw.) werden diesem Ziel untergeordnet. Dies hat zur Folge, daß die Übersetzung gelegentlich etwas 'prosaisch' klingen mag.[70]

Das 'Fortleben' der einzelnen Bilder in der späteren Literatur (Drama, Hellenismus) wird in Fußnoten dokumentiert – unter Voranstellung der Sigle **FL**.[71]

Die Nennung von Sekundärliteratur ist selektiv. Vollständigkeit der Nachweise, welche Stelle von welchem Forscher bereits als poetologisches Bild gedeutet wurde, ist nicht angestrebt. Da die ersten poetologischen Deutungen schon in den antiken Scholien auftauchen, hätte dies den Nachweisteil enorm anschwellen lassen – ohne entsprechenden Erkenntnisgewinn. Ein Nachweis erfolgt zum einen bei schwierigen und kontrovers interpretierten Stellen, zum andern auf Arbeiten, die sich grundsätzlich mit einzelnen Bildern und Bildkomplexen dieser Untersuchung auseinandersetzen oder sonst übergreifende Stellensammlungen enthalten.[72]

---

[70] Sofern nicht anders vermerkt, stammen die Übersetzungen vom Verfasser, wobei es sich weitgehend um Anpassungen folgender Vorlagen handelt: Homer: *Ilias*: Schadewaldt 1975; *Odyssee*: Schadewaldt 1958; Hesiod: von Scheffer 1965; Lyriker: Latacz 1998, Campbell (1982–1993), West 1993; Pindar: Dornseiff 1965, Dönt 1986, Race 1997; Bakchylides: Maehler 1968, 1982, 1997; Vorsokratiker: Latacz 1998, Diels-Kranz 1951.

[71] Auf einen Textabdruck muß hier weitgehend verzichtet werden. Die **FL**-Fußnoten stellen außerdem eine Auswahl dar. Gelegentlich erfolgt ein Hinweis auf Stellen aus der modernen Literatur.

[72] Solche einschlägigen Arbeiten wurden grundsätzlich bevorzugt behandelt. Ein Einbezug sämtlicher Forschungsbeiträge ist für den vorliegenden Untersuchungsgegenstand ausgeschlossen. Statt dessen sei auf die ausgezeichneten und aktuellen Forschungsberichte von Gerber verwiesen (1987–88; 1989/90; 1991; 1993; 1994).

Das Schlußkapitel versucht, die im Hauptteil in Gruppen aufgeteilten poetologischen Bilder zusammenzuführen. Diese Synthese erfolgt auch auf dem Hintergrund nicht-bildlicher programmatischer Aussagen und diskutiert das Verhältnis von figurativer und nicht-figurativer immanenter Poetik. Anschließend wendet sich die Untersuchung den einzelnen Dichterpersönlichkeiten zu und skizziert deren Umsetzung poetologischer Bildersprache. Auf diese Weise können die Vorteile der beiden eingangs erwähnten (oben S. 25) Darstellungsformen miteinander kombiniert werden. Der nach Bildern geordnete Teil richtet das Augenmerk in erster Linie auf das den Dichtern Gemeinsame. Im nach Autoren geordneten Teil wird den Unterschieden und Eigenarten Rechnung getragen. Darauf aufbauend wird die vermutbare diachrone Entwicklung innerhalb des untersuchten Zeitraums nachgezeichnet.

Zusätzlich zu den Querverweisen erleichtern ein Stellenindex und ein Index der *vehicle*-Wörter die Benutzung.

(g) Kurzdefinitionen wiederkehrender literarischer Motive

Um den Hauptteil der Arbeit von methodischen Erörterungen möglichst freizuhalten und gleichzeitig dem punktuellen Leser die Benutzung zu erleichtern, wird nachfolgend eine Reihe von wiederkehrenden Eigenarten und literarischen Motiven aufgeführt und stichwortartig definiert. Auswahl und Beschreibung der einzelnen Stichwörter richten sich ausschließlich nach den Bedürfnissen des hier verfolgten Erkenntnisziels. Eine 'Poetik der frühgriechischen Dichtung' wird ebensowenig angestrebt wie ein vollständige Doxographie zum einzelnen Eintrag.

ABBRUCHSFORMEL: Formelhafte Wendung, mit der der Erzähler einen (häufig narrativ-mythischen) Teil seines Lieds 'abbricht'.[73] Abbruchsformeln haben häufig die Funktion, zu einem neuen Thema überzuleiten oder zu einem früheren zurückzuführen. Aus diesem Grund wird gelegentlich anstelle von 'Abbruchsformel' von 'Überleitungsformel' ('transitional formula') gesprochen.

ANKÜNDIGUNGSFUTUR: Futurische Ankündigung, die scheinbar eine spätere Einlösung in Aussicht stellt, de facto aber im jeweiligen Text bereits eingelöst ist.[74] Das Phänomen ist eingehend behandelt bei Bundy (1962, 21–22) und Slater (1969a); vgl. Hummel (1993, 231–234), die das Futur voluntativ deutet.[75]

[73] Schadewaldt 1928, 268; z.B. Pi. *I.* 6.56: ἐμοὶ δὲ μακρὸν πάσας ⟨ἀν⟩αγήσασθ' ἀρετάς· – 'Mir aber ist es zu lang(wierig), alle Leistungen aufzuführen'.

[74] Z.B. Pi. *I.* 3/4.90–90b (Liedschluß): σὺν 'Ορσέαι δέ νιν | κωμάξομαι τερπνὰν ἐπιστάζων χάριν. – 'Mit Orseas (sc. dem Trainer) will ich ihn (sc. den Sieger) feiern, indem ich Lob auf ihn träufle, das ihn erfreut'. — [4.6], [7.23]

[75] 'Ankündigungsfutur' ist eine Neuprägung. Gebräuchlich sind: 'enkomiastisches Futur', 'pin-

ANKUNFTSMOTIV: Der Dichter erwähnt ausdrücklich, daß/wie er an den Ort der Aufführung gelangt ist (Bundy 1962, 23–28); ausführlicher zum Ankunftsmotiv S. 229–238.

BUNDY-ARGUMENT: Dieser Begriff versteht sich als Zusammenfassung von Bundys Erkenntnissen zur Epinikien-Forschung: (1) Die (schon vor Bundy festgestellte) Konventionalität dieser Dichtung läßt das Individuelle zweitrangig werden. (2) Die Funktion von Epinikien ist in erster Linie enkomiastisch. In Bundys eigenen Worten:

> "I have given examples from the two poets (sc. Pindar and Bakchylides) of whose work complete specimens survive, in order to suggest that they are not mannerism of a given poet but conventions protecting the artistic integrity of a community of poets working within well-recognized rules of form and order. I have observed and catalogued a host of these conventions and find that they point uniformly, as far as concerns the Epinikion, to one master principle: there is no passage in Pindar and Bakkhulides that is not in its primary intent enkomiastic – that is, designed to enhance the glory of a particular patron." (Bundy 1962, 3).

In der Nachfolge Bundys ist zu Recht betont worden, daß diese Prinzipien nicht zu rigoros umgesetzt werden dürfen. Dennoch stellen sie nach wie vor eine tragfähige Grundlage dar.

ΔΕΞΑΙ-MOTIV: An eine Gottheit gerichtete Bitte (δέξαι = 'nimm an'), das Dargebrachte als Opfer (bzw. wie ein Opfer) anzunehmen (Schadewaldt 1928, 269 u. 274).

FOLIE: Textpassage, die einen (oft kontrastierenden) Vergleichsmaßstab für eine andere Stelle liefert, deren Bedeutung durch den Kontrast der Folie deutlicher herausgestellt wird. Bundy (1962) hat diese (an sich geläufige[76]) Konzeption auf die Epinikien-Dichtung angewandt und gezeigt, daß viele Folien primär rhetorisch sind. Dies gilt insbesondere für Negativfolien, die man lange Zeit (seit den antiken Scholien) biograph(ist)isch gedeutet hat. Dagegen hat Bundy plausibel machen können, daß sie vor allem Kontrastfunktion haben. Vor dem Dunkel der Folie leuchtet die eigene Leistung um so heller. – In der vorliegenden Untersuchung geht es vor allem um Folien, in denen der Dichter ein Tun skizziert, das für sein eigenes Handeln Modellcharakter hat.

darisches Futur'. Die Neuprägung erfolgt nicht zuletzt mit Blick auf die Differenzierung der Konzeption, die S. 357 Anm. 63 vorgeschlagen wird.

[76] Z.B. Schadewaldt 1928, 297.

HINDERNISMOTIV: Hinweis des Dichters auf Umstände, die seine Arbeit behindert haben.[77] Das Hindernismotiv ist eine Folie. Es dient in erster Linie dazu, die Bedeutung des (trotz des Hindernisses besungenen) Lied-Gegenstands zu erhöhen.

LEICHTIGKEITSMOTIV: Rhetorisches Gegenstück zum Hindernismotiv. Der Dichter streicht die Großartigkeit des zu besingenden Anlasses heraus, weshalb es für ihn ein leichtes sei, ein Lied darauf zu komponieren.[78]

LOB DER SIEGERFAMILIE: Fakultativer, aber häufiger Bestandteil eines Epinikions: Lobende Erwähnung der Verwandten des Siegers, ihrer adligen Gesinnung usw. (vgl. Sieger-Lob) und/oder ihrer früher errungenen Siege (vgl. Sieges-Lob).

NEUHEITSMOTIV: Der Dichter kündigt ausdrücklich 'etwas Neues' an.[79] Im griechischen Kulturraum läßt sich das (auf die Dichtung bezogene) Neuheitsmotiv – entgegen einer gelegentlich geäußerten Auffassung – bereits im homerischen Epos nachweisen.[80] Das Neuheitsmotiv zieht sich durch sämtliche Gattungen und Epochen hindurch und präsentiert sich in den vielfältigsten Formen.

NON-PLUS-ULTRA-MOTIV: Warnung des Dichters, die dem Menschen gesetzten Grenzen nicht zu überschreiten, weder lokal noch in übertragenem Sinn.[81]

SCHULDMOTIV: Beschreibt das Verhältnis zwischen *laudator* und *laudandus*. Der Dichter steht in der 'Schuld' des Siegers und 'begleicht' sie mit seinem Lied.[82] Das Schuldmotiv ist eine Ausformung des Sieg-Lied-Motivs.

---

[77] Thummer 1968, 82; z.B. Pi. *I.* 1.1–3 (Liedbeginn): Μᾶτερ ἐμά, τό τεόν, χρύcαcπι Θήβα, | πρᾶγμα καὶ ἀcχολίαc ὑπέρτερον | θήcομαι. – 'Meine Mutter, Thebe mit dem goldenen Schild, deine Sache (das Lied ist einem Thebaner gewidmet) will ich sogar höher als (andere) Verpflichtungen stellen'.

[78] Thummer 1969, 26 (im Anschluß an Bundy 1962, 15 Anm. 39, 17, 61–62); z.B. Pi. *N.* 8.46–47: cεῦ δὲ πάτραι Χαριάδαιc τ' ἐλαφρὸν | ὑπερεῖcαι λίθον Μοιcαῖον ἕκατι ποδῶν εὐωνύμων – 'Deinem (sc. des Siegervaters) Vaterland und den Chariaden einen Musenstein zu setzen wegen der berühmt(machend)en Füße ist leicht'. — [3.99]

[79] Das Neuheitsmotiv ist z.B. auch für den vedischen Dichter ein Ziel (Gonda 1975, 70 mit Anm. 55; z.B. Rigveda 1.12.11; 2.17.1).

[80] *Od.* 1.351–352: τὴν γὰρ ἀοιδὴν μᾶλλον ἐπικλείουc' ἄνθρωποι, | ἥ τιc ἀϊόντεccι νεωτάτη ἀμφιπέληται. – 'Denn dasjenige Lied preisen stärker die Menschen, das jeweils den Zuhörenden das neuste ist.'

[81] Thummer 1968, 152; lokal: Pi. *N.* 4.69: Γαδείρων τὸ πρὸc ζόφον οὐ περατόν. ('Den dunklen Westen von Gadeira kann man nicht erreichen.') – Übertragen: Pi. *I.* 5.14: μὴ μάτευε Ζεὺc γενέcθαι· ('Strebe nicht danach, Zeus zu werden!')

[82] Schadewaldt 1928, 278 mit Anm. 1; Bundy 1962, 42; ausführlicher unten Kap. 15.

SELBSTAPOSTROPHE: Der Erzähler apostrophiert sich selbst (mit Vokativen und/oder Verben in der 2. Sg. Ind. bzw. Imp.) und richtet z.B. eine Aufforderung an sich selbst.[83]

SIEGER-LOB: Fester Programmpunkt eines Epinikions: Lobende Erwähnung des siegreichen Athleten, seiner herausragenden Leistung, seiner adligen Gesinnung usw. (Thummer 1968, 38–47).

SIEGES-LOB: Fester Programmpunkt eines Epinikions. Das Sieges-Lob kann umfassen: lobende Erwähnung des aktuellen Siegs, früherer Siege (auch von Verwandten, vgl. Lob der Siegerfamilie), der Wettkampfdisziplin, des Wettspielortes, der dort verehrten Gottheit(en), des Trainers (Thummer 1968, 19–37).

SIEG-LIED-MOTIV: Sieg und Lied (bzw. Sieger und Sänger) bedingen einander wechselseitig. Das Epinikion braucht (als Stoff) den Sieg. Dieser muß im Lied verherrlicht werden, um zur vollen Geltung zu kommen (Schadewaldt 1928, 294–295 mit Anm. 2).

ÜBERGANGSFORMEL: s. Abbruchsformel.

VERIRRMOTIV: Der Dichter gibt vor, vom richtigen Weg abgekommen zu sein, und fordert sich (explizit oder implizit) dazu auf, dorthin zurückzukehren.[84]

XEINOS-MOTIV: Der Dichter beruft sich auf ein Verhältnis der Freundschaft (ξενία, φιλία), das zwischen ihm und dem Adressaten bestehe.[85]

(h) Zitierkonventionen

Trotz der verwirrenden Vielfalt unter den Lyriker-Editionen drängt sich für eine kommentierte Stellensammlung eine Kurzzitierweise auf. Deshalb wurde für die behandelten Autoren eine 'Standard-Edition' gewählt, nach der im Text stillschweigend zitiert wird. Ausschlaggebend für die Wahl war in erster Linie die Verbreitung dieser Edition.[86] Textvarianten werden nur erörtert, wenn sie die Argumentation direkt betreffen. Auf ein Kürzel für 'Fragment' wird außer bei Pindar und Bakchylides verzichtet.

---

[83] Z.B. Pi. *O.* 2.89: ἔπεχε νῦν cκοπῶι τόξον, ἄγε θυμέ· – 'Richte jetzt auf das Ziel den Bogen: auf, mein Herz!' — [6.7]

[84] Z.B. Pi. *P.* 11.38–40: ἦρ', ὦ φίλοι, κατ' ἀμευcίπορον τρίοδον ἐδινάθην, | ὀρθὰν κέλευθον ἰὼν τὸ πρίν· ἤ μέ τις ἄνεμος ἔξω πλόου | ἔβαλεν, ὡς ὅτ' ἄκατον ἐνναλίαν; – 'Wahrhaftig, ihr Freunde, ich bin auf einem sich teilenden Dreiweg irregegangen und war doch geraden Wegs gegangen zuvor. Oder hat mich ein Wind aus der Bahn geworfen wie ein Boot im Meer?' — [11.44], [13.11]

[85] Schadewaldt 1928, 314–317; ausführlicher unten Kap. 16.

[86] Die übrigen relevanten Editionen sind in der Bibliographie aufgeführt. Aufgefunden werden die Fragmente in diesen Editionen mittels der Konkordanzen im Anhang der Editionen (für die Meliker s. auch Proff 1992).

Zitiert werden:

• Meliker nach PMG (Page 1962; Numerierung identisch mit PMGF: Davies 1991);

• Sappho und Alkaios nach Voigt 1971 (Numerierung weitgehend identisch mit Lobel-Page 1955);

• Neufunde werden bei beiden Gruppen ergänzt durch SLG (Page 1974); zur Unterscheidung steht wie üblich ein 'S' vor der Fragmentnummer;

• Elegiker und Iambographen nach West 1989/92 (IEG);

• Pindar nach Snell-Maehler 1987/89;

• Bakchylides nach Snell-Maehler 1970 (ergänzt durch Maehler 1982/97).[87]

---

[87] Die Elegien von Xenophanes und Kritias werden nach West 1992 zitiert, dessen Numerierung mit derjenigen von Diels-Kranz identisch ist.

B. Die Bilder

1. Tiere

Menschen mit Tieren zu vergleichen gehört zu den festen und wohl ältesten Bestandteilen von Sprache im allgemeinen (Schimpfwörter!) und Dichtersprache im speziellen. Schon die ältesten heute noch greifbaren Texte verwenden dieses literarische Stilmittel mit Selbstverständlichkeit. Im Griechischen liefern z.B. die Gleichnisse Homers, von denen eine beträchtliche Anzahl aus Tier-Gleichnissen besteht, gute Belege.

Zu den ältesten Formen der Tier-Vergleichung gehört die Fabel, in der die Parallelisierung mit dem Menschen besonders deutlich ist, weil die Tiergestalt nur eine kaschierende Maske für einen bestimmten Menschen(typus) darstellt. Da in der reinen Fabel nur Tiere auftreten, ist die poetologische Tier-Vergleichung in Texten mit 'Ich-Erzähler' (= homodiegetischem Erzähler nach Genette) bereits angelegt. Ob sie aus der Fabel hervorgegangen ist, läßt sich nach heutigem Kenntnisstand nicht beantworten, ist aber angesichts der Ubiquität der Tier-Vergleichung eher unwahrscheinlich.

(a) Singvögel

Den Gesang von Menschen mit demjenigen von Vögeln zu vergleichen dürfte sich zu allen Zeiten und in den verschiedensten Kulturkreisen einer besonderen Beliebtheit erfreut haben. Diese Form der Vergleichung ist so naheliegend, daß sie sich dem Menschen förmlich aufzudrängen scheint.

Parallelen:

Vedisch: Ein Zusammenhang zwischen Vogel und Dichtung ist hier gut bezeugt. Bemerkenswert ist, daß im Unterschied zur griechischen Dichtung die Lieder (einmal sogar die Metren) als Vögel versinnbildlicht sind (z.B. Rigveda 1.25.4: Durante 1968, 245). Das Vergleichsmoment ist hier das Fliegen: Das Lied fliegt wie ein Vogel. In der griechischen Dichtung kommt die Vorstellung des fliegenden Worts vor allem im Pfeil-Bild [6.7ff.] zum Ausdruck. Die im Griechischen dominierende akustische Vergleichung von Sängern mit Vögeln ist allerdings ebenfalls belegt (Rigveda 8.21.5).

Akkadisch: In einem Liebeslied spricht der Verfasser von seinem 'Vogellied' (Foster 1993, 904).

Bildquellen: Anzeichen für die poetologische Vogel-Vergleichung sind auch auf minoischen, mykenischen und frühgriechischen Bilddarstellungen zu finden. Abgebildet sind Sänger mit Saiteninstrument und Vogel: (1) auf einem Fresko aus dem Palast in Pylos (Abb.: Lang 1969, pl. 126); (2) auf einer um 1300 v. Chr. entstandenen Pyxis aus Kalami (Abb.: *ArchDelt* 25, 1970, Taf. 410). Außerdem ist (3) ein Saiteninstrument mit Vogel (*ohne* Sänger) auf einem Scherbenfragment aus Smyrna (um 670; Abb.: Akurgal 1983, Taf. 108a) dargestellt. Schließlich gibt es (4) ein Modell eines Reigentanzes mit Sänger und Vogel aus Palaikastro (Abb.: Evans 1930, 72, fig. 41).[1]

Die oft bezeugte Nähe von Vogel- und Menschgesang bringt es als Konsequenz mit sich, daß der Interpret auch dann berechtigt ist, eine Analogie zwischen dem Vogelgesang und dem Lied des Dichters herzustellen, wenn ein Bezug im Text nicht ausdrücklich hergestellt wird. Diese implizite Vergleichung ist zu selbstverständlich, als daß sie einer umfassenden Dokumentation bedürfte.

Wie geläufig den Dichtern die Singvogel-Vergleichung war, geht besonders deutlich aus einer Paraphrase hervor, die Himerios von einem Alkaios-Lied gibt:

[1.1] Alk. 307c: F

ἄιδουϲι μὲν ἀ η δ ό ν ε ϲ αὐτῶι ὁποῖον εἰκὸϲ ἆιϲαι παρ' Ἀλκαίωι τὰϲ ὄ ρ ν ι θ α ϲ · ἄιδουϲι δὲ καὶ χ ε λ ι δ ό ν ε ϲ καὶ τ έ τ τ ι γ ε ϲ, οὐ τὴν ἑαυτῶν τύχην τὴν ἐν ἀνθρώποιϲ ἀγγέλλουϲαι, ἀλλὰ πάντα τὰ μέλη κατὰ θεοῦ φθεγγόμεναι·

'Es singen für ihn (sc. Apollon) Nachtigallen in der Art, wie man erwarten kann, daß bei Alkaios die Vögel singen. Es singen auch Schwalben und Zikaden; sie vermelden nicht ihr eigenes Schicksal unter den Menschen (gemeint ist wohl: wie sonst), sondern lassen all ihre Lieder über den Gott erschallen'.[2]

Himerios bringt eine Erwartungshaltung zum Ausdruck, derzufolge es wahrscheinlich (εἰκόϲ) ist, daß die Vögel bei einem Dichter wie Alkaios in einer bestimmten Weise singend dargestellt werden. Als weiteren Aspekt gibt die Paraphrase zu erkennen, daß neben der Nachtigall – dem Dichter-Vogel *par excellence* – auch Schwalben in poetologischen Vergleichungen vorkommen (zu den Zikaden s. [1.18ff.]). In der Tat lassen sich in dem hier untersuchten Textmaterial kaum signifikante Unterschiede zwischen den beiden Vogelarten nachweisen.

Die Singvogel-Vergleichung basiert auf der Voraussetzung, daß der Gesang der Vögel schön ist, was ausdrücklich hervorgehoben werden kann:

---

[1] Den Hinweis auf dieses archäologische Material verdanke ich Herrn Prof. St. Hiller (Salzburg), der es allerdings mit den homerischen ἔπεα πτερόεντα verbindet und diese entsprechend als Vogel-Metapher deutet (ähnlich Fornaro 1994, 7 mit Abb. 1). Gegen diese Deutung spricht zum einen, daß ἔπεα πτερόεντα eine Pfeilmetapher ist (vgl. S. 143 mit Anm. 3). Zum andern legt die Darstellung eines Saiteninstruments ohne Sänger (3) den Schluß nahe, daß der Vogel allgemein als akustische Vergleichung mit der Musik in Verbindung gebracht wird (vgl. [1.16] und *Od.* 21.411 [6.2], wo die mit einer Saite verglichene Bogensehne 'wie eine Nachtigall singt') und nicht spezifisch mit den Worten des Sängers.

[2] Zu dieser Übersetzung von κατὰ θεοῦ vgl. Campbell 1982, 355: "but telling of the god in all their songs"; vgl. auch Montanari 1995, s.v. κατά II A d.

[1.2] Anakr. 394a: F

ἡδυμελὲς χαρίεσσα χελιδοῖ

'Süßsingende, liebreizende Schwalbe'.

Eine weitere Vorstufe auf dem Weg zur ausdrücklichen Vergleichung läßt sich darin erkennen, daß den Vögeln Eigenschaften zugeschrieben werden, die eher dem menschlichen Bereich zuzuordnen sind: Der Gesang der Vögel ist leichtfüßig-plappernd und übt damit einen schmeichelnd-verführerischen Reiz auf den Zuhörer aus:

[1.3] Anakr. 453: F

κωτίλη χελιδών

'Plappernde Schwalbe'.

[1.4] Simon. 606: F

κωτίλη γὰρ ἡ χελιδὼν διὰ τὸ λάλος εἶναι παρά τε Ἀνακρέοντι καὶ Σιμωνίδηι καλεῖται

'Plappernd nämlich wird die Schwalbe wegen ihrer Geschwätzigkeit bei Anakreon [1.3] und bei Simonides genannt'.

Das indirekte Gegenstück zu dieser unbeschwerten Leichtigkeit ist die Erklärung, die den ergreifend schönen Gesang von Schwalbe und Nachtigall darauf zurückführt, sie beklagten ihr persönliches Schicksal in einem Trauergesang.[3] Diese Erklärung ist zentraler Bestandteil des Tereus-Prokne-Mythos und auch der Mythenversion, die in der *Odyssee* überliefert ist und wohl eine Variante der attischen Fassung darstellt:[4]

[1.5] *Od.* 19.518–522 (Penelope spricht): F

ὡς δ' ὅτε Πανδαρέου κούρη, χλωρηῒς ἀηδών,
καλὸν ἀείδησιν ἔαρος νέον ἱσταμένοιο,
δενδρέων ἐν πετάλοισι καθεζομένη πυκινοῖσιν,
ἥ τε θαμὰ τρωπῶσα χέει πολυδευκέα φωνήν,
παῖδ' ὀλοφυρομένη Ἴτυλον φίλον, ...

'Wie wenn Pandareos' Tochter, die grünliche Nachtigall, schön singt, sobald der Frühling sich

[3] Dies ist die communis opinio, gegen die Sokrates sich wendet: οὐδὲ αὐτὴ ἥ τε ἀηδὼν καὶ χελιδὼν καὶ ὁ ἔποψ, ἃ δή φασι διὰ λύπην θρηνοῦντα ἄιδειν· ἀλλ' οὔτε ταῦτά μοι φαίνεται λυπούμενα ἄιδειν οὔτε οἱ κύκνοι – 'und nicht einmal die Nachtigall selbst oder die Schwalbe oder der Wiedehopf, von denen man sagt, sie sängen aus Betrübnis Trauerlieder; nein, weder diese scheinen mir aus Betrübnis zu singen noch die Schwäne' (Pl. *Phd.* 85a); vgl. auch [1.1].

[4] Tereus-Prokne-Mythos: Die Pandion-Tochter Prokne wird mit Tereus verheiratet und hat mit ihm einen Sohn (Itys). Tereus vergewaltigt seine Schwägerin Philomele und schneidet ihr die Zunge heraus, damit sie ihn nicht anzeigen kann. Philomele berichtet ihrer Schwester den Vorfall in Form eines gewobenen Bildes, worauf die beiden aus Rache Itys töten. Während Tereus die Schwestern verfolgt, verwandeln die Götter Prokne in eine Nachtigall, Philomele in eine Schwalbe (in gewissen Fassungen auch umgekehrt) und Tereus in einen Wiedehopf (Apollod. 3.14.8; Anspielungen u.a. A. *Supp.* 60–68; *Ag.* 1144f.; S. *El.* 149; E. fr. 773.22–25 N^2 [= *Phaethon* 67–70 Diggle]; Ar. *Av.* 228). – Zur *Odyssee*- Variante: Russo 1992, z.St.

neu eingestellt hat, in den dichten Blättern der Bäume sitzend, und vielfach wechselnd vergießt sie die vielhallende Stimme, wehklagend über ihren Sohn Itylos...'[5] — [8.5]

Mit dem Hinweis auf das Klagende des Gesangs verschiebt sich das Augenmerk auf den Inhalt, den die Vögel mit ihrem Gesang vermitteln. Sie fungieren als Träger einer Botschaft. In diesem Zusammenhang kehrt regelmäßig der Gedanke wieder, daß die Vögel den herannahenden Frühling ankündigen. Möglicherweise schwingt hier die Vorstellung mit, daß die Vögel eine Vermittlerfunktion zwischen göttlicher und menschlicher Sphäre haben.[6]

Zunächst heißt es ganz allgemein, daß die Vögel 'im Frühling' singen (vgl. [1.5]; Hes. *Op.* 568f.; *carm. pop.* 848):

[1.6] Stesich. 211: F

ὅτε ἦροc ὥραι κελαδῆι χ ε λ ι δ ώ ν

'Wenn zur Frühlingszeit die Schwalbe singt'.

[1.7] Simon. 586: F

εὖτ' ἀ η δ ό ν ε c πολυκώτιλοι
χλωραύχενες εἰαριναί

'Wenn die vielplappernden Nachtigallen mit dem grünen Hals im Frühling (singen?)'.[7]

An diese eher allgemein formulierten Stellen schließen die ausdrücklicheren Vergleichungen an, die den Vogel als 'Boten' apostrophieren. Diese Apostrophe bringt zum einen den Vogel dem menschlichen Bereich noch näher. Zum andern ergibt sich eine Verbindung zum poetologischen Bild des Boten (Kap. 2):

[1.8] Sapph. 136: B

ἦροc ἄγγελοc ἰμερόφωνοc ἀ ή δ ω ν

'Die Botin des Frühlings, die reizvoll klingende Nachtigall'.

[1.9] Simon. 597: B

ἄγγελε κλυτά
ἔαροc ἁδυόδμου
κυανέα χ ε λ ι δ ο ῖ

'Berühmte Botin des süßduftenden Frühlings, blauschwarze Schwalbe'.

Die gleiche Konzeption der den Frühling ankündigenden Nachtigall/Schwalbe dürfte auch dem folgenden Liedbeginn des Alkaios zugrunde liegen, auch wenn

---

5 Die χλωρηῒc ἀηδών aus *mel. adesp.* 964b entspricht dem Versende in *Od.* 19.518 und ist aus den Lyriker-Editionen zu streichen (Brussich 1976, 143).

6 Vgl. allgemein die Vogelmantik. – Sophokles (*El.* 149) nennt die Nachtigall Διὸc ἄγγελοc, was die Suda mit ὅτι τὸ ἔαρ cημαίνει, ἢ ὅτι τὴν ἡμέραν kommentiert (von den modernen Kommentatoren seit Kaibel 1896, z.St., allerdings für irrelevant erklärt).

7 Die Stelle ist für die Nähe von Nachtigall und Schwalbe von besonderer Bedeutung, weil das vor allem der Schwalbe attestierte 'Plappern' hier der Nachtigall nachgesagt wird.

FL (κωτίλοc) Simias fr. 26.1–4 Powell (Nachtigall); Strattis fr. 49.6 K-A (Nachtigall); *IG* IV^{2}130.16 (Pan-Hymnos: κωτίλαc ἄνακτα [μ]οίcαc); Kall. fr. 194.81 Pf. (Krähe).

ein Vogel im erhaltenen Text nicht genannt ist:

[1.10] Alk. 367.1 (Liedbeginn): D

Ἦρος ἀνθεμόεντος ἐπάιον ἐρχομένοιο

'Den blütenreichen Frühling hörte ich herankommen'.[8]

Bemerkenswert ist nicht nur, daß das Dichter-Ich den Frühling kommen *hört*, sondern daß der Gesang einer Nachtigall/Schwalbe den Gesang des Dichters gleichsam auslöst, so daß dieser Liedbeginn selbstreferentiell ist. Er steht deshalb in enger Verwandtschaft mit einem ähnlich gearteten Text Sapphos:

[1.11] Sapph. 135 (Liedbeginn): D

Τί με Πανδίονις, ὦ Εἴρανα, χελίδων ...;

'Was hat mich, o Eirene, die Schwalbe Pandions (so früh geweckt?)?' — [17.2]

Dieser erneut auf den Tereus-Prokne-Mythos Bezug nehmende Liedbeginn stellt ebenfalls ein selbstreferentielles Spiel dar, insofern so, wie Sappho aus dem Schlaf geweckt wird, das Lied zum Leben 'erweckt' wird. Durch diese Analogie wird das einsetzende Lied implizit zu einem Schwalben-Gesang.

Ein anderes Lied-Fragment Sapphos stellt in ähnlich subtiler Weise einen Zusammenhang zwischen dem Vogelgesang und dem Menschengesang (in diesem Fall: Chorgesang) her:

[1.12] Sapph. 30.7–9 (Liedschluß, suppl. Lobel): B

[ὤς ἐλάσσω]
ἤπερ ὄσσον ἀ λιγύφω̣[νος
ὔπνον [ἴ]δωμεν̣.

'So daß wir weniger Schlaf sehen als die hellstimmige (sc. Nachtigall)'.

Die Stelle nimmt Bezug auf die in der Antike verbreitete Auffassung, Singvögel schliefen allgemein nur wenig und die Nachtigall sei gänzlich schlaflos (Hes. fr. 312; vgl. auch Ibyk. 303b). Der Sappho-Text wirkt dadurch subtil und unprätentiös, daß der Chor lediglich seine Schlaflosigkeit ausdrücklich mit derjenigen einer Nachtigall vergleicht. Daß sein Gesang wie der einer Nachtigall klingt, ist nur impliziert.

Ein weitere akustische Vergleichung läßt sich vielleicht im folgenden Fragment fassen:

[1.13] Lesb. inc. auct. 28.5–7: D

]ως ἀήδων[
]
]ι φωναι̣[

'Nachtigall ... Stimme'.

[8] Die Vermutung von West (1990, 7), daß im (verlorenen) zweiten Vers ein Genetivobjekt wie κοκκύγω, χελίδονος oder ἀήδονος gestanden hat (ἦρος ἐρχομένοιο dann am ehesten als 'Genetivus absolutus'), ist möglich, aber spekulativ. Sie wird bestritten von Cavallini 1990.

'Nachtigall' und 'Stimme' würden gut zu einer akustischen Vergleichung passen. Sicherheit ist wegen der schlechten Überlieferung nicht zu gewinnen.

Die älteste ausdrückliche Vergleichung eines Dichters mit einer Nachtigall steht in einer Fabel Hesiods und stellt eine Ausnahme dar: Der für die Vergleichung sonst konstitutive Gesang der Nachtigall ist in dieser Fabel nicht der primäre Vergleichspunkt. Vielmehr scheint Hesiod mit der Wahl der Nachtigall, deren Analogie zum Dichter offensichtlich bereits gegeben war, lediglich zum Ausdruck bringen zu wollen, daß die Auseinandersetzung zwischen dem Habicht und der Nachtigall auf ihn persönlich zu beziehen ist und demnach in der Rolle des Habichts sein Bruder Perses wiederzuerkennen ist:[9]

[1.14] Hes. *Op.* 208 (Habicht zur Nachtigall): B

τῆι δ' εἶϲ ἧι ϲ' ἂν ἐγώ περ ἄγω καὶ ἀοιδὸν ἐοῦϲαν·

'Dorthin wirst du gehen, wohin immer ich dich führe, magst du auch eine Sängerin sein'.

Die Ausklammerung des Themas 'Gesang' hat zur Folge, daß der Habicht (im Unterschied zur Krähe [1.43] und zum Raben [1.44]) nicht als akustische Negativfolie anzusehen ist.

Anders verhält es sich in einem Gedicht aus dem Corpus Theognideum, für das die Schönheit des Gesangs den zentralen Punkt darstellt:

[1.15] Thgn. 939–942 (vollständiges Gedicht): B

οὐ δύναμαι φωνῆι λίγ' ἀειδέμεν ὥϲπερ ἀ η δ ώ ν ·
καὶ γὰρ τὴν προτέρην νύκτ' ἐπὶ κῶμον ἔβην.
οὐδὲ τὸν αὐλητὴν προφαϲίζομαι· ἀλλά μ' ἑταῖροϲ
ἐκλείπει ϲοφίηϲ οὐκ ἐπιδευόμενοϲ.

'Nicht vermag ich mit heller Stimme zu singen wie eine Nachtigall. Denn letzte Nacht ging ich auf einen Komos. Ich nehme auch nicht den Auleten zum Vorwand, sondern ein Gefährte fehlt mir, der es nicht am nötigen Sachverstand fehlen läßt'.

Dieser geistreiche Vierzeiler bringt den Verzicht eines Symposiasten zum Ausdruck, seinen kulturellen Beitrag zum Symposion zu leisten. Eine der Pointen des Textes besteht zweifellos darin, daß der Symposiast doch etwas vorträgt, auch wenn seine Stimme infolge eines 'Katers' – vorgeblich oder tatsächlich – noch etwas belegt ist.[10]

---

[9] Puelma 1972; West 1978, z.St., der außerdem vermutet, daß Hesiod in der ihm vorliegenden Fabel einen anderen Vogel durch die Nachtigall ersetzt habe.

[10] Eine der Schwierigkeiten dieses Textes liegt in der Frage, ob man ihn zum Nennwert nimmt. So z.B. van Groningen (1966, z.St.): "Celui qui parle est donc un convive conscient de la beauté de sa voix. Au banquet où il se trouve, on compte sur lui pour qu'il se fasse entendre. [...] il s'exécute parce qu'il n'a pas au banquet d'autre chanteur de mérite." Diese Deutung leuchtet mir nicht ein. Zum einen würde sich dieser Meister durch eine mittelmäßige Darbietung unnötig selbst herabsetzen, zum andern könnten die letzten eineinhalb Verse leicht seine Mitsymposiasten beleidigen. Statt dessen schlage ich vor, daß es sich um eine Liste von gängigen und nicht sonderlich ernst gemeinten 'faulen Ausreden' handelt ('Ich habe noch einen Kater von gestern'; 'Der Aulet ist mir zu schlecht'; 'Ich bin ja hier der einzige, der etwas davon versteht'), mit der der Symposiast auf

Die Schönheit des Gesang dominiert auch in der folgenden Vergleichung, die zudem den Aspekt des Trauergesangs wiederaufnimmt. Außergewöhnlich ist die Stelle vor allem dadurch, daß der Vogelgesang mit dem Klang eines Instruments (Panflöte) verglichen wird:

[1.16] *hh* 19.17–18: B

ὄ ρ ν ι ς ἥ τ' ἔαρος πολυανθέος ἐν πετάλοισι
θρῆνον ἐπιπροχέουσα, χέει μελίγηρυν ἀοιδήν.

(Das Flötenspiel Pans vermag niemand zu übertreffen, auch nicht) 'der Vogel (sc. die Nachtigall), der im blütenreichen Frühling in den Blättern einen Trauergesang hervorfließen läßt und das honigsüß sprechende Lied ausgießt'. — [8.6], dort auch zur Textgestaltung.

Der letzte Beleg dieses Abschnitts unterscheidet sich grundsätzlich von den bisherigen. Die Normalform der Vogel-Vergleichung stellt für ihn die Grundlage dar, von der aus eine zweite Stufe der Vergleichung erreicht wird:

[1.17] B. 3.97–98 (Liedschluß): B

καὶ μελιγλώσσου τις ὑμνήσει χάριν
Κηΐας ἀ η δ ό ν ο ς.

'... und dann wird mancher erklingen lassen die Freundesgabe (= das vorliegende Lied) der honigzüngigen Nachtigall von Keos'.

Ähnlich wie in Hesiods Fabel [1.14] geht es in erster Linie darum, eine Person eindeutig zu identifizieren. Allerdings stellt die Vergleichung mit der schön singenden Nachtigall hier nur eine Zwischenstufe dar. Das Appellativum 'Nachtigall' wird vom Dichter durch die Beifügung des Herkunftsadjektivs 'von Keos' in eine Umschreibung des Eigennamens 'Bakchylides von Keos' umgewandelt, mit dem der Dichter in Form einer Sphragis sein Lied gleichsam siegelt.[11]

Unter den übrigen singenden Tieren schließt mit der *Zikade* eines am engsten an Nachtigall und Schwalbe an, das eigentlich kein Vogel ist – auch nach Auffassung antiker Tierforscher nicht.[12] Eine erste Gruppe von Belegen ist im Zusammenhang mit der Assoziation 'Gesang = Jahreszeitensignal' [1.6ff.] zu sehen; die Jahreszeit der Zikade ist dabei der Hochsommer (Gow 1950, zu Theokr. 5.110f.):

[1.18] Hes. *Op.* 582–584: F

ἦμος δὲ σκόλυμός τ' ἀνθεῖ καὶ ἠχέτα τ έ τ τ ι ξ
δενδρέωι ἐφεζόμενος λιγυρὴν καταχεύετ' ἀοιδήν

---

elegante Weise sein 'Ich passe' zum Ausdruck bringen kann.

[11] **FL** (Nachtigall) Das poetologische Bild der Nachtigall ist in der hellenistischen Literatur sehr gut bezeugt: *AP* 7.44; 7.414 u.ö.

[12] Davies-Kathirithamby 1986, s.v. 'Cicada'. – Die Behandlung unter den Singvögeln ist dadurch begründet, daß Zikaden und Singvögel in einem Atemzug genannt werden [1.1] und durch ähnliche Eigenschaften charakterisiert sind (vgl. v.a. akustische Epitheta wie λιγύς, λιγυρός).

πυκνὸν ὑπὸ πτερύγων,

'Wenn die Distel blüht und die zirpende Zikade im Baum sitzend ihr hellklingendes Lied herabgießt, dicht unter den Flügeln hervor'. — [8.7]

Die Distel blüht zur Sommersonnenwende (West 1978, z.St.).

Eine Stelle aus dem pseudo-hesiodeischen 'Schild' lautet sehr ähnlich:

[1.19] [Hes.] *Sc.* 393–397: F

ἦμος δὲ χλοερῷι κυανόπτερος ἠχέτα τέττιξ
ὄζωι ἐφεζόμενος θέρος ἀνθρώποισιν ἀείδειν
ἄρχεται, [...]
καί τε πανημέριός τε καὶ ἠῷος χέει αὐδήν
ἴδει ἐν αἰνοτάτωι,

'Wenn die zirpende Zikade mit dunklen Flügeln auf dem grünen Zweig sitzend den Menschen den Sommer zu singen beginnt ... und den ganzen Tag und am Morgen die Stimme ausgießt in der schrecklichsten Hitze'. — [8.8]

Neben dem Hinweis auf die drückende Sommerhitze kehrt sowohl das 'Singen vom Baum' als auch das 'Singen unter den Flügeln hervor' in anderen Lied-Fragmenten wieder:

[1.20] Alk. 347.1–3 (Liedbeginn): F

Τέγγε πλεύμονας οἴνωι, τὸ γὰρ ἄστρον περιτέλλεται,
ἀ δ' ὤρα χαλέπα, πάντα δὲ δίψαισ' ὐπὰ καύματος,
ἄχει δ' ἐκ πετάλων ἄδεα τέττιξ...

'Netze deine Lungen mit Wein; denn der Stern (= Sirius: Latacz 1998, 385 Anm. 27) geht jetzt auf. Diese Zeit ist schwer zu ertragen, alles dürstet vor Hitze, es zirpt aus den Blättern süß die Zikade'.

Dieses 'Singen vom Baum' ist signifikant und mehr als nur eine Begleiterscheinung.[13] Die warnende Fabel des Stesichoros, die Aristoteles (*Rh.* 1394b33–1395a2; vgl. 1412a22f.) überliefert, operiert mit diesem Topos:

[1.21] Stesich. 281b: F

ἁρμόττει δ' ἐν τοῖς τοιούτοις ... τὰ αἰνιγματώδη, οἷον εἴ τις λέγει ὅπερ Στησίχορος ἐν Λοκροῖς εἶπεν, ὅτι οὐ δεῖ ὑβριστὰς εἶναι, ὅπως μὴ οἱ τέττιγες χαμόθεν ᾄδωσιν.

'In solchen Fällen eignet sich die metaphorische Ausdrucksweise, z.B. wenn jemand so redet, wie Stesichoros in Lokroi gesagt hat: sie sollten keine Frevler sein, damit die Zikaden nicht vom Boden aus sängen'.[14]

---

[13] Vgl. Arist. *HA* 556a22: οὐ γίγνονται δὲ τέττιγες ὅπου μὴ δένδρα ἐστίν.

[14] Nach Auffassung der Kommentatoren (z.B. Kennedy 1991, 184) will Stesichoros die Lokrer davor warnen, daß ihre Stadt dem Erdboden gleichgemacht werden könnte, wenn sie nicht von ihrem Tun abließen. Mit Blick auf die in Anm. 13 zitierte Stelle aus der 'Historia animalium' ist allerdings auch denkbar, daß mit der Zikaden-Vergleichung ein Adynaton zum Ausdruck gebracht wird: 'Wenn ihr nicht aufhört, wird es hier keine Liedkunst mehr geben!'

Das 'Singen unter den Flügeln hervor' ist in einem weiteren aiolischen Fragment bezeugt, dessen Autor umstritten ist:

[1.22] Sapph. 101A.1–2 (= Alk. 347b L-P): F

πτερύγων δ' ὕπα
κακχέει λιγύραν ἀοίδαν,

'Unter den Flügeln hervor gießt aus ein hellklingendes Lied (sc. die Zikade)'. — [8.9]

Der Hinweis auf die Entstehungsweise des Gesangs ('unter den Flügeln hervor') verbindet diese Zikaden-Vergleichung mit derjenigen des Schwans [1.26]. Zuvor ist aber auf diejenigen Zikaden-Vergleichungen einzugehen, die einen ausdrücklichen Bezug zur Dichtkunst herstellen.

Eine Stelle aus der *Ilias* läßt sich als Vorstufe dieser Vergleichung fassen, weil hier erstmals Zikade und Mensch parallelisiert werden:

[1.23] *Il.* 3.149–152: F

ἥατο δημογέροντες ἐπὶ Cκαιῇcι πύληιcι,
γήραϊ δὴ πολέμοιο πεπαυμένοι, ἀλλ' ἀγορηταί
ἐcθλοί, τεττίγεccιν ἐοικότες, οἵ τε καθ' ὕλην
δενδρέωι ἐφεζόμενοι ὄπα λειριόεccαν ἱεῖcι·

'Es saßen die Volksältesten am Skaiischen Tor, durch ihr Alter des Kriegsdienstes schon enthoben, aber tüchtige Redner, Zikaden gleichend, die im Wald auf dem Baum sitzend ihre Lilien-Stimme entsenden.'

Drei weitere Stellen sind als poetologische Vergleichungen anzusehen: Bei der ersten, Sapphos Behandlung des Tithonos-Mythos (Sapph. 58), bleibt der Bezug zur Dichtung allerdings hypothetisch, weil die entscheidende Verwandlung des Tithonos in eine Zikade in den erhaltenen Textresten nicht erwähnt ist. Wie aber aus dem Exkurs (s. u. zu [1.41]) hervorgeht, spricht vieles dafür, daß die Analogie zwischen den beiden alternden Figuren, Sappho und Tithonos, darin besteht, daß beide 'nur als Stimme' – Tithonos als Zikade, Sappho als Dichterin – weiterleben.

An der zweiten Stelle wird die Zikade in ähnlicher Weise als Chiffre der Liedkunst aufgefaßt wie bei Hesiod die Nachtigall [1.14]:

[1.24] Pratinas 709: B

Λάκων ὁ τέττιξ εὔτυκος ἐc χορόν

'Der Spartaner, diese Zikade, die eine besondere Begabung für Chorlieder hat'.

Vorliebe und Begabung des spartanischen Volkes für Liedkunst werden in Form eines kollektiven Singulars zum Ausdruck gebracht, der in eine Tier-Vergleichung integriert ist.

Die letzte Zikaden-Vergleichung bedeutet einen Bruch mit den bisher vorgeführten Stellen, sofern die auf Lukian basierende Deutung den Kern der Sache trifft:

[1.25] Archil. 223: B

τέττιγος ἐδράξω πτεροῦ

'Du hast eine Zikade am Flügel zu fassen bekommen'.

Lukian (*Pseudolog.* 1) erklärt die Stelle sinngemäß wie folgt: Archilochos habe sich in einem Gedicht mit einer Zikade verglichen, um einem Gegner klarzumachen, daß dieser durch seine Intervention ein ohnehin lautes Tier (≈ einen ohnehin scharfen Iambographen) zu noch lauterem Schreien provoziere, also kontraproduktiv sei (vgl. Hippon. 28 [1.55]). Damit würde sich die Stelle mindestens in zweifacher Hinsicht von den bisherigen unterscheiden: Zum einen hätte Archilochos seinen Dichterkollegen das Wissen voraus, daß nicht die Flügel das Zirpen der Zikade verursachen (Bodson 1976, 92). Zum anderen würde er mit Zikade schrilles Zirpen und nicht schönen Gesang assoziieren, was ein griechisches Spezifikum zu sein scheint. Schon die Römer (z.B. Verg. *georg.* 3.328) empfanden anders, ebenso die Modernen (Davies-Kathirithamby 1986, 116–117, mit Belegen).[15]

Die Frage, wie der Gesang entsteht, spielt auch für die *Schwan*-Vergleichung eine Rolle:

[1.26] *hh* 21.1–3 (Gedichtbeginn): B

Φοῖβε, cὲ μὲν καὶ κύκνος ὑπὸ πτερύγων λίγ' ἀείδει
ὄχθῃ ἐπιθρῴσκων ποταμὸν πάρα δινήεντα
Πηνειόν· cὲ δ' ἀοιδὸc...

'Phoibos, dich besingt zum einen auch der Schwan mit klarem Ton unter den Flügeln hervor, auf das Ufer springend entlang dem Peneios-Fluß, dich (besingt) zum andern der Sänger...'[16]

Daß es sich um eine ausdrückliche Vergleichung des Sängers mit dem Schwan handelt, ist daraus ersichtlich, daß die beiden durch μέν – δέ parallelisiert sind und daß *auch* (καί) der Schwan Apollon besingt.

Die enge Beziehung des Schwans zu Apollon kommt auch in einer Reihe anderer Texte (v.a. Paraphrasen) zum Ausdruck, freilich ohne daß ausdrücklich vom Gesang der Schwäne die Rede wäre:

---

[15] Erwähnenswert ist in diesem Zusammenhang die Geschichte von der angeblichen Ermordung des Archilochos durch einen Korax ('Rabe'), der, als ihm der Zugang zum delphischen Heiligtum wegen des Mords verwehrt wird, zur Entsühnung zum Haus der Zikade geschickt wird (Archil. test. 141 Tarditi).

[16] Meist wird ὑπό hier mit 'zur Begleitung von' wiedergegeben. Die dafür beigebrachten Parallelen sind aber nicht zwingend (ὑπό mit Instrumenten) oder falsch gedeutet (*hh* 19.15 δονάκων ὕπο ist nicht von Instrumental*begleitung* die Rede: Càssola 1975, z.St.). Für die hier vorgeschlagene Deutung spricht einmal die Übereinstimmung mit den Zikaden-Bildern [1.18ff.] und die gut bezeugte antike Auffassung, daß die Flügel der Schwäne den Gesang hervorriefen (Stellen bei Allen-Halliday-Sikes 1936, zu *hh* 21.1). Daß dies aus ornithologischer Sicht falsch ist (Arnott 1977), kann nicht den Ausschlag geben (vgl. auch Càssola 1975, 578, zu *hh* 21.1).

[1.27] Alk. 307c: F

ὅτε Ἀπόλλων ἐγένετο, κοσμήσας αὐτὸν ὁ Ζεὺς μίτραι τε χρυσῆι καὶ λύραι, δούς τε ἐπὶ τούτοις ἅρμα ἐλαύνειν – κ ύ κ ν ο ι δὲ ἦσαν τὸ ἅρμα – εἰς Δελφοὺς πέμπει (...) ὁ δὲ ἐπιβὰς ἐπὶ τῶν ἁρμάτων ἐφῆκε τοὺς κύκνους ἐς Ὑπερβορέους πέτεσθαι.

'Bei der Geburt des Apollon rüstete Zeus ihn mit einer goldenen Mitra und einer Leier aus, gab ihm zusätzlich einen Schwanenwagen zum Fahren und schickte ihn nach Delphi [...] Der aber bestieg den Wagen und wies die Schwäne an, ins Land der Hyperboreer zu fliegen'.

[1.28] Sapph. 208: F

οἷον αὐτὸν καὶ Σαπφὼ καὶ Πίνδαρος ἐν ᾠδῆι κόμηι τε χρυσῆι καὶ λύραις κοσμήσαντες, κ ύ κ ν ο ι ς ἔποχον εἰς Ἑλικῶνα πέμπουσι, Μούσαις Χάρισί τε ὁμοῦ συγχορεύσοντα·

'Wie ihn (sc. Apollon) Sappho und Pindar im Lied mit goldenem Haar und Leiern ausrüsten und ihn von Schwänen gezogen zum Helikon schicken, auf daß er zusammen mit Musen und Chariten tanze'.

Die Formulierung κύκνοις ἔποχον läßt zunächst daran denken, daß Apollon auf dem Rücken der Schwäne selbst zum Helikon fliegt, doch ist ein von Schwänen gezogener Wagen wahrscheinlicher (vgl. [1.27]). Was Pindar betrifft, hat Schroeder den Bericht des Himerios [1.28] mit fr. 52c (= Paian 3) verbunden (Snell-Maehler 1989, z.St.). Da aber die Schwäne im überlieferten Text nicht vorkommen (Snell hat sie lediglich in Vers 10 versuchsweise ergänzt), bleibt die Identifikation hypothetisch:

[1.29] Pi. fr. 52c.9–12: D

βωμὸν [
ὀκτὼ κ[ύ κ ν (ο ι)
ὑψόθεν [
ἀοιδαῖς ἐν εὐπλε[κέσσι

'Altar ... acht Schwäne ... aus der Höhe ... in wohlgeflochtenen Gesängen...' — [3.73]

Wenn die Erzänzung richtig ist, tragen die Schwäne an dieser Stelle wohl tatsächlich einen Gesang auf Apollon vor.[17]

Auch bei Bakchylides bleibt die genaue Bedeutung des Schwans unklar:

[1.30] B. 16.5–7 (Text nach Maehler 1997): D

.....]νειτις ἐπ' ἀνθεμόεντι Ἕβρωι
.....ἀ]γ̣ά̣λ̣λ̣εται ἢ δολιαυχένι κύ[κ ν ω ι

[17] **FL** (Schwan) Aristophanes (*Av.* 769–774) läßt Schwäne, die Duchemin (1955, 21 Anm. 1) mit den Dichtern in Verbindung bringt, ein Lied auf Apollon singen (vgl. Pl. *Phd.* 85b). – Euripides attestiert dem Schwan ein besonderes Verhältnis zu den Musen: κύκνος μελῳδὸς Μούσας θεραπεύει (*IT* 1104–1105; vgl. Kap. 21, Abschnitt i). Kallimachos nennt die Schwäne Μουσάων ὄρνιθες, ἀοιδότατοι πετεηνῶν (*h.* 4.252; vgl. *h.* 2.5; fr. 194.46–48 Pf.). Leonidas' 'Grabepigramm' für den Dichter Alkman beginnt mit den Worten τὸν χαρίεντ' Ἀλκμᾶνα, τὸν ὑμνητῆρ' ὑμεναίων | κύκνον (*AP* 7.19.1–2), das des Antipatros für Anakreon mit τύμβος Ἀνακρείοντος. ὁ Τήιος ἐνθάδε κύκνος | εὕδει (*AP* 7.30.1–2).

.....]δεϊ̣αι φρένα τερπόμενος

'wenn einer (?) am blütenreichen Hebros-Fluß ... sich erbaut oder am langhalsigen Schwan ... an süßer (...) sein Herz erfreuend'.

Subjekt zu ἀγάλλεται dürfte der in V. 10 apostrophierte Apollon sein, so daß der Schwan erneut mit diesem Gott in Verbindung gebracht wird. Am Versanfang von 6 und 7 werden meist Wörter für 'Gesang' oder 'Stimme' ergänzt (vgl. Maehler 1997, z.St.); Sicherheit ist nicht zu erlangen.

Mit [1.26] vergleichbar (vielleicht sogar identisch) ist das folgende Fragment, das wegen seiner Kürze und der damit verbundenen Zuweisungsschwierigkeit keine zusätzlichen Erkenntnisse bringt:

[1.31] Terpander S6 (= Alkm. S2): F

κύκνος ὑπὸ πτερύγων

'Der Schwan ... unter den Flügeln hervor'.

Nach Auffassung des Tradenten (Ar. fr. 590.20–27 K-A, ein antiker Kommentar) sind die Zuschreibungen des Fragments an Terpander durch Aristarch, an Ion durch Euphronios und an Alkman durch den Verfasser einer παραπλοκή alle falsch. Vielmehr handle es sich um ein Zitat von *hh* 21.1 [1.26].

Bei Alkman kann die Schwan-Vergleichung an einer anderen Stelle unzweifelhaft nachgewiesen werden:

[1.32] Alkm. 1.100–101: B

φθέγγεται δ' [ἄρ'] ὥ[τ' ἐπὶ] Ξάνθω ῥοαῖcι
κύκνος·

'...läßt Töne erschallen wie an den Strömen des Xanthos ein Schwan'.

Wie in [1.30] ist auch dieser Schwan an einem Flußufer singend dargestellt. Die Forschung ist sich darüber uneins, wer hier im Partheneion mit dem Schwan verglichen wird, der Gesamtchor oder Hagesichora (die Chorführerin).[18] Für den Nachweis des poetologischen Bildes ist diese Frage von untergeordneter Bedeutung. Immerhin haben die Choreutinnen zuvor ihre Chorführerin dadurch gepriesen, daß sie ihre eigene Sangesfähigkeit mittels einer Negativfolie (Eule: [1.40]) herabgesetzt haben. Auf diesem Hintergrund ist es wahrscheinlicher, daß nur Hagesichora mit dem ausgesprochen schön singenden Schwan verglichen wird.

Hier fügt sich ein schwer zu deutender antiker Alkman-Kommentar ein, in dem wohl ebenfalls vom vogelartigen Gesang der Chorführerin die Rede ist:

[1.33] Alkm. 224 Calame (fehlt in PMG[F]): D

]δεφα̣[
]αυξη̣..[
]αταμεντη[
ἀ]κούειν Μουcῶ̣[ν

[18] Chor: z.B. Page (1951, 99–100 Anm. 6); Hagesichora: z.B. Calame (1977, 2.50 Anm. 8).

]μωτερα[
]. ἀ η δ ό ν ο c .[
]τηc μελοπ[οι–
–]caιωc τοτε .[
] Cειρῆ̣νac .[

Calame (1983, z.St.) kommentiert: "En dépit de l'absence de tout lemme, le sujet des vers commentés dans ces lignes semble clair: il s'agit du chant. [...] les choreutes (?) compareraient leur chorège (?) à un rossignol; [...] Quand leur chorège chante, les choreutes croiraient donc entendre les Muses."

Die folgende Stelle schöpft die in der Schwanen-Vergleichung angelegten Möglichkeiten deutlich stärker aus als die bisherigen Stellen:

[1.34] Pratinas 708.3–5: B

ἐμὲ δεῖ κελαδεῖν, ἐμὲ δεῖ παταγεῖν
ἀν᾽ ὄρεα cύμενον μετὰ Ναϊάδων
οἷά τε κ ύ κ ν ο ν ἄγοντα ποικιλόπτερον μέλοc.

'Ich, der ich mit den Naiaden auf den Bergen herumrase, muß singen, ich muß (ein Lied) erdröhnen lassen wie der Schwan, der ein buntgeflügeltes Lied vorträgt'. — [14.9]

Zum einen wirkt das Verb παταγεῖν auf dem Hintergrund der anderen Schwan-Vergleichungen etwas 'laut', zum andern verbindet Pratinas den Schwan mit dem Bild des Flügels bzw. des Fliegens. Damit erweitert er das v.a. akustisch geprägte Bild des Schwans um ein produktbezogene Vergleichung eigenen Rechts (vgl. Kap. 14).

Als weiterer 'Singvogel' ist auch der *Hahn* als poetologisches Bild bezeugt. Mit den bisher genannten Tieren ergeben sich insofern Übereinstimmungen, als auch der Hahn die Funktion eines Boten hat (Fraenkel 1910, 154–155 Anm. 8). Zusätzlich weist er als *morgendlicher* Bote Berührungspunkte mit dem Bild des Weckens auf (Kap. 17):

[1.35] B. 4.7–8: B

ἁδυεπὴc ἀ[να-
ξιφόρ]μιγγοc Οὐρ[αν]ί̣αc ἀ λ έ κ τ ω ρ

(Es hat gekräht?) 'der süßsprechende Hahn der leierbeherrschenden Urania'.[19]

Obwohl bezüglich der Textgestaltung (zumal in den vorausgehenden Versen) noch viele Fragen offen sind, kann als sicher gelten, daß der Dichter gemeint ist (Maehler 1982, z.St.). Dadurch, daß er den Hahn als Tier der Muse Urania auftreten läßt, bewirkt Bakchylides eine ähnliche Individualisierung wie in [1.17]. Es handelt sich nicht grundsätzlich um einen Hahn, sondern spezifisch um den 'Hahn der Urania' (= Bakchylides).

Im Kommentar zu [1.35] erwägt Maehler die Möglichkeit, auch das folgende

---

[19] Die Stelle fehlt bei Thompson (1936), wohl weil er sich Jebbs (1905) Deutung der Stelle angeschlossen hat.

Simonides-Fragment poetologisch zu deuten:

[1.36] Simon. 583: D

ἱμερόφων' ἄλεκτορ

'Liebreizend klingender Hahn'.

Ob eine ausdrückliche Vergleichung vorliegt, muß wegen des fehlenden Kontexts offenbleiben. Aus den zu Beginn des Kapitels geschilderten Gründen ist zumindest eine implizite Bezugnahme wahrscheinlich.[20]

Sämtliche Singvogel-Vergleichungen basieren auf der unausgesprochenen Voraussetzung, daß der Mensch das Tier nachahmt. Diese Form der Mimesis schlägt sich in der antiken Auffassung nieder, daß der Mensch den Gesang von den Vögeln gelernt hat.[21] Diesen Gedanken setzt Alkman in einem Fragment um, das mit dem *Rebhuhn* eine spezielle und selten erwähnte Vogelart nennt:

[1.37] Alkm. 39 (Text nach 91 Calame): B

ἔπη δέ γε καὶ μέλος 'Αλκμάν
εὗρε †τε γλωσσαμενον†
κακκαβίδων ὄπα συνθέμενος,

'Worte und Melodie (sc. des vorliegenden Lieds) hat Alkman erfunden, nachdem er auf die (...?) Stimme der Rebhühner scharf geachtet hat'.

Trotz vielfältiger Text- und Interpretationsprobleme (vgl. v.a. die Kommentare von Degani-Burzacchini 1977 und Calame 1983) ist der Aspekt der Vogel-Mimesis unbestritten.[22] Die aufmerksame Beobachtung der Natur stellt aber nur den Ausgangspunkt dar, von wo aus der Dichter selbst aktiv zu werden vermag (zumal dem Vogel die ἔπη nicht zur Verfügung stehen), wie Alkman in dieser Sphragis nicht ohne Stolz berichtet.

Auch im folgenden Fragment könnte die Naturbeobachtung Anstoß zur Vogel-Mimesis sein. Sicherheit ist wegen der schlechten Überlieferung nicht zu gewinnen:

---

[20] **FL** (Hahn) Der Tragiker Ion bezeichnet als Hahn je einmal den Aulos (fr. 39 Snell) und die Syrinx (fr. 45 Snell). Theokrits Μοισᾶν ὄρνιχες (7.47) sind nach Auffassung von Gow (1950, z.St., mit Hinweis auf 24.64) als Hähne zu deuten (vgl. oben Anm. 17), und in 18.56 wird der Hahn ἀοιδός genannt.

[21] Demokrit (VS 68 B 154 DK) nennt Nachtigall und Schwan als diejenigen Vögel, von denen die Menschen mittels Nachahmung den Gesang gelernt hätten (vgl. Chamaileon fr. 24 Wehrli). Gemessen an dieser Vorbildfunktion der Vögel bedeutet es ein besonderes Verdienst, wenn der Dichter in der Lage ist, mit seinem Gesang Vögel anzuziehen (Simon. 567: τοῦ καὶ ἀπειρέσιοι | πωτῶντ' ὄρνιθες ὑπὲρ κεφαλᾶς, | ... καλᾶι σὺν ἀοιδᾶι – 'Über seinem [sc. Orpheus'] Kopf flogen zahllose Vögel ... zu seinem schönen Gesang'). – In komischer Umkehrung dieser Vorbildfunktion behauptet der in einen Wiedehopf verwandelte Tereus, er habe den Vögeln das Singen beigebracht (Ar. *Av.* 200; vgl. [Moschos] 3.47).

[22] Dies gilt auch für den Fall, daß man συντίθημι mit Gentili (1971, 60–61) im Sinn von lat. *componere* versteht. Zur Begründung der anderen Auffassung als 'scharf achten auf' vgl. S. 90 Anm. 17.

[1.38] Alkm. 10a.6–7: F

ἄκουσα ταν ἀηδ[ον-
παρ' Εὐρώτα

'Ich habe die Nachtigallen (?) gehört, die längs des Eurotas...'[23]

Der selbstbewußte Bezug auf die Vögel kehrt in einem weiteren Fragment Alkmans wieder, der gemessen an der überlieferten Textmenge über eine hohe Anzahl an Vogel-Vergleichungen verfügt:

[1.39] Alkm. 40: B

οἶδα δ' ὀρνίχων νόμως
παντῶν

'Ich kenne die Weisen von allen Vögeln'.

Der Punkt der reinen Vogel-Mimesis wird hier in dem Sinn überschritten, daß der Dichter als Einzelner eine Vielfalt von Ausdrucksmitteln für sich beansprucht, wie sie nur der Gesamtheit der Vögel eigen ist.[24] Die inhaltliche Distanz etwa zur fast schüchtern implizierten Vergleichung mit dem Gesang einer Nachtigall bei Sappho [1.12] ist evident.

Bevor der Abschnitt der akustisch geprägten Vogel-Vergleichungen verlassen werden kann, ist noch auf vier akustische Negativfolien aufmerksam zu machen. Eine davon ist zu [1.32] bereits kurz erwähnt worden, die Eulen-Vergleichung des Rest-Chores im großen Partheneion Alkmans:

[1.40] Alkm. 1.84–87: B

[χο]ροστάτις,
ϝείποιμί κ', [ἐ]γὼν μὲν αὐτά
παρσένος μάταν ἀπὸ θράνω λέλακα
γλαύξ·

'Chorführerin, als Mädchen auf mich allein gestellt, so möchte ich sagen, schreie ich nur vergeblich (wie eine) Eule vom Dachbalken'.[25]

Parallele:

Hebräisch: West (1997, 524–525) vergleicht mit [1.40] Psalm 102.7–8: 'Ich gleiche der Rohrdrommel in der Wüste, bin wie die Eule in Trümmerstätten. Ich muß wachen und klagen wie ein einsamer Vogel auf dem Dache.'

Die drei übrigen (im Abschnitt (b) unten S. 56ff. abgedruckten) Folien unterscheiden sich dadurch, daß das positive Gegenbild (der Adler) nicht akustischer Natur ist. Zwei Stellen – die eine handelt von Raben [1.44], die andere von

---

23 Die Authentizität dieses Fragments ist umstritten (Calame 1983, XVI Anm. 10 mit Lit.).

24 Diese Interpretation wird von der Auffassung Calames (1983, 548), daß Alkman von sich meist in der 3. Person spreche und der Chor Subjekt sein könnte, nicht tangiert, weil der Chor den Erzähler repräsentiert (vgl. S. 24).

25 **FL** (Eule) Die Eulen-Folie kehrt möglicherweise wieder bei Theokr. 1.136 (zu den Interpretationsproblemen Gow 1950, z.St.; ähnliche Folien auch 5.29; 5.136–137; 7.41) und mit Sicherheit *AP* 9.380.

krächzenden Krähen [1.43] – stammen aus den Epinikien Pindars. Es ist außergewöhnlich, daß die gut bezeugte akustische Vogel-Vergleichung sich bei Pindar, der die vorliegende Studie über weite Strecken dominiert, nur in dieser indirekten Form greifen läßt.[26]

Bakchylides' Singvogel-Folie [1.45] wirkt dadurch besonders ungewöhnlich, daß die (nicht näher spezifizierten) Singvögel zwar mit einem positiven Attribut versehen sind (ὄρνιχεc λιγύφθογγοι), aber dennoch bloße Folie für den Adler sind.

Insgesamt präsentieren sich die Singvogel-Vergleichungen als relativ homogene Gruppe. Da im wesentlichen Gesang mit Gesang verglichen wird, könnte man fast von einem metonymischen Gebrauch sprechen. Die allgemein anerkannte Schönheit, Attraktion usw. des Vogelgesangs erlaubt es dem Dichter, seinen eigenen Gesang auf subtile Weise für ebenfalls schön zu erklären. Dieser im wesentlichen akustische Aspekt kann um das Inhaltliche (Trauer, 'der Frühling kommt') erweitert werden. Außerdem bringt die verschiedentlich anklingende Nähe der Vögel zu den Göttern den Dichter (erneut nur in der Vergleichung) in eine privilegierte Stellung, aus der eine Vermittlerfunktion resultieren kann (vgl. Kap. 2).

Exkurs: Der Tithonos-Mythos in Sappho 58

[1.41] Sapph. 58.10–26 (einschließlich Liedschluß):[27]

]νι θῆται cτ[ύ]μα[τι] πρόκοψιν
]πων κάλα δῶρα παῖδεc
]φιλάοιδον λιγύραν χελύνναν
πά]ντα χρόα γῆραc ἤδη
λεῦκαί τ' ἐγένο]ντο τρίχεc ἐκ μελαίναν
]αι, γόνα δ' [ο]ὐ φέροιcι
]ηcθ' ἴcα νεβρίοιcιν
ἀ]λλὰ τί κεν ποείην;
] οὐ δύνατον γένεcθαι
] βροδόπαχυν Αὔων
ἔc]χατα γᾶc φέροιcα[
]ον ὔμωc ἔμαρψε[
]άταν ἄκοιτιν
]ιμέναν νομίcδει
]αιc ὀπάcδοι
⌊ἔγω δὲ φίλημμ' ἀβροcύναν,⌋] τοῦτο καί μοι
τὸ λά⌊μπρον ἔρωc ἀελίω καὶ τὸ κά⌋λον λέ⌊λ⌋ογχε. ⊗

---

[26] Vgl. allerdings den bezaubernden Gesang des Wendehalses [4.12].

[27] Aus den Versen 1–9 läßt sich nichts für die hier interessierende Frage gewinnen.

'legt dem Mund Erfolg bei ... (der tiefgegürteten Musen) schöne Geschenke Kinder ... gesangliebende hellklingende Leier ... die ganze Haut (hat) schon das Alter ... weiß sind geworden die Haare aus schwarzen ... die Knie tragen nicht ... wie Rehkitze ... aber was kann ich schon tun? ... kann unmöglich sein ... die rosenarmige Eos ... ans Ende der Welt tragend ... dennoch ergriff ... Ehefrau ... hält für ... möge verleihen ... ich aber liebe die Zartheit ... dieses und das Helle der Sonne und das Schöne hat mir die Liebe erlost'.

Im Anschluß an Vorarbeiten anderer ist Meyerhoff (1984, 187–198) mit seiner Interpretation dieses lückenhaften Fragments am weitesten vorgedrungen. Inhaltlich dreht sich das Lied um das eigene Altern Sapphos, zu dem der Tithonos-Mythos als mythisches Paradeigma in Beziehung gesetzt wird. Meyerhoff legt überzeugend dar, daß Sappho 58 und Mimnermos 4 (im Unterschied z.B. zu Tyrtaios 12) die Fassung des Mythos als bekannt voraussetzen, die im homerischen Aphrodite-Hymnos (218–238) erzählt wird.[28] Aufgrund eines Vergleichs der verschiedenen Mythenfassungen kommt Meyerhoff zum Schluß, daß Tithonos Sappho als Negativfolie für sich selbst dient: "Für Tithonos ist jeder Lichtblick erloschen, Sappho dagegen sieht eine Sonne vor sich." (196). Diese Deutung ist plausibel, hat aber den Nachteil, daß die seit der Erstausgabe Lobels diskutierte Frage, welches Verhältnis die Verse 1–12 zum Rest des Lieds haben (Liedbeginn in Vers 13?), ausgeklammert bleibt. Meyerhoff übernimmt hier vielleicht etwas zu schnell die Auffassung Lobels, der die Frage offen läßt (*nescio*).

Ein von Meyerhoff nicht ausreichend berücksichtigter Aspekt des Tithonos-Mythos vermag eine Beziehung zwischen den beiden Fragmentteilen herzustellen: Bekanntlich hatte Eos vergessen, Zeus zusätzlich zur Unsterblichkeit auch um ewige Jugend für Tithonos zu bitten. Das einzige, was – nach der Fassung des Aphrodite-Hymnos – Unsterblichkeit erlangt, ist Tithonos' Stimme.[29] Auf diesem Hintergrund kann Tithonos auch als positive Folie für die Dichterin Sappho angesehen werden. Denn auch sie wird den Tod – wenn überhaupt – nur 'als Stimme' (d.h. in und mit ihrer Dichtung) überleben können. Das scheinbar nicht zum Rest des Fragments passende Thema 'Dichtung' der Verse 10–12 ist somit durchaus mit dem Tithonos-Mythos in Einklang zu bringen.

Bleibt zu fragen, ob die beiden (bei Athenaios überlieferten) Schlußverse Anhaltspunkte für eine poetologische Interpretation enthalten. (Im Anschluß an den Deutungsvorschlag für den Tithonos-Mythos wird man in den Schlußversen am ehesten eine Rückkehr zum Thema 'Dichtung' erwarten.) Man kann diese Frage vorsichtig bejahen. Die Konzeption der ἀβροςύνα (und verwandter Wörter) ist

---

[28] Aus den S. 27f. dargelegten Gründen verzichtet die vorliegende Studie auf eine Beurteilung der (nach Meyerhoff positiv zu beantwortenden) Frage, ob der Aphrodite-Hymnos die literarische Quelle für Sappho ist.

[29] *hAphr* 237 [8.4]: τοῦ δ' ἤτοι φωνὴ ῥεῖ ἄςπετος – 'seine Stimme aber fließt ewig'.

in poetologischen Kontexten bei Sappho und anderen Lyrikern bezeugt.[30] Wichtiger noch: ἔρωϲ weist in den Zuständigkeitsbereich Aphrodites, die für Sappho und ihre Dichtung eine ähnliche Inspirationsfunktion hat wie für andere die Musen (vgl. Kap. 21). Dieser Eros ist es, dem Sappho 'dieses Strahlen der Sonne (vgl. die poetologischen Licht-Vergleichungen: Kap. 7) und das Schöne' verdankt, worin ihre Dichtung einen nicht unbedeutenden Platz einnimmt.[31]

(b) Adler

Parallele:

Vedisch: Der poetologische Adlerflug ist dem vedischen Dichter geläufig (Rigveda 1.33.2).

Als Vogel des Zeus ist der Adler der König unter den Vögeln. Sein Verhältnis zu den Vögeln ist das gleiche wie das des Zeus zu den Göttern: Der Adler repräsentiert die erhabene, souveräne, majestätische Machtposition, die dem Einfluß aller anderen (Vögel) weit enthoben ist. Durch die poetologische Adler-Vergleichung nimmt der Dichter für sich in Anspruch, unter den Menschen (bzw. spezifischer: unter den Dichtern) diese souveräne Stellung innezuhaben. Gleichzeitig fungiert der Adler als 'Werkzeug' des Zeus. Wenn dieser den Menschen etwas bedeuten will, schickt er den Adler gleichsam als Boten (*Il.* 24.308ff.). Die privilegierte Stellung des Adlers (und damit des Dichters) besteht also auch in seinem besonderen Verhältnis zum Göttervater.

Stand bei der Singvogel-Vergleichung das Akustische im Zentrum, so ist es beim Adler das Fliegen, das die Dichter in ihren Bann zieht (vgl. Kap. 14). Hierin äußert sich – neben dem Bezug zur Vogelmantik – sicherlich auch der ewige Wunsch des Menschen, selbst fliegen zu können. In den Vergleichungen kommt vor allem die unerreichbare Höhe und die grenzenlose Weite des Adlerflugs zur Sprache:[32]

[1.42] Pi. *N.* 5.21: B

καὶ πέραν πόντοιο πάλλοντ' αἰετοί.

'Selbst über die Grenzen des Meers schwingen sich die Adler'.[33]

Die poetologische Deutung der Stelle ist durch das unmittelbar vorausgehende

---

[30] Sapph. 2.14 [8.53]; 128; Alk. 307c (Himerios-Paraphrase: ἡ λύρα περὶ τὸν θεὸν [sc. Ἀπόλλωνα] ἁβρύνεται); Anakr. 373.2–3 (νῦν δ' ἁβρῶϲ ἐρόεϲϲαν | ψάλλω πηκτίδα).

[31] Von welchem Wort der Genetiv ἀελίω abhängt, ist umstritten.

[32] Stonemans (1976) grundsätzliche Ablehnung einer poetologischen Deutung der Adler-Bilder basiert auf unhaltbaren Voraussetzungen: Angeli Bernardini 1977.

[33] **FL** Im nordischen 'Skaldskaparmál' entwendet Othin dem Riesen Suttungr den Met (Inspirationsflüssigkeit), trinkt ihn und fliegt in Form eines Adlers hinweg. Suttungr verfolgt ihn ebenfalls in Adlergestalt, vermag ihn aber nicht einzuholen (Chadwick 1932, 249–250).

Sport-Bild (Weitsprung [6.44]) gesichert. Durch die Bilderreihung 'Weitsprung–Adlerflug' bringt Pindar auf ungewöhnliche Weise zum Ausdruck, wie konkurrenzlos weit sein poetologischer Sprung ausfällt.

Der Adler vermag nicht nur unendlich weit zu fliegen, sondern bewegt sich in Sphären, die anderen unerreichbar bleiben:

[1.43] Pi. *N.* 3.80–82: B

ἔcτι δ' αἰετὸc ὠκὺc ἐν ποτανοῖc,
ὃc ἔλαβεν αἶψα, τηλόθε μεταμαιόμενοc,
δαφοινὸν ἄγραν ποcίν·
κραγέται δὲ κολοιοὶ ταπεινὰ νέμονται.

'Der Adler ist schnell unter den Vögeln, welcher im Nu, von fernher zustoßend, seinen blutigen Fang ergreift mit den Krallen. Die krächzenden Krähen halten sich in den Niederungen auf'.

Die Krähen in den Niederungen dienen als Kontrast für den Adlerflug, der dadurch noch imposanter erscheint. Wie in [1.42] knüpft das Bild an den unmittelbaren Kontext an, in dem davon die Rede ist, daß Pindar mit seinem Lied den Adressaten 'zu spät' (V. 80) erreiche. Mit seinem schnellen Flug vermag der Adler diese in erster Linie rhetorisch zu deutende 'Verspätung' etwas aufzuholen.[34]

Parallele:

Vedisch: Eine ähnliche Bezugnahme auf den Raubvogel findet sich auch im Rigveda (1.88.4), wo der Dichter wie ein 'Geier um das Lied herumkreist'. Das Augenmerk liegt hier auf dem lauernden Warten des Dichters.

Die Opposition zwischen Adler und minderwertigen Vögeln findet sich in einem weiteren Epinikion Pindars:

[1.44] Pi. *O.* 2.86–88: B

cοφὸc ὁ πολλὰ εἰδὼc φυᾶι·
μαθόντεc δὲ λάβροι
παγγλωccίαι κόρακεc ὣc ἄκραντα γαρυέτων
Διὸc πρὸc ὄρνιχα θεῖον·

'Klug ist, wer aus angeborener Art vieles weiß; diejenigen aber, die nur gelernt haben, mögen – zügellos in ihrem Geschwätz – wie Raben Dinge, die sich nicht erfüllen werden, drauflosreden gegen Zeus' göttlichen Vogel'.

Pindar ist davon überzeugt, daß jede Bemühung um herausragende Leistungen verfehlt ist, wenn nicht eine angeborene (und das heißt bei ihm: aristokratische) Begabung (φυά) vorhanden ist; beim Adler, der auch für den siegreichen Athleten stehen kann (*P.* 5.111f.), ist sie vorhanden. Im Unterschied zu den Raben,

---

[34] Dieses 'Zu spät' stellt eine Kombination von Schuldmotiv und Sieg-Lied-Motiv dar. Paraphrasiert lautet die rhetorische Implikation: 'Je strahlender der Sieg, desto dringender die Umsetzung ins Lied. Dieser Sieg ist so überwältigend, daß mein Lied eigentlich nur zu spät kommen kann.' Vgl. auch den 'Durst nach Liedern' zu Beginn des Lieds [8.43].

die ἄκραντα drauflosreden, ist der Adler wegen seiner besonderen Beziehung zu Zeus gewissermaßen unfehlbar. Dies ist freilich nur impliziert; wie in [1.43] ist auch hier das positive Gegenstück zur Negativfolie nicht ausdrücklich formuliert.

Die bisher angetroffenen Motive kehren in der längeren Allegorie wieder, die Bakchylides dem Adler gewidmet hat:

[1.45] B. 5.16–31: B

βαθὺν
δ' αἰθέρα ξουθαῖcι τάμνων
ὑψοῦ πτερύγεccι ταχεί-
αιc α ἰ ε τ ὸ c εὐρυάνακτοc ἄγγελοc
Ζηνὸc ἐριcφαράγου
θαρcεῖ κρατερᾶι πίcυνοc
ἰcχύϊ, πτάccοντι δ' ὄρνι-
χεc λιγύφθογγοι φόβωι·
οὔ νιν κορυφαὶ μεγάλαc ἴcχουcι γαίαc,
οὐδ' ἁλὸc ἀκαμάταc
δυcπαίπαλα κύματα· νω-
μᾶι δ' ἐν ἀτρύτωι χάει
λεπτότριχα cὺν ζεφύρου πνοι-
αῖcιν ἔθειραν ἀρίγνω-
τοc {μετ'} ἀνθρώποιc ἰδεῖν·
τὼc νῦν καὶ ⟨ἐ⟩μοί...

'Der den tiefen Äther mit bräunlichen, raschen Flügeln durchschneidet hoch oben, der Adler, Bote des mächtigen Herrschers Zeus, des donnergewaltigen, er ist kühn, vertrauend seiner gewaltigen Kraft, doch aus Angst ducken sich die hellklingenden Vögel. Ihn halten nicht die Gipfel der weiten Erde auf, noch des nimmermüden Meeres rauhe Wogen. Er schwingt im unvergänglichen Raum mit des Zephyrs Hauch sein feines Gefieder, gut erkennbar dem Auge der Menschen. So ist nun auch mir...' — [2.11], [14.1]

Hoher (16–18), schneller (18f.) und grenzenloser Flug (24ff.), Bote des Zeus (19f.), Sich-Ducken der anderen Vögel (22f.) sind im wesentlichen schon dokumentiert. Ergänzend kommen dazu das Vertrauen des Adlers auf seine Kraft (21f.) und die Angst der anderen Vögel (23), die – im Unterschied zu [1.43] und [1.44] – auch positive Züge haben (λιγύφθογγοι, vgl. [1.51]). Als ganz neue Komponenten kommen die Schilderung der äußeren Schönheit und vor allem die Wahrnehmung durch den Menschen hinzu. Die Sonderstellung des Adlers (= des Dichters) ist für den Menschen evident. Daß Bakchylides abschließend (31) die Deutung 'Adler = Dichter-Ich' jedem Zweifel entrückt, schafft eine Differenz zu Pindar, der mit der weniger ausdrücklichen Reihung poetologischer Bilder operiert, steht aber in der Tradition des homerischen Gleichnisses.[35]

---

[35] τὼc νῦν καὶ ⟨ἐ⟩μοί ist in der Terminologie Fränkels (1921, 4) ein 'So-Stück'. Das bei Homer

Das Fliegen, das für das Adler-Bild konstitutiv ist, steht im Zentrum eines Einzelbelegs, der hier angefügt wird. Er handelt vom Kerylos, der ornithologisch nicht sicher identifiziert werden kann und Thompson (1936, 139–140) zufolge mythisch ist. Schwierig sind auch die zoologischen Details und ihre Deutung durch den Tradenten:

[1.46] Alkm. 26: B

οὔ μ' ἔτι, παρϲενικαὶ μελιγάρυεϲ ἱαρόφωνοι,
γυῖα φέρην δύναται· βάλε δὴ βάλε κηρύλοϲ εἴην,
ὅϲ τ' ἐπὶ κύματοϲ ἄνθοϲ ἅμ' ἀλκυόνεϲϲι ποτήται
νηλεὲϲ ἦτορ ἔχων, ἁλιπόρφυροϲ ἱαρὸϲ ὄρνιϲ.

'Nicht mehr länger, ihr Mädchen mit den süßen Stimmen und den heiligen Gesängen, vermögen die Knie mich zu tragen. Daß ich, daß ich doch ein Kerylos wäre, der mit den Eisvögeln über die Blüte der Welle fliegt, mit standhaftem Herzen, ein meerfarbener heiliger Vogel'.[36]

Seit Page (im App. z.St.) herrscht in der Forschung weitgehend Einigkeit darüber, daß die Interpretation des Tradenten, derzufolge der Kerylos von den Eisvögeln getragen werden möchte, aufzugeben ist. Der Kerylos (= Dichter) wünscht sich, selbst mit ihnen zusammen fliegen zu können. Auf dieser Deutung basiert die Behandlung der Stelle im vorliegenden Abschnitt.

Die emphatische Betonung des Themas 'Dichtung' in der Apostrophe an die Mädchen (μελιγάρυεϲ ἱαρόφωνοι), in denen wohl die Choreutinnen (allenfalls die Musen) zu erkennen sind, läßt es als plausibel erscheinen, daß der gemeinsame 'Flug' sich auf den Vortrag von Dichtung (vielleicht verbunden mit Tanz) bezieht. Die von verschiedenen Kommentatoren (z.B. Degani-Burzacchini 1977, 281) verfochtene These, Alkm. 26 stelle ein Hexameter-Prooimion zu einem Partheneion dar, würde gut mit einem Wunsch, (poetologisch) loszufliegen, zusammenpassen und wäre ähnlich selbstreferentiell wie [1.10] und [1.11]. Nachdruck liegt auch auf dem 'Heiligen' (ἱαρόφωνοι, ἱαρόϲ), was zum einen auf die kultische Funktion des Partheneions, zum andern auch auf die bereits angetroffene Vermittlungsfunktion der Vögel zwischen göttlicher und menschlicher Sphäre geht.

---

gebräuchliche 'Wie-Stück' ist bei Bakchylides lediglich impliziert.

FL (Adler) Stellvertretend für viele Heinrich Heine: "Steigt gar die Sonne hervor, so fühlt er (sc. der Adler) sich wieder wie sonst und fliegt zu ihr hinauf, und wenn er hoch genug ist, singt er ihr entgegen seine Lust und Qual. Seine Mittiere, besonders die Menschen, glauben, der Adler könne nicht singen, und sie wissen nicht, daß er dann nur singt, wenn er aus ihrem Bereich ist, und daß er aus Stolz nur von der Sonne gehört sein will. Und er hat Recht; es könnte irgend einem von der gefiederten Sippschaft da unten einfallen, seinen Gesang zu rezensieren." (Reisebilder 3. Teil, Kap. 6: Briegleb 1997, 2.328).

[36] Der Text folgt in Vers 4 (νηλεέϲ) mit der Mehrheit der Forscher der Überlieferung, gegen Boissonades Konjektur νηδεέϲ, die u.a. von Page und Davies akzeptiert wird. Gegen die Konjektur wird insbesondere ins Feld geführt (vgl. die ausführliche Diskussion bei Degani-Burzacchini 1977, 284, und Calame 1983, 478), daß sie ein *hapax* kreieren würde.

Der Hinweis auf die Altersschwäche des Körpers (οὔ μ' ἔτι ... γυῖα φέρην δύναται) erinnert inhaltlich und in bezug auf die Formulierung an Sappho 58.15 (γόνα δ' [ο]ὐ φέροιcι). Mit Blick auf die im Exkurs zu [1.41] entwickelte Bedeutung der Zikade für Sappho scheint die Hypothese berechtigt, der Kerylos-Flug sei für Alkman ebenfalls eine imaginierte Möglichkeit, den Tod durch seine Dichtung zu überwinden.

(c) Biene

Die Bienen-Vergleichung steht in enger Verbindung mit dem Honig-Bild (Kap. 18). Daß dieses in der griechischen Literatur früher (und auch häufiger) belegt ist als die Bienen-Vergleichung, muß für die kausale Abfolge nichts besagen.[37] – Insgesamt wird die Biene vor allem als Produzentin bzw. Sammlerin von Honig betrachtet. Die Vergleichungen sind also primär produzentenbezogen.

Parallele:

Vedisch: Im Rigveda werden Verse als 'von den Dichtern gesammelte Honigsüße' bezeichnet (9.17.3: Durante 1968a, 265 Anm. 10). Obwohl die Biene nicht ausdrücklich genannt ist, wird die Tätigkeit des Dichters implizit mit der einer Biene verglichen (vgl. auch 9.67.31).

In der griechischen Dichtung ist die Bienen-Vergleichung zuerst bei Simonides nachweisbar:

[1.47] Simon. 593: B

ὥcπερ γὰρ ἄνθεcιν ὁμιλεῖν ὁ Cιμωνίδηc φηcὶ τὴν μ έ λ ι τ τ α ν "ξανθὸν μέλι μηδομέναν",

'Wie Simonides sagt, daß die Biene mit Blüten verkehrt, wenn sie ›gelben Honig planmäßig ins Werk setzt‹'. — [18.2]

Daß die Biene hier ein Bild für den Dichter ist, geht aus den Tradentenkommentaren mit hinreichender Sicherheit hervor.[38] Was die Bedeutung von μήδομαι betrifft, hat Diehl die Hesych-Glosse μηδόμενοc· ποιῶν mit dem Simonides-Fragment verbunden und die Biene damit als eigentliche Produzentin (nicht nur als Sammlerin) gedeutet. Diese Deutung steht im Einklang mit der des Anekdoton Oxoniense, das μήδομαι mit ἐργάζομαι glossiert. Waszink (1974, 15 Anm. 19) wendet gegen Diehls Interpretation ein: "Angesichts der fast allgemeinen archaischen (und klassischen) Vorstellung von einer nur sammelnden Arbeit

---

37 Anders Waszink (1974, 6 mit Anm. 1) mit Hinweis auf Roscher (1883, 72): "Aus dem Vergleich des Liedes mit Honig ergab sich sodann die weitere Vergleichung des Dichters mit der Biene." Vgl. auch die Parallele aus dem Rigveda.

38 Z.B. An. Ox. Cramer iii 173.13: καλῶ δέ cε ... μέλιτταν Μούcηc οὐκ ἀπό τινων θύμων καὶ δριμυτάτων ἀνθέων ξανθὸν μέλι μηδομέναν, ὥc φηcιν ὁ Cιμωνίδηc, ἀλλ' ἀπὸ τῶν ἄνω λειμώνων ἐργαζομένην τὸ μέλι τὸ cόν.

der Biene scheint mir entweder der Hinweis (sc. Diehls) oder die von Hesychius gegebene Erklärung (wenn er an die Simonides-Stelle dachte) nicht richtig zu sein." Diese Argumentation ist in zweifacher Hinsicht nicht stichhaltig: (1) μήδομαι mit effiziertem Objekt in der Bedeutung 'etwas planmäßig ins Werk setzen' ist eine gängige frühgriechische Wendung (LfgrE s.v.; vgl. Pi. *O.* 1.31–32; B. 4.16, mit dem Kommentar von Maehler 1982). (2) Wenn Simonides die μήδεα ('planenden Gedanken') am Entstehen des Lied-Honigs beteiligt sein läßt, steht für ihn die rein sammelnde Arbeit gerade *nicht* im Vordergrund.[39]

Nach ziemlich weit verbreiteter Auffassung ist die produzentenbezogene Vergleichung der Biene mit dem Dichter bei Pindar nicht nachzuweisen.[40] Eine (freilich schwer zu deutende) Stelle steht möglicherweise im Widerspruch zu dieser Auffassung:

[1.48] Pi. *P.* 6.52–54 (Liedschluß): D

γλυκεῖα δὲ φρὴν καὶ cυμπόταιcιν ὁμιλεῖν
μελιccᾶν ἀμείβεται τρητὸν πόνον.

'Süß ist sein (sc. des Thrasybulos) Geist auch im Umgang mit den Mitsymposiasten, er kommt gleich der durchbohrten Arbeit von Bienen (= Honigwaben)'.[41] — [18.6]

Nach der üblichen (auf die Scholien zurückgehenden) Deutung der Stelle übertrifft Thrasybulos' Geist an Süßigkeit sogar den Honig.[42] Allerdings hat Burton (1962, 23) auf die Ähnlichkeit eines ebenfalls an Thrasybulos gerichteten Enkomions aufmerksam gemacht: Pindar schickt Thrasybulos einen 'Lastwagen voller Lieder' [12.23], der ἐν ξυνῶι κεν εἴη | cυμπόταιcίν τε γλυκερόν ... κέντρον (fr. 124a.2–4: 'in der Versammlung der Symposiasten ein süßer Ansporn sein möge'). Auf diesem Hintergrund ist es plausibel, die Stelle als Ausdruck der Wechselwirkung (ἀμείβεται) zwischen (Leistung des) Adressat(en) und (Leistung des) Dichter(s) zu interpretieren (Sieg-Lied-Motiv). Durch seine liebenswürdige Gastfreundschaft beim Symposion 'schafft' Thrasybulos 'den Ausgleich' (vgl. Slater 1969, s.v. ἀμείβω 2.c.) für die am Symposion vorgetragenen Honig-Lieder von Dichter-Bienen wie Pindar.

In einem anonymen Fragment wird die Tätigkeit der Biene ganz konkret gefaßt und auf den Dichter übertragen:

---

[39] Vgl. auch den Zusammenhang bei Plutarch (*mor.* 41F: [9.31]), in dem es ausdrücklich um die eigene Leistung des Dichters geht.

[40] Dornseiff (1921, 61); Waszink (1974, 9); zuletzt Fuhrer (1992, 256), die allerdings zu Recht (gegen Maehler 1963, 91, und Bowra 1964, 15) einwendet, daß eine Vergleichung zwischen Biene und *Dichter* nicht in *P.* 10.53–54 hineininterpretiert werden darf.

[41] Die für γλυκεῖα φρήν übliche Übersetzung 'Liebenswürdigkeit' (Dornseiff, Dönt) ist hier aufgegeben, um anzudeuten, daß das Adjektiv γλυκύc die Vergleichung mit dem Honig bereits vorbereitet.

[42] Freilich gibt es für ἀμείβομαι in der Bedeutung 'übertreffen' nur diesen einen Beleg (LSJ s.v.; Giannini 1995, z.St.). Die Erklärung steht deshalb im Verdacht, eine 'Ad hoc-Lösung' zu sein.

[1.49] *mel. adesp.* 979 (= SH 1001): B

ἐκ Cάπφωc τόδ' ἀ μ ε λ γ ό μ ε ν ο c μέλι τοι φέρω.

'Aus Sappho saugend bringe ich dir diesen Honig hier'. — [9.5], [18.7]

Das Dichter-Ich saugt als Biene aus der 'Blume' Sappho und produziert daraus ein Honig-Lied.[43] Dieses (wohl hellenistische) Fragment liefert möglicherweise den Schlüssel zum Verständnis eines schwierigen Pindar-Fragments:

[1.50] Pi. fr. 97: D

τὸ c⟨ὸν⟩ αὐτοῦ μέλοc γ λ ά ζ ε ι c

'Du (sc. Pan) saugst (schlürfst?) dein eigenes Lied'.

Der Tradent (Schol. Theokr. 1.2b) paraphrasiert den Inhalt mit ἑαυτῶι ὠιδὴν ἄιδειc. Um dieser Deutung folgen zu können, muß man einen Zwischenschritt ansetzen: Pan saugt wie eine Biene Nektar und produziert daraus für sich selbst ein Lied.[44]

Dadurch, daß die Bienen-Vergleichung an die Honig-Vergleichung geknüpft ist, spielt mehr oder weniger ausdrücklich der Aspekt der 'angenehmen Wirkung auf den Rezipienten' hinein. Eine vergleichbare Wirkung attestiert auch Bakchylides der Biene, bedient sich dafür aber eines akustischen Begriffs:

[1.51] B. 10.9–10: B

καὶ νῦν καcιγνήταc ἀκοίταc
ν̣αcιῶτιν ἐκίνηcεν λιγύφθογγον μ έ λ ι c c α ν ,

'Auch heute hat der Gatte der Schwester (sc. des Siegers) die Inselbewohnerin in Bewegung gesetzt, die helltönende Biene'.

Eine Biene als 'helltönend' zu bezeichnen ist ungewöhnlich. Zunächst könnte man versucht sein, Bakchylides' Biene als 'artfremde Spezies' (ähnlich wie die Zikade) unter den Singvögeln zu behandeln. Freilich deutet das Attribut 'Inselbewohnerin' darauf, daß wie in [1.35] eine ganz bestimmte Biene gemeint ist: Bakchylides als Individuum. Auf diesem Hintergrund löst sich der 'Widerspruch' auf, daß λιγύφθογγοc besser zum *tenor* als zum *vehicle* paßt.

Wie in Anm. 40 bereits angedeutet, ist in Pindars Epinikien eine Stelle ohne Zweifel als Bienen-Vergleichung zu interpretieren:

[1.52] Pi. *P.* 10.53–54 (Strophenende): B

ἐγκωμίων γὰρ ἄωτοc ὕμνων
ἐπ' ἄλλοτ' ἄλλον ὥτε μ έ λ ι c c α θύνει λόγον.

'Denn die besten lobenden Lieder jagen wie die Biene von einem Gegenstand zum andern'.

---

[43] **FL** (Biene) Ar. *Av.* 748–750; Pl. *Ion* 534b; *AP* 2.69 u.ö.; vgl. *Vit. Soph.* 20: μόνοc δὲ Cοφοκλῆc ἀφ' ἑκάcτου τὸ λαμπρὸν ἀπανθίζει· καθ' ὃ καὶ μέλιττα ἐλέγετο. – 'Als einziger erntet Sophokles von jedem das Glänzende. Deshalb wurde er auch ›Biene‹ genannt.'

[44] Die Bienenthematik hat Wilamowitz zu einer bemerkenswerten Konjektur im Text des Scholions veranlaßt: μέλι (Wil.: μέλη codd.) γὰρ τὰc ὠιδὰc ἔλεγον ὡc καὶ Πίνδαροc πρὸc τὸν Πᾶνα φάcκων (folgt fr. 97).

Die Vergleichung ist längst erkannt. Weniger klar ist zahlreichen Interpreten, daß es sich um eine *produktbezogene* Vergleichung handelt (die einzige unter den hier behandelten Tier-Vergleichungen): Das *Lied* springt von einem Gegenstand zum andern wie eine Biene von Blüte zu Blüte. Das Bild ist im weitesten Sinn unter die Bilder des Fliegens zu rechnen. Es versinnbildlicht auf höchst anschauliche Weise den sprunghaft selektiven Stil der Lyrik im allgemeinen und der Pindarischen Lyrik im speziellen. Unmittelbar auf eine nautische Abbruchsformel [13.14] folgend, leitet die Bienen-Vergleichung zum Sieger-Lob über (ἐπ' ἄλλον λόγον) und hat damit selbstreferentiellen Charakter.[45]

(d) Raubtiere

Wie die meisten Tier-Vergleichungen ist auch die Raubtier-Vergleichung altes Dichtererbe. Kein Tier erscheint so oft in den homerischen Gleichnissen wie der Löwe, aber auch andere Raubtiere kommen vor. Ein Bezug des Raubtiers auf das Dichter-Ich begegnet zuerst bei Hesiod, allerdings in indirekter Form: In [1.14] ist er als Nachtigall das Opfer eines Raubvogels. Solon bedient sich in fr. 36, in dem er Rechenschaft von seiner politischen Tätigkeit ablegt, eines Wolfs-Bilds:

[1.53] Sol. 36.26–27: F

τῶν οὕνεκ' ἀλκὴν πάντοθεν ποιεόμενος
ὡς ἐν κυσὶν πολλῇσιν ἐστράφην λ ύ κ ο ς.

'Deshalb habe ich auf allen Seiten Stärke gezeigt und mich unter vielen Hündinnen gedreht wie ein Wolf'.[46]

Der von Hündinnen eingekreiste Wolf (vgl. *Il.* 12.41–42: Löwe oder Keiler) dürfte allerdings eher politisch als poetologisch zu deuten sein.

In der enkomiastisch geprägten Literatur, die die mit Abstand größte Anzahl der hier untersuchten Texte stellt, ist die Raubtier-Vergleichung erwartungsgemäß selten. (Schon im Adler-Bild [1.43] ging es lediglich um die schnelle und effiziente Leistung des Adlers. Sein 'blutiges Opfer' auf den Gegenstand oder Adressaten des Dichters zu beziehen verbietet sich aus naheliegenden Gründen.) Aus einer Negativfolie Pindars wird dagegen deutlich, daß die Iambographie sich 'bissig' gegeben hat:

---

[45] Mit anderer Nuancierung erscheint die Bienen-Vergleichung an Stellen wie *hHerm* 558–561 [18.9], Pi. *P.* 4.60, fr. 158, die sie in einen mantisch-prophetischen Kontext einbetten. Insbesondere im Hermes-Hymnos sind die Funktionen des Dichters und des Sehers ineinander verwoben (Scheinberg 1979, 28): "The imagery in which the bee maidens are clad, with its traditional evocation of both poets and seers, enables them to bring to a fitting close a hymn whose chief concern is the rivalry, and then the harmony, between poetic and mantic spheres."

[46] Vgl. zu Solons Anwendung der Maxime 'Freunden helfen, Feinde bekämpfen' und speziell zu dieser Stelle Vox 1983.

[1.54] Pi. *P.* 2.52–56: B

ἐμὲ δὲ χρεών
φεύγειν δάκος ἀδινὸν κακαγοριᾶν.
εἶδον γὰρ ἑκὰς ἐὼν τὰ πόλλ' ἐν ἀμαχανίαι
ψογερὸν Ἀρχίλοχον βαρυλόγοις ἔχθεσιν
πιαινόμενον·

'Aber ich muß meiden den schmerzenden Biß gehässiger Reden. Denn ich konnte – aus der Distanz – sehen, wie der Tadler Archilochos sich vielfach in auswegloser Lage an schweren Haßtiraden gemästet hat'.[47]

Obwohl die überlieferten Archilochos-Fragmente keine offensichtlichen Raubtier-Vergleichungen enthalten, ist es eine plausible Vermutung, daß Pindar entsprechende Stellen vor Augen gehabt hat. Gerade die von Archilochos offenbar gern benutzte Fabel dürfte hinreichend Gelegenheit dazu geboten haben (z.B. Fabel vom Fuchs und vom Adler: Archil. 172–181). Der moderne Interpret steht hier freilich vor dem Problem, daß spätere Mythenkompendien ('Aisopos', Babrios usw.) lediglich Hand dazu bieten, die 'Geschichte' (den *plot*) der Tier-Fabel zu rekonstruieren, die 'Erzählung' (die *story*) dagegen ist verloren (Gerber 1970, 37). Somit fehlt der Schlüssel zu der Frage, welches Tier wen repräsentiert, und – für die vorliegende Untersuchung entscheidend –, wann die Vergleichung dem *Dichter* Archilochos gilt.

Im Zusammenhang mit dem 'Biß' der Iambographie ist – trotz vieler Unklarheiten – ein Hipponax-Fragment zu erwähnen, das von einer 'bissigen Schlange' handelt, die hier der Einfachheit halber unter den Raubtieren mitbehandelt wird:[48]

[1.55] Hippon. 28: D

Μιμνῆ κατωμόχανε, μηκέτι γράψηις
ὄπφιν τριήρεος ἐν πολυζύγωι τοίχωι
ἀπ' ἐμβόλου φεύγοντα πρὸς κυβερνήτην·
αὕτη γάρ ἐςται συμφορή τε καὶ κληδών,
νικύρτα καὶ cάβαννι, τῶι κυβερνήτηι,
ἢν αὐτὸν ὄπφις τὠντικνήμιον δάκηι.

'Mimnes, du Hinternklaffer! laß ab, eine Schlange zu malen, die auf der duchtenreichen Schiffswand vom Rammsporn zum Steuermann flieht! Denn dies wird doch den Untergang und ein böses Vorzeichen bedeuten – du Sklavenbrut und Teufelsbraten! – für den Steuermann, wenn ihn die Schlange ins Schienbein beißt!' — [3.98]

[47] Nagy (1979, 226) vergleicht die Stellen in der *Ilias*, an denen Hunde sich am Fett Gefallener sättigen (8.379–380; 11.818; 13.831–832).

[48] Zu Schlange und Iambographie vgl. Gaitulikos' Grabepigramm auf Archilochos (*AP* 7.71 = test. 66 Tarditi, bei West vor fr. 172 abgedruckt): cῆμα τόδ' Ἀρχιλόχου παραπόντιον, ὅc ποτε πικρὴν | μοῦcαν ἐχιδναίωι πρῶτος ἔβαψε χόλωι... – 'Dies ist das am Meer gelegene Grabmal des Archilochos, der einst als erster die Muse ins Schlangengift getaucht hat, so daß sie bitter wurde...'

Mimnes hat seinen Gegner Hipponax in einer Weise angegriffen, die das Gegenteil von dem bewirkt, was sie bezweckt hat (vgl. [1.25]). Nach Hipponax' Darstellung ist Mimnes seiner Aufgabe nicht gewachsen und hat die als Abschrekkung auf den Bug des 'Kriegsschiffs' (Rammsporn) gemalte Schlange genau in der falschen Richtung aufgemalt. Der Kopf der Schlange befindet sich fälschlich am Heck und beißt anstelle des Gegners den Steuermann (d.h. ihren 'Verbündeten') ins Schienbein.[49]

Angesichts von Hipponax' Box-Metaphern [6.36] und [6.37] dürfte auch die gegen ihn gerichtete 'Schiffsattacke' metaphorisch zu deuten sein. Daß dieser Mimnes – von einem Maler dieses Namens ist nichts bekannt – seine Attacke gegen Hipponax in Gedichtform geritten hat, muß allerdings Hypothese bleiben (Alternativvorschlag zu [3.98]). Jedenfalls ist die Schlange indirekt eine Folie für Hipponax, nur daß *seine* Schlange den Richtigen 'beißt'.

Im Zusammenhang mit der Umsetzung der aristokratischen Maxime 'Den Freunden helfen, die Feinde bekämpfen' gesteht auch Pindar sich einmal die Möglichkeit zu, wie ein Raubtier vorzugehen. Auffälligerweise geschieht es im gleichen Lied, in dem er sich von Archilochos' 'Beißen' distanziert [1.54]:

[1.56] Pi. *P.* 2.84–85: B

ποτὶ δ' ἐχθρὸν ἅτ' ἐχθρὸc ἐὼν λ ύ κ ο ι ο
δίκαν ὑποθεύcομαι,
ἄλλ' ἄλλοτε πατέων ὁδοῖc cκολιαῖc.

'Den Feind aber will ich als Feind nach Art des Wolfs anspringen, bald hier, bald da auf krummen Wegen gehend'.[50] — [11.64]

Heimliche Verleumder (Vv. 76f., mit Füchsen verglichen) und Leute, die *allen* schmeicheln (82), sind Pindar gleichermaßen zuwider. Freunde muß man lieben (83), d.h. im Lied preisen, Feinde mit den Mitteln eines Wolfs bekämpfen.[51]

(e) Andere Tiere

Der *Affe* aus Archilochos' Fabel vom Fuchs und vom Affen (185–187) wird vom byzantinischen Gelehrten Nikephoros Gregoras wie folgt charakterisiert

[49] Vgl. den Apparat von Degani (1991, 54f.) und die dort zitierte Literatur.

[50] Der 'geradzüngige Mann' (εὐθύγλωccoc ἀνήρ) des folgenden Verses, den Pindar auch auf sich selbst bezieht, zeigt, daß die 'krummen Wege' keinen Widerspruch zu der von Pindar sonst bevorzugten Gradlinigkeit der Handlungen (z.B. *O.* 7.20–21 [3.61]) darstellt. Außerdem macht Most darauf aufmerksam, daß nach frühgriechischer Auffassung "[a]n honest or direct man is not one who employs honest or direct means: rather, he is someone who adapts his means to his object in each case, who to his friend is friendly and against his enemy uses whatever means (even indirect ones) are available" (1985, 115, mit Lit. in Anm. 96 und 97).

[51] Nicht berücksichtigt ist in diesem Abschnitt der Versuch Bundys (1962, 29–32), die Löwen in *O.* 11.20 auf Pindar zu beziehen. Seine Hypothese läßt sich nicht halten (vgl. Verdenius 1988, z.St.).

(bei West vor 185): ὃϲ πρὶν ἢ μαθεῖν ἄπονον οἴεται εἰληφέναι ταμίαν ϲοφίαϲ τὴν Ἡϲιόδου δάφνην ('der, ehe er es erlernt hat, schon wähnt, ohne Mühe in der Hand zu halten, als ›Verwalter‹ der Kunst, den Lorbeerzweig des Hesiod'). Die Anspielung auf die Dichterweihe Hesiods (*Th.* 30–32) macht deutlich, daß Archilochos nach Nikephoros' Interpretation hinter dem Affen einen schlechten Dichter gesehen hat. Die Negativfolie 'Affe' ist am ehesten mit Kerykides, dem Adressaten der Fabel, zu verbinden. Jedenfalls würde eine poetologische Deutung des Affen gut zum selbstreferentiellen Beginn der Epode passen.[52]

Schließlich ist in einem Pindar-Fragment eine poetologische *Delphin*-Vergleichung nachzuweisen. Die Antike hat dem kontaktfreudigen Tier eine besondere Vorliebe für Musik nachgesagt (vgl. die wundersame Errettung Arions von Methymna: Hdt. 1.24; *mel. adesp.* 939).[53] Die Gewohnheit der Delphine, Schiffen zu folgen, wurde deshalb so gedeutet, sie folgten dem Klang des Instruments, das die Ruderer auf dem Schiff 'dirigiert'.[54] Auf diesem Hintergrund erschließt sich der Sinn des folgenden Fragments:

[1.57] Pi. fr. 140b.13–17 (suppl. Lobel): B

˻ἐρε-
θίζ˼ομαι πρὸϲ ἀΰτά[ν
˻ἁλίο˼υ δελφῖνοϲ ὑπ˻όκριϲιν˼,
˻τὸν μὲν ἀκύμονοϲ ἐν πόντου πελάγει
αὐλῶν ἐκίνηϲ' ἐρατὸν μέλοϲ.˼

'Ich werde zum (Singen) angetrieben nach Art des Delphins im Meer, den auf der Fläche des wellenlosen Meers das reizende Lied der Auloi in Bewegung gesetzt hat'.[55]

Der Klang der Auloi (Instrumentalvorspiel?) regt den Sänger-Delphin an und ruft so dessen Gesang hervor.[56] Auch dieser Passus ist also selbstreferentiell.

[52] Archil. 185 [2.8]: ἐρέω τιν' ὕμιν αἶνον, ὦ Κηρυκίδη, | ἀχνυμένη ϲκυτάλη – 'Ich werde euch einen Ainos vortragen, Kerykides, trauriger Heroldsstab'. Die Selbstreferentialität kommt im (etymologisierten) Namen des Adressaten, 'Heroldssohn', in der ϲκυτάλη (unabhängig von den umstrittenen Fragen, wie der Text zu lesen und worauf die Apposition zu beziehen ist, wozu zuletzt West 1988, s. zu [2.8]), vor allem aber in den Eingangsworten zum Ausdruck; denn: "Der Ainos ist ein Diskurs, in dem das Erzählte auf die Situation des Vortrags gespiegelt wird. ἐρέω τιν' ὕμιν αἶνον ist also nicht nur der Anfang, sondern auch die Gebrauchsanweisung für den folgenden Text." (Steinrück 1992, 350).

[53] Vgl. auch den 'Ruderdienst der Delphine für die Musen' (*AP* 9.88).

[54] Ausdruck dieser Erklärung ist die Bezeichnung eines Schiffs als χοραγὲ τῶν καλλιχόρων δελφίνων (E. *Hel.* 1454f., mit dem Kommentar von Kannicht 1969). Außerdem nennt Euripides den Delphin φίλαυλοϲ (*El.* 435), was Aristophanes (*Ra.* 1317) parodiert.

[55] Die deutsche Sprache kennt kein dem englischen 'pipe(s)' entsprechendes Wort, weshalb das Blasinstrument αὐλόϲ, das bekanntlich *keine* Flöte ist (West 1992a, 1–2), hier und im folgenden mit 'Aulos' wiedergegeben wird.

[56] Auf einer schwarzfigurigen Schale aus dem zweiten Viertel des 6. Jh. sind drei Delphine abgebildet, von denen der größte kurioserweise mit Menschenarmen den Diaulos spielt (Abb.: Fileni 1987, zwischen S. 60 und 61).

Zu den Delphin-Vergleichungen gehört vielleicht auch:

[1.58] Pi. fr. 340: D

μελικτὰϲ ὁδοιπόρουϲ θαλάϲϲαϲ

'die reisenden Sänger des Meeres'. — [13.19]

Slater (1969, s.v. μελικτάϲ) vermutet, daß hier von Delphinen die Rede sei.[57]

Eine andere Stelle nimmt – ähnlich wie [1.43] und [2.16] – Bezug auf die Schnelligkeit des Delphins.

[1.59] Pi. *N.* 6.64–66 (Liedschluß): B

δελφῖνι καὶ τάχοϲ δι' ἅλμαϲ
ἶϲον ⟨κ'⟩ εἴποιμι Μεληϲίαν
χειρῶν τε καὶ ἰϲχύοϲ ἀνίοχον.

'Dem Delphin im Meer an Schnelligkeit gleich will ich Melesias (sc. den Trainer) nennen, den Zügelhalter der Hände und der Kraft (sc. des Siegers)'.

Der Potentialis hat hier die gleiche Funktion wie ein Ankündigungsfutur. Voraus geht eine Kombination von Weg- und Boten-Bild [2.3], dem das nächste Kapitel gewidmet ist.

Zusammenfassung: Die (poetologische) Tier-Vergleichung ist alt und aufgrund unmittelbarer Naturbeobachtung naheliegend. Auch in der frühgriechischen Dichtung ist sie fest verankert. Besonders verbreitet ist die Singvogel-Vergleichung, die auf der akustischen Mimesis basiert und daher fast metonymischen Charakter hat. Bemerkenswerterweise fehlt sie in Bakchylides' und Pindars Werk fast vollständig, vielleicht weil sie ihnen zu 'banal' erschien. Wichtig sind außerdem der in Verbindung mit dem Göttervater Zeus stehende Adler und die 'bissigen' Raubtiere. An letzteren läßt sich gut aufzeigen, daß die Wahl der jeweiligen Tiergattung stark vom literarischen Genos abhängig ist.

---

[57] Dem Delphin wird auch ein besonderes Verhältnis zu Dionysos attestiert: vgl. v.a. den homerischen Hymnos auf Dionysos und die Schale des Exekias (*ABV* 146.21), wo das Schiff des Dionysos nicht nur von sieben Delphinen umgeben ist, sondern zusätzlich zwei auf die Schiffswand gemalt sind und der Schiffsschnabel die Form eines Delphins hat. Allerdings ist offen, ob und in welcher Form das Thema 'Dichtung' hier hereinspielt.

2. BOTE

Die folgenden fünf Kapitel bilden eine Gruppe, die die Belege aus fünf 'Berufsfeldern' vereint: Bote bzw. Herold[1] (Kap. 2), verschiedene Handwerker (Kap. 3), Arzt (Kap. 4), Bauer (Kap. 5), Jäger bzw. Athlet (Kap. 6).

Die Vergleichung des Dichters mit einem Boten ist naheliegend: Beide sind Träger einer Botschaft – diese Funktion war schon im Tier-Kapitel nachzuweisen [1.8ff.]. In einer stark von Mündlichkeit geprägten Gesellschaft wie der frühgriechischen, die über keine 'institutionalisierte' Informationsvermittlung verfügt, ist sie als eine der zentralen Aufgaben des 'Sängers' anzusehen.

Die ausdrückliche Vergleichung mit einem Boten hat in diesem Zusammenhang den Charakter eines Legitimationsverfahrens, weil der Bote von jemandem (im allgemeinen einer Autoritätsinstanz) 'geschickt' worden ist. Der Bote vertritt diese Instanz, wodurch die von ihm überbrachte Botschaft den Status des 'Offiziellen' erlangt. Diese Instanz kann im menschlichen, aber auch im göttlichen Bereich angesiedelt sein: Der Dichter als Bote der Götter.[2]

Parallelen:

Vedisch: Die poetologische Vergleichung mit einem Boten ist im Vedischen gut bezeugt (z.B. Rigveda 7.67.1; 8.26.16).[3] Hervorzuheben ist, daß die Vergleichung produktbezogen ist: das Lied wird mit einem Boten verglichen.

Hethitisch: Die produktbezogene Vergleichung des Lieds mit einer Botschaft ist im hurritischen 'Song of Hedammu' nachzuweisen (fr. 11): 'Perhaps [Hedammu(?)] will hear our message (i.e., song).' (Hoffner 1990, 51).

Im griechischen Textmaterial deutet sich die Vergleichung dadurch an, daß zwischen Sängern, Instrumenten, Herolden und Rednern eine Analogie hergestellt wird: Das Adjektiv λιγύϲ (und Ableitungen) wird im Sinn eines akusti-

---

[1] Auf eine Differenzierung zwischen 'Bote' und 'Herold' wird verzichtet, da sie beide Überbringer einer Botschaft sind. Belege wie [2.3] und [2.5] zeigen, daß die Unterschiede zwischen ἄγγελοϲ und κῆρυξ gering sind und deshalb hier vernachlässigt werden können.

[2] Agamemnons Herolde Talthybios und Eurybates werden von Achilleus mit Διὸϲ ἄγγελοι apostrophiert (*Il.* 1.334); bereits im Mykenischen bezeichnet *ka-ru-ke* 'religiöse Würdenträger' (DMic s.v.).

[3] Altind. *karú-* 'Sänger' ist etymologisch mit κῆρυξ verwandt (Schmitt 1967, 301–302).

schen Qualitätsmerkmals mit allen genannten Wörtern verbunden (z.B. *Il.* 1.248; 2.50; 9.186; *Od.* 12.44; 24.62).

(a) Der Dichter als Bote

Die älteste griechische Stelle, an der ein Dichter sich ausdrücklich als Bote bezeichnet, stammt aus der Salamis-Elegie Solons:

[2.1] Sol. 1.1–2 (Gedichtanfang): B

αὐτὸc κ ῆ ρ υ ξ ἦλθον ἀφ' ἱμερτῆc Cαλαμῖνοc,
κόcμον ἐπέων †ὠιδὴν ἀντ' ἀγορῆc θέμενοc.

'Selbst kam ich als Herold von der lieblichen (Insel) Salamis, eine Lied-Anordnung an die Stelle einer Rede setzend'. — [3.18], [11.4]

Trotz beträchtlicher Unsicherheitsfaktoren (v.a. in bezug auf die bei Plutarch ausführlich geschilderten Begleitumstände des Vortrags) ist die metaphorische Deutung von 'Herold' unzweifelhaft (Gerber 1970, 131).[4] Um zu verhindern, daß Athens Bemühungen um Salamis eingestellt werden, wendet Solon den Kunstgriff des fiktiven Botengangs an: Selbst sei er von Salamis als Herold gekommen und trage nun eine Elegie (eine Kampfparainese?) anstelle einer Prosarede vor. Solon untermauert sein Beweisziel mit drei Argumenten: (1) Er kommt direkt vom Schauplatz, ist also ein verläßlicher Augenzeuge. (2) Er kommt als κῆρυξ in 'offizieller Mission'. (3) Die Sache ist so dringend, daß er gleich selbst gekommen ist und nicht einen anderen als Herold geschickt hat.

Die meisten Belege dieses Kapitels entstammen der Epinikien-Dichtung. Seit Schadewaldt (1928, 274) ist die 'Siegmeldung' als fester Programmpunkt des Epinikions erkannt (Teil des Sieger-Lobs).[5] Sie ist mit dem Sieg-Lied-Motiv in Verbindung zu bringen: Der Sieg des Athleten muß in angemessener Form publik gemacht werden. Sich mit dem Herold, der den Sieger ausruft, oder dem

---

[4] Zu den (angeblichen) Vortragsumständen vgl. Plut. *Sol.* 8.2: ἐcκήψατο μὲν ἔκcταcιν τῶν λογιcμῶν, καὶ λόγοc εἰc τὴν πόλιν ἐκ τῆc οἰκίαc διεδόθη παρακινητικῶc ἔχειν αὐτόν· ἐλεγεῖα δὲ κρύφα cυνθεὶc καὶ μελετήcαc ὥcτε λέγειν ἀπὸ cτόματοc, ἐξεπήδηcεν εἰc τὴν ἀγορὰν ἄφνω, πιλίδιον περιθέμενοc, ὄχλου δὲ πολλοῦ cυνδραμόντοc ἀναβὰc ἐπὶ τὸν τοῦ κήρυκοc λίθον ἐν ὠιδῆι διεξῆλθε τὴν ἐλεγείαν, ἧc ἐcτιν ἀρχή· – Unter der plausiblen Voraussetzung, daß Plutarch keine textunabhängigen Informationen zur Verfügung standen (bezeichnend, daß der älteste Autor, der auf die Salamis-Elegie Bezug nimmt, Demosthenes 19.252, zu den Vortragsumständen schweigt), hat Lefkowitz (1981, 40) vermutet, Plutarch habe die Metaphern und Tropen Solons nicht richtig verstanden. Bowie (1986, 19) leitet daraus die Hypothese ab, daß auch Sol. 1 an einem Symposion vorgetragen wurde und nicht (wie sonst angenommen: z.B. West 1974, 12) in der Öffentlichkeit.

[5] Die Siegmeldung steht im Zentrum der Monographie von Nash (1990). Die Verfasserin schießt gelegentlich etwas übers Ziel hinaus, etwa wenn sie die metaphorisch-poetologische Bedeutung der *Kranz*-Bilder [9.29ff.] auf die Sieg-*Meldung* zurückführt (25–26). Insgesamt berücksichtigt Nash den Bildcharakter der Siegmeldung nicht ausreichend.

Boten, der die Meldung 'in die Welt trägt', zu vergleichen bietet sich für den Dichter unmittelbar an.[6]

Wie bei Solon kann der Hinweis auf die Botenfunktion den Auftakt zum nachfolgenden Lied bilden:

[2.2] Pi. *P.* 9.1–3 (Liedbeginn): B

Ἐθέλω χαλκάσπιδα Πυθιονίκαν
σὺν βαθυζώνοισιν ἀ γ γ έ λ λ ω ν
Τελεσικράτη Χαρίτεσσι γεγωνεῖν

'Ich will den Pythiensieger mit dem ehernen Schild vermeldend Telesikrates (sc. den Sieger) mit den tiefgegürteten Chariten laut preisen...'

Der Erzähler schlüpft in die Rolle des offiziellen Herolds, indem er gleich zu Beginn im Stil einer Rangverkündung Name, Herkunftsort (V. 4), Wettspielort und Disziplin (χαλκάσπιδα weist auf den Waffenlauf) benennt.

Ebenfalls bereits aus [2.1] bekannt ist die Verbindung mit einem Weg-Bild (Ankunftsmotiv):

[2.3] Pi. *N.* 6.57b–59: B

ἄ γ γ ε λ ο ς ἔβαν,
πέμπτον ἐπὶ εἴκοσι τοῦτο γαρύων
εὖχος

'Ich komme als Bote, diesen fünfundzwanzigsten rühmlichen Sieg zu verkünden'. — [11.6]

Im unmittelbaren Kontext ist angedeutet, daß es nicht einfach um die Meldung eines (weiteren) Siegs im sportlichen Wettkampf geht. Für den jugendlichen Sieger Alkimidas bedeutet der Erfolg im Ringkampf, der fünfundzwanzigste seiner Familie, den Beweis, daß er über die Veranlagung (φυά) verfügt, die Pindar vom Mitglied einer Aristokratenfamilie erwartet.

Entsprechend kann sich die Botentätigkeit des Dichters auf die gesamte Genealogie der Familie erstrecken (Lob der Siegerfamilie):

[2.4] Pi. *O.* 7.20–21 (Strophenbeginn): B

ἐθελήσω τοῖσιν ἐξ ἀρχᾶς ἀπὸ Τλαπολέμου
ξυνὸν ἀ γ γ έ λ λ ω ν διορθῶσαι λόγον,

'Ich will ihnen (sc. der Familie des Siegers) die gemeinsame Geschichte von Anfang an – mit Tlepolemos (sc. dem Urahn) beginnend – melden und (schnur-)geraderichten'. — [3.61]

Ähnlich an der folgenden Stelle, die einem Aigineten gewidmet ist. Pindar hat unmittelbar davor das Lob der mit den Aigineten 'verwandten' Aiakiden mit einem Weg-Bild [11.57] abgebrochen und leitet nun zum Lob der Siegerfamilie im engeren Sinn über:

---

[6] Vgl. CEG 823.2–3 (Ende 4. Jh.?): [ἀγγέλλ]ω νίκημ Μεσσ[ηνίου ὃς ?στεφανωθεὶς] | [–– κη]ρύχθη παῖς στ[άδιον ⏑⏑–]. – 'Ich verkünde den Sieg des Messeniers, der bekränzt zum Sieger im Stadionlauf der Junioren ausgerufen worden ist'.

[2.5] Pi. *N.* 4.73–74 (Strophenbeginn): B

Θεανδρίδαιcι δ' ἀεξιγυίων ἀέθλων
κ ά ρ υ ξ ἑτοῖμος ἔβαν

'Für die Theandriden als Herold der gliederstärkenden Wettkämpfe kam ich gerne'. — [11.5]

Allen vier Pindar-Stellen ist der Hinweis darauf gemeinsam, daß der Dichter das Amt des Boten gern verrichtet (Leichtigkeitsmotiv; in [2.3] im vorausgehenden Vers). Insgesamt besteht eine relativ enge Verbindung zwischen dem Bild des Boten und dem Anlaß der Wettspiele.

Der folgende Beleg weitet die Implikationen des Bildes aus und ist auch dadurch etwas anders gelagert, daß Pindar die Vergleichung gewissermaßen Homer in den Mund legt:

[2.6] Pi. *P.* 4.277–279 (Strophenbeginn): B

τῶν δ' Ὁμήρου καὶ τόδε cυνθέμενος
ῥῆμα πόρcυν'· ἄ γ γ ε λ ο ν ἐcλὸν ἔφα τι-
μὰν μεγίcταν πράγματι παντὶ φέρειν·
αὔξεται καὶ Μοῖcα δι' ἀ γ γ ε λ ί α c ὀρθᾶc.

'Von den Worten Homers achte auch auf dieses und berücksichtige es: Ein edler Bote, sagte er, verleiht größte Ehre jeder Sache. Gesteigert wird auch die Muse durch gerade (= wahrheitsgemäße) Botschaft.'

Dieses 'homerische' Sprichwort, das nicht zu eng mit *Il.* 15.207 in Verbindung gebracht werden sollte (Braswell 1988, z.St.), will Pindar ohne Zweifel auf sich selbst angewandt wissen. Er ist der 'edle Bote', der jeder Sache Ehre verleiht und dessen 'Muse' durch eine wahrheitsgemäße Botschaft an Kraft gewinnt. Pindar unterstreicht mit dieser Vergleichung, wie legitim seine (unmittelbar anschließende) Aufforderung ist, den exilierten Demophilos zu rehabilitieren.

Auch das folgende Skolion ist zu den Boten-Vergleichungen zu rechnen:

[2.7] *carm. conv.* 917b.2–4 (Selbstapostrophe[7]): D

c ή μ α ι ν ' ὅτι παρθένων
ἀπε[ί]ροcι πλέξομεν ὕμνοιc
[τ]ὰν δορὶ cώματα κειραμέναν Τρ[οί]αν

'Berichte, daß wir in die unendlichen Mädchenlieder das Troia hineinflechten werden, dessen Körper mit der Lanze niedergemäht worden sind'.[8] — [3.76]

Möglicherweise läßt sich ein weiterer Beleg in einem Archilochos-Fragment fassen, das allerdings noch keine allgemein anerkannte Deutung gefunden hat:

---

[7] Zur Selbstapostrophe s. zu [8.73].

[8] Die Textgestaltung in Vers 4 ist unsicher: cώματα Gianotti: δωριcωματι pap.: δορὶ cώματι *ed. pr.*: alii alia (vgl. Pellizer-Tedeschi 1983, 10 = 1991, 216).

[2.8] Archil. 185.1–2: D

ἐρέω τιν' ὕμιν αἶνον, ὦ Κηρυκίδη,
ἀχνυμένη σκυτάλη,

'Ich werde euch einen Ainos vortragen, o Kerykides, trauriger Heroldsstab'.

Textgestaltung und Interpretation von ἀχνυμένη σκυτάλη sind umstritten. Der vorliegende Interpretationsversuch folgt über weite Strecken dem von S. West (1988), die den Stab im Unterschied zu verschiedenen Erklärern vor ihr nicht auf den Ainos bezieht (dann gehörte die Stelle zu den produktbezogenen Vergleichungen in Abschnitt (b), unten), sondern auf eine der beiden Figuren im Text: Kerykides oder das Ich. Obwohl West festhält, daß der Heroldsstab auch gut zu einem Träger des (wohl fiktiven und sprechenden) Namens Κηρυκίδης passen würde, zieht sie die andere Option vor. Damit entgeht man einer Redundanz des Themas 'Herold', das sonst sowohl im Patronymikon als auch in der Apposition σκυτάλη anklingen würde. Einen Bezug auf den Ich-Erzähler könnte man so deuten, daß Archilochos versucht, dem Ainos, der ohne Zweifel mit einer für Kerykides schmerzlichen 'Moral' geendet hat, dadurch etwas die Spitze zu nehmen, daß er sich lediglich als Überbringer dieser Botschaft darstellt ('ich bin ja nur der Herold und bin auch betrübt über die Botschaft').[9] Ob die beschwichtigenden Worte ehrlich oder ironisch (und damit verschärfend) gemeint sind, muß offenbleiben.[10]

Die produzentenbezogene Boten-Vergleichung präsentiert sich noch spezifischer, wenn der Dichter ausdrücklich der Bote einer göttlichen Macht ist, die seine Botschaft 'autorisiert'. Dies können die Musen sein, die Inspirationsgottheiten *par excellence*:

[2.9] Thgn. 769: B

χρὴ Μουσῶν θεράποντα καὶ ἄγγελον ...

'Ein Diener und Bote der Musen muß...'

'Theognis' erweitert die konventionelle Konzeption des 'Dieners der Musen' (vgl. Kap. 21, Abschnitt i) um die ungewohntere des Boten der Musen, die "idée plus intéressante ici que celle de θεράπων, qu'elle précise; le poète est l'intermédiaire entre les Muses et les hommes" (van Groningen 1966, z.St.).[11]

Bei Pindar kehrt die gleiche Konzeption wieder. Allerdings ist er nicht einfach der Bote der Muse, sondern wird von ihr regelrecht in sein Amt eingesetzt:

---

[9] Die σκυτάλη ist ja nicht die Botschaft selbst, sondern der Stab, um den man die Botschaft wickelt. Der Stab bringt also die Botschaft gewissermaßen zum Sprechen. – Die Beschwichtigung ist auf dem Hintergrund zu deuten, daß Überbringer schlechter Botschaften gerne dafür zur Rechenschaft gezogen werden.

[10] Zu einer weiteren poetologischen σκυτάλη vgl. [2.13].

[11] Anders ausgedrückt: Μουσῶν θεράπων ist möglicherweise ein Cliché, Μουσῶν ἄγγελος sicherlich nicht.

[2.10] Pi. fr. 70b.23–25: B

ἐμὲ δ' ἐξαίρετο[ν
κάρυκα σοφῶν ἐπέων
Μοῖς' ἀνέςτας' Ἑλλάδι

'Aber mich hat zum auserwählten Herold kluger Worte die Muse bestellt für Griechenland'.[12]

Bemerkenswert ist vor allem zweierlei: (1) Es handelt sich um die einzige Boten-Vergleichung Pindars, die nicht aus den Epinikien stammt (also nicht mit der 'Siegmeldung' zusammenhängt). (2) Der Thebaner Pindar erhebt in einem an seine thebanischen Landsleute gerichteten Dithyrambos Anspruch darauf, ein 'panhellenischer' Herold der Muse zu sein.

Das Bild des Götterboten findet sich auch bei Bakchylides, wobei es sich um eine Vergleichung 'zweiten Grades' handelt. In der langen Adler-Allegorie [1.45] wird der Adler unter anderem bezeichnet als:

[2.11] B. 5.19–20: B

εὐρυάνακτος ἄγγελος
Ζηνὸς ἐριςφαράγου

'Bote des weithin herrschenden Zeus, des lautdonnernden'.

Über die Adler-Vergleichung stellt Bakchylides sich indirekt als Boten des Zeus dar.

An den bisher untersuchten Textstellen kam der Dichter als Bote. Eine Variante besteht darin, daß der Dichter jemandem den Auftrag erteilt, an seiner Stelle als Bote zu fungieren. Entscheidend für diese bei Pindar zweimal belegte Form der Vergleichung ist der rhetorische Gestus, weil der Dichter sich nicht einfach durch einen Boten vertreten läßt, sondern dem Boten als Ich-Erzähler den Auftrag erst im Verlauf des Textes erteilt. Daraus ergibt sich eine dem 'Übereckgespräch' ähnliche Situation: Das Dichter-Ich, das durchaus selbst präsent ist (entweder persönlich oder repräsentiert durch den/die Vortragenden), wendet sich vorgeblich an den Boten, spricht im Grunde aber mit dem Adressaten.

Im einzelnen sind beide Stellen schwierig. Die erste fordert einen gewissen Nikesippos auf, das zu Ende gehende Lied dem Adressaten 'auszurichten':

[2.12] Pi. *I.* 2.47–48 (Liedschluß): B

ταῦτα, Νικάςιππ', ἀπόνειμον, ὅταν
ξεῖνον ἐμὸν ἠθαῖον ἔλθηις.

'Dies (sc. das vorangegangene Lied), Nikesippos, richte aus, wenn du zu meinem verehrten Gastfreund (= dem Sieger) kommst'. — [11.24]

Ähnliche Aufträge werden den homerischen Boten erteilt (z.B. *Il.* 2.10), die daraufhin zum Adressaten eilen und die Botenrede wörtlich wiederholen. Bei Pin-

[12] In einer Grabinschrift des 4. Jh. fungieren die Musen selbst als Herolde (CEG 578.11).

dar geht es bei der Auftragserteilung primär um die Rhetorik, weil der Auftrag selbst – ähnlich wie beim Ankündigungsfutur – bereits erfüllt ist (das Lied schließt mit V. 48). Über Nikesippos weiß man nichts. Die Erklärung der Scholien (Pindar habe Nikesippos das Lied nach Akragas bringen lassen) ist nicht mehr als eine Ad-hoc-Interpretation und berücksichtigt nicht, daß Nikesippos (wer immer er ist) den Auftrag nicht außertextlich, sondern erst im Lied selbst vom Dichter erhält.[13]

An der zweiten Stelle besteht die gleiche Diskrepanz zwischen klar interpretierbarer Boten-Vergleichung und undeutlichen Einzelheiten:

[2.13] Pi. *O.* 6.87–91: B

ὄτρυνον νῦν ἑταίρουϲ,
Αἰνέα, πρῶτον μὲν Ἥραν
Παρθενίαν κελαδῆϲαι,
γνῶναί τ' ἔπειτ', ἀρχαῖον ὄνειδοϲ ἀλαθέϲιν
λόγοιϲ εἰ φεύγομεν, Βοιωτίαν ὗν.
ἐϲϲὶ γὰρ ἄ γ γ ε λ ο ϲ ὀρθόϲ,
ἠϋκόμων ϲ κ υ τ ά λ α Μοι-
ϲᾶν, γλυκὺϲ κρατὴρ ἀγαφθέγκτων ἀοιδᾶν·

'Fordere jetzt die Gefährten auf, Aineias, erstens Hera Partheneia zu besingen, zweitens zu erkennen, ob wir mit wahren Worten den alten Vorwurf 'Boiotisches Schwein' umgehen können. Denn ein gerader (= die Wahrheit sagender) Bote bist du, Heroldsstab der schönhaarigen Musen, süßer Mischkrug klingender Gesänge'. — [8.65]

Die Boten-Vergleichung ist am ehesten als Apposition auf den apostrophierten Aineias zu beziehen.[14] Er wird meistens als Chorführer angesehen (nach der Erklärung der Scholien), was grundsätzlich möglich, aber keineswegs zwingend ist.[15] Entscheidend ist, daß Aineias' Botenfunktion – wie in [2.12] – im Text thematisiert wird. Mit wahren Worten (ἀλαθέϲιν λόγοιϲ) kämpft Aineias als Träger dieser wahren Botschaft (bzw. als ihr 'Gefäß': [8.65]) für Pindar gegen den alten Vorwurf, ein bäurischer Hinterwäldler aus Boiotien zu sein (Hindernismotiv). Das Augenmerk liegt also auf dem 'Boten' Aineias, dem Pindar in einer weniger aufdringlichen Weise Komplimente machen kann als sich selbst.

Die Erteilung des Auftrags *im Text* spielt auch für die Interpretation eines Alkaios-Fragments eine Rolle, die dadurch beträchtlich erschwert ist, daß die Tradenten in ihrer Schilderung der Umstände voneinander abweichen:

---

[13] Thummer (1969, z.St.) hat darauf aufmerksam gemacht, daß der Name Nikesippos ('Sieg-Pferd') auffallend gut zu einem Sieg im Pferderennen (V. 13 ἵπποιϲι νίκαν) 'paßt'.

[14] So u.a. Braswell (1988, 379) gegen Wilamowitz (1886, 168f. Anm. 22).

[15] Unabhängig von der 'Epinikien-Debatte' (S. 24) bestehen zwei Probleme: (1) Aineias' Hetairoi sollen Hera Parthenos (eine Hochzeitsgottheit: Burkert 1977, 211) besingen, was kaum in den Kontext eines Epinikions paßt. (2) Sie sollen *erkennen, ob* (γνῶναι, εἰ) [und nicht: dafür sorgen, daß] 'wir' (Erzähler und Aineias?) dem Vorwurf entgehen, bäurische Hinterwäldler zu sein.

[2.14] Alk. 401 B.a (Strabon 13.1.3): D

Ἀλκαῖός φησιν ὁ ποιητὴς ἑαυτὸν ἔν τινι ἀγῶνι κακῶς φερόμενον τὰ ὅπλα ῥίψαντα φυγεῖν· λέγει δὲ πρός τινα κήρυκα, κελεύσας ἀγγεῖλαι τοῖς ἐν οἴκωι· Ἄλκαος σάος...

'Der Dichter Alkaios sagt, daß er in einer kriegerischen Notlage die Waffen weggeworfen habe und geflohen sei. Er spricht zu einem Herold, indem er ihn auffordert, denen zu Hause zu melden: ›Alkaios lebt...‹'

Alk. 401 B.b (Hdt. 5.95): D

ταῦτα δὲ Ἀλκαῖος ἐν μέλει ποιήσας ἐπιτιθεῖ ἐς Μυτιλήνην ἐξαγγελλόμενος τὸ ἑωυτοῦ πάθος Μελανίππωι ἀνδρὶ ἑταίρωι.

'Diese Vorgänge hatte Alkaios in einem Lied dargestellt und hat es nach Mytilene geschickt, indem er seinem Freund Melanippos sein eigenes Unglück mitteilte'.

Der folgende Deutungsversuch basiert auf der Annahme, daß beide Tradenten heute verlorene Liedteile paraphrasieren bzw. interpretieren. Textexterne Informationen werden ihnen dagegen nicht vorgelegen haben.[16] Die Differenz – Strabon spricht vom Auftrag an einen Herold, Herodot von einem Brief – läßt sich am ehesten wie folgt bereinigen: Nach der Schilderung des Schlachtverlaufs (mit Flucht und Wegwerfen des Schildes) erteilt der Dichter im Liedtext einem Melanippos den Auftrag (vgl. [2.12]), den Freunden die Meldung zu überbringen: 'Alkaios lebt'. Aufgrund dieses im Lied erteilten Auftrags hat Herodot den Schluß gezogen, es handle sich bei dem Lied um einen 'poetischen Brief' (ἐπιτιθεῖ ἐς M.). Daß umgekehrt Strabon die Erwähnung eines Briefs fälschlich als Auftrag an einen Herold ausgelegt hätte, ist unwahrscheinlich. Ob Alkaios Melanippos tatsächlich einen 'poetischen Brief' in Schriftform geschickt hat, ist – wie wiederum das Beispiel [2.12] lehrt – unsicher, ja aufgrund des im Text erteilten Auftrags unwahrscheinlich.[17]

(b) Das Lied als Botschaft

Den Übergang stellt ein Beleg dar, bei dem die produktbezogene Vergleichung in eine produzentenbezogene integriert ist:[18]

[16] Vgl. Rösler (1980, 274), der im Unterschied zu früheren Erklärern (z.B. Treu bei Page 1964, 168) richtig gesehen hat, daß Alkaios den rhetorischen Gestus des Lieds durch die Aufnahme des Auftrags in den Text nachhaltig verändert.

[17] Vgl. Rösler 1980, 274 Anm. 378: "Der im Gedicht dargestellte Vorgang des Beauftragens mit der darauffolgenden Angabe des zu meldenden Textes weist auf mündliche Übermittlung". Daß "dies auch Fiktion gewesen sein" kann, scheint mir ebenso unwahrscheinlich wie die Auffassung, daß der rhetorische Gestus "allein unter der Voraussetzung einer bereits selbstverständlichen Praxis poetischer Epistolographie begreifbar ist" (274).

[18] Dennoch ist es wichtig, diese Unterscheidung zu treffen. Beckers Deutung der Boten-Vergleichung vermag deshalb nicht zu überzeugen (1937, 81): "Damit wird auch der Sinn des Boten klarer: das Lied selbst, nicht der fahrende Dichter, verbreitet die Siegestat, dadurch daß es (im κῶμος) gesungen und gehört wird, und kann daher seinem Wesen nach als ein 'Botengang'

[2.15] Pi. *P.* 2.3–4: B

ὔμμιν τόδε τᾶν λιπαρᾶν ἀπὸ Θηβᾶν φέρων
μέλος ἔρχομαι ἀγγελίαν τετραορίας ἐλελίχθονος,

'Dir (sc. der Stadt Syrakus) dieses Lied hier vom reichen Theben her bringend als Botschaft des erderschütternden Vierspänners komme ich'.[19] — [11.7]

Im Unterschied zu einem 'normalen' Überbringer der Siegmeldung gibt Pindar als Ausgangspunkt seiner Fahrt nicht den Wettspielort, sondern seine Heimatstadt an, was für seine Selbsteinschätzung bezeichnend ist.[20]

Auch die nächste Stelle nimmt ihren Ausgang beim Dichter als Urheber der Botschaft. Mit der Breiten- und Nachwirkung wird darin eine Dimension erschlossen, die mehrfach wiederkehren wird:

[2.16] Pi. *O.* 9.23–25: B

καὶ ἀγάνορος ἵππου
θᾶccov καὶ ναὸc ὑποπτέρου παντᾶι
ἀγγελίαν πέμψω ταύταν,

'Und schneller als ein stolzes Pferd und als ein geflügeltes Schiff werde ich überallhin diese Botschaft schicken'. — [13.25], [16.10]

Die Stelle, die eingerahmt ist von einer Licht- [7.7] und einer Garten-Vergleichung [9.26], bringt das Thema 'Breiten- und Nachwirkung' dadurch zum Ausdruck, daß sie (1) ein Ankündigungsfutur enthält (πέμψω), (2) die Geschwindigkeit betont und (3) die Botschaft nicht an den Aufführungsort, sondern 'überallhin' (παντᾶι) gelangen läßt.

Eine ähnliche (ebenfalls mittels Ankündigungsfutur bewerkstelligte) Betonung der Nachwirkung ist auch in einem Liedschluß des Bakchylides nachzuweisen. Außerdem ist der Dichter als 'Produzent' der Botschaft nicht mehr eigens erwähnt. Das Lied und seine Wirkung gewinnen dadurch eine gewisse Eigenständigkeit gegenüber dem Dichter (vgl. dazu ausführlicher S. 355ff.):

[2.17] B. 13.230–231 (Liedschluß): B

τερψιεπεῖc νιν ἀ̣[ο]ιδαὶ
παντὶ καρύ̣ξοντι λα[ῶ]ι̣.

'Lieder, deren Worte Freude hervorrufen, werden ihn (sc. den Sieger) dem ganzen Volk vermelden'.

---

bezeichnet werden." Zum einen übersieht Becker, daß das Bild des Boten anders zu deuten ist, je nachdem ob es produzenten- oder produktbezogen ist. Zum andern wird das Boten-Bild nicht als eigenständiges Bild, sondern als Teilaspekt des Weg-Bilds aufgefaßt und daher unnötig mit dem Bild des ἐπίκουρος [19.8] und des ταμίας [19.14] vermengt.

[19] Im Unterschied zu Pindar faßt Kallimachos sich nicht mehr als Verkünder, sondern als Empfänger der Siegmeldung auf: fr. 384.8 Pf.; fr. 254.5–6 SH, mit der Interpretation von Fuhrer (1992, 177).

[20] Den schwer zu lokalisierenden Wettspielort deswegen in Theben anzusetzen (so Boeckh und zuletzt wieder Most 1985, 64f.) geht an der Sache vorbei. Ebensowenig hat es damit zu tun, daß *P.* 2 kein 'richtiges' Epinikion ist. Young (1983) hat diese Deutung überzeugend widerlegt.

Bei Bakchylides liegt die Emphase darauf, daß das Lied alle erreicht. Damit geraten die Rezipienten in den Blick, denen eine Stelle bei Pindar besondere Aufmerksamkeit widmet:

[2.18] Pi. *O.* 4.4–5: B

ξείνων δ' εὖ πραςςόντων
ἔςαναν αὐτίκ' ἀγγελίαν ποτὶ γλυκεῖαν ἐcλοί·

'Wenn den Freunden gutes Gelingen zuteil wird, freuen die Edlen sich sogleich mit Blick auf eine süße Botschaft'.

Die unmittelbar vorausgehende Zeugen-Vergleichung [2.28] sichert die poetologische Deutung. Mehrere der gängigen Epinikienmotive treten hier in Kombination auf: Eine gute Leistung muß besungen werden (Sieg-Lied-Motiv). Die Rezipienten freuen sich schon auf das Lied (Leichtigkeitsmotiv, vgl. den 'Durst nach Liedern' [8.42] bis [8.45]), was aber auch den Anspruch an den Dichter steigert (Hindernismotiv). Die Perspektive hat sich deutlich verschoben, insofern der Erzähler mit den Augen der Rezipienten auf seine Botschaft sieht (sekundäre Fokalisation) und deren Erwartungshaltung zum Ausdruck bringt.

Vergleichbar, wenn auch weniger explizit, ist ein Fragment des Dionysios Chalkous:

[2.19] Dionysios Chalkous 2: B

ἀγγελίας ἀγαθῆς δεῦρ' ἴτε πευςόμενοι,
καὶ κυλίκων ἔριδας διαλύςατε, καὶ κατάθεςθε
τὴν ξύνεςιν παρ' ἐμοί, καὶ τάδε μανθάνετε

'Kommt hierher, um eine gute Botschaft zu erfahren, und beendet die Auseinandersetzung mit den Schalen (= das Kottabos-Spiel), und richtet eure Aufmerksamkeit auf mich, und erfahrt das Folgende:'

Mit diesem Appell versucht Dionysios unter seinen ausgelassenen Mitsymposiasten die Aufmerksamkeit zu erwirken, die Pindar als selbstverständlich hinstellt.

Die Breiten- und Nachwirkung (vgl. zu [2.16]) steht im Zentrum der nächsten Beleggruppe. Besonders eindrucksvoll ist der Beginn von *N.* 5, in dem Pindar sein Programm mit einer Apostrophe an das Lied formuliert. Eine Negativfolie ('ich bin kein bildender Künstler, der statische Werke schafft' [3.101]) geht voraus:

[2.20] Pi. *N.* 5.2–3: B

ἀλλ' ἐπὶ πάςας
ὁλκάδος ἔν τ' ἀκάτωι, γλυκεῖ' ἀοιδά,
ςτεῖχ' ἀπ' Αἰγίνας διαγγέλλοις', ὅτι...

'sondern auf jedem Frachtschiff und in jedem Boot, süßes Lied, schreite du aus Aigina meldend, daß...' — [13.21]

Der Ort der Erstaufführung (Aigina) wird hier als Ausgangspunkt gesehen, von dem aus das Lied und seine Botschaft potentiell die 'ganze Welt' erreichen werden. Gedacht ist wohl an die Besucher des Siegesfestes, die das Lied – als Schiffspassagiere – verbreiten werden.

Auch Bakchylides' Lied verkündet den Sieg gewissermaßen der gesamten Weltbevölkerung:

[2.21] B. 10.13–14: B

τεὰν ἀρετὰν
μ α ν ῦ ο ν ἐπιχθονίοιϲιν,

'Indem es (sc. das Lied, als Handwerks-Bild [3.104]) deine Leistung den Menschen bekanntmacht'.

Der Nachdruck kann auch auf der zeitlichen Dimension der Botschaft liegen:

[2.22] B. 9.78–82: B

]ν ὕμνον,
ὅϲ κε ––-] καὶ ἀποφθιμένωι
––⏑ ἄτ]ρυτον χρόνον,
καὶ τοῖϲ ἐ]π̣ι̣γεινομένοιϲ αἰεὶ π ι φ α ύ ϲ κ ο ι
ϲὰν Νε]μέαι νίκαν·

'Das Lied, (so daß es...) auch für den Gestorbenen ... unendliche Zeit und den Nachfahren immer kündet von deinem Sieg in Nemea'.[21]

Auch Pindars Botschaft ist von ewiger Dauer geprägt. Allerdings überträgt er die Dauerhaftigkeit auf das zu Ehren der verschiedenen Siege errichtete Schatzhaus, mit dem er sein Lied vergleicht [19.12]. Wind und Wetter können diesem Schatzhaus nichts anhaben, sondern die Stirnseite (mit der Inschrift) leuchtet hell [7.22]:

[2.23] Pi. *P.* 6.15–18 (Strophenende): B

πατρὶ τεῷι, Θραϲύβουλε, κοινάν τε γενεᾶι
λόγοιϲι θνατῶν εὔδοξον ἅρματι νίκαν
Κριϲαίαιϲ ἐνὶ πτυχαῖϲ ἀ π α γ γ ε λ ε ῖ.

'Den Sieg im Wagen(rennen), der deinem Vater, Thrasybulos, und eurer Familie gemeinsam ist und durch die Reden der Menschen berühmt, wird in den Tälern von Krisa (= in Delphi) verkünden' (sc. die strahlende Frontseite des Schatzhauses: [19.12]).[22]

---

[21] Text nach Maehler (1982), der im Kommentar zur Stelle den Optativ πιφαύϲκοι als Teil eines konsekutiven Relativsatzes nach homerischem Muster erklärt.

[22] Κριϲαίαιϲ ἐνὶ πτυχαῖϲ ist sowohl auf νίκαν (Sieg an den Pythischen Spielen) als auch auf ἀπαγγελεῖ (das Schatzhaus befindet sich in Delphi) zu beziehen, was die Übersetzung nicht wiedergeben kann. – Vgl. zum 'Sprechen' des Schatzhauses die akkadische Inschrift, die nach dem Umbau am Marduk-Tempel angebracht wurde: 'When I shall have completed your work, according to the commands of Marduk, do you, O house, speak favorably of me to Marduk, my lord.' (Foster 1993, 742, vgl. 739).

In [2.12] und [2.13] hat ein Bote einen Auftrag bekommen, in [2.20] wird das Lied beauftragt, eine Botschaft auszurichten. Als Kombination dieser beiden Varianten richten die Dichter eine Apostrophe an personifizierte 'Botschaften' bzw. Trägerinnen von Botschaften.

Bei Bakchylides, der eine Vorliebe für Botschafts-Vergleichungen hat, wird zweimal Pheme (die 'Gute Nachricht') apostrophiert, beide Male zu Beginn des Lieds:

[2.24] B. 2.1–3 (Liedbeginn): B

"Α[ϊξον, ὦ] cεμνοδότειρα Φήμα,
ἐc Κ[έον ἱ]εράν, χαριτώ-
νυμ[ον] φέρουc' ἀγγελίαν,

'Eile, o würdespendende Pheme, zur heiligen (Insel) Keos und bringe die Botschaft mit dem lieblichen Namen, daß...' — [11.73]

[2.25] B. 10.1–2 (Liedbeginn, suppl. Jebb): B

Φή]μα, cὺ γ[ὰ]ρ ἀ[γγελίαιc θνατῶν ἐ]ποιχνεῖc
φῦ]λα,

('Dich rufe ich an') 'Pheme, denn du gelangst mit deinen Botschaften zu den Völkern der Menschen' (unmittelbare Fortsetzung unverständlich). — [11.74]

Durch die Stellung zu Beginn des Lieds hat die Invokation die gleiche Funktion wie die Anrufung einer Muse und zugleich selbstreferentiellen Charakter. Bakchylides begründet in [2.25] die Anrufung der Pheme damit, daß sie für eine weite Verbreitung des Lieds sorgen kann.

Die von Pindar apostrophierte Echo erreicht noch eine Dimension mehr:

[2.26] Pi. *O.* 14.20–21: B

μελαντειχέα νῦν δόμον
Φερcεφόναc ἔλθ', Ἀ-
χοῖ, πατρὶ κλυτὰν φέροιc' ἀγγελίαν,

'Jetzt geh zum schwarzwandigen Haus der Persephone, Echo, dem Vater (sc. des Siegers) die rühmliche Botschaft bringend, daß...' — [11.75]

Dadurch, daß Echo die Botschaft des zu Ende gehenden Lieds dem verstorbenen Vater des Siegers in den Hades bringt, kommt indirekt zum Ausdruck, daß Pindars Epinikion selbst die Toten zu erreichen vermag (vgl. [7.40] und [8.40]).[23]

[23] Vgl. dazu auch die Personifikation der Hermestochter Ἀγγελία (Pi. *O.* 8.81–84), mit der Interpretation von Nash (1990, 90): "With this genealogy, she herself acquires some connection with Hades which, when added to her function of bearing messages, provides for the poet's song an appropriate means of transcending Hades' gates."

Eine poetologische Boten-Vergleichung ist auch im Grabepigramm nachzuweisen, das der Milesier Philiskos auf Lysias gedichtet hat. Außergewöhnlich daran ist, daß er das Lied nicht mit einer Botschaft, sondern mit einem Herold vergleicht. Mit dieser 'Personifikation' kommt Philiskos der Ausformung im Rigveda (s.o. S. 68) am nächsten:

[2.27] Philiskos 5: B

δεῖ c' ἀρετῆc κ ή ρ υ κ α τεκεῖν τινα Λυcίαι ὕμνον

(Das Gedicht begann mit einer Anrufung von Phrontis als Tochter der Muse Kalliope:) 'Du mußt für Lysias einen Herold der Bestheit gebären, ein Lied'.

Die ganz konkret gefaßte 'Entbindung' der Phrontis führt zu dieser Vergleichung des 'sächlichen' Lieds mit dem 'menschlichen' Herold.[24]

(c) Der Dichter als Zeuge

Parallele:
Vedisch: Zur Konzeption des Dichter-Zeugen vgl. Rigveda 1.11.6.

Bote und Herold agieren als Sprachrohr einer höheren Instanz in 'offizieller Mission'. Dieser Öffentlichkeitscharakter, der unauflöslich mit der Vertrauenswürdigkeit des Vermittlers und seiner Botschaft verknüpft ist, ist auch für den Zeugen von Bedeutung.[25] Pindar hat das Bild des Zeugen einmal mit einer Botschafts-Vergleichung verbunden. Vor [2.18] heißt es unmittelbar nach einer Anrufung des Zeus:

[2.28] Pi. *O.* 4.1–3: B

τεαὶ γὰρ ὯΩραι
ὑπὸ ποικιλοφόρμιγγοc ἀοιδᾶc ἑλιccόμεναί μ' ἔπεμψαν
ὑψηλοτάτων μ ά ρ τ υ ρ ' ἀέθλων·

'Denn deine (sc. Zeus') Horen, die zum Lied der bunt(klingend)en Leier sich im Kreise drehen, sandten mich als Zeugen der erhabensten Spiele'.

Ähnlich wie in [2.10] 'ernennt' eine göttliche Instanz den Dichter zum Zeugen, der von den Olympischen Spielen künden soll.

Gemäß ihrer Herkunft aus der Rechtssprechung kann die Zuverlässigkeit der Zeugenaussage mit einem Schwur bekräftigt werden:

---

[24] **FL** A.W. Schlegel/S. Bernhardi-Tieck, 'Variationen': "Hätt' ich zarte Melodien | Sie als Boten wegzusenden, | Würde bald mein Lied sich enden, | Und mir alle Freude blühn." (Hay-Steinsdorff 1986, 122).

[25] Herold und Zeuge sind kombiniert in *Il.* 1.338ff.: Achilleus verlangt bei der Übergabe der Briseis von den Herolden Agamemnons (buchhalterisch gesprochen) eine 'Beurkundung': Sie werden den Vollzug der Übergabe dereinst vor der Versammlung bezeugen müssen (wozu es freilich nicht kommt). – Zum Wahrheitsgehalt allgemein vgl. die Hinweise auf die ὀρθότηc von Dichtung: [2.6], [3.59] bis [3.63].

[2.29] Pi. *O.* 6.19–21 (Strophenende): B

οὔτε δύcηριc ἐὼν οὔτ' ὦν φιλόνικοc ἄγαν,
καὶ μέγαν ὅρκον ὀμόccαιc τοῦτό γέ οἱ caφέωc
μαρτυρήcω· μελίφθογ-
γοι δ' ἐπιτρέψοντι Μοῖcαι.

'Weder bin ich streitsüchtig noch übermäßig rechthaberisch, doch einen großen Eid will ich schwören und ihm (sc. dem Sieger) jedenfalls dies (sc. daß das positive Urteil, das Adrastos über Amphiaraos abgab, auch für ihn gilt) ganz klar bezeugen; und die honigklingenden Musen werden es bestätigen'.[26]

Schwurformeln dieser Art werden von Pindar zweimal ohne ausdrückliche Erwähnung des Zeugen benutzt:

[2.30] Pi. *O.* 2.92: B

αὐδάcομαι ἐνόρκιον λόγον ἀλαθεῖ νόωι,

'Ich werde einen unter Eid geleisteten Bericht geben mit wahrhaftiger Gesinnung, daß...'

Im anderen Passus ist das Lied eine unter Schwur geleistete Garantie (πιcτὸν ὅρκιον), daß die Leistungen des Siegers von der Nachwelt zur Kenntnis genommen werden (Verdenius 1988, z.St.):

[2.31] Pi. *O.* 11.4–6: B

εἰ δὲ cὺν πόνωι τιc εὖ πράccοι, μελιγάρυεc ὕμνοι
ὑcτέρων ἀρχὰ λόγων
τέλλεται καὶ πιcτὸν ὅρκιον μεγάλαιc ἀρεταῖc·

'Wenn aber einer unter Anstrengungen etwas Gutes vollbringt, erheben sich honigsprechende Lieder als Beginn für die Reden der Nachwelt und als für seine große Leistung unter Schwur geleistete Garantie (sc. für die Reden der Nachwelt).'

In eine ähnliche Richtung weisen zwei Stellen bei Bakchylides. Die Verben πιφαύcκω und κομπάζω sind zwar nicht unmittelbar als Zeugen-Bilder zu interpretieren, doch rechtfertigt die unzweifelhafte Schwurgestik die Einfügung in diesen Abschnitt:[27]

[2.32] B. 8.19–20: B

γᾶι δ' ἐπιcκήπτων χέρα
κομπάcομαι·

'Die Hand auf die Erde legend werde ich stolz verkünden:' (Unmittelbar anschließend wird die Wahrhaftigkeit mit einer Licht-Vergleichung [7.21] zusätzlich unterstrichen.)

[26] Ein ähnlicher Zusammenhang zwischen Herold, Schwur und Wahrheitsgehalt wird auch in *O.* 13 hergestellt, wo Pindar sich auf den realen Herold beruft. Pi. *O.* 13.98–100: ἀλαθήc τέ μοι | ἔξορκοc ἐπέccεται ἑξηκοντάκι δὴ ἀμφοτέρωθεν | ἁδύγλωccοc βοὰ κάρυκοc ἐcλοῦ. – 'Der wahre und unter Eid erfolgte süßzüngige Ruf des edlen Herolds, der an beiden Orten (sc. an den Isthmischen und Nemeischen Spielen) sechzigmal (erscholl), wird meinen Worten Gewicht verleihen'. (Zur Übersetzung vgl. Slater 1969, s.v. ἔπειμι).

[27] Zur Schwurgestik vgl. den Kommentar von Maehler (1982, zu B. 5.42, mit Lit.).

[2.33] B. 5.42: B

γᾶι δ' ἐπισκήπτων πιφαύσκω·

'Die Hand auf die Erde legend verkünde ich: ...'

Da vom Zeugen erwartet wird, daß er die Wahrheit sagt, kann der Lügner eine Negativfolie für den Dichter-Zeugen abgeben:

[2.34] Pi. *N.* 7.49–50: B

οὐ ψεῦδις ὁ μάρτυς ἔργμασιν ἐπιστατεῖ,
Αἴγινα, τεῶν Διός τ' ἐκγόνων.

'Nicht als Lügner steht der Zeuge den Taten, Aigina, von deinen und Zeus' Abkömmlingen vor'.

Das unmittelbar folgende Weg-Bild [11.90] sichert die poetologische Interpretation.

Ohne Litotes, aber sonst ganz analog kehrt der Gedanke in einem Partheneion wieder:

[2.35] Pi. fr. 94b.38–39: B

πιστὰ δ' Ἀγασικλέει
μάρτυς ἤλυθον ἐς χορόν

'Für Agasikles (sc. den Adressaten) als vertrauenswürdige Zeugin bin ich zum Tanz gekommen'. — [11.8]

Zusammenfassung: Im vortechnischen Zeitalter ist der Bote zunächst ein 'Publikationsorgan'. Wichtiger für die vorliegende Fragestellung ist, daß der Bote einen 'öffentlichen' Status hat. Nicht im eigenen Namen und nicht als individuelle Privatperson handelnd, sorgt er in unparteiischer Weise für die Verbreitung von Informationen, für deren Zuverlässigkeit, Relevanz und dauerhafte Gültigkeit eine übergeordnete, nicht selten göttliche Instanz bürgt. Nicht von ungefähr steht der Bote unter dem Schutz der Götter, zu denen ihm ein besonderes Verhältnis attestiert wird. Dies alles verleiht der Funktion des Boten ein beträchtliches Maß an Sozialprestige und macht ihn gewissermaßen unangreifbar. Daß die poetologische Boten-Vergleichung den Dichtern attraktiv erschien, ist daher kaum verwunderlich.

3. HANDWERK

Die Rubrik 'Handwerk' umfaßt die vielfältigsten Fertigungsprozesse bzw. deren Produkte: Handwerk, Kunsthandwerk, Kunst. Die Rubrik erweist sich somit als Kombination von antiken und modernen Kriterien. Modern ist der Oberbegriff 'Handwerk', für den es kein griechisches Äquivalent gibt (Müller 1974, 3).

Diese Feststellung gilt auch für τέχνη, das zwar etymologisch mit τέκτων zusammenhängt (Frisk 1954–72, s.v.; Chantraine 1968–80, s.v.), dessen Anwendungsbereich aber über das Handwerkliche hinausgeht. Die τέχνη-Belege des untersuchten Textkorpus, die sich auf die Thematik 'Dichtung' beziehen, bezeichnen zumeist das Spielen eines Instruments (Lyra: *hHerm* 447, 465, 483, 511; Aulos: Pi. *P.* 12.6; Telestes 805b.3 [14.5]). Einzig in Pindars neuntem Paian ist ganz allgemein von Μοιcαῖαι τέχναι die Rede.[1]

Antikem Usus entspricht es, wenn darauf verzichtet wird, zwischen (Gebrauchs-)Handwerk, Kunsthandwerk und Kunst zu unterscheiden und eine Prestige-Hierarchie an eine solche Unterscheidung zu knüpfen.[2] Das Fehlen einer entsprechenden antiken Differenzierung wird daraus ersichtlich, daß Qualitätsmerkmale wie ἀρετή, cοφία (cοφός), ἐπιcταμένωc ohne weiteres auf alle drei genannten Bereiche angewandt werden können.[3]

---

[1] Pi. fr. 52k.38–40: λιτανεύω, ἑκαβόλε, | Μοιcαίαιc ἀν[α]τιθεὶc τέχνα[ι]cι | χρηcτήριον ('ich flehe dich an, Ferntreffer [sc. Apollon], indem ich den Musenkünsten ein Orakel stifte'). Harriott (1969, 92–95) und Verdenius (1983, 23f.) behandeln die Geschichte der poetologischen Verwendung von τέχνη. Durch ihre Nicht-Erwähnung Pindars setzen sie implizit voraus, daß dieser seine eigene Dichter-Tätigkeit nie so bezeichnet. Das ist soweit richtig, die vorliegende Stelle zeigt aber, daß ihm die Konzeption der Dichtungs-τέχνη geläufig ist. – Nicht berücksichtigt ist hier Archil. 58.9 (τ]έχνην πᾶcα[ν). Drei Verse später ist zwar vom 'Gesang zur Begleitung der Auletin' die Rede (ἄιδων] ὑπ' αὐλητῆ[ροc), doch reichen die erhaltenen Reste für eine Sinnrekonstruktion nicht aus.

[2] Freilich ist die Differenzierung – zumal zwischen Kunst und Kunsthandwerk – spätestens seit Riegl (1927) auch in der modernen Kunstgeschichte umstritten (Hinweis von Dr. A. Jegge, Basel).

[3] Ursprung im handwerklichen Bereich wird postuliert für cοφόc (Snell 1924, 5; Gladigow 1965, 73; kritisch: Bollack 1968, 551) und ἐπιcταμένωc (Snell 1924, 81ff.; Frisk 1954–1972, s.v.). Schon die ältesten Texte weisen freilich 'übertragene' Belege auf.

Parallelen:

Durante (1968, 1968a) stellt zahlreiche Belege für vorgriechische Verwendung handwerklicher Bilder zusammen, die das dichterische Schaffen bezeichnen. Allgemein gilt: "Poesie ist ein künstlerisches Schaffen, also eine Tätigkeit, die ein technisches Wissen voraussetzt. Deswegen eignen sich, um den Vorgang dichterischen Schaffens auszudrücken, solche Verben, die auf den Begriff des 'Kunstfertig-Herstellens' zurückgehen." (Durante 1968a, 266). Details folgen unter den einzelnen Bildern.

Bereits in der ältesten noch greifbaren griechischen Literatur finden sich Handwerks-Vergleichungen – in der *Odyssee* bereits in ausdrücklicher, in der *Ilias* noch in unausdrücklicher Form:

(1) Geistige Tätigkeiten wie das Ausdenken und Formulieren von Reden, Plänen und Listen werden mit Handwerkswörtern umschrieben: τεκταίνεcθαι (vgl. [3.48ff.]), ὑφαίνειν (vgl. [3.78ff.]).[4]

(2) Im 3. Buch trifft Iris auf Helena, die am Webstuhl sitzt:

[3.1] *Il.* 3.125–128: F

ἡ δὲ μέγαν ἱ c τ ὸ ν ὕ φ α ι ν ε,
δίπλακα πορφυρέην, πολέας δ' ἐ ν έ π α c c ε ν ἀέθλουc
Τρώων θ' ἱπποδάμων καὶ 'Αχαιῶν χαλκοχιτώνων,
οὓc ἕθεν εἵνεκ' ἔπαcχον ὑπ' Ἄρηοc παλαμάων·

'Diese (sc. Helena) webte an einem großen Gewebe, einem doppelten, purpurroten; hinein webte sie viele Kämpfe von pferdebändigenden Troianern und erzgepanzerten Achaiern, die sie ihretwegen erlitten unter den Händen des Ares'.

Zwischen der Thematik von Helenas Gewebe (πολέαc ... ἀέθλουc | Τρώων θ' ἱπποδάμων καὶ 'Αχαιῶν χαλκοχιτώνων) und der Thematik der gesamten Ilias besteht – im Sinn einer 'mise en abyme' – eine augenfällige Analogie. Diese thematische Analogie macht die Ilias gewissermaßen zum *textus*.[5]

(3) Die signifikanteste Passage ist die Szene, in der Hephaistos für Achilleus einen neuen Schild anfertigt (*Il.* 18.478–608). Es ist längst erkannt, daß Hephaistos, der eine in sich geschlossene (Schildform!) 'mögliche Welt' darstellt, ein Modell für den Künstler schlechthin und damit auch für den epischen Sänger darstellt (Marg 1971). Die 'fiktionale Welt' des Waffenschmieds lädt dazu ein, sie mit der 'fiktionalen Welt' des Dichters, in die der Schild integriert ist, zu vergleichen.[6] Bemerkenswerterweise wird laufend in Erinnerung gerufen, daß die Schildherstellung ein 'Akt des Fingierens' ist (zum Begriff s.o. S. 21f.).

---

[4] μύθουc καὶ μήδεα ὑφαίνειν (*Il.* 3.212), ὑφαίνειν μῆτιν (9.93), μῆτιν τεκταίνεcθαι (10.19).

[5] Die Analogie besteht unabhängig von der Frage, ob man V. 128 mit de Jong (1987, 120) als sekundär fokalisiert ansieht (der Vers drückt Helenas *point of view* aus), oder in primärer Fokalisation den Erzähler Helena 'verurteilen' läßt.

[6] Einen ähnlichen Analogie-Charakter weist z.B. Nestors Bericht über den Krieg gegen die Epeier auf (*Il.* 11.668–761): Schadewaldt 1966, 83–87.

Den Akt des *Fingierens* betont der Dichter z.B. durch seine Feststellung in der Ackerbauszene, die aus Gold gefertigte Erde hinter dem Pflug sehe schwärzer aus als richtige Erde (18.548f.). Daß der *Akt* des Fingierens im Vordergrund steht, wird vor allem auf dem Hintergrund des pseudo-hesiodeischen 'Schilds' deutlich: Während 'Hesiod' das fertige Produkt beschreibt (die Verben sind: ἦν, ἔσαν, ἐτέτυκτο), läßt Homer den Schild gleichsam vor dem Auge des Publikums entstehen. Er verwendet die Verben δαιδάλλω, ποιέω, ποικίλλω, τεύχω, τίθημι. An Stelle des in der Forschung üblichen Begriffs 'Schildbeschreibung' wäre daher ein Terminus wie 'Schildherstellung' angemessener.[7]

Die Analogie besteht nicht nur aus 'produktionsästhetischer', sondern auch aus 'rezeptionsästhetischer' Perspektive. Zu Beginn des 19. Buchs empfängt Achilleus den Schild aus Thetis' Hand:

[3.2] *Il.* 19.18–19: F

τέρπετο δ' ἐν χείρεσσιν ἔχων θεοῦ ἀγλαὰ δῶρα.
αὐτὰρ ἐπεὶ φρεσὶν ᾗσι τετάρπετο δαίδαλα λεύσσων,

'Und er (sc. Achilleus) erfreute sich, in Händen zu halten des Gottes strahlende Gaben. Doch als er sich in seinem Sinn erfreut hatte, die Kunstwerke anzusehen, ...'

Das Halten, aber auch das Betrachten der Waffen ist für Achilleus eine τέρψις, die 'Rezeptionshaltung', die der homerische Sänger von seinem Publikum erwartet (z.B. *Od.* 8.429).[8]

(a) Allgemeine Begriffe

Wie schon zu Beginn dieses Kapitels mit Bezug auf τέχνη festgehalten wurde, besteht eine Hauptschwierigkeit darin, daß eine Reihe von poetologisch verwendeten Begriffen zwar ursprünglich handwerkliche Fertigungsprozesse bezeichnet, sich aber nicht auf diesen Bereich einschränken läßt. Diese Begriffe werden hier dennoch aufgeführt, um die weitere Dimension der Handwerks-Thematik anzudeuten. Bei welchen Wörtern bzw. an welchen Stellen die Zeitgenossen noch 'Handwerk' mithörten, läßt sich heute nicht mehr mit Sicherheit sagen.[9]

'Fertigen, herstellen, schaffen, produzieren'

Parallelen:

Vedisch: "Auch im vedischen Indien werden Lieder gefertigt (*taks–*), mit dem Geiste (*mánasa*), oder mit Geist und Herz, oder gleich mit dem Mund. Es handelt sich mit Ge-

---

[7] Die antiken Gelehrten, die die einzelnen Ilias-Bücher mit Titeln versehen haben, nannten das 18. Buch nicht von ungefähr ὁπλοποιία.

[8] Auch in der altindischen Dichtung beschreibt ein Wort der Wurzel *trp* 'erfreuen' mindestens einmal (Rigveda 4.5.14) die Wirkung von Dichtung (Dunkel 1979, 263 Anm. 52).

[9] Entsprechend schwer fällt die Unterscheidung zwischen F(undament) und B(ild).

wißheit um eine traditionelle Metapher, weil sie nicht beschränkt ist auf den Stil bestimmter Texte, denn sie ist – im Gegenteil – einer der häufigsten Ausdrücke für das dichterische Bilden." (Durante 1968a, 272, mit Angaben zu Belegsammlungen in Anm. 27.)

Ägyptisch: Hier findet sich die Vorstellung, daß die Zunge etwas 'herstellt': 'There took shape in the heart, there took shape on the tongue the form of Atum. For the very great one is Ptah, who gave [life] to all the gods and their *ka*s through this heart and through this tongue, in which Horus had taken shape as Ptah, in which Thoth had taken shape as Ptah.' (Lichtheim 1973, 54).

Zu diesen allgemeineren, nicht mehr spezifisch handwerklichen Wörtern gehört das Verb τεύχω (schon in Linear B bezeugt). In bezug auf die Allgemeinheit seiner Bedeutung ist es mit ποιεῖν (bzw. ποίηcιc) zu vergleichen, das im poetologischen Sinn allerdings erst bei Demokrit und Herodot belegt ist (Diehl 1940, 83).

Parallele:

Altirisch: Durante (1968a, 266) vergleicht mit τεύχω altirisch *dúan* 'Dichtwerk' (aus **dh(e)ughna-*).

Im Griechischen sind als Vorstufe zunächst die Belege für τεύχω in der oben diskutierten Schildherstellungsszene zu nennen (*Il.* 18.483, 574 usw.).

In Verbindung mit dem Gesang ist τεύχω in der *Odyssee* belegt:

[3.3] *Od.* 24.196–198 (Agamemnons ψυχή zu Odysseus über Penelope): B

τῶ οἱ κλέος οὔ ποτ' ὀλεῖται
ἧς ἀρετῆς, τεύξουσι δ' ἐπιχθονίοισιν ἀοιδὴν
ἀθάνατοι χαρίεσσαν ἐχέφρονι Πηνελοπείῃ,

'Deshalb wird ihr der Ruhm ihrer Tüchtigkeit niemals untergehen, sondern die Götter werden den Menschen ein reizendes Lied schaffen für die verständige Penelope'.

Die Selbstreferentialität der Stelle springt ins Auge: mit dieser ἀοιδή ist ohne Zweifel auch die Odyssee selbst gemeint, die auf diese Weise als von den Göttern autorisiert dargestellt wird.

Auch bei Pindar ist einmal eine Gottheit Subjekt des τεύχειν:

[3.4] Pi. *P.* 12.19: B

παρθένος αὐλῶν τεῦχε πάμφωνον μέλος,

'Die Jungfrau (sc. Athena) schuf das vollstimmige Lied der Auloi'.

Anläßlich von Perseus' Tötung der Medusa erfindet Athena die Aulos-Musik [3.72] und 'komponiert' ein mehrstimmiges Instrumentalstück, das den Klagegesang der Gorgonen imitieren soll (ὄφρα ... μιμήσαιτ' ἐρικλάγκταν γόον). Wie beim Vogelgesang [1.1ff.] basiert die Neuerfindung auf dem Gedanken der Mimesis.

Auch das Instrument selbst kann zum Subjekt des τεύχειν werden:

[3.5] Pi. *P.* 1.3–4: B

πείθονται δ' ἀοιδοὶ cάμαcιν

ἀγηςιχόρων ὁπόταν προοιμίων
ἀμβολὰς τεύχηις ἐλελιζομένα.

'Es folgen die Sänger (deinen) Zeichen, wenn du (sc. die Phorminx) die ›Präludien‹ der chorführenden Prooimien herstellst – in Schwingung versetzt'.

Natürlich 'stellt' auch der Dichter selbst 'Lieder her':

[3.6] Pi. *I.* 1.14: B

ἀλλ' ἐγὼ Ἡροδότωι τεύ-
χων τὸ μὲν ἅρματι τεθρίππωι γέρας,

'Aber ich stelle für Herodotos (sc. den Sieger) die Ehrengabe für seinen Sieg mit dem Vier-Pferd-Wagen her'. — Fortsetzung: [3.44]

Ganz ähnlich formuliert Sophokles in einer Elegie – merkwürdigerweise auch für einen Herodot:[10]

[3.7] Sophokles *eleg.* 5: B

ὠιδὴν Ἡροδότωι τεῦξεν Σοφοκλῆς ἐτέων ὤν
πέντ' ἐπὶ πεντήκοντα.

'Das Lied für Herodot schuf Sophokles im Alter von fünfundfünfzig Jahren'.[11]

Möglicherweise gehört auch ein Alkman-Fragment in diese Gruppe, sofern τετυγμένον tatsächlich eine 'zubereitete' (poetologische) Speise ist (ausführlicher zu [19.23]).

[3.8] Alkm. 17.6 (Text nach Pizzocaro 1990, 306): D

οὔτι γὰρ οὔ γε τετυγμένον ἔςθει,

'Denn nicht ißt er (sc. Alkman), was nicht zubereitet ist'. — [19.23]

Ähnlich unspezifisch wie τεύχω ist ἐντύνω 'bereit machen, rüsten'. Das Verb, das etymologisch wohl mit τὰ ἔντεα zu verbinden ist (LfgrE s.v.), findet sich ebenfalls seit der *Odyssee* in poetologischem Kontext:

[3.9] *Od.* 12.183: B

λιγυρὴν δ' ἔντυνον ἀοιδήν·

'Sie (sc. die Sirenen) rüsteten ein hellklingendes Lied'.

Hier bezieht sich das Verb auf den Gesang der Sirenen, der für den Odyssee-Dichter Vorbildcharakter hat (s. vor [4.11]). – Das Verb wird auch benutzt, wenn Inspirationsgottheiten angerufen werden:

---

10 In seinem *RE*-Artikel läßt Jacoby (1913, 233f.) die Frage offen, ob es sich um den berühmten Historiker aus Halikarnassos handelt.

11 **FL** (τεύχω) A. *Th.* 835; CEG 888.18–19 (Anfang 4. Jh.?): Cύμμαχος Εὐμήδεος Πελλανεὺς μάντις ἀ[μύμων] | δῶρον ἔτευξε ἐλεγῆια Ἀρβίναι εὐςυνέ[τω]ς. – 'Symmachos, Eumedes' Sohn, tadelloser Seher aus Pellene, schuf mit klugem Verstand das Epigramm, Arbines zum Geschenk'. Ähnlich CEG 819.13 (2. Hälfte 4. Jh.?: ἐξάμο [= ἐκ Cάμου] ἀμφιρύτ[ας] τεῦξε ἐλεγεῖον Ἴων). Vgl. auch Timotheos 791.203 μοῦςαν νεοτευχῆ. – Fehlender Kontext macht eine genauere Deutung von B. 29d.14 (Numerierung nach Maehler 1997; = 28.14 Snell-Maehler):]μελιτευχέα παγ[άν unmöglich, vgl. zu [8.59].

[3.10] *hh* 6.19–20: B

χαῖρ', ἑλικοβλέφαρε, γλυκυμείλιχε, δὸς δ' ἐν ἀγῶνι
νίκην τῶιδε φέρεσθαι, ἐμὴν δ' ἔντυνον ἀοιδήν·

'Lebe wohl, (Aphrodite) mit den blitzenden Augen, süß lächelnde, gib, daß ich in diesem Agon den Sieg davontrage, rüste mein Lied!'

Der gleiche Imperativ wird auch schlagend in einer Lücke der neuen Plataiai-Elegie des Simonides ergänzt, der eine Musenanrufung vorausgeht (Text unten [3.20]).[12]

τεύχω kann, wie in [3.4] gesehen, im Zusammenhang mit einer Neuerfindung benutzt werden. Der Aspekt der Neuschöpfung herrscht auch bei πλάττω ('formen einer Masse') vor – freilich fast durchgängig mit negativen Konnotationen (LSJ, s.v.). Entsprechend ist πλάσμα die 'Erfindung', die 'Fiktion' (im herkömmlichen Sinn des Wortes, s.o. S. 20ff.):

[3.11] Xenoph. 1.21–22: B

οὔ τι μάχας διέπειν Τιτήνων οὐδὲ Γιγάντων
οὐδὲ ⟨ ⟩ Κενταύρων, πλάσμα⟨τα⟩ τῶν προτέρων,

'In keiner Weise soll man Kämpfe von Titanen, Giganten, oder Kentauren erzählen, (das sind) Erfindungen der früheren (Dichter)'.[13]

'Setzen, anordnen, strukturieren'

In den Belegen der vorangegangenen Gruppe wurde die Erzeugung des Produkts einfach als Faktum hingestellt. Im folgenden Abschnitt ist vermehrt von der Art der Erzeugung die Rede (noch immer ohne Bezug auf spezifische Formen des Handwerks).

Zunächst ist von τιθέναι (bzw. θέσις) zu sprechen (wiederum mit Parallelen in der Schildherstellung: *Il.* 18.541, 550, 561, 607). Die grundsätzliche Problematik besteht darin, jeweils die spezifische Bedeutung herauszuarbeiten. Beim ältesten Beleg kommt die Schwierigkeit dazu, daß die poetologische Deutung auf sekundären Quellen beruht, weil der Text selbst zu fragmentiert überliefert ist:

[3.12] Alk. 204.6: D

].αι θέσις·

'Setzung (sc. von Wörtern?)'.

Voigt führt im Testimonienapparat zu diesem Vers die Notiz im *Etymologicum Magnum* an, daß θέσις bei Alkaios die Dichtung bezeichne.[14] Die in der Überset-

---

[12] **FL** (ἐντύνω) Antim. fr. 62(a).i.2 SH; Kall. *h.* 2.8; Euph. fr. 416.2 SH.

[13] **FL** (πλάττω) A. *Pr.* 1030; S. *Ai.* 148; Pl. *Tim.* 26e; *AP* 7.410.1. – Die gleiche Verwendung von πλάσματα begegnet in den Homer-Scholien, z.B. Schol. A zu *Il.* 1.5–6.

[14] *EM* 319.30ff.: ἔθηκε ... ἀφ' οὗ καὶ θέσις, ἡ ποίησις, παρὰ 'Αλκαίωι, vgl. auch Asclep. Myth. ap. Athen. 11.501c: τὸ ποιῆσαι θεῖναι πρὸς τῶν ἀρχαίων ἐλέγετο.

zung angedeutete Interpretation als 'Setzung von Wörtern' beruht auf einer hypothetisch angenommenen Verwandtschaft mit der Verwendung von θέϲιϲ bei Pindar:

[3.13] Pi. *O.* 3.7–9: B

πράϲϲοντί με τοῦτο θεόδματον χρέοϲ,
φόρμιγγά τε ποικιλόγαρυν
καὶ βοὰν αὐλῶν ἐπέων τε θέϲιν
Αἰνηϲιδάμου παιδὶ ϲυμμεῖξαι πρεπόν-
τωϲ,

'Sie (sc. die Kränze des Siegers) treiben von mir diese von Göttern gestiftete Schuld ein (und verlangen von mir), die buntsprechende Leier und den Ruf der Auloi und die Setzung der Wörter für Ainesidamos' Sohn (= den Sieger) in gebührender Weise zusammenzumischen'. — [8.69], [15.3]

Gentili (1989, 67) interpretiert die beiden Stellen wie folgt: "La definizione che leggiamo in Alceo (fr. 204.6 V) e in Pindaro (*O.* 3.8) della *poíesis* come *thésis*, della poesia come 'composizione' o 'struttura ordinata di parole', configura la produzione del poeta come un'opera artigianale. Nell'ambito di questa concezione si collocano parole e metafore, quali 'artefice', 'architetto', 'architettare', 'costruire', designanti il poeta e il suo poetare." Auch Verdenius (1987, 16) vertritt die Auffassung, daß vom 'Setzen' (und nicht vom Prägen, Neuerfinden) von Wörtern die Rede ist. Außerdem macht er darauf aufmerksam, daß θέϲιϲ ἐπέων die Bau-Metapher ὀρθώϲαιϲ [3.59] fortsetzt (vgl. z.B. Pl. *R.* 333b4 πλίνθων καὶ λίθων θέϲιν).

In eine ähnliche Richtung dürfte die folgende Verwendung des Verbs τίθημι gehen:

[3.14] Pi. *N.* 4.9–11 (Strophenbeginn): B

τό μοι θέμεν Κρονίδαι τε Δὶ καὶ Νεμέαι
Τιμαϲάρχου τε πάλαι
ὕμνου προκώμιον εἴη·

'Dies (gemeint ist die vorangehende erste Strophe) für den Kroniden Zeus, für Nemea und für den Ringkampf des Timasarchos zu setzen möge mir des Liedes ›Vor-Spiel‹ sein!'[15]

Die Bedeutung 'setzen, plazieren' fügt sich gut in diese selbstreferentielle Übergangsformel ein. Möglicherweise schwingt in τίθημι noch die Bedeutung 'aufstellen, dedizieren' mit wie z.B. in [3.100].[16]

---

[15] Zu dieser Deutung vgl. Willcock 1995, z.St.

[16] Keine spezifische Bedeutung für θέμεν (= θεῖναι) dürfte dagegen in *N.* 1.4–6 [11.82] auszumachen sein (ϲέθεν ἁδυεπὴϲ | ὕμνοϲ ὁρμᾶται θέμεν | αἶνον ἀελλοπόδων μέγαν ἵππων). Zwar zählt Müller (1974, 83 Anm. 384) die Stelle zu den Bau-Metaphern, doch Braswell (1988, 218) kommt aufgrund ähnlicher Wendungen (λόγον θέμενοϲ, θέμεν ϲπουδάν, κρυφὸν τιθέμεν) zum Schluß, daß θέμεν αἶνον periphrastisch ist und nicht mehr bedeutet als αἰνῆϲαι (ähnlich Slater 1969, s.v. τίθημι 3.c.).

Ganz unsicher bleibt die Bedeutung von τίθεcθαι im nächsten Fragment, das als Beispielvers ganz aus dem Zusammenhang gerissen worden ist:

[3.15] *mel. adesp.* 1045: D

ἀμὲc δὲ ϝειρήναν· τόδε γὰρ θ έ τ ο Μῶcα λίγεια

'Wir aber den Frieden. Denn dies hier richtete ein die hellklingende Muse'.

Bezieht sich τόδε auf den Frieden, den die Muse 'verursacht' hat (Dichtung als Friedensstifterin; vgl. den Frieden, der die Dichtung gebiert [9.10])? Oder ist mit τόδε das vorliegende Gedicht gemeint?[17]

Deutlicher faßbar als τιθέναι, aber nach wie vor nicht ausschließlich im Bereich 'Handwerk' anzusiedeln ist κόcμοc (bzw. κοcμεῖν). Die poetologische Verwendung von κόcμοc im Sinn von 'Anordnung, Struktur' (des Lieds) läßt sich wiederum bereits in der *Odyssee* nachweisen:

[3.16] *Od.* 8.492–493 (Odysseus zu Demodokos): B

ἀλλ' ἄγε δὴ μετάβηθι καὶ ἵππου κ ό c μ ο ν ἄειcον
δουρατέου, τὸν Ἐπειὸc ἐποίηcεν cὺν Ἀθήνῃ,

'Doch auf, wechsle den (Lied-)Weg und singe die (Lied-)Anordnung von dem hölzernen Pferde, das Epeios mit Athenes Hilfe gemacht hat'. — [11.38]

Die traditionelle Deutung der Stelle erkennt in Odysseus' Aufforderung an Demodokos den Wunsch, den Bau des Pferdes durch Epeios in einem Lied dargestellt zu sehen. Diese Deutung überzeugt nicht (LfgrE s.v. κόcμοc; Latacz 1991, 383–388): Zum einen behandelt Demodokos anschließend gerade nicht den Bau des Pferdes, sondern trägt ein Lied vor – man könnte es eine Ἰλίου πέρcιc nennen –, das der Erzähler in acht Punkten paraphrasierend wiedergibt. Zum andern kann es kaum Odysseus' Absicht entsprechen, vom Bau des Pferdes zu hören. Was er hören möchte, ist *seine* größte Leistung überhaupt, die Eroberung Troias. Epeios' Leistung bildet dafür lediglich den Ausgangspunkt, der in Demodokos' Vortrag konsequenterweise nicht mehr genannt wird.

Der Schlüssel zum richtigen Verständnis von ἵππου κόcμον ἄειcον liegt nur wenige Verse vor der zitierten Passage. Odysseus hat in seinem überschwenglichen Lob mit Bezug auf Demodokos' letztes Lied u.a. gesagt:

[3.17] *Od.* 8.489 (Odysseus zu Demodokos): B

λίην γὰρ κατὰ κ ό c μ ο ν Ἀχαιῶν οἶτον ἀείδειc,

'Denn gar sehr nach der Ordnung besingst du das Schicksal der Achaier'.

---

[17] Nicht berücksichtigt ist in diesem Abschnitt Alkm. 39 [1.37]. Gegenüber der Deutung von Gentili (1971, 60f.; 1989, 69), der für cυντίθεμαι die technische Bedeutung 'strukturieren' ansetzt, ist der (von vielen Forschern geteilten) Auffassung Calames (1983, 483) der Vorzug zu geben, daß die schon der *Odyssee* geläufige Bedeutung 'aufpassen' (z.B. *Od.* 1.328; 20.92) zugrunde liegt. Die poetologische Bedeutung von cυντίθημι beschränkt sich auf die aktive Diathese (LSJ, s.v. II 3), nicht selten mit der Implikation 'fingieren' (z.B. A. *Pr.* 686; E. *Ba.* 297).

Entscheidend für die Qualität epischer Dichtung ist also der κόϲμοϲ, die geglückte Anordnung, die Struktur. Entsprechend paraphrasiert Puhvel die Stelle mit "for the best standards of aoedic art".[18] Der ἵππου κόϲμοϲ ist ohne Zweifel analog zu erklären und bezeichnet die 'Lied-Anordnung über das hölzerne Pferd'.[19] Die Stelle ist damit der erste Beleg für das, was später in der konventionelleren Form κόϲμοϲ ἐπέων/ἀοιδῆϲ wiederkehrt [3.18ff.]. Die Stelle leistet aber noch mehr. κόϲμοϲ ist sicher auch für den begabten und von Athene begünstigten Handwerker Epeios ein erstrebenswertes Ziel. Implizit stellt somit Odysseus eine Analogie zwischen Epeios und Demodokos her und fordert letzteren dazu auf, einen 'Lied-Bau' über die Eroberung Troias zu 'zimmern', der ebenso vollendet ist wie das Pferd des besten Zimmermanns (vgl. unten [3.42ff.]).

In der nachepischen Dichtung kehrt das Bild besonders häufig in der Form wieder, daß κόϲμοϲ mit dem Genetiv eines Worts verbunden wird, das das Lied/ Gedicht bezeichnet:

[3.18] Sol. 1.2: B

κόϲμον ἐπέων †ᾠιδὴν ἀντ' ἀγορῆϲ θέμενοϲ.

'Eine Lied-Anordnung an die Stelle einer Rede setzend'.

Die Stelle stammt aus der im Kap. 2 behandelten Salamis-Elegie [2.1], in der Solon als Herold von der Insel zu kommen vorgibt. Der κόϲμοϲ ἐπέων bezeichnet hier in einem ganz spezifischen Sinn die gebundene Dichterrede (in Distichen), die der Dichter-Bote anstelle der erwarteten Prosarede (ἀγορή) vorträgt. Einem späteren Leser scheint die Umschreibung des Gedichts mit κόϲμοϲ ἐπέων erklärungsbedürftig gewesen zu sein. Er hat sie mit ᾠιδήν glossiert, was schließlich in den Text eingedrungen ist. Solon wählt diese Form der Rede zweifellos deshalb, weil er sich davon mehr Erfolg verspricht als von einer Prosarede.

Wiederum ist es die *Odyssee*, die den an sich selbstverständlichen Gedanken, daß die äußere Schönheit einer Rede deren Wirkung verstärkt, ausdrücklich mit dem Sänger in Verbindung bringt. Allerdings ist nicht von einem κόϲμοϲ, sondern von einer μορφὴ ἐπέων die Rede:

[3.19] *Od.* 11.367–368 (Alkinoos zu Odysseus): B

ϲοὶ δ' ἔπι μὲν μορφὴ ἐπέων, ἔνι δὲ φρένεϲ ἐϲθλαί,
μῦθον δ' ὡϲ ὅτ' ἀοιδὸϲ ἐπιϲταμένωϲ κατέλεξαϲ,

'Außen ist dir eine schöne Gestalt der Worte, innen ein edler Sinn. Die Geschichte hast du mit Sachverstand durcherzählt wie ein Sänger.'

---

[18] Puhvel 1976, 156; vgl. Murray 1981, 93f. und zu dieser Bedeutung von κατὰ κόϲμον *hHerm* 433, 479.

[19] Haebler 1967, 105; Puhvel 1976, 156; Latacz 1991, 383–388; auch Schadewaldt (1958) übersetzt "singe das Lied von dem hölzernen Pferde". – Kerschensteiner (1962, 8) hatte diese Erklärung bereits erwogen, aber schließlich wegen der angeblichen Singularität wieder verworfen.

Die Verbindung κόϲμοϲ + Genetiv, die im wesentlichen auf daktylische Dichtung beschränkt ist, findet sich nach der überzeugenden Ergänzung Wests auch in der neugefundenen Plataiai-Elegie des Simonides (zu ἐντύνω s.o.):

[3.20] Simon. *eleg.* 11.23–24: B

ἔντυνο]ν καὶ τόνδ[ε μελ]ίφρονα κ[όϲμον ἀο]ιδῆϲ
ἡμετ]έρηϲ, ἵνα τιϲ [μνή]ϲεται υ[

'Rüste (sc. Muse) auch diese Anordnung hier unseres Lieds, die für den Geist ist wie Honig, damit jemand sich erinnern wird...'

Der exakt gleiche Versschluß ist auch für die ältere orphische Dichtung bezeugt:[20]

[3.21] Orpheus VS 1 B 1 DK (= 14 Kern):[21] B

ἕκτηι δ' ἐν γενεᾶι καταπαύϲατε κόϲμον ἀοιδῆϲ

'Aber mit dem sechsten Geschlecht beendet die Lied-Anordnung'.

Die Aufforderung dürfte an die Musen gerichtet sein und leitet entweder zum letzten Abschnitt des Lieds über oder schließt es mit einer Abbruchsformel ab.

Mit dem Versschluß κόϲμοϲ ἀοιδῆϲ vergleichbar ist eine Formulierung aus dem Dionysos-Hymnos:[22]

[3.22] *hh* 7.58–59 (Gedichtende): B

οὐδέ πηι ἔϲτι
ϲεῖό γε ληθόμενον γλυκερὴν κοϲμῆϲαι ἀοιδήν.

'Und es ist auch in keiner Weise möglich, daß einer dich (sc. Dionysos) vergessend den süßen Gesang ›anordnet‹'.[23]

Auch das Lehrgedicht des Dichter-Philosophen Parmenides ist ein κόϲμοϲ ἐπέων:

[3.23] Parm. VS 28 B 8.51–52 DK: B

δόξαϲ δ' ἀπὸ τοῦδε βροτείαϲ
μάνθανε κόϲμον ἐμῶν ἐπέων ἀπατηλὸν ἀκούων.

'Aber von hier ab lerne die menschlichen Schein-Meinungen kennen, indem du die trügerische Anordnung meiner Worte hörst'.

Die an den narrativen Adressaten gerichtete Stelle ist nicht zuletzt dadurch bemerkenswert, daß Parmenides die Anordnung seiner eigenen Worte als ἀπατη-

---

[20] West (1983, 174f.) weist das Fragment der 'Eudemian Theogony' zu, die er ins letzte Drittel des 5. Jh. datiert.

[21] Text nach DK, die das bei Platon *Phlb.* 66c einhellig überlieferte κόϲμον übernehmen. Der andere Überlieferungsstrang (Plut. *mor.* 391D) hat an der Stelle ein unverständliches θυμόν, wofür Kroll (unter Hinweis auf *hHerm* 451) οἶμον konjiziert hat.

[22] **FL** Der Versschluß κόϲμον ἀοιδῆϲ kehrt in *AP* 7.52.1 (ebenfalls am Versende) wieder, wird dort aber umgedeutet zur produzentenbezogenen Metapher für den Dichter Hesiod.

[23] **FL** In späterer Zeit wird κοϲμεῖν fast zum terminus technicus für 'dichterisch anordnen': z.B. Ar. *Ra.* 1005; 1027; Thuk. 1.10.3; Pl. *Phdr.* 245a; *Smp.* 177c. Eng verwandt sind die Belege für das Strukturieren von Reden: E. *Med.* 576; Xen. *Mem.* 2.1.34; Pl. *Ap.* 17c; Isok. 5.27; 9.5; 9.76 usw.

λόϲ 'trügerisch' bezeichnet. Er signalisiert damit, daß nicht mehr von der ἀληθείη, sondern von der δόξα die Rede sein wird: "wie das Denken 'seiend' ist, weil es Seiendes denkt, so teilt auch die Erkenntnis des Scheins dessen Halbwahrheit" (Hölscher 1986, 103). Kirk-Raven-Schofield (1983, 254) machen noch einen weiteren Aspekt des Trügerischen aus: "The second half of the poem did not simply describe or analyse current opinions about the cosmos. It contained an elaborate and distinctive theogony and cosmology reminiscent in parts of Hesiod, in parts of Anaximander. Parmenides' object [...] is to present mortal opinions not as they actually are, but as they might be at best. But that makes the account deceitful in a further sense: in effect it provides a deceptively plausible (although not genuinely convincing) representation of reality." – Empedokles VS 31 B 17.26 DK ist als direkte Antwort auf diese Stelle zu lesen, wobei auch er sich eines poetologischen Bildes bedient: [11.92].

Daß der κόϲμοϲ ἐπέων spezifisch die Lied-Anordnung in Hexametern (bzw. Daktylen) bezeichnet, legt auch ein Demokrit-Fragment nahe, das von Homer handelt:

[3.24] Demokr. VS 68 B 21 DK: B

Ὅμηροϲ φύϲεωϲ λαχὼν θεαζούϲηϲ ἐπέων κόϲμον ἐτεκτήνατο παντοίων.

'Homer, dem eine göttliche Begabung zuteil wurde, hat einen Bau vielfältiger Worte gezimmert'.[24]

Zu τεκταίνομαι s. [3.52]. – Diese Kombination von Baumetapher und Dichtungs-κόϲμοϲ erinnert stark an ein Fragment Pindars:

[3.25] Pi. fr. 194.2–3: B

εἶα τειχίζωμεν ἤδη ποικίλον
κόϲμον αὐδάεντα λόγων

'Eia, laßt uns gleich ein buntes Gefüge von Worten, ein sprechendes, bauen'. — [3.55]

Zur Metaphorik des Hausbaus s. ausführlicher [3.53ff.].

Der κόϲμοϲ der Dichtung ist noch in einer zweiten der neuen Simonides-Elegien bezeugt. An Stelle eines nicht-metaphorischen Ausdrucks für 'Dichtung' erscheinen hier die Musen im Genetiv:

[3.26] Simon. *eleg*. 22.5–6 (suppl. West e.g.): B

πρήϲϲ]οιμι κέλευθο[ν,
φόρτον ἄγων Μουϲέω]ν̣ κ̣όϲμ[ο]ν̣ ἰ̣οϲ[τ]ε̣φάνων

'O daß ich den Weg zurücklegte, als Fracht die (Lied-)Anordnung der veilchenbekränzten Musen führend'. — [13.9]

Daß die umrahmenden Weg-Bilder als Ergänzungen im einzelnen unsicher bleiben, ist für die poetologische Deutung des κόϲμοϲ nicht entscheidend. Das

24 **FL** (κόϲμοϲ ἐπέων) Philitas fr. 10.3 Powell.

Adjektiv ἰοςτέφανος läßt kaum ein anderes Bezugswort als die Musen zu (vgl. Poltera 1997, 349).

Bei Pindar erfolgt die genauere Bestimmung des κόςμος mit Hilfe eines Adjektivs (ἀδυμελῆ):

[3.27] Pi. *O.* 11.11–14: B

ἴςθι νῦν, Ἀρχεςτράτου
παῖ, τεᾶς, Ἁγηςίδαμε, πυγμαχίας ἕνεκεν
κ ό ς μ ο ν ἐπὶ ςτεφάνωι χρυςέας ἐλαίας
ἀδυμελῆ κελαδήςω,

'Wisse nun, Sohn des Archestratos: Um deines, Hagesidamos, Siegs im Faustkampf willen werde ich zum Kranz aus goldenen Olivenzweigen eine süßklingende (Lied-)Anordnung singen'.[25]

Die Kombination von materiellem und akustischem Siegespreis resultiert in einer unübersetzbaren Doppeldeutigkeit von κόςμος: Das Lied ist wohlstrukturiert und für den Sieger ebenso eine Zierde wie der Siegeskranz (zu κόςμος als Siegeskranz vgl. *O.* 3.13).[26] κελαδήςω ist wie ἐγγυάςομαι (V. 16) und ἀφίξεςθαι (19) Ankündigungsfutur.

Bisher ist in diesem Abschnitt vor allem davon die Rede gewesen, daß Dichtung κόςμος ist. In [3.27] kommt wie gesagt auch zum Ausdruck, daß Dichtung κόςμος verschafft. Auch dieser Gedanke ist gut bezeugt. Bakchylides drückt ihn in Form einer Litotes aus:

[3.28] B. 3.94–96: B

πράξα[ντι] δ' εὖ
οὐ φέρει κ ό ς μ [ο ν ςι]ω-
πά·

'Wer Erfolg hat, dem bringt nicht Schweigen Zierde'.

Die unmittelbare Fortsetzung (gleichzeitig der Schluß des Lieds) enthält in Form einer Nachtigallen-Vergleichung [1.17] das Gegenstück der angedeuteten Antithese (Fränkel 1969, 530 Anm. 44).

Die einfachere Formulierung des gleichen Sachverhalts lautet so, daß der Dichter seinen Gegenstand 'schmückt' (κοςμεῖν):

Parallele:

Vedisch: Auch im Rigveda (9.40.1) 'verschönen' die Dichtungen.

[25] Wilamowitz (1922, 217 Anm. 4) verbindet die Stelle mit dem Tragen einer ταινία. Trifft dies das Richtige, besteht eine inhaltliche Verwandtschaft zum Bild des Kranzes [9.29ff.] und der Mitra [10.1ff.].

[26] Verdenius trennt die beiden Bedeutungsebenen ("the translation 'adornment' [...] is not correct": 1988, z.St.) zu Unrecht.

[3.29] Pi. *N.* 6.45–46 (Strophenbeginn): B

πλατεῖαι πάντοθεν λογίοιϲιν ἐντὶ πρόϲοδοι
νᾶϲον εὐκλέα τάνδε κοϲμεῖν·

'Breit sind von allen Seiten her für Erzähler die Zugänge, diese ruhmreiche Insel hier (sc. Aigina) zu schmücken'. — [11.26]

Oder ohne Leichtigkeitsmotiv, aber auch mit Weg-Bild bei Bakchylides, der nach Aigina kommt [11.3], um

[3.30] B. 12.7: B

κοϲμῆϲαι θεόδματον πόλιν

'die gottgebaute Stadt zu schmücken'.

Eine entsprechende Bedeutung für κοϲμεῖν ist auch im folgenden Fragment der Korinna anzusetzen:

[3.31] Kor. 655.10–13 (suppl. Lobel, Page): B

κοϲμείϲαϲα ϝιδιο[
παρθ[έ]νυϲι κατά[ρχομη
πο]λλὰ μὲν Καφ[ιϲὸν ἰών-
γ' ἀρχ]αγὸν κό̣ϲμ[ειϲα λόγυ]ϲ,

'... geschmückt habend ... begann ich den Mädchen, oft habe ich den alten Vorfahr Kephisos mit Worten geschmückt'.

An Stelle des Liedgegenstands kann auch der Liedanlaß Objekt des dichterischen Schmückens sein:

[3.32] Dionysios Chalkous 1.4–5: B

καὶ ϲὺ λαβὼν τόδε δῶρον ἀοιδὰϲ ἀντιπρόπιθι,
ϲυμπόϲιον κοϲμῶν καὶ τὸ ϲὸν εὖ θέμενοϲ.

'Du aber nimm dieses Geschenk hier an und proste mit als Gegengabe Lieder zu, dem Symposion zur Zierde und dir selbst zum Glück'. — [8.74]

Angesichts dieser Parallele wird man auch eine Stelle aus Solon hier anfügen können, auch wenn die Lücke, die auf die zitierten Verse folgt, einen Unsicherheitsfaktor darstellt:

[3.33] Sol. 4.9–10: D

οὐ γὰρ ἐπίϲτανται κατέχειν κόρον οὐδὲ παρούϲαϲ
εὐφροϲύναϲ κοϲμεῖν δαιτὸϲ ἐν ἡϲυχίηι

'Denn sie verstehen es nicht, Maß zu halten, und auch nicht, die vorhandene Festfreude in der Ruhe des Festmahls zu schmücken'.

Neben der Parallelität zu [3.32] kann zugunsten einer poetologischen Deutung geltend gemacht werden, daß Dichtung oft an einer δαίϲ vorgetragen wird und daß εὐφροϲύνη regelmäßig die von Dichtung evozierte Festfreude ist.[27]

---

[27] Zu εὐφροϲύνη als von Dichtung (mit-)verursachter Festfreude: *Od.* 9.6; *hHerm* 449; 480ff.; *hh* 30.13–14; Alkm. 1.37; Sol. 26.2; Stesich. S148.9; Thgn. 765; 766; 776; 1068; Anakr. *eleg.* 2.4; Xenoph. 1.4; 1.13; Simon. 519.1.ii.2; Pi. *O.* 2.14 (u.ö.); B. 10.53; 11.12; Panyasis fr. 16.17 und 19

In Übereinstimmung mit den bisher vorgelegten Stellen kann der Dichter als κοcμήτωρ 'Ordner' bezeichnet werden, zweimal mit Bezug auf Homer:

[3.34] Pi. fr. 347: B

Φρυγίαc κοcμήτορα μάχαc

'Ordner der phrygischen Schlacht'.

Die Beschreibung, die der Autor (Pindar?) von Homer gibt, orientiert sich zunächst an der militärischen Bedeutung von κοcμεῖν (vgl. κοcμήτορε λαῶν von den Atriden, *Il.* 1.16 = 375). Aber Homer ist auch in poetologischer Hinsicht der 'Anordner der phrygischen Schlacht'.

Das gleiche Bild liegt Homers 'Grabepigramm' zugrunde:

[3.35] *Vit. Hom.* 20.17–18 (Wilamowitz) (= *AP* 7.3): B

ἐνθάδε τὴν ἱερὴν κεφαλὴν κατὰ γαῖα κάλυψεν
ἀνδρῶν ἡρώων κοcμήτορα θεῖον Ὅμηρον.

'Hier hat verhüllt die Erde das heilige Haupt, den Ordner von Heroen, den göttlichen Homer'.

Abschließend folgen zwei weitere Stellen für einen poetologischen κόcμοc, die sich durch eine ähnliche Vieldeutigkeit auszeichnen wie [3.27]:

[3.36] Pi. *N.* 3.30–32 (Selbstapostrophe): B

οὐδ' ἀλλοτρίων ἔρωτες ἀνδρὶ φέρειν κρέccονεc·
οἴκοθεν μάτευε. ποτίφορον δὲ κόcμον ἔλαχεc
γλυκύ τι γαρυέμεν.

'Nicht das Verlangen nach Fremdem ist für einen Mann besser zu tragen. Suche zu Hause. Geeigneten Schmuck hast du dir gewonnen, etwas Süßes zu singen'.

Für das primäre Verständnis ist von einem Leichtigkeitsmotiv auszugehen: Um einen geeigneten Stoff für sein Lied zu finden, braucht Pindar nicht lange 'in der Ferne' zu suchen (Folie), sondern findet ihn 'zu Hause' (d.h. bei der Familie des Siegers) in reicher Fülle. Daß zunächst der (sich selbst apostrophierende) Erzähler den κόcμοc für sich gewinnt (und dann als 'süßes' Lied an den Adressaten weiterreicht), verdient Beachtung. Darin kommt das wechselseitige Abhängigkeitsverhältnis von Dichter und Sieger bzw. von Liedanlaß und Lied zum Ausdruck (Sieg-Lied-Motiv). Dichtung ist und schafft κόcμοc, für Adressaten und Dichter gleichermaßen.

Die gleiche Reziprozität liegt auch Simonides' Lied auf die bei den Thermopylen gefallenen Spartaner zugrunde:

Bern. (= 12.17 und 19 Davies); *carm. conv.* 887.4. – Nach der Interpretation von Kerschensteiner (1962, 21 Anm. 3) hat das Verb κοcμεῖν auch in Thgn. 947 eine poetologische Bedeutung. Ihre Auffassung dürfte entscheidend davon beeinflußt sein, daß die meisten Editoren im Anschluß an Planudes die Verse 945–948 als *ein* Gedicht angesehen haben. Die Verse 945–946 kann man durchaus poetologisch deuten [3.63], wogegen in 947–948 eine deutlich politische Sprache vorherrscht, weshalb West die Distichen m.E. zu Recht trennt.

[3.37] Simon. 531.7–9: B

μαρτυρεῖ δὲ καὶ Λεωνίδας,
Cπάρτας βαcιλεύc, ἀρετᾶc μέγαν λελοιπώc
κόcμον ἀέναόν τε κλέοc.

'Bezeugen wird dies (sc. den Ruhm des den Toten geweihten Bezirks) auch Leonidas, König von Sparta, der von der Bestheit einen großen Schmuck und ewigfließenden Ruhm zurückgelassen hat'. — [8.35]

Der κόcμοc, den Leonidas zurückgelassen hat, ist derjenige, den der Dichter – nach der Formulierung von [3.36] – für sich gewinnen kann und den Gefallenen wiederum in κόcμοc und ewiges κλέοc umwandeln kann.[28] (Von der Funktion der Dichtung ist schon im ersten Teil des Fragments die Rede: [3.87].) Die Vieldeutigkeit von Simonides' Text zeigt sich besonders deutlich im Kontrast zum Fragment aus Timotheos' 'Persern', das von den Kommentatoren (z.B. Degani-Burzacchini 1977, 322) jeweils daneben gestellt wird:

[3.38] Timotheos 788: F

κλεινὸν ἐλευθερίαc τεύχων μέγαν Ἑλλάδι κόcμον

'Indem er (gemeint ist wohl Themistokles) Griechenland einen berühmten großen Schmuck der Freiheit schafft'.

Simonides läßt im Unterschied zu Timotheos offen, wer den κόcμοc 'herstellt' und wem er zurückgelassen wird. Degani-Burzacchini verkennen dies.[29]

Ähnlich wie bei κοcμέω/κόcμοc steht auch bei δαιδάλλω die positive Wertung im Zentrum. Der Fertigungsprozeß führt zu einem besonders gelungenen Resultat. Zwischen δαιδάλλω und Handwerk besteht – nicht zuletzt durch die etymologische Brücke zu Daidalos, dem mythischen 'Ur-Handwerker' – eine engere Verbindung. Dennoch kann das zugrundeliegende Handwerk nicht eindeutig bestimmt werden.[30]

Die poetologische Deutung wird mehrmals durch einen nicht-metaphorischen instrumentalen Dativ sichergestellt – auch im folgenden Partheneion, dessen Ergänzungen unsicher bleiben müssen:

[3.39] Pi. fr. 94b.31–32 (suppl. e.g. Snell): B

πολ]λὰ μὲν [τ]ὰ πάροιθ' [ἀείδομ' ἂν καλοῖc
δαιδάλλοιc' ἔπεcιν,

'Vieles von früher singe ich (fem.), es mit schönen Worten ausschmückend'.

[28] Zu dieser Verbindung von κόcμοc und κλέοc vgl. die Stellen, an denen κοcμεῖν 'Ruhm/Ehre bringen' bedeutet: E. *IA* 931; fr. 530.3 N[2]; Thuk. 2.42.2; Ar. *Eq.* 568.

[29] Degani-Burzacchini 1977, 322, zur Simonides-Stelle: "κόcμον: lett. 'ornamento' (di valore), arrecato da Leonida, piú che a sé stesso, alla patria (decisiva conferma è offerta dalla ripresa di Timoth.)".

[30] Homer benutzt Wörter des Stamms δαιδαλ- nur in bezug auf Holz und Metall, aber schon Hesiod (*Th.* 574f.) bezieht es auf die Verarbeitung von Textilien.

Ganz analog kann der Dichter auch seinen Adressaten 'kunstvoll schmücken' (s. [3.67]), was auch passivisch zum Ausdruck gebracht werden kann:

[3.40] Pi. *N.* 11.18: B

μελιγδούποιϲι δαιδαλθέντα μελίζεν ἀοιδαῖϲ.

('Es ziemt sich') 'den mit süßklingenden Liedern Geschmückten (= den Sieger) zu besingen'.

Das Partizip δαιδαλθέντα ist am besten proleptisch resultativ aufzufassen und der Dativ mit Infinitiv und Partizip zu verbinden. Möglicherweise hat der handwerkliche Hintergrund von δαιδάλλω die ungewöhnliche Bildung μελίγδουποϲ (*hapax*) beeinflußt, dessen zweiter Bestandteil -δουποϲ in Verbindung mit Dichtung auf den ersten Blick seltsam erscheint (vgl. παταγέω [1.34]).

Dann kann es auch die Dichtung selbst sein, die kunstvoll ausgeschmückt ist. Ja, die ästhetisch ansprechende Form von Dichtung kann dazu führen, daß sie – eine für Pindars Dichtungsauffassung bezeichnende Aussage – sogar dann täuschend überzeugt, wenn der Inhalt nicht der Wahrheit entspricht:

[3.41] Pi. *O.* 1.28–29 (Strophenende): B

καί πού τι καὶ βροτῶν
φάτιϲ ὑπὲρ τὸν ἀλαθῆ λόγον
δεδαιδαλμένοι ψεύδεϲι ποικίλοιϲ
ἐξαπατῶντι μῦθοι·

'Doch in gewissen Fällen täuscht über die Wahrheit hinaus das, worüber die Menschen reden, Geschichten, die mit bunten Lügen ausgeschmückt sind'.[31]

Die Passage folgt auf Pindars 'bereinigte' Fassung des Pelops-Mythos.

(b) Bauwesen

Unter den spezifischeren Handwerks-Vergleichungen nimmt das Bauwesen eine wichtige Stellung ein. Obgleich die verglichene Tätigkeit auch hier nicht in jedem Fall exakt bestimmt werden kann, können die Belege grob auf zwei Gruppen verteilt werden: (1) 'Zusammenfügen, zimmern' (Werkstoff im allgemeinen Holz), hier ist mehr auf die Herstellung und Verarbeitung des einzelnen Werkstücks abgestellt, und (2) 'Hausbau' (Werkstoff Holz, gelegentlich auch Stein), mit Betonung des Errichtens von Gebäuden. In beiden Fällen handelt es sich um das Arbeitsgebiet des τέκτων ('Zimmermann').[32]

---

[31] Bowras (1964, 29) Übersetzung von δεδαιδαλμένοι mit 'embroidered' ist zu spezifisch.

[32] Vgl. Müller 1974, 27 Anm. 94: "τέκτων ist vorwiegend der Bearbeiter des Holzes, vor allem der Zimmermann beim Haus- und Schiffbau, aber auch bei der Herstellung von Wagen, Möbeln usw., wobei er jeweils mit dem Spezialnamen bezeichnet werden kann (ναυπηγόϲ, οἰκοδόμοϲ, ἁρματοπηγόϲ, κλινουργόϲ usw.). Nur selten wird der Arbeiter in anderen harten Stoffen τέκτων genannt."

'Zusammenfügen, zimmern'

Parallelen:

Vedisch: Die Vergleichung des Sängers mit einem Zimmermann findet sich bereits im Rigveda (3.38.1: Durante 1968, 252 Anm. 16). Neben dieser nominalen Vergleichung ist auch die verbale bezeugt. Der Dichter kann 'eine erbauliche Rede zimmern' (10.80.7). Mehrfach wird das Dichten mit dem Bauen eines Wagens verglichen (1.61.4; 1.94.1 u.ö.).

Die Tätigkeit des τέκτων besteht u.a. darin, Werkstücke zu 'verfugen' (ἀραρίϲκω). Von dieser 'Handwerkswurzel' ἀρ- leiten sich Wörter ab wie ἀρτιεπήϲ: *Il.* 22.281 (Hektor zu Achilleus, mit deutlich negativer Implikation); Hes. *Th.* 29 (die Musen); Simon. *eleg.* 22.18 (Zunge des Dichters); Pi. *I.* 5.46 (dito); *O.* 6.61 (Stimme Apollons); ähnlich ἄρτια (βάζειν): *Il.* 14.92 = *Od.* 8.240 (vgl. insgesamt Calame 1977a).

Auch das Verb ἀραρίϲκω selbst ist in poetologischem Kontext nachzuweisen. Die mimetischen Qualitäten des Chors der Deliaden sind dadurch gewährleistet, daß ihr Gesang 'schön verfugt' ist:

[3.42] *hAp* 164: B

οὕτω ϲφιν καλὴ ϲ υ ν ή ρ α ρ ε ν ἀοιδή.

'So schön ist ihnen (sc. den Mädchen des delischen Chors) zusammengefügt der Gesang'.

Noch etwas weiter geht Simonides, der den Gesang so bearbeitet, daß er möglichst gut in die Ohren der Zuhörer paßt:

[3.43] Simon. 595.3–4: B

μελιαδέα γᾶρυν
ἀ ρ α ρ ε ῖ ν ἀκοαῖϲι βροτῶν.

'Eine honigsüße Rede zusammenfügen für die Ohren der Menschen'.[33]

Zahlreicher sind die Belege des auf die gleiche Wurzel zurückgehenden Verbs ἁρμόζω. Allerdings ist zu betonen, daß weder ἀραρίϲκω noch ἁρμόζω sich mit Sicherheit auf das spezifisch Handwerkliche festlegen lassen.[34]

---

[33] Die handwerkliche Komponente schwingt auch im (poetologischen) Wagen mit, von dem Pindar (fr. 140b.11 [12.24]) sagt, er sei 'Απόλλωνί τε καὶ [ ] ἅρμενον ('passend für Apollon und ...'). – Eine vergleichbare Kombination von Handwerks- und Wagen-Metaphorik ist bereits im Rigveda nachzuweisen (vgl. die Parallelen im Rigveda).

[34] Vgl. Müller 1974, 31: "Nicht völlig sicher sind die Verben ἀραρίϲκω und ἁρμόζω auf eine handwerkliche Ursprungsbedeutung festzulegen, ähnlich wie das deutsche 'fügen'; sie dürfte aber vermutlich das Zusammenfügen von Holz oder Stein sein, wie der häufige Gebrauch der Verben in solchen Zusammenhängen und die Grundbedeutungen von ἁρμονία und ἁρμόϲ ('Fuge, Klammer') zeigen." Zu ἁρμονία vgl. auch Kurt 1979, 98–101 (mit myk. Belegen). – Eine übertragene Verwendung von ἁρμόζω ist auch bei Solon nachzuweisen, allerdings in deutlich politisch-rechtlichem Kontext (Sol. 36.18–20): θεϲμοὺϲ δ' ὁμοίωϲ τῶι κακῶι τε κἀγαθῶι | εὐθεῖαν εἰϲ ἕκαϲτον ἁρμόϲαϲ δίκην | ἔγραψα ('Satzungen habe ich in gleicher Weise für den [sozial] tiefer wie für den höher Gestellten verfaßt, indem ich jedem einzelnen ein gerades Recht anpaßte'.)

Pindar setzt das Bild in der Weise um, daß er den Sieger (als Thema) in das Liedgefüge einpaßt:

[3.44] Pi. *I.* 1.15–16 (Fortsetzung von [3.6]): B

ἀνία τ' ἀλλοτρίαις οὐ χερςὶ νωμάσαντ' ἐθέλω
ἢ Καςτορείῳ ἢ Ἰολάοι' ἐ ν α ρ μ ό ξ α ι νιν ὕμνῳ.

'und ich will ihn (sc. den Sieger), der die Zügel nicht mit fremder Hand lenkt, in ein Kastor- oder Iolaos-Lied einfügen'.

Möglicherweise schwingt hier zusätzlich zur inhaltlich Bedeutung von ἐναρμόξαι ein Bezug zur Metrik mit ('ins Lied einfügen' im metrischen Sinn), wie an der folgenden Stelle:

[3.45] Pi. *O.* 3.4–5: B

Μοῖςα δ' οὕτω ποι παρέ-
ςτα μοι νεοςίγαλον εὑρόντι τρόπον
Δωρίῳ φωνὰν ἐ ν α ρ μ ό ξ α ι πεδίλῳ

'Wirklich auf diese Weise trat die Muse an meine Seite, der ich eine neuerglänzende Weise fand, dorischem Schuh meine Stimme anzupassen'. — [11.31]

Mit dem Anpassen der Stimme an den dorischen Schuh ist zweifellos auf die Metrik Bezug genommen (Herington 1985, 182). Die gleiche spezifisch metrische Verwendung findet sich auch bei Kritias:

[3.46] Kritias B 4.3–4: B

οὐ γάρ πως ἦν τοὔνομ' ἐ φ α ρ μ ό ζ ε ι ν ἐλεγείῳ,
νῦν δ' ἐν ἰαμβείῳ κείςεται οὐκ ἀμέτρως.

'Es war nämlich in keiner Weise möglich, den Namen (sc. des Alkibiades) in ein Distichon einzufügen, jetzt wird er in einen iambischen Trimeter zu stehen kommen, ohne gegen die Metrik zu verstoßen'.[35]

Kritias begründet hier, warum er im unmittelbar vorangehenden Distichon [9.38] auf den Hexameter 'regelwidrig' einen iambischen Trimeter hat folgen lassen.

Telestes wiederum verwendet das Verb mit Bezug auf die 'Erfindung der Musik' (vgl. τεύχω [3.4]), wenn er einen Musiker (wohl Olympos, Sohn bzw. Schüler des Marsyas) erstmals die lydische Tonart 'zusammenfügen' läßt:

[3.47] Telestes 806.2–4: B

Λυδὸν ὃς ἅ ρ μ ο ς ε πρῶτος
Δωρίδος ἀντίπαλον μούςας †νομοαίολον ὀρφναι†
πνεύματος εὔπτερον αὔραν ἀμφιπλέκων καλάμοις.

'Der als erster die lydische Weise, die Rivalin der dorischen Muse, zusammenfügte, indem er den wohlgeflügelten Lufthauch seines Atems mit ungleich langen Schilfrohren umflocht'.[36]

Hier wird besonders deutlich, daß an vielen Stellen die heute noch gängige technisch-musikalische Bedeutung von ἁρμονία (vgl. z.B. Pi. fr. 140b.2) mitgehört

---

[35] Zu dieser Übersetzung von ἐλεγεῖον und ἰαμβεῖον vgl. West 1974, 3.

[36] Der Übersetzung liegen die Konjekturen von Hartung und Wilamowitz zugrunde: νόμον αἰολομόρφοις.

werden muß.

An der folgenden Pindar-Stelle erscheinen Verbal-Vergleichung (ἁρμόζω) und Nominal-Vergleichung (τέκτων) im gleichen Kontext:

[3.48] Pi. *P.* 3.112–114: B

Νέcτορα καὶ Λύκιον Cαρπηδόν', ἀνθρώπων φάτις,
ἐξ ἐπέων κελαδεννῶν, τ έ κ τ ο ν ε c οἷα cοφοί
ἅ ρ μ ο c α ν , γινώcκομεν·

'Nestor und den Lykier Sarpedon, für die Menschen ein Gesprächsinhalt, kennen wir aus klingenden Gedichten, wie weise Baumeister sie gefügt haben'.[37]

Entsprechend kann die nominale Vergleichung auch allein stehen. Allerdings ist in der Forschung umstritten, welches die genaue Funktion der μελιγαρύων τέκτονεc κώμων ist:

[3.49] Pi. *N.* 3.3–5: B

ὕδατι γάρ
μένοντ' ἐπ' 'Αcωπίωι μελιγαρύων τ έ κ τ ο ν ε c
κώμων νεανίαι, cέθεν ὄπα μαιόμενοι.

'Denn am asopischen Wasser (= in der Heimat des Siegers) warten die jungen Männer, Baumeister honigsprechender Festumzüge, und ersehnen deine (sc. der Muse) Stimme'.[38]

Auf jeden Fall muß es sich bei den 'Baumeistern' um Teilnehmer am Komos zu Ehren des Siegers handeln. Die Verfechter eines chorischen Vortrags von Pindars Epinikien (s.o. S. 24) stützen sich vor allem auf die vorliegende Stelle. Allerdings hält Lefkowitz (1991, 197–200) dem entgegen, daß die τέκτονεc auf einen Gesang *warten*.[39] Der Gesang der Muse, hinter dem zweifellos derjenige des Dichters gesehen werden kann, fungiert also als 'Auftakt', der den Gesang der νεανίαι (in welcher Form auch immer: z.B. als Refrain) nach sich zieht.[40] Ein *rein* chorischer Vortrag scheint aus *N.* 3 tatsächlich nicht hervorzugehen. – Für die vorliegende Fragestellung wichtiger ist allerdings die Feststellung, daß die Handwerker-Vergleichung in jedem Fall nicht auf die 'Produktion', sondern

[37] Pindar hat τέκτων in der gleichen Ode bereits metaphorisch verwendet (V. 6), und zwar für den Arzt Asklepios, der auf seine Art versucht, seinen 'Kunden' Unsterblichkeit zu verleihen, freilich mit dem Tod dafür bezahlen muß (Hubbard 1985, 26).

[38] Privitera (1988) hat die seit der Antike umstrittene Frage, wo das 'asopische Wasser' anzusiedeln ist, klären können. Es handelt sich um die Quelle Asopis in der Nähe des antiken Hafens von Aigina.

[39] Diese 'Sehnsucht' (μαιόμενοι) wird in den Versen 6–8 mit einem Bild des Durstes [8.43] und in Vers 80 mit dem Hinweis auf eine angebliche Verspätung weiter ausgeführt (ὀψέ περ, Hindernismotiv, vgl. zu [1.43] und allgemein zur 'Verspätung' [15.1]).

[40] Vgl. zu dieser Einleitungsfunktion Vv. 10–11: ἄρχε δ' οὐρανοῦ πολυνεφέλα κρέοντι, θύγατερ, | δόκιμον ὕμνον· ('Beginn dem Herrscher des wolkenreichen Himmels, Tochter [sc. des Zeus], einen rechten Hymnos'). Lefkowitz' Auffassung, daß in *N.* 3 von zwei verschiedenen Liedern die Rede ist, vermag ich allerdings nicht zu teilen. – Ein solcher Refrain läßt sich z.B. im τήνελλα καλλίνικε greifen (Archil. 324 = Schol. Pi. *O.* 9.1ff.).

auf den Vortrag von Dichtung bezogen ist.

In einer mit [3.48] vergleichbaren Bedeutung erscheint τέκτων auch in einem antiken Alkman-Kommentar:

[3.50] Alkm. 13a.8–10 (Text nach Calame 1983, 54): B

ἀντίφαριν Λάκωνι τέ-
κτονι πα]ρθενίων cοφῶν Ἀλκμᾶ-
νι

'Einen Konkurrenten für den Spartaner Alkman, den Baumeister von kunstvollen Partheneia'.[41]

Allerdings muß offenbleiben, ob der Kommentator das Bild aus Alkman übernommen hat.[42]

Analog zum Perfekt cυνήραρεν [3.42] findet sich bei Bakchylides intransitives ἁρμόζω (vgl. z.B. *Il.* 3.333) in poetologischem Kontext:

[3.51] B. 14.12–16: B

οὔτ' ἐ]ν βαρυπενθέcιν ἁρμό-
ζει μ]ά̣χαιc φόρμιγγοc ὀμφὰ
καὶ λι]γ̣υκλαγγεῖc χοροί,
οὔτ' ἐ]ν θαλίαιc καναχά
χαλκ]όκτυποc·

'Weder fügen sich ein in leiderfüllte Schlachten der Klang der Leier und hellklingende Chöre, noch (fügt sich ein) dem Fest der Lärm geschlagenen Erzes'.

Schließlich ist in diesem Abschnitt auf das von τέκτων abgeleitete Verb τεκταίνομαι hinzuweisen. Zwar liegt ein eindeutig poetologischer Beleg nicht vor, doch ist folgende Stelle erwähnenswert:[43]

[3.52] *hHerm* 25: F

Ἑρμῆc τοι πρώτιcτα χέλυν τεκτήνατ' ἀοιδόν,

'Hermes baute zum erstenmal die Schildkröte zu einer Sängerin'.

Geschildert ist der Bau der 'Ur-Kithara' durch den kleinen Hermes, weshalb das Verb in erster Linie wörtlich zu verstehen ist. Abgesehen davon, daß von der Erfindung der Musik überhaupt die Rede ist, fällt die Formulierung auf: Hermes baute die Schildkröte zu einer *Sängerin* (ἀοιδόc).[44]

---

[41] Page (1962, z.St.) möchte τέ[κτονα ergänzen. Die Wortstellung dürfte den Ausschlag für Calames Lösung geben.

[42] **FL** (τέκτων) Heraklit VS 22 B 28 DK; S. fr. 159 Radt; Kratinos fr. 70 K-A; Theokr. 7.45f.; *AP* 7.159.3. Vgl. auch Nausiphanes VS 75 B 1 DK.

[43] Homer kennt die Wendung ἔποc παρατεκταίνομαι (*Od.* 14.131) 'eine Geschichte ›umbauen‹', um sich dadurch einen Vorteil zu verschaffen.

[44] **FL** (τεκταίνομαι) Demokrit VS 68 B 21 DK [3.24]; Pausanias 10.5.8 (Hexameter über den mythischen Dichter Olenos).

Hausbau

Parallelen:

Hebräisch: Hausbau-Metaphorik findet sich in 1. Kön. 2.4, wonach 'der Herr sein Wort errichten möge'. Das verwendete Verb bezeichnet u.a. das Errichten von Zelten und Hütten.

Ägyptisch: Sprechen kann 'konstruktiv' und 'destruktiv' sein: 'He tears down, he builds up with his tongue, | When he makes his hurtful speech.' (Lichtheim 1976, 153). Außerdem kann die Strophe eines Lieds als 'Haus' bezeichnet werden (Lichtheim 1976, 185 Anm. 1).

Bilder aus dem Umfeld des Hausbaus finden sich insbesondere bei Pindar in relativ großer Anzahl, der zumal am Liedbeginn mehrmals davon Gebrauch macht:

[3.53] Pi. *P.* 7.1–4 (Liedbeginn): B

Κάλλιϲτον αἱ μεγαλοπόλιεϲ Ἀθᾶναι
προοίμιον Ἀλκμανιδᾶν εὐρυϲθενεῖ
γενεᾶι κ ρ η π ῖ δ ' ἀοιδᾶν ἵπποιϲι βαλέϲθαι.

'Der schönste Eingang eines Liedes ist die große Stadt Athen, um das Fundament zu legen zu den Gesängen auf die Pferde des weithin mächtigen Geschlechts der Alkmaioniden'.

Dieser selbstreferentielle Beginn (das Prooimion handelt davon, was ein schönes Prooimion ist) vergleicht das Lied mit einem Gebäude, dessen Errichtung naturgemäß mit dem Fundament (κρηπίϲ) beginnt.

Das gleiche Bild liegt einer Wendung zugrunde, mit der Pindar die direkte Rede einer seiner Figuren einleitet:

[3.54] Pi. *P.* 4.138: F

βάλλετο κ ρ η π ῖ δ α ϲοφῶν ἐπέων·

'Er (sc. Iason) legte das Fundament zu einer klugen Rede'.

Die κρηπίϲ kehrt noch an einer weiteren Stelle wieder, über deren Stellung im Lied nichts Sicheres gesagt werden kann:

[3.55] Pi. fr. 194.1–3: B

κ ε κ ρ ό τ η τ α ι χρυϲέα κ ρ η π ὶ ϲ ἱεραῖϲιν ἀοιδαῖϲ·
εἶα τ ε ι χ ί ζ ω μ ε ν ἤδη ποικίλον
κ ό ϲ μ ο ν αὐδάεντα λόγων.

'Zusammengehämmert ist das goldene Fundament für die heiligen Gesänge. Eia, laßt uns gleich ein buntes Gefüge von Worten, ein sprechendes, bauen'. — [3.25]

Denkbar ist, daß es sich um eine Übergangsformel handelt, die vom Prooimion/ von der ersten Strophe ('das Fundament ist schon fertig') zum nächsten Lied-Teil überleitet ('jetzt ziehen wir die Wände hoch'). Auffällig sind nicht zuletzt Explizitheit und Häufung der Hausbau-Bilder: Fundament, Hämmern (s. zu [3.67]), Wände hochziehen und der bekannte κόϲμοϲ λόγων [3.25].

Die κρηπίϲ im Prooimion [3.53] stellt die Grundlage dar, auf die das Lied-Gebäude gestellt wird. Eine ähnliche Funktion haben die goldenen Säulen im

Prooimion von *O.* 6:

[3.56] Pi. *O.* 6.1–4 (Liedbeginn): B

Χρυcέαc ὑποcτάcαντεc εὐ-
τειχεῖ προθύρωι θαλάμου
κίοναc ὡc ὅτε θαητὸν μέγαρον
πάξομεν· ἀρχομένου δ' ἔργου πρόcωπον
χρὴ θέμεν τηλαυγέc.

'Goldene Säulen wollen wir zur Stütze der wohlgemauerten Vorhalle des Saales errichten und so sozusagen einen bewundernswerten Palast aufbauen. Am Beginn eines Werks muß man eine weithin strahlende Vorderseite anbringen.'

Das Prooimion dieses Lied-Baus ist ein leuchtendes πρόcωπον, das aus goldenen Säulen besteht und von Anfang an einen gewaltigen Eindruck auf den Betrachter (bzw. Zuhörer) macht.

Die poetologische Verwendung von πήγνυμι kann zusätzlich mit einem Skolion dokumentiert werden:

[3.57] *carm. conv.* 917c.3–4: B

ἄρτι βρύουcαν ἀοιδάν
πρωτοπαγεῖ cοφίαι διαποίκιλον ἐκφέρομεν·

'Ein soeben erblühendes Lied, bunt durch die erstmals gebaute Dichtkunst, bringen wir heraus'.[45] — [9.14]

Die Adjektiv-Metapher πρωτοπαγήc ist Teil einer Bildervermischung und bringt das Neuheitsmotiv zum Ausdruck.

Begüterte Siegerfamilien ließen am Wettspielort ein Schatzhaus errichten, in dem sie Siegespreise, Weihgeschenke u.ä. der Gottheit dedizierten. Für jeden weiteren Sieger ist das Schatzhaus dann bereits vorhanden:

[3.58] Pi. *P.* 6.5–9: B

Πυθιόνικοc ἔνθ' ὀλβίοιcιν Ἐμμενίδαιc
ποταμίαι τ' Ἀκράγαντι καὶ μὰν Ξενοκράτει
ἑτοῖμοc ὕμνων θηcαυρὸc ἐν πολυχρύcωι
Ἀπολλωνίαι τετείχιcται νάπαι·

'(nach Delphi) wo für die Pythischen Siege der gesegneten Emmeniden, für Akragas am Fluß und besonders für Xenokrates (= den Sieger) ein Schatzhaus von Liedern bereit ist, gemauert im goldreichen Waldtal des Apollon'. — [19.12]

Dieses Schatzhaus besteht allerdings aus Liedern (ὕμνων θηcαυρόc, s. zu [19.12]). Die Analogie zur Gebäude-Metaphorik in [3.56] wird dadurch verstärkt, daß auch das Schatzhaus eine leuchtende Vorderseite (φάει δὲ πρόcωπον ἐν καθαρῶι 14) aufweist (vgl. [2.23], [7.22]).[46]

Ebenfalls auf das Errichten von Gebäuden dürfte nach der Interpretation von Verdenius (1987, 8) die folgende Stelle gehen:

[45] **FL** (πήγνυμι) Ar. *Ra.* 824.

[46] **FL** ([ἀνα-]τειχίζω) Ar. fr. 657 K-A; vgl. οἰκοδομέω Ar. *Pax* 749f.; Pherekrates fr. 100 K-A.

[3.59] Pi. *O.* 3.3: B

Θήρωνος Ὀλυμπιονίκαν
ὕμνον ὀ ρ θ ώ c α ι c

(Ich preise die Heimat des Siegers) 'für den Olympiasieg Therons einen Hymnos aufrichtend'.

Damit ist zu vergleichen:

[3.60] Pi. *I.* 1.45–46: B

ἐπεὶ κούφα δόcιc ἀνδρὶ coφῶι
ἀντὶ μόχθων παντοδαπῶν ἔποc εἰ-
πόντ' ἀγαθὸν ξυνὸν ὀ ρ θ ῶ c α ι καλόν.

'Denn es ist für einen verständigen Mann (= Dichter) eine leichte Gabe, für die vielfältigen Mühen ein gutes Wort zu sprechen und so das gemeinsame Schöne aufzurichten'.

Zwei weitere Belege für das Verb ὀρθόω sind ebenfalls im Bereich der Handwerks-Bilder anzusiedeln. Sie bezeichnen nicht das 'Aufrichten' (von Gebäuden), sondern das 'Geraderichten' von Wörtern/der Zunge. An diesen Stellen wird besonders deutlich, daß 'gerade' auch 'aufrichtig, wahr' bedeutet:

[3.61] Pi. *O.* 7.20–21: B

ἐθελήcω τοῖcιν ἐξ ἀρχᾶc ἀπὸ Τλαπολέμου
ξυνὸν ἀγγέλλων δ ι ο ρ θ ῶ c α ι λόγον,

'Ich will ihnen (sc. der Familie des Siegers) die gemeinsame Geschichte von Anfang an – mit Tlepolemos (sc. dem Urahn) beginnend – melden und (schnur-)geraderichten'. — [2.4]

[3.62] Thgn. 759–760: B

αὐτὰρ Ἀπόλλων
ὀ ρ θ ώ c α ι γλῶccαν καὶ νόον ἡμέτερον·

'Aber möge Apollon meine Zunge und mein Denken geraderichten'.[47]

Parallele:
Ägyptisch: In einem Text aus dem älteren Reich heißt es über den Weisen: 'His heart matches his tongue, | His lips are straight when he speaks' (Lichtheim 1973, 73). Die 'geraden Lippen' assoziieren das Senkblei, mit dem an anderer Stelle die Zunge verglichen wird (176).

Der griechische Handwerker verwendet in solchen Fällen ein vergleichbares Werkzeug: die Richtschnur (cτάθμη). Eine Stelle aus dem Corpus Theognideum

---

[47] Zu dieser Übersetzung von ὀρθόω Müller 1974, 44–45 Anm. 176.

FL (ὀρθόω) A. *Ag.* 1475; S. *OT* 829; Kratinos fr. 171.64 K-A. – Geradezu auf die Spitze getrieben ist die Handwerker-Vergleichung bei Aristophanes (*Ra.* 797–802): (Οἰ.) καὶ γὰρ ταλάντωι μουcικὴ cταθμήcεται – | (Ξα.) τί δέ; μειαγωγήcουcι τὴν τραγωιδίαν; | (Οἰ.) καὶ κανόναc ἐξοίcουcι καὶ πήχειc ἐπῶν | καὶ πλαίcια ξύμπυκτα – (Ξα.) πλινθεύcουcι γάρ; | (Οἰ.) καὶ διαμέτρουc καὶ cφῆναc. ὁ γὰρ Εὐριπίδηc | κατ' ἔποc βαcανιεῖν φηcι τὰc τραγωιδίαc. – [Sklave] 'Ja und die Musik wird nach Kilogramm berechnet werden.' [Xanthias] 'Was denn? Will man jetzt die Tragödie ganz genau wiegen?' [S] 'Sie werden Maßstäbe und Zollstöcke für die Wörter bringen und gefügte Holzrahmen...' [X] 'Etwa um Ziegel herzustellen?' [S] '... und Winkelmaß und Zirkel. Denn Euripides sagt, er werde die Tragödien Wort für Wort messen.' Vgl. auch *Th.* 52–57 (über den Tragiker Agathon).

nimmt darauf Bezug:

[3.63] Thgn. 945–946: B

εἶμι παρὰ στάθμην ὀρθὴν ὁδόν, οὐδετέρωσε
κλινόμενος· χρὴ γάρ μ' ἄρτια πάντα νοεῖν.

'Ich werde entlang der Richtschnur auf geradem Wege gehen, mich zu keiner Seite neigend; denn alles, was ich denke, muß ›passen‹'. — [11.62]

Zusätzlich zur Richtschnur kehrt hier als weiteres Handwerks-Bild die Wurzel ἀρ- wieder (s. vor [3.42]).

Exkurs: Alkaios' sog. 'Waffensaalgedicht' (140) und Hausbau-Metaphorik

[3.64] Alk. 140 (Liedschluß): D

μαρμ⌋αίρει δὲ ⌊μέγας δόμος
χάλκωι, π⌋αῖσα δ' Ἄρηι κεκόσμηται στέγα
λάμ⌋πραισιν ⌊κυνίαισι, κὰτ
τᾶν λεῦ⌋κοι κατέπ⌊ερθεν ἴππιοι λόφοι
νε⌋ύοισιν, κεφά⌊λαισιν ἄν-
δρων ἀγά⌋λματα· χ⌊ά⌋λκι⌊αι δ⌊ὲ πασ⟨σ⟩άλοις
κρύ]πτοισιν ⌊π⌋ερικεί⌊μεναι
λάμπραι κνάμι⌋δες, ἔρκ⌊ος ἰσχύρω βέλεος
θόρρακές τε νέω λίνω
κόιλαί τε κὰτ ἄσπιδες βεβλήμεναι·
πὰρ δὲ Χαλκίδικαι σπάθαι,
πὰρ δὲ ζώματα πόλλα καὶ κυπάσσιδες.
τῶν οὐκ ἔστι λάθεσθ' ἐπεὶ
δὴ πρώτιστ' ὐπὰ τὦργον ἔσταμεν τόδε.

'Funkelnd flammt ja das große Haus | von Erz – ganz ist für Ares ausstaffiert der Bau | mit hellblitzenden Helmen, von | denen weiß aus der Höhe die Büsche aus Pferdehaar | nicken: Köpfen von Männern Prunk | und Zier! Erzgewirkt, machen die Haken der Wand | unsichtbar – ringsherumgehängt – | blanke Beinschienen: Schutz gegen starkes Ferngeschoß, – | und Brustpanzer aus frischem Lein, | und Hohlschilde, zu hohen Stapeln aufgehäuft; | dabei Schwerter aus Chalkis auch, | dabei Gürtel in Mengen und Schurze aus Lederwerk ... – | deren *nicht* zu gedenken: un- | möglich, seit dieses Werk wir auf uns nahmen hier!' (Übersetzung Latacz).

In seiner detaillierten Interpretation hat Latacz (1990) die grimmig-parainetische Rhetorik dieses Lied-Fragments sorgfältig herausgearbeitet: Geschildert ist das 'Arsenal' der Hetairie, in dem jedes einzelne Gerät gleichsam danach schreit, benutzt zu werden. Demnach ist das Haus zunächst der zweckmäßig für Ares (= den Krieg) eingerichtete Bau (παῖσα δ' Ἄρηι κεκόσμηται στέγα). Latacz' Analyse hat aber auch gezeigt, wie wohlstrukturiert Alkaios' Lied-Bau ist (vgl. sein Schema S. 250f.) und wie sehr die Argumentations*struktur* die parainetische Zielsetzung des Lieds erfüllt. Angesichts der gut dokumentierten poetologischen Hausbau-Metaphorik ist daher zumindest die Möglichkeit zu erwägen, daß παῖϲα δ' Ἄρηι κεκόϲμηται ϲτέγα auch bedeutet: 'der ganze Lied-Bau ist für Ares (= den Krieg) angeordnet'.

(c) Metallverarbeitung

Parallelen:

Vedisch: Waffenschmied-Metaphorik findet sich schon im Rigveda (zitiert nach Klein 1992, 17 und 23: 'That one [i.e. Indra] sharpen with hymns, the scintillating warrior worthy of being sung with stanzas', 8.40.10; 'O Indra, have mercy, seek life for me, impel [my poetic] thought like a blade of iron', 6.47.10).[48]

Allgemein ist das Bild des Waffenschmied-Dichters für die griechische Literatur bereits an der Schildherstellung der Ilias nachgewiesen worden (S. 84).[49] Im speziellen läßt sich die folgende Stelle mit dem ersten Rigveda-Beleg (8.40.10) zusammenbringen, weil auch bei Pindar der Dichter seinen Adressaten 'scharf macht':

[3.65] Pi. *O.* 10.20–21: B

θάξαιϲ δέ κε φύντ' ἀρετᾶι ποτί
πελώριον ὁρμάϲαι κλέοϲ ἀ-
νὴρ θεοῦ ϲὺν παλάμαιϲ.

'Ein Mann, der einen zu guter Leistung Geborenen ›schleift‹, dürfte ihn zusammen mit den Handflächen des Gotts zu gewaltigem Ruhm führen'.

Gegen die verbreitete Auffassung, die Stelle nur auf Hagesidamos' Trainer Ilas (genannt in V. 17) zu beziehen, hat Hubbard (1985, 64) richtig gesehen, daß die allgemein gehaltene Aussage (ἀνήρ) auch auf den Dichter zu beziehen ist, zumal κλέοϲ den durch Dichtung verbreiteten Ruhm bezeichnet (Nagy 1974, 231–255).

Auch bezüglich des zweiten Rigveda Belegs (6.47.10) findet sich bei Pindar eine Stelle von verblüffender Ähnlichkeit. An beiden Stellen ist von einem 'geschärften Gedanken' die Rede:

[3.66] Pi. *O.* 6.82: B

δόξαν ἔχω τιν' ἐπὶ γλώϲϲαι λιγυρᾶϲ ἀκόναϲ,

'Ich habe einen Gedanken auf der Zunge, der vom hellklingenden Wetzstein (scharf) ist'.[50]

Die Übersetzung folgt im wesentlichen der Interpretation von Ruck (1968), der auch die Möglichkeit erwägt, in γλῶϲϲα das Bezugswort des Wetzsteins zu

---

[48] Die gegenteilige Auffassung von Durante (1968a, 271: "Doch schwerlich hat sie [sc. die Figur des Dichter-Schmiedes] indogermanische Wurzeln, auch weil die Bearbeitung von Metallen weder in so weit zurückliegende vorgeschichtliche Zeit zurückgeht noch einen eigenen Platz im gemeinsamen indogermanischen Wortschatz hat.") ist nur bei einer Beschränkung auf Verarbeitung von Metall im engeren Sinn korrekt.

[49] **FL** Im finnischen 'Kalevala' ist Väinämöinen gleichzeitig Dichter, Magier und Schmied (Graf 1986, 84).

[50] **FL** (ἀκόνη) Ar. *Ra.* 1116.

sehen. Die poetologische Deutung des Wetzsteins bleibt davon unberührt und wird durch das Adjektiv λιγυρός ohnehin nahegelegt.[51]

Höchstwahrscheinlich geht auch eine (freilich umstrittene) Stelle aus *O.* 1 auf die Produktion von Waffen, in diesem Fall eines Schildes:

[3.67] Pi. *O.* 1.103–105: B

πέποιθα δὲ ξένον
μή τιν' ἀμφότερα καλῶν τε ἴδριν †ἅ-
μα καὶ δύναμιν κυριώτερον
τῶν γε νῦν κλυταῖϲι δαιδαλωϲέμεν ὕμνων πτυχαῖϲ.

'Ich bin davon überzeugt, daß ich niemals einen Gastfreund, der als Kenner der schönen Dinge gleichzeitig an Macht herrscherlicher ist unter den jetzigen Menschen (sc. als Hieron), schmücken werde mit den berühmten Lagen von Liedern'.

δαιδάλλω als Handwerks-Bild ist oben bereits dokumentiert worden [3.39ff.], umstritten sind die πτυχαί. Einige Erklärer (z.B. Verdenius 1988, z.St.) möchten darin die Falten des (Lied-)Gewands sehen, das Pindar dem Sieger um die Schultern legt. Daß dies (zusammen mit δαιδαλωϲέμεν) eine Bildervermischung zur Folge hat, kann bei Pindar kein Gegenargument sein. Hingegen hat Gerber auf die fast wörtlichen Anklänge an die Schildherstellung des 18. Ilias-Buchs aufmerksam gemacht und damit eine Deutung als 'Lagen (des Schilds)' wahrscheinlich gemacht.[52]

Ebenfalls im Bereich von Amboß und Feueresse anzusiedeln ist [3.55]. Müller (1974, 82) führt κεκρότηται auf die Metallverarbeitung zurück und übersetzt es mit 'zusammenhämmern'.[53]

Außerdem gibt es eine Gruppe von Belegen, die auf die Läuterung und Prüfung von Edelmetallen Bezug nehmen.

Parallele:

Hebräisch: Das AT vergleicht das göttliche Wort mit der Silberläuterung (Psalm 12.7): 'Die Reden des Herrn sind lautere Reden, sind Silber, im Tiegel zu Boden geschmolzen, siebenfach geläutert.'

Pindar schließt an die poetologische Vergleichung mit der Stele aus parischem Marmor [3.100] wie folgt an:

---

[51] **FL** Zur 'Schärfe' des (Dichter-)Worts sind Bilder aus der Tragödie zu vergleichen: A. *Pr.* 311–312 (τεθηγμένουϲ λόγουϲ | ῥίψειϲ); S. *Ai.* 584 (γλῶϲϲα τεθηγμένη). Vgl. auch den (mißlungenen) Versuch, einen 'scharfen' Menschen durch das Wort 'abzustumpfen': A. *Th.* 715.

[52] Gerber 1982, 159 (anders noch 1970, 382). Pindars δαιδαλωϲέμεν ... πτυχαῖϲ ist zu vergleichen mit πάντοϲε δαιδάλλων (18.479), mit den fünf πτύχεϲ (481: 'Lagen') und mit ποίει δαίδαλα πολλά (482).

[53] Vgl. A. *Ag.* 1152f. τὰ δ' ἐπίφοβα δυϲφάτωι κλαγγᾶι | μελοτυπεῖϲ ὁμοῦ τ' ὀρθίοιϲ ἐν νόμοιϲ;

[3.68] Pi. *N.* 4.82–85: B

ὁ χρυcὸc ἑψόμενοc
αὐγὰc ἔδειξεν ἁπάcαc, ὕμνοc δὲ τῶν ἀγαθῶν
ἐργμάτων βαcιλεῦcιν ἰcοδαίμονα τεύχει
φῶτα·

'Das Gold zeigt erst geläutert sämtliche Strahlen, und ein Lied über große Leistungen macht einen Menschen Königen gleich an Glück'.

So wie das Gold erst dann seine volle Strahlkraft (vgl. Kap. 7) entwickeln kann, wenn es durch Läuterung veredelt worden ist, vermag das Lied den Adressaten nur dann den Königen gleich zu machen, wenn es von großen Leistungen handelt (Sieg-Lied-Motiv).

Auch der folgende Beleg dreht sich um geläutertes Gold:

[3.69] Pi. *N.* 8.20–21: B

πολλὰ γὰρ πολλᾶι λέλεκται, νεαρὰ δ' ἐξευ-
ρόντα δόμεν βαcάνωι
ἐc ἔλεγχον, ἅπαc κίνδυνοc·

('Ich muß zuerst tief Luft holen': [11.36]) 'Denn vieles ist schon in vielfacher Weise erzählt; wenn man Neues finden und am Prüfstein zur Probe vorlegen will, besteht sämtliche Gefahr'.

An der βάcανοc wird das Gold geprüft (z.B. Pi. *P.* 10.67). Mit dem Vorlegen eines neuen Lieds geht Pindar ein ebenso umfassendes Risiko ein wie einer, der sein Gold zur Prüfung der Reinheit an den Prüfstein legt (implizit ist das Lied also geläutertes Gold).[54]

Auch Bakchylides nimmt in poetologischem Kontext auf dieses Prüfverfahren Bezug, doch sind bei ihm die Aufgaben etwas anders verteilt:

[3.70] B. fr. 14: B

Λυδία μὲν γὰρ λίθοc
μανύει χρυcόν, ἀν-
δρῶν δ' ἀρετὰν cοφία τε
παγκρατήc τ' ἐλέγχει
ἀλάθεια

'Denn der lydische Stein bringt zum Vorschein, was Gold ist, die Leistung von Männern erweisen Dichtkunst und die allmächtige Wahrheit'.[55]

Die Dichtung wird hier mit dem Prüfstein parallelisiert, der erkennen läßt, was reines Gold ist und was nicht. Es handelt sich um eine Abwandlung des Sieg-Lied-Motivs, weil erst Bakchylides' Dichtung den Grad Leistung erweist.

---

[54] Zur Prüfungstechnik s. Müller 1974, 170.

[55] Einen ähnlichen Gedanken formuliert Bakchylides in fr. 33: χρυcὸν βροτῶν γνώμαιcι μανύει καθαρόν ('[XY] erweist dem Sinn der Menschen Gold als rein'). Da das Subjekt aber fehlt, bleibt eine poetologische Interpretation spekulativ. Ebenso wahrscheinlich ist eine ethisch-moralische; vgl. Thgn. 415–418; 447–452; 1105–1106; Pi. *P.* 10.67–68. (Eine ähnliche Unsicherheit gilt auch in bezug auf Pi. fr. 52o.37–40).

(d) Textilverarbeitung[56]

Flechten und Weben

Parallelen:

Allgemein gilt: "Ein uraltes Handwerk ist die Weberei, dem größten Teil der Primitivvölker bekannt, und es gibt vielleicht keine Kunstfertigkeit, die eine größere Zahl an Metaphern im indogermanischen Sprachgebiet hervorgebracht hat. Das verbreitetste dieser Bilder ist eben das des literarischen 'Webens', das nicht auf die indogermanischen Sprachen beschränkt ist." (Durante 1968a, 272–273).

Vedisch: Im Rigveda läßt sich sowohl der 'webende' Dichter (2.3.6; 10.53.6 u.ö.) als auch der 'Faden der Dichtung' (2.28.5; 6.9.2) nachweisen. Außerdem wird die Melodie mit einem Weberschiffchen verglichen (10.130.2).

Sowohl arabisch *hâk* als auch chinesisch *pien* (beide 'weben') werden poetologisch verwendet (Durante 1968a, 273).

Für die griechischen Vorstufen ist an die zu Beginn dieses Kapitels aufgeführten Beispiele zu erinnern (s. zu [3.1]).

Zunächst folgen die Belege für das poetologische 'Flechten' (πλέκω). Da eine Unterscheidung zwischen textilem Flechten und Flechten von Kränzen nicht in jedem Fall möglich ist, sollte ergänzend zum vorliegenden Abschnitt auch Kap. 9 Abschnitt (d) 'Kranz' konsultiert werden.

Geflochten werden im allgemeinen die Lieder:

[3.71] Pi. *O.* 6.85–87: B

τᾶϲ ἐρατεινὸν ὕδωρ
πίομαι, ἀνδράϲιν αἰχματαῖϲι π λ έ κ ω ν
ποικίλον ὕμνον.

---

56 Die Aussage dieses Abschnitts deckt sich über weite Strecken mit derjenigen von Snyder (1980), insbesondere daß "[a]n awareness of the Archaic poets' notion of the 'weaving' of song enlarges our understanding of these writers' conception of their own art" (196). Wenn sie aber daraus den Schluß zieht, daß "the process of making song was not an accident of fortuitous inspiration, but rather a craft to be learned, through which the poet could create a tapestry of words woven together in a controlled design", spielt sie zwei Dinge gegeneinander aus, die sich durchaus vereinbaren lassen (s. S. 332f.). Seltsam ist Snyders Behauptung (1980, 196 Anm. 11): "Modern analogues for the metaphorical uses of weaving discussed in this paper are hard to find." Vgl. z.B. 'Tristram Shandy', Buch 8 Kap. 35: "My uncle *Toby* and the corporal had been accoutred both some time, when my father and mother enter'd, and the clock striking eleven, were that moment in motion to sally forth—but the account of this is worth more, than to be wove into the fag end of the eighth volume of such a work as this." (Sterne, L.: Tristram Shandy. Ed. by H. Anderson. New York–London 1980, 420.) Ähnlich die Einleitung zum zweiten Teil des 'Don Quijote': "ni yo quiero decirte más a ti, sino advertirte que consideres que esta segunda parte de *Don Quijote* que te ofrezco es cortada del mismo artífice y del mesmo paño que la primera." ('Und ich möchte dir nicht mehr dazu sagen, sondern dich nur darauf aufmerksam machen, in Betracht zu ziehen, daß dieser zweite Teil des *Don Quijote*, den ich dir vorlege, vom gleichen Kunsthandwerker und aus dem gleichen Tuch wie der erste geschnitten ist': Murillo 1987, 2.36–37.)

'Deren (sc. der Ortsnymphe Thebe) liebliches Wasser trinke ich, wenn ich den lanzenkämpfenden Männern ein buntes Lied flechte'. — [8.49]

Dem folgenden Beleg geht eine poetologische Kranz-Metapher voraus [9.40], so daß διαπλέκω hier auf das Flechten von Kränzen gehen könnte:

[3.72] Pi. *P.* 12.6–10: B

τάν ποτε
Παλλὰϲ ἐφεῦρε θραϲειᾶν ⟨Γοργόνων⟩
οὔλιον θρῆνον δ ι α π λ έ ξ α ι ϲ ' Ἀθάνα·
τὸν παρθενίοιϲ ὑπό τ' ἀπλάτοιϲ ὀφίων κεφαλαῖϲ
ἄιε λειβόμενον

('In der Kunst') 'die einst Pallas Athena erfunden hat, als sie den schrecklichen Klagegesang der wilden Gorgonen zusammenflocht; diesen hörte sie den jungfräulichen unnahbaren Schlangenhäuptern entströmen'. — [8.39]

(Zum inhaltlichen Zusammenhang [3.4]) Als Variante ist zu erwägen, daß bei διαπλέκω die Vorstellung hineinspielt, Athena habe den von vielen Schlangen (= 'Haaren' der Medusa) stammenden Klage-'Gesang' in eins 'zusammengeflochten' (Angeli Bernardini 1995, z.St.), vgl. [3.88].

Pindar setzt das Bild auch als Adjektiv-Metapher um:

[3.73] Pi. fr. 52c.12: B

ἀοιδαῖϲ ἐν ε ὐ π λ ε [κ έ ϲ ϲ ι

'In wohlgeflochtenen Gesängen'.[57]

Der Kontext ist unklar. Möglicherweise ist vom Gesang der Schwäne für Apollon die Rede (vgl. zu [1.29]).

Das Bild ist auch bei anderen Autoren belegt:

[3.74] Kritias VS 81 B 1.1–2 DK: B

τὸν δὲ γυναικείων μελέων π λ έ ξ α ν τ ά ποτ' ᾠιδάϲ
ἡδὺν Ἀνακρείοντα Τέωϲ εἰϲ Ἑλλάδ' ἀνῆγεν

'Den Flechter von Liedern auf Frauen, den süßen Anakreon, führte Teos nach Griechenland'.

Dem gleichen Bild-Komplex entstammt auch Sapphos Epitheton für Eros:

[3.75] Sapph. 188: F

μυθόπ λ ο κ ο ϲ

'Geschichtenflechter' (von Eros).

Hier dürfte weniger das Ästhetische des Geflechts, sondern das verführerisch 'Bestrickende' von Eros' Geschichten-Netz im Vordergrund stehen, mit denen er seine Opfer 'umgarnt'.

---

[57] Vgl. den Ergänzungsvorschlag von Fileni (1987, 19) für Pi. fr. 140b.8–9 [12.24]: οἷον [ὄ]χημα λιγ[ὺ καὶ εὐπλε]κέϲ – 'Wie einen hellklingenden und wohlgeflochtenen Lastwagen'. Ist εὐπλεκέϲ eine Bildervermischung, oder ist der geflochtene Wagenkorb gemeint? Fileni meint, beides ("e quindi caratterizzato da una bivalenza semantica perfettamente analoga a quella di *ármenon*").

Ein attisches Skolion faßt das Bild des Flechtens insofern leicht anders, als der Dichter nicht ein Lied flicht, sondern den Gegenstand in das Lied hineinflicht (vgl. aber zu [3.72]):

[3.76] *carm. conv.* 917b.2–6 (Selbstapostrophe): B

σήμαιν' ὅτι παρθένων
ἀπε[ί]ροσι π λ έ ξ ο μ ε ν ὕμνοις
[τ]ὰν δορὶ σώματα κειραμέναν Τρ[οΐ]αν
καὶ [τ]ὸν παρὰ ναυσὶν ἀειμνά[σ]τοις ἁλόντα
νυκτιβάταν σκοπόν.

'Berichte, daß wir in die unendlichen Mädchenlieder das Troia hineinflechten werden, dessen Körper mit der Lanze niedergemäht worden sind, und den bei den ewig-erinnerten Schiffen ergriffenen nachtwandlerischen Späher (= Dolon).' — [2.7], dort auch zu den Textproblemen.

Ein weiterer Beleg für πλέκω operiert mit einer unübersetzbaren Vielzahl von Bedeutungsebenen:

[3.77] Pi. *N.* 4.93–94 (das Lied endet nach V. 96): B

οἷον αἰνέων κε Μελησίαν ἔριδα στρέφοι,
ῥήματα π λ έ κ ω ν , ἀπάλαιστος ἐν λόγωι ἕλκειν,

'Wie wird einer, der Melesias (sc. den Trainer) lobt, beim Flechten seiner Worte den Gegner niederringen! Man wird ihn im Wortstreit nicht zu Boden zwingen können'.[58] — [6.32]

Zunächst ist ῥήματα πλέκων wie in [3.76] eine Flecht-Metapher. Überdies bildet πλέκων zusammen mit στρέφοι und ἕλκειν eine Reihe von Fachbegriffen, die auf den Ringkampf Bezug nehmen (s. zu [6.32]), so daß sich in πλέκων zwei unterschiedliche Vergleichungsebenen überlagern.

An πλέκω 'flechten' schließt ὑφαίνω 'weben' an, das zumal bei Bakchylides mit mehreren Belegen vertreten ist. Besondere Beachtung verdient eine Stelle aus dem fünften Epinikion, weil die Wendung ὕμνον ὑφαίνειν einen etymologischen Zusammenhang zwischen den beiden Wörtern nahelegt:[59]

[3.78] B. 5.9–14: B

ἦ σὺν Χαρίτεσσι βαθυζώνοις ὑ φ ά ν α ς
ὕμνον ἀπὸ ζαθέας
νάσου ξένος ὑμετέραν
ἐς κλυτὰν πέμπει πόλιν,
χρυσάμπυκος Οὐρανίας
κλεινὸς θεράπων·

'Da hat mit Hilfe der tiefgegürteten Chariten ein Lied gewoben und als Gastfreund schickt er es von der heiligen Insel (sc. Keos) nach eurer ruhmreichen Stadt (sc. Syrakus), der berühmte Diener der Urania mit dem goldenen Stirnband'. — [16.6]

---

[58] **FL** (πλέκω) A. *Pr.* 610; Kratinos fr. 171.62 K-A; [E.] *Rh.* 834.

[59] Vgl. Maehler 1982, z.St. Daß diese noch von Brugmann vertretene Etymologie von der Sprachwissenschaft heute abgelehnt wird (Frisk 1954–72; Chantraine 1968–80, s.v.), ist für die Interpretation der Stelle ohne Bedeutung.

Daß Bakchylides möglicherweise einen etymologischen Zusammenhang zwischen ὑφαίνω und ὕμνος gesehen hat, dürfte auch Wortwahl und -stellung der folgenden Passage beeinflußt haben. Die Wörter stehen wiederum unmittelbar nebeneinander, wenn auch in zwei verschiedenen Zusammenhängen:

[3.79] B. 19.6–10 (ab V. 8 Selbstapostrophe): B

φερεςτέφανοι Χάριτες
βάλωςιν ἀμφὶ τιμάν
ὕμνοιςιν· ὕ φ α ι ν έ νυν ἐν
ταῖς πολυηράτοις τι καινὸν
ὀλβίαις Ἀθάναις,

(Leicht fällt das Singen demjenigen, dem) 'die kränzebringenden Chariten Ehre um die Lieder legen. Webe jetzt etwas Neues im vielgeliebten, gesegneten Athen'.

Angesichts von Bakchylides' Vorliebe für die poetologische ὑφαίνειν-Metapher ist – trotz ihres fragmentarischen Zustands – die folgende Stelle hier anzuschließen:

[3.80] B. 1.3–4: B

–◡◡ Πι]ερίδες
––]ενυφαι[◡◡–– (ἐνυφαί[νετε δ' ὕμνους coni. Blass)

'Pieriden (= Musen) ... (hinein?)weben'

Auch wenn der genaue Wortlaut nicht wiedergewonnen werden kann, ist das Bild (nicht zuletzt durch die Erwähnung der Musen im vorausgehenden Vers) so gut wie sicher.

Die Junktur ὕμνον ὑφαίνειν kehrt möglicherweise in einem Adespoton wieder. Sie beruht allerdings auf einer Konjektur:

[3.81] *mel. adesp.* 955.1–2: B

Ἄρτεμι, coί μέ τι φρὴν ⟨ἐφίηςιν⟩ ἐφίμερον (coni. Wilamowitz)
ὕμνον ὑ⟨φ α ι ν έ μ⟩ ε ν α ι · (Bergk, υεναιτε ὅθεν cod.)

'Artemis, meine Seele treibt mich dazu an, dir ein sehnsuchtsvolles Lied zu weben'.[60]

Die poetologische Interpretation ist in den bisherigen Belegen infolge der Verwendung von ὕμνος selbstverständlich. Pindar dagegen drückt sich an einer Stelle ausschließlich metaphorisch aus:

[3.82] Pi. fr. 179: B

... ὑ φ α ί ν ω δ' Ἀμυθαονίδαιςιν ποικίλον
ἄ ν δ η μ α

'Ich webe den Amythaoniden ein buntes Gebinde'.[61] — [10.4]

---

[60] **FL** (ὑφαίνω) CEG 660.3–4 (4. Jh., suppl. West: θαύ[ματα δ' ––] | ἔβλεπεν ἤκουέν τε καὶ ὕφαινε[ν μελέεςςι] – 'Wunder sah er, hörte er und webte er in die Lieder'.); Kall. fr. 26.5 Pf.; *AP* 2.70; 2.397.

[61] **FL** "Von der Sonne droben | Reiß ich das strahlend rote Gold, | und webe draus ein Diadem | Für dein geweihtes Haupt." (H. Heine, 'Huldigung': Briegleb 1997, 2.176).

Die poetologische Deutung geht bereits auf den Scholiasten zurück, der das Fragment überliefert (Schol. Pi. *N.* 7.116).

An einer weiteren Stelle ist die (zweifellos auch auf den Dichter zu beziehende) Aufforderung, zu weben, an das Instrument gerichtet:

[3.83] Pi. *N.* 4.44–45: B

ἐ ξ ύ φ α ι ν ε , γλυκεῖα, καὶ τόδ' αὐτίκα, φόρμιγξ,
Λυδίαι cὺν ἁρμονίαι μέλοc

'Webe nun sogleich zu Ende, süße Leier, auch dieses Lied hier in lydischer Tonart'.

Rhetorisch handelt es sich um eine Abbruchsformel.

Schließlich sind zu πλέκω und ὑφαίνω noch drei Testimonien anzuführen. Hier stellt sich das bei Testimonien übliche Problem, welcher Zeit die verwendeten poeotologischen Bilder entstammen. Zweimal bezieht das Testimonium sich auf Sappho, die jedenfalls das Flecht-Bild kennt [3.75]:

[3.84] Sapph. 194A (Michael Italikos *or. ad Michaelem Oxeitem*): D

οὐδ' οἷον ἄιδει Cαπφὼ ἡ ποιήτρια, μαλακοῖc τιcι ῥυθμοῖc καὶ μέλεcιν ἐκλελυμένοιc τὰc ᾠιδὰc δ ι α π λ έ κ ο υ c α ...

'Und auch nicht, wie die Dichterin Sappho singt, die ihre Lieder mit irgendwelchen weichen Rhythmen und aufgelösten Melodien zusammenflicht'.

[3.85] Sapph. 195 (Demetrios *eloc.* 166): D

ἅπαν καλὸν ὄνομα ἐ ν ύ φ α ν τ α ι αὐτῆc τῆι ποιήcει,

'Jedes schöne Wort ist in ihre (sc. Sapphos) Dichtung hineingewoben'.

Das dritte Testimonium ist ein antiker Kommentar zu Alkman:

[3.86] Alkm. 13b.10–15 (= TB 14 Davies): D

[π ε - (Page ἐμπε-)
ρ ι π λ έ κ ε ι , ἐζ[ήτηcε γὰρ ὥc-
περ ἔφην ἤδ[η διαλλατ-
τούcαιc καὶ μὴ [κοιναῖc ἱcτο-
ρίαιc χρῆcθαι κ[
ἐcτι περὶ 'Αλκμ[ᾶνοc

'... umwindet er; er strebte nämlich danach, wie ich schon sagte, abweichende und nicht allgemein bekannte Geschichten zu verwenden... über Alkman'.

Die schlechte Überlieferung und der fehlende Zusammenhang erschweren die Deutung beträchtlich. Denkbar ist, daß Alkman nach Aussage des Kommentators zum Zweck der inhaltlichen Variation außergewöhnliche Geschichten in sein Lied 'einflicht'.

An diese Reihe von produzentenbezogenen Bildern schließt sich die produktbezogene Textil-Vergleichung nahtlos an. Sie lag schon im ἄνδημα [3.82] vor, und letztlich basiert auch das Bild des Kleidens [3.94] darauf:

[3.87] Simon. 531.1–5: B

τῶν ἐν Θερμοπύλαις θανόντων
εὐκλεὴς μὲν ἁ τύχα, καλὸς δ' ὁ πότμος,
βωμὸς δ' ὁ τάφος, πρὸ γόων δὲ μνᾶστις, ὁ δ' οἶκτος ἔπαινος·
ἐ ν τ ά φ ι ο ν δὲ τοιοῦτον οὔτ' εὐρὼς
οὔθ' ὁ πανδαμάτωρ ἀμαυρώσει χρόνος.

'Das Schicksal der bei den Thermopylen Gestorbenen ist ruhmvoll, schön ihr Geschick. Ein Altar ist ihr Grab, anstelle von Totenklagen erinnert man sich ihrer, das Totenlied ist eine Lobrede. Ein *solches* Leichentuch wird weder Fäulnis noch die alles bezwingende Zeit zum Verschwinden bringen.'

Die Behandlung dieses berühmten Lied-Fragments unter den poetologischen Bildern beruht auf der Annahme, daß ἐντάφιον die spezifische Bedeutung 'Leichentuch' hat (LSJ s.v.; Gerber 1970, 316). Erinnerung (μνᾶστις) und Lobrede (ἔπαινος), an denen der Dichter maßgeblich beteiligt ist, werden figurativ als Gewebe betrachtet, das um die Leichen gewickelt wird. Im Unterschied zum realen Leichentuch ist es unvergänglich.

Parallele:

Ägyptisch: Die Vorstellung, daß das Grabmal dem Zerfall ausgesetzt ist und nur das Wort die Zeit überdauert, hat eine bemerkenswerte Parallele in der ägyptischen Literatur: 'Man hat ihnen (sc. den Toten) Tore und Grabbauten errichtet – | sie sind verfallen, ihre Totenpriester dahingegangen; | ihre Denksteine sind mit Sand bedeckt, | ihre Gräber vergessen. [...] Nützlicher ist ein Buch als ein Denkstein mit Inschrift, | als eine festgefügte Grabwand. | Es errichtet Tempel und Pyramiden | im Herzen dessen, der ihre Namen bewahrt.' (Hornung 1996, 162f.; engl. Lichtheim 1976, 177). Freilich ist diesem Text zufolge die Erinnerung an das geschriebene Wort geknüpft, was Simonides so gerade nicht sagt. Von Schriftlichkeit ist bei ihm nicht die Rede.

Im Zusammenhang mit der poetologischen Web-Metaphorik ist zu erwähnen, daß man in der Antike offenbar eine Analogie zwischen einem Webstuhl und einer Lyra gesehen hat. Diese Analogie kommt darin zum Ausdruck, daß das Verb κρέκειν (mit Ableitungen) sowohl das Weben (Sapph. 102.1; E. *El.* 542) als auch das Leierspiel (Alkm. 140; Alk. 303A.4; Telestes 810.4) bezeichnen kann. Mit Aristoteles (*Pol.* 1253b37) kann man das ähnliche Aussehen (die 'Ketten' des Webstuhls als Saiten) und die ähnliche 'Technik' (Barbiton ≈ Weberschiffchen) für diese Überschneidung verantwortlich machen. Möglich ist auch, daß κρέκειν dem einen Bereich entstammt und als Metapher in den andern übernommen wurde.

Faßt man den Vorgang des Flechtens als ein 'Zusammenführen von verschiedenen Fäden/Strängen', läßt sich eine weitere Pindar-Stelle hier anfügen:

[3.88] Pi. *P.* 1.81–82: B

καιρὸν εἰ φθέγξαιο, πολλῶν π ε ί ρ α τ α c υ ν τ α ν ύ c α ι c
ἐν βραχεῖ, μείων ἕπεται μῶμος ἀνθρώ-
πων·

'Wenn du das im Moment Passende sagst, die Stränge von vielem in einen Punkt zusammenziehend, folgt weniger Tadel seitens der Menschen'.[62]

Erfolgreich ist derjenige Dichter, der die verschiedenen Stränge seines disparaten Materials zu bündeln vermag und damit den Punkt trifft.

Wer dagegen ein zu langes Lied-Seil herstellt, langweilt seine Zuhörer und muß mit Kritik rechnen:

[3.89] Pi. fr. 70b.1–3 (Liedbeginn): B

Πριν μὲν ἕρπε c χ ο ι ν ο τ έ ν ε ι ά τ' ἀοιδὰ
διθυράμβων
καὶ τὸ cὰν κίβδηλον ἀνθρώποιcιν ἀπὸ cτομάτων,

'Früher gingen sowohl das wie ein Seil langgezogene Lied der Dithyramben als auch das unrein(klingend)e 'S' den Menschen aus dem Mund'. — [11.79]

Mit dieser Negativfolie setzt Pindar sich von der älteren Dithyrambendichtung ab.[63] Die Polemik gegen das 'S' ist auf dem Hintergrund von Lasos' Versuch zu sehen, ein Lied ohne diesen Buchstaben zu schreiben (Lasos 704). Das pejorativ-poetologische Seil-Bild hat eine Parallele in der Kritik an Aischylos, die Aristophanes Dionysos in den Mund legt. (Ar. *Ra.* 1296f.: τί τὸ 'φλαττοθρατ' τοῦτ' ἐcτίν; ἐκ Μαραθῶνοc ἢ | πόθεν cυνέλεξαc ἱμονιοcτρόφου μέλη; – 'Was soll dieses ›phlattothrat‹? Hast du's aus Marathon? Oder wo hast du das Brunnseilerlied aufgelesen?') Der Zusammenhang bei Aristophanes legt nahe, daß mit diesem 'Brunnseilerlied' monotone, variationslose, 'langfädige' Dichtung gemeint ist.

Nähen

Ein zum Weben analoger Vorgang bei der Textilverarbeitung ist das Zusammennähen verschiedener Stoffstücke. Auch zu diesem Bild läßt sich bei Homer eine Vorstufe ausmachen: κακὰ ῥάπτειν (*Il.* 18.367 u.ö.).

Die beiden poetologischen Belege beziehen sich offenbar auf die Etymologie von ῥαψῳδόc 'Rhapsode':

[62] Zur Bedeutung 'Strang, Seil' für πεῖραρ vgl. Heubeck 1972, 140–142 mit Anm. 22 (die ursprüngliche Bedeutung scheint 'Verbindungs-' bzw. 'Übergangsstelle' zu sein: Dührsen 1994–95)

[63] Vgl. die Interpretation der Stelle von West 1992a, 344: "the old-fashioned kind of dithyramb was monotonous and lacking in variety".

[3.90] [Hes.] fr. 357.1–2: B

ἐν Δήλωι τότε πρῶτον ἐγὼ καὶ Ὅμηρος ἀοιδοί
μέλπομεν, ἐν νεαροῖς ὕμνοις ῥ ά ψ α ν τ ε ς ἀοιδήν,

'Auf Delos sind damals zum ersten Mal ich (sc. Hesiod) und Homer als Sänger aufgetreten, den Gesang zu neuen Liedern zusammennähend'.

Ungeachtet der umstrittenen Authentizität des Fragments – die Mehrheit der Forscher betrachtet es als unecht – kann kein Zweifel bestehen, daß ein Bild des Nähens zugrunde liegt (Müller 1974, 243). Überliefert wird das Fragment vom Scholion zur folgenden Pindar-Stelle. Der selbstreferentielle Liedbeginn benutzt das Bild der 'nähenden' Rhapsodenschule der Homeriden als Folie:

[3.91] Pi. *N.* 2.1–5 (Liedbeginn): B

Ὅθεν περ καὶ Ὁμηρίδαι
ῥ α π τ ῶ ν ἐπέων τὰ πόλλ' ἀοιδοί
ἄρχονται, Διὸς ἐκ προοιμίου, καὶ ὅδ' ἀνήρ
καταβολὰν ἱερῶν ἀγώ-
νων νικαφορίας δέδεκται πρῶτον, Νεμεαίου
ἐν πολυυμνήτωι Διὸς ἄλσει.

'An dem Punkt, an dem auch die Homeriden-Sänger meist ihre aneinandergenähten Verse beginnen lassen, beim Prooimion auf Zeus, hat auch dieser Mann hier den Beginn der heiligen Wettkämpfe mit einem Sieg zum ersten Mal erlangt, im vielbesungenen Hain des Zeus von Nemea.'

Mehrere Bedeutungsebenen lassen sich hier ausmachen: Zunächst ist die Folie auf den Sieger zu beziehen. Der Sieg an den Nemeen, die dem Zeus gewidmet sind, ist für ihn ein Anfang wie das Zeus-Prooimion für die Homeriden. Durch den selbstreferentiellen Bezug des Epinikien-Prooimions auf das der Homeriden hat aber auch der Dichter 'einen Anfang erlangt' (καταβολὰν δέδεκται). Die Folie ist auch auf ihn zu beziehen. Statt den Bezugspunkt der Folie z.B. durch die Nennung von Timodemos' Name eindeutig zu machen, hat Pindar absichtlich die offenere Formulierung ὅδ' ἀνήρ gewählt.

Was das Bild des Nähens betrifft, ist anzumerken, daß Pindar an einer anderen Stelle offenbar auf die alternative, von ῥάβδος 'Stab' abgeleitete Etymologie von ῥαψωιδός anspielt (*I.* 3/4.56).

Besticken

Die letzte unter den Textil-Vergleichungen nimmt Bezug auf das Besticken (ποικίλλω) eines Stücks Stoff, eine Tätigkeit, die Sorgfalt, Geduld und Präzision verlangt.

[3.92] Pi. *P.* 9.76–78 (Strophenbeginn): B

ἀρεταὶ δ' αἰεὶ μεγάλαι πολύμυθοι·
βαιὰ δ' ἐν μακροῖcι ποικίλλειν
ἀκοὰ coφοῖc·

'Große Leistungen bieten immer viel Stoff. Kleines aber in Großes hineinzusticken ist Ohrenschmaus für die Kunstsachverständigen'.[64]

Die Stelle kombiniert mehrere gängige Epinikien-Motive. Wenn der Sieger viel ἀρετή hat, verschafft er damit dem Dichter 'viel Lied(stoff)' (Sieg-Lied-Motiv), d.h. er erleichtert ihm sein Dichtergeschäft (Leichtigkeitsmotiv). Pindars zusätzliche Aufgabe besteht darin, in dieses Große Embleme hineinzusticken, die die Aufmerksamkeit des Hörers besonders an sich zu ziehen vermögen.

Diese für Pindar typische synästhetische Bildervermischung (das Gestickte ist eine akustische Attraktion) findet sich an einer anderen Stelle in ganz ähnlicher Form:[65]

[3.93] Pi. *N.* 8.14–15: B

φέρων
Λυδίαν μίτραν καναχηδὰ πεποικιλμέναν,

'indem ich bringe eine lydische Mitra, klingend bestickt'. — [10.3]

Diese 'klingend bestickte Mitra' hat durch das unmittelbar vorausgehende Hikesie-Bild [19.6] deutlich religiöse Implikationen.

Auch Epicharm benutzt das poetologische Bild des Stickens. Bei ihm ist es Teil einer längeren Kleider-Allegorie, in der er imaginiert, wie ein 'Plagiator' dereinst mit seiner Dichtung umgehen wird (ausführlicher zu [10.9]):

[3.94] Epicharmos VS 23 B 6.1–4 DK: B

cάφα ἴcαμι τοῦθ', ὅτι
τῶν ἐμῶν μνάμα ποκ' ἐccεῖται λόγων τούτων ἔτι.
καὶ λαβών τιc αὐτὰ περιδύcαc τὸ μέτρον ὃ νῦν ἔχει,
εἶμα δοὺc καὶ πορφυροῦν, λόγοιcι ποικίλαc καλοῖc,

'Dies weiß ich ganz genau: daß man sich einmal noch an diese meine Worte erinnern wird. Und einer wird sie nehmen, ihnen das Versgewand, das sie jetzt haben, ausziehen, ihnen sogar ein purpurnes Gewand umlegen, es mit schönen Reden bunt bestickend'.[66] — [10.9]

---

64 Das Adjektiv coφόc bezeichnet nicht immer den Produzenten von Dichtung, sondern gelegentlich wie hier den sachverständigen Zuhörer (Gladigow 1965, 12 Anm. 2).

65 Lediglich der Begriff 'Synästhesie' ist modern (zur Begriffsgeschichte: Schrader 1969, 11–55), das Phänomen als solches war, wie die Pindar-Stelle zeigt, den antiken Dichtern durchaus geläufig.

66 Nicht berücksichtigt sind in diesem Abschnitt und insgesamt in dieser Arbeit die Belege für ποικίλοc. Trotz regelmäßiger Verwendung im poetologisch-handwerklichen Zusammenhang läßt das Adjektiv sich nicht auf die Thematik 'Handwerk' eingrenzen. Es ist auch kein 'Farbwort': "ποικίλοc is not a colour-word in most epic and lyric poetry, and definitely not in Pindar. It describes an object as consisting of several parts; an example is the skin of a snake which comprises many small parts (*P.* 4.249)." (Fogelmark 1972, 24 Anm. 40).

(e) Vergleichung zwischen Dichter und bildendem Künstler

Die wohl bekannteste Äußerung zu diesem Thema ist die für Simonides bezeugte Vergleichung von Dichtung und Malerei:

[3.95] Simon. test. 47 b Campbell (Plut. *mor.* 3.346F): B

πλὴν ὁ Cιμωνίδηc τὴν μὲν ζωγραφίαν ποίηcιν cιωπῶcαν προcαγορεύει, τὴν δὲ ποίηcιν ζωγραφίαν λαλοῦcαν.

'Aber Simonides nennt die Malerei Dichtung, die schweigt, und die Dichtung Malerei, die spricht'.[67]

Sieht man einmal vom Problem der Authentizität ab, fällt auf, daß die Vergleichung keine erkennbare Wertung enthält. Damit unterscheidet sie sich maßgeblich von einigen der folgenden Stellen, die klar (zugunsten der Dichtung) werten, zum Teil ausdrücklich polemisch sind.

Schon in [3.87] hat der Gedanke eine Rolle gespielt, daß die immaterielle (also mündliche) Dichtung nicht dem Zerfall materieller Gegenstände ausgesetzt ist und daher langlebig, im Idealfall 'ewig' ist. Die gleiche Thematik kehrt höchstwahrscheinlich in einem anderen Lied-Fragment des Simonides wieder:

[3.96] Simon. 581: B

τίc κεν αἰνήcειε νόωι πίcυνοc Λίνδου ναέταν Κλεόβουλον,
ἀεναοῖc ποταμοῖc' ἄνθεcι τ' εἰαρινοῖc
ἀελίου τε φλογὶ χρυcέαc τε cελάναc
καὶ θαλαccαίαιcι δίναιc' ἀντία θέντα μένοc c τ ά λ α c;
ἅπαντα γάρ ἐcτι θεῶν ἥccω· λίθον δέ
καὶ βρότεοι παλάμαι θραύοντι·

'Welcher Mensch, der seinem Verstand vertrauen kann, würde Kleobulos, den Bewohner von Lindos, dafür loben, daß er ewigfließenden Strömen, Frühlingsblüten, der Flamme von Sonne und goldenem Mond und den Wirbeln des Meeres die Kraft einer Statue entgegengestellt hat? Denn all dies ist geringer als Götter. Stein brechen aber sogar die Hände von Menschen'.

Der Grundgedanke der Argumentation ist folgender: Eine Statue in Hinsicht auf Dauer mit Naturkräften konkurrieren zu lassen ist unsinnig. Denn eine Statue aus Stein vermögen selbst Menschen zu zerstören; sie steht also auf der untersten Stufe. Naturkräfte dagegen gehen auf göttliches Wirken zurück und bilden daher eine eigene unzerstörbare Kategorie. – Im Unterschied zu [3.87] ist hier nur die negative Komponente ausgedrückt. Daß nur die Dichtung, Simonides zufolge, das zu leisten fähig ist, was Kleobulos der Bildhauerei fälschlich attestiert, steht zwar nicht ausdrücklich da, wird aber unmißverständlich suggeriert (Hasler 1959, 119).[68]

---

[67] Aus Simon. 634 geht hervor, daß Simonides den Maler Sillax von Rhegion erwähnt haben soll. Einzelheiten sind nicht bekannt.

[68] Eine kleine Ungereimtheit besteht darin, daß es im Gedicht, auf das die antiken Erklärer das Simonides-Lied bezogen haben (vgl. D.L. 1.89–90), heißt (*AP* 7.153): χαλκέη παρθένοc εἰμί,

Polemik gegen bildende Künstler ist möglicherweise auch bei Hipponax nachzuweisen. Freilich muß man dafür die im allgemeinen recht unzuverlässige biographische Tradition bemühen:

[3.97] Hippon. test. 7 Degani (Suda ι 588 Adler): D

γράφει (sc. Ἱππῶναξ) δὲ πρὸϲ Βούπαλον καὶ Ἄθηνιν ἀγαλματοποιούϲ, ὅτι αὐτοῦ εἰκόναϲ πρὸϲ ὕβριν εἰργάϲαντο.

'(Hipponax) schreibt gegen die Bildhauer Bupalos und Athenis, weil sie Bilder von ihm in böser Absicht gemacht hatten'.

[3.97a] Hippon. test. 8 Degani (Plin. *NH* 36.12):[69]

Hipponacti notabilis foeditas vultus erat; quamobrem imaginem eius lascivia iocosam hi (sc. Bupalus et Athenis) proposuere ridentium circulis. quod Hipponax indignatus destrinxit amaritudinem carminum in tantum ut credatur aliquis ad laqueum eos compulisse.

'Hipponax hatte ein bemerkenswert häßliches Gesicht. Deshalb haben sie (sc. Bupalos und Athenis) aus Übermut ein komisch übertriebenes Bild von ihm der lachenden Öffentlichkeit präsentiert. Hipponax war außer sich vor Wut und zückte die bittere Waffe seiner Gedichte in einem solchen Maße (gegen sie), daß man glaubt, er habe sie mit einigen (sc. Gedichten) zum Selbstmord getrieben.'

Das Grundgerüst der Geschichte – verletzter Iambograph treibt seine Gegner zum Selbstmord – dürfte topisch sein. Die entsprechenden Varianten über Archilochos und Semonides verlaufen über weite Strecken nach dem gleichen Muster.[70] Man wird deshalb den einzelnen Details nicht zu viel Glauben schenken wollen. Zieht man allerdings in Betracht, daß die antiken 'Biographen' ihr Material fast ausschließlich der Dichtung selbst entnahmen, ist es eine plausible Vermutung, daß Hipponax sich in seinen Iamben gegen zwei 'Maler' namens Bupalos und Athenis gerichtet hat.[71] Aus Plinius' Bericht geht ja hervor, daß sie mit ihrer 'Malerei' nichts erreicht haben – die Hipponax-Karikatur bleibt wirkungslos, ganz im Unterschied zu dessen Iamben.

Eben dieser Vorwurf, nichts bzw. das Gegenteil des Intendierten erreicht zu haben, wird in einem erhaltenen Fragment gegen den 'Maler' Mimnes erhoben:

[3.98] Hippon. 28: D

Μιμνῆ κατωμόχανε, μηκέτι γ ρ ά ψ η ι ϲ
ὄπφιν τριήρεοϲ ἐν πολυζύγωι τοίχωι
ἀπ᾽ ἐμβόλου φεύγοντα πρὸϲ κυβερνήτην·
αὕτη γὰρ ἔϲται ϲυμφορή τε καὶ κληδών,
νικύρτα καὶ ϲάβαννι, τῶι κυβερνήτηι,

während Simonides von λίθοϲ spricht (ist der Sockel gemeint?).

69 Beide testimonia sind auch bei West, jeweils vor fr. 1, abgedruckt.

70 Vgl. die testimonia bei West vor Archil. 30 und 172 und vor Semon. 1.

71 Daß die Testimonien sich nicht darin einig sind, ob Bupalos und Athenis Bildhauer oder Maler gewesen sind, ist zwar merkwürdig, tangiert die Hypothese aber nicht (vgl. test. 9a und b Degani).

ἣν αὐτὸν ὄπφις τὠντικνήμιον δάκηι.

'Mimnes, du Hinternklaffer! laß ab, eine Schlange zu malen, die auf der duchtenreichen Schiffswand vom Rammsporn zum Steuermann flieht! Denn dies wird doch den Untergang und ein böses Vorzeichen bedeuten – du Sklavenbrut und Teufelsbraten! – für den Steuermann, wenn ihn die Schlange ins Schienbein beißt!' — [1.55]

Das Fragment ist zu [1.55] ausführlicher besprochen. Dort ist auch gesagt, daß offen bleibt, in welcher Form Mimnes Hipponax (erfolglos) attackiert hat. Vielleicht war er tatsächlich Maler;[72] γράψηις kann aber ebenso eine Metapher sein wie das ganze Schiffs-Bild. – Zumal aus [3.97] geht aber Künstler-Polemik im Œuvre des Hipponax mit einiger Sicherheit hervor.

Pindars Vergleichungen mit dem bildenden Künstler sind ausschließlich auf den Bildhauer bezogen. Auch bei ihm fungieren sie als Folien:

[3.99] Pi. *N.* 8.46–47: B

σεῦ δὲ πάτραι Χαριάδαις τ' ἐλαφρόν
ὑπερεῖσαι λίθον
Μοισαῖον ἕκατι ποδῶν εὐωνύμων

'Deinem (sc. des Siegervaters) Vaterland und den Chariaden einen Musenstein zu setzen wegen der berühmt(machend)en Füße ist leicht'.

Diese Vergleichung ist ähnlich frei von Polemik wie [3.95]. Der Bildhauer-Dichter Pindar errichtet für den Sieg in einer Laufdisziplin ohne Schwierigkeiten (Leichtigkeitsmotiv) eine 'Musen-Statue'.

Anders ist das Verhältnis zur Bildhauerei im folgenden Passus. Die griechische Stele κατ' ἐξοχήν ist aus strahlend weißem parischem Marmor gefertigt:

[3.100] Pi. *N.* 4.79–81: B

εἰ δέ τοι
μάτρωι μ' ἔτι Καλλικλεῖ κελεύεις
στάλαν θέμεν Παρίου λίθου λευκοτέραν·

'Wenn du (sc. Timasarchos, der Sieger) mir noch befiehlst, deinem Onkel Kallikles eine Stele zu setzen, weißer als parischer Marmor.'

Rhetorisch geschickt legt Pindar den (im Grunde unerfüllbaren) Wunsch nach einer Stele, die weißer (bedeutender, wertvoller etc.) ist als parischer Marmor, seinem Adressaten in den Mund. Daß Pindar durchaus der Meinung ist, dieses 'weißer-als-weiß' erreicht zu haben, macht indirekt das unmittelbar folgende Bild des geläuterten Goldes klar, das seine Strahlen ringsum verbreitet [3.68].

Während Pindar in [3.100] die Bildhauer gleichsam mit ihren eigenen Mitteln schlägt, geht es an zwei anderen Stellen in erster Linie darum, was Dichtung der Bildhauerei voraushat. Ähnlich wie in [3.96] ist dies die Verbreitung, hier allerdings nicht in zeitlicher, sondern in räumlicher Hinsicht. Statuen sind an ihren Ort gebunden, Lieder nicht:

---

72 Über einen Maler namens Mimnes ist nichts bekannt (Degani 1991, 55). – Zur Verspottung der Maler (v.a. in der nachklassischen Literatur) vgl. Brecht 1930, 37–38.

[3.101] Pi. *N.* 5.1–2 (Liedbeginn): B

Οὐκ ἀνδριαντοποιός εἰμ', ὥcτ' ἐλινύcοντα ἐργά-
ζεcθαι ἀγάλματ' ἐπ' αὐτᾶc βαθμίδοc
ἑcταότ'·

'Nicht Bildhauer bin ich, daß ich Standbilder verfertigte, die auf ihrem Sockel unbewegt stehen bleiben'.[73]

Das Gegenbild der Beweglichkeit kleidet Pindar in ein Schiffahrts-Bild [13.21]. – Der gleiche Gedanke kehrt in verkürzter Form gegen Ende von *I.* 2 wieder (Liedschluß zwei Verse später):

[3.102] Pi. *I.* 2.45–46: B

ἐπεί τοι
οὐκ ἐλινύcονταc αὐτοὺc ἐργαcάμαν.

'Denn wirklich nicht zum unbewegten Stehenbleiben habe ich sie (sc. die Lieder) verfertigt'.

Gegenüber diesen Vergleichungen, die ein deutliches Konkurrenzverhältnis zwischen Dichtung und bildender Kunst zum Ausdruck bringen, wirken die (v.a. bei Bakchylides bezeugten) ἄγαλμα-Vergleichungen eher neutral:

[3.103] B. 5.3–4: B

γνώcηι μὲν [ἰ]οcτεφάνων
Μοιcᾶν γλυκ[ύ]δωρον ἄγαλμα,

'Du (sc. Hieron, der Sieger) wirst das Zierstück, die süße Gabe der veilchengekränzten Musen, zu schätzen wissen'.

Obwohl der Werkstoff nicht eigens bezeichnet ist, erinnert das Μοιcᾶν ἄγαλμα, das im nächsten Passus wiederkehrt, an Pindars Μοιcαῖοc λίθοc [3.99]:

[3.104] B. 10.11–14 (Text nach Maehler 1982): B

ἐγχειρὲc ἵν' ἀθάνατον Μουcᾶν ἄγαλμα
ξυνὸν ἀνθρώποιcιν εἴη
χάρμα, τεὰν ἀρετὰν
μανῦον ἐπιχθονίοιcιν,

(Ein Verwandter hat bei Bakchylides ein Lied bestellt: [1.51]) 'damit zur Hand sei ein unsterbliches Zierstück der Musen, den Menschen zu allgemeiner Freude, (ein Zierstück) das der Welt deine (sc. des Siegers) Leistung bekannt macht'. — [2.21]

Mit dem Hinweis auf die Unvergänglichkeit (ἀθάνατον ἄγαλμα) tritt die Opposition zur bildenden Kunst wieder ins Blickfeld. Materielle Güter sind eben nicht 'unsterblich'.

An sämtlichen Stellen schwingt ein Bezug auf den Usus mit, aus Anlaß des Siegs ein ἄγαλμα zu dedizieren.[74] In dieser Bedeutung läßt sich das Bild auch

[73] Nach Müller (1974, 165) ist nicht ein Bildhauer, sondern ein Erzgießer gemeint. Die Differenz ist hier unerheblich.

[74] Die metaphorische Verwendung von ἄγαλμα ist auf dem Hintergrund der gut bezeugten konkreten Verwendung in Weihinschriften zu sehen. Vgl. CEG, index s.v.; Echembrotos: 'Εχέμβροτοc 'Αρκὰc | θῆκε τῶι 'Ηρακλεῖ | νικήcαc τόδ' ἄγαλμα | 'Αμφικτιόνων ἐν ἄθλοιc, | Ἕλληcι δ' ἀείδων |

einmal bei Pindar nachweisen:

[3.105] Pi. *N.* 8.16: B

Δείνιος διςςῶν cταδίων
καὶ πατρὸς Μέγα Νεμεαῖον ἄ γ α λ μ α.

'Für Deinis und seinen Vater Megas für den Nemeischen Sieg im Diaulos ein Zierstück'.

Bei diesem ἄγαλμα handelt es sich um die Apposition zur 'klingend bestickten Mitra' [3.93]. Zwischen der feinen Stickerei und dem Begriff ἄγαλμα besteht ein ähnliches Spannungsverhältnis wie zwischen der 'Feder der Musen' und ἄγαλμα [3.107].

Aufgrund von [3.103] und [3.104] steht die poetologische Deutung des Endes von Bakchylides' erstem Epinikion außer Zweifel:

[3.106] B. 1.181–184 (Liedschluß): B

ἀρετὰ δ' ἐπίμοχθος
μέν, τ]ελευταθεῖcα δ' ὀρθῶc
ἀνδρὶ κ]ạὶ εὖτε θάνηι λεί-
π̣[ει πολυ]ζήλωτον εὐκλείαc ἄ [γ α λ] μ α.

'Große Leistung ist zwar mühevoll; doch wenn sie recht vollbracht wird, hinterläßt sie dem Mann, auch nach seinem Tod, ein vielbeneidetes Zierstück des Ruhmes'.

In diesem Sieg-Lied-Motiv äußert sich einmal mehr (vgl. [3.96]) die Zuversicht, daß das Lied den Tod überdauert.

Das ἄγαλμα-Bild ist bei Bakchylides noch ein viertes Mal belegt:

[3.107] B. fr. 20B.3–5: B

ὁρμαίνω τι πέμπ[ειν
χρύcεον Μουcᾶν 'Αλεξάνδρωι πτερόν
καὶ cυμποc[ίαι]cιν ἄ γ α λ μ' [ἐν] εἰκάδεc[cιν,

'Ich habe vor, Alexander etwas zu schicken, eine goldene Feder der Musen und ein Zierstück für die Symposiasten am Ende des Monats'. — [14.11]

Die Metaphorisierung ist hier stärker, weil reale ἀγάλματα im sympotischen Kontext (Enkomion auf Alexander) nicht die konkrete Bedeutung haben wie rund um die Sportkämpfe. Das Enkomion soll als 'Zierstück' den Gästen zur Freude gereichen.[75]

μέλεα καὶ ἐλέγουc. – 'Der Arkadier Echembrotos hat Herakles dieses Zierstück geweiht, nachdem er an den Wettkämpfen bei den Amphiktionen gesiegt hat, indem er den Griechen Lieder und Elegien sang'.

[75] Die Vergleichung von Dichtung mit bildender Kunst läßt sich auch in umgekehrter Richtung dokumentieren; CEG 429 (Halikarnassos, ca. 475): αὐδὴ τεχνήεccα λίθο, λέγε τίc τόδ' ἄ̣[γαλμα] | cτῆcεν 'Απόλλωνοc βωμὸν ἐπαγλαΐ[cαc]. | Παναμύηc υἱὸc Καcβώλλιοc, εἴ μ' ἐπ̣[οτρύνειc?] | ἐξειπε͂ν, δεκάτην τήνδ' ἀνέθηκε θε[ῶι]. – '›Stein, du künstlich gefertigte Stimme, sage, wer diese Statue aufgestellt und den Altar des Apollon strahlend gemacht hat.‹ – ›Panamyes, Kasbollis' Sohn, war's, wenn du mich zu sprechen aufforderst, der diesen Zehnten hier dem Gott geweiht hat.‹' – In die gleiche Richtung weist das Demokrit-Fragment VS 68 B 142 DK, dem zufolge die Worte (gemeint sind Götternamen) ἀγάλματα φωνήεντα sind.

Abschließend ein Einzelbild, das besondere Probleme stellt:

[3.108] Pi. *N.* 7.77–79: B

Μοῖσά τοι
κολλᾷ χρυσὸν ἔν τε λευκὸν ἐλέφανθ' ἁμᾷ
καὶ λείριον ἄνθεμον ποντίας ὑφελοῖσ' ἐέρσας.

'Die Muse leimt für dich Gold (hinein), hinein auch weißes Elfenbein und zugleich die Lilienblüte, die sie aus dem Naß des Meeres holt'.[76] — [9.6]

Die Einzelheiten dieser Stelle sind nicht restlos geklärt. Möglich ist, daß es sich um gesägte Elfenbeinstücke und Korallen (vgl. zu [9.6]) handelt, die in einem Spezialverfahren mit Gold versehen und zusammengeleimt werden (Müller 1974, 248).

Zusammenfassung: Die Zusammenstellung hat deutlich werden lassen, daß die Handwerks-Vergleichung einer der beliebtesten und bestbezeugten poetologischen Bilderkomplexe der hier untersuchten Texte ist. In der frühgriechischen Dichtung nehmen die Handwerks-Bilder von Anfang an auf die verschiedensten Tätigkeiten Bezug, auch auf solche, die vordergründig nichts mit Dichtung und den direkt mit ihr verbundenen 'Arbeitsschritten' zu tun haben. Werden die einzelnen Vergleichungen dieses Kapitels einmal als Komplex gesehen, verliert Havelocks Verfahren (1978a, 18f.), einzelne Bilder aus diesem Komplex herauszulösen und aus ihnen Schlüsse z.B. auf die Entwicklung der Schriftlichkeit zu ziehen, ihre Berechtigung. Unter anderem ist dagegen einzuwenden, daß die für die Umschreibung von Dichtung verwendeten Bilder oft auch auf das 'normale' Sprechen angewendet werden. Gentili (1989, 6 Anm. 4) hält Havelock zu Recht entgegen, daß viele der Handwerks-Bilder ganz allgemein eine "capacità tecnica di costruire il discorso" bezeichnen. Diese Bilder mit Havelock ursächlich von der einsetzenden Schriftlichkeit abhängig zu machen überzeugt nicht.

Ein anderes methodisch anfechtbares Verfahren besteht darin, die Behandlung der Handwerks-Bilder im wesentlichen auf einzelne Dichter zu beschränken. Zwar ist es sicher richtig, wenn Svenbro einen Anstieg der Handwerks-Bilder bei den Epinikien-Dichtern feststellt. Doch gilt dies für die meisten der hier untersuchten Bildkomplexe. Aus diesem Grund – verbunden mit dem Faktum, daß durchaus auch Handwerks-Bilder *vor* den Epinikien-Dichtern belegt sind – ist der von Svenbro postulierte Zusammenhang von Handwerks-Bildern und Auftragsdichtung nicht stichhaltig. In diesem Punkt geht Svenbro zu weit: Der

[76] **FL** (κολλάω) Pl. *Mx.* 236b; *Phdr.* 278e; beide Stellen sind deutlich pejorativ, was in der Moderne seine Fortsetzung findet: vgl. Goethe ('Das Sonett': "Ich schneide sonst so gern aus ganzem Holze, | Und müßte nun doch auch mitunter leimen." – Hay-Steinsdorff 1986, 130) und von Platens 'Antwort' ('Das Sonett an Goethe': "Er [sc. Goethe] schneidet sich des Liedes flücht'ge Bolze | Gewandt und sicher, ohne je zu leimen, | Und *was* er fertigt, ist aus ganzem Holze." – Hay-Steinsdorff 1986, 157).

Auftragsdichter spreche von seinem Lied als einer 'Ware' ("marchandise") und benutze mit Vorliebe Handwerks-Bilder, um sicherzustellen, daß er für seinen Auftrag bezahlt werde.[77] Murray (1981, 99) hält dem zu Recht entgegen, daß Svenbro die Gesamtheit der Handwerks-Bilder zu wenig berücksichtigt und daß "this theory sheds more light on Svenbro's own preoccupations than on Pindar".

Außerdem dürfen die poetologischen Handwerks-Bilder nicht zu isoliert betrachtet werden. Überhaupt ist es nicht zulässig, einzelne Bildkomplexe aufgrund eines bestimmten Kriteriums (z.B. Anzahl der Belege) herauszugreifen und ihnen einen Sonderstatus zu attestieren. Harriott schreibt in der Einleitung zu 'Poetry and Criticism before Plato' (1969, 5): "We shall see that the metaphors used in discussing poetry spring in the main from two fundamental attitudes to it, which are sometimes complementary and at others difficult to reconcile: one metaphorical complex has its source in beliefs about the Muses and knowledge of their cults [...], while the other results from seeing the poet as craftsman and comparing his skill with that of the mason or painter". Die behauptete Exklusivität von Musen(kult) und Handwerks-Vergleichungen hält vor den Resultaten der vorliegenden Untersuchung nicht stand.

Insgesamt dominiert bei den Handwerks-Vergleichungen der *visuelle* Aspekt: das Produkt des Dichters wird nach ästhetischen Kriterien beurteilt. Auffällig ist, daß diese visuelle Qualität in nicht wenigen Fällen von der überzeugenden Struktur bzw. von den richtigen Proportionen der verschiedenen 'Werkstücke' abhängt: Der Dichter schafft einen κόϲμοϲ, er 'verfugt' die einzelnen Bauteile, er verarbeitet die verschiedenen Fäden zu einem 'Gewebe'. Mit anderen Worten: Ausschlaggebend ist der Gesamteindruck, den das Kunstwerk durch die schöne Anordnung seiner Teile hinterläßt.

---

[77] Svenbro 1976, 178: "Si Pindare parle lui-même de la IIe Pythique comme d'une 'marchandise' pour suggérer à Hiéron que le poème le met dans l'obligation de payer le poète, cette image est symptomatique de la situation du poète professionnel." Der Auftragsdichter "se trouve comme objectivement appelé à représenter sa propre activité comme une activité artisanale afin d'être rémunéré" (186–187). Svenbro verkennt die enkomiastische Funktion vieler Bilder, was maßgeblich darauf zurückzuführen sein dürfte, daß er die in dieser Frage grundlegenden Erkenntnisse Bundys (1962) nicht zu kennen scheint.

4. HEILKUNST

Unter dem Stichwort 'Heilkunst' sind hier zwei Behandlungsmethoden zusammengefaßt, die nach moderner Auffassung nicht zusammengehören: 'wissenschaftlich-säkulare' Methoden ('Medizin') auf der einen Seite, 'geistlich-magische' ('Heilszauber') auf der anderen. Der frühgriechischen Epoche ist diese Unterscheidung unbekannt. Die Grenzen sind noch völlig fließend. Eine 'wissenschaftliche' Medizin beginnt sich gerade erst zu entwickeln. Im Begriff 'Heilkunst' sind daher beide Aspekte mitzuhören.

Die Belege des vorliegenden Kapitels lassen sich in zwei Gruppen einteilen: (1) Stellen, an denen der von der Dichtung verbreitete Zauber eine heilende Wirkung auf den Rezipienten ausübt. (2) Stellen, an denen von der Zauberwirkung der Dichtung die Rede ist, ohne daß das Heilen ausdrücklich einbezogen wird.

Parallelen:

Vedisch: Eine Episode des 'Mahabharata' (3.78.12–13) endet mit der Feststellung, daß der Hörer 'frei von Krankheit' sein werde (Wace-Stubbings 1962, 199–200); vgl. auch Rigveda 1.84.16, wonach die Rede-Pfeile der Priester (vgl. Kap. 6) 'ins Herz treffen und doch heilsam sind'. In 10.97.6 wird der Redekundige 'Arzt' und 'Krankheitsbanner' genannt. Außerdem ist mehrfach von 'Zauberliedern' die Rede (Rigveda 4.16.4; 10.68.6 u.ö.).

Hethitisch: Ähnlich wie in [4.4] ist im hurritischen 'Song of Hedammu' (fr. 15) von der 'toxischen' Wirkung des Wortes die Rede (Hoffner 1990, 51).

Ägyptisch: Hier kann das Vorlesen eines Lehrgedichts auf den Hörer eine 'reinigende Wirkung' haben (Lichtheim 1976, 162), vgl. [4.5].

Akkadisch: Der assyrische König Assurbanipal berichtet, er habe seine Schriften im Tempel hinterlegt 'for my life and for the well-being of my soul, to avoid disease, and to sustain the foundations of my royal throne' (Foster 1993, 729). Entsprechend heißt es am Ende des Epos 'Ischum und Erra' (*TUAT* III 4.801; engl.: Foster 1993, 804): 'Dem Haus, in dem diese Tafel liegt, – sollte Erra noch so zürnen und sollten die Sibitti auch morden – wird das Pestschwert nicht nahekommen, denn Wohlergehen ist ihm bestimmt.'

Eine im weitesten Sinn 'medizinische' Wirkung von Dichtung beschreibt im Grunde bereits Hesiod, wenn er den Musen die folgende Apposition beifügt:

[4.1] Hes. *Th.* 55: F

λησμοσύνην τε κακῶν ἄμπαυμά τε μερμηράων.

'Vergessen von Übeln und Beenden von Sorgen'.[1]

Der Beginn von Pindars vierter Nemee besteht aus einer Reihung mehrerer Heilkunst-Vergleichungen, aus der deutlich hervorgeht, daß das eingangs erwähnte Nebeneinander von Medizin und Zauber nach griechischer Auffassung keinen Widerspruch darstellt:[2]

[4.2] Pi. *N.* 4.1–5 (Liedbeginn): B

Ἄριστος εὐφροσύνα πόνων κεκριμένων
ἰατρός· αἱ δὲ σοφαί
Μοισᾶν θύγατρες ἀοιδαὶ θέλξαν νιν ἀπτόμεναι.
οὐδὲ θερμὸν ὕδωρ τόσον γε μαλθακὰ τεύχει
γυῖα, τόσσον εὐλογία φόρμιγγι συνάορος.

'Wenn die mühevollen Kämpfe entschieden sind, ist Festfreude der beste Arzt. Die klugen Töchter der Musen, die Lieder, bezaubern ihn (sc. den Sieger), indem sie ihn berühren. Auch warmes Wasser macht die Glieder nicht so gelöst wie das Loblied, das die Leier begleitet'.[3] — [8.55]

Die ausschließlich aus produktbezogenen Vergleichungen bestehende Reihe verbindet den Arzt (ἰατρός) sowohl mit dem 'Heilszauber' (θέλξαν) als auch mit der 'Medizin' (θερμὸν ὕδωρ). Auch ἀπτόμεναι stammt wohl aus diesem Umfeld (vgl. Hp. *Art.* 37 ἀπαλωτέρως τὸ πρῶτον ἅπτονται, über die zögerliche Haltung von Chirurgen), läßt sich aber nicht genauer festlegen (Massage? bloßes 'Handauflegen'?). Das Epinikion entschädigt den Sieger für die erlittenen Strapazen und übertrifft in seiner Wirkung sämtliche Bemühungen der 'Sportmedizin'.

Eine sehr ähnliche Umsetzung dieses Motivs liegt bei Pindar auch in kürzerer Form vor:

[4.3] Pi. *N.* 3.17–18: B

καματωδέων δὲ πλαγᾶν
ἄκος ὑγιηρὸν ἐν βαθυπεδίωι Νεμέαι
τὸ καλλίνικον φέρει.

---

[1] Vgl. Hes. *Th.* 98–103. – Dieses 'Vergessen' entwickelt sich in der Epinikien-Dichtung zum eigentlichen Topos, vgl. die Stellensammlung bei Hubbard 1985, 76–77 Anm. 14.

[2] Vgl. auch *hh* 16.4, wo der Arzt Asklepios als κακῶν θελκτῆρ' ὀδυνάων bezeichnet wird.

[3] εὐφροσύνη ist die von Dichtung (mit-)verursachte Festfreude, s. S. 95 Anm. 27. – Das Bezugswort von νιν ist problematisch und umstritten. Allerdings hat Köhnken (1971, 193–194) überzeugend dargelegt, daß weder εὐφροσύνα noch πόνων als Bezugswort einen befriedigenden Sinn ergibt. Statt dessen schlägt er vor, aus πόνων κεκριμένων einen πεπονηκότα abzuleiten und νιν auf den Sieger zu beziehen (übernommen von Willcock 1995, z.St., und in der Übersetzung von Dönt 1986, 193).

'Ein Heilmittel gegen die ermüdenden Schläge in Nemea mit seiner tiefliegenden Ebene verschafft das Siegeslied'.[4]

Diese ganz konkret gefaßte medizinisch-therapeutische Wirkung der Liedkunst orientiert sich in beiden Fällen am eigentlichen Liedanlaß: *N.* 4 ist einem Ringer, *N.* 3 einem Pankratiasten gewidmet.

Beim Philosophen Empedokles ist eher von den 'Medikamenten' der Dichtungs-Heilkunst die Rede:

[4.4] Emp. VS 31 B 111.1–2 DK: B

φ ά ρ μ α κ α δ' ὅccα γεγᾶcι κακῶν καὶ γήραος ἄλκαρ
πεύcηι, ἐπεὶ μούνωι coὶ ἐγὼ κρανέω τάδε πάντα.

'Gegenmittel, so viele es gibt gegen Übel und als Mittel gegen das Alter, wirst du erfahren; denn dir allein werde ich dies alles erfüllen'.

Empedokles stellt seinem narrativen Adressaten Pausanias in Aussicht, daß die (in Hexametern abgefaßte) philosophische Lehre als 'Medikament' gegen Krankheit und Alter wirken werde. Damit verspricht er die Überwindung dessen, was das Grundproblem des menschlichen Daseins ausmacht (vgl. z.B. *hAp* 192–193: οὐδὲ δύνανται | εὑρέμεναι θανάτοιό τ' ἄκοc καὶ γήραοc ἄλκαρ – 'und nicht vermögen sie [sc. die Menschen] gegen den Tod ein Mittel und vor dem Alter einen Schutz zu finden'.)

Empedokles nimmt auch zu Beginn seiner 'Katharmoi' (Reinigungen) Bezug auf sein heilendes Wort:

[4.5] Emp. VS 31 B 112.10–11 DK: B

οἱ μὲν μαντοcυνέων κεχρημένοι, οἱ δ' ἐπὶ νούcων
παντοίων ἐπύθοντο κλυεῖν ε ὐ η κ έ α βάξιν,

'Die einen der Orakelsprüche bedürfend, die andern ersuchen bei allen möglichen Krankheiten darum, ein heilendes Wort zu erfahren.'

Wright (1995, 10) hat deshalb mit Bezug auf B 146 vermutet, daß "it is probable that Empedocles considered the four careers (sc. doctor, prophet, minstrel and leader) to be united in himself".[5] Allerdings ist die Vergleichung bisher nur in ihrer produktbezogenen Variante dokumentiert worden.

Die produzentenbezogene Vergleichung am Schluß von *I.* 3/4 ist ähnlich konkret wie in [4.2] und [4.3] und schließt thematisch an [4.4] an: Der Dichter-Arzt Pindar appliziert am Adressaten eine Medizin:

---

[4] Die Übersetzung folgt der Interpretation u.a. von Farnell (1932, z.St.), Slater (1969, s.v. καλλίνικοc) und Hubbard (1985, 38), wonach τὸ καλλίνικον Subjekt ist und das Lied repräsentiert. – Zu ἄκοc vgl. Pi. *P.* 9.104 [8.44].

[5] Emp. VS 31 B 146 DK: εἰc δὲ τέλοc μάντειc τε καὶ ὑμνοπόλοι καὶ ἰητροὶ | καὶ πρόμοι ἀνθρώποιcιν ἐπιχθονίοιcι πέλονται, | ἔνθεν ἀναβλαcτοῦcι θεοὶ τιμῇcι φέριcτοι. – 'Schließlich werden sie zu Sehern, Sängern, Ärzten und Führern unter den Menschen auf der Erde; von dort wachsen sie zu Göttern empor, an Ehre die besten'.

[4.6] Pi. *I.* 3/4.90–90b (Liedschluß): B

cὺν ʼOρcέαι δέ νιν
κωμάξομαι τερπνὰν ἐπιcτάζων χάριν.

'Mit Orseas (sc. dem Trainer) will ich ihn (sc. den Sieger) feiern, indem ich Lob auf ihn träufle, das ihn erfreut'. — [8.23]

Thummer (1969, z.St.) hat mit Hinweis auf Orib. 46.19.13 einen medizinischen Ursprung des Bildes wahrscheinlich gemacht. Welche Therapie genau gemeint ist, muß offenbleiben.[6]

Bakchylides wendet das gleiche Bild auf den Inspirationsprozeß an. Die Muse Kleio, die schon zu Beginn der Ode genannt war (V. 9, Zusammenhang verloren), wird zum Schluß nochmals genannt, weil sie den Dichter wie eine Ärztin behandelt hat:

[4.7] B. 13.228–231 (Liedschluß): B

τὰν εἰκ ἐτύμωc ἄρα Κλειὼ
πανθαλὴc ἐμαῖc ἐνέcταξ[εν φραcίν,
τερψιεπεῖc νιν ἀ[ο]ιδαὶ
παντὶ καρύξοντι λα[ῷ]ι.

'So wahr mir diese (sc. die Gabe, gemeint ist das Lied) die allblühende Kleio in den Sinn geträufelt hat, werden Lieder, deren Worte Freude hervorrufen, ihn (sc. den Sieger) dem ganzen Volk vermelden'.[7] — [2.17], [8.48], [9.16]

Kleio fungiert hier als Teil eines Beglaubigungsverfahrens: 'Kleio hat mich inspiriert, also ist meine Schlußbehauptung wahr.'[8]

Näherliegend für eine poetologische Vergleichung ist die Vorstellung, daß der Dichter-Arzt den 'Patienten' mit beschwörenden Gesängen (ἐπαοιδαί) behandelt:[9]

[4.8] Pi. *N.* 8.48–50: B

χαίρω δὲ πρόcφορον
ἐν μὲν ἔργωι κόμπον ἱείc, ἐπαοιδαῖc ἀνήρ

[6] Orib. 46.19.13 beschreibt die Behandlung von Wunden mit beträufelter Wundgaze, Arist. *Pr.* 871b18 die orale Anwendung, Herondas 1.81 die Zubereitung des Wein-Wasser-Gemischs.

[7] Zum Träufeln vgl. das akkadische Gebet an Marduk: 'O lord, [...] instill in my heart reverence for your divinity, grant me what you please that you sustain my life.' (Foster 1993, 744).

[8] Nicht aufgenommen wird Pi. *I.* 1.41–45: εἰ δ' ἀρετᾶι κατάκειται πᾶcαν ὀργάν, | ἀμφότερον δαπάναιc τε καὶ πόνοιc, | χρή νιν εὑρόντεccιν ἀγάνορα κόμπον | μὴ φθονεραῖcι φέρειν | γνώμαιc. – 'Wenn er (sc. der Sieger) sich aber auf Erfolg niedergelassen hat in seinem ganzen Gemüt, durch beides, sowohl durch Aufwand als auch durch Mühen, dann muß man ihn mit neidloser Gesinnung jenen bringen, die ein herrliches Preislied erfanden'. – Selbst wenn Thummers Deutung von κατάκειμαι als 'darniederliegen' richtig sein sollte, hat die darauf aufbauende Interpretation ("Der glücklich 'Erschöpfte' muß zum Dichter wie zu einem Arzt gebracht werden") keinen Anhaltspunkt im Text.

[9] Zur 'medizinischen' Verwendung von ἐπαοιδαί vgl. *Od.* 19.457; Pi. *P.* 3.51; A. *Eu.* 649; S. *Ai.* 582. In S. *Tr.* 1000 ruft Herakles nach einem ἀοιδόc, der ihm seine Schmerzen lindert. Eher 'rhetorisch' sind die ἐπαοιδαί in A. *Pr.* 172–173 (in Verbindung mit θέλξιc).

νώδυνον καί τις κάματον
θῆκεν·

'Gerne entsende ich ein Loblied, das der Tat von Nutzen ist; mit heilenden Gesängen macht mancher Mann auch die Anstrengung frei von Schmerz'.

Aus dem Kontext wird ersichtlich, daß die allgemein gehaltene τις-Aussage auch auf den Dichter zu beziehen ist. Wie in [4.2] und [4.3] geht es um die Kompensation für den Aufwand des Athleten.

Eine ganz besondere Rolle spielt die Arzt-Vergleichung in Pindars dritter Pythie. Dieses an den erkrankten Hieron gerichtete Lied erarbeitet auf kunstvolle Weise eine Analogie zwischen Asklepios, dem Arzt κατ' ἐξοχήν, und dessen Erzieher Chiron einerseits und dem Erzähler andererseits:

[4.9] Pi. *P.* 3.63–67; 72–73; 75–76: B

εἰ δὲ σώφρων ἄντρον ἔναι' ἔτι Χίρων, καί τί οἱ
φ ί λ τ ρ ο ν ⟨ἐν⟩ θυμῶι μελιγάρυες ὕμνοι
ἀμέτεροι τίθεν, ἰ α τ ῆ ρ ά τοί κέν νιν πίθον
καί νυν ἐσλοῖσι παρασχεῖν ἀνδράσιν θερμᾶν ν ό σ ω ν
ἤ τινα Λατοΐδα κεκλημένον ἢ πατέρος.
[...]
τῶι μὲν διδύμας χάριτας
εἰ κατέβαν ὑ γ ί ε ι α ν ἄγων χρυσέαν
κῶμόν τ' [...]
ἀστέρος οὐρανίου
φαμὶ τηλαυγέστερον κείνωι φάος
ἐξικόμαν κε βαθὺν πόντον περάσαις.

'Wenn aber der besonnene Chiron noch die Höhle bewohnte und unsere honigsprechenden Lieder ihm noch einen Zauber ins Herz legen könnten, würde ich ihn überreden, auch den edlen Männern von heute einen Arzt für ihre brennenden Krankheiten zu schicken: einen wie den Sohn Apollons (sc. Asklepios) oder wie den Sohn des Zeus (sc. Apollon selbst). (In der Auslassung imaginiert Pindar seine Fahrt nach Syrakus: [13.8]) Wenn ich dem (sc. Hieron) bei meiner Landung zwei Freuden bringen würde: goldene Gesundheit und einen Festumzug [...], dann würde ich (als) ein Licht, weiter strahlend als ein Stern am Himmel, glaube ich, zu ihm kommen, nach einer Fahrt über das tiefe Meer'. — [7.29], [13.8]

Die Argumentation lautet paraphrasiert wie folgt: Asklepios (von dessen herausragenden Leistungen im ersten Teil des Lieds die Rede ist) kann Hieron leider nicht mehr helfen: er ist schon lange tot. Deshalb würde Pindar gern versuchen, Chiron mit einem 'Zauberlied' dazu zu überreden, einen ebenso fähigen Arzt wie Asklepios mit Pindar mitzuschicken. Nur ist Chiron ebenfalls tot. Das als Folie gedachte Adynaton ist hier zu Ende und erweist sich als scheinbares Adynaton, weil die Wirkung, die die Lieder auf Chiron haben sollten, implizit auf Hieron übertragen werden muß. Er lebt und kann das Lied Pindars hören, so daß der Zauber (φίλτρον) in seinem Herzen ausgelöst wird und für seine baldige Genesung sorgen wird. Pindar bringt zwar keinen Asklepios oder Apollon mit, aber –

so die Implikation – ein Lied, das das gleiche leistet.[10]

Die Parallelisierung mit Asklepios führt noch einen Schritt weiter. Asklepios wird mit dem Tod bestraft, weil er einen bereits Verstorbenen wieder zum Leben erweckt hat (Vv. 56–57), anders ausgedrückt: weil er ihm Unsterblichkeit verliehen hat. Zwar lehnt Pindar diese Zielsetzung wenige Verse später ausdrücklich ab (61–62 μή, φίλα ψυχά, βίον ἀθάνατον | cπεῦδε, *non-plus-ultra*-Motiv), zweifellos weil das Zeus' Zorn (und damit den eigenen Tod) provoziert. Aber die Implikation ist doch die, daß der Dichter-Arzt auf dem Weg zur Unsterblichkeit seines Adressaten das Menschenmögliche zu leisten vermag bzw. andere (und bessere) Mittel dazu hat als Asklepios.

Für die letzte Stelle, die ausdrücklich die heilende Wirkung von Dichtung erwähnt, ist das Subjekt nicht mit letzter Sicherheit zu bestimmen:

[4.10] Philoxenos v. Kythera 822: B

Μούcαιc εὐφώνοιc ἰ ω μ έ ν η τὸν ἔρωτα

'Indem sie mit den wohlklingenden Musen den Eros heilt'.

Das Fragment ist Teil des Dithyrambos Κύκλωψ ἢ Γαλάτεια, der die gleiche Thematik behandelt wie Theokrits 11. Eidyllion: Polyphem versucht seine Liebe zu Galateia mit einem Lied zu 'kurieren'.[11] Deshalb ist es naheliegend, mit den meisten Tradenten (darunter Plutarch, vgl. Page im App.) Polyphem als Subjekt anzusetzen. Die eigentliche Schwierigkeit besteht darin, daß derselbe Plutarch in der hier ausgeschriebenen (und von Page in den Text gesetzten) Fassung über Sappho spricht (*mor.* 762F). Da er aber im unmittelbar folgenden Satz eindeutig Bezug auf Sappho 31 nimmt (*mor.* 763A = Sapph. 31 test. VII Voigt), könnte er auch vorher dieses berühmte Lied im Auge gehabt und den Wortlaut des Philoxenos-Textes dafür angepaßt haben. Sicherheit ist nicht zu erzielen, der Nachweis des Bildes bleibt davon jedoch unberührt. Der Unterschied zu den bisherigen Belegen besteht darin, daß das singende Subjekt die medizinische Therapie nicht mehr auf den Adressaten, sondern auf sich selbst anwendet.[12]

Eine zweite Gruppe von Belegen bewegt sich außerhalb des ausdrücklich 'medizinischen' Bereichs und spricht allgemeiner von der bezaubernden Wirkung von Dichtung. Die Dichter verwenden dafür die Wörter θέλγειν und κηλεῖν (je mit Ableitungen).[13] Das Nebeneinander von Dichter und Magier läßt

---

[10] Diese Übertragung von Asklepios' Wirkung auf die des Dichters ist schon in V. 51 angelegt, wo von der heilenden Wirkung von ἐπαοιδαί die Rede ist (Laín Entralgo 1958, 71f.).

[11] **FL** Auch Theokrit bedient sich dafür (Vv. 1–6 und 17) 'medizinischer' Terminologie; vgl. auch Kall. *ep.* 46 Pf. = 3 Gow-Page = EG 1152–1161 (zum gleichen Thema).

[12] **FL** A. *Pr.* 378 (ὀργῆc νοcούcηc εἰcὶν ἰατροὶ λόγοι, weitere Belege bei Groeneboom 1928, z.St.).

[13] Zu θέλγειν und seinen verschiedenen Anwendungsbereichen vgl. Diano 1968, 249–251. Bemerkenswert ist, daß θέλγειν zumindest im Epos vor allem negative Konnotationen aufweist

sich an mythischen Dichterfiguren wie Orpheus nachweisen.[14]

Diese Konzeption von Dichtung ist schon bei Homer fest verankert. θέλξις ist die Wirkung, die der 'Gesang' der Sirenen (zweifellos eine Folie für den Dichter: Verdenius 1983, 32) auf die Zuhörer ausübt (*Od.* 12.40; 12.44; vgl. Hes. fr. 28).[15]

Auch Archilochos verbindet den Gedanken der 'Zauberwirkung' mit den Sirenen. Er benutzt für die Beschreibung der Wirkung das Verb κηλεῖν:

[4.11] Archil. 253 (Text nach Pizzocaro 1985): F

κηλῶται δ' ὅτι ϲ[ειρήν]ων ἀοιδαῖϲ

'Was immer vom Gesang der Sirenen bezaubert wird'.[16]

Zu vergleichen ist auch Pindars Beschreibung des Apollontempels in Delphi, wo sechs Wendehälse – Pindar nennt sie Κηληδόνεϲ – abgebildet sind, die von Athenaios (im App. von Snell-Maehler) ausdrücklich mit den Sirenen verglichen werden:

[4.12] Pi. fr. 52i.70–71: F

χρύϲεαι δ' ἓξ ὑπὲρ αἰετοῦ
ἄειδον Κηληδόνεϲ.

'Sechs goldene Bezauberer sangen über dem Adler'.

Noch direkter ist der Bezug zum eigenen Dichten, wenn Homer das Verb θέλγειν auf den 'Modell-Sänger' Odysseus anwendet:

[4.13] *Od.* 17.518–521 (Eumaios zu Penelope über den Bettler): B

ὡϲ δ' ὅτ' ἀοιδὸν ἀνὴρ ποτιδέρκεται, ὅϲ τε θεῶν ἒξ
ἀείδηι δεδαὼϲ ἔπε' ἱμερόεντα βροτοῖϲι,
τοῦ δ' ἄμοτον μεμάαϲιν ἀκουέμεν, ὁππότ' ἀείδηι·
ὣϲ ἐμὲ κεῖνοϲ ἔθελγε παρήμενοϲ ἐν μεγάροιϲι.

'Und wie ein Mann auf einen Sänger blickt, der, von den Göttern instruiert, den Menschen liebliche Geschichten singt, und sie begehren ihm ununterbrochen zuzuhören, wenn er singt: so hat jener mich bezaubert, während er bei mir im Haus saß'.

Ganz analog werden die Lieder des Phemios, des Sängers am Hof in Ithaka, in einer produktbezogenen Vergleichung θελκτήρια genannt:

(LfgrE s.v.). Die θέλξιϲ wird weniger als angenehmes Bezaubertwerden denn als Verlust der Selbstkontrolle aufgefaßt.

[14] Zu Orpheus vgl. Graf (1986); S. 86 verweist er auf den Sänger-Magier Väinämöinen im finnischen 'Kalevala', der auch Schmied ist (vgl. Kap. 3).

[15] Vgl. auch die vom Stamm θελγ- abgeleiteten Namen der Sirenen: Θελξιέπεια, Θελξιόπη, Θελξινόη.

[16] Ob man mit Pizzocaro unter Hinweis auf die Editoren des 19. Jh. am überlieferten κηλῶται festhält oder mit der Mehrheit der späteren Editoren in κηλεῖται ändert, ist in diesem Zusammenhang zweitrangig. – Weitere Sirenen-Vergleichungen: Alkm. 1.96–99; 30 (vgl. 80 und S. fr. 852 Radt); Pi. fr. 94b.13; *mel. adesp.* 936.5–6 [8.17].

[4.14] *Od.* 1.337 (Penelope spricht): B

Φήμιε, πολλὰ γὰρ ἄλλα βροτῶν θελκτήρια οἶδας

'Phemios, du kennst doch viele andere Bezauberungen der Menschen'.

Auf der gleichen Linie liegt es, die Wirkung, die die Phaiaken als Zuhörer von Odysseus' Apologen erleben, als κηληθμός zu bezeichnen:

[4.15] *Od.* 11.333–334 (= 13.1–2): B

ὣς ἔφαθ', οἱ δ' ἄρα πάντες ἀκὴν ἐγένοντο σιωπῆι,
κηληθμῶι δ' ἔσχοντο κατὰ μέγαρα σκιόεντα.

'So sprach er (sc. Odysseus). Sie aber waren alle stumm in Schweigen, von Bezauberung wurden sie gefangen gehalten in den schattigen Hallen'.

Bezaubernd wirkt in erster Linie das Vortragen von Dichtung, so daß es im Apollon-Hymnos der Chor der Deliaden ist, der diese Wirkung ausübt:

[4.16] *hAp* 161: B

ὕμνον ἀείδουσιν, θέλγουσι δὲ φῦλ' ἀνθρώπων.

'Sie (sc. die Deliaden) singen ein Lied, sie bezaubern die Völker der Menschen'.[17]

Pindar wiederum verbindet die θέλξις auch mit der Wirkung von Instrumentalmusik, wovon das Prooimion von *P.* 1 ausführlich handelt:[18]

[4.17] Pi. *P.* 1.12: B

κῆλα δὲ καὶ δαιμόνων θέλ-
γει φρένας ἀμφί τε Λατοί-
δα σοφίαι βαθυκόλπων τε Μοισᾶν

'Die Geschosse (sc. der Phorminx) bezaubern auch den Sinn von Göttern nach der Kunst des Leto-Sohns und der tiefgegürteten Musen'. — [6.22]

Signifikant ist die in καί liegende Steigerung. Daß der Mensch von Musik bezaubert wird, ist vorausgesetzt. Beachtung verdient Pindar zufolge, daß dies auch für die Götter gilt – insbesondere für 'amusische' göttliche Wesen wie Ares oder Typhoeus. – Die genaue Bedeutung von κῆλα ist umstritten (s. zu [6.22]). Auf jeden Fall ist die Möglichkeit in Betracht zu ziehen, daß das Wort auf dem Hintergrund eines indirekten Wortspiels mit κηλεῖν gewählt worden ist: κῆλα θέλγει.[19]

---

17 Möglicherweise gehört *mel. adesp.* 1037.20 (παντοφώνοις δ' ὀργάνοις θελ[γ – 'mit jeden Klang besitzenden Instrumenten bezaubern [?]') hierher.

18 Vgl. *IG* XIV 2557 θ]έλγηθρον ἀνει[ῶν, als Bezeichnung für Hermes' Leier.

19 **FL** (θέλγειν) A. *Pr.* 173; E. *Hipp.* 478; (κηλεῖν) E. *Alk.* 359; *IA* 1213; *Antiope* fr. 10.87 Page. – θέλγειν und die verwandten Konzeptionen der γοητεία und der μαγεία sind zentrale Begriffe von Gorgias' 'Poetik' (VS 82 B 11.8–10 DK). Platon zufolge ist κήλησις eine der möglichen Wirkungen von Dichtung, die er für seinen Staat ausdrücklich ablehnt: Pl. *R.* 601a–b; 607c; eher ironisch *Prt.* 315a–b (gegen Protagoras): κηλῶν τῆι φωνῆι ὥσπερ 'Ορφεύς, οἱ δὲ κατὰ τὴν φωνὴν ἕπονται κεκηλημένοι (ähnlich 328b u.ö.; Stellensammlung bei Verdenius 1983, 36 Anm. 104).

Zusammenfassung: Die Heilkunst-Vergleichung beschäftigt sich zum einen mit der Überwindung von Krankheit und Alter, zum andern mit der entspannenden Wirkung, die Liedkunst auf den Rezipienten auszuüben vermag. Zur Beschreibung dieses anthropologisch weitgehend konstanten Phänomens verwenden die Dichter (1) in bezug auf die physische Empfindung medizinisch-therapeutische Begriffe und Vorstellungen und (2) in bezug auf die psychische Empfindung solche aus dem Umfeld von Beschwörungszauber und Magie, wobei sich die beiden Bereiche – wie zu Beginn des Kapitels dargelegt – nicht scharf trennen lassen.[20]

[20] Allgemein zu θέλξιϲ/κήληϲιϲ und Dichtung vgl. den zweiten Teil von Parrys Monographie 'Thelxis' (1992, 149ff.). Mit der Deutung von Pindars Dichter-Thelxis bürdet Parry der Vergleichung allerdings (zu) viel auf: "Here (sc. with Pindar) is an aggressive magic of music, a moral force. Both to perform such music and to benefit from it require a kind of moral readiness in both poet and audience. The poet must offer his credentials; he is not a liar, but *sophos*, truly gifted, the voice of truth. When he sings, then, more than relaxation is involved. His is the ideal voice of his community, assuming and confirming absolute norms of praise and blame and so of good and evil. His odes, the poet implies, bind that community through the persuasive power of a truth no well-meaning citizen can deny, through an art in which that truth is inshrined."

5. Landwirtschaft

Die Belege des vorliegenden Kapitels nehmen sowohl auf den Ackerbau als auch auf die Viehwirtschaft Bezug.

Parallelen:

Vedisch: Beide Teilbereiche der Landwirtschaft sind in poetologischen Vergleichungen nachzuweisen. Bald vergleicht der vedische Sänger sich mit einem Hirten (Rigveda 1.114.9), bald ist vom Pflügen und Säen die Rede (10.101.3–4).

Unter den griechischen Vergleichungen fällt auf, daß in den zeitlich früheren Texten produktbezogene Ausformungen dominieren. Bevorzugtes Bild ist dabei die 'Weide der Worte'. Sie repräsentiert den Fundus (verbunden mit der Implikation der großen Fülle), wo der Sprecher bzw. Dichter seine Worte 'abweiden' kann. Allerdings ist dieses 'Abernten' – im Unterschied etwa zu [5.15] – lediglich impliziert:

[5.1] *Il.* 20.248–249 (Aineias zu Achilleus): F

> στρεπτὴ δὲ γλῶςς' ἐςτὶ βροτῶν, πολέες δ' ἔνι μῦθοι
> παντοῖοι, ἐπέων δὲ πολὺς ν ο μ ὸ ς ἔνθα καὶ ἔνθα.

'Verdreht ist die Zunge der Menschen, viele Reden sind darauf in großer Vielfalt, und die Weide der Worte ist groß in beide Richtungen (= in die Länge und in die Breite)'.

Die Stelle ist Teil einer Abbruchsformel im Streitgespräch zwischen Achilleus und Aineias, der der Meinung ist, daß der Worte jetzt genug seien und man nun besser mit Waffen kämpfen solle.

Auch bei Hesiod bezeichnet ἐπέων νομός die nutzlose Fülle, wie aus den mahnenden Worten deutlich wird, die er an seinen Bruder Perses richtet:

[5.2] Hes. *Op.* 401–403: F

> ἢν δ' ἔτι λυπῇς,
> χρῆμα μὲν οὐ πρήξεις, cὺ δ' ἐτώcια πόλλ' ἀγορεύcεις,
> ἀχρεῖος δ' ἔςται ἐπέων ν ο μ ό ς.

'Wenn du sie (sc. die Nachbarn) weiterhin belästigst (sc. mit der Bitte, dir Geld zu leihen), wirst du nichts ausrichten, wirst viel unnützes Zeug reden; nutzlos wird sein die Weide der Worte'.

Perses mag die Nachbarn noch so sehr mit langen Erklärungen zu überzeugen suchen, einmal hat die Geduld ein Ende.

Im Apollon-Hymnos dagegen ist die Fülle deutlich positiver besetzt:

[5.3] *hAp* 19–20: B

πῶς τ' ἄρ ϲ' ὑμνήϲω πάντωϲ εὔυμνον ἐόντα;
πάντηι γάρ τοι, Φοῖβε, ν ο μ ο ὶ βεβλήατ' ἀοιδῆϲ,

'Wie denn soll ich dich besingen, der du in jeder Hinsicht ein vielbesungener bist? Denn überall liegen, Phoibos, Weiden eines Gesangs zu deinen Ehren bereit'.[1]

Die Stelle kombiniert in eigentümlicher Weise das Leichtigkeits- mit dem Hindernismotiv: Einerseits ist die Fülle der möglichen Themen so groß, daß der Dichter nur zuzugreifen braucht. Andererseits klingt in der Frage πῶϲ und in εὔυμνοϲ an, daß der Dichter sich besondere Mühe geben muß, um im Chor der Apollonverehrer gehört zu werden.[2]

Eine zweite produktbezogene Landwirtschafts-Vergleichung ist die 'Frucht'. Als der Teil der Pflanze, der entweder verzehrt werden kann oder für die Reproduktion sorgt, ist die Frucht die eigentliche Krönung:

[5.4] Pi. *O.* 7.7–8: B

καὶ ἐγὼ νέκταρ χυτόν, Μοιϲᾶν δόϲιν, ἀεθλοφόροιϲ
ἀνδράϲιν πέμπων, γλυκὺν κ α ρ π ὸ ν φρενόϲ,

'So sende auch ich flüssigen Nektar, die Gabe der Musen, den Männern, die den Preis davontragen, (die Gabe der Musen,) eine süße Frucht des Geistes'. — [8.76]

Das Bild der 'Frucht des Geistes' schließt hier nahtlos an das Prooimion an, in dem Pindar sein Dichten mit dem Darreichen einer Schale Wein [8.76] vergleicht. Sein Wein ist göttlicher Herkunft (Nektar) und eine Frucht seines Denkens, die für den Rezipienten süß ist. Im Unterschied zu den Weide-Bildern 'erntet' und genießt hier der Rezipient das landwirtschaftliche Produkt, das der Dichter in seinem Kopf hat reifen lassen (vgl. den Kommentar zur Bienen-Vergleichung [1.47]). Daß diese Eigenleistung des Dichters gleichzeitig eine Gabe der Musen ist, bedeutet ebensowenig einen Widerspruch wie in *Od.* 22.347–348 [9.49].

An einer zweiten Stelle präsentiert sich die Frucht-Vergleichung in etwas anderer Form:

[5.5] Pi. *I.* 8.46–46a: F

ἐπέων δὲ κ α ρ π ό ϲ
οὐ κατέφθινε.

'Die Frucht der Worte verdarb nicht'.

---

[1] Die Textprobleme in Vers 20 sind im vorliegenden Zusammenhang nur hinsichtlich der Frage von Bedeutung, ob als Subjekt eine Form von νόμοϲ oder von νομόϲ anzunehmen ist. Die Parallelen in [5.1] und [5.2] dürften den Ausschlag für νομόϲ geben; vgl. insgesamt Càssola 1975, z.St.

[2] **FL** (νομόϲ) Kall. fr. 112.9 Pf.: αὐτὰρ ἐγὼ Μουϲέων πεζὸ̣ν [ἔ]πειμι νομόν. (Schlußvers der Aitia, mit πεζὸϲ νομόϲ ist die Iamben-Dichtung gemeint.)

Der Zusammenhang ist der, daß Themis Zeus und Poseidon vor einer Heirat mit Thetis warnt, weil der Sohn einer solchen Verbindung seinen Vater übertreffen würde. Statt dessen soll Thetis mit einem Sterblichen (Peleus) verheiratet werden. Zeus und Poseidon stimmen zu: die Frucht (≈ Quintessenz) von Themis' Worten verdirbt nicht, sondern wird genutzt. Mit diesem Bild überspringt Pindar elegant einen großen Teil des Mythos und setzt die Erzählung mit der Darstellung von Achilleus' Jugendtaten fort. Die Wendung ἐπέων δὲ καρπὸϲ οὐ κατέφθινε reiht sich in eine seit Homer geltende Tradition ein: Im Anschluß an den 'Rede-Abschluß' (hier: ὣϲ φάτο ... θεά 45) wird die Wirkung der direkten Rede in Form einer Litotes zum Ausdruck gebracht.[3]

In der Frucht-Vergleichung [5.4] ist impliziert, daß der Dichter an der Hervorbringung des 'Produkts' maßgeblich beteiligt ist. Dieser Aspekt rückt bei den produzentenbezogenen Ackerbau-Vergleichungen ins Zentrum. Besonderer Beliebtheit erfreut sich unter diesen das Bild des Pflügens:

[5.6] Pratinas 710: B

οὐ γᾶν αὐλακιϲμέναν
ἀρῶν ἀλλ' ἄϲκαφον ματεύων,

'Nicht (bereits) gefurchtes Land pflügend, sondern ungepflügtes suchend'.

Zum Ausdruck kommt hier das Neuheitsmotiv. Auffällig an dieser Stelle ist die Dichte und Vielfalt der Ausdrücke für das Pflügen.

Das (offensichtlich sinnlose) Pflügen eines bereits gepflügten Bodens steht im Hintergrund einer Abbruchsformel, mit der Pindar eine Ode zum Abschluß bringt:

[5.7] Pi. *N.* 7.104–105 (Liedschluß): B

ταὐτὰ δὲ τρὶϲ τετράκι τ' ἀμπολεῖν
ἀπορία τελέθει, τέκνοι-
ϲιν ἅτε μαψυλάκαϲ 'Διὸϲ Κόρινθοϲ'.

'Das gleiche drei- und viermal umzupflügen ist (ein Zeichen von) Nicht-weiter-Wissen; wie wenn man Kindern vergeblich predigt: ›Dios Korinthos‹'.[4]

Was Pindar nicht nochmals 'umpflügen' will, ist die betonte und wiederholte Versicherung, Neoptolemos in seinem Werk nicht unangemessen behandelt zu haben (unmittelbar vor dem zitierten Passus als Ringkampf-Metapher [6.33], früher im Text mit dem Bild eines Speerwerfers [6.25]; dort auch zur schwierigen Frage, worauf Pindar sich inhaltlich bezieht). Dieses sprichwörtliche mehrmalige Pflügen (vgl. S. *Ph.* 1238; Pl. *Phlb.* 34b) ist zu meiden.

Auf einem anderen Hintergrund ist dagegen der Beginn von *P.* 6 zu sehen:

[3] Bei Homer lautet die dafür geläufige Formel: ὣϲ ἔφατ', οὐδ' ἀπίθηϲε XY (*Il.* 2.166 etc.); vgl. auch Pi. *O.* 1.86: ὣϲ ἔννεπεν· οὐδ' ἀκράντοιϲ ἐφάψατο ἔπεϲι.

[4] Das Sprichwort 'Dios Korinthos' illustriert offenbar die vergebliche Wiederholung. Was es genau bedeutet, ist nach wie vor nicht geklärt.

[5.8] Pi. *P.* 6.1–3 (Liedbeginn): B

Ἀκούσατ'· ἦ γὰρ ἑλικώπιδος Ἀφροδίτας
ἄ ρ ο υ ρ α ν ἢ Χαρίτων
ἀ ν α π ο λ ί ζ ο μ ε ν,

'Hört! denn wahrhaft der rundäugigen Aphrodite oder der Chariten Feld pflügen wir von neuem um'.[5]

Hier ist die Wiederholung positiv besetzt. Pindar bezieht sich damit auf das Jahr für Jahr wiederkehrende Pflügen.[6] Der Sieg des Athleten reiht sich in die erfolgreiche Tradition seiner Familie ein und gibt dem Dichter 'schon wieder' (als freudige Überraschung) Gelegenheit, ein Lied vorzutragen.

Obwohl insgesamt nur fünf Pratinas-Fragmente erhalten sind, läßt sich das Pflüge-Bild bei ihm ein zweites Mal nachweisen:

[5.9] Pratinas 712a (Selbstapostrophe?): B

μήτε σύντονον δίωκε
μήτε τὰν ἀνειμέναν ⟦Ἰαστί⟧
μοῦσαν, ἀλλὰ τὰν μέσαν
ν ε ῶ ν ἄ ρ ο υ ρ α ν αἰόλιζε τῶι μέλει·

'Verfolge weder die gespannte (= hohe Töne produzierende) noch die gelockerte (= tiefe Töne produzierende) Muse, sondern pflüge das mittlere Feld und ›aiolisiere‹ in deinem Lied'. — [6.47]

Inhaltlich geht es um eine Aufforderung, musikalische Extreme zu meiden und statt dessen den 'Mittelweg' der aiolischen Tonart zu wählen.[7]

Schwierig zu deuten ist dagegen die ἄρουρα in einem anonymen Lied-Fragment:

---

[5] Das 'Feld der Chariten' ist ohne Zweifel eine Umschreibung für die Epinikien-Dichtung (vgl. den 'Garten der Chariten' [9.26]). Das 'Feld der Aphrodite' kann sich sowohl auf eine eigene Gattung oder lediglich auf eine 'erotische Komponente' innerhalb der Epinikien beziehen. Festzuhalten ist, daß *P.* 6 zwar den Sieg des Xenokrates feiert, aber maßgeblich von dessen Sohn Thrasybulos handelt, dem auch fr. 124ab gewidmet ist und der zu Beginn von *I.* 2 apostrophiert wird. Beide Paralleltexte sind in bezug auf das 'Feld der Aphrodite' aufschlußreich: In fr. 124ab liegt mit einem Enkomion eine Lied-Gattung vor, in der Pindar mit Vorliebe erotische Motive behandelt (vgl. v.a. fr. 123 [8.33]). Zu Beginn von *I.* 2 ist von παίδειοι ὕμνοι (V. 3) die Rede, die indirekt mit Thrasybulos in Verbindung gebracht werden können (Burton 1962, 16).

[6] Gelegentlich wird die Bedeutung von ἀναπολίζω mit 'pflügen' (d.h. ohne Hinweis auf die Wiederholung; z.B. Farnell 1930, z.St.; Slater 1969, s.v.) wiedergegeben. Vermutlich liegt die Absicht zugrunde, den scheinbar unausweichlichen Konsequenzen der Wiederholung zu entkommen: daß eine Bezugnahme auf Paian 6 vorliegt (vgl. zu [6.25]) oder daß der Liedbeginn eine 'Ohrfeige' für den Rezipienten ist und damit dem Bundy-Argument widerspricht. Beides ist nicht zwingend.

[7] Vgl. West (1992a, 178–179; 342–343) und seine Deutung des Pflüge-Bilds: "he (sc. Pratinas) describes its (sc. the Aeolian mode's) use metaphorically as 'turning over a fallow field', which implies that it had lain unexploited or under-exploited. This tends to confirm Lasus' originality in adopting it" (342).

[5.10] *mel. adesp.* 923.4: D

ἀλλοτρίαις (-οις pap.) δ' οὐ μίγνυται μοῦσαν ἀ ρ ο ύ ρ α ι ς

'und nicht mit fremden Feldern vermischt er die Muse'.

Gemeint ist wohl, daß der Dichter seine Dichtung nicht 'auf fremdes Gebiet läßt', sondern in seinem eigenen Territorium zurückhält. Ob ἄρουρα spezifisch den Acker oder allgemein das Land bezeichnet (vgl. z.B. Pindars ἄρουρα πατρία, *O.* 2.14), muß offenbleiben.[8]

Auf dem bisher entwickelten Hintergrund ist es nichts als konsequent, wenn Pindar sich zu den 'Pflügern der Musen' zählt:

[5.11] Pi. *N.* 6.31–33: B

Βασσίδαισιν ἅ τ' οὐ σπανίζει, παλαίφατος γενεά,
ἴδια ναυστολέοντες ἐπι-
κώμια, Πιερίδων ἀ ρ ό τ α ι ς
δυνατοὶ παρέχειν πολὺν ὕμνον

'Die Bassiden (= das Siegergeschlecht) haben daran (sc. an großen Leistungen) keinen Mangel, das Geschlecht ist altberühmt; indem sie eigene Preislieder (als Fracht) auf das Schiff laden, sind sie imstande, den Pflügern der Pieriden viel (Stoff für ein) Lied darzubringen'. — [13.23]

Auffällig ist hier insbesondere die Bildervermischung: Die 'Fracht' des Schiffs ist der Gegenstand für die 'Pflüger der Musen'. Der Gedanke, daß der Sieger bzw. seine Familie durch die athletischen Erfolge dem Dichter reichlichen Stoff zum 'Beackern' gibt (Leichtigkeitsmotiv), kehrt in einem weiteren Pflüge-Bild wieder. Die Bildervermischung ist hier noch kühner:

[5.12] Pi. *N.* 10.25–26: B

ἐκράτησε δὲ καί ποθ' Ἕλλα-
να στρατὸν Πυθῶνι, τύχαι τε μολών
καὶ τὸν Ἰσθμοῖ καὶ Νεμέαι στέφανον, Μοί-
σαισί τ' ἔδωκ' ἀ ρ ό σ α ι,

'Er (sc. der Sieger) besiegte einst auch in Pytho (= Delphi) das (übrige) griechische Volk und gewann mit Glück kommend am Isthmos und in Nemea den Kranz und gab ihn den Musen zu pflügen'.

Neben der singulären Bildervermischung 'einen Kranz zu pflügen geben' (στέφανον ... ἔδωκ' ἀρόσαι) fällt auf, daß nicht der Dichter selbst pflügt, sondern die Musen als Pflügerinnen dargestellt sind. Das Bild von zarten Musen hinter einer Pflugschar mag zwar etwas seltsam anmuten, scheint ihnen aber nach Pindars Auffassung keinen Abbruch zu tun.

Nach dem Pflügen kann gesät werden:[9]

---

[8] Die Deutung als Pflüge-Bild (Asper 1997, 227 Anm. 96) hat keine ausreichende Stütze im Text.

[9] Angesichts der hier entwickelten Reihe 'pflügen-säen-ernten' kann die Hypothese von Asper kaum richtig sein (1997, 227 Anm. 96): "Möglicherweise bezieht sich das *vehicle* 'pflügen' schon

[5.13] Pi. *N.* 1.13 (Selbstapostrophe[10]): B

σπεῖρέ νυν ἀγλαΐαν
τινὰ νάσῳ,

'Säe nun einen Glanz der Insel (sc. Sizilien, der Heimat des Siegers)'.

Erneut liegt mit 'Glanz säen' eine Bildervermischung vor. – Braswell (1992, z.St.) zufolge hat die sprichwörtliche Fruchtbarkeit Siziliens (Vv. 14–15 ἀριστεύοισαν εὐκάρπου χθονὸς | Σικελίαν πίειραν) die Wahl des Bilds beeinflußt. Jedenfalls impliziert das Bild, daß die Saat anschließend reiche Früchte hervorbringen wird ('Langzeitwirkung' der Dichtung).

Pindar benutzt das Bild des Säens an einer weiteren Stelle, die in Form einer an Sapph. 16 erinnernden Priamel sein 'Lebensziel' als Dichter formuliert:

[5.14] Pi. *N.* 8.37–39: B

χρυσὸν εὔχον-
ται, πεδίον δ' ἕτεροι
ἀπέραντον, ἐγὼ δ' ἀστοῖς ἁδὼν καὶ χθονὶ γυῖα καλύψαι,
αἰνέων αἰνητά, μομφὰν δ' ἐπισπείρων ἀλιτροῖς.

'Gold wünschen die einen, unendlich viel Land die anderen, ich aber, den Bürgern gefallend meine Gebeine in der Erde zu bergen, Lobenswertes lobend, Tadel säend den Frevlern'.

Bei Pindar (vgl. auch Horaz *serm.* 2.6) findet die Priamel des *suum cuique* in der (auf die Tätigkeit des Epinikien-Dichters bezogenen: αἰνέων αἰνητά) aristokratischen Maxime 'den Freunden helfen, den Feinden schaden' ihren Abschluß.[11]

Dem Säen folgen Arbeitsgänge, die das Wachstum befördern. Zu nennen sind hier zumal die Bilders des Bewässerns, die im Kapitel 'Fließen' behandelt sind (vgl. [8.24ff.]).

Abschließend folgt das Ernten:

[5.15] *mel. adesp.* 947a (= Simon.?[12]): B

ἁ Μοῦσα γὰρ οὐκ ἀπόρως γεύει τὸ παρὸν μόνον ἀλλ' ἐπέρχεται πάντα θεριζομένα.

'Die Muse probiert nicht nur bewegungslos, was ihr gerade zur Hand ist, sondern geht auf alles zu und erntet es'.[13] — [11.53]

---

bei Pindar und Pratinas in erster Linie auf den Vorgang des 'eingrabenden' Schreibens wie später wohl bei Prudentius". (Im übrigen findet sich 'pflügen' als Schreibmetapher nicht erst bei den Römern, sondern schon bei Ar. *Th.* 779–782.) – Zum Fehlen von Schreibmetaphorik vgl. S. 355ff..

[10] Dagegen nimmt Braswell (1992, z.St.) eine Anrufung der Muse an, die im vorangehenden Vers in der 3. Person auftritt. Wie die beiden Pflüge-Bilder [5.11] und [5.12] zeigen, ist die Differenz kaum von Bedeutung.

[11] **FL** (σπείρω) S. *El.* 642; fr. 653 Radt; Ar. *V.* 1044; Pl. *Phdr.* 276e.

[12] Poltera (1997, 22) zeichnet die Stationen der Forschungsdebatte nach und kehrt zur vor-Wilamowitzschen Zuweisung an Simonides zurück. Darauf aufbauend korrigiert er den Text zu παρ⟨ε⟩όν (1997, 484 Anm. 34).

[13] **FL** (ernten) Ar. *Av.* 749.

Der Dichter benutzt als Folie den – fiktiven oder tatsächlichen – Vorwurf, daß seine Muse darauf wartet, 'bis ihr die Tauben in den Mund fliegen'. Diesem Vorwurf hält er ihre Agilität und ihre 'Schwerarbeit' entgegen (vgl. Pindars von Blüte zu Blüte eilende Dichtungs-Biene [1.52]).[14]

Eine einzigartige Stelle bei Pindar führt noch einmal zurück zu den Herdentieren und stellt gleichzeitig innerhalb des Bereichs 'Viehwirtschaft' die einzige produzentenbezogene Vergleichung dar:

[5.16] Pi. *O.* 11.8–9: B

τὰ μὲν ἁμετέρα
γλῶσσα ποιμαίνειν ἐθέλει,

'Dieses (sc. das Sieger-Lob) will unsere Zunge hüten'.

Die Zunge des Dichters will die Preislieder hüten und sie wachsen und sich vermehren lassen wie ein Hirte seine Schafe. Unmittelbar anschließend folgt eine Vegetations-Vergleichung [9.17].

Zusammenfassung: Landwirtschafts-Metaphorik ist in einer agrarischen Gesellschaft wie der frühgriechischen nichts Außergewöhnliches, auch wenn die Angehörigen der Oberschicht (die primären Dichtungsrezipienten und -produzenten) im allgemeinen nicht selbst die Arbeit am Pflug verrichtet haben.[15] Landwirtschaftliche Tätigkeiten gehören in dieser Gesellschaft zum Alltag. Die entsprechenden Vergleichungen appellieren an den unmittelbaren Erfahrungshintergrund der Rezipienten. Dieser Appellcharakter verstärkt sich dadurch, daß die meisten Bilder auf eine ganz konkrete Tätigkeit Bezug nehmen und damit einen hohen Grad an Anschaulichkeit aufweisen.

---

[14] Nicht berücksichtigt ist in diesem Kapitel Pi. *O.* 11.6 (τέλλεται). Selbst wenn das Verb 'to rise' bedeuten sollte, bleibt die Deutung als Pflanzen-Metapher (Verdenius 1988, 89) sehr spekulativ.

[15] Raaflaub (1997, 635) über die 'homeric society': "Certainly, the elite families are landowners and farmers; their 'roots in the soil' are unmistakable. But scale and attitude are different: although the master of the elite oikos is experienced in much of the work on his estate (*Od.* 18.365–75; 23.189–201), he usually does not work himself. Rather, he supervises the workers and makes sure they are well taken care of (*Il.* 18.550–60)."

6. Jagd und Sport

Das letzte Kapitel der 'Berufs'-Vergleichungen umfaßt die Bilder, die den Dichter als Schützen, als Jäger, als Athleten oder als Kämpfer zeigen. Der Aufbau des Kapitels richtet sich nach dem verwendeten Schuß-/Wurfgerät bzw. nach der Sportdisziplin. Zumal die Bilder, die Waffen zum Gegenstand haben (Pfeil und Bogen, Speer), sind von ihrem Ursprung her schwierig einzuordnen, weil sie im Krieg, auf der Jagd und im sportlichen Agon gleichermaßen ihren angestammten Platz haben (im Unterschied etwa zum Bild des Weitsprungs [6.44], das offensichtlich aus dem sportlichen Agon stammt).

Gemeinsamer Nenner aller Sport-Vergleichungen ist der für griechisches Denken so zentrale Gedanke des 'Agonalen': Der Einzelne befindet sich in einem Feld von Konkurrenten und setzt alles daran, sich gegen diese durchzusetzen.[1]

Das vorliegende Kapitel ist in bezug auf das Thema 'Sport' nicht vollständig. Lauf- und Wagenwettbewerbe werden in den Kapiteln 11 und 12 mitbehandelt.

(a) Schußwaffen und Wurfgeräte

Die untersuchten griechischen Texte stimmen darin überein, daß die poetologischen Bilder das 'Verletzungspotential' dieser Kriegsgeräte nicht nutzen. Obwohl der Dichter seine Waffe auch auf den Adressaten richtet, ist die Vorstellung die, daß er sein Ziel so genau trifft wie ein Meisterschütze sein Ziel. Daß er den Adressaten verletzt oder gar tötet, ist für enkomiastische Liedgattungen wie das Epinikion undenkbar. Was 'aggressivere' Gattungen wie den Iambos betrifft (der ja wie ein Raubtier 'zubeißt' [1.54]; vgl. auch Hipponax' Faustkampf-Bilder [6.36] und [6.37]), so muß dort die Frage offenbleiben, weil in den erhaltenen Fragmenten kein einschlägiges Schuß-Bild nachgewiesen werden konnte. – In jüngeren Texten und in einigen außer-griechischen Parallelen (s. zu den einzelnen Abschnitten) können die Waffen dagegen verletzen.[2]

---

[1] Der *locus classicus* für das 'Agonale' der Griechen ist Burckhardt (zuletzt 1977, 59ff.).

[2] Vgl. z.B. *AP* 7.405.5–6 (Grabepigramm auf Hipponax! [test. 15 Degani]): ὃϲ οὐδ' ἐν Ἄιδηι

Das Agonale der Schieß-Bilder besteht darin, den anderen Schützen zu übertreffen, und nicht, sich gegenseitig wie im Krieg direkt zu bekämpfen. Aus diesem Grund ist auf die Nennung des Kriegs in der Kapitelüberschrift verzichtet worden.

Das häufigste Bild dieses Unterabschnitts ist der Pfeilschuß, auf den schon die homerische Formel ἔπεα πτερόεντα zurückgeht. Ihr liegt die Vorstellung zugrunde, daß ein Pfeil infolge seiner Fiederung sicher dahinfliegt und deshalb ins Ziel trifft.[3]

Parallelen:

Vedisch: Im Rigveda ist die Pfeil-Vergleichung gut verankert. Das Lied wird mit dem Pfeil verglichen (9.69.1), man kann 'Pfeile (= Reden) im Munde führen' (1.84.16: Durante 1968, 249). Der Sänger ist ein Bogenschütze (10.42.1), von 'Pfeilen der Sänger' ist die Rede (8.6.7).

Avestisch: Die Vergleichung 'poems-as-missiles' ist offenbar auch in Zarathustras Gathas belegt (Dunkel 1979, 266 Anm. 62, ohne Stellenangabe).

Hebräisch: Das AT kennt die Vorstellung, daß jemand den Pfeil seines Mundes auf jemanden richtet. Freilich ist die Vorstellung im Unterschied zu den griechischen Belegen fast ausschließlich negativ besetzt (Psalm 64.4–5; 120.3–4; Jeremia 9.3). Außerdem spricht der Prophet Jesaja davon, daß sein Mund zu Gottes Schwert und Pfeil gemacht worden sei (Jesaja 49.2).

Zusätzlich zu den ἔπεα πτερόεντα sind an griechischen Vorstufen die Vergleichungen zu nennen, die auf die äußere Ähnlichkeit von Leier und Bogen (v.a. die Bespannung) Bezug nehmen. Von eigentlichen poetologischen Bildern kann man nicht sprechen, weil die Vergleichungen ganz im Äußerlichen verharren:

[6.1] *Od.* 21.406–409: F

ὡϲ ὅτ' ἀνὴρ φόρμιγγοϲ ἐπιϲτάμενοϲ καὶ ἀοιδῆϲ
ῥηϊδίωϲ ἐτάνυϲϲε νέῳ περὶ κόλλοπι χορδήν,
ἅψαϲ ἀμφοτέρωθεν ἐϋϲτρεφὲϲ ἔντερον οἰόϲ,
ὣϲ ἄρ' ἄτερ ϲπουδῆϲ τάνυϲεν μέγα τόξον 'Οδυϲϲεύϲ.

'Wie wenn ein Mann, kundig der Leier und des Gesanges, leicht eine Saite spannt um einen neuen Wirbel und faßt an beiden Seiten den gutgedrehten Darm des Schafes: so ohne Mühe spannte den großen Bogen Odysseus.'

Abgesehen von der Äußerlichkeit der Vergleichung ist als Einschränkung festzuhalten, daß das Einspannen der Saite den Vergleichspunkt für das Spannen der Bogensehne darstellt – nicht umgekehrt. Erwähnenswert ist immerhin, daß eine akustische Vergleichung unmittelbar daran anschließt, die mit der Nachtigall ein

---

νῦν κεκοίμικεν χόλον, | ϲκάζουϲι μέτροιϲ ὀρθὰ τοξεύϲαϲ ἔπη – 'der nicht einmal jetzt im Hades seinen Zorn zur Ruhe gebracht hat, in Hinkiamben (pfeil-)gerade Worte verschießend.'

[3] Latacz 1968 (übernommen von Chantraine 1968–80, s.v. πτερόειϲ). Die allgemein verbreitete Übersetzung der ἔπεα πτερόεντα, 'geflügelte Worte', ist irreführend, weil sie die Assoziation 'Vogel' hervorruft.

Tier enthält, das aus einschlägigen poetologischen Zusammenhängen bekannt ist:

[6.2] *Od.* 21.410–411: F

δεξιτερῆι δ' ἄρα χειρὶ λαβὼν πειρήcατο ν ε υ ρ ῆ c ·
ἡ δ' ὑπὸ καλὸν ἄειcε, χελιδόνι εἰκέλη αὐδήν.

'Mit der rechten Hand ergriff und prüfte er (sc. Odysseus) die Sehne. Sie sang schön, an Stimme einer Nachtigall gleich'.[4]

Der akustische Aspekt des Bogenschießens ist bereits in der *Ilias* vorgebildet:

[6.3] *Il.* 1.49: F

δεινὴ δὲ κλαγγὴ γένετ' ἀργυρέοιο β ι ο ῖ ο ·

'Furchtbar war der Klang von dem silbernen Bogen (sc. Apollons)'.

Von Dichtung ist hier nicht die Rede, doch ist immerhin beachtenswert, daß κλαγγή später auch für Instrumente verwendet wird (Telestes 808: von der μάγαδιc); ähnlich das verwandte Verb κλάζω: Alkman 30 (vom 'Schrei' der Muse); *hh* 19.14 (von der Panflöte, vgl. *AP* 16.226); B. 18.3–4 (von der Trompete).[5]

Leier und Bogen fallen beide in den 'Zuständigkeitsbereich' Apollons, ja sind seine wichtigsten Attribute. Entsprechend verlangt der neugeborene Apollon in der Darstellung des Apollon-Hymnos Leier und Bogen gleichsam als Abbreviatur aller seiner Attribute. Die äußere Ähnlichkeit dürfte auch hier eine Rolle spielen:

[6.4] *hAp* 131 (Apollon spricht): F

εἴη μοι κίθαρίc τε φίλη καὶ καμπύλα τ ό ξ α ,

'Es werde mir zuteil die liebe Kithara und der krumme Bogen'.

Ausdrücklich im Zentrum steht diese Ähnlichkeit im berühmten paradoxen Bild Heraklits:

[6.5] Heraklit VS 22 B 51 DK: F

παλίντροποc ἁρμονίη ὅκωcπερ τ ό ξ ο υ καὶ λύρηc.

'Gegenstrebig ist Harmonie, geradeso wie beim Bogen und bei der Leier'.[6]

Entsprechend kann ein Anonymos einen Bogen bezeichnen als:

[6.6] *mel. adesp.* 951:[7] F

φόρμιγξ ἄ χ ο ρ δ ο c

'Phorminx ohne Saiten'.

---

[4] Vgl. Rigveda 2.43.3, wo der Vogel 'auffliegend wie eine Laute klingt'.

[5] Vgl. auch B. 5.73, wo die Bogensehne λιγυκλαγγήc genannt wird.

[6] Die textkritische Frage, ob παλίντροποc oder παλίντονοc zu lesen ist, spielt im vorliegenden Zusammenhang eine untergeordnete Rolle.

[7] Die Identifikation als lyrisches Fragment ist unsicher: = Theognis 28 F 1 Snell.

Demetrios (*eloc.* 85) vertritt die Auffassung, daß die etwas kühne Metapher durch die Beifügung des Adjektivs ἄχορδοϲ nicht Gefahr läuft, mißverstanden zu werden (die Bespannung der Leier heißt χορδή, die des Bogens νευρά: Latte 1953, 32).

Die poetologischen Bogen-Vergleichungen sind fast ausschließlich in der Epinikien-Dichtung nachzuweisen. Eine erste Ausformung des Bildes besteht darin, daß der Dichter seinen Gegenstand anvisiert wie ein Pfeilschütze sein Ziel; dabei wird gleichzeitig das Lied mit einem Pfeil verglichen:

[6.7] Pi. *O.* 2.89–92 (Selbstapostrophe): B

ἔπεχε νῦν ϲκοπῶι τόξον, ἄγε θυμέ· τίνα βάλλομεν
ἐκ μαλθακᾶϲ αὖτε φρενὸϲ εὐκλέαϲ ὀ-
ϊϲτοὺϲ ἱέντεϲ, ἐπί τοι
Ἀκράγαντι τανύϲαιϲ
αὐδάϲομαι...

'Richte jetzt auf das Ziel den Bogen: auf, mein Herz! Auf wen schießen wir, wenn wir aus wieder sanftem Gemüt berühmt(machend)e Pfeile senden? Auf Akragas (= die Heimat des Siegers) den Bogen richtend werde ich sagen ...'

Auffällig ist hier insbesondere die Häufung der Bilder. Außerdem hatte Pindar bereits wenige Verse früher ein Pfeil-Bild benutzt: [6.13].

Auch Bakchylides kennt das Bild des vom Dichter anvisierten Themas, wobei er von einer ganzen Liedgattung spricht:

[6.8] B. 10.42–43: B

ἕτεροϲ δ' ἐπὶ παιϲί
ποικίλον τόξον τιταίνει·

'Ein anderer richtet auf Knaben seinen bunten Bogen'.[8]

Allerdings spielt zusätzlich zum poetologischen zweifellos auch der erotische Aspekt eine Rolle: In Form von Worten und Blicken werden auch die 'Pfeile des Eros' auf die Knaben gerichtet (Maehler 1982, z.St.; vgl. zur Kombination von Pfeil-Bild und Knabenlied auch [6.12]). Bemerkenswert ist außerdem das Adjektiv ποικίλοϲ, weil es besser zum *tenor* (Lied) als zum *vehicle* (Pfeil) paßt.

Auf das Zielen folgt dann der eigentliche Schuß, ja der Dichter kann – bei Steigerung des Bilds – gleichsam eine 'Salve' auf seinen Gegenstand abfeuern:

[6.9] Pi. *O.* 9.5–8 (Selbstapostrophe): B

ἀλλὰ νῦν ἑκαταβόλων Μοιϲᾶν ἀπὸ τόξων
Δία τε φοινικοϲτερόπαν ϲεμνόν τ' ἐπίνειμαι
ἀκρωτήριον Ἄλιδοϲ
τοιοῖϲδε βέλεϲϲιν,

[8] **FL** (Pfeil auf jmdn. richten) S. *Ph.* 1119–1120; vgl. Pl. *Phd.* 63a8.

'Jetzt aber vom Bogen der ferntreffenden Musen bedecke den rotblitzenden Zeus und die heilige Anhöhe von Elis (wo die Olympischen Spiele ihren Anfang nahmen) mit solchen Geschossen hier'.[9]

Außer dem 'Pfeilregen' fällt auf, daß die Musen mit ἑκαταβόλος das stehende Beiwort des Bogenschützen Apollon erhalten (z.B. *Il.* 1.370). – Nachdem Pindar dieser (Selbst-)Aufforderung mit einem kurzen Hinweis auf den mythischen Hintergrund der Olympischen Spiele nachgekommen ist, dehnt er das Thema mit einem weiteren Pfeil-Bild auf den Sieg an den Pythischen Spielen aus (Sieger-Lob):

[6.10] Pi. *O.* 9.11–12 (Selbstapostrophe): B

πτερόεντα δ' ἵει γλυκύν
Πυθῶνάδ' ὀϊστόν· οὔτοι χαμαιπετέων λόγων ἐφάψεαι.

'Entsende den gefiederten süßen Pfeil (auch) nach Pytho (= Delphi). Wahrlich nicht Worte, die zu Boden stürzen, wirst du berühren'. — [14.7]

Zum einen weist das Attribut γλυκύς in gleicher Weise auf den *tenor* (Lied) wie ποικίλος in [6.8], zum andern nimmt πτερόεντα ... ὀϊστόν deutlich Bezug auf die homerischen ἔπεα πτερόεντα (zum Aspekt des Zu-Boden-Stürzens s. [6.19ff.]). Aufgrund dieser Verwendung von πτερόεις dürfte auch der folgende Passus als Pfeil-Bild zu deuten sein, zumal ein solches im gleichen Lied bereits vorgekommen ist [6.14]:

[6.11] Pi. *I.* 5.63 (Liedschluß; Selbstapostrophe): B

καὶ πτερόεντα νέον σύμπεμψον ὕμνον.

'Und sende mit ein gefiedertes neues Lied!' — [14.8], [16.8]

Dieser Liedschluß, der auch das Neuheitsmotiv enthält, ist Teil einer Reihung von poetologischen Bildern: Kranz [9.35], Mitra [10.1] und Pfeil.

Ähnlich wie Bakchylides [6.8] bringt auch Pindar das Pfeil-Bild mit (erotischen) Liedern auf Knaben in Verbindung:

[6.12] Pi. *I.* 2.1–3 (Liedbeginn): B

Οἱ μὲν πάλαι, ὦ Θρασύβουλε,
φῶτες, οἳ χρυσαμπύκων
ἐς δίφρον Μοισᾶν ἔβαι-
νον κλυτᾷ φόρμιγγι συναντόμενοι
ῥίμφα παιδείους ἐτόξευον μελιγάρυας ὕμνους,

'Die früheren Menschen, o Thrasybulos, die auf den Wagen der Musen mit dem goldenen Stirnband stiegen, begleitet von der berühmt(machend)en Leier, schossen leicht mit dem Bogen honigsprechende Knabenlieder'.[10] — [12.7]

---

[9] Zur Bedeutung von ἐπινέμω Slater 1969, s.v.

[10] Ob Pindar mit den πάλαι φῶτες eine frühere Dichtergeneration meint, ist schwer zu sagen. Auffällig ist immerhin, daß er selbst einen 'Lied-Pfeil' auf denselben Thrasybulos verschossen hat (fr. 124ab). Er benutzt dort das Bild eines Lastwagens [12.23].

Daß Pindar die Dichter ihre Pfeile vom Musenwagen herunter verschießen läßt, ist in dem Fall wohl weniger auf seine Vorliebe für Bilderreihungen zurückzuführen (so Asper 1997, 28 Anm. 33). Vielmehr ist darauf hinzuweisen, daß der König, der vom Wagen seine Pfeile auf bestimmte Ziele schießt, in ägyptischen Texten und auf Bilddarstellungen gut bezeugt ist (West 1997, 432).

Zweimal bringt Pindar mit dem Hinweis auf die Vielzahl der zur Verfügung stehenden Lied-Pfeile das Leichtigkeitsmotiv zum Ausdruck:

[6.13] Pi. *O.* 2.83–85: B

πολλά μοι ὑπ'
ἀγκῶνος ὠκέα βέλη
ἔνδον ἐντὶ φαρέτρας
φωνάεντα συνετοῖσιν·

'Viele schnelle Geschosse habe ich unter dem Ellbogen drin im Köcher, die für die Verständigen klingen'.

Einmal mehr paßt das Attribut φωνάεις besser zum *tenor* (vgl. [6.8] und [6.10]), was nicht zuletzt dazu beiträgt, daß die Metapher leichter entschlüsselt wird. – Gelegentlich wird aus συνετοῖσιν (im Sinn von '*nur* den Verständigen') eine betont elitäre Auffassung des eigenen Dichtens abgeleitet (z.B. von Verdenius 1983, 23). Auf dem Hintergrund der enkomiastischen Funktion von Pindars Epinikien ist es aber wahrscheinlicher, daß er alle Zuhörer einschließt und ihnen gleichzeitig ein Kompliment macht, indem er sie zu συνετοί erklärt.

Im zweiten Fall besteht die Leichtigkeit darin, daß die *Zunge* viele Pfeile hat (vgl. [5.16]):

[6.14] Pi. *I.* 5.46–48: B

πολλὰ μὲν ἀρτιεπής
γλῶσσά μοι τοξεύματ' ἔχει περὶ κείνων
κελαδέσαι·

'Viele Pfeile hat meine strukturiert sprechende Zunge, jene (sc. die Aiakiden) zu preisen'.[11]

Als Schützin fungiert also die Zunge (des Dichters). Der Passus erinnert somit an die nicht-griechischen Parallelstellen, an denen die Zunge des Dichters/Sprechers mit einer Waffe verglichen wird (s. S. 143 und 153f.). – Beiden Leichtigkeitsmotiven gemeinsam ist, daß sie von einer Art *praeteritio* begleitet werden. Eine Abbruchsformel im unmittelbaren Kontext verhindert das Verschießen der Pfeile, so daß man fast übersetzen könnte: 'ich hätte zwar noch viele Pfeile im Köcher, aber...' Ebenfalls gemeinsam ist den beiden Stellen, daß jeweils ein zweites Pfeil-Bild folgt: [6.7] und [6.11].

Aufgabe des Bogenschützen ist es, das anvisierte Ziel zu treffen. Im Anschluß an ein großartiges Lob der Siegerfamilie ('keine andere Familie hat mehr

---

[11] Zu ἀρτιεπής vgl. S. 99.

Siege im Faustkampf errungen') formuliert Pindar die Hoffnung:

[6.15] Pi. *N.* 6.26–28: B

ἔλπομαι
μέγα εἰπὼν σκοποῦ ἄντα τυχεῖν
ὥτ' ἀπὸ τόξου ἱείς·

'Ich habe ein großes Wort gesprochen, doch ich hoffe, das Ziel getroffen zu haben – wie mit einem Bogen (einen Pfeil) entsendend'.

Ein ähnliches Bild findet sich in Form einer Litotes bereits in der *Odyssee*, wobei der Bezug zum Bogenschießen nur implizit ist.

[6.16] *Od.* 11.344–345 (der Phaiake Echeneos über die Königin Arete): F

ὦ φίλοι, οὐ μὰν ἧμιν ἀπὸ σκοποῦ οὐδ' ἀπὸ δόξης
μυθεῖται βασίλεια περίφρων·

'Freunde, nicht spricht uns am Ziel und auch nicht an der Meinung vorbei die umsichtige Königin (sc. Arete)'.

Trotz fehlenden Kontexts gehört daher wohl auch das folgende Fragment hierher:

[6.17] Pi. fr. 6a.g: B

οὐ πὰρ σκοπόν

'Nicht neben das Ziel'.

Der Scholiast, der es überliefert, deutet die Wendung jedenfalls allegorisch: ἀλληγορεῖ ... καθάπ(ερ) ἀπὸ τόξου βέλος.

Eine eigentümliche Vermischung verschiedener Vorstellungen findet sich im folgenden Beleg:

[6.18] Pi. *O.* 1.111–113: B

ἐμοὶ μὲν ὦν
Μοῖσα καρτερώτατον βέλος ἀλκᾶι τρέφει·
†ἄλλοισι δ' ἄλλοι μεγάλοι·

'Mir nährt die Muse ein besonders starkes Geschoß mit Kraft. Jeder ist in anderem groß'.

Dadurch, daß die Muse den Pfeil (wie ein Kind) 'ernährt', macht sie ihn besonders wirksam (καρτερώτατον proleptisch-resultativ aufgefaßt) und damit indirekt den Dichter, der ihn dann verschießen kann. Obwohl der genaue Wortlaut in V. 113 unklar ist, scheint Pindar mit dem Pfeil-Bild signalisieren zu wollen, worin *er* 'groß' ist.

Wie zu Beginn dieses Kapitels erwähnt, sind die ἔπεα πτερόεντα zielsicher, weil die Fiederung einen sicheren Flug garantiert. Umgekehrt kann das Geschoß sein Ziel auch verfehlen und zu Boden stürzen (*Il.* 17.633; *Od.* 22.280). Hierher gehört auch die folgende Stelle, an der Homer das nutzlos gesprochene Wort mit einem abstürzenden Pfeil vergleicht.[12]

---

[12] Zur Etymologie von ἅλιος 'nichtig' vgl. Snell 1966, 65: ἅλιον "wäre dann das βέλος, das

[6.19] *Il.* 18.324 (Achilleus über sein Versprechen an Patroklos' Vater): D

ὢ πόποι, ἦ ῥ' ἅλιον ἔπος ἔκβαλον ἤματι κείνωι

'Ach weh, wahrlich ein ins Meer stürzendes Wort habe ich an jenem Tag verschossen, ...'

Für Pindar ist das Wort, das zu Boden stürzt, eine gängige Negativfolie für den Lied-Pfeil (vgl. schon [6.10]):

[6.20] Pi. *P.* 6.37: F

χαμαιπετὲς δ' ἄρ' ἔπος οὐκ ἀπέριψεν·

'Nicht als ein zu Boden fallendes schleuderte er (sc. Nestor) sein Wort weg'.[13]

Die Stelle wird als Vorstufe aufgefaßt, weil nicht der Dichter, sondern eine seiner Figuren Subjekt ist: Nestor ruft seinen Sohn Antilochos zu Hilfe. Dieser hört ihn, der Sprech-Akt ist gelungen.[14]

Parallelen:

Hebräisch: Im AT ist das Bild des zu Boden fallenden Pfeils belegt und wird wie bei Pindar als Litotes verwendet. Die Wirksamkeit von Gottes Wort äußert sich dadurch, daß es *nicht* zu Boden fällt (1. Samuel 3.19; 2. Könige 10.10).

Akkadisch: Hier ist das Bild des Fallens nicht negativ besetzt: 'From your mouth, Mistress (sc. Ishtar), may the command for mitigation fall!' (Foster 1993, 242, vgl. 706).

An einer weiteren Stelle hat Pindar die Negativfolie des Zu-Boden-Stürzens zu einer Allegorie erweitert:

[6.21] Pi. *N.* 4.37–41: B

cφόδρα δόξομεν
δαΐων ὑπέρτεροι ἐν φάει καταβαίνειν·
φθονερὰ δ' ἄλλος ἀνὴρ βλέπων
γνώμαν κενεὰν cκότωι κυλίνδει
χαμαὶ πετοῖcαν.

'Deutlich soll man es sehen, wie wir höher als die Feinde im Lichte schreiten. Aber mit neidischem Blick wälzt ein anderer Mann im Dunkeln seine nichtige Beurteilung, die zu Boden fällt'. — [7.33], [11.65]

---

danebentrifft und ins Meerwasser geht". Chantraine (1968–80, s.v.) stimmt zögernd zu.

[13] Schon ἀπορρίπτω hat die Implikation 'unausgesprochen (und damit ungehört) bleiben', wie aus Pi. *O.* 9.35–36 deutlich wird: ἀπό μοι λόγον | τοῦτον, cτόμα, ῥῖψον ('schleudere mir diese Erzählung weg, Mund!'). Die Abbruchsformel ist deshalb so drastisch formuliert, weil zuvor von einer Theomachie die Rede war, die Pindar als anstößig empfindet und unterdrückt. Freilich wird dieser Mythos (wie der 'korrigierte' Pelops-Mythos in *O.* 1) nur scheinbar übergangen. Das vorgeblich zu verschweigende Thema wird wie bei jeder *praeteritio* dennoch genannt, so daß der Rezipient es für sich selbst ausmalen kann. – Zu ῥίπτω vgl. auch Pi. fr. 318: ῥερῖφθαι ἔπος. Herodian zufolge verwendet Pindar statt des erwarteten passiven Perfektinfinitivs ἐρρῖφθαι die zitierte Form. Irgendwie war also von einem 'geschleuderten Wort' die Rede. – Thummers Deutung der Stelle als Pflanzen-Bild hat keinen Anhaltspunkt im Text (1969, 137).

[14] Zu Pfeil-Bild und 'mißglücktem' Sprech-Akt vgl. auch die homerische Formel τῆι δ' ἄπτεροc ἔπλετο μῦθοc mit der Deutung von Latacz 1968.

Verschiedene Vorstellungen sind hier kombiniert: Die Kontraste Licht vs. Dunkel (s. zu [7.33]) und In-der-Höhe-Gehen vs. Zu-Boden-Stürzen, zu dem noch das Am-Boden-Rollen hinzukommt. Darin könnte eine Anspielung auf den Sisyphos-Mythos liegen, die die Nutzlosigkeit der Bemühung zusätzlich betonen würde.[15]

Der letzte Beleg dieses Abschnitts ist in semantischer Hinsicht unsicher:

[6.22] Pi. *P.* 1.12: D

κῆλα δὲ καὶ δαιμόνων θέλ-
γει φρένας ἀμφί τε Λατοί-
δα σοφίαι βαθυκόλπων τε Μοισᾶν·

'Die Geschosse (sc. der Phorminx) bezaubern auch den Sinn von Göttern nach der Kunst des Leto-Sohns und der tiefgegürteten Musen'. — [4.17]

Ob κῆλα tatsächlich die 'Pfeile' bezeichnet, ist in der Forschung umstritten.[16] Der Beleg unterscheidet sich in jedem Fall dadurch strukturell von den vorherigen, daß das Geschoß nicht primär den Gegenstand der Dichtung, sondern deren Rezipienten 'trifft'.[17]

Speerwerfen

Auch für den Speerwerfer-Dichter ist Treffsicherheit ein höchst erstrebenswertes Ziel:[18]

---

15 **FL** (χαμαιπετής) A. *Ag.* 920 (vgl. *Ch.* 845–846); Ar. *V.* 1012 (von Taillardat 1962, 437, m.E. zu Unrecht als Bild des Säens gedeutet).

16 Vgl. West 1966, zu Hes. *Th.* 708; LfgrE s.v.

17 **FL** (Sprecher = Pfeilschütze) A. *Ag.* 628; 1194; *Supp.* 446; S. *Ai.* 1120; *Ant.* 1033–1034; 1084–1086; Ar. *Nu.* 944; Pl. *Smp.* 219b; (Wort 'trifft' Hörer) A. *Ch.* 380–381; 451–452; S. *Ant.* 1187–1188; *Ph.* 205–206.

Eine moderne Parallele findet sich in Heiner Müllers Hexameter-Gedicht 'Geschichten von Homer' (mit unverkennbarem Bezug zum Literaturbetrieb in der DDR; entstanden Anfang der 50er-Jahre): Schüler fragen Homer, warum er Thersites das Richtige sagen lasse, dann aber behaupte, daß er im Unrecht sei. Homer antwortet, weil Kunst nach Brot gehe. Ein Schüler ist nicht zufrieden und hakt nach. "Prüfend ansah den Jungen der Alte und sagte, ihn ansehnd | Heiter: Ein Pfeil ist die Wahrheit, giftig dem eiligen Schützen! | Schon den Bogen spannen ist viel. Der Pfeil bleibt ein Pfeil ja | Birgt wer im Schilf ihn. Die Wahrheit, gekleidet in Lüge, bleibt Wahrheit. | Und der Bogen stirbt nicht mit dem Schützen. Sprachs und erhob sich." (Müller, H.: Die Umsiedlerin oder Das Leben auf dem Lande. Berlin 1975, 115). Vgl. Don Quijotes Spott über Sanchos Vorliebe für Sprichwörter: "y sé al blanco que tiras con las inumerables saetas de tus refranes." ('Und ich kenne das Ziel, auf das du mit den unzähligen Pfeilen deiner Sprichwörter schießt': Murillo 1987, 2.89).

18 Die Sport-Spezialisten können keine Einigkeit darüber erzielen, ob es in der Disziplin Speerwerfen einen Zielwurf gegeben hat. Pro: Patrucco 1972, 185–186 (unter Berufung auf Pi. *O.* 10.71; *O.* 13.89–90 Turyn [= 93–95 Snell-Maehler]; *N.* 9.55; Antiphon *tetral.* 2.2). Contra: Decker 1995, 99. – In den hier untersuchten Texten wird ein Bezug zum Zielwurf zweifellos hergestellt. Unklar ist somit, wie eng Pindars Bilder mit der 'sportlichen Realität' korrespondieren.

[6.23] Pi. *N.* 9.53–55 (Liedschluß): B

Ζεῦ πάτερ,
εὔχομαι ταύταν ἀρετὰν κελαδῆcαι
cὺν Χαρίτεccιν, ὑπὲρ πολλῶν τε τιμαλφεῖν λόγοιc
νίκαν, ἀ κ ο ν τ ί ζ ω ν c κ ο π ο ῖ ' ἄγχιcτα Μοιcᾶν.

'Vater Zeus, ich bete darum, diese Leistung mit Hilfe der Chariten zu preisen und besser als viele mit Worten zu ehren diesen Sieg, mit dem Speer das Ziel der Musen so nah wie möglich treffend'.

Der den Sport-Vergleichungen zugrundeliegende Gedanke des Agonalen kommt hier besonders deutlich zum Ausdruck (ὑπὲρ πολλῶν).

Das Treffen das Ziels kann analog zu [6.16] als Litotes formuliert werden:

[6.24] Pi. *O.* 13.93–95: B

ἐμὲ δ' εὐθὺν ἀ κ ό ν τ ω ν
ἱ έ ν τ α ῥ ό μ β ο ν παρὰ c κ ο π ὸ ν οὐ χρή
τὰ πολλὰ β έ λ ε α καρτύνειν χεροῖν.

'Ich aber darf, wenn ich rasch mit Schwung Speere werfe, die vielen Geschosse mit den Händen nicht am Ziel vorbei schießen'.

Zusätzlich zur Litotes 'nicht am Ziel vorbei' kehrt hier auch das bereits aus [6.13] und [6.14] bekannte Leichtigkeitsmotiv der 'vielen Geschosse' wieder. Auffällig ist außerdem, daß Pindar offenbar die ganz spezifische Technik des Speerwerfens in den Wortlaut der Vergleichung einfließen läßt (ἀκόντων ἱέντα ῥόμβον). Dieses Phänomen ist kein Einzelfall, sondern findet sich an mehreren Stellen. Freilich ergeben sich daraus immer wieder Interpretationsprobleme, weil die technischen Details nicht restlos geklärt werden können:[19]

[6.25] Pi. *N.* 7.70–72: B

ἀπομνύω
μὴ τ έ ρ μ α π ρ ο β α ὶ c ἄ κ ο ν θ ' ὥτε χαλκοπάραον ὄρcαι
θοὰν γλῶccαν,

'Ich schwöre: ohne über die Markierung zu treten, habe ich die schnelle Zunge geschleudert wie einen erzwangigen Speer'.

Rhetorisch handelt es sich um einen ähnlichen Fall wie [6.15]: Der Dichter beteuert, das Richtige korrekt gesagt zu haben. Worauf genau er sich damit inhaltlich bezieht, ist umstritten.[20] Die Vergleichung selbst dürfte auf die heute noch gültige Regel gehen, daß der Athlet den Speer aus einem bestimmten Sektor heraus fortschleudern muß und nicht 'über die Linie treten' darf (Lee 1976).

Ähnlich detailliert ist der folgende Passus:

---

[19] Zudem ist – wie in Anm. 18 angedeutet – fraglich, ob man ein Epinikion überhaupt wie einen 'Sportbericht' lesen darf.

[20] Daß ein Zusammenhang zu einer Behandlung des Neoptolemos-Mythos besteht, kann als sicher gelten. Unklar (und seit den Scholien umstritten) ist, ob in bezug auf *N.* 7 selbst oder auf Paian 6 (fr. 52f): vgl. z.B. Radt 1958; Young 1968; Köhnken 1971.

[6.26] Pi. *P.* 1.42–45: B

ἄνδρα δ' ἐγὼ κεῖνον
αἰνῆcαι μενοινῶν ἔλπομαι
μὴ χαλκοπάραον ἄ κ ο ν θ ' ὡcείτ' ἀ γ ῶ -
ν ο c β α λ ε ῖ ν ἔξω π α λ ά μ α ι δ ο ν έ ω ν ,
μακρὰ δὲ ῥ ί ψ α ι c ἀμεύcαcθ' ἀντίουc.

'Wenn ich jenen Mann (sc. den Sieger) zu preisen mich anschicke, bin ich zuversichtlich, nicht gleichsam den erzwangigen Speer aus dem Wettkampf zu werfen, indem ich mit der Hand aushole, sondern mit weitem Wurf die Gegner zu übertreffen'.

Aus Vers 45 geht mit Sicherheit hervor, daß hier erstmals nicht vom Zielwurf, sondern vom Weitwurf die Rede ist. Schwierig und umstritten ist dagegen die Bedeutung von ἀγῶνοc βαλεῖν ἔξω. Der Lösungsvorschlag von Farnell (1932, 111–112) ist plausibel: Wie beim modernen Speerwerfen darf der Speer einen festgesetzten Sektor seitlich nicht verlassen, um gültig zu sein.[21] Der Passus enthält wie [6.23] einen ausdrücklichen Hinweis auf die Konkurrenten.

Der Distanzwurf ist Gegenstand einer weiteren poetologischen Vergleichung:

[6.27] Pi. *I.* 2.35–37: B

μακρὰ δ ι c κ ή c α ι c ἀ κ ο ν τ ί c c α ι μ ι τοcοῦθ', ὅcον ὀργάν
Ξεινοκράτηc ὑπὲρ ἀνθρώπων γλυκεῖαν
ἔcχεν.

'Weit möchte ich werfen und den Speer so weit schleudern, wie Xenokrates (sc. der Sieger) die Menschen in seiner beglückenden Art übertraf.'[22]

Für die Bestimmung der athletischen Disziplin gibt das Verb ἀκοντίζω den Ausschlag. Das Verb δικέω ist hier nicht auf das Diskuswerfen zu beziehen, sondern bezeichnet die kreisförmige Schleuderbewegung beim Speerwurf (vgl. ῥόμβοc in [6.24]). Inhaltlich fällt auf, daß Pindar gleichsam die 'realen' Verhältnisse umdreht, indem er die Überlegenheit des Siegers als soziale, seine eigene als athletische darstellt. Ähnlich sind die beiden sich auch darin, daß sie ihren Konkurrenten weit voraus sind.[23]

Bei zwei weiteren Bildern des Schießens muß offenbleiben, ob vom Pfeilschuß oder vom Speerwurf die Rede ist:

[6.28] Pi. *N.* 3.65–66: B

Ζεῦ, τεὸν γὰρ αἷμα, cέο δ' ἀγών, τὸν ὕμνοc ἔ β α λ ε ν

---

[21] Anders z.B. Segal 1968: Der Wurf ist zu kurz, um gültig zu sein, d.h. der schlechteste Werfer fliegt aus dem Agon.

[22] Die Deutung von Dornseiff (1921, 58) als Ringkampf-Vergleichung (mit einer Bildervermischung) hat im Text keinen Anhaltspunkt. – Nicht unter die Speer-Bilder zu rechnen ist Pi. *N.* 7.81. Die anderslautende Interpretation von Simpson (1969, 437 Anm. 1) schränkt die Bedeutungsvielfalt von δονέω zu sehr ein (vgl. Slater 1969, s.v.).

[23] **FL** (ἀκοντίζω) E. *Supp.* 456; *Tr.* 444; Pl. *Prt.* 342e3; (ῥίπτω) A. *Pr.* 311–312; E. *Alk.* 680.

ὀπὶ νέων ἐπιχώριον χάρμα κελαδέων.

'Zeus, sie (sc. die Aiakiden) sind dein Blut, und dein ist das Kampfspiel, das das Lied trifft, indem es mit der Stimme von jungen Männern das freudige Ereignis des Landes feiert'.[24]

Gegenüber den bisherigen Belegstellen fällt zweierlei auf: Erstmals ist ausdrücklich gesagt, daß das Lied 'trifft', allerdings eine Thematik und eben nicht eine Person (vgl. die Einleitung zum Kapitel). Außerdem ist nicht mehr der Dichter-Schütze Subjekt, sondern der als Lied-Pfeil (bzw. -Speer) gedachte Hymnos trifft den Gegenstand.

Im folgenden Passus ist dagegen wieder vom Dichter-Schützen die Rede:

[6.29] Pi. *N.* 1.18 (Strophenende): B

πολλῶν ἐπέβαν
καιρὸν οὐ ψεύδει βαλών·

'Viele Dinge bin ich angegangen und habe das je Passende getroffen – ohne Lüge'. — [11.51]

Rhetorisch liegt erneut eine beteuernde Litotes vor (vgl. [6.15], [6.25] oder *O.* 4.17–18: οὐ ψεύδεϊ τέγξω | λόγον – 'Ich werde meine Rede nicht mit Lüge benetzen').

Weggelassen wurden in diesem Abschnitt die Belege für ἵημι 'schicken, entsenden'. Zwar wird das Wort seit frühester Zeit für das Verschießen von Geschossen verwendet (z.B. *Il.* 1.48 u.ö.), doch findet sich neben anderen auch die Bedeutung '(die Stimme) entsenden' (z.B. *Il.* 3.152), weshalb unsicher bleiben muß, ob eine Metapher vorliegt und worauf sie Bezug nimmt (vgl. S. 7f.). An Stellen wie Pi. *N.* 8.48–49 könnte das Bild des Schießens mitschwingen, doch ist Sicherheit nicht zu gewinnen.[25]

Stoßwaffen

Poetologische Vergleichungen mit Stoßwaffen (Schwertern, Dolchen usw.) sind in der frühgriechischen Literatur nur ansatzweise nachzuweisen.

Parallelen:

Vedisch: Im Rigveda wird das Gedicht mit einer Schwertklinge aus Metall verglichen (6.47.10).

Ägyptisch: Die Zunge des geschickten Redners ist ein Schwert: 'If you are skilled in speech, you will win, | The tongue is [a king's] sword; | Speaking is stronger than all fighting.' (Lichtheim 1973, 99).

Ugarit: Analog werden im kanaanitischen 'Baal' zwei Boten des Meeres wie folgt beschrieben: 'They seemed like one fire, or two; their tongues were sharpened swords.' (Coogan 1978, 87).

---

[24] Die präsentische Übersetzung von ἔβαλεν begründet sich damit, daß der Aorist in erster Linie die Aktionsart ('treffen' statt 'schießen') bezeichnet. Aus dem Kontext geht mit einiger Sicherheit hervor, daß mit ὕμνος das aktuelle Epinikion gemeint ist.

[25] Pi. *N.* 8.48–49: χαίρω δὲ πρόσφορον | ἐν μὲν ἔργῳ κόμπον ἱείς – 'Gern ›entsende‹ ich (der Siegerfamilie) einen passenden Lobpreis zu ihrer Tat'.

Hebräisch: Der Mund des Propheten Jesaja ist Gottes Schwert (Jesaja 49.2).

Eine vergleichbare Vorstellung liegt einem Passus aus Pindars erster Pythie zugrunde:

[6.30] Pi. *P.* 1.86: F

ἀψευ-
δεῖ δὲ πρὸς ἄκμονι χάλκευε γλῶϲϲαν.

'Am truglosen Amboß schmiede deine Zunge'.

Die Aufforderung ist vordergründig an Hieron gerichtet, doch ist sie Teil einer ganzen Reihe allgemein gnomischer Regeln, deren Bedeutung auch auf den Dichter ausgedehnt wird (vgl. z.B. [3.88]).

Möglicherweise basiert auch das schwierige Bild des vom Wetzstein scharfen Gedankens letztlich auf einer Schwert-Vergleichung:

[6.31] Pi. *O.* 6.82: D

δόξαν ἔχω τιν' ἐπὶ γλώϲϲαι λιγυρᾶϲ ἀκόναϲ,

'Ich habe einen Gedanken auf der Zunge, der vom hellklingenden Wetzstein (scharf) ist'. — [3.66]

(b) Kampfdisziplinen

Schon in einzelnen Pfeil- und Speer-Vergleichungen war das Agonale zum Ausdruck gekommen (z.B. [6.26]). Bei den Kampfdisziplinen manifestiert sich das Agonale unmittelbarer, weil man sich direkt bekämpft. Dennoch behält das Bundy-Argument auch hier seine Gültigkeit: Hinter dem 'Gegner' verbirgt sich mehr eine rhetorische Folie als ein realer 'Kampfgegner'.

Parallelen:

Vedisch: Auch hier stellt der Sänger seine Tätigkeit als 'Kampf' dar (Rigveda 1.132.1; 4.41.8; 8.40.7).

Ringkampf

Die vierte Nemee feiert den Sieg des aiginetischen Ringers Timasarchos. Pindar nimmt dies zum Anlaß, das Epinikion mit einer ausgedehnten Ringkampf-Allegorie enden zu lassen:

[6.32] Pi. *N.* 4.93–96 (Liedschluß): B

οἷον αἰνέων κε Μεληϲίαν ἔριδα ϲτρέφοι,
ῥήματα πλέκων, ἀπάλαιϲτοϲ ἐν λόγωι ἕλκειν,
μαλακὰ μὲν φρονέων ἐϲλοῖϲ,
τραχὺϲ δὲ παλιγκότοιϲ ἔφεδροϲ.

'Wie wird einer, der Melesias (sc. den Trainer des Siegers) lobt, beim Flechten seiner Worte den Gegner niederringen! Man wird ihn im Wortstreit nicht zu Boden zwingen können, ihn, der den Tüchtigen wohlgesinnt ist, aber ein unangenehmer Gegner für die Mißgünstigen'. — [3.77]

Den Scholien zufolge sind cτρέφω, πλέκω, ἕλκω und ἔφεδρος Fachtermini des Ringkampfs. Der Potentialis (κε cτρέφοι) ist dem Ankündigungsfutur ähnlich: Er blickt nicht wirklich in die Zukunft, sondern bezieht sich auf das zu Ende gehende Lied selbst. Indem Pindar den Trainer (und damit indirekt den Sieger) lobt, trägt er mit einem fiktiven Gegner einen Ringkampf aus, in dem er ebenso Sieger bleibt wie Timasarchos.

Die spezifische Ringkampf-Metapher ἕλκω findet sich auch am Ende von *N.* 7, wo Pindar noch einmal (vgl. [6.25]) beteuert, Neoptolemos nicht unangemessen behandelt zu haben:

[6.33] Pi. *N.* 7.102–104: B

τὸ δ' ἐμὸν οὔ ποτε φάcει κέαρ
ἀτρόποιcι Νεοπτόλεμον ἑλκύcαι
ἔπεcι·

'Mein Herz wird niemals behaupten, Neoptolemos mit unangemessenen Worten auf den Boden gezwungen zu haben.'

Die Ringer-Vergleichung findet sich auch in weniger spezifischen Kontexten. An beiden Stellen geht es wie schon in [6.32] darum, daß der Dichter im Ringkampf unbesiegbar ist:

[6.34] Pi. *P.* 2.58–61: B

εἰ δέ τις
ἤδη κτεάτεccί τε καὶ περὶ τιμᾷ λέγει
ἕτερόν τιν' ἀν' Ἑλλάδα τῶν πάροιθε γενέcθαι ὑπέρτερον,
χαύναι πραπίδι παλαιμονεῖ κενεά.

'Wenn aber einer behauptet, an Besitz und Ehre sei ein anderer unter den Früheren in Griechenland schon bedeutender gewesen (sc. als du, Hieron), ringt er mit nichtigem Verstand ins Leere'.[26]

Der rhetorische Charakter der Folie wird hier besonders deutlich. Auf diesem Hintergrund verliert die (ohnehin nicht zu klärende) Frage, ob tatsächlich jemand die von Pindar dementierte Behauptung aufgestellt hat, weitgehend ihre Berechtigung.

Auch Epicharm benutzt das Bild, doch behält in seiner (zweck-)pessimistischen Vision der imaginäre Plagiator (vgl. zu [10.9]) die Oberhand:

[6.35] Epicharmos VS 23 B 6.5 DK: B

δυcπάλαιcτοc ὢν τὸc ἄλλωc εὐπαλαίcτουc ἀποφανεῖ.

'Selber ein schwer niederzuringender Mann, wird er zeigen, daß die andern leicht niederzuringen sind'.

Die Vergleichung ist vielschichtig: Der Plagiator siegt gegen seine eigenen Gegner, und zwar deshalb, weil er Epicharms Material verwendet. Per Implikation

[26] Dieser Beleg fehlt in der Zusammenstellung Simpsons (1969, 437 Anm. 1). Dafür sind zwei andere Belege Simpsons für den Ringkampf zu streichen: Pi. *N.* 4.4–5 [4.2]; *N.* 8.19 [11.36].

ist also auch Epicharm selbst ein erfolgreicher Ringer; denn der Plagiator verdankt letztlich ihm den Sieg.[27]

Faustkampf

Obwohl Pindar auch Siege von Faustkämpfern besungen hat (z.B. *O.* 7), ist eine poetologische Faustkampf-Vergleichung in seinem erhaltenen Œuvre nicht bezeugt. Die belegten Vergleichungen – zumal die des Hipponax – nehmen dagegen weniger Bezug auf den sportlichen Agon als auf eine gewöhnliche Prügelei. Im Unterschied zu den Epinikien hat der 'Gegner' im Iambos eine Bedeutung, die über die einer Folie hinaus geht. Äußeres Merkmal dieser konkreteren Bedeutung ist, daß der Gegner namentlich genannt wird (während ja gerade die Anonymität von Pindars Gegner-Folien die Scholiasten dazu angeregt hat, den 'eigentlich Gemeinten' zu identifizieren). Hipponax prügelt sich mit seinem (sprichwörtlichen) 'Erzfeind', dem 'Maler' Bupalos:[28]

[6.36] Hippon. 120: B

λάβετέ μεο ταἰμάτια, κ ό ψ ω Βουπάλωι τὸν ὀφθαλμόν.

'Haltet mir mal kurz die Jacke, ich will Bupalos eins aufs Auge hauen'.

An diesem Fragment läßt sich der in der Einleitung (S. 23) festgehaltene Rollencharakter poetologischer Bilder besonders gut zeigen: Eine wirkliche Schlägerei wird nicht in Tetrametern ausgetragen. Zu Recht schreibt Degani, es handle sich um "pugni in realtà metaforici, con i quali il poeta intendeva esprimere, in termini di icastico quanto spassoso realismo, l'orgogliosa consapevolezza del proprio valore poetico" (Degani 1984, 24; mit gleicher Gewichtung schon Degani-Burzacchini 1977, 70). Der Vers eignet sich gut als Einleitungs- oder Übergangsformel. Der Dichter-Boxer entledigt sich seines Mantels, um anschließend Bupalos seine ganze poetische Schlagkraft spüren zu lassen.

Das gleiche dichterische Selbstbewußtsein spricht auch aus der zweiten Stelle:

[6.37] Hippon. 121: B

ἀ μ φ ι δ έ ξ ι ο ϲ γάρ εἰμι κοὐκ ἁμαρτάνω κ ό π τ ω ν .

'Ich habe nämlich zwei rechte Hände und haue nicht daneben!'

Dieser polare Ausdruck könnte Teil einer ähnlichen rhetorischen Drohgebärde wie [6.36] sein.[29]

Während man sich bei Hipponax zumindest vorstellen könnte, daß er sich auch realiter mit Bupalos geprügelt hat, ist diese Möglichkeit bei Anakreon aus-

---

27 **FL** (ringen) Ar. *Ra.* 792; Pl. *R.* 544b5.

28 Zum Verhältnis Hipponax – Bupalos s. [3.97].

29 Seit Bergk sind die beiden Fragmente deshalb verschiedentlich verbunden worden (vgl. den Apparat von Degani [= fr. 121/122]).

geschlossen. Er kämpft gegen den Liebesgott Eros:

[6.38] Anakr. 396: D

φέρ' ὕδωρ φέρ' οἶνον ὦ παῖ φέρε ⟨δ'⟩ ἀνθεμόεντας ἡμίν
στεφάνους ἔνεικον, ὡς δὴ πρὸς Ἔρωτα π υ κ τ α λ ί ζ ω.

'Bring Wasser, bring Wein, Junge, los! bring uns blühende Kränze, damit ich den Boxkampf gegen Eros austragen kann'.

Gleichzeitig ist der poetologische Bezug weniger eindeutig als bei Hipponax. Anakreon will Eros mit 'sympotischen' Mitteln bekämpfen. Damit ist zusätzlich zu der beim Symposion vorgetragenen (Liebes-)Dichtung auch der getrunkene Wein gemeint. Es wird nicht völlig klar, ob Anakreon seinen Liebeskummer 'wegsingen' (vgl. [4.10]) oder 'ertränken' will. Jedenfalls zeugt das Lied von einer ausgelassen-scherzhaften Stimmung und behandelt den Topos des unbesiegbaren Eros auf außergewöhnliche Weise.

Das gleiche Bild dürfte auch im folgenden Papyrus-Fragment vorliegen:

[6.39] Anakr. 346.4.1: D

χα]λεπῶι δεπ υ κ τ ά λ ι ζ .[

'Mit einem schlechten ... kämpfen'.

Mit Lobel ist wohl zu lesen: δ' ἐπυκτάλιζο[ν – 'ich kämpfte' (allerdings merkt Page im App. an: *etiam* -ιζε *possis*: Imperativ als Selbstapostrophe des Dichters?). Die anschließenden Versreste handeln davon, daß das Ich der Liebe und ihren Fesseln entronnen ist – vermutlich ebenfalls mit Hilfe 'sympotischer' Mittel.[30]

Kämpfen allgemein

Parallelen:

Vedisch: Zum Bild des Kämpfens vgl. z.B. Rigveda 4.41.8 und 11.

Neben den spezifischen Formen Ring- und Faustkampf ist auch die allgemeinere Vorstellung des Kämpfens belegt. Pindar hatte sich schon in der Ringer-Vergleichung [6.32] als unbesiegbar dargestellt. Entsprechend heißt es in einem Fragment allgemein von den Dichtern, daß:

[6.40] Pi. fr. 353: B

ἄ μ α χ ο ί τινες εἰς σοφίαν

'(einige) nicht zu bekämpfen (sind) in bezug auf die Dichtkunst'.[31]

---

[30] Von den drei Faustkampf-Bildern, die Simpson (1969, 437 Anm. 1) bei Pindar gefunden haben will, überzeugt keines (*pace* Auger 1987, 53 Anm. 52): Pi. *O.* 10.3b–6; *N.* 10.20; *I.* 4.19–21 (= *I.* 3/4.37–39).

FL (Boxer) Pl. *Prt.* 339e2.

[31] Daß von Dichtern die Rede ist, geht aus der vollständigen Perikope deutlich hervor. Dagegen ist Pindar als Autor eine Vermutung (vgl. zu beidem den App. von Snell-Maehler).

Bakchylides bringt diese Unbesiegbarkeit (produktbezogen) mit den ‘Gaben der Musen’ (= Dichtungen) in Verbindung:

[6.41] B. fr. 55 (= *mel. adesp.* 959): B

οὐ γὰρ ἐν μέϲοιϲι κεῖται
δῶρα δυϲμάχητα Μοιϲᾶν
τὠπιτυχόντι φέρειν.

‘Die schwer zu bekämpfenden Gaben der Musen liegen nämlich nicht einfach da, daß jeder beliebige sie mitnehmen kann’.[32]

In rhetorischer Hinsicht liegt eine Kombination von Hindernis- und Leichtigkeitsmotiv vor: Nicht jeder kann dichten, aber wer es kann, ist schwer zu bekämpfen.

Die poetologische Kampf-Vergleichung ist schon bei Alkman bezeugt, der sie auf den Vortrag des Chors bezieht:

[6.42] Alkm. 1.60–66: B

ταὶ Πεληάδεϲ γὰρ ἇμιν
ὀρθρίαι φᾶροϲ φεροίϲαιϲ
νύκτα δι' ἀμβροϲίαν ἅτε ϲήριον
ἄϲτρον ἀυηρομέναι μάχονται·
οὔτε γάρ τι πορφύραϲ
τόϲϲοϲ κόροϲ ὥϲτ' ἀμύναι,
οὔτε...

‘Denn die Pleiaden kämpfen mit uns, die wir der Morgengöttin ein Gewand darbringen, indem sie sich durch die ambrosische Nacht erheben wie das Sirius-Gestirn. Denn weder reicht ein solches Übermaß an Purpur dazu aus, sich zu verteidigen, noch...’ (es folgt eine Reihe von Selbstbeschreibungen, die im ‘Verteidigungskampf’ gegen die Pleiaden nicht ausreichen; vgl. [10.5]). — [7.31]

Das Louvre-Partheneion Alkmans ist Gegenstand einer bald 150jährigen Forschungsdebatte, in der der vorliegende Passus eine zentrale Stellung einnimmt. Eine Aufarbeitung aller Auffassungen ist in diesem Rahmen nicht möglich.[33] Statt dessen seien lediglich die Voraussetzungen genannt, auf denen die vorliegende Interpretation basiert: (1) Die Πεληάδεϲ werden – übereinstimmend mit dem Scholion – mit Hagesichora und Agido identifiziert und als Subjekt zu μάχονται aufgefaßt (so z.B. Puelma 1977, 33–35). (2) μάχονται (‘kämpfen’) und ἀμύναι (‘abwehren, verteidigen’, 65) sind als Metaphern des Kampfes aufeinander bezogen (vgl. auch ἰρ]ήναϲ 91). (3) Daher ist ἇμιν nicht *Dativus commodi* (‘sie kämpfen *für* uns’, so z.B. Calame 1983, 332–333), sondern Dativ-Objekt zu μάχονται (‘sie kämpfen *gegen* uns’). (4) Dieser ‘Kampf’ ist nur scheinbar ernst gemeint (Henderson 1988, 20) und hat in erster Linie rhetorische

[32] Zu dieser Bedeutung von δυϲμάχητοϲ vgl. Maehler 1997, z.St.

[33] Einen guten Zugang ermöglichen die Kommentare von Calame (1983, 311ff.) und Pavese (1992).

Funktion. Das implizite Lob, das Hagesichora und Agido aufgrund ihres 'siegreichen Kampfes' zuteil wird, fällt letztlich wieder auf den Gesamtchor zurück. (5) Mit diesem 'Kampf' ist der Agon im Singen (und nicht ein Wettlauf o.ä.) gemeint; denn die wirklich herausragende Eigenschaft Hagesichoras ist ihr Gesang (vgl. 100–101: [1.32]).[34]

Möglicherweise ist eine weitere Stelle zu den allgemeinen Kampf-Vergleichungen zu zählen:

[6.43] Pi. *P.* 1.41–42 (Strophenbeginn): D

ἐκ θεῶν γὰρ μαχαναὶ πᾶσαι βροτέαις ἀρεταῖς,
καὶ σοφοὶ καὶ χερσὶ βιαταὶ περίγλωσ-
σοί τ' ἔφυν.

'Denn von den Göttern kommen alle Mittel zu den Fähigkeiten der Menschen: seien sie klug, gewaltig mit ihren Händen oder redegewandt'.

Hubbard (1985, 143) hat wahrscheinlich machen können, daß in dieser Gnome alle drei Attribute implizit auch auf den Dichter bezogen werden können. Das hier interessierende χερσὶ βιαταί 'mit den Händen gewalt(tät)ig' dürfte ganz allgemein den effizienten Kämpfer bezeichnen.

Als letzte unter den Sport-Vergleichungen ist ein singuläres Bild anzuführen, in dem Pindar auf den Weitsprung Bezug nimmt:

[6.44] Pi. *N.* 5.19–20: B

μακρά μοι
αὐτόθεν ἅλμαθ' ὑποσκά-
πτοι τις· ἔχω γονάτων ὁρμὰν ἐλαφράν·

'Soll mir einer an Ort und Stelle den Boden für weite Sprünge bereiten. Behenden Schwung habe ich in den Knien'.

Die Deutung als Weitsprung-Bild wird bereits in den Scholien verfochten. Wie konkurrenzlos weit sein Sprung ausfällt, macht Pindar dadurch deutlich, daß er das Bild eines fliegenden Adlers [1.42] folgen läßt.[35]

Zum Abschluß dieses Kapitels ist noch einmal auf den Aspekt der 'Jagd' zurückzukommen, der zumal in den Pfeil-Vergleichungen mitschwingt. Der Jäger verfolgt sein 'Opfer' – ebenso der Dichter-Jäger:

---

[34] Für die poetologische Deutung der Stelle ist nur dieser fünfte Punkt wirklich entscheidend. Auch wenn man die Pleiaden für einen konkurrierenden Chor hält (zu 1) und ἅμιν als *Dativus commodi* auffaßt (zu 3), bleibt μάχονται eine poetologische Metapher.

[35] 'Über die (für den Weitsprung vorgesehene) Grube hinausspringen' ist später allerdings sprichwörtlich für 'übers Ziel hinausschießen': Pl. *Cra.* 413b1 (mit dem Scholion z.St.). – Die Stelle Pi. *N.* 3.42 κατέβα ποδί bleibt hier beiseite. Das Verb καταβαίνειν bedeutet bei Pindar noch nicht 'zum Kampf antreten', wie Radt (1958, 40–42) gegen Farnell (1932, 198–199) gezeigt hat. Vor Farnell hatte bereits Kayser (1840, 70) diese Auffassung vertreten, wobei seine Behauptung, daß das Verb sich auf den Weitsprung beziehe, völlig aus der Luft gegriffen ist.

[6.45] Pi. *I.* 3/4.19–21 (Strophenbeginn):[36] B

ἔcτι μοι θεῶν ἕκατι μυρία παντᾶι κέλευθος,
ὦ Μέλιcc', εὐμαχανίαν γὰρ ἔφανας Ἰcθμίοιc,
ὑμετέρας ἀρετὰc ὕμνωι διώκειν·

'Der Götter wegen habe ich überallhin zehntausend Pfade, Melissos, denn du hast an den Isthmischen Spielen die Möglichkeit aufscheinen lassen, eure Leistungen im Lied zu verfolgen'. — [11.34]

Thummer (1969, z.St.) hat richtig gesehen, daß die 'Verfolgung' das Weg-Bild in V. 19 fortsetzt.

Pindar bringt den für sein ethisches Denken zentralen Gedanken, daß der Mensch die ihm zugewiesene Bahn nicht verlassen darf (*non-plus-ultra*-Motiv), einmal so zum Ausdruck, daß er auf eine 'Verfolgung' ausdrücklich verzichtet:

[6.46] Pi. *O.* 3.44–45 (Liedschluß): B

τὸ πόρcω δ' ἐcτὶ cοφοῖc ἄβατον
κἀcόφοιc. οὔ νιν διώξω· κεινὸc εἴην.

'Das Darüberhinaus ist den Klugen und den Nicht-Klugen unzugänglich. Ich werde es nicht verfolgen, fruchtlos wäre ich.' — [11.47]

Dieser Passus hat zusätzlich zur ethischen auch eine selbstreferentielle Bedeutung, weil die Abbruchsformel das Lied gleichzeitig abschließt.

Auch Pratinas verwendet διώκω im poetologischen Kontext:

[6.47] Pratinas 712a.1–3: B

μήτε cύντονον δίωκε
μήτε τὰν ἀνειμέναν ⟦Ἰαcτί⟧
μοῦcαν,

'Verfolge weder die gespannte (= hohe Töne produzierende) noch die gelockerte (= tiefe Töne produzierende) Muse' (die Gegenposition ist in ein Landwirtschafts-Bild gefaßt: [5.9]).

Pindar beschreibt sich mehrfach als treffsicheren Dichter-Schützen. Die gleiche Zuversicht kann auch die Gestalt einer rhetorischen Frage annehmen:

[6.48] Pi. *O.* 6.6–7: B

τίνα κεν φύγοι ὕμνον
κεῖνοc ἀνήρ;

'Welchem Lied könnte ein Mann wie er (sc. der Sieger) wohl entkommen?'[37]

Antwort: Keinem. Zweifellos wird die 'Verfolgung' erfolgreich sein und der Dichter sein 'Opfer' mit einem Lied 'treffen' (vgl. [6.29]).

---

[36] Im Fall einer Trennung von *I.* 3 und 4 ist die vorliegende Stelle der Liedbeginn von *I.* 4.

[37] **FL** (Jagd, jagen) Ar. *Nu.* 358; *Th.* 156; Pl. *Grg.* 489b8; *Tht.* 166c1; And. 1.9; Kerkidas fr. 3.7 Lomiento.

Zusammenfassung: Vielfalt und Fülle der Sport- und Jagd-Vergleichungen sind bemerkenswert, aber angesichts der griechischen Begeisterung für das Agonale im allgemeinen und den Sport im speziellen kaum verwunderlich. Seit den 'Leichenspielen für Patroklos' (*Il.* 23.257ff.) nimmt der Sport in der griechischen Literatur eine Sonderstellung ein. Im gesellschaftlichen Leben ist er mit beträchtlichem Sozialprestige verbunden.[38] Nur Angehörige reicher Bevölkerungsschichten können den zeitlichen und materiellen Aufwand für Training etc. überhaupt aufbringen, von teuren Renommier-Disziplinen wie dem Wagenrennen ganz zu schweigen.

Die besondere Häufung der Sport-Vergleichungen in der Epinikien-Dichtung steht zwar im Einklang mit dem Befund zu den meisten hier untersuchten Bildbereichen und hat auch mit der Überlieferungslage zu tun (s.o. S. 25f. Anm. 62), ist aber zweifellos auch auf den Liedanlaß zurückzuführen: Bilder aus dem Umfeld des Sports stellen sich dem Dichter von Epinikien fast von selbst ein. Mit ihnen drückt er seine Affinität zum Sieger aus, dem sie als unmittelbar verbindende Identifikationsbasis dienen.

Zwei ergänzende Feststellungen sind allerdings notwendig: (1) Bakchylides, dem ein größeres Interesse für das tatsächliche Sportgeschehen nachgesagt wird als Pindar (z.B. Segal 1985a, 236), hat sich dadurch nicht zur Verwendung poetologischer Sport-Vergleichungen anregen lassen. Er ist im vorliegenden Kapitel nur mit zwei Belegen vertreten ([6.8] und [6.41]), die zudem nicht auf eine spezifische Disziplin Bezug nehmen. (2) Der Zusammenhang zwischen Liedanlaß und Bildersprache darf nicht zu eng gesehen werden. Z.B. stammt das sehr spezifische Weitsprung-Bild [6.44] aus dem Lied für einen Pankratiasten. So gesehen, ist die Ringkampf-Allegorie [6.32] in einem Lied für einen Ringer eher die Ausnahme als die Regel.

[38] Vgl. z.B. Xenoph. 2, der sich (vermutlich erfolglos) dagegen zur Wehr setzt.

7. Licht

Der Bildkomplex ‘Licht’ evoziert eine außergewöhnliche Vielfalt von Vorstellungen und Assoziationen: Helligkeit, Freude, Glanz, Schönheit, Wärme, Tag, Leben, Erkenntnis, Reichtum usw. Überdies besteht eine weitere Eigenart dieses Kapitels darin, daß sämtliche Belege von Synästhesie geprägt sind: Dichtung als primär akustisches Phänomen wird in visuelle Bilder gefaßt.[1]

Parallelen:

Vedisch: Im Rigveda wird Dichtung mit Licht im allgemeinen (1.143.7; 1.144.1; 10.67.10; vgl. das ‘Lied der Lichter’ 1.113.1) und mit der Sonne im speziellen verglichen (1.173.1; 5.1.12). Außerdem hat die Tochter des Sonnengottes Surya inspirierende Funktion. Sie wird mit dem dichterischen Schaffen verbunden oder geradezu damit identifiziert (Rigveda 3.53.15; 9.1.6: Durante 1968, 257).

Hebräisch: Im AT findet sich die Vorstellung, daß das (göttliche) Wort eine Lampe oder ein Licht ist, das den Füßen den Weg weist (Psalm 119.105).

In der griechischen Literatur ist eine Vorstufe des poetologischen Licht-Bilds in der Blindheit des Demodokos zu erkennen. Die Verleihung der Sangesgabe durch die Musen wird als Kompensation für den Verlust des Augenlichts dargestellt:

[7.1] *Od.* 8.63–64: F

τὸν περὶ Μοῦϲ᾽ ἐφίληϲε, δίδου δ᾽ ἀγαθόν τε κακόν τε·
ὀφθαλμῶν μὲν ἄμερϲε, δίδου δ᾽ ἡδεῖαν ἀοιδήν.

‘Den (sc. Demodokos) liebte die Muse über die Maßen und hatte ihm Gutes wie auch Schlechtes gegeben: der Augen hatte sie ihn beraubt, doch gegeben ihm den süßen Gesang’.[2]

Durch den Chiasmus in V. 64 wird der Bezug zwischen Gesang und Augenlicht zusätzlich herausgestrichen.

Als weitere Vorstufen sind die Belege für φαίνω anzuführen, die den Dichter bzw. Sänger zum Subjekt haben:

---

[1] Allgemein zur Synästhesie s. S. 118 Anm. 65; ein akustisches Phänomen mit visuellem Attribut liegt bereits in Achills ἀριζήλη φωνή vor (*Il.* 18.219 und 221).

[2] Bekanntlich beruht Homers angebliche Blindheit auf dieser Stelle. – Zum Motiv des blinden Sängers in verschiedenen Dichtungstraditionen Bowra (1952, 420–422); vgl. auch [11.60].

[7.2] *Od.* 8.499: F

ὁ δ' ὁρμηθεὶϲ θεοῦ ἤρχετο, φ α ῖ ν ε δ' ἀοιδήν,

'Der aber (sc. Demodokos) machte sich auf den (Lied-)Weg, begann mit dem Gott und ließ den Gesang aufscheinen'. — [11.37]

Von der Etymologie her gesehen, ist die Übersetzung 'ließ aufscheinen' durchaus zu vertreten. Stellen wie *Il.* 1.87 (εὐχόμενοϲ Δαναοῖϲι θεοπροπίαϲ ἀναφαίνειϲ – 'betend bringst du [sc. Kalchas] den Danaern die Göttersprüche ans Licht') könnten allerdings darauf deuten, daß man bei φαίνω schon relativ früh an 'aufdecken, offenbaren', und nicht an 'Licht' im spezifischen Sinn gedacht hat. Deshalb sind die Belege für φαίνω hier lediglich als Vorstufen aufgeführt, z.B. bei Empedokles:[3]

[7.3] Emp. VS 31 B 131.3–4 DK: F

εὐχομένωι νῦν αὖτε παρίϲταϲο, Καλλιόπεια,
ἀμφὶ θεῶν μακάρων ἀγαθὸν λόγον ἐ μ φ α ί ν ο ν τ ι.

'Tritt jetzt dem Betenden wiederum helfend zur Seite, Kalliope, der ich eine gute Erzählung über die seligen Götter aufscheinen lasse'. — [11.30]

Bei Bakchylides wiederum ist φαίνω Teil einer eigentümlichen Bildervermischung, wie sie bei ihm deutlich seltener nachzuweisen sind als bei Pindar:

[7.4] B. 13.223–225 (suppl. Maehler 1982): F

ὕμνων τινὰ τάνδε ν[εόξαντον μίτραν
φ α ί ν ω, ξενίαν τε [φιλά-
γλαον γεραίρω,

'Ich lasse eine frischgekardete Lieder-Mitra: diese hier, aufscheinen und ehre die glanzliebende Gastfreundschaft'. — [10.2]

Abgesehen von der (freilich teilweise ergänzten) Bildervermischung 'eine Lieder-Mitra aufscheinen lassen', ist bemerkenswert, daß im Adjektiv φιλάγλαοϲ 'glanzliebend' ebenfalls der Aspekt des Lichts mitschwingt, weshalb φαίνω hier vielleicht doch mit Absicht als Licht-Metapher gesetzt ist. Dadurch würde das an die Adressaten gerichtete Kompliment, sie liebten den Glanz, eine zusätzliche Facette erhalten: sie lieben auch den Dichtungs-Glanz des Bakchylides.[4]

---

[3] Dagegen geht Bremer davon aus, daß die ursprüngliche Bedeutung von φαίνω im Zentrum gestanden hat. Das 'Licht' von Demodokos' Gesang führe Odysseus seine wahre Identität und Qualität vor Augen und provoziere ihn dazu, diese zu 'enthüllen' und 'ans Licht zu bringen' (Bremer 1976, 125). – Die gleiche Unsicherheit wie bei φαίνω äußert sich auch bei ägyptisch *Shḏ*. Lichtheim übersetzt es im Text mit 'to inform', schreibt aber in der Anmerkung: "*Sḥḏ* is quite literally ›to enlighten‹" (Lichtheim 1973, 147 mit 149 Anm. 3).

[4] 'Glanz' bzw. 'glänzend' ist noch in anderen poetologischen Zusammenhängen nachzuweisen:

hHerm 451 [11.87]: τῇϲι χοροί τε μέλουϲι καὶ ἀγλαὸϲ οἶμοϲ ἀοιδῆϲ – 'Die (sc. die Musen) besorgt sind um die Tänze und den glänzenden Pfad des Gesangs'. Angelegt ist dieses Glanz-Bild bereits im ἀγλαὸν εὖχοϲ (*Il.* 7.203; Hes. *Th.* 628).

Pi. fr. 75.7–9 [11.19]: Διόθεν τέ με ϲὺν ἀγλαΐαι | ἴδετε πορευθέντ' ἀοιδᾶν δεύτερον | ἐπὶ τὸν κιϲϲοδαῆ θεόν, – 'Und seht, wie ich von Zeus her mit dem Glanz der Gesänge zum zweiten Mal zu

Bisher war das Lied Objekt des φαίνειν, an den folgenden beiden Stellen ist es der Liedgegenstand:

[7.5] Xenoph. 1.19: F

ἀνδρῶν δ᾽ αἰνεῖν τοῦτον ὃς ἐσθλὰ πιὼν ἀ ν α φ α ί ν ε ι,

'Von den Männern muß man denjenigen loben, der beim Symposion gute (Inhalte) aufscheinen läßt'.

Diesen moralisierenden Gedanken (vgl. [8.61]) illustriert Xenophanes anschließend mit einer Themenreihe, die er für nicht passend hält: Kriegs-Erzählungen aller Art [3.11].

Bei Pindar findet sich die Wendung φανερὰ τίθημι als Umschreibung von φαίνω:

[7.6] Pi. *O.* 13.98: F

Ἰσθμοῖ τά τ᾽ ἐν Νεμέαι παύρωι ἔπει
θήσω φ α ν έ ρ ᾽ ἀθρό᾽,

'Die Vorgänge am Isthmos und in Nemea werde ich mit einem kurzen Wort sichtbar machen, alle zusammen'.

Gemeint ist die Summe aller Siege von Xenophons Familie an den Isthmischen und Nemeischen Spielen, die im anschließenden Vers ('mit einem kurzen Wort') mit 60 beziffert wird.

Soweit die Belege für φαίνω.[5] – Die Vorstellung, daß der Dichter sein Lied bzw. dessen Gegenstand 'ins Licht taucht', kehrt bei Pindar in Form der spezifischeren und 'dynamischeren' Feuer-Vergleichung wieder: Der Dichter 'zündet an'.

[7.7] Pi. *O.* 9.21–22: B

ἐγὼ δέ τοι φίλαν πόλιν
μ α λ ε ρ α ῖ ς ἐ π ι φ λ έ γ ω ν ἀοιδαῖς,

'Ich will, die befreundete Stadt mit verzehrend brennenden Liedern anzündend,' (diese Botschaft schicken: [2.16]).

Das Bild des Anzündens bewirkt eine Steigerung der Emphase und des affektiven Gehalts. Allerdings 'verbrennt' das Dichtungs-Feuer die Heimatstadt des

---

dem mit Efeu gebundenen Gott (sc. Dionysos) komme'.

Pi. *N.* 1.13 (Selbstapostrophe) [5.13]: σπεῖρέ νυν ἀγλαΐαν τινὰ νάσωι – 'Säe nun einen Glanz der Insel'.

Pi. *O.* 3.4 [11.31]: Μοῖσα δ᾽ οὕτω ποι παρέστα μοι νεοσίγαλον εὑρόντι τρόπον – 'Wirklich auf diese Weise trat die Muse an meine Seite, der ich eine neuerglänzende Weise fand.' Leumann zufolge (1950, 214 Anm. 8) ist νεοσίγαλος nach homerisch σιγαλόεις gebildet.

Vgl. auch Pi. fr. 333a.13: ἀγλαὸν μέλος.

[5] **FL** (φαίνω) S. *OK* 721; E. *Hipp.* 881; [Theokr.] 9.28 (vgl. S. *OT* 790 mit der Konjektur von Hermann). – Vgl. Cervantes' Kritik an seinen Kritikern: "juzgar los ecritos ajenos, sin haber dado algunos propios a la luz del mundo." ('Über die fremden Texte urteilen, ohne selber welche ans Licht der Welt gebracht zu haben': Murillo 1987, 2.65).

Siegers ebensowenig wie der Dichtungs-Pfeil den Adressaten verletzt (S. 142). Möglicherweise schwingt in diesem Anzünden auch der Gedanke des Anstachelns mit.

Parallelen:

Vedisch: Das Bild des Anzündens ist im Rigveda oft nachzuweisen, weil es zu den Aufgaben des Priester-Sängers gehört (z.B. 3.10.9; 3.13.5). Die Lieder glühen wie Feuer (10.68.6), das – im Unterschied zu den griechischen Belegen – auch verzehrend sein kann (9.73.5).

Akkadisch: Eine vergleichbare Vorstellung liegt einem Gebet an Ischtar zugrunde, das die Götterrede so beschreibt: 'The speech on their lips is a fire breaking out.' (Foster 1993, 718).

Ägyptisch: 'Speech falls on the heart like fire, | One cannot endure the word of mouth' (Lichtheim 1973, 142). Auch hier ist das Feuer verzehrend.

An Stelle der Heimatstadt kann als Liedgegenstand auch der Sieger selbst 'angezündet' werden:

[7.8] Pi. *P.* 5.45: B

Ἀλεξιβιάδα, cὲ δ' ἠΰκομοι φλέγοντι Χάριτεc.

'Sohn des Alexibios (= der Sieger), dich zünden die schöngelockten Chariten an'.[6]

Die Chariten haben hier eine doppelte Funktion: Zum einen haben sie Arkesilaos mit dem Sieg im Wagenrennen 'begünstigt', zum anderen fungieren sie als Patroninnen der Dichtung (vgl. Kap. 21), die diesen Sieg in Form eines Feuerstrahls publik macht.

So wie Bakchylides [7.4] eine Hymnen-Mitra aufscheinen läßt, entfacht Pindar für den Sieger eine Hymnen-Fackel:

[7.9] Pi. *I.* 3/4.61–62: B

προφρόνων Μοιcᾶν τύχοιμεν,
κεῖνον ἅψαι πυρcὸν ὕμνων
καὶ Μελίccῳ,

'Mögen wir günstig gesinnte Musen erlangen, jene Fackel von Liedern zu entfachen auch für Melissos (sc. den Sieger)'.

Die Passage schließt an eine andere Licht-Metapher an [7.26], die das Unvergängliche der Dichtung (zuvor exemplifiziert an Homers Bedeutung für Aias) mit einem Licht-Strahl versinnbildlicht. Daran anschließend möchte Pindar eine Lied-Fackel entfachen, die Melissos' Taten ebenso strahlend und unvergänglich der Nachwelt vermittelt wie Homer die des Aias.

In direkter Fortführung des Gedankens von [7.7] und [7.8] kann der Lied-Gegenstand oder der Lied-Adressat 'in Flammen stehen':

---

[6] **FL** (φλέγω) A. *Th.* 286; Ar. *Ach.* 665; *Th.* 1041.

[7.10] Pi. *N.* 10.1–3 (Liedbeginn): B

Δαναοῦ πόλιν ἀγλαοθρό-
νων τε πεντήκοντα κορᾶν, Χάριτες,
Ἄργος Ἥρας δῶμα θεοπρεπὲς ὑμνεῖ-
τε· φλέγεται δ' ἀρεταῖς
μυρίαις ἔργων θρασέων ἕνεκεν.

'Des Danaos und der fünfzig glänzendthronenden Mädchen Stadt, ihr Chariten, Argos, das den Göttern angemessene Haus der Hera, preist; es flammt von zahllosen Leistungen wegen kühner Taten'.

Mit der Anrufung der Chariten geht das Lied dazu über, die Heimatstadt des Siegers zu preisen (Teil des Sieger-Lobs).

Das gleiche Bild findet sich auch in bezug auf den Sieger selbst:

[7.11] Pi. *I.* 7.23: B

φλέγεται δὲ ἰοπλόκοισι Μοίσαις,

'Er (sc. der Sieger) flammt (im Licht) der veilchenlockigen Musen'.

[7.12] Pi. *N.* 6.37–38: B

παρὰ Κασταλίαν τε Χαρίτων
ἑσπέριος ὁμάδωι φλέγεν·

'Und an der Kastalia flammte er (sc. der Sieger) am Abend in der Chariten Schar'.

Mit andern Worten: Im Anschluß an seinen Sieg an den Pythischen Spielen in Delphi ist Kallias seinerzeit (*N.* 6 ist dem Sieg eines Verwandten des Kallias gewidmet) in einer abendlichen Siegesfeier (einschließlich Epinikion) geehrt worden.

Oder mit weniger spezifischem Bezug zum aktuellen Liedanlaß in einer Gnome des zweiten Paians:

[7.13] Pi. fr. 52b.66–67: B

ὁ δὲ καλόν τι πονή[σ]αις
εὐαγορίαισι φλέγει·

'Wer etwas Schönes vollbracht hat, flammt in preisenden Reden'.

Auch das weniger 'dynamische' Verb λάμπω bringt die Vorstellung des leuchtenden Lied-Inhalts zum Ausdruck:

[7.14] Pi. *I.* 3/4.41–42: B

ἀλλ' ἀνεγειρομένα χρῶτα λάμπει,
Ἀοσφόρος θαητὸς ὣς ἄστροις ἐν ἄλλοις·

'Aber aufgeweckt leuchtet ihr Leib (sc. der Kunde vom Sieg) wie der wunderbare Morgenstern unter den anderen Gestirnen'. — [17.13]

Aus der Kombination mit dem Bild des Weckens [17.13] geht eine eigentümliche Gestirnsvergleichung hervor, derzufolge der Leib der zuvor in Schlaf gefallenen Siegeskunde leuchtet wie der Morgenstern.

Ähnlich wie in [7.13] kann das Licht-Bild auch dazu dienen, den Kausalkonnex von πόνοϲ und 'Leuchten im Lied' zu verdeutlichen:

[7.15] Pi. fr. 227: B

... νέων δὲ μέριμναι cὺν πόνοιϲ εἱλιϲϲόμεναι
δόξαν εὑρίϲκοντι· λ ά μ π ε ι δὲ χρόνωι
ἔργα μετ' αἰθέρ' ⟨ἀερ⟩θέντα

'Die Bemühungen junger Menschen finden Ruhm, wenn sie mit Anstrengung betrieben werden; in den Himmel erhoben leuchten die Taten lange Zeit'. — [14.16]

Entsprechend schafft der Athlet durch seine Siege die Grundlage für das 'Licht', für welches die Muse verantwortlich zeichnet (Sieg-Lied-Motiv):

[7.16] Pi. *N.* 3.83–84 (Liedschluß): B

τίν γε μέν, εὐθρόνου Κλεοῦϲ ἐθελοί-
ϲαϲ, ἀεθλοφόρου λήματοϲ ἕνεκεν
Νεμέαϲ Ἐπιδαυρόθεν τ' ἄπο καὶ Μεγάρων δέδορκεν
φ ά ο ϲ .

'Dir (sc. dem Sieger) aber strahlt, da die gutthronende Kleio es will, für deinen siegreichen Kampfesmut von Nemea, Epidauros und Megara her Licht'.[7]

In [7.15] ist mit dem Hinweis auf die Dauerhaftigkeit (χρόνωι) des poetologischen Leuchtens ein Qualitätsmerkmal enthalten, das mehrfach bezeugt ist. Bakchylides kombiniert es mit dem Gedanken aus [7.16], daß die Muse daran beteiligt ist:

[7.17] B. 3.90–92: B

ἀρετᾶ[ϲ γε μ]ὲν οὐ μινύθει
βροτῶν ἅμα ϲ[ώμ]ατι φ έ γ γ ο ϲ , ἀλλὰ
Μοῦϲά νιν τρ[έφει.]

'Das Licht der Leistung aber schwindet ja nicht zugleich mit dem Leib der Menschen, sondern die Muse nährt es'.

Der rhetorisch polare Ausdruck macht deutlich, daß das Leuchten der Dichtung die Verbreitung der Leistungen über den Tod des gepriesenen Menschen hinaus garantiert. Auffällig ist, daß Bakchylides hier nicht genau bezeichnet, wessen ἀρετή weiter tradiert wird. Implizit ist es also auch seine eigene.

An einer anderen Stelle operiert Bakchylides mit ähnlichen Vorstellungen und Bildern, wenn er vom langdauernden Leuchten des Ruhmes spricht:

---

[7] Das Licht-Bild erhält dadurch, daß φάοϲ das letzte Wort des Lieds überhaupt ist, besonderes Gewicht. Überdies wird eine Verbindung zum Beginn der letzten Triade hergestellt (Hubbard 1985, 47): τηλαυγὲϲ ἄραρε φέγγοϲ Αἰακιδᾶν αὐτόθεν – 'Weithin strahlend ist gefügt das Licht der Aiakiden gerade von hier' (*N.* 3.64).

[7.18] B. 13.58–65 (Text nach Maehler 1982): B

ἐκ τοῦ παρ]ὰ βωμὸν ἀριcτάρχου Διόc
Νίκαc] φ[ε]ρ[ε]κυδέοc ἀν-
θρώπο]ιcιν ἄ[ν]θεα
χρυcέ]αν δόξαν π ο λ ύ φ α ν τ ο ν ἐν αἰ-
ῶνι] τρέφει παύροιc βροτῶν
α]ἰεί, καὶ ὅταν θανάτοιο
κυάνεον νέφοc καλύψηι, λείπεται
ἀθάνατον κλέοc

'Seitdem (sc. seit Einführung der Nemeischen Spiele) nähren beim Altar des höchsten Herrschers Zeus die Blüten der ruhmbringenden Nike den Menschen den goldenen, weithin leuchtenden Ruhm ihr Leben lang – jeweils nur wenigen unter den Menschen; selbst wenn die dunkle Wolke des Todes sie zudeckt, bleibt unsterblich bestehen der gute Ruf'.

Das Licht des vom Epinikien-Dichter mitbegründeten Ruhmes vermag das Dunkel des Todes zu überdauern.

Zu Beginn dieses Kapitels war deutlich geworden, daß der Dichter sowohl den Liedgegenstand (z.B. [7.5]) als auch das Lied selbst (z.B. [7.2]) 'aufscheinen lassen' kann. Entsprechend kann nicht nur der Lied-Inhalt, sondern auch das Lied selbst 'leuchten' bzw. 'ein Licht sein' (produktbezogene Vergleichung):

[7.19] Pi. fr. 52s.4–5: B

ἀμφὶ πόλιν φ λ ε γ ε [
....]ν ὕμνων c έ λ α c

'Um die Stadt (flammt?) der Schein der Lieder'.

Obwohl die prekäre Textüberlieferung viele Fragen offen läßt, ist das poetologische Licht-Bild bereits durch die Wendung ὕμνων cέλαc gesichert. Da außerdem in Vers 4 eine intransitive oder mediale Form von φλέγειν zu ergänzen sein dürfte, bildet der Passus ein Gegenstück zu [7.7].

Auch bei Bakchylides 'flammen' die Lieder:

[7.20] B. fr. 4.80: B

παιδικοί θ' ὕμνοι φ λ έ γ ο ν τ α ι .

'Und Liebeslieder auf Knaben flammen'.

An diesem Beleg läßt sich besonders gut zeigen, daß die poetologische jeweils nur *eine* der möglichen Bedeutungsebenen darstellt. In φλέγονται schwingen zweifellos auch erotische Untertöne mit (vgl. [6.8]).

Bakchylides benutzt auch weniger 'dynamische' Licht-Bilder (analog zu [7.15] bis [7.17]):

[7.21] B. 8.20–25: B

κομπάcομαι· cὺν ἀλα-
θείαι δὲ πᾶν λ ά μ π ε ι χρέοc·
οὔτιc ἀνθρώπων κ[αθ' Ἕλλα-

νας cὺν ἅλικι χρόνω[ι
παῖc ἐὼν ἀνήρ τε π[λεῦ-
νας ἐδέξατο νίκας.

'Laut will ich ausrufen – das dir Geschuldete (= das Lied, s. [15.6]), leuchtet ganz, zusammen mit der Wahrheit: Kein Mensch hat unter den Griechen in seiner Altersgruppe weder als Junior noch als Erwachsener mehr Siege errungen (sc. als du)'.[8]

Die Wahrhaftigkeit der Aussage bringt diese zum Leuchten.[9] Außerdem wird das Licht-Bild mit einem anderen poetologischen Bild vermischt: die 'Schuld' leuchtet. Diese Art von Vermischungen ist – zumal bei Pindar – mehrfach bezeugt, zweimal im Zusammenhang mit Bau-Metaphorik:

Die goldenen Säulen des Prooimion-Gebäudes in *O.* 6 [3.56] sollen nach dem Wunsch des Dichters eine 'weithin strahlende Vorderseite' (πρόcωπον τηλ-αυγέc) darstellen.[10] Mit ihr ist die Vorderseite des Lieder-Schatzhauses zu vergleichen:

[7.22] Pi. *P.* 6.14: B

φ ά ε ι δὲ πρόcωπον ἐν καθαρῷι (sc. ἀπαγγελεῖ)

'Im reinen Licht wird seine Vorderseite' (sc. des 'Schatzhauses der Lieder' [19.12]) den Sieg melden: [2.23], vgl. zu [3.58]

Trotz der zu [7.2] geäußerten Zweifel, was die Licht-Konnotation von φαίνω betrifft, dürfte der folgende Passus dennoch hierher gehören:

[7.23] Pi. *O.* 10.84–85: B

χλιδῶcα δὲ μολπὰ πρὸc κάλαμον
ἀντιάξει μελέων,
τὰ παρ' εὐκλέϊ Δίρκαι χρόνωι μὲν φ ά ν ε ν·

'Dem Rohr (= dem Aulos) wird delikates Singen von Liedern begegnen, die am ruhmreichen Dirke-Fluß (sc. in Theben) mit der Zeit endlich (im Licht) aufgeschienen sind'.[11]

Im Unterschied zu [7.2] bis [7.6] bezeichnet φαίνω/-ομαι hier weniger den Liedvortrag, sondern in erster Linie die Komposition. Das mit dem Ankündigungsfutur ἀντιάξει beschriebene Siegesfest dürfte in Lokroi, der Heimat des Siegers, stattgefunden haben; mit Sicherheit jedoch nicht in Pindars Heimatstadt Theben, wo die Lieder 'mit Verzögerung' (χρόνωι) 'ans Licht getreten sind'.[12] Mit ihnen trifft das Aulos-Spiel jetzt anläßlich der Siegesfeier zusammen.

---

[8] **FL** (λάμπω) A. *Ag.* 1180–1181; S. *OT* 186; 473–475.

[9] Den Zusammenhang zwischen der Wahrheit (etymologisch verstanden: ἀ-λήθεια 'Unverborgenheit') und dem Licht diskutiert Bremer (1976, 311–314 und passim) eingehend.

[10] Die Vorstellung 'Licht' spielt bereits im Eingangswort 'golden' eine Rolle (das πρόcωπον ist τηλαυγέc, weil die Säulen golden sind). Entsprechendes gilt für die Vergleichung aus der Goldläuterung [3.68].

[11] **FL** (φαίνομαι) A. *Eu.* 569; S. *OT* 848; *Tr.* 1.

[12] Diese 'Verzögerung' ist mit V. 3 zu verbinden, wo Pindar behauptet, das Lied 'vergessen' zu haben [15.1]. In beiden Fällen handelt es sich um ein Hindernismotiv.

An einer anderen Stelle bezeichnet Pindar mit einem an Zeus gerichteten δέξαι-Motiv diesen strahlenden Fest-κῶμος als 'Licht':

[7.24] Pi. *O.* 4.9–10: B

δέξαι Χαρίτων θ' ἕκατι τόνδε κῶμον,
χρονιώτατον φ ά ο ς εὐρυσθενέων ἀρετᾶν.

'Nimm auf (sc. Zeus) um der Chariten willen diesen Festzug hier, das am längsten dauernde Licht gewaltiger Leistungen'.

Inhaltlich besteht eine enge Verwandtschaft mit [7.17], weil das Dichtungs-Licht am längsten für die Verbreitung der ἀρεταί zu sorgen vermag.

Die folgende Licht-Apposition präsentiert sich ganz analog, doch bleibt die poetologische Deutung hypothetisch:

[7.25] Pi. *N.* 4.11–13: D

δέξαιτο δ' Αἰακιδᾶν
ἠύπυργον ἕδος, δίκαι ξεναρκέϊ κοινόν
φ έ γ γ ο ς.

'Es empfange (das Lied) der Sitz der Aiakiden mit hohen Türmen (= Aigina), für das Recht, das die Fremden schützt, ein gemeinsames Licht'.

Die Deutung hängt von der Frage ab, ob φέγγος Apposition zu ἕδος oder zu dem aus V. 11a als Objekt von δέξαιτο zu ergänzenden ὕμνου προκώμιον aufgefaßt wird. Während die meisten Erklärer stillschweigend von der ersten Variante ausgehen, vertritt Hubbard (1985, 77 Anm. 16) im Anschluß an den Scholiasten die Meinung, die Apposition sei auf Aigina *und* das Lied zu beziehen. Die Ähnlichkeit mit [7.24] (Licht-Metapher, δέξαι-Motiv) zeigt, daß diese Möglichkeit jedenfalls nicht a priori ausgeschlossen werden sollte.[13]

Die schon mehrfach angetroffene zeitliche Verbreitung wird von Pindar einmal mit der räumlichen Verbreitung kombiniert:

[7.26] Pi. *I.* 3/4.59–60: B

καὶ πάγ-
καρπον ἐπὶ χθόνα καὶ διὰ πόντον βέβακεν
ἐργμάτων ἀ κ τ ὶ ς καλῶν ἄσβεστος αἰεί.

'Und über das fruchtvolle Land und über das Meer schreitet der Strahl schöner Taten unlöschbar, ewig'. — [11.68]

Dieser räumlich und zeitlich unendliche Lichtstrahl versinnbildlicht – wie bereits zu [7.9] erwähnt – die Bedeutung, die die homerischen Epen für Aias und dessen Einschätzung durch die Nachwelt haben.

Bisher sind Stellen vorgeführt worden, an denen der Dichter sein Lied bzw. dessen Gegenstand zum Leuchten bringt. Geht man im Entstehungsprozeß der

---

[13] Die vorliegende Stelle ist außergewöhnlich, weil das δέξαι-Motiv sonst an göttliche Adressaten gerichtet wird. Diese Übertragung auf die menschliche Ebene gibt der Passage ihr feierliches Gepräge.

Dichtung einen Schritt zurück, läßt sich das Bild ebenfalls nachweisen: Licht als Zeichen dafür, daß der Dichter unter dem Schutz der (Inspirations-)Götter steht:

[7.27] Pi. *P.* 9.89a–90: B

Χαρίτων κελαδεννᾶν
μή με λίποι καθαρὸν φ έ γ γ ο c.

'Möge der tönereichen Chariten reines Licht mich nicht verlassen!'

In Form einer Litotes bittet der Dichter die Chariten darum, daß das Licht, in dem er (dichtend) steht und das er an seine Adressaten 'weiterreicht', seine unverfälschte, reine (καθαρόν) Leuchtkraft nicht einbüßen möge und unvergänglich sei.

Auch Archilochos' poetologisches Bild des Inspirationsblitzes gehört letztlich hierher, auch wenn es sich um ein Gebilde *sui generis* handelt, das – wenn nicht alles täuscht – in seiner Zeit ganz einzigartig gewesen ist:

[7.28] Archil. 120: B

ὡc Διωνύcου ἄνακτοc καλὸν ἐξάρξαι μέλοc
οἶδα διθύραμβον οἴνωι c υ γ κ ε ρ α υ ν ω θ ε ὶ c φρέναc.

'Wie ich es doch verstehe, das schöne Lied des Herrn Dionysos, den Dithyrambos, anzustimmen, wenn mein Geist vom Wein ›zusammengeblitzt‹ ist!'

In diesem Zweizeiler metaphorisiert Archilochos die inspirierende Wirkung des Weins, indem er ihn mit einem Blitz vergleicht. Dieser 'Wein-Blitz' des Dionysos 'erleuchtet' ihn in ähnlicher Weise wie Pindar das Licht der Chariten. Das Blitz-Bild ist allerdings mehrschichtig, weil Archilochos damit auch auf die Zeugung des Dionysos anspielt, bei der Semele im Blitz des Zeus verbrannte. Sie verlor dadurch zwar ihr Leben, wurde in einem zweiten Schritt aber ebenso unsterblich wie andere, die von Zeus' Blitz getroffen wurden.[14] Der Blitz ist somit das Mittel der Mediation zwischen göttlicher und menschlicher Sphäre.[15] Zugleich spielt der Gedanke der Unsterblichkeit in diese *unificatio* mit dem Göttlichen mit hinein.[16]

---

[14] Nagy (1979, 203 § 41 Anm. 1) nennt mehrere Beispiele.

[15] Vgl. die Blitze im letzten Chorlied von Sophokles' *Oidipus auf Kolonos* (1447–1499) und ihre Interpretation durch Oidipus (1511–1515). Schon in der *Ilias* blitzt Zeus δεικνὺc cῆμα βροτοῖcιν (13.244).

[16] **FL** (Blitz) Das Bild setzt sich in der Moderne fort. Der Blitz als eine der Formen, wie das Göttliche sich dem Menschlichen nähert und den Dichter 'entzündet', gehört zu den Eckpfeilern von Hölderlins Dichtungsauffassung, z.B. 'Wie wenn am Feiertage...', 45–60: "Daß schnellbetroffen sie (sc. die Seele des Dichters), Unendlichem | Bekannt seit langer Zeit, von Erinnerung | Erbebt, und ihr, von heilgem Stral entzündet, | Die Frucht in Liebe geboren, der Götter und Menschen Werk | Der Gesang, damit er beiden zeuge, glükt. | So fiel, wie Dichter sagen, da sie sichtbar | Den Gott zu sehen begehrte, sein Bliz auf Semeles Haus | Und die göttlichgetroffne gebahr, | Die Frucht des Gewitters, den heiligen Bacchus. || Und daher trinken himmlisches Feuer jezt | Die Erdensöhne ohne Gefahr. | Doch uns gebührt es, unter Gottes Gewittern, | Ihr Dichter! mit entblößtem Haupte zu stehen | Des Vaters Stral, ihn selbst, mit eigner Hand | Zu fassen und dem Volk ins Lied | Gehüllt die himmlische

Wenn Inspiration als 'Anzünden des Dichters' verstanden werden kann, ist es nichts als konsequent, daß der Dichter sich selbst als 'Licht' sieht:

[7.29] Pi. *P.* 3.75–76: B

> ἀcτέροc οὐρανίου
> φαμὶ τηλαυγέcτερον κείνωι φάοc
> ἐξικόμαν κε

'Ich glaube, (als) ein Licht, weiter strahlend als ein Stern am Himmel würde ich zu ihm (sc. Hieron) kommen'. (Die Stelle wird eingerahmt von einer ausgedehnten Arzt- und Schiffs-Allegorie: [4.9], [13.8])

Die Metapher 'Licht' für den Retter in der Not ist schon Homer geläufig (z.B. *Il.* 16.39). Im vorliegenden Zusammenhang ist von entscheidender Bedeutung, daß Pindar *als Dichter* für Hieron der Retter in der Not ist (ausführlicher zu [4.9]). Wie in [7.14] ist das Bild begleitet von einer Gestirns-Vergleichung. Möglicherweise üben hier die im unmittelbaren Kontext wiederholt auftretenden maritimen Bilder ihren Einfluß aus (Gestirne als Navigationshilfe). Außerdem wird wie in [7.26] die räumliche Ausdehnung des Lichts (τηλαυγέcτερον) thematisiert.[17]

Mit einer weniger markanten Ausformung dieser Vergleichung endet *O.* 1, das bereits mit einer Licht-Vergleichung begonnen hatte:[18]

[7.30] Pi. *O.* 1.115–116 (Liedschluß): B

> εἴη cέ τε τοῦτον ὑψοῦ χρόνον πατεῖν,
> ἐμέ τε τοccάδε νικαφόροιc
> ὁμιλεῖν πρόφαντον cοφίαι καθ' Ἕλ-
> λανας ἐόντα παντᾶι.

'Möge es dir (sc. Hieron, dem Sieger) vergönnt sein, während dieser Zeit (= dein Leben lang) in der Höhe zu schreiten, und mir, so lange mit den Siegern Umgang zu haben, hervorscheinend durch meine Dichtkunst überall unter den Griechen'.

Weniger markant ist einzig das Licht-Bild selbst (πρόφαντον, wieder vom Stamm φαίνω/ομαι). Hingegen ist die Passage geprägt von einer bemerkenswert hohen Selbsteinschätzung. Dichter und Adressat (Hieron, einer der mächtigsten und berühmtesten Männer seiner Zeit) werden in ähnlicher Weise parallelisiert wie am Ende von Ibykos' Polykrates-Ode.[19] Außerdem hat der Dichter einen

---

Gaabe zu reichen." (Der Einfachheit halber zitiert nach Beißner 1951 [= StA 2.1], 120–121; der genaue Befund der Handschriften wird nachgewiesen in der Ausgabe von Uffhausen 1989, 5–7.) Zum Blitz-Bild vgl. z.B. auch Klopstocks 'Frühlingsfeier'.

[17] Die nach der Ergänzung und Interpretation von Treu (1980, 154) älteste Stelle für das 'weithin strahlende (Dichter-)Wort', Alk. 115.11, bleibt hier beiseite. Die Ergänzung [φθόγγον τ]ηλεφάνην ist sehr unsicher und hat sich in der einschlägigen Literatur nicht durchsetzen können.

[18] Pi. *O.* 1.1–2: Ἄριcτον μὲν ὕδωρ, ὁ δὲ χρυcὸc αἰθόμενον πῦρ | ἅτε διαπρέπει νυκτί – 'Das Beste ist Wasser; das Gold leuchtet wie strahlendes Feuer in der Nacht'. Krummen (1990, 214) hat wahrscheinlich machen können, daß in dieser Vergleichung auch eine poetologische Note mitschwingt; ähnlich schon Finley (1955, 53).

[19] Ibyk. S151.46–48 (Liedschluß): τοῖc μὲν πέδα κάλλεοc αἰὲν | καὶ cύ, Πολύκρατεc, κλέοc

ausdrücklichen 'panhellenischen' Anspruch (καθ' Ἕλλανας ἐόντα παντᾶι, vgl. [2.10]).

Die in [7.29] dokumentierte Kombination von Licht-Bild und Gestirns-Vergleichung findet sich bereits bei Alkman, der sie allerdings auf den Lied*vortrag* bezieht:

[7.31] Alkm. 1.60–63: B

ταὶ Πεληάδες γὰρ ἇμιν
ὀρθρίαι φᾶρος φεροίςαις
νύκτα δι' ἀμβροςίαν ἅτε c ή ρ ι ο ν
ἄ c τ ρ ο ν ἀυηρομέναι μάχονται·

'Denn die Pleiaden kämpfen mit uns, die wir der Morgengöttin ein Gewand darbringen, indem sie sich durch die ambrosische Nacht erheben wie das Sirius-Gestirn'. — [6.42]

Kaum eine Stelle hat so zahlreiche und so kontroverse Deutungen hervorgerufen. Wie zu [6.42] erläutert wird, folgt die vorliegende Arbeit der Auffassung, daß die Auseinandersetzung (μάχονται) einen Agon im *Singen* betrifft. Dieser Agon wird durch die Gestirns-Vergleichung 'erheben sich wie das Sirius-Gestirn durch die ambrosische Nacht' (νύκτα δι' ἀμβροςίαν ἅτε cήριον ἄcτρον ἀυηρομέναι) illustriert. Deshalb liegt es näher, in Πεληάδες das gleichnamige Gestirn zu erkennen (und nicht 'Tauben', die sich kaum in den Kontext einfügen lassen).[20]

Das Dunkel als Folie für das Licht

Das mit der Nennung des strahlenden Lichts vorausgesetzte Dunkel wird gelegentlich eigens thematisiert und repräsentiert jeweils als Folie die Gegenposition zum (preisenden) Dichter. Diese Gegenposition läßt sich in zwei Formen greifen: (1) Das Dunkel bezeichnet die unangemessene Behandlung des Liedgegenstands, die sich nochmals aufteilen läßt in das Tadeln und das Geschwätz. (2) Das Dunkel bezeichnet das (Ver-)Schweigen.

Zunächst das Tadeln, das der enkomiastischen Literatur fremd ist:

[7.32] Pi. *N.* 7.61–63: B

c κ ο τ ε ι ν ὸ ν ἀπέχων ψόγον,
ὕδατος ὥτε ῥοὰς φίλον ἐς ἄνδρ' ἄγων
κλέος ἐτήτυμον αἰνέςω·

'Fernhaltend dunklen Tadel will ich, wie Wassergüsse zum Freunde wahren Ruhm führend, ihn preisen'. — [8.28], [16.5]

ἄφθιτον ἑξεῖc | ὡc κατ' ἀοιδὰν καὶ ἐμὸν κλέοc. Vgl. S. 191 Anm. 29.

[20] Die Gestirns-Vergleichung ist auch in der akkadischen Literatur belegt. Im Unterschied zu den griechischen Bildern dreht sie sich aber nicht um das Leuchten, sondern um die 'Pünktlichkeit' der Gestirne – verbunden mit einer merkwürdigen Schriftlichkeitsmetapher: '[His command], like the graven signs of the starry sky, cannot miss its appointed time.' (Foster 1993, 716 mit Anm. 1: "The stars and planets, compared to writing, as if on the dome of the sky.")

Im folgenden Passus ist das Licht als Gegenposition zum Dunkel ausdrücklich genannt:

[7.33] Pi. *N.* 4.37–41: B

σφόδρα δόξομεν
δαΐων ὑπέρτεροι ἐν φ ά ε ι καταβαίνειν·
φθονερὰ δ' ἄλλος ἀνὴρ βλέπων
γνώμαν κενεὰν σ κ ό τ ω ι κυλίνδει
χαμαὶ πετοῖσαν.

'Deutlich soll man es sehen, wie wir höher als die Feinde im Lichte schreiten. Aber mit neidischem Blick wälzt ein anderer Mann im Dunkeln seine nichtige Beurteilung, die zu Boden fällt'.[21] — [6.21], [11.65]

Der Licht-Dunkel-Opposition wird zusätzlich verstärkt durch den Kontrast zwischen 'in der Höhe gehen' (ὑπέρτεροι ... καταβαίνειν) und 'zu Boden stürzen' (χαμαὶ πετοῖσαν).

Das Geschwätz ist dem preisenden Dichter nicht minder suspekt als der Tadel:

[7.34] Pi. *O.* 2.95–98: B

ἀλλ' αἶνον ἐπέβα κόρος
οὐ δίκαι συναντόμενος, ἀλλὰ μάργων ὑπ' ἀνδρῶν,
τὸ λαλαγῆσαι θέλον
κ ρ υ φ ὸ ν τιθέμεν ἐσλῶν καλοῖς
ἔργοις·

'Aber dem Lob tritt entgegen die Sättigung, die sich auf kein Recht berufen kann, sondern von vermessenen Männern (stammt), ein Geschwätz, das verbergen will die schönen Taten edler Menschen'.

Die Folie wird hier zum eigentlichen Hindernismotiv: Die enkomiastische Literatur muß grundsätzlich das Risiko des 'Zuviel' (κόρος) im Auge behalten (vgl. z.B. *P.* 8.32; *N.* 7.52). Im vorliegenden Fall besteht es darin, daß übelwollende Menschen den Erfolg eines anderen 'zerreden', um ihn auf diese Weise totzuschweigen. Dem muß Pindar Paroli bieten. Er tut es, indem er das Lied mit der rhetorischen Frage zum Abschluß bringt, wer wohl alle Wohltaten Therons (des Adressaten) aufzählen könnte. Die Ablehnung des Zerredens dient Pindar gewissermaßen als Abbruchsformel.

Mehrfach repräsentiert das Dunkel das (Ver-)Schweigen und damit die Gegenposition zum ewigen Ruhm durch unvergängliches Licht [7.17].[22]

[21] **FL** "Denn die einen sind im Dunkeln | Und die andern sind im Licht. | Und man siehet die im Lichte | Die im Dunkeln sieht man nicht." (B. Brecht: Die Schlußstrophen des Dreigroschenfilms. [= Brecht 1967, 2.497]).

[22] Daß Licht mit Erinnern und Dunkel mit Vergessen gleichgesetzt wird, hängt mit der gemeingriechischen Auffassung von Licht als Leben ('das Licht sehen' seit Homer als Umschreibung für 'leben') und Dunkel als Tod zusammen (Bremer 1976, passim). Damit steht im Einklang, daß κρύπτω (≈ *O.* 2.97) und καλύπτω (*N.* 9.7; *P.* 9.94; *N.* 1.31) häufig im Zusammenhang mit Begräb-

Parallele:

Akkadisch: Der Verfasser eines Hymnos verwünscht jeden zukünftigen Sänger, der den Hymnos nicht adäquat wiedergibt: 'He who abandons this song to obscurity, who does not extol Shamash, light of the gods, [...] may his string-playing be painful to people, may his joyful songs be the prick of a thorn!' (Foster 1993, 726).

Die Gleichsetzung des Dunkels mit dem Vergessen findet sich mit Bezug zur Dichtung bereits bei Sappho:

[7.35] Sapph. 55: B

κατθάνοιcα δὲ κείcηι οὐδέ ποτα μναμοcύνα cέθεν
ἔccετ' οὐδὲ †ποκ'† ὕcτερον· οὐ γὰρ πεδέχηιc βρόδων
τῶν ἐκ Πιερίαc, ἀλλ' ἀ φ ά ν η c κἀν 'Αίδα δόμωι
φοιτάcηιc πεδ' ἀμαύρων νεκύων ἐκπεποταμένα.

'Wenn du einmal tot bist, wirst du einfach daliegen, und niemand wird sich deiner erinnern, auch später nicht. Denn du hast keinen Anteil an den Rosen aus Pierien, sondern auch in Hades' Haus wirst du unsichtbar herumgehen unter den Schatten der Toten, nachdem du einfach hinweggeflogen bist'.[23] — [9.1]

Wer nicht Gegenstand (oder Autor) von Literatur ist, führt ein Schattendasein und fällt dem Vergessen anheim. Ironischerweise hat Sappho der Adressatin doch Anteil an den 'Rosen aus Pierien' gegeben: sie ist noch heute unvergessen.

Die übrigen Belege entstammen den Epinikien Pindars. Es ist bezeichnend für seine Dichtungsauffassung, daß das ins Bild des Dunkels gefaßte Verschweigen nur als abzulehnende Folie genannt wird.[24] Das Dunkel repräsentiert nicht eine ernsthaft erwogene Position, sondern dient vor allem dazu, das eigene Dichtungs-Licht um so heller erscheinen zu lassen. An den meisten Stellen schwingt darin das Sieg-Lied-Motiv mit: Große Leistungen müssen im Lied gepriesen werden:

[7.36] Pi. *N.* 7.12–13: B

ταὶ μεγάλαι γὰρ ἀλκαί
c κ ό τ ο ν πολὺν ὕμνων ἔχοντι δεόμεναι·

'Denn große Kampfeskräfte haben viel Dunkel, wenn sie der Lieder entbehren müssen'.

Die Gegenposition lautet in Form einer Litotes:

---

nissen verwendet werden.

[23] Die Identität der Adressatin ist unbekannt. Die Tradenten schwanken zwischen 'einer Reichen' und 'einer Kulturlosen'. Beides ergibt einen befriedigenden Sinn: Ersteres, weil vergängliche materielle Güter mit unvergänglichen immateriellen kontrastiert würden (vgl. [3.96] oder die Solon-Kroisos-Episode: Hdt. 1.29ff.); letzteres, weil es sich um eine Folie handelt und Sappho implizit für sich das Gegenteil in Anspruch nimmt.

[24] Das Verschweigen wird nur bei Gegenständen toleriert, die einem Preislied nicht angemessen sind. Vgl. etwa Pi. *N.* 5.16–18: οὔ τοι ἅπαcα κερδίων | φαίνοιcα πρόcωπον ἀλάθει' ἀτρεκέc· | καὶ τὸ cιγᾶν πολλάκιc ἐcτὶ cοφώτατον ἀνθρώπωι νοῆcαι. – 'Nicht immer ist die Wahrheit, die ihr Angesicht genau sehen läßt, von Nutzen. Oft ist auch Schweigen das Klügste, was ein Mensch tun kann'. Ähnlich fr. 42 und die merkwürdigen 'Wege des Schweigens': fr. 180 [11.91].

[7.37] Pi. *I.* 5.56–57: B

οὔτοι τ ε τ ύ φ λ ω τ α ι μακρός
μόχθος ἀνδρῶν

'Wirklich nicht ins Dunkel gesunken ist die große Mühe der Männer'.[25]

Der gleiche Gedanke begegnet zweimal in Form von Pindars 'enkomiastischem kategorischem Imperativ':

[7.38] Pi. *P.* 9.93–94: B

τό γ' ἐν ξυνῷ πεπονaμένον εὖ
μὴ λόγον βλάπτων ἁλίοιο γέροντος κ ρ υ π τ έ τ ω·

'Was für die Gemeinschaft wohlgetan ist, das soll keiner verdunkeln und dem Spruch des Alten im Meer (= Nereus) zuwiderhandeln'.

[7.39] Pi. *N.* 9.6–7 (Strophenbeginn): B

ἔστι δέ τις λόγος ἀνθρώπων, τετελεσμένον ἐσλόν
μὴ χαμαὶ σιγᾶι κ α λ ύ ψ α ι·

'Es gibt ein Sprichwort bei den Menschen: ›Eine schöne Tat sollst du nicht am Boden mit Schweigen verdecken!‹'

Ähnlich wie in [7.33] wird das Dunkel des Verschweigens 'am Boden' (χαμαί) angesiedelt (vgl. auch das 'Liegen' in [7.35], im Unterschied zur ὀρθότης [3.59] und [3.60]).

Wie in Anm. 22 angedeutet, werden die das Dunkel bezeichnenden Wörter oft im Zusammenhang mit Begräbnissen verwendet. Darauf nimmt Pindar an einer Stelle Bezug, an der er von der Wirkung seiner Lieder auf die Toten spricht:

[7.40] Pi. *O.* 8.77–80: B

ἔστι δὲ καί τι θανόντεσσιν μέρος
κὰν νόμον ἐρδομένων·
κ α τ α κ ρ ύ π τ ε ι δ' οὐ κόνις
συγγόνων κεδνὰν χάριν.

'Auch die Toten haben einen Anteil an dem, was nach dem Brauch geleistet wird. Nicht verbirgt Staub die teure Freude der Verwandten'.

Den außergewöhnlichen Gedanken, daß das Lied selbst die Toten zu erreichen vermag, illustriert Pindar anschließend mit einem Boten-Bild (S. 79 Anm. 23). Der Staub bedeckt zwar die Toten, nicht aber die χάρις, die in einem doppelten Sinn verstanden werden muß: Zum einen ist es die Freude der verstorbenen Verwandten über den Sieg ihres Nachfahren; zum andern bezeichnet es die 'Freundesgabe', die Anlaß zu dieser Freude gibt, also auch das Siegeslied selbst, das nicht vom Staub bedeckt wird.

Schließlich können die Erfolge siegreicher Athleten so dargestellt sein, daß sie damit den Ruf ihrer Familie aus dem Dunkel der Unterwelt herausreißen:

---

[25] Zu dieser Deutung von τυφλόω vgl. Thummer 1969, z.St.

[7.41] Pi. *I.* 6.62: B

ἀνὰ δ' ἄγαγον ἐς
φάος οἵαν μοῖραν ὕμνων·

'Und welchen Anteil an Liedern haben sie emporgeführt ans Licht!'[26]

Zusammenfassung: Wie zu Beginn des Kapitels angedeutet, ist das Feld der möglichen Assoziationen von 'Licht' praktisch unbegrenzt. Sie sind durchwegs positiv besetzt. Besondere Beachtung verdienen: (1) die Gestirns-Vergleichung, weil sie den Dichter als Repräsentanten einer höheren (kosmischen) Ordnung ausweist; (2) die Licht-Leben-Analogie, weil sie den zentralen Gedanken des 'Überlebens im Lied' zum Ausdruck bringt.-

26 Die Wendung ἀνάγω εἰς φάος erscheint regelmäßig in Zusammenhängen, in denen jemand aus der Unterwelt herausgeführt wird (Hes. *Th.* 626; *hDem* 338). Sie suggeriert also eine 'Wiederbelebung'.

8. Fliessen

Die Vergleichungen des Fließens ragen wie die des vorangegangenen Grundelements 'Licht' (Kap. 7) durch eine außergewöhnliche Vielfalt der Assoziationsfelder heraus.[1] Als Basis für die spezifischeren Formen der Fließ-Vergleichung dient die weit verbreitete Vorstellung, daß der Sprecher seine Stimme verströmen läßt (produzentenbezogen) bzw. daß die Stimme (des Sprechers) fließt (produktbezogen). Diese Stellen können nur dann als poetologisch gelten, wenn der Text zusätzlich eine Analogie zwischen Sprecher und Dichter herstellt.

Parallelen:

Vedisch: Die Reden der Gottergebenen 'ergießen sich wie ein Erguß' (Rigveda 1.190.2 u.ö.).

Hebräisch: Daß 'Anmut auf den Lippen des Herrschers ausgegossen ist' (Psalm 45.3), kommt der griechischen Vorstellung sehr nahe, nur daß dort der Fluß jeweils aus dem Mund heraus erfolgt.

Akkadisch: Der Aspekt 'Fließen' liegt möglicherweise in einem Passus des Epos 'Ischum und Erra' vor, der allerdings auch an die Honig-Vergleichungen erinnert (*TUAT* III 4.786; engl. Foster 1993, 776): 'Da erhörte sie der Held Erra, die Worte der Sibitti taten ihm gut wie feines Öl.'

Ägyptisch: Ein besonders dynamisches Bild verwendet der 'redekundige Oasenmann', der seine Rede mit einem Dammbruch vergleicht (Hornung 1996, 22; engl. Lichtheim 1973, 180).

Die älteste griechische Fließ-Vergleichung ist die Beschreibung, die der Erzähler der *Ilias* von den rhetorischen Fähigkeiten Nestors gibt, um dessen (letztlich

[1] Die meisten Belege sind in der Dissertation von Wilhelmi (1967) behandelt, mit der die vorliegende Untersuchung über weite Strecken einig geht. Zu beanstanden ist einzig, daß Wilhelmi das Bild des Fließens zu isoliert betrachtet, was in zwei Punkten zu unbefriedigenden Resultaten führt: (1) Wilhelmi behandelt das Honig-Bild unter den Fließ-Bildern, wogegen prinzipiell nichts einzuwenden ist. Seine Beschränkung auf das 'Fließende' des Honig-Bilds hat aber zur Folge, daß der Aspekt der 'angenehmen Wirkung auf den Rezipienten' zu kurz kommt (vgl. die einschlägigen Stellen im Kap. 18). Außerdem ist es nicht überzeugend, die Belege für die Vergleichung von Honig mit Dichtung immer von *Il.* 1.249 [8.1] herzuleiten (1967, 47 und 128). (2) Dadurch, daß Wilhelmi es bei der Behandlung *ausdrücklicher* Fließ-Bilder bewenden läßt, entgehen ihm die Belege, die die *Vorstellung* des Fließens zur Voraussetzung haben: z.B. [8.25] und [8.43] (vgl. die Bemerkungen über die Grenzen semasiologischer Arbeiten, oben S. 26).

dennoch erfolglosen) Vermittlungsversuch zwischen Achilleus und Agamemnon möglichst erfolgversprechend erscheinen zu lassen:

[8.1] *Il.* 1.249: B

τοῦ καὶ ἀπὸ γλώσσης μέλιτος γλυκίων ῥ έ ε ν αὐδή·

'Dem (sc. Nestor) von der Zunge süßer als Honig floß die Stimme'.[2] — [18.1]

Schon die antiken Scholien haben gesehen, daß dieses Lob 'syllogistisch' auf den Erzähler übertragen werden kann, weil die Figur Nestor ihm ihre fließende Honigstimme verdankt bzw. der Erzähler seine Qualitäten in die Figur 'hineinprojiziert'.[3]

Noch deutlicher ist der poetologische Bezug in Hesiods Darstellung des Musengesangs. Daß die Göttinnen, die Hesiod zum Dichter weihen, selbst ein Lied vortragen, macht diesen Gesang zu einem nachzuahmenden Modell:

[8.2] Hes. *Th.* 39–40: B

τῶν δ' ἀκάματος ῥ έ ε ι αὐδή
ἐκ στομάτων ἡδεῖα·

'Aus deren (sc. der Musen) Mund floß unermüdlich die süße Stimme'.

Rund 50 Verse später macht Hesiod vollends deutlich, daß der von den Musen 'geliebte' (≈ geweihte) Mensch eine süß fließende Stimme hat:

[8.3] Hes. *Th.* 96–97 (= *hh* 25.4–5): B

ὃ δ' ὄλβιος, ὅντινα Μοῦσαι
φίλωνται· γλυκερή οἱ ἀπὸ στόματος ῥ έ ε ι αὐδή.

'Der ist glückselig, den die Musen lieben. Süß fließt ihm die Stimme aus dem Mund'.

Aus dem Kontext geht unzweifelhaft hervor, daß mit diesem 'glückseligen' Menschen βασιλεύς *und* Dichter gemeint sind (Wilhelmi 1967, 29; vgl. [8.47]).

Was die Konnotationen der 'fließenden Stimme' betrifft, ist zum einen die mehrfach wiederkehrende 'Süße' und damit die grundsätzliche Nähe zu den Honig-Bildern (Kap. 18) zu erwähnen. Zum anderen deutet das Attribut 'unermüdlich' in [8.2] darauf, daß ein stetiges, ungehindertes, regelmäßiges Fließen assoziiert wird.[4] P. Murray rückt diese Assoziation in die Nähe der Kompositions- und Vortragsbedingungen von *oral poetry*, in denen sie den Ursprung des Bildes erkennen möchte:

> "Surely the significance of the comparison of the poet's utterance to a stream is that in oral poetry fluency is vital. Since composition and performance are simultaneous, without fluency composition breaks down." (Murray 1981, 95).

---

[2] **FL** Dieser Vers erfreute sich offenbar großer Beliebtheit: So findet er sich in einer Grabinschrift des 4. Jh. v. Chr. (CEG 578.7), wird aber noch im 6. Jh. n. Chr. in einem Bittbrief zitiert: P. Berol. inv. 21894 (= *SB* XIV 11856).

[3] Schol. *Il.* 1.249 (Ab): ἔοικε δὲ ἀποτείνεσθαι εἰς ἑαυτὸν ὁ κατὰ συλλογισμὸν ἔπαινος.

[4] Vgl. Schol. *Il.* 1.249 (Ab) "ῥέεν" δὲ διὰ τὸ ἀνεμπόδιστον.

Obwohl diese Hypothese nicht zwingend widerlegt werden kann, dürfte flüssiges Sprechen – zumal in 'mündlichen' Gesellschaften – eine grundsätzlich erstrebenswerte Eigenschaft sein.[5] Nach [8.3] gewinnt ja auch die Autorität des 'guten' βαcιλεύc durch rhetorisches Geschick. Die Einschränkung auf mündliche *Dichtung* ist wohl doch zu eng.

Das ununterbrochene Fließen der Stimme erhält im homerischen Aphrodite-Hymnos noch eine weitere Bedeutung: Eos hat vergessen, Zeus nicht nur um ewiges Leben, sondern auch um ewige Jugend für ihren Geliebten Tithonos zu bitten. Nachdem sein Körper gealtert ist, lebt Tithonos nur noch 'als Stimme':

[8.4] *hAphr* 237 (Aphrodite zu Anchises über Tithonos): B

τοῦ δ' ἤτοι φωνὴ ῥ ε ῖ ἄcπετοc,

'Dessen Stimme fließt unaufhörlich'.[6]

Dieses unaufhörliche Fließen der Stimme bei gleichzeitigem Schwinden des Körpers dient poetologischen Vergleichungen als Ausgangspunkt für die Überwindung des physischen Tods im Lied (z.B. Sappho 58 [1.41]).[7]

In einer zweiten Gruppe von Belegen ist eine Verschiebung der Perspektive auszumachen. War bisher ganz allgemein von einem 'Fließen der Stimme' die Rede, wird jetzt ein Urheber benannt, der als Subjekt die Stimme verströmen läßt. Sprachlich äußert sich dieser Übergang darin, daß transitive Verben wie χέω 'gießen' an die Stelle des intransitiven ῥέω 'fließen' treten.

(a) Gießen

Parallelen:

Vedisch: Der vedische Sänger läßt sein Loblied verströmen (Rigveda 8.35.20).

Hebräisch: Das Bild des Sprechers, der seine Rede (oft ein Gebet) 'ausschüttet', kehrt im AT mehrfach wieder (Psalm 102.1–2; 119.171; 142.3; Sprüche 15.2).

Als Urheber dieses Gießens treten mehrfach Tiere auf, deren Gesang mit demjenigen des Dichters verglichen wird: Singvögel und Zikaden (vgl. Kap. 1).

[5] Das Bild der 'flüssigen Rede' ist auch außerhalb Griechenlands weit verbreitet: In den ägyptischen 'Maximen des Ptahhotep' heißt es: 'If he is fluent in his speech, | It will not be hard for the envoy to report' (Lichtheim 1973, 67). Ähnlich im akkadischen Weisheitstext 'Der leidende Gerechte': 'My tongue, which was tied and [could] not converse, | [He] wiped off its coating and [its] speech became fluent' (Foster 1993, 320; von Soden läßt in *TUAT* III 1.130, eine Lücke).

[6] Andere Versionen (z.B. Hellanikos 4 FGrHist 140) berichten von Tithonos' Verwandlung in eine Zikade, so daß sich eine Verbindung zu den Tier-Vergleichungen [1.18ff.] ergibt. Kakridis (1930) geht davon aus, daß der Dichter des Aphrodite-Hymnos diese Variante kennt, aber absichtlich unterschlägt. Sicherheit ist in dieser Frage nicht zu gewinnen.

[7] **FL** (ῥέω) A. *Th.* 556–557; [Theokr.] 20.26–27.

Zunächst ist dies in der *Odyssee* die Nachtigall im Tereus-Prokne-Mythos, den Penelope dem Bettler erzählt:

[8.5] *Od.* 19.518–521 (Penelope spricht): B

ὡς δ' ὅτε Πανδαρέου κούρη, χλωρηῒς ἀηδών,
καλὸν ἀείδηισιν ἔαρος νέον ἱσταμένοιο,
δενδρέων ἐν πετάλοισι καθεζομένη πυκινοῖσιν,
ἥ τε θαμὰ τρωπῶσα χ έ ε ι πολυδευκέα φωνήν,

'Wie wenn Pandareos' Tochter, die grünliche Nachtigall, schön singt, sobald der Frühling sich neu eingestellt hat, in den dichten Blättern der Bäume sitzend, und vielfach wechselnd vergießt sie die vielhallende Stimme'. — [1.5]

Ähnlich lautet ein Passus aus dem homerischen Pan-Hymnos:

[8.6] *hh* 19.17–18: B

ὄρνις ἥ τ' ἔαρος πολυανθέος ἐν πετάλοισι
θρῆνον ἐ π ι π ρ ο χ έ ο υ σ α , χ έ ε ι μελίγηρυν ἀοιδήν.

(Das Flötenspiel Pans vermag niemand zu übertreffen, auch nicht) 'der Vogel (sc. die Nachtigall), der im blütenreichen Frühling in den Blättern einen Trauergesang hervorfließen läßt und das honigsüß sprechende Lied ausgießt'.[8] — [1.16]

Auch die Zikade sitzt im Baum und 'vergießt' ihr Lied:

[8.7] Hes. *Op.* 582–584: B

ἦμος δὲ σκόλυμός τ' ἀνθεῖ καὶ ἠχέτα τέττιξ
δενδρέωι ἐφεζόμενος λιγυρὴν κ α τ α χ ε ύ ε τ ' ἀοιδήν
πυκνὸν ὑπὸ πτερύγων,

'Wenn die Distel blüht und die zirpende Zikade im Baum sitzend ihr hellklingendes Lied herabgießt, dicht unter den Flügeln hervor'. — [1.18]

[8.8] [Hes.] *Sc.* 393–397: B

ἦμος δὲ χλοερῶι κυανόπτερος ἠχέτα τέττιξ
ὄζωι ἐφεζόμενος θέρος ἀνθρώποισιν ἀείδειν
ἄρχεται, [...]
καί τε πανημέριός τε καὶ ἠῶιος χ έ ε ι αὐδήν
ἴδει ἐν αἰνοτάτωι,

'Wenn die zirpende Zikade mit dunklen Flügeln auf dem grünen Zweig sitzend den Menschen den Sommer zu singen beginnt ... und den ganzen Tag und am Morgen die Stimme ausgießt in der schrecklichsten Hitze'. — [1.19]

[8.9] Sapph. 101A.1–2 (= Alk. 347b L-P): B

πτερύγων δ' ὕπα
κ α κ χ έ ε ι λιγύραν ἀοίδαν,

'Unter den Flügeln hervor gießt aus ein hellklingendes Lied (sc. die Zikade)'. — [1.22]

---

[8] Die Verdoppelung des Fließ-Bilds (ἐπιπροχέουσα – χέει) hat verschiedentlich zu Konjekturen Anlaß gegeben. Der letzte Herausgeber (Càssola 1975) verbannt sie in den Apparat und hält am überlieferten Text fest. Für diese Lösung spricht nicht zuletzt die Parallelität zur *Odyssee*-Stelle (χέει μελίγηρυν ἀοιδήν bzw. χέει πολυδευκέα φωνήν).

Zusätzlich zu diesen Kombinationen aus Tier- und Gieß-Vergleichung gibt es auch den einfacheren Fall, daß der Dichter bzw. der/die Sänger Subjekt des Gießens ist:

[8.10] B. 5.14–16: B

ἐθέλει {δὲ}
γᾶρυν ἐκ cτηθέων χέων
αἰνεῖν Ἱέρωνα.

'Bereit ist er (sc. der Dichter), das Lied aus seiner Brust gießend Hieron (sc. den Sieger) zu preisen'.

Möglicherweise gehört auch eine der neuen Simonides-Elegien hierher. Allerdings stellen die entscheidenden Wörter eine (freilich plausible) Ergänzung dar:

[8.11] Simon. *eleg.* 22.17–18 (suppl. West e.g.): D

Μο[ύcαιc] δ' ἱμερόεντα λιγὺν π̣[ροχέοιμί κεν οἶμον
ἀρτι̣[επέα] νωμῶν γλῶccαν ἀ[πὸ cτόματοc

'Mit Hilfe der Musen dürfte ich wohl einen reizenden, hellklingenden (Lied-)Pfad hervorströmen lassen, die in gefügter Ordnung sprechende Zunge vom Mund her steuernd'.[9] — [11.89]

Pindar bezieht das Bild des Gießens primär auf das *Vortragen* von Liedern:

[8.12] Pi. *P.* 10.55–59 (Strophenbeginn): B

ἔλπομαι δ' Ἐφυραίων
ὄπ' ἀμφὶ Πηνεϊὸν γλυκεῖαν προχεόντων ἐμάν
τὸν Ἱπποκλέαν ἔτι καὶ μᾶλλον cὺν ἀοιδαῖc
ἕκατι cτεφάνων θαητὸν ἐν ἅλι-
ξι θηcέμεν ἐν καὶ παλαιτέροιc,

'Ich hoffe, durch die Ephyraier, die am Peneios meine süße Stimme ausgießen, Hippokles (= dem Sieger) wegen seiner Siegeskränze mit Gesängen sogar noch mehr Ansehen zu verschaffen bei den Gleichaltrigen und bei den Älteren'.[10]

Hinsichtlich des poetologischen Bildes bestehen keine Schwierigkeiten: Gesang wird als Ausgießen der Stimme beschrieben. Unabhängig von der Frage, welche Schlüsse aus diesem Passus in bezug auf den Vortragsmodus Pindarischer Epinikien zu ziehen sind,[11] ist festzuhalten, daß der Formulierung 'die Ephyraier gießen *meine* (sc. des Dichters) *Stimme* aus' eine außergewöhnliche Vorstellung

[9] Hierher gehört vielleicht auch *mel. adesp.* 925c.3:]μ̣προχέω λόγοιc – 'ich schütte aus mit Worten'.

[10] Zur Wendung ὄπα προχέω vgl. *IG* II^2 3639; *SEG* 18.137.

[11] Die Stelle gehört zu den eigentlichen Kristallisationspunkten der 'Epinikien-Debatte' der letzten Jahre (vgl. z.B. Lefkowitz 1991, 195). Aus den oben (S. 24) dargelegten Gründen ist die Frage, ob Pindars Epinikien von einem Chor oder von einem Einzelsänger vorgetragen wurden, für die vorliegende Studie von untergeordneter Bedeutung.

zugrunde liegt:[12] Die Landsleute des Siegers sorgen dafür, daß die Stimme des Dichters hervorfließt. Das Futur θηcέμεν dürfte hier nicht nur Ankündigungsfutur sein, sondern über den unmittelbaren Anlaß hinausweisen (vgl. S. 357 Anm. 63).

Eine weitere Stelle beschreibt die aus der *Odyssee* bekannte Szene, in der die Musen am Grab um Achilleus trauern:[13]

8.13] Pi. *I.* 8.56a–58: B

τὸν μὲν οὐδὲ θανόντ' ἀοιδαὶ ⟨ἐπ⟩έλιπον,
ἀλλά οἱ παρά τε πυ-
ρὰν τάφον θ' Ἑλικώνιαι παρθένοι
cτάν, ἐπὶ θρῆνόν τε πολύφαμον ἔ χ ε α ν .

'Diesen (sc. Achilleus) verließen auch nicht im Tod die Gesänge, sondern bei seinem Scheiterhaufen und Grab standen die Mädchen vom Helikon (sc. die Musen) und gossen einen vielstimmigen Klagegesang darauf'.

Durch den Begräbnis-Kontext erhält das Bild des Gießens deutlich rituelle Konnotationen: Der Threnos ist eine Grabspende der Musen. Dieser Bezug zum Rituell-Religiösen dürfte in den meisten Belegen von χέω mehr oder weniger deutlich mitschwingen – auch im folgenden Lied auf Bakchos:

8.14] *carm. pop.* 851b.1–2: B

cοί, Βάκχε, τάνδε Μοῦcαν ἀγλαΐζομεν,
ἁπλοῦν ῥυθμὸν χ έ ο ν τ ε c αἰόλωι μέλει,

'Dir, Bakchos, geben wir diese Muse (= dieses Lied) hier als Ehrengeschenk, indem wir einen einfachen Rhythmus mit wechselnder Melodie ausgießen'.

Mit dem 'einfachen Rhythmus' ist der iambische Trimeter gemeint. Das Bild des Gießens läßt einen beim Geschenk für Bakchos auch an eine Libation denken.

Während in [8.14] die Muse dargebracht wird, erfolgt in einem tentativ Terpander zugeschriebenen Fragment der Weihguß an die Musen (und den Musageten Apollon):

8.15] *mel. adesp.* 941 (Terpander °8 Gostoli): B

c π έ ν δ ω μ ε ν ταῖc Μνάμαc παιcὶν Μούcαιc
καὶ τῶι μουcάρχωι ⟨τῶι⟩ Λατοῦc υἱεῖ.

'Wir wollen einen Weihguß ausgießen für die Töchter der Mneme, die Musen, und den Musenführer, den Sohn der Leto'.

Die Deutung von Gostoli (1990, 148–150), daß hier sowohl ein kultischer als auch ein dichterischer Weihguß vorliegt (Syllepse), ist plausibel.

---

[12] Die Übersetzung 'Lied, Weise' für ὄψ (Dönt, Dornseiff) vereinfacht den Gedanken in nicht zulässigem Maße.

[13] *Od.* 24.60–62: Μοῦcαι δ' ἐννέα πᾶcαι ἀμειβόμεναι ὀπὶ καλῇ | θρήνεον· ἔνθα κεν οὔ τιν' ἀδάκρυτόν γ' ἐνόηcαc | Ἀργείων· τοῖον γὰρ ὑπώρορε Μοῦcα λίγεια. – 'Die neun Musen sangen alle abwechselnd mit schöner Stimme den Threnos (sc. für Achilleus). Da hättest du keinen tränenlos gesehen unter den Argivern. Einen solchen Gesang erhob die hellstimmige Muse.'

Schließlich kann χέω zusätzlich zum Gesangs- auch den Instrumentalvortrag bezeichnen. An allen drei Stellen liegt eine Vermischung mit anderen Konzeptionen vor, bei Pindar mit derjenigen des Schlafs, der über die Lider gegossen wird (z.B. *Il.* 14.164–165):

[8.16] Pi. *P.* 1.7–8 (Apostrophe der Phorminx): B

κελαινῶπιν δ' ἐπί οἱ νεφέλαν
ἀγκύλῳ κρατί, γλεφάρων ἁδὺ κλᾴ-
θρον, κατέχευας·

(Zeus' Adler schläft:) 'Denn eine dunkle Wolke hast du (sc. die Phorminx) ihm über das gebogene Haupt gegossen, ein süßes Schloß für die Lider'.[14]

Die beiden anderen Texte beziehen sich auf das Spielen von Blasinstrumenten:

[8.17] *mel. adesp.* 936.5–6 (suppl. Page in app.): B

εὐθρόου cύριγγος εὖ[τ' ἂν]
ἔνθεον cειρῆνα χεύηι,

'Wenn er (sc. Pan) die gotterfüllte Sirene der lauttönenden Syrinx ausgießt'.

Die Sirene wird in diesem (wohl kaiserzeitlichen) Pan-Hymnos ähnlich verwendet wie die Muse z.B. in [8.14]: der ursprüngliche Charakter als (personifizierte) Gottheit geht verloren und das Wort wird gewissermaßen zum Appellativum.[15] Inhaltlich ist das Bild signifikant stärker, weil 'Sirene' das Bestrickende der Syrinxmelodie assoziieren läßt (vgl. [4.11]).

Antigenes bringt das Gießen mit dem Aulos-Spiel in Verbindung:

[8.18] Antigenes 7–8 Diehl (= 444–445 EG): B

εὖ δ' ἐτιθηνεῖτο γλυκερὰν ὄπα Δωρίοις 'Ἀρίcτων
'Ἀργεῖος ἡδὺ πνεῦμα χέων καθαροῖc ἐν αὐλοῖc·

'Gut ›bemutterte‹ die süße Stimme (sc. des Chors) der Argiver Ariston, indem er durch die reinen dorischen Auloi einen süßen Lufthauch ausgoß'.[16]

Mit der durch die Auloi verströmenden Melodie schafft Ariston die ideale Begleitung für den Chorgesang und erweist sich dadurch als 'gute Amme'.

Die poetologischen Belege für χέω fallen unter anderem dadurch auf, daß sie auch in klar negativem Kontext nachzuweisen sind.[17] Dies mag mit ein Grund

[14] Möglicherweise findet das schwierige Bild des 'feuchten/nassen Rückens' (Vv. 8–9: ὁ δὲ κνώccων | ὑγρὸν νῶτον αἰωρεῖ – 'Der aber bewegt schlummernd den feuchten Rücken auf und ab') seine Erklärung im Bild des Gießens.

[15] Vereinfachend läßt sich das Phänomen in die Frage kleiden, ob der Herausgeber Μοῦcα oder μοῦcα in den Text setzen soll.

[16] **FL** (χέω) A. *Th.* 73; *Supp.* 633; S. *Ant.* 883–884; *OT* 1219; *AP* 7.201; 9.87; 16.226; *IG* II^2 3639; vgl. auch S. *Ph.* 13; fr. 929.3 Radt.

[17] Emp. VS 31 B 39 DK [11.77]: εἴπερ ἀπείρονα γῆc τε βάθη καὶ δαψιλὸc αἰθήρ, | ὡc διὰ πολλῶν δὴ γλώccαc ἐλθόντα ματαίωc | ἐκκέχυται cτομάτων ὀλίγον τοῦ παντὸc ἰδόντων... – 'Wenn wirklich die Tiefen der Erde unendlich und der Äther überreichlich wäre, wie es in der Tat schon über die Lippen (wörtlich: durch die Zungen) von vielen vergeblich gegangen ist und aus dem

dafür sein, daß die Dichter wiederholt zu spezifischeren und eindeutiger konnotierten Fließ-Vergleichungen greifen. Die Folge davon ist, daß das Fließ-Bild nurmehr die Grundlage darstellt, auf der die detaillierteren Vergleichungen aufbauen.

Eine erste Gruppe von Stellen weist (noch deutlicher) in den Bereich des Kults: Der Dichter 'besprengt' seinen Gegenstand wie bei einer kultischen Handlung und übernimmt gewissermaßen die Funktion des Priesters (vgl. auch Kap. 21, Abschnitt j):

[8.19] Pi. *P.* 8.56–57: B

χαίρων δὲ καὶ αὐτὸϲ
Ἀλκμᾶνα ϲτεφάνοιϲι βάλλω, ῥ α ί ν ω δὲ καὶ ὕμνωι,

'Mit Freude bewerfe auch ich selbst Alkmaion mit Kränzen und besprenge ihn auch mit einem Lied'.[18] — [9.37]

Obwohl die Vergleichung auf gängige Formen der Siegerehrung Bezug nimmt (s. zu [9.37]), ist zu betonen, daß Alkmaion nicht der aktuelle Sieger, sondern eine Figur des Mythos ist, die Pindar wie einen Sieger feiert. Mit dem Hinweis, daß 'auch er selbst' (καὶ αὐτόϲ) Alkmaion preist, charakterisiert der Dichter die zuvor zitierte Lobrede des Amphiaraos indirekt ebenfalls als 'Werfen von Kränzen' und 'Besprengen mit einem Lied'. Das Bespritzen könnte auch eine konkrete Bedeutung haben, indem es für Kühlung und Erfrischung des von der sportlichen Anstrengung erhitzten Körpers sorgt.

Ganz analog zu [8.19] ist die folgende Stelle, an der die Familie des Siegers mit Lob 'besprengt' wird:

[8.20] Pi. *I.* 6.19–21: B

ὔμμε τ', ὦ χρυϲάρματοι Αἰακίδαι,
τέθμιόν μοι φαμὶ ϲαφέϲτατον ἔμμεν
τάνδ' ἐπιϲτείχοντα νᾶϲον ῥ α ι ν έ μ ε ν εὐλογίαιϲ.

'Und euch, ihr Aiakiden mit den goldenen Wagen, mit Lobliedern zu besprengen ist für mich – so sage ich – das deutlichste Gebot, wenn ich meinen Fuß auf diese Insel hier (sc. Aigina) setze'. — [11.2]

Munde von solchen hervorströmt, die nur wenig vom Ganzen erblickten...'

Melanippides 760.4: τοὶ δὲ παράπληκτον χέον ὀμφάν – (Die einen starben) 'die anderen gossen verrückte Laute aus'.

mel. adesp. 1037.16: κέρτομον χέοιϲ' ἰαχάν – 'Indem sie (sc. die Jugend) Schmährufe ausgießt'.

Anakr. 427.1–2: μηδ' ὥϲτε κῦμα πόντιον | λάλαζε – 'Und schwatze nicht wie eine Welle des Meers'.

FL A. *Pr.* 1001; Ar. *Ach.* 380–381; *Eq.* 137; *V.* 1034. – Vgl. dt. 'Redeschwall' und schon im AT Spr. 15.2.

[18] Zum Besprengen mit Wasser vgl. Wilamowitz 1959, 3.207.

Das gleiche Bild kehrt in dem bereits zitierten Pan-Hymnos [8.17] wieder, der es erneut mit dem Klang des Instruments (Syrinx) in Verbindung bringt:

[8.21] *mel. adesp.* 936.14–15: B

θεῶν Ὀλυμπίων ὅμιλον
ἀμβρόται ῥ α ί ν ο ι c α Μοίcαι.

'Indem er (sc. der Klang der Syrinx) die Schar der Olympischen Götter mit einer unsterblichen Muse besprengt'.

Während ῥαίνω lediglich das Verspritzen von Wassertropfen bezeichnet, kann der Dichter seinen Gegenstand auch regelrecht 'überschwemmen':

[8.22] Pi. *O.* 10.97–99: B

ἐγὼ δὲ cυνεφαπτόμενος cπουδᾶι, κλυτὸν ἔθνος
Λοκρῶν ἀμφέπεcον, μέλιτι
εὐάνορα πόλιν κ α τ α β ρ έ χ ω ν ·

'Ich aber, mit Eifer mit anpackend, bin dem ruhmreichen Geschlecht der Lokrer um den Hals gefallen, die Stadt mit den guten Männern mit Honig überschüttend'.[19] — [18.3], [19.3]

Sowohl des Bild der Umarmung im Siegestaumel als auch das Bild des Überschüttens mit Honig sind von besonderer Dynamik.

In wesentlich kleinerer Dosierung appliziert der Arzt Flüssigkeiten an seinem Patienten:

[8.23] Pi. *I.* 3/4.90–90b (Liedschluß): B

cὺν Ὀρcέαι δέ νιν
κωμάξομαι τερπνὰν ἐ π ι c τ ά ζ ω ν χάριν.

'Mit Orseas (sc. dem Trainer) will ich ihn (sc. den Sieger) feiern, indem ich Lob auf ihn träufle, das ihn erfreut'. — [4.6], dort auch zur Frage, welche Therapie gemeint ist.

Ebenfalls als Träufeln beschreibt Bakchylides die Inspiration durch die Muse Kleio: [4.7] = [8.48].

Eine weitere Gruppe von Gieß-Vergleichungen ist im Bereich von Vegetation, Gartenpflege und Landwirtschaft anzusiedeln. Das Wachstum der Pflanzen wird durch Regen oder Bewässerung befördert.

Parallelen:

Hebräisch: Die Wirkung des prophetischen Worts wird im AT mehrmals mit derjenigen von Regen auf die Pflanzenwelt verglichen (Hiob 29.22–23; Jesaja 55.10–11; besonders deutlich Deuteronomium 32.2: 'Meine Rede riesle wie der Regen, meine Rede träufle wie der Tau, wie Regenschauer auf das junge Grün und wie Tropfen auf die Flur.').

---

[19] Pindar verwendet (κατα)βρέχω zweimal auch, um die gegenteilige Vorstellung, das 'Überschütten mit Schweigen', zum Ausdruck zu bringen: *I.* 5.51: ἀλλ' ὅμωc καύχαμα κατάβρεχε cιγᾶι – 'Aber dennoch überschütte das Rühmen mit Schweigen' (von Young 1968, 121 Anm. 1, unerklärlicherweise als Bild des Schießens gedeutet) und fr. 240: μὴ cιγᾶι βρεχέcθω – 'Er soll nicht mit Schweigen überschwemmt werden' (wo der Gedanke vielleicht mit 'sondern mit einem Lied' zu ergänzen ist). Möglicherweise gehört auch fr. 177b hierher (Wilhelmi 1967, 46). Vergleichbar ist jedenfalls *O.* 4.17–18: οὐ ψεύδεϊ τέγξω | λόγον – 'Ich werde meine Rede nicht mit Lüge benetzen'.

Ägyptisch: Die Vergleichung der Rede mit dem Regen findet sich hier auch (Lichtheim 1976, 153), ist aber ein Bild der Vernichtung.

Pindar zufolge ist die ἀρετή ein Baum, für dessen Wachstum der sachverständige und gerechte Mensch im allgemeinen und der Dichter im speziellen sorgen muß (Sieg-Lied-Motiv):

[8.24] Pi. *N.* 8.40–42: B

ἀίϲϲει δ' ἀρετά, χλωραῖϲ ἐ έ ρ ϲ α ι ϲ
ὡϲ ὅτε δένδρεον ⟨––⟩,
⟨ἐν⟩ ϲοφοῖϲ ἀνδρῶν ἀερθεῖϲ' ἐν δικαίοιϲ τε πρὸϲ ὑγρόν
αἰθέρα.

'Wahre Leistung wächst wie von frischem Tau ein Baum, ⟨der emporwächst⟩, durch gerechte Dichter bis in den feuchten Himmel erhoben'.[20]

Daß der Dichter den ἀρετή-Baum bewässert, ist zwar nicht ausdrücklich gesagt, darf aber aus dem 'frischen Tau' des 'Wie-Stücks' abgeleitet werden.

In ähnlicher Weise ist das Bild des Bewässerns auch bei Bakchylides lediglich vorausgesetzt. Der Bezug ist aber durch die Nennung der Wurzeln, die ja die Flüssigkeit aufnehmen, noch direkter als beim Baum Pindars:

[8.25] B. 5.197–200 (Liedschluß): B

τόθεν γὰ[ρ
πυθμένεϲ θάλλουϲιν ἐϲθλ[ῶν,
τοὺϲ ὁ μεγιϲτοπάτωρ
Ζεὺϲ ἀκινήτουϲ ἐν εἰρήν[αι φυλάϲϲοι.

'Denn dadurch (sc. durch das Lied) gedeihen die Wurzeln alles Edlen; der größte Vater Zeus möge dafür sorgen, daß sie unverrückt im Frieden verharren'.[21]

Das dem Menschen Mögliche kann der Dichter leisten: er stellt mit seinem Lied-Fluß das Gedeihen der Wurzeln alles Edlen sicher. Daß diese Pflanze aber nicht im Sturm (des Krieges) 'entwurzelt' wird, dafür kann nur Zeus selbst sorgen.

Mit leichter Verschiebung der bisherigen Perspektive kann auch von den siegreichen Athleten gesagt werden, daß sie bewässern:

[8.26] Pi. *I.* 6.63–64: B

τὰν Ψαλυχιαδᾶν δὲ πάτραν Χαρίτων
ἄ ρ δ ο ν τ ι καλλίϲται δ ρ ό ϲ ω ι,

'Die Familie der Psalychiaden bewässern sie (sc. die ebenfalls siegreichen Verwandten des Siegers) mit dem schönsten Tau der Chariten'.

Mit ihrer Leistung schaffen die Athleten die Grundlage für das Lied (den schönsten Tau der Chariten: produktbezogene Vergleichung). Somit sorgen sie – mittels des Dichtungs-Flusses – für die 'Bewässerung' der Familienpflanze.

[20] Vgl. Rigveda 1.88.3: 'Sie (die Marut, die den Regen bringen, oder die Dichter: Geldner 1951, z.St.) sollen die (dichterischen) Gedanken erheben wie die Bäume'.

[21] Auf einer ähnlichen Vorstellung beruht wohl Rigveda 3.1.2: 'Wir haben das Opfer vorgeführt (≈ begonnen), das Lied soll wachsen.'

Vom 'Bewässern mit Liedern' ist auch im folgenden Fragment die Rede, dessen Einzelheiten jedoch unklar bleiben:

[8.27] Pi. fr. 6b.f.1–2: B

]ἄ ρ δ ο ν τ ' ἀοιδαῖϲ [
]γενναίων ἄωτοϲ νεκτα̣[ρ]έαϲ αι̣ ̣[

'Mit Liedern bewässern ... von echtgeborenen (...) das Höchste von Nektar-...'.

Man kann spekulieren, daß diese Lied-Bewässerung in irgendeiner Form die Eigenschaft des Nektars hat: Unsterblichkeit zu verleihen.[22]

Den Scholien zufolge nimmt auch der folgende Passus Bezug auf den Gärtner, der die Pflanzen gießt:

[8.28] Pi. *N.* 7.62–63: B

ὕ δ α τ ο ϲ ὥτε ῥ ο ὰ ϲ φίλον ἐϲ ἄνδρ' ἄγων
κλέοϲ ἐτήτυμον αἰνέϲω·

'Ich will wie Wassergüsse zum Freunde führend wahren Ruhm ihn preisen'.[23] — [16.5]

Die Wendung ὕδατοϲ ῥοὰϲ ἄγω ist aber für eine genaue Festlegung wohl etwas zu allgemein.[24] Das Fließ-Bild selbst ist von dieser Unsicherheit nicht betroffen.

In einer noch stärker technisch gefaßten Vergleichung erscheint der Dichter als derjenige, der in einem Bewässerungssystem bestimmt, welchen Lauf das Wasser nimmt:

[8.29] Emp. VS 31 B 35.1–2 DK: B

αὐτὰρ ἐγὼ παλίνορϲοϲ ἐλεύϲομαι ἐϲ πόρον ὕμνων,
τὸν πρότερον κατέλεξα, λόγου λόγον ἐ ξ ο χ ε τ ε ύ ω ν ,

'Doch ich will zurückkehrend kommen zum Fluß der Gesänge, den ich als vorangehenden dargelegt habe, aus einem Redestrom den anderen ableitend'. — [11.43]

Das gleiche Bild der Arbeit am Bewässerungssystems wendet Empedokles einmal auch auf die ihn inspirierenden Götter an:

[8.30] Emp. VS 31 B 3.1–2 DK: B

ἀλλὰ θεοὶ τῶν μὲν μανίην ἀποτρέψατε γλώϲϲηϲ,
ἐκ δ' ὁϲίων ϲτομάτων καθαρὴν ὀ χ ε τ ε ύ ϲ α τ ε π η γ ή ν

'Doch, ihr Götter, den Wahn dieser Männer (?) lenkt ab von meiner Zunge, vielmehr leitet ab aus heiligem Munde eine reine Quelle!'

---

[22] **FL** (ἄρδω) Ar. *Ach.* 658; Timokles fr. 17.5 K-A. – Zum bewässernden Dichter-Gärtner vgl. Brechts Gedicht 'Vom Sprengen des Gartens': "O Sprengen des Gartens, das Grün zu ermutigen! | Wässern der durstigen Bäume! Gib mehr als genug. Und | Vergiß nicht das Strauchwerk, auch | Das beerenlose nicht, das ermattete | Geizige! Und übersieh mir nicht | Zwischen den Blumen das Unkraut, das | Auch Durst hat. Noch gieße nur | Den frischen Rasen oder den versengten nur: | Auch den nackten Boden erfrische du." (Brecht 1967, 10.861).

[23] Die ῥοαί sind eine Analepse der ῥοαὶ Μοιϲᾶν [8.37].

[24] Krummen (1990, 212 Anm. 5) verbindet die Stelle – unter Berufung auf Jüthner (1928, 33–34, 37–38 und fig. 9 und 21) – mit dem Usus der Athleten, sich nach dem Wettkampf gegenseitig mit Wasser zu begießen.

Trotz des Plurals στόματα muß der Mund des Dichters gemeint sein; denn ὅσιος 'göttlich, heilig' bezieht sich nicht auf die Götter selbst, sondern darauf, daß die damit bezeichnete Sache von den Göttern sanktioniert ist (LSJ; Gerber 1984, s.v.). Die Götter sollen die μανίη (implizit also das schmutzige Wasser) ablenken und statt dessen die reine Quelle aus dem Dichtermund hervorströmen lassen.

Alle bisher diskutierten Stellen weisen darauf, daß die Fließ-Vergleichung in der frühgriechischen Literatur gut verankert ist. Der flüssige (Lied-)Vortrag gehört zu den erstrebenswerten Zielen eines Dichters – auch für Ibykos:

[8.31] Ibyk. S151.25–29:[25] B

θνατ[ὸ]ς δ' οὔ κ[ε]ν ἀνὴρ
δ ι ε ρ ὸ ς τὰ ἕκαστα εἴποι,
ναῶν ὅ[σσος ἀρι]θμὸς ἀπ' Αὐλίδος
Αἰγαῖον διὰ [πό]ντον ἀπ' Ἄργεος
ἠλύθο[ν ἐς Τροία]ν

'Ein sterblicher Mann dürfte die Einzelheiten kaum flüssig erzählen können, eine wie große Anzahl von Schiffen, die von Aulis durch das aigaiische Meer von Argos kam nach Troia'.[26]

Die programmatisch signifikante Stelle nimmt offensichtlich Bezug auf die Anrufung der Musen unmittelbar vor dem Schiffskatalog der *Ilias* (2.484–492). Der Lyriker Ibykos wählt seinen Stoff selektiv aus und lehnt deshalb auf 'Vollständigkeit' bedachte Dichtung wie eben den Schiffskatalog ab (ausführlicher zu [13.26]). Mit 'flüssig' dürfte er in diesem Zusammenhang 'kontinuierlich, lükkenlos, ohne zu stocken, unter Berücksichtigung der Einzelheiten' assoziieren. Woodbury (1985, 197 Anm. 10, mit Lit.) erklärt διερός mit "›moist‹, with the implication ›alive‹". Da Ibykos ausschließt, daß ein Mensch dieses Ziel erreichen kann, wirft er der Katalogdichtung indirekt vor, nicht 'alive', also langweilig zu sein.

(b) Zerfließen – Fluß

Die Steigerung der bisherigen Bilder sieht so aus, daß der Dichter nicht nur sein Lied 'ausgießt' oder 'flüssig' erzählt, sondern gleichsam selbst 'zerfließt':

[8.32] Pi. *I.* 1.3–4: B

μή μοι κραναὰ νεμεσάσαι
Δᾶλος, ἐν ᾇ κ έ χ υ μ α ι .

'Möge es (sc. daß ich mich jetzt Theben zuwende) mir nicht übelnehmen die felsige (Insel) Delos, über die ich ausgegossen bin'.

---

[25] Die (vor allem metrisch bedingten) Schwierigkeiten des überlieferten Texts in Vers 26 sind nicht unüberwindlich: vgl. u.a. Bonanno 1978–79, Gostoli 1979.

[26] **FL** (διερός) Eratosthenes fr. 397 col.ii.1 SH: γλῶσσα πέλει διερή[.

Pindar verwendet im Sinn eines Hindernismotivs das (doch wohl eher fiktive) Argument, ein Lied für Delos auf einen später Zeitpunkt verschieben zu müssen, um sich unmittelbar dem Sieg seines thebanischen Landsmanns zuwenden zu können. Während die Mehrheit der Erklärer die Auffassung vertritt, das Fließ-Bild bezeichne das Hingegebensein, kommt Wilhelmi (1967, 44–45) aufgrund der Parallelen zum Schluß, daß vom Dichtungsprozeß die Rede sei. Die beiden Deutungen müssen sich nicht ausschließen, weil Pindars (kurzfristig unterbrochene) Hingabe an Delos darin besteht, ein Lied zu komponieren.

Das Bild des 'zerfließenden' Dichters kehrt in einem Fragment wieder, hat aber deutlich andere Konnotationen:

[8.33] Pi. fr. 123.10–11: B

ἀλλ' ἐγὼ τᾶς ἕκατι κηρὸς ὣς δαχθεὶς ἕλαι
ἱρᾶν μελισσᾶν τάκομαι,

(Wer beim Anblick von Theoxenos, dem jungen Adressaten des Enkomions, nicht hingerissen ist, hat kein Gefühl:) 'Ich aber zerfließe ihretwegen (sc. Aphrodites) wie Wachs von heiligen Bienen von der Wärme ›gebissen‹' ('wenn ich ihn sehe'). — [18.5]

Dieses Fragment evoziert mehrere Bildbereiche, die ineinander übergehen. Der Anblick des jungen Theoxenos führt zu einer (erotisch bedingten) 'Glut', die das Dichter-Ich schmelzen läßt wie Bienenwachs, das erwärmt wird. Dieses Fließ-Bild ist bereits in Vers 4 (ὃς μὴ πόθωι κυμαίνεται – 'wer nicht vor Begierde aufwallt') vorbereitet worden. Denkt man es konsequent zu Ende, repräsentiert es das, was der Anblick des jungen Mannes beim Dichter-Ich ausgelöst hat: einen Liedfluß.[27]

Die bisherigen Vergleichungen dieses Kapitels folgen im wesentlichen dem Muster 'Dichter produziert/verarbeitet Lied-Fluß', d.h. sie sind geprägt vom Bezug auf den Produzenten, mag auch das Objekt (der Lied-Fluß als produktbezogene Vergleichung) genannt sein. In den nun folgenden Vergleichungen hat der Lied-Fluß dagegen eine gewisse Unabhängigkeit von seinem Produzenten.

Parallelen:

Vedisch: Die produktbezogene Fließ-Vergleichung ist gut bezeugt, insbesondere die Vergleichung der dichterischen Rede und des Gesangs mit Flüssen und Strömen (Rigveda 1.190.7; 4.58.6; 9.95.3; 10.89.4 u.ö.).

Hebräisch: Auch im AT wird die Rede mit Wasser verglichen (Sprüche 18.4).

Simonides' neugefundene Elegie über die Schlacht bei Plataiai handelt u.a. vom andauernden Ruhm der Troiakämpfer:

---

[27] **FL** Eine ähnliche Deutung von (κατα-)τήκομαι 'zerschmelzen' bietet sich in Theokrits Eidyllion auf Polyphem an (Theokr. 11.13–14): ὁ δὲ τὰν Γαλάτειαν ἀείδων | αὐτὸς ἐπ' ἀιόνος κατετάκετο – 'Der aber (sc. Polyphem) besang Galateia und zerschmolz selbst am Strand'. Das Lied des Kyklopen beginnt wenige Verse später.

[8.34] Simon. *eleg.* 11.14–15: B

Δαναοί[,
οἷcιν ἐπ' ἀθά]ν̣ατον κ έ χ υ τ α ι κλέος ἀν̣[δρὸc] ἕκητι

'Die Danaer, auf die unsterblicher Ruhm ausgegossen ist durch den Mann' (dem die Musen die Möglichkeit dazu gegeben haben;[28] gemeint ist sicher Homer).

Das κλέοc, das grundsätzlich den durch Dichtung vermittelten Ruhm bezeichnet (Nagy 1974, 231–255), wird von Simonides als permanent fließender, in die Gegenwart hineinreichender Lied-Fluß aufgefaßt. Dessen Urheber (Homer) ist zwar allusiv genannt, aber das Tempus von κέχυται macht deutlich, daß das Fließen des Lieds andauert. Insgesamt fungiert der Bezug auf den Ruhm der Troiakämpfer als Folie ('so wie der Ruhm der Danaer...').

Die Konzeption des ewigfließenden Lied-κλέοc hatte Simonides schon ein Jahrzehnt früher im Lied auf die bei den Thermopylen gefallenen Spartaner umgesetzt:

[8.35] Simon. 531.7–9: B

μαρτυρεῖ δὲ καὶ Λεωνίδας,
Cπάρτας βαcιλεύc, ἀρετᾶc μέγαν λελοιπώc
κόcμον ἀ έ ν α ό ν τε κλέος.

'Bezeugen wird dies (sc. den Ruhm des den Toten geweihten Bezirks) auch Leonidas, König von Sparta, der von der Bestheit einen großen Schmuck und ewigfließenden Ruhm zurückgelassen hat'. — [3.37]

Auch Pindar verbindet mit κλέοc 'Wassergüsse' [8.28], allerdings ohne ausdrückliche Nennung des Aspekts 'Ewigkeit'.

Der Komplex 'Kleos-Dichtung-Fließen' ist – mit leicht verändertem Vokabular – in einer typischen Pindarischen Bildervermischung bezeugt:

[8.36] Pi. *I.* 7.18–19 (Strophenbeginn): B

ὅ τι μὴ coφίαc ἄωτον ἄκρον
κλυταῖc ἐπέων ῥ ο α ῖ c ι ν ἐξίκηται ζυγέν·

('Bei den Menschen gerät in Vergessenheit': [17.12]) 'was nicht zu der besten und höchsten Dichterweisheit gelangt, an die ruhmverleihenden Fluten der Worte angeschirrt'. — [12.6]

Der Kleos-Teil wird hier von dem etymologisch verwandten Adjektiv κλυτόc abgedeckt, das sowohl aktivisch als auch passivisch gedeutet werden kann. In dieser Doppelung drückt sich als Sieg-Lied-Motiv die gleiche Wechselwirkung zwischen dem κλέοc des Adressaten und demjenigen des Dichters aus wie am Schluß von Ibykos' Polykrates-Lied.[29] – Der zur Verbreitung gelangende Inhalt

---

[28] Das ist der ungefähre Sinn der Verse 16–17. Der genaue Wortlaut ist nicht sicher herzustellen. West schreibt: ὃc παρ' ἰοπ]λοκάμων δέξατο Πιερίδ[ων | πᾶcαν ἀλη]θείην. Erwägenswert ist aber sicher auch γῆρυν ⏑ –] θείην, auch wenn West im Apparat kommentiert: *minus arridet*.

[29] Ibyk. S151.46–48: τοῖc μὲν πέδα κάλλεοc αἰὲν | καὶ cύ, Πολύκρατεc, κλέοc ἄφθιτον ἑξεῖc | ὡc κατ' ἀοιδὰν καὶ ἐμὸν κλέοc. – 'Zusammen mit ihnen wirst auch du, Polykrates, für die Schönheit unvergänglichen Ruhm besitzen im Lied, in Übereinstimmung mit meinem Ruhm'. Die eigene

ist an den Lied-Fluß 'geschirrt' wie ein Pferd.

Kaum weniger auffällig ist der in den Lied-Fluß geworfene (Lied-)Anlaß:

[8.37] Pi. *N.* 7.11–12: B

εἰ δὲ τύχηι τις ἔρδων, μελίφρον' αἰτίαν
ῥοαῖσι Μοισᾶν ἐνέβαλε·

'Wenn aber einem Gelingen beschieden ist bei seinem Tun, so hat er einen Anlaß, der dem Geist süß wie Honig ist, in die Fluten der Musen geworfen'.

Impliziert ist vielleicht, daß die αἰτία vom Fluß mitgetragen und in der Welt verbreitet wird.

Ein wasserreicher Fluß hat so viel Wucht, daß er Steine und anderes Geröll hinunterzuschwemmen vermag:

[8.38] Pi. *O.* 10.9–12: B

νῦν ψᾶφον ἑλισσομέναν
ὁπᾶι κῦμα κατακλύσσει ῥέον,
ὁπᾶι τε κοινὸν λόγον
φίλαν τείσομεν ἐς χάριν.

'Wie wird jetzt den Kiesel die fließende Welle kollernd hinunterschwemmen und wie werden wir mit einem gemeinsamen Lied eine Schuld abzahlen dem Freund zum Dank!'[30] — [15.1]

Der Kieselstein repräsentiert die aus der (fiktiven?) Verspätung [15.1] resultierende Schuld (Hindernismotiv), die der Lied-Fluß um so effizienter mit sich reißt.[31]

In weniger dynamischer Ausformung kann die produktbezogene Fließ-Vergleichung kultisch konnotiert sein (Libation, vgl. [8.19ff.]):

[8.39] Pi. *P.* 12.9–10 (Strophenbeginn): B

τὸν παρθενίοις ὑπό τ' ἀπλάτοις ὀφίων κεφαλαῖς
ἄϊε λειβόμενον

'Den (sc. den Threnos) hörte sie (sc. Athena) den jungfräulichen unnahbaren Schlangenhäuptern entströmen'.

Gemeint ist das Klagelied, das die Gorgonen anstimmen, nachdem Perseus Medusa getötet hat (vgl. zu [3.4]). Wie in [8.13] wird in einer Trauerszene der Threnos mit einem Fließ-Bild verbunden, so daß zusätzlich zur kultischen Be-

---

Ruhmeserwartung und das eigene Schicksal am Liedende ganz 'unbescheiden' mit demjenigen des Auftraggebers zu verknüpfen ist auch dem vedischen Dichter geläufig: z.B. Rigveda 1.51.15; 2.2.12; 2.4.9; 4.29.5 (Gonda 1975, 79 Anm. 7); vgl. auch Watkins 1995, 68ff.

30 **FL** (κατακλύζω) Kratinos fr. 198.5 K-A; vgl. auch Ar. *Eq.* 526–528 (Kratinos wird beschrieben!).

31 Die anderslautende Interpretation von Verdenius (1988, 61: "the meaning [sc. of κατακλύσσει] is not 'wash away' [...], but 'overflow', so that the pebble becomes invisible and in a sense disappears") berücksichtigt die in ἑλισσομέναν liegende Bedeutung zu wenig. – Stellen wie [8.38] haben Horaz' Pindarbild nachhaltig geprägt (*c.* 4.2.5–8: *monte decurrens uelut amnis, imbres | quem super notas aluere ripas, | feruet immensusque ruit profundo | Pindarus ore*), das seinerseits das neuzeitliche Pindarbild maßgeblich beeinflußt hat (Vöhler 1997, 52–56, mit Lit.).

deutung auch der Tränenfluß mitschwingen könnte.

Auch der folgende Passus assoziiert 'Libation':[32]

[8.40] Pi. *P.* 5.98–101: B

μεγαλᾶν δ' ἀρετᾶν
δ ρ ό ϲ ω ι μαλθακᾶι
ῥ α ν θ ε ι ϲ ᾶ ν κώμων {θ'} ὑπὸ χ ε ύ μ α ϲ ι ν,
ἀκούοντί ποι χθονίαι φρενί,

'Wenn große Leistungen mit zartem Tau besprengt werden unter den Güssen der Lieder, hören es irgendwie mit ihrem Unterweltssinn (sc. die verstorbenen Vorfahren des Siegers)'.[33]

Das Bild des libierten Liedes ist hier konkret weitergedacht. Es versickert im Boden und gelangt so zu den Vorfahren (Krummen 1990, 102). Dadurch kommt einmal mehr der Gedanke zum Ausdruck, daß die Liedkunst die sonst geltenden Grenzen der Sterblichkeit überwinden kann (vgl. [2.26], [7.40]).

Dies gilt auch für den Nektar, den Göttertrank *par excellence*, mit dem Pindar sein Lied vergleicht; am offensichtlichsten im Prooimion *O.* 7, das unten [8.76] ausführlicher zur Sprache kommt. Aber auch der folgende Tradenten-Kommentar dürfte in diesem Sinn zu deuten sein:

[8.41] Pi. fr. 194 (Aristeid. *or.* 49.57): B

ἀλλ' ὅμωϲ καὶ ἐπὶ τούτοιϲ ϲεμνύνεται ὡϲ οὐδὲν ἀτιμοτέροιϲ τοῦ ν έ κ - τ α ρ ο ϲ

'Aber dennoch ist er (sc. Pindar) auch auf diese (sc. Worte, gemeint ist fr. 194.1–3: [3.55]) stolz, weil sie in keiner Weise weniger wert sind als Nektar'.

Der Wortlaut des Kommentars legt den Schluß nahe, daß Pindar selbst die Nektar-Vergleichung gemacht hat. Mit hoher Wahrscheinlichkeit ist sie auch im zweiten Paian bezeugt:

[8.42] Pi. fr. 94b.76–78 (suppl. Grenfell-Hunt): B

μὴ νῦν ν έ κ τ ạ[ρ ἰδόντ' ἀπὸ κ ρ ά] ν α ϲ ἐμᾶϲ
δ ι ψ ῶ ν τ ' α[..... ......] π̣αρ' ἁλμυρόν
οἴχεϲθον·

'Ihr sollt nicht, da ihr doch den Nektar von meiner Quelle erblickt habt, durstig zu einem salzhaltigen (...) gehen'.

Zusätzlich zu der Nektar-Vergleichung ist hier noch eine weitere Komponente enthalten, die auch in anderen Zusammenhängen bezeugt ist:

---

[32] Vgl. Lefkowitz (1991, 186): "Pindar speaks of the victory ode as if it were water sprinkled before sacrificing – a bold metaphor that compares Arcesilaus' victory to a ritual offering in hero-cult."

[33] **FL** Poliakoff (1980, 42) hat auf Parallelen zwischen dieser Stelle und Kall. *h.* 2.105–113 aufmerksam gemacht. Er geht aber zu weit, wenn er den für Kallimachos' Dichtungsauffassung zentralen Gegensatz zwischen dem positiv besetzten Dichtungs-Rinnsal und dem negativ besetzten Meer auf *P.* 5.98–100 zurückführt. Die 'großen Wasser' (ῥοαί, χεῦμα etc.) sind bei Pindar noch nicht negativ besetzt. – Vgl. insgesamt Kratinos fr. 198 K-A.

(c) Durst nach Liedern

Parallele:

Hebräisch: Im AT findet sich die Vorstellung, daß das 'Publikum' nach dem Wort des Propheten hungert und dürstet (Amos 8.11 [ungefähr zeitgleich mit Hesiod]).

Bei Pindar sind es bemerkenswerterweise nicht nur die Menschen, die nach Liedern dürsten, sondern abstrakter gefaßt auch die zu besingende Tat (Sieg-Lied-Motiv):

[8.43] Pi. *N.* 3.6–7: B

διψῆι δὲ πρᾶγος ἄλλο μὲν ἄλλου,
ἀεθλονικία δὲ μάλιςτ' ἀοιδὰν φιλεῖ,

'Es dürstet die eine Tat nach dem, die andere nach jenem: der Kampfsieg liebt am meisten das Lied'.

Entsprechend ist es der Dichter, der diesen Durst stillt:

[8.44] Pi. *P.* 9.103–104: B

ἐμὲ δ' οὖν τις ἀοιδᾶν
δίψαν ἀκειόμενον πράςςει χρέος,

'Von mir allerdings, der ich den Durst nach Liedern stille, treibt einer die Schuld ein'. — [15.4]

In diesem Passus ist nicht ausdrücklich gesagt, wer den Durst erleidet. Offenbar ist von einer allgemeinen Erwartunghaltung die Rede: 'man' dürstet nach Liedern.[34]

Dieser Durst begegnet noch einmal als Litotes-Folie im sechsten Paian:

[8.45] Pi. fr. 52f.127–129: B

οὕνεκεν οὔ ςε παιηόνων
ἄδορπον εὐνάξομεν, ἀλλ' ἀοιδᾶν
ῥόθια δεκομένα κατερεῖς,

'Deshalb wollen wir dich (sc. die Insel Aigina) nicht zu Bett bringen, ohne daß du von den Paianen getrunken hast, sondern du sollst der Gesänge Fluten empfangen und sagen...'

Das Adjektiv ἄδορπος weist grundsätzlich in den Bereich 'Nahrungsaufnahme', die durch ἀοιδᾶν ῥόθια deutlicher als 'Trinken' identifiziert wird. Aigina soll nicht durstig zu Bett gehen müssen, sondern einen Lied-Fluß empfangen.[35]

Wenn das Ausbleiben von Dichtung Durst zur Folge hat und Rezeption von Dichtung 'Trinken' ist, dann kann der Dichter sein Lied zum Trinken anbieten:

---

[34] Daß Pindar seinen eigenen Durst stillt (so die Übersetzung von Race 1997, z.St.), scheint mir weniger wahrscheinlich.

[35] **FL** (trinken = Dichtung rezipieren) Ar. *Ach.* 484.

[8.46] Pi. *I.* 6.74–75 (Liedschluß): B

πίϲω ϲφε Δίρκαϲ ἁγνὸν ὕ-
δωρ, τὸ βαθύζωνοι κόραι
χρυϲοπέπλου Μναμοϲύναϲ ἀνέτει-
λαν παρ' εὐτειχέϲιν Κάδμου πύλαιϲ.

'Ich will ihnen zu trinken anbieten das heilige Wasser der Dirke, das die tiefgegürteten Töchter der goldgekleideten Mnemosyne (= Musen) emporgesandt haben bei den wohlgemauerten Toren des Kadmos (= in Theben)'.[36]

Die Bedeutung des Wassers ist eine doppelte: Zum einen bietet der Dichter es seinen Rezipienten an (vgl. die spezifischeren Bilder des Kredenzens: [8.73ff.]), zum anderen ist es die Inspirationsflüssigkeit, die der Dichter selbst getrunken hat.

(d) Inspirationsflüssigkeit

Allgemeines und speziell vom Dichter getrunkenes Inspirationswasser sind gut bezeugt.

Parallelen:

Vedisch: "In Indien ist es der Saft des Soma, der die Gedanken klärt, das innere Auge des Dichters erleuchtet und das dichterische Schaffen hervorruft." (Durante 1968a, 264, mit Lit.).

Nordische Literatur: Hier findet sich das Phänomen, daß das Wort Óðrerir (ursprüngliche Bedeutung: 'that which stirs poetry') sich zuerst auf den inspirierenden Met bezog. Belegt ist es als Bezeichnung für das Gefäß, in dem der Met aufbewahrt wird. Es lebt weiter in norwegisch óðr 'Dichtung' (Chadwick 1932, 620; allgemein zur Bedeutung, die Quellen und Wasser für das Thema 'Inspiration' in der europäischen Dichtung haben: 648–649).

Unter den griechischen Dichtern liefert Hesiod den ältesten Beleg:

[8.47] Hes. *Th.* 83–84: B

τῶι μὲν ἐπὶ γλώϲϲηι γλυκερὴν χείουϲιν ἐέρϲην,
τοῦ δ' ἔπε' ἐκ ϲτόματοϲ ῥεῖ μείλιχα·

'Diesem (sc. dem König) gießen sie (sc. die Musen) süßen Tau auf die Zunge; dem aber fließen die Worte angenehm aus dem Mund'.

Wie in [8.46] fungiert der Dichter, der zusätzlich zum König mitgemeint ist (vgl. zu [8.3]), gleichsam als 'Umschlagplatz'. Die Inspiration erreicht ihn in flüssiger Form und von dort als Lied-Fluß den Rezipienten.

Bakchylides wird die Inspiration von einer als 'Ärztin' gedachten Muse Kleio eingeträufelt:

[36] Mit Slater (1969, s.v.) wird ϲφε als Plural aufgefaßt, gegen Thummer (1969, z.St.), der es auf den Sieger bezieht (ebenso die Übersetzungen von Dornseiff und Dönt).

[8.48] B. 13.228–229: B

τὰν εἰκ ἐτύμωϲ ἄρα Κλειὼ
πανθαλὴϲ ἐμαῖϲ ἐνέϲταξ[εν φραϲίν,

'So wahr mir diese (sc. die Gabe, gemeint ist das Lied) die allblühende Kleio in den Sinn geträufelt hat' (Fortsetzung: [2.17], vgl. [4.7], [9.16]).

Bei Empedokles betreiben die Inspirationsgötter ein Bewässerungssystem [8.30], und Pindar liefert einen zweiten Beleg für das inspirierende Quellwasser, das er in diesem Fall ausdrücklich selbst trinkt:

[8.49] Pi. *O.* 6.85–86 (Strophenbeginn): B

πλάξιππον ἃ Θήβαν ἔτι-
κτεν, τᾶϲ ἐρατεινὸν ὕδωρ
πίομαι,

(Metope) 'die die rossetreibende Thebe gebar, deren liebliches Wasser ich trinke' ('wenn ich für die Sieger ein Lied dichte', als Flecht-Metapher: [3.71]).

Zweifellos trinkt der Thebaner Pindar dieses Wasser auch im buchstäblichen Sinn. Die Bedeutung der Stelle reicht aber tiefer.[37]

Die in [8.46] bis [8.49] dokumentierte Inspiration in flüssiger Form bildet den Ausgangspunkt für die Hypothese, daß auch die folgenden Stellen möglicherweise poetologisch zu deuten sind. Mehrfach ist darin von den Musen die Rede:

[8.50] Simon. 577a: D

ἔνθα χερνίβεϲϲιν ἀρύεται τὸ Μοιϲᾶν
καλλικόμων ὑπένερθεν ἁγνὸν ὕδωρ.

'Wo für die Wassergüsse das heilige Wasser der schönhaarigen Musen von unten her geschöpft wird'.

Daß der Tradent (Plutarch) in erster Linie von der kultischen Bedeutung des Wassers spricht, ist kein zwingendes Argument gegen eine poetologische Deutung, zumal kultisch-religiöse Implikationen bei mehreren Fließ-Vergleichungen nachgewiesen werden konnten.

Im gleichen Zusammenhang hat Simonides die Muse Kleio offenbar auch apostrophiert als:

[8.51] Simon. 577b: D

ἁγνᾶν ἐπίϲκοπε χερνίβων,

(Kleio) 'Du Vorsteherin der heiligen Wassergüsse'.

Gut einfügen würde sich hier ein Ibykos-Fragment. Allerdings sind die entscheidenden Wörter ergänzt:

---

[37] Die Ansicht, daß der "Begeisterungstrunk [...] erst in hellenistischer Zeit hervor[tritt]" (Ninck 1921, 91), bedarf mit Blick auf *O.* 6.85–86 der Modifikation.

8.52] Ibyk. S257a.27.3–4 (suppl. West 1984, 29): D

ποικίλος ὕ[μνος ὑπὸ φρένας ἁμάς
Μοισᾶν Πιε̣[ρίδων ἀπολείβεται

'Ein bunter Hymnos fließt von den pierischen Musen in meinen Sinn'.

Ebenfalls nicht ganz sicher ist die Deutung des Florentiner Sappho-Ostrakons:

8.53] Sapph. 2.13–16 (Liedschluß; Text nach L-P): D

ἔνθα δὴ σὺ στέμ⟨ματ'⟩ ἔλοισα Κύπρι
χρυσίαισιν ἐν κυλίκεσσιν ἄβρως
⟨ὀ⟩μ⟨με⟩μείχμενον θαλίαισι νέκταρ
οἰνοχόαισον.

'Dahin (sc. in den zuvor ausführlich geschilderten heiligen Bezirk) komm mit Kränzen, Kypris, und schenke in goldenen Schalen anmutig Nektar, dem frohen Fest hinzugemischt, als Wein aus'.

Die Textkonstitution und damit die Interpretation dieses kletischen Hymnos sind schwierig. Sicher ist nur, daß Aphrodite darum gebeten wird, als 'Mundschenk' zu fungieren. Die Bitte ist an diejenige Göttin gerichtet, die für Sapphos Dichtung eine ähnlich 'inspirierende' Bedeutung hat wie die Musen (vgl. Kap. 21). Außerdem werden Bilder benutzt, die anderswo in poetologischem Kontext verwendet werden: Kränze, Wein mischen, goldene Schalen, Fest und Nektar. Letzterer vermag unsterblich zu machen, was (auch mit Blick auf Sapph. 55 [7.35]) eine der Funktionen von Dichtung sein kann. Danach erscheint es durchaus plausibel, das Fließ-Bild mit Theander (1937, 466 Anm. 3) metaphorisch zu verstehen und zu vermuten, daß Sappho Aphrodite um einen 'poetischen Guß' bittet. Dabei kann es sich um eine Inspirationsflüssigkeit handeln, oder Aphrodite gießt sozusagen mit Hilfe von Sappho das Lied aus (vgl. [8.45] und [8.46]). Denn auffälligerweise fehlt das Dativobjekt zu οἰνοχόαισον, weshalb aus dem Zusammenhang sowohl 'mir' als auch 'uns' ergänzt werden kann, ohne daß sich die beiden Lösungen ausschließen müssen: 'Gieß mir eine Inspiration ein, die für uns alle zu einem Lied-Fluß wird'.[38]

Vergleichbar, aber noch schlechter überliefert ist:

8.54] Sapph. 96.26–28: D

'Αφροδίτα
καμ̣[ ]νέκταρ ἔχευ' ἀπὺ
χρ̣υσίας [

'Aphrodite goß Nektar aus goldener (Schale?)'.

Für diese Stelle hatte Theander bereits früher (1936, 69–70) eine metaphorische Deutung vorgeschlagen.[39]

---

[38] Sollte die Deutung richtig sein, müßte die Ansicht Garzyas (1952, 204 Anm. 2) korrigiert werden, οἰνοχοεῖν bei Dionysios Chalkous [8.75] sei eine 'neue Metapher'.

[39] Pi. fr. 334a.3 (ῥοαὶ δὲ Μοισαι) ist zu fragmentarisch und bleibt beiseite.

Soweit die Belege für die inspirierende Wirkung von Wasser. – Eine weitere Nuance der Fließ-Vergleichungen liegt in der therapeutischen Wirkung. Dabei geht es weniger um die 'Medizin' im eigentlichen Sinn (vgl. Kap. 4) als um die 'Sportmassage':

[8.55] Pi. *N.* 4.4–5: B

οὐδὲ θερμὸν ὕ δ ω ρ τόcον γε μαλθακὰ τεύχει
γυῖα, τόccον εὐλογία φόρμιγγι cυνάορος.

'Auch warmes Wasser macht die Glieder nicht so gelöst wie das Loblied, das die Leier begleitet'. — [4.2]

Allenfalls liegt auch dem folgenden Passus ein Bild des Fließens zugrunde:

[8.56] Emp. VS 31 B 4.2–3 DK: D

ὡς δὲ παρ' ἡμετέρης κέλεται πιcτώματα Μούcης,
γνῶθι δ ι α c c η θ έ ν τ ο c ἐνὶ cπλάγχνοιcι λόγοιο.

'Wie aber die vertrauenswürdigen Lehren unserer Muse gebieten, so erkenne du, nachdem die Rede durch deines Inneren Sieb drang'.

Der Hörer soll die dichterisch-philosophische Lehre aufnehmen und mit dem 'Sieb' seines Intellekts filtern (das Sieb setzt allerdings nicht zwingend eine Flüssigkeit voraus).

Parallelen:

Vedisch: Im Rigveda (9.73.7–9) ist das Bild nicht auf die Rezeption, sondern auf die Produktion bezogen, indem der Geist des Dichters den Gedanken des Lieds reinigt wie ein Sieb den Somasaft (vgl. 3.26.8).

Ägyptisch: Hier findet sich das Bild mit Bezug auf eine Klagerede: 'Ich presse meinen Leib aus von dem, was er hält, ich siebe alle meine Worte' (Hornung 1996, 95).

In Form einer Adjektiv-Metapher kann das Neuheitsmotiv so gefaßt sein, daß von 'neugegossenen' Liedern die Rede ist:

[8.57] *mel. adesp.* 1027a: B

λέγε δὲ cὺ κατὰ πόδα ν ε ό χ υ τ α μέλεα.

'Lies du neugegossene Lieder Fuß für Fuß'.

Bei dem aus dem Zusammenhang gerissenen Beispielvers handelt es sich um eine prosodisch-metrische Anweisung (Wilamowitz 1921, 369, mit der Übersetzung 'skandiere pyrrhichisch'), was Campbells Übersetzung verkennt (1993, 425: 'Pick up the newly-scattered limbs [of Pentheus?] at your foot').

Auf dem bisher entwickelten Hintergrund ist es nichts als konsequent, daß der Dichter sich als 'Quelle' (von Liedern) darstellt (vgl. [8.42]).

Parallele:

Vedisch: Agni preist den Dichter in Rigveda 3.26 als 'unerschöpfliche Quelle mit hundert Bächen, beredten Vater der Rede' (Durante 1968a, 288).

Wie der vedische Dichter legt auch Pindar das Lob einer Figur in den Mund:

[8.58] Pi. *P.* 4.298–299 (Liedschluß): B

καί κε μυθήcαιθ', ὁποίαν, Ἀρκεcίλα,
εὗρε π α γ ὰ ν ἀμβροcίων ἐπέων,
πρόcφατον Θήβαι ξενωθείc.

'Und er (sc. Demophilos, für den Pindar sich in diesem Lied eingesetzt hat) wird erzählen, Arkesilaos, was für eine Quelle unsterblicher Lieder er gefunden hat, als er neulich in Theben (sc. bei mir) zu Gast war'.

Trotz des hohen Lobs klingt hier vielleicht auch ein bißchen Selbstironie an; denn das Lied hat mit seiner exzeptionellen Länge von rund 300 Versen sinnfällig vorgeführt, was für eine 'Quelle unsterblicher Lieder' Pindar ist.[40]

Möglicherweise ist auch das folgende Bakchylides-Fragment poetologisch zu deuten (die Überlieferung ist allerdings problematisch):

[8.59] B. 29d.14 (Zählung nach Maehler 1997; = 28.14 Snell-Maehler): D

]μελιτευχέα π α γ [ά ν

'honiggewirkte Quelle'.[41]

Die Hypothese kann sich darauf stützen, daß im Kontext von den Musen (V. 9), von Apollon (11) und von Unsterblichkeit (16) die Rede ist.[42]

(e) Symposion-Bilder

Schon mehrfach ist in diesem Kapitel die Vorstellung dokumentiert worden, daß das Lied ein Trunk ist, den der Dichter seinem Adressaten anbietet (z.B. [8.46]). Bilder dieser Art kehren in größerer Zahl in solchen Vergleichungen wieder, die auf Vorgänge beim Symposion Bezug nehmen. Als Lieferant poetologischer Bilder bietet sich das Symposion insbesondere deshalb an, weil es eine sehr wichtige, wenn nicht sogar die wichtigste soziale Einrichtung für den Vortrag frühgriechischer Lyrik ist.[43] Entsprechend leicht stellen sich dem Dichter Bilder aus dem Umfeld des Symposions ein. Allerdings ist zu betonen, daß sympotische Bilder nicht ausschließlich in Texten auftauchen, die für das Symposion gedichtet wurden.

---

[40] In leichter Verschiebung der Perspektive findet sich die metaphorische Quelle in einer Grabinschrift des 4. Jh. (CEG 548.6–7): ἄφθονον εὐλογίαc πηγήν, Δημ[ήτριε, λείπειc] | ἀcκήcαc κόcμον cωφροcύνη[ν τε ?καλήν]· – 'Eine nie versiegende Quelle des Lobs läßt du zurück, Demetrios, weil du Ordnung und schöne Zurückhaltung geübt hast'.

[41] **FL** (Quelle) Ar. *Eq.* 89.

[42] Mögliche Ergänzungen und Hypothesen bei Maehler (1997, z.St.). – Er übersetzt μελιτευχήc aktivisch ('honigschaffend'). Aus seinem Kommentar geht hervor, daß beide Auffassungen möglich sind.

[43] Aus der umfangreichen Sekundärliteratur zum Thema 'Symposion und Dichtung' seien herausgegriffen: Bowie 1986; Kannicht 1989; Latacz 1990; außerdem die Sammelbände Vetta 1983; Murray 1990; Slater 1991; Fabian-Pellizer-Tedeschi 1991 (mit einer 'Bibliografia sul simposio e sulla poesia conviviale' auf den Seiten 271–301).

Im vorliegenden Kapitel 'Fließen' sind die Bilder 'Mischen' und 'Kredenzen' von Liedern behandelt, d.h. das Herstellen und das Offerieren des Lied-Flusses. Zu vergleichen ist auch Abschnitt (d) 'Kranz' im Kap. 9.

Parallele:

Vedisch: In einem an die kultische Flüssigkeit Soma gerichteten Lied bringt der vedische Sänger die Hoffnung zum Ausdruck, daß sein Lied bei der Herstellung des Soma zu dessen Reinigung beitragen möge (Rigveda 9.64.10).

Was die Bilder des Mischens betrifft, besteht eine Grundschwierigkeit darin, daß μείγνυμι/μίϲγω schon in den ältesten überlieferten Texten so verschiedenartig verwendet wird, daß ein eindeutiger Bezug zum Mischen von Flüssigkeiten (speziell von Wein und Wasser) nicht gegeben ist. Aus diesem Grund bleibt die Bildhaftigkeit von Stellen wie der folgenden zweifelhaft:

[8.60] Sapph. 44.24–25: D

⌊αὖλοϲ δ' ἀδυ[μ]έληϲ⌋ [κιθάρα vel sim.] τ' ὀ ν ε μ ί γ ν υ [τ ο
⌊καὶ ψ[ό]φο[ϲ κ]ροτάλ⌋[ων

'Der süßklingende Aulos und [die Kithara] waren zusammengemischt und der Klang der Kastagnetten'.[44]

Anders verhält es sich, wenn aus dem Zusammenhang ersichtlich wird, daß eine sympotische Szene geschildert ist:

[8.61] Anakr. *eleg.* 2: B

οὐ φιλέω, ὃϲ κρητῆρι παρὰ πλέωι οἰνοποτάζων
νείκεα καὶ πόλεμον δακρυόεντα λέγει,
ἀλλ' ὅϲτιϲ Μουϲέων τε καὶ ἀγλαὰ δῶρ' Ἀφροδίτηϲ
ϲ υ μ μ ί ϲ γ ω ν ἐρατῆϲ μνήϲκεται εὐφροϲύνηϲ.

'Nicht liebe ich denjenigen, der beim vollen Mischkrug Wein trinkend von Streitigkeiten und tränenreichem Krieg erzählt, sondern der die strahlenden Geschenke der Musen und der Aphrodite zusammenmischend der lieblichen Festfreude gedenkt'.

Beim Symposion soll man nach Auffassung Anakreons nicht Epen kriegerischen Inhalts (≈ Homer) vortragen, sondern Liebeslyrik – in erster Linie wohl seine eigene.[45] Die ausdrückliche Nennung von Mischkrug (κρητήρ) und Weingenuß (οἰνοποτάζων) lassen keinen Zweifel, daß ϲυμμίϲγων das Mischen von Wein konnotiert.

Pindar stellt diesen Zusammenhang mit einem Gleichnis ausdrücklich her:

---

[44] Vgl. auch Sapph. 2.15 [8.53] und 44.29–30: ⌊κράτηρεϲ φίαλαί τ' ὀ⌋[...]υεδε[..]..εακ[.].[| ⌊μύρρα καὶ καϲία λίβ⌋ανόϲ τ' ὀνεμείχνυτο. – 'Mischkrüge und Weinschalen ... Myrrhe und Zimt und Weihrauch waren gemischt'.

[45] Inhaltlich verwandt sind Xenoph. 1.19–23 ([7.5], [3.11]) und Stesich. 210 (vgl. den Kommentar von Campbell 1967, 330).

[8.62] Pi. *I.* 6.1–3 (Liedbeginn): B

Θάλλοντος ἀνδρῶν ὡς ὅτε συμποσίου
δεύτερον κρατῆρα Μοισαίων μελέων
κίρναμεν Λάμπωνος εὐαέθλου γενεᾶς ὕπερ,

'Wie beim blühenden Gelage von Männern mischen wir einen zweiten Mischkrug von Liedern der Musen für das siegreiche Geschlecht Lampons (sc. des Vaters des Siegers)'.

Der 'erste Mischkrug von Liedern' war *N.* 5 gewesen, das einem anderen Sohn Lampons gewidmet war. Dem folgt nun *I.* 6 als 'zweiter Mischkrug', der nach wenigen Versen der Hoffnung auf einen 'dritten' Ausdruck verleiht:[46]

[8.63] Pi. *I.* 6.7–9: B

εἴη δὲ τρίτον (sc. κρατῆρα)
σωτῆρι πορσαίνοντας Ὀ-
λυμπίωι Αἴγιναν κάτα
σπένδειν μελιφθόγγοις ἀοιδαῖς.

'Möge uns vergönnt sein, den dritten (sc. Mischkrug) dem Retter von Olympia (= Zeus) zuzubereiten und auf Aigina mit honigklingenden Liedern als Opfer darzubringen'.[47]

Wie die Verwendung des Verbs σπένδειν zeigt, schwingen auch bei den sympotisch geprägten Bildern des Mischens religiös-kultische Untertöne mit.

Im folgenden Beleg hat der Mischkrug ebenfalls poetologische Bedeutung, auch wenn die erwähnten Weinschalen auf einen konkreten Siegespreis Bezug nehmen:

[8.64] Pi. *N.* 9.48–52: B

ἡσυχία δὲ φιλεῖ
μὲν συμπόσιον· νεοθαλὴς δ' αὔξεται
μαλθακᾶι νικαφορία σὺν ἀοιδᾶι·
θαρσαλέα δὲ παρὰ κρατῆρα φωνὰ γίνεται.
ἐγκιρνάτω τίς νιν, γλυκὺν κώμου προφάταν,
ἀργυρέαισι δὲ νωμάτω φιάλαισι βιατάν
ἀμπέλου παῖδ',

'Ruhe liebt das Symposion, und neu aufblühend wächst die Sieg-Erringung zusammen mit dem sanften Gesang. Kühn wird beim Mischkrug die Stimme. Einer soll ihn (sc. den Mischkrug), den süßen Verkünder des Festumzugs, mischen und soll den silbernen Schalen den kräftigen Sohn des Weinstocks austeilen'.

Das Grundthema 'Symposion' klingt gleich zu Beginn an, wird dann überlagert von einem Vegetations-Bild (vgl. [8.24]), um in eine ausgedehnte Symposions-Vergleichung überzugehen. Die poetologische Bedeutungsebene steht außer

[46] Überhaupt ist *I.* 6 ein eigentliches 'Fließ-Lied'. Es enthält nicht weniger als fünf Fließ-Bilder ([8.20], [8.26], [8.46], [8.62], [8.63]), wovon zwei die markanten Stellen Liedbeginn bzw. Liedschluß einnehmen.

[47] Mit Hinweis auf diese Stelle wird eine metaphorische Deutung des fragmentarischen Anfangs von Kallimachos' Σωσιβίου νίκη (Kall. fr. 384.2 Pf.: σπείςωμεν) erwogen (Pfeiffer 1949, z.St.; Fuhrer 1992, 151); vgl. auch [8.15].

Zweifel; denn das Thema ‘Dichtung’ zieht sich als roter Faden durch den Passus hindurch (vgl. ἀοιδά, φωνά und vor allem die unmißverständliche Apposition κώμου προφάταϲ: der Mischkrug als *Verkünder* des Komos).

An einer weiteren Stelle hat Pindar das Bild des Mischkrugs besonders sinnfällig umgesetzt. Aineias, den der Erzähler zum ‘Boten’ bestimmt (vgl. zu [2.13]), wird in Form einer Apposition zusätzlich charakterisiert als:

[8.65] Pi. *O.* 6.91: B

γλυκὺϲ κ ρ α τ ὴ ρ ἀγαφθέγκτων ἀοιδᾶν·

‘Süßer Mischkrug klingender Gesänge’.

Die ‘Botschaft’ des Dichters Pindar ist im ‘Boten’ Aineias in ähnlicher Weise enthalten, wie der Lied-Wein im Mischkrug: Aineias fungiert als ‘container’.

Gelegentlich treten die sympotischen Bilder so stark gehäuft auf, daß sich eine eigentliche Bilderreihe ergibt (vgl. [8.76]):

[8.66] Pi. *N.* 3.76–79: B

ἐγὼ τόδε τοι
πέμπω μ ε μ ι γ μ έ ν ο ν μέλι λευκῶι
ϲὺν γάλακτι, κ ι ρ ν α μ έ ν α δ' ἔερϲ' ἀμφέπει,
π ό μ ' ἀοίδιμον Αἰολίϲϲιν ἐν πνοαῖϲιν αὐλῶν,

‘Ich sende dir dieses Gemisch hier aus Honig und weißer Milch – beim Mischen entstandener Schaum umgibt es –, einen Trunk zum Singen zu aiolischen Klängen der Auloi’. — [16.11], [18.10]

Die zweimalige Erwähnung des Mischens (μεμιγμένον, κιρναμένα), verbunden mit Bestandteilen, die in poetologischen Kontexten einschlägig sind (μέλι, ἔερϲα), mündet in ein für Pindar typisches synästhetisches Bild (πόμ' ἀοίδιμον). Das Resultat des Mischens, das Getränk, wird dem Adressaten ‘gewidmet’ (zu πέμπω s. [16.11]). Damit ‘löscht’ es den ‘Durst’, von dem in der ersten Strophe [8.43] die Rede gewesen war (Hubbard 1985, 45).

Auf dem Hintergrund dieser Misch-Vergleichungen läßt sich eine gewisse Wahrscheinlichkeit geltend machen, auch die folgenden, weniger spezifischen Misch-Vergleichungen hierher zu ziehen. Wegen der vor [8.60] geäußerten Zweifel muß allerdings ein Fragezeichen stehenbleiben:

[8.67] Pi. *I.* 5.24–25 (Selbstapostrophe): D

μὴ φθόνει κόμπον τὸν ἐοικότ' ἀοιδᾶι
κ ι ρ ν ά μ ε ν ἀντὶ πόνων.

‘Mißgönne es nicht, den gebührenden Preis in den Gesang zu mischen (als Ersatz) für die Mühen’.

Das gleiche Bild liegt auch einem Fragment zugrunde, dessen Sinn allerdings ziemlich dunkel ist:

8.68] Pi. fr. 181: D

... ὁ γὰρ ἐξ οἴκου ποτὶ μῶμον ἔπαινος κίρναται

'Denn das Lob, das auf den Leistungen der Familie beruht, wird gegen den Tadel gemischt' (?).[48]

Wie Sappho [8.60] verwendet auch Pindar μείγνυμι im Zusammenhang mit Instrumenten:

8.69] Pi. *O.* 3.8–9: D

φόρμιγγά τε ποικιλόγαρυν
καὶ βοὰν αὐλῶν ἐπέων τε θέσιν
Αἰνησιδάμου παιδὶ συμμεῖξαι πρεπόν-
τως,

(Der Sieg verlangt von mir: [15.3]) 'die buntsprechende Leier und den Ruf der Auloi und die Setzung der Wörter für Ainesidamos' Sohn (sc. den Sieger) in gebührender Weise zusammenzumischen'. — [3.13]

In ähnlicher Weise dürfte auch eine Passage aus einem fragmentarischen Paian des Sophokles zu rekonstruieren sein:

8.70] Sophokles 737.b.i.4: D

]συρίγμασι μιγνύ̣[μεν]ον

'Mit Oboenklängen vermischt'.

Das Bezugswort von μιγνύμενον ist nicht zweifelsfrei zu bestimmen, könnte aber noch [ὕμ]νον aus Vers 2 sein.

Die schlechte Überlieferung erschwert auch die Deutung der letzten erhaltenen Verse von Bakchylides' zehntem Epinikion:

8.71] B. 10.54–56: D

αὐλῶν [⏑⏑–⏑⏑––
μειγν̣ [υτ–––⏑––
χρή τιν̣[–––⏑––

'Der Auloi (Klang?)... wird gemischt (?) ... man soll ...'[49]

Ein Einzelbeleg hat ebenfalls einen Bezug zum Weinmischen, bezieht sich aber auf eine frühere Phase der Prozedur, indem er das Öffnen des Fasses beschreibt:

8.72] Pi. fr. 354: B

ἀνοῖξαι πίθον ὕμνων

'Ein (Wein-)Faß von Liedern öffnen'.[50]

---

[48] Die Übersetzung folgt den Erläuterungen Slaters (1969, s.vv. κίρναμι, ποτί, οἶκος). – Race (1997) läßt das Fragment in der neuen Loeb-Ausgabe bezeichnenderweise weg.

[49] **FL** (zusammenmischen) E. *HF* 673–675; *Ba.* 126–128; *AP* 2.392.

[50] Der Tradent (Aristeid. *or.* 45.13) überliefert dieses Zitat in einer Reihe mit anderen poetologischen Metaphern (Musenwagen, Schiff). Da er von den Dichtern im allgemeinen spricht, bleibt die Authentizität unsicher.

Sobald der Lied-Wein im Mischkrug zubereitet ist, kann der Dichter/Sänger den Toast auf den Mitsymposiasten/Adressaten ausbringen. Ein attisches Skolion verbindet die beiden Punkte:

[8.73] *carm. conv.* 917b.1 (Liedbeginn, Selbstapostrophe[51]): B

[ἐ]ν κ έ ρ α c ο ν Χαρίτων κ ρ α τ ῆ [ρ] ' ἐπιςτ[ε]-
φέα κρ[....... π] ρ ό π ι [ν] ε [λό]γον·

'Mische einen Mischkrug voller Chariten und bringe als Toast eine (...) Erzählung aus'.[52]

Eine ähnliche Vergleichung findet sich bei Dionysios Chalkous, der zusätzlich die Anweisung erteilt, daß derjenige, dem der 'Lied-Toast' zugedacht worden ist (der Nachbar zur Rechten), mit einem ebensolchen antworten soll:

[8.74] Dionysios Chalkous 1: B

δέχου τήνδε π ρ ο π ι ν ο μ έ ν η ν
τὴν ἀπ' ἐμοῦ ποίηcιν· ἐγὼ δ' ἐπιδέξια πέμπω
coὶ πρώτωι, Χαρίτων ἐ γ κ ε ρ ά c α c χάριταc.
καὶ cὺ λαβὼν τόδε δῶρον ἀοιδὰc ἀ ν τ ι π ρ ό π ι θ ι ,
cυμπόcιον κοcμῶν καὶ τὸ cὸν εὖ θέμενοc.

'Diese meine Dichtung hier, die ich dir zutrinke, nimm auf. Ich schicke sie rechtsherum dir als erstem und habe die Anmut der Chariten hineingemischt. Du aber nimm dieses Geschenk hier an und proste mit als Gegengabe Lieder zu, dem Symposion zur Zierde und dir selbst zum Glück'.[53] — [3.32]

Dionysios nimmt auf den Usus Bezug, daß alle Symposiasten der Reihe nach ihren 'kulturellen Beitrag' zum Gelingen des Abends leisten müssen, indem sie etwas vortragen (Reitzenstein 1893, 31–32 Anm. 1).

Entsprechend wird nicht nur der Wein rechtsherum ausgeschenkt, sondern auch die Lieder:

[8.75] Dionysios Chalkous 4.1: B

ὕμνουc ο ἰ ν ο χ ο ε ῖ ν ἐπιδέξια cοί τε καὶ ἡμῖν·

'Dir und uns rechtsherum hymnische Lieder ausschenken'.

Das wohl eindrucksvollste Bild des 'Zutrinkens' stellt die Eingangsallegorie von *O.* 7 dar, in der Pindar sich mit einem Pater familias vergleicht, der den jungen Schwiegersohn in einer feierlichen Zeremonie im Kreis der Familie willkommen heißt:

---

[51] Zur Selbstapostrophe Ferrari 1988, 190–192 (mit Parallelen), anders Fabbro (bei Pellizer-Tedeschi 1983, 11 = 1991, 223).

[52] ἐπιςτ[ε]φέα κρ[ύφιόν τε *ed. pr.*, ἐπιςτ[ε]φέ(α) ἄκρ[ατόν τε Tedeschi (Pellizer-Tedeschi 1991, 129–130).

[53] Das kaum übersetzbare Wortspiel Χαρίτων ἐγκεράcαc χάριταc sieht nach der Revitalisierung einer 'toten' Metapher aus.

[8.76] Pi. *O.* 7.1–8 (Liedbeginn): B

Φ ι ά λ α ν ὡς εἴ τις ἀφνειᾶς ἀπὸ χειρὸς ἑλών
ἔνδον ἀμπέλου καχλάζοισαν δ ρ ό σ ω ι
δωρήσεται
νεανίαι γαμβρῶι π ρ ο π ί ν ω ν
οἴκοθεν οἴκαδε, πάγχρυσον, κορυφὰν κτεάνων,
συμποσίου τε χάριν κα-
δός τε τιμάσαις ⟨ν⟩έον, ἐν δὲ φίλων
παρεόντων θῆκέ νιν ζαλωτὸν ὁμόφρονος εὐνᾶς·
καὶ ἐγὼ ν έ κ τ α ρ χ υ τ ό ν , Μοισᾶν δόσιν, ἀεθλοφόροις
ἀνδράσιν πέμπων,

'Wie wenn einer eine Schale nimmt, die drinnen schäumt vom Tau der Rebe, und sie aus reicher Hand dem jungen Schwiegersohn schenkt und ihm zutrinkt von Haus zu Haus, die ganz vergoldete Krönung seines Besitzes (= die Schale), und damit dem Gelage freudige Stimmung und der neuen Verschwägerung Auszeichnung verleiht und ihn unter den anwesenden Freunden wegen seiner einmütigen Heirat zu einem beneideten macht: so sende auch ich flüssigen Nektar, die Gabe der Musen, den Männern, die den Preis davontragen'.

Zusammenfassung: Die verschiedenen Fließ-Vergleichungen dieses Kapitels entstammen einer Vielzahl von Anwendungsbereichen. Entsprechend vielfältig sind die Assoziationsfelder. Wenig spezifisches Fließen und Gießen wird konkretisiert in den Anwendungsbereichen Kult (Libation), Reinigung, (Pflanzen-) Bewässerung, Nahrungsaufnahme, Symposion. Zusätzlich zu diesen eher 'kulturell' geprägten Bildern finden sich auch Bezugnahmen auf Naturgewalten u.ä. In den poetologischen Vergleichungen ist das lebensnotwendige Wasser ebenso präsent und wichtig wie im 'normalen' Leben: Ἄριστον μὲν ὕδωρ...

9. Blumen, Blüten und Kränze

Die im vorliegenden Kapitel zu besprechenden Bilder kombinieren die Themenbereiche 'Natur' und 'Kultur': Das 'Naturprodukt' Blume kann zum 'Kulturprodukt' Kranz geformt werden. Außerdem schließt das Kapitel thematisch an andere Kapitel an, v.a. an Kap. 5 'Landwirtschaft' (Wachstum, Ernte) und Kap. 8 'Fließen' (nährendes Wasser, Kranz als Requisit des Symposions).

(a) Blumen

Der älteste Beleg dieses Abschnitts geht (im Unterschied zu den meisten jüngeren) von einer bestimmten Blumensorte aus. Sappho bezeichnet Dichtung (und die mit ihr verbundene Nachwirkung über den Tod hinaus) metaphorisch als 'Rosen aus Pierien', der Heimat der Musen:

[9.1] Sapph. 55: B

κατθάνοιcα δὲ κείcηι οὐδέ ποτα μναμοcύνα cέθεν
ἔccετ' οὐδὲ †ποκ'† ὔcτερον· οὐ γὰρ πεδέχηιc β ρ ό δ ω ν
τῶν ἐκ Πιερίαc, ἀλλ' ἀφάνηc κἀν 'Αίδα δόμωι
φοιτάcηιc πεδ' ἀμαύρων νεκύων ἐκπεποταμένα.

'Wenn du einmal tot bist, wirst du einfach daliegen, und niemand wird sich deiner erinnern, auch später nicht. Denn du hast keinen Anteil an den Rosen aus Pierien, sondern auch in Hades' Haus wirst du unsichtbar herumgehen unter den Schatten der Toten, nachdem du einfach hinweggeflogen bist'. — [7.35], dort auch zur Frage, von wem die Rede ist.

Diese Beschreibung stellt die Folie für das dar, was die Dichterin für sich in Anspruch nimmt: daß sie selbst durchaus Anteil an den Rosen aus Pierien hat und deshalb auch nach dem Tod nicht in Vergessenheit geraten wird. Daß sie diesen Gedanken anschließend ausdrücklich formuliert hat, wie Aristeides bezeugt, ist eher unwahrscheinlich.[1] Das positive Gegenstück ergibt sich durch die ausführliche Darstellung der Folie von selbst. Es ausdrücklich auszuführen ist im An-

[1] Aristeid. *or.* 28.51 (= Sapph. 55 test. IV Voigt; 193 L-P): οἶμαι δέ cε καὶ Cαπφοῦc ἀκηκοέναι πρόc τιναc τῶν εὐδαιμόνων δοκουcῶν εἶναι γυναικῶν μεγαλαυχουμένηc καὶ λεγούcηc, ὡc αὐτὴν αἱ Μοῦcαι τῶι ὄντι ὀλβίαν τε καὶ ζηλωτὴν ἐποίηcαν, καὶ ὡc οὐδ' ἀποθανούcηc ἔcται λήθη. – Aristeides paraphrasiert m.E. nicht einen heute verlorenen Passus, sondern setzt den vorausgesetzten Gedankengang ausführlich auseinander.

schluß daran nicht mehr nötig und könnte sogar plump wirken.[2] – Daß Sappho sich ausgerechnet des Bilds der zarten, vergänglichen Rose bedient, um den Gedanken der Unvergänglichkeit zum Ausdruck zu bringen, ist bemerkenswert.

Aufgrund der besonderen Bedeutung, die den Rosen in fr. 55 attestiert wird, ist die Möglichkeit zu erwägen, daß in einem weiteren Sappho-Fragment ein poetologischer Nebensinn zumindest mitschwingt:

[9.2] Sapph. 94.12–17: D

πọ́[λλοιϲ γὰρ ϲτεφάν]οιϲ ἴων
κα̣ὶ βρ[όδων ...]κίων τ' ὔμοι
14 κα..[– 7 –] πὰρ ἔμοι π⟨ε⟩ρεθήκα⟨ο⟩
καὶ πό̣⸤λλαιϲ ὐπα⸥θύμιδαϲ
πλέκ⸤ι̣ταιϲ ἀμφ' ἀ⸥πάλαι δέραι
ἀνθέων ἐ̣[– 6 –] πεποημέναιϲ.

'Viele Kränze ja aus Veilchen und Rosen und aus [...] zugleich und [auch aus? ...] hast du bei mir dir umgelegt und viele Blumengewinde, geflochtene, um den zarten Hals, aus Blüten von [...] gemacht'.

Sappho ruft sich in Erinnerung, wie sie in einer Abschiedsstunde das Mädchen mit der Aufforderung zu trösten suchte, sich an das gemeinsam Erlebte zu erinnern. Das Thema 'Erinnerung' spielt in diesem Lied auf mehreren Ebenen die zentrale Rolle (vgl. auch Sapph. 147).[3] Garantin dieser Erinnerung ist, wie aus fr. 55 deutlich wird, die Dichtung, von der wohl auch das stark beschädigte Ende des Papyrus handelt.[4] Somit könnte in [9.2] nicht nur von den tatsächlich geflochtenen Blumenkränzen die Rede sein, sondern auch von der Erinnerung, die durch die (jetzt auch übertragen verstandenen) Blumen vermittelt wird. Dies nicht zuletzt deshalb, weil "ein Lied wie [Sapph. 94] nur vordergründig ein Abschiedsbericht [ist], mit dem die Dichterin sich selbst in der Erinnerung trösten will. Es ist in Wahrheit Träger einer Botschaft, ein Vehikel, die Gruppen-Identität zu definieren" (Latacz 1998, 398).[5]

In ähnlicher Weise hat auch die folgende Aufforderung, Kränze zu flechten und sich um den Hals zu legen, eine den unmittelbaren Wortsinn übersteigende Bedeutung:

---

[2] Vgl. den Schluß von Xenoph. 2. Nachdem Xenophanes Punkt für Punkt dargelegt hat, was die Athleten alles *nicht* leisten, kann er darauf verzichten, das Gegenstück darzulegen, es ergibt sich von selbst.

[3] Sapph. 147: μνάϲεϲθαί τινα φα⟨ῖ⟩μι †καὶ ἕτερον† ἀμμέων – 'Erinnern wird sich, so behaupte ich, noch ein anderer an uns'.

[4] Die Verse 94.27–28 bringen (wohl) die Themen 'Festgemeinschaft', 'Gesang' und 'Tanz' zur Sprache.

[5] Die metaphorische Deutung der Blumenkränze in Sapph. 94 wird bereits von Maehler (1963, 60 Anm. 1) erwogen; vgl. auch Blech 1982, 315. – Möglicherweise gehört auch Sapph. 125 hierher.

[9.3] Sapph. 81.4–7: D

σὺ δὲ στεφάνοις, ὦ Δίκα, π]έρθεσ[θ' ἐράτοις φόβαισιν
ὄρπακας ἀνήτω συν⟨α⟩]έ[ρρ]αις[' ἀπάλαισι χέρσιν·
εὐάνθεα † γὰρ πέλεται † καὶ Χάριτες μάκαιρα⟨ι⟩
μᾶλλον † προτερην †, ἀστεφανώτοισι δ' ἀπυστρέφονται.

'Du aber, o Dika, leg Kränze um deine lieblichen Locken, Zweige von Anis zusammenbindend mit zarten Händen. Blütenreiches ... [lieben/schätzen?] die glückseligen Chariten mehr ..., von den Unbekränzten wenden sie sich dagegen ab.'[6]

Das Fragment weist nicht nur mit [9.2], sondern auch mit [9.1] Berührungspunkte auf: Wer nicht über schöne Kränze verfügt, erhält die Zuwendung der Chariten nicht, die für das Dichten Sapphos (und anderer frühgriechischer Lyriker) eine Bedeutung haben, die komplementär zu derjenigen der Musen ist (vgl. Sapph. 128 und allgemein Kap. 21).

Die Mehrzahl der Blumen-Vergleichungen, die auf eine spezifische Sorte Bezug nehmen, sind in andere Zusammenhänge eingebunden (Blumen pflücken, Kränze flechten) und werden weiter unten behandelt. Anzuführen ist an dieser Stelle ein Beleg, dessen zeitliche Einordnung unsicher ist:

[9.4] Melanippides I test. (= *AP* 4.1.7):[7] B

ν ά ρ κ ι σ σ ό ν τε τορῶν Μελανιππίδου ἔγκυον ὕμνων

'Und die Narzisse, die voll ist von Melanippides' hellklingenden Hymnen'.

Diese Narzisse will Meleager in seinen 'Kranz' einflechten. Ob er das Bild bereits bei Melanippides vorgefunden hat, bleibt eine offene Frage. Immerhin ist festzuhalten, daß er Sapphos Dichtungen unmittelbar davor als 'Rosen' (ῥόδα 6) bezeichnet, was doch wohl eine Bezugnahme auf [9.1] (oder vergleichbare, heute verlorene Stellen) ist. Dem ist freilich entgegenzuhalten, daß das Bild der Blume sich Meleager geradezu aufdrängen muß, weil er ja einen Kranz aus Dichterblumen (buchstäblich eine Antho-logie) bilden will.

Die Vorstellung der 'Dichter-Blume' bildet die Voraussetzung für eine Bienen-Vergleichung:

[9.5] *mel. adesp.* 979 (= SH 1001): B

ἐκ Σαπφῶς τόδ' ἀμελγόμενος μέλι τοι φέρω.

'Aus Sappho saugend bringe ich dir diesen Honig hier'. — [1.49], [18.7]

Der (wohl hellenistische) Dichter stellt sein eigenes Dichten als produktive Sappho-Rezeption dar. Die Stelle beweist nicht zuletzt, daß die poetologische Blumen-Metapher oft mit Sappho assoziiert worden ist.

---

[6] Die Verse 6–7 sind korrupt. Die Übersetzung gibt ihren vermutlichen Inhalt wieder. – Das Fragment gehört im Grunde zu den Blüten-Vergleichungen [9.7ff.] oder zu den Kranz-Vergleichungen [9.29ff.], wird aber wegen der inhaltlichen Nähe zu [9.1] und [9.2] bereits hier behandelt.

[7] Dieser Melanippides (*poeta addendus* in der zweiten Auflage von IEG: West 1992, 192) ist laut West der Großvater mütterlicherseits des gleichnamigen Melikers (757–766 PMG).

Ein Sonderfall ist das schwierige Handwerks-Bild in Pindars siebter Nemee:

[9.6] Pi. *N.* 7.77–79: B

Μοῖcά τοι
κολλᾶι χρυcὸν ἔν τε λευκὸν ἐλέφανθ' ἁμᾶ
καὶ λ ε ί ρ ι ο ν ἄ ν θ ε μ ο ν ποντίας ὑφελοῖc' ἐέρcαc.

'Die Muse leimt für dich Gold (hinein), hinein auch weißes Elfenbein und zugleich die Lilienblüte, die sie aus dem Naß des Meeres holt'. — [3.108]

Die 'Lilienblüte aus dem Meer' stellt eine Metapher 'zweiten Grades' dar, weil sie nach der Deutung der Scholien metaphorisch die Koralle bezeichnet, die ihrerseits Teil einer poetologischen Handwerks-Vergleichung ist (s. zu [3.108]).

(b) Blüte

Eine größere Anzahl von Belegen richtet das Augenmerk weniger auf eine spezifische Blumensorte als auf die Blüte, die – voll aufgegangen – den krönenden Abschluß einer sich entwickelnden Blume darstellt (vgl. das Bild der Frucht [5.4]). Pindar formt diesen Gedanken zu einem selbstbezüglichen Liedschluß:

[9.7] Pi. *O.* 6.105 (Liedschluß; Apostrophe an Poseidon): B

ἐμῶν δ' ὕ-
μνων ἄεξ' εὐτερπὲc ἄ ν θ ο c.

'Lasse gedeihen die erfreuliche Blüte meiner Lieder'.[8]

Diese Verbindung von ἄνθοc (und anderen Vegetationsmetaphern) mit einem Wort für 'Lied' (als Genetiv des Stoffs) ist gut bezeugt:

[9.8] Pi. *O.* 9.48–49 (Selbstapostrophe): B

αἴνει δὲ παλαιὸν μὲν οἶνον, ἄ ν θ ε α δ' ὕμνων
νεωτέρων.

'Wein heiße gut, wenn er alt, Blüten von Liedern aber, wenn sie neu sind'.

Das polar und chiastisch formulierte Neuheitsmotiv klingt schon im unmittelbar vorausgehenden Bild des Weckens [17.4] an: Ein 'gewecktes' Lied ist in gewisser Weise auch ein 'neues'.

Die ἄνθοc-Verbindung erfreut sich zumal bei Bakchylides besonderer Beliebtheit:

[9.9] B. 16.8–12: B

] δ' ἵκηι παιηόνων
ἄ ν θ ε α πεδοιχνεῖν,
Πύθι' Ἄπολλον,
τόcα χοροὶ Δελφῶν
cὸν κελάδηcαν παρ' ἀγακλέα ναόν,

[8] Ein Grund für die Auffassung von Maehler (1982, 2.292 Anm. 15), ἄνθοc sei hier "nicht Metapher, sondern Umschreibung", ist nicht ersichtlich.

'(bis?) du kommst, die Blüten der Paiane zu suchen, Pythischer Apollon, so viele die Chöre der Delpher bei deinem berühmten Tempel ertönen ließen'.

Daß hier in einem Dithyrambos von Paian-Blüten die Rede ist, erklärt sich so, daß der Dithyrambos dem Paian gleichsam vorgeschaltet wird (Zimmermann 1992, 70). Die Blüten-Vergleichung selbst ist auch in einem Paian-Fragment bezeugt:

[9.10] B. fr. 4.61–63: B

τίκτει δέ τε⌋ θνατ⌊οῖcιν εἰ-
ρήνα μεγαλ⌋άνορα ⌊πλοῦτον
καὶ μελιγλώ⌋ccων ἀ⌊οιδᾶν ἄ ν θ ε α

'Es gebiert den Menschen der Friede männererhebenden Reichtum und honigzüngige Lied-Blüten'.

In eine ähnliche Richtung weist die folgende Stelle, die sich aber dadurch deutlich von den anderen unterscheidet, daß es gewissermaßen der Dichter selbst ist, der die Blüte 'herstellt' (ἄνθεμον ... τελέcαc):

[9.11] B. fr. 20C.2–6 (suppl. Snell): B

μέλλ[ω π]ολ̣[υφθόγγων τι καινόν
ἄ ν θ ε μ ο ν Μουcᾶ[ν Ἱ]έρων[ι ⏑–
ξα̣νθαῖcιν ἵπποιc
ἱμ]ερόεν τελέcαc
κα]ὶ cυμπόταιc ἄνδρεccι π[έμπειν

'Ich will, nachdem ich eine neue Blüte der vielstimmigen Musen auf die blonden Stuten vollendet habe, (die Blüte) Hieron und seinen Mitsymposiasten schicken'.[9]

Weitere Blüten-Vergleichungen präsentieren sich als Adjektiv-Metaphern, oft integriert in andere Bildbereiche (Bildervermischung). Sie verdienen besondere Beachtung, weil Adjektiv-Metaphern in der frühgriechischen Bildersprache selten sind (vgl. S. 306):

[9.12] Pi. *P.* 2.62–63: B

ε ὐ α ν θ έ α δ' ἀναβάcομαι cτόλον ἀμφ' ἀρετᾶι
κελαδέων.

'Eine blütenreiche Fahrt will ich antreten, indem ich von großer Leistung künde'. — [13.1]

Das geht zum einen auf den Brauch, Schiffe für besondere Fahrten mit Kränzen u.ä. zu schmücken (vgl. Blech 1982, 277 u. 306), weist zum andern aber auch das Lied als Blüte aus, da es sich ja um eine poetologische Fahrt handelt.

Ohne Bildervermischung taucht die Vorstellung des blühenden Gesangs im Hermes-Hymnos auf:

[9.13] *hHerm* 451–452: B

τῇcι (sc. Μούcῃcι) χοροί τε μέλουcι καὶ ἀγλαὸc οἶμοc ἀοιδῆc,
καὶ μολπὴ τ ε θ α λ υ ῖ α καὶ ἱμερόειc βρόμοc αὐλῶν·

[9] **FL** (ἄνθοc) Ar. *Nu.* 1026; (ἀνθέω) Kall. fr. 604 Pf.

'Denen (sc. den Musen) am Herzen liegen Chöre und der glänzende Lied-Pfad und der blühende Gesang und das sehnsuchtsvolle Murmeln der Auloi.' — [11.87]

Ebenfalls in Form eines Partizipial-Attributs findet das gängige Neuheitsmotiv Eingang in ein attisches Skolion, hier wieder als Teil einer Bildervermischung:

[9.14] *carm. conv.* 917c.3–4: B

ἄρτι βρύουcαν ἀοιδάν
πρωτοπαγεῖ cοφίαι διαποίκιλον ἐκφέρομεν·

'Ein soeben erblühendes Lied, bunt durch die erstmals gebaute Dichtkunst, bringen wir heraus'. — [3.57]

Das Neuheitsmotiv ist hier sogar zweimal ausgedrückt (ἄρτι βρύουcαν, πρωτοπαγεῖ).

Adjektivische Blüten-Metaphern werden auch mit Inspirations- und Schutzgottheiten verbunden, die die Dichtung 'zum Blühen bringen':

[9.15] Pi. *O.* 7.11–12: B

ἄλλοτε δ' ἄλλον ἐποπτεύ-
ει Χάριc ζωθάλμιοc ἁδυμελεῖ
θαμὰ μὲν φόρμιγγι παμφώνοιcί τ' ἐν ἔντεcιν αὐλῶν.

'Bald diesem, bald jenem gönnt Charis, die das Leben zum Blühen bringt, ihren Blick, oft zusammen mit der süßsingenden Phorminx und den Aulos-Instrumenten'.[10]

Diesen durch das Adjektiv ζωθάλμιοc 'das Leben zum Blühen bringend' deutlich ins Übertragene tendierenden Gedanken faßt Bakchylides konkreter:

[9.16] B. 13.228–229: B

τὰν εἰκ ἐτύμωc ἄρα Κλειὼ
πανθαλὴc ἐμαῖc ἐνέcταξ[εν φραcίν,

'So wahr mir diese (sc. die Gabe, gemeint ist das Lied) die allblühende Kleio in den Sinn geträufelt hat, ...' — [4.7], [8.48]

"Here Clio's *bloom* is a metaphor for the song which she inspires in the poet."[11] Allerdings ist nicht ganz klar, ob πανθαλήc aktivisch ('bringt alles zum Blühen') oder passivisch ('steht ganz in Blüte') zu verstehen ist. Für beide Vorstellungen gibt es Parallelen. Aktivisch bringt die Muse oder allgemeiner der Gott den Dichter 'zum Blühen':

[9.17] Pi. *O.* 11.10: B

ἐκ θεοῦ δ' ἀνὴρ cοφαῖc ἀνθεῖ πραπίδεccιν ὁμοίωc.

'Von Gott her steht ein Mann in Blüte mit seinem klugen Verstand – wie auch sonst'.

---

[10] Zu Charis als Dichtung vgl. u.a. Verdenius 1987, z.St.

[11] Gerber (1984, s.v. πανθαλήc). Ebenso Maehler (1982, z.St.), der außerdem die Möglichkeit erwägt, daß der Bezug auf die Dichtung bereits in den Versen 59–62 vorbereitet ist, auch wenn dort die Blüten eine Synekdoche für den Siegerkranz sind. B. 13.59–62 [7.18]: Νίκαc] φ[ε]ρ[ε]κυδέοc ἀν-| [θρώπο]ιcιν ἄ[ν]θεα | [χρυcέ]αν δόξαν πολύφαντον ἐν αἰ-| [ῶνι] τρέφει – '(So?) nähren nun die Blüten der ruhmbringenden Nike den Menschen den goldenen, weithin leuchtenden Ruhm ihr Leben lang'.

Passivisch ist es die Muse selbst, die 'in Blüte steht':

[9.18] Pi. *O.* 13.22–23 (Strophenende): B

ἐν δὲ Μοῖϲ' ἁδύπνοοϲ,
ἐν δ' Ἄρηϲ ἀ ν θ ε ῖ νέων οὐλίαιϲ αἰχμαῖϲιν ἀνδρῶν.

'An diesem Ort (sc. in Korinth) blüht auch die süßhauchende Muse, an diesem Ort auch Ares mit den verderbenbringenden Lanzen der jungen Männer'.

Diese Koexistenz von Musenkunst und Kriegshandwerk ist in der griechischen Literatur gut bezeugt.[12] Schon Terpander hatte dafür ein ähnliches Bild benutzt wie Pindar:

[9.19] Terpander 5 Gostoli (PMG p. 363 adn.):[13] B

ἔνθ' αἰχμά τε νέων θ ά λ λ ε ι καὶ Μῶϲα λίγεια
καὶ Δίκα

'Wo die Lanze der jungen Männer blüht und die helle Muse und Dike'.

Nicht berücksichtigt werden in diesem Abschnitt die Belege für ἄωτοϲ. Die früher vertretene (und in mehrere Übersetzungen eingegangene) Deutung als 'Blüte' ist von Raman (1975) überzeugend widerlegt worden (richtig schon McCracken 1934, 342).[14]

(c) Blumen pflücken

Alle bisherigen Blumen- und Blüten-Vergleichungen waren – mit Ausnahme von [9.11] – von einer weitgehenden 'Passivität' oder gar (in den rein produktbezogenen Vergleichungen) 'Abwesenheit' des Dichters geprägt. Der Dichter kann sich nicht gut als 'Produzenten' von Blumen darstellen, ohne sich eine unverhältnismäßige, gottähnliche Position anzumaßen (vgl. [3.96]). Hingegen kann der Dichter die gewachsenen Blumen 'verarbeiten'. Z.B. kann der Sänger die Blumen 'pflücken' und seinen Adressaten offerieren:

[9.20] Pi. fr. 75.6–7 (Apostrophe an die Olympischen Götter): B

ἰοδέτων λάχετε ϲτεφάνων τᾶν τ' ἐ α ρ ι-
δ ρ ό π ω ν ἀοιδᾶν,

'Nehmt entgegen aus Veilchen gebundene Kränze und im Frühling gepflückte Gesänge'.

---

[12] Vgl. Archil. 1; Alkm. 41 [11.95]; Pi. *O.* 10.14–15; *O.* 11.17–19 [11.33]; *N.* 7.9–10.

[13] Zur Frage der von Wilamowitz (1903, 64) bestrittenen Authentizität vgl. Gostoli 1990, 140–141.

[14] Vielleicht gehört Simon. 519.1.ii.2–4 in diesen Abschnitt, doch ist der Text zu lückenhaft.

εὔφρονα κωμ̣[
τοδε ϲὸν θάητο̣[ν
ανθεων·   [(unter ανθεων Paragraphos und Koronis, also Liedende.)

Die Aufforderung entspricht dem δέξαι-Motiv (trotz des anderen Wortstamms, λαγχάνω statt δέχομαι). Außerdem klingt das Neuheitsmotiv an; denn im Frühling gepflückte Blumen sind frisch.

Die Idealvorstellung für einen Dichter ist somit eine Wiese mit Blumen, von denen noch nicht eine einzige gepflückt worden ist – für den 'epigonalen' Dichter ein unerfüllbarer Wunschtraum:

[9.21] Choirilos fr. 2.1–2 Bernabé (= 1.1–2 Colace; 317.1–2 SH): B

ἆ μάκαρ, ὅςτις ἔην κεῖνον χρόνον ἴδρις ἀοιδῆς,
Μουςάων θεράπων, ὅτ' ἀ κ ή ρ α τ ο ς ἦν ἔτι λ ε ι μ ώ ν ·

'Wahrlich glückselig war der Musendiener, der zu der Zeit als Sangeskundiger lebte, als die Wiese noch ›ungepflückt‹ war'.

Hinter diesem 'Stoßseufzer', der wohl nicht allzu ernst genommen werden sollte, steht rhetorisch gesehen ein Hindernismotiv.

Das Bild der 'ungepflückten' Lied-Wiese, das an Pratinas' 'ungepflügten Boden' [5.6] erinnert, kehrt in einem Volkslied wieder, wobei deutlich mit der (ebenfalls gut bezeugten) sexuellen Bedeutung von Pflanzen-Metaphorik gespielt wird:

[9.22] *carm. pop.* 851b: B

cοί, Βάκχε, τάνδε Μοῦcαν ἀγλαΐζομεν,
ἁπλοῦν ῥυθμὸν χέοντες αἰόλωι μέλει,
καινὰν ἀπαρθένευτον, οὔ τι ταῖς πάρος
κεχρημέναν ᾠιδαῖcιν, ἀλλ' ἀ κ ή ρ α τ ο ν
κατάρχομεν τὸν ὕμνον·

'Dir, Bakchos, geben wir diese Muse (= dieses Lied) hier als Ehrengeschenk, indem wir einen einfachen Rhythmus mit wechselnder Melodie ausgießen, eine neue, jungfräuliche (Muse), die keine früheren Lieder verwendet, sondern ›ungepflückt‹ ist der Hymnos, den wir anheben.' — [8.14]

Das für das Lied zentrale Neuheitsmotiv wird zweimal unmetaphorisch (καινάν, οὔ τι ταῖc πάρος κεχρημέναν ᾠιδαῖcιν) und zweimal metaphorisch ausgedrückt (ἀπαρθένευτον, ἀκήρατον). Das Spiel mit den Bedeutungen besteht darin, daß ἀκήρατος als Metapher ungefähr das gleiche bedeuten kann wie (nicht-metaphorisches) ἀπαρθένευτος.[15]

Das Bild des Pflückens wird von Pindar einmal auch auf den Rezeptionsprozeß angewendet:

[9.23] Pi. *P.* 6.47–49: B

νόωι δὲ πλοῦτον ἄγει,
ἄδικον οὔθ' ὑπέροπλον ἥβαν δ ρ έ π ω ν ,
cοφίαν δ' ἐν μυχοῖcι Πιερίδων·

[15] Vgl. Pi. *P.* 9.37 (κεῖραι μελιαδέα ποίαν = 'deflorieren').

'Mit Verstand gebraucht er (sc. der Sieger) seinen Reichtum; weder in Unrecht noch in Übermut pflückt er seine Jugend, sondern (pflückt) Dichtung in den Gefilden der Pieriden'.

Eine verwandte Vorstellung dürfte dem folgenden Passus zugrunde liegen ('Rezipientin' ist hier eine Göttin, vgl. [9.9]):

[9.24] Pi. fr. 52m.4–5: B

. .]χος ἀμφέπο[ις' ἄ ν]θ ε α τοια[ύτας
.]ὑ̣μνήσιος δ ρ έ π̣ η ι ·

'(Wenn?) sie (sc. Artemis?[16]) anwesend die Blüten eines solchen Liedes pflückt'.

Ganz unsicher ist ein weiteres Fragment. Die hypothetische poetologische Deutung basiert auf der Bewässerungs-Vergleichung in Vers 1:

[9.25] Pi. fr. 6b.f: D

]ἄρδοντ' ἀοιδαῖς [
]γενναίων ἄωτος νεκτ̣α̣⸤ρ⸥έας αι̣.[
]. κα̣ρπὸν δ̣ ρ έ π ο ν τ ε̣ ς

'Sie bewässern mit Liedern ... von echtgeborenen (...) das Höchste von Nektar-... die Frucht pflückend'.[17] — [8.27]

Eine spekulative Deutung könnte so aussehen, daß das (poetologische) Bewässern das Wachstum befördert und zum Pflücken von Früchten führt.

Blumen pflücken und Früchte ernten sind letztlich Aufgaben des Gärtners. Pindar sieht sich nicht nur als 'Pflüger der Musen' [5.11], sondern auch als 'Gärtner der Chariten':

[9.26] Pi. *O.* 9.25–26: B

εἰ σύν τινι μοιριδίωι παλάμαι
ἐξαίρετον Χαρίτων νέμομαι κᾶ π ο ν ·

(Überallhin werde ich sehr schnell diese Botschaft schicken [2.16]) 'wenn ich irgendwie mit schicksalsberufener Hand den auserlesenen Garten der Chariten pflege'.

Mit der 'schicksalsberufenen Hand' deutet Pindar an, daß er als Gärtner der Chariten einer höheren Instanz verpflichtet ist.

Ebenfalls als 'Gärtner' wacht er über die goldenen Musen-Äpfel und deren Verteilung:

[9.27] Pi. fr. 288: B

(Πίνδαρος πού φησιν εἶναι) "μάλων χρυσῶν φύλαξ", τὰ δὲ εἶναι Μουσῶν καὶ τούτων ἄλλοτε ἄλλοις νέμειν

'Pindar sagt irgendwo, er sei ›Hüter der goldenen Äpfel‹; das seien die Äpfel der Musen, und von denen teile er bald diesen bald jenen zu'.

Das Bewachen goldener Äpfel erinnert an die Hesperiden, die freilich die Äpfel gerade nicht verteilen, sondern nur unfreiwillig herausgeben.

---

[16] Der von Race (1997, z.St.) angenommende Subjektswechsel in V. 5 ist wenig wahrscheinlich, zumal da δρέπηι eher 3. Sg. Konj. Akt. als 2. Sg. Med. ist.

[17] **FL** (δρέπω) Ar. *Ra.* 1300 (in Verbindung mit λειμών); *AP* 7.13.2; 7.414.4.

Was die Gärtner-Vergleichung betrifft, ist ein Testimonium zu Simonides anzuführen, dessen Authentizität unsicher ist:

[9.28] Simon. test. 47 k Campbell (*App. Vat.* 217 Sternbach): B

Cιμωνίδηc τὸν Ἡcίοδον κηπουρὸν ἔλεγε, τὸν δὲ Ὅμηρον cτεφανηπλόκον, τὸν μὲν ὡc φυτεύcαντα τὰc περὶ θεῶν καὶ ἡρώων μυθολογίαc, τὸν δὲ ὡc ἐξ αὐτῶν cυμπλέξαντα τὸν Ἰλιάδοc καὶ Ὀδυccείαc cτέφανον.

'Simonides nannte Hesiod einen Gärtner, Homer einen Kranzflechter, den einen (sc. Hesiod), weil er die Götter- und Heroenlegenden gepflanzt habe, den anderen (sc. Homer), weil er daraus den Kranz von Ilias und Odyssee geflochten habe'.[18]

(d) Kranz

In einer ersten Gruppe von Kranz-Bildern liegt das Augenmerk wie in [9.28] auf dem Flechten des poetologischen Kranzes. Diese Vergleichung weist Berührungspunkte mit dem Weben von Textilien [3.71ff.] auf. Pindar benutzt sie in einer schlichten Übergangsformel:

[9.29] Pi. *N.* 7.77 (Selbstapostrophe): B

εἴρειν cτεφάνουc ἐλαφρόν, ἀναβάλεο·

'Kränze zu winden ist leicht: heb an (sc. zu singen)'.

Simonides schildert dagegen das Flechten des Kranzes um einiges ausführlicher:

[9.30] Simon. *eleg.* 22.15–16: B

χαίτη[ιcι]ν χαρίε[ντ]α̣ νεοβλάcτ[
̣[ ]εὐανθέ̣α πλε[ξάμενοc cτέφανον·

'Indem ich für die Haare einen lieblichen schönblühenden Kranz von frisch gewachsenem [...] flechte'.

Die poetologische Deutung des Passus stützt sich darauf, daß die ganze Elegie eine imaginierte poetologische Reise schildert (s. zu [13.9]) und daß im anschließenden Distichon ausdrücklich vom Gedicht selbst die Rede ist (vgl. [8.11]).

Das Bild des Kranzflechter-Dichters ist für Simonides noch in einem zweiten Testimonium bezeugt:

[9.31] Simon. 593 (Plut. *mor.* 41E–F, bei Page nur zum Teil abgedruckt): B

μιμεῖcθαι μὴ τὰc cτεφανηπλόκουc ἀλλὰ τὰc μελίccαc. αἱ μὲν γὰρ ἐπιοῦcαι τὰ ἀνθηρὰ καὶ εὐώδη τῶν φύλλων cυνείρουcι καὶ διαπλέκουcιν ἡδὺ μὲν ἐφήμερον δὲ καὶ ἄκαρπον ἔργον· αἱ δὲ πολλάκιc ἴων καὶ ῥόδων καὶ ὑακίνθων διαπετόμεναι λειμῶναc ἐπὶ τὸν τραχύτατον καὶ δριμύτατον θύμον καταίρουcι καὶ τούτωι προcκάθηνται "ξανθὸν μέλι μηδόμεναι".

(Der Dichter soll) 'nicht die Kranzflechterinnen nachahmen, sondern die Bienen. Denn die

---

[18] **FL** (Garten) Pl. *Ion* 534b.

einen gehen auf die blühenden und wohlriechenden Blätter los und winden und flechten aus ihnen ein angenehmes, aber vergängliches und fruchtloses Werk. Die andern durchfliegen oft Wiesen mit Veilchen, Rosen und Hyazinthen und lassen sich auf dem besonders scharfen und bitteren Thymian nieder, wo sie sitzend ihren ›gelben Honig hervorbringen‹.' — [1.47], [18.2]

Im Unterschied zu den meisten Erklärern, die nur die Bienen-Vergleichung für Simonideisch halten, ist Fränkel (1969, 369 mit Anm. 38) der Auffassung, daß die Negativfolie, die Plutarch dem eigentlichen Zitat vorausschickt, ebenfalls auf Simonides zurückgeht.[19]

Das Flechten eines Kranzes wird wie andere Bilder auch auf den Lied*vortrag* bezogen:

[9.32] Pi. *I.* 8.66–67: B

ἁλίκων τῶ τις ἁβρόν
ἀμφὶ παγκρατίου Κλεάνδρωι π λ ε κ έ τ ω
μυρσίνας σ τ έ φ α ν ο ν ,

'Einer der Altersgenossen soll dem Kleandros für den Sieg im Pankration einen zierlichen Myrtenkranz flechten'.

Die poetologische Deutung stützt sich darauf, daß der Passus, der Teil der Schlußstrophe ist, in auffälliger Weise mit dem eindeutig poetologischen Liedbeginn korrespondiert.[20] Rhetorisch kommt der Imperativ einem Ankündigungsfutur nahe, weil die Aufforderung mit dem zu Ende gehenden Lied bereits eingelöst ist.[21]

Eine zweite, deutlich umfangreichere Gruppe von Belegen nimmt Bezug auf das Bekränzen des Siegers und damit auf die 'Siegerehrung'.[22] Bakchylides bedient sich dieses Bildes in ganz zwangloser Weise:

[9.33] B. 4.14–18: B

πάρεστι ⟨μ⟩ὰν ἀγχιάλοις τ̣[ε Κί]ρ̣ρ̣ας μυχοῖς
μοῦνον ἐπιχθονίων̣ τ̣ά̣δε
μησάμενον σ τ ε φ ά ν ο ι ς ἐ ρ̣ έ π τ ε ι ν
δύο τ' ὀλυμπιονικ⟨ί⟩ας
ἀείδειν.

[19] Fränkel (1969, 369) rekonstruiert das Simonides-Fragment wie folgt: "›Nicht aus duftig bunten Blumen, auf taufrischer Wiese gepflückt, winde ich vergängliche, fruchtlose Kränze, sondern aus bitterem Thymian sauge ich, der klugen Biene gleich, den süßen Honig meiner Dichtung‹ – so etwa hat es Simonides selbst gesagt."

[20] Vgl. Thummer 1969, z.St.; Pi. *I.* 8.1–4 [11.23]: Κλεάνδρωι τις ..., ὦ νέοι, ... παρὰ πρόθυρον ἰὼν ἀνεγειρέτω κῶμον – 'Für Kleandros (sc. den Sieger) soll einer, ihr Jünglinge, zu der Vorhalle gehen und den Komos aufwecken'.

[21] Bei den Belegen von πλέκω, die das effizierte Objekt ausdrücklich weder als Kranz noch als Textilie bezeichnen, ist grundsätzlich mit beiden Möglichkeiten zu rechnen. In der vorliegenden Arbeit sind sie im Abschnitt 'Textilverarbeitung' aufgeführt [3.71ff.].

[22] Vgl. die Schilderung der 'offiziellen Siegerehrung' bei Pindar (*O.* 3.11–13) und allgemein Blech (1982, 109ff.: unter Berücksichtigung des archäologischen Materials).

'Es gilt, ihn (sc. Hieron, den Sieger), der in den nahe am Meer gelegenen Tälern von Kirrha (= in Delphi) als einziger unter den Menschen solches erreicht hat, mit Kränzen zu krönen und dazu noch zwei Olympische Siege zu besingen'.

Bei Pindar liegt eine stärkere Metaphorisierung vor, weil er nicht wie Bakchylides 'bekränzt und singt', sondern den Sieger 'mit einem Lied bekränzt':

[9.34] Pi. *O.* 1.100–103: B

ἐμὲ δὲ στεφανῶσαι
κεῖνον ἱππίωι νόμωι
Αἰοληΐδι μολπᾶι
χρή·

'Meine Aufgabe ist es, jenen (sc. Hieron, den Sieger im Pferderennen) mit dem Reiterlied in aiolischer Tonart zu bekränzen'.[23]

In einem anderen Passus resultiert die besondere Emphase aus einer dreigliedrigen Reihung poetologischer Bilder, die dem 'Gesetz der wachsenden Glieder' folgt (kein Attribut, ein Attribut, zwei Attribute):

[9.35] Pi. *I.* 5.62–63 (Liedschluß; Selbstapostrophe): B

λάμβανέ οἱ στέφανον, φέρε δ' εὔμαλλον μίτραν,
καὶ πτερόεντα νέον σύμπεμψον ὕμνον.

'Nimm für ihn (sc. den Sieger) einen Kranz und bringe ihm eine schönwollige Binde und sende mit ein geflügeltes neues Lied!' — [6.11], [10.1], [14.8], [16.8]

Wenn Pindar wie in [9.34] seinen Adressaten mit einem Lied bekränzt, kann entsprechend das Lied in Form einer Apposition als 'Kranz' bezeichnet werden. Bemerkenswert ist insbesondere, daß das Kranz-Bild die Apposition zu einer anderen poetologischen Metapher (Fackel) bildet:

[9.36] Pi. *I.* 3/4.61–62: B

προφρόνων Μοισᾶν τύχοιμεν,
κεῖνον ἅψαι πυρσὸν ὕμνων
καὶ Μελίσσωι, παγκρατίου στεφάνωμ' ἐπάξιον,

'Mögen wir günstig gesinnte Musen erlangen, jene Fackel von Hymnen zu entfachen auch für Melissos (sc. den Sieger), einen Kranz, der des Pankrations würdig ist'. — [7.9]

Die Nennung der Kampfdisziplin (Pankration) stellt einen ausdrücklichen Bezug zur Siegerehrung her. Zudem suggeriert die Formulierung '(Kranz,) der des Pankrations würdig ist', daß erst das Epinikion die wahre Trophäe darstellt (Sieg-Lied-Motiv).

---

[23] Daß die Bekränzung zweimal in einem Lied auf Hieron vorkommt, dürfte kaum mehr als ein Zufall sein. Die Annahme, Bakchylides habe sich im 4. Epinikion (vermutlich 470 v. Chr. entstanden) spezifisch von *O.* 1 (476 v. Chr.) beeinflussen lassen, ist angesichts der weiten Verbreitung des Bilds unwahrscheinlich.

Eine Reihe weiterer Belege zeigt allerdings, daß man das Bild des Bekränzens nicht zu eng mit der aktuellen Siegerehrung in Verbindung bringen darf. Zum einen kann der Dichter seinen Adressaten auch 'mit Kränzen *bewerfen*':

[9.37] Pi. *P.* 8.56–57: B

χαίρων δὲ καὶ αὐτός
Ἀλκμᾶνα στεφάνοισι βάλλω, ῥαίνω δὲ καὶ ὕμνωι,

'Mit Freude bewerfe auch ich selbst Alkmaion mit Kränzen und besprenge ihn auch mit einem Lied'.[24] — [8.19]

Das Verb βάλλω deutet darauf, daß hier eher an die Phyllobolie (bzw. dann eben 'Stephanobolie') durch die 'Fans' als an die offizielle Siegerehrung gedacht ist.[25] Der Bezug zur Siegerehrung kann hier schon deshalb nicht zu eng sein, weil Alkmaion nicht der Sieger ist, sondern zum mythischen Teil des Lieds gehört. Es ist daher kaum verwunderlich, daß das Bild auch außerhalb der Epinikien-Dichtung bezeugt ist, z.B. in Kritias' Elegie auf Alkibiades:

[9.38] Kritias 4.1–2: B

καὶ νῦν Κλεινίου υἱὸν Ἀθηναῖον στεφανώσω
Ἀλκιβιάδην νέοισιν ὑμνήσας τρόποις·

'Und jetzt werde ich Alkibiades aus Athen, den Sohn des Kleinias, bekränzen, auf neue Weise ein Lied auf ihn singend'.[26]

Eine größere Distanz zur aktuellen Siegerehrung liegt auch dann vor, wenn der Dichter nicht nur den Sieger selbst, sondern auch dessen Heimat(stadt) bekränzt:

[9.39] Pi. *N.* 5.53–54 (Liedschluß; Selbstapostrophe): B

προθύροισιν δ' Αἰακοῦ
ἀνθέων ποιάεντα φέρε στεφανώ-
ματα σὺν ξανθαῖς Χάρισσιν.

'Bring den Vorhallen des Aiakos (sc. nach Aigina, der Heimat des Siegers) Kränze aus Blumen und Gras, zusammen mit den blonden Chariten'.

Vergleichbar, aber deutlicher mit kultisch-religiösen Implikationen versehen, ist der folgende Passus:

---

24 Zum Bewerfen mit Kränzen vgl. Bion 1.75 (als Totenkult); *AP* 11.123.4.

25 Zur Phyllobolie s. unten Anm. 37.

26 Die 'neue Weise' bezieht sich auf die Metrik. Kritias läßt auf einen Hexameter ausnahmsweise einen iambischen Trimeter folgen, weil der Name Alkibiades nicht in ein daktylisches Versmaß paßt [3.46].

FL (στεφανόω) Gorgias VS 82 B 8 DK. – Eine außergewöhnliche Verwendung des Verbs στεφανόω findet sich in einer Weihinschrift des 4. Jh. (CEG 819.5–6): [παῖ Διός, ὦ] Πολύδευ[κ]ες, Ἴωṿ [?καὶ τοῖς]δ' ἐλεγείοι[ς] | [?λαϊνέαν] κ̣ρηπῖδ' ἐστεφάνωσ[ε ?τεά]ν – 'Sohn des Zeus, o Polydeukes, Ion (= der Dichter) hat auch mit diesen Distichen hier dein steinernes Fundament bekränzt'. Zusätzlich zu der übertragenen Bedeutung von στεφανόω liegt auch ein Bezug zur wörtlichen vor, weil die in den Sockel gemeißelten Buchstaben auf den Betrachter wie ein Kranzornament wirken.

[9.40] Pi. *P.* 12.4–6 (Apostrophe an Akragas, die Heimatstadt des Siegers Midas): B

ἵλαος ἀθανάτων ἀνδρῶν τε cὺν εὐμενίαι
δέξαι c τ ε φ ά ν ω μ α τόδ' ἐκ Πυθῶνος εὐδόξωι Μίδαι
αὐτόν τέ νιν

'Gnädig, in Verbindung mit dem Wohlwollen von Göttern und Menschen, nimm auf diesen Kranz hier aus Pytho (= Delphi) für den berühmten Midas und (nimm auf) ihn selbst'.

Das Adjektiv ἵλαος und vor allem das δέξαι-Motiv weisen deutlich in den religiösen Bereich. Der Lied-Kranz wird Akragas dargebracht wie einer Gottheit.

Angesichts von [9.39] und [9.40] dürfte Bundy mit seiner Deutung der folgenden Stelle recht haben:

[9.41] Pi. *P.* 9.3–4: B

Τελεcικράτη Χαρίτεccι γεγωνεῖν
ὄλβιον ἄνδρα διωξίππου c τ ε φ ά ν ω μ α Κυράνας·

('Ich will') 'Telesikrates mit den Chariten als glücklichen Mann laut preisen dem rossetreibenden Kyrene zur Bekränzung'.

Im Unterschied zu den meisten Erklärern faßt Bundy (1962, 20–21) cτεφάνωμα nicht als Apposition zu ἄνδρα, sondern als inneres Objekt zu γεγωνεῖν auf: "the song is a wreath to crown Kyrene". Allenfalls lassen sich die beiden Interpretationen so verbinden, daß Pindar mit seinem Lied(-Kranz) Telesikrates zu einer Bekränzung für Kyrene macht (vgl. [3.27]).

Dem Dedikationsgestus von [9.40] vergleichbar ist der bereits erwähnte Dithyrambos [9.20], in dem Blumen und Kränze den Göttern geweiht werden. – Auf diesem Hintergrund und angesichts des deiktischen Sprachgestus ist auch dem folgenden Alkman-Fragment ein poetologischer Nebensinn zu attestieren:

[9.42] Alkm. 60: B

καὶ τὶν εὔχομαι φέροιcα
τόνδ' ἑλιχρύcω π υ λ ε ῶ ν α
κήρατῶ κυπαίρω.

'Und ich (fem.) bete zu dir, indem ich dir diesen Kranz hier von Helichrysen und lieblichem Zyperngras darbringe'.

Vermutlich handelt es sich um eine Festlied zu Ehren von Hera. Die zum Kranz gewundenen Blumen haben primär erotische Konnotationen (Calame 1983, 526–528). Die gewählte Formulierung weist die Passage aber als performativen Sprechakt aus ('ich bete zu dir, indem/dadurch daß ich *diesen* Kranz *hier* [τόνδ'] darbringe'). Lied, Gebet und Kranzüberreichung stellen eine Einheit dar, weshalb im Kranz nicht nur kultische und erotische, sondern auch poetologische Untertöne mitschwingen (Syllepse).

Zusätzlich zum Kranz des Siegers und zum Kranz im Kult ist auch der Kranz des Dichters im poetologischen Kontext belegt (vgl. [9.30]). Pindar spielt an einer Stelle mit den vielfältigen Konnotationen des Kranz-Bildes:

[9.43] Pi. *I.* 7.39; 49–51 (Liedschluß): B

ἀείcομαι χαίταν cτεφάνοιcιν ἁρ-
μόζων. [...]
ἄμμι δ', ὦ χρυcέαι κόμαι θάλλων, πόρε, Λοξία,
τεαῖcιν ἁμίλλαιcιν
εὐανθέα καὶ Πυθόϊ cτέφανον.

'Ich will singen, das Haar mit Kränzen umwindend. [...] Uns aber, Loxias, der du mit goldenem Haar blühst, verschaffe auch in Delphi an deinen Wettkämpfen einen blühenden Kranz'.

Hubbard (1985, 149) kommentiert die Passage wie folgt: "Although the primary reference of *I.* 7.39 must be the poet's crown, it could refer to his crowning the athlete in song; this explains the following gnome on the 'envy of the immortals'. And similarly, although the crown of v. 51 must refer primarily to the crown which Strepsiades would win with a Pythian victory, the ἄμμι δ' ... πόρε which opens the prayer suggests that it may also be the crown with which the poet would celebrate his victory."[27]

Angesichts dieser Parallelen dürfte es mehr als ein lapidarer Bezug auf die Gewohnheit, sich beim Symposion zu bekränzen, sein, wenn Anakreon davon spricht, daß er sich selbst bekränzt (vgl. [9.30]):[28]

[9.44] Anakr. 496: B

Ἀνακρέων δὲ καὶ μύρτοιc cτεφανοῦcθαί φηcι καὶ κοριάννοιc καὶ λύγωι καὶ Ναυκρατίτηι cτεφάνωι ... καὶ ἀνήτωι.

'Anakreon sagt, daß er sich mit Myrten bekränze und mit Koriander und mit Weiden und mit dem Kranz aus Naukratis ... und mit Anis'.[29]

Die Vielfalt der verschiedenen Kränze könnte hier auch für die Vielfalt der Stoffe/Inhalte stehen.

In einer eigentümlichen Passage assoziiert Pindar das Vorhandensein von Kränzen ganz allgemein mit 'Wohlergehen', zu dem seine Dichtung nicht unwesentlich beiträgt:

[9.45] Pi. *I.* 8.5–8: B

τῶ καὶ ἐγώ, καίπερ ἀχνύμενοc
θυμόν, αἰτέομαι χρυcέαν καλέcαι
Μοῖcαν. ἐκ μεγάλων δὲ πενθέων λυθέντεc
μήτ' ἐν ὀρφανίαι πέcωμεν cτεφάνων,
μήτε κάδεα θερά-
πευε· παυcάμενοι δ' ἀπράκτων κακῶν

[27] Dagegen wirkt die Interpretation von Bremer (1990, 49: "the poet associates himself with the athlete in a friendly first person plural ἄμμι") etwas farblos.

[28] Zur Gleichsetzung des Kranzes mit der 'Musenkunst' vgl. E. *HF* 676–677: μὴ ζώιην μετ' ἀμουcίαc, | αἰεὶ δ' ἐν cτεφάνοιcιν εἴην. – 'Ich möchte nicht in ›Musenlosigkeit‹ leben, immer möge ich in Kränzen sein.'

[29] Zu den möglichen Erklärungen des 'Kranzes aus Naukratis' s. Campbell (1988, zu fr. 434).

γλυκύ τι δαμωcόμεθα καὶ μετὰ πόνον·

'So bitte auch ich, wenn auch betrübt in meinem Herzen, die goldene Muse anrufen zu dürfen. Von großen Leiden befreit, wollen wir weder in die Verwaisung von Kränzen fallen, noch kultiviere du deinen Kummer. Von ausweglosem Übel befreit, wollen wir etwas Süßes ›publik machen‹ – auch nach der Anstrengung'.[30]

Die überwundene 'Notlage' – gemeint sind die Perserkriege (Thummer 1969, 127) – hat zu einer Trauerphase geführt, die eine 'Verwaisung von Kränzen' (ὀρφανία cτεφάνων ≈ Rückgang des Interesses für Kunst) zur Folge haben könnte. Diesen Zustand will Pindar mit seinem Epinikion, der 'Publikation von etwas Süßem', überwinden.[31]

Das Bild des Bekränzens wird auch dazu benutzt, das Verhältnis zu schildern, das die Inspirations- und Schutzgottheiten zum Dichter haben:

[9.46] B. 19.3–8: B

ὃc ἂν παρὰ Πιερίδων λά-
χηcι δῶρα Μουcᾶν,
ἰοβλέφαροί τε κ⟨όρ⟩αι
φερεcτέφανοι Χάριτεc
βάλωcιν ἀμφὶ τιμάν
ὕμνοιcιν·

(Leicht ist das Dichten für denjenigen) 'der von den Pieriden die Geschenke der Musen bekommen hat und dem die veilchenäugigen Mädchen, die kränzebringenden Chariten, Ehre um die Lieder legen'.

Die Chariten umgeben die Lieder gleichsam mit einem Kranz von Ehre, sorgen also für deren Wirkung.[32]

Eine ähnliche Vorstellung liegt wohl dem folgenden Passus zugrunde, der schildert, wie der Lied-Stoff 'über den Dichter kommt':

[9.47] Pi. *O.* 1.8–9: B

ὅθεν ὁ πολύφατοc ὕμνοc ἀμφιβάλλεται
cοφῶν μητίεccι,

'Von dorther (sc. Olympia) wird der vielbesprochene Hymnos (wie ein Kranz) umgelegt dem Geist der Dichter'.

---

30 Zum Verb δαμόομαι vgl. Stesich. 212.1, wo die Lieder als Χαρίτων δαμώματα καλλικόμων ('›Publikationen‹ der schönhaarigen Chariten') bezeichnet werden.

31 **FL** (Kranz) E. *HF* 355; 677 (s. Anm. 28); Antiphanes fr. 207.7–9 K-A.

32 Vgl. Maehler (1997, z.St.), der allerdings die Aufgaben von Musen und Chariten vielleicht doch etwas zu scharf trennt: "In ihrem (sc. der Chariten) Wesen liegt ja, daß sie Anmut (χάριc) schenken, die gefällige Form, so daß die Hörer sich daran freuen. Es trifft nicht zu, daß sie Gesang eingeben (Jebb); das ist die Aufgabe der Musen, während die Chariten ihm seine gefällige Form und damit seine Wirkung auf den Zuhörer sichern." Vgl. dagegen Sapph. 128 (auch 53); Thgn. 15–16; Pi. *N.* 10.1–2 [7.10]. – Auf dem Hintergrund der poetologischen Kranz-Metapher bedeutet φερεcτέφανοι auch, daß die Chariten 'Dichtungskränze bringen'.

Die Deutung von ἀμφιβάλλεται als Metapher des Bekränzens ist zwar umstritten;[33] die Ähnlichkeit mit [9.46] dürfte aber den Ausschlag geben. In erster Linie ist davon die Rede, daß das Lied dem Geist des Dichters wie ein Kranz umgelegt wird, aber implizit ist das Weiterreichen des Lied-Kranzes an den Sieger bereits angelegt.[34] Die in πολύφατος ausgedrückte Ruhmeserwartung erhält so erst ihre volle Bedeutung.

Die Konzeption des 'Lied-Kranzes' steht im Zentrum eines Fragments, in dem die Musen in ähnlicher Weise gebeten werden, für das Gedeihen des Kranzes zu sorgen, wie Poseidon in [9.7] für das der Lied-Blüten:

[9.48] Pi. fr. 70a.14: B

ἀέ]ξετ' ἔτι, Μοῖσαι, θάλος ἀοιδᾶν

'Laßt weiterhin wachsen, Musen, den Kranz der Lieder'.[35]

Ebenfalls mit einer Vegetations-Vergleichung beschreibt Phemios in der *Odyssee* den Inspirationsprozeß:

[9.49] *Od.* 22.347–348 (Phemios zu Odysseus): B

αὐτοδίδακτος δ' εἰμί, θεὸς δέ μοι ἐν φρεσὶν οἴμας
παντοίας ἐνέφυσεν·

'Selbstgelehrt bin ich, und ein Gott hat mir vielfältige (Lied-)Pfade in den Sinn gepflanzt'.[36] — [11.86]

Ein Kranz besteht nicht nur aus Blumen und Blüten, sondern auch aus anderen Pflanzen(teilen), z.B. Blättern. Dementsprechend kann außer von den 'Lied-Blüten' ([9.7] usw.) auch von den 'Lied-Blättern' die Rede sein:

[9.50] Pi. *I.* 3/4.44–45: B

ἔν τ' Ἀδραστείοις ἀέθλοις Σικυῶνος ὤπασεν
τοιάδε τῶν τότ' ἐόντων φύλλ' ἀοιδᾶν.

(Pheme) 'verlieh in den Wettkämpfen für Adrastos in Sikyon solche (sc. Sieg verkündende) Blätter von Liedern der damaligen Menschen'.

---

[33] Bekränzungsmetapher: Im Anschluß an die Scholien vor allem Nisetich (1975); auch Slater (1969, s.v.) und Krummen (1990, 215). Keine spezifische Metapher: Fennell (1893, z.St.), Gerber (1982, z.St.), Verdenius (1988, z.St.). Die Deutung von Gildersleeve (1890, z.St., zustimmend Young 1968, 121 Anm. 1) als Schieß-Metapher ist abwegig, wie die von ihm selbst angeführten Parallelen zeigen (Nisetich 1975, 56). Davon, daß Pindars Verwendung der Bilder des Schießens "indicates a shower of poetic βέλη or κῆλα whirring about the minds of the bards", kann keine Rede sein (vgl. Kap. 6).

[34] Allerdings scheint mir Nisetich (1975, 66–68) zu weit zu gehen, wenn er μητίεσσι als instrumentalen Dativ auffaßt und sich den Kranz nur um das Siegerhaupt gelegt denkt.

[35] Zu dieser Bedeutung von θάλος s. Slater 1969 und LSJ Suppl. s.v. – Augers Einschätzung der Kranz-Metapher bei Pindar vermag nicht zu überzeugen (1987, 52 Anm. 15): "Sans doute la métaphore de la couronne était-elle déjà banale dans l'épinicie. C'est pourquoi les exemples ne sont pas nombreux chez Pindare (*O.* 1.100; *O.* 11.13 [hier weggelassen, weil diese Stelle gerade nicht metaphorisch ist]; dith. 4.8 [? gemeint ist wohl fr. 70c.7 = dith. 3.7?])".

[36] **FL** (ἐμφύω) *Adesp. eleg.* 19 West (= 1010 SH).

Möglicherweise liegt bereits hier eine Anspielung auf den Brauch der Phyllobolia vor.[37] Für die folgenden beiden Belege gilt dies mit Sicherheit:

[9.51] B. 4.9–10: B

ἀλλ' ἑκ[όν]τι νόωι
.....ο]υc ἐπέcειc̣⌊ιεν⌋ ὕμνουc.

'Aber willigen Sinnes hat er (sc. der Dichter) ihn (sc. den Sieger) (auch mit neuen?) Liedern überschüttet'.[38]

Pindar überträgt das Bild auf die Instrumente:

[9.52] Pi. *O.* 10.93–94: B

τὶν δ' ἁδυεπής τε λύρα
γλυκύc τ' αὐλὸc ἀναπάccει χάριν·

'Die süßsprechende Lyra und der süße Aulos schütten ein Lied über dich (sc. den Sieger)'.

Für die Herkunft von ἀναπάccω aus dem Brauch der Phyllobolia verweist Verdenius (1988, z.St.) auf Ar. *Nu.* 1330 und *Eq.* 502.

Zusammenfassung: Blumen und ihre Blüten gehören zu den besonders attraktiven Naturphänomenen und verfügen über einen hohen Affektgehalt: Sie sehen schön aus (Formen, Farben), riechen gut usw. 'Blüte' ist oft und in den verschiedensten (auch nicht-poetologischen) Zusammenhängen gleichbedeutend mit 'Krönung', 'Zenit' (z.B. ἄνθοc ἥβηc). Zudem können Blumen gepflückt und zu Kränzen gewunden werden, mit denen man jemanden schmücken oder auszeichnen kann, die man den Göttern weihen kann usw. Die vielfältigen, im gesellschaftlichen Leben fest verankerten Anwendungsbereiche und die durchwegs positiven Assoziationen machen Blumen, Blüten und Kränze zu beliebten (poetologischen) Bildern.

---

[37] Zur Phyllobolia, dem Bewerfen des Siegers mit Blumen und Blättern, s. Blech (1982, v.a. 112–113). Allerdings läßt sich seine idealtypische Trennung zwischen 'offizieller' Siegerehrung (cτεφάνωcιc) und 'privater' Siegerehrung (φυλλοβολία) im Einzelfall kaum aufrechterhalten (vgl. seine eigenen Vorbehalte: 126), insbesondere dann nicht, wenn Kränze *geworfen* werden: [9.37] und Pi. *P.* 9.123–124: πολλὰ μὲν κεῖνοι δίκον | φύλλ' ἔπι καὶ cτεφάνουc. – 'Viele Blätter und Kränze warfen jene auf (ihn)'.

[38] Die Übersetzung nimmt *exempli gratia* die Ergänzungsvorschläge von Snell und Gallavotti auf: καὶ νέο]υc.

10. KÖRPERSCHMUCK

Auf die Kranz-Bilder des vorangegangen Kapitels [9.29ff.] folgen weitere Vergleichungen, die sich auf das Schmücken des Körpers beziehen: Kopfschmuck, sonstiger Schmuck, Kleider.

Als Kopfschmuck ist die Mitra – auch als Auszeichnung des Siegers – eng mit dem Kranz verwandt.[1] Besonders deutlich geht dies aus der Bilderreihe am Schluß der 5. Isthmie hervor:

[10.1] Pi. *I.* 5.62–63 (Liedschluß; Selbstapostrophe): B

λάμβανέ οἱ cτέφανον, φέρε δ' εὔμαλλον μ ί τ ρ α ν ,
καὶ πτερόεντα νέον cύμπεμψον ὕμνον.

'Nimm für ihn (sc. den Sieger) einen Kranz und bringe ihm eine schönwollige Mitra und sende mit ein geflügeltes neues Lied!' — [6.11], [9.35], [14.8], [16.8]

Das Bild der Mitra bietet sich hier besonders an, weil sie zu den Isthmischen Siegespreisen zählt (vgl. Pi. *O.* 9.84 [11.11]). Die poetologische (bzw. sylleptische) Deutung steht aufgrund der Verbindung mit den anderen Bildern außer Zweifel.

Möglicherweise ist das Bild auch bei Bakchylides belegt, sofern man die Ergänzung von Maehler akzeptiert:

[10.2] B. 13.221–224 (suppl. Maehler 1982): D

τᾶι καὶ ἐγὼ πίcυνο[c
φοινικοκραδέμνοιc [τε Μούcαιc
ὕμνων τινὰ τάνδε ν[εόξ̣αντον μ ί τ ρ α ν
φαίνω,

'Auch ich lasse im Vertrauen auf sie (sc. die Hoffnung) und die Musen mit dem Purpurschleier eine frischgekardete Lieder-Mitra: diese hier, aufscheinen'.[2] — [7.4]

---

[1] Allgemein zur Mitra s. Brandenburg (1966), der allerdings bei der Beurteilung des archäologischen Materials zum Thema 'Mitra als Ehrengabe an den siegreichen Athleten' (1966, 67–69) eine zu rigorose Definition von 'Mitra' zugrunde legt. Angesichts der von ihm S. 57 Anm. 18 angeführten literarischen Zeugnisse für die Mitra als Siegespreis (Pi. *O.* 9.82–84 [11.11]; *I.* 5.62 [10.1]; B. 13.196–198; auch im Dichter-Agon: Antigenes 3 Diehl = 440 EG) erscheint die Deutung etwas spitzfindig, daß "die Darstellungen der Phyllobolia auf den Vasen den siegreichen Athleten wohl mit Binden verschiedener Art, aber nicht mit Mitren behangen" (67) zeigten.

[2] Für Maehlers Ergänzung spricht, daß wenige Verse zuvor von den 'realen' Mitren die Rede

Das Attribut νεόξαντος (das gilt auch für Jebbs νεόπλοκος) bringt als Neuheitsmotiv zum Ausdruck, daß der Dichter die Mitra auch selbst hergestellt hat. Sofern die ursprüngliche Bedeutung von φαίνω hier noch gehört wurde (s. zu [7.4]), liegt eine synästhetische Bildervermischung vor.

Synästhesie findet sich auch an einer weiteren Pindar-Stelle:

[10.3] Pi. *N.* 8.14–16: B

φέρων
Λυδίαν μίτραν καναχηδὰ πεποικιλμέναν,
Δείνιος δισσῶν σταδίων
καὶ πατρὸς Μέγα Νεμεαῖον ἄγαλμα.

'indem ich bringe eine lydische Mitra, klingend bestickt, Deinis und seinem Vater Megas für den Nemeischen Sieg im Diaulos ein Zierstück'. — [3.93], [3.105]

Die Synästhesie ist hier akustischer Natur ('klingend bestickt'). Sie suggeriert ein ganz besonders gut gelungenes Schmuckstück. Wie in [10.2] stellt der Dichter sich als Hersteller *und* als Überbringer der Mitra dar.

Möglicherweise steht auch hinter dem nicht eindeutig identifizierbaren ἄνδημα die Vorstellung einer Mitra:

[10.4] Pi. fr. 179: B

... ὑφαίνω δ' Ἀμυθαονίδαισιν ποικίλον
ἄνδημα

'Ich webe den Amythaoniden ein buntes Gebinde'. — [3.82]

Unsicher ist lediglich, was genaue mit ἄνδημα gemeint ist. Die poetologische Deutung dagegen geht bereits auf den Tradenten zurück (Schol. Pi. *N.* 7.116).

Pindars 'lydische Mitra' [10.3] hat eine Vorläuferin in Alkmans großem Partheneion. Sie ist dort Teil einer Aufzählung von Schmuckstücken, mit denen die Choreutinnen (erfolglos) versuchen, im 'Kampf' gegen Hagesichora und Agido zu bestehen (s. zu [6.42]):

[10.5] Alkm. 1.64–69: B

οὔτε γάρ τι πορφύρας
τόσσος κόρος ὥστ' ἀμύναι,
οὔτε ποικίλος δράκων
παγχρύσιος, οὐδὲ μίτρα
Λυδία, νεανίδων
ἰανογ[λ]εφάρων ἄγαλμα,

'Denn weder reicht ein solches Übermaß an Purpur dazu aus, sich zu verteidigen (sc. gegen die Pleiaden), noch der bunte Drache ganz aus Gold (= eine Armspange), und auch nicht die lydische Mitra, das Kleinod von Mädchen mit Veilchenwimpern'.

---

war (Vv. 196–198, vgl. Anm. 1). – Hält man dagegen an den Vorschlägen von Jebb und Blass fest (ν[εόπλοκον δόσιν), gehört die Stelle zu den Textil- oder zu den Kranz-Bildern.

Rhetorisch liegt ein *argumentum a minore* vor: Wenn all diese Schmuckstücke nicht dazu ausreichen, Hagesichora 'abzuwehren', wie schön muß sie dann erst sein! Da Hagesichoras herausragendste Qualität – wie zu [6.42] dargelegt – ihr Gesang ist und sie daher den 'Kampf' gegen die Choreutinnen, die sich mit Eulen vergleichen [1.40], in erster Linie im Singen 'gewinnt' [1.32], haben die aufgezählten Schmuckstücke nicht nur wörtliche Bedeutung, sondern sind (im Sinn der Syllepsis, S. 8) auch poetologisch konnotiert.

Stützen läßt sich diese Deutung auch mit dem einzigartigen Bild des Musen-Kamms (als Kopfschmuck):

[10.6] Pi. fr. 215a.5–7 (suppl. Snell): B

ἔcτι μοι
πατρίδ' ἀρχαίαν κ τ ε ν ὶ Πιερίδ[ων
ὥ]cτε χαίταν παρθένου ξανθ[ᾶc ἀγάλλειν

'Es ist mir möglich, das altehrwürdige Vaterland mit dem Kamm der Pieriden zu schmücken wie das Haar einer blonden Jungfrau'.

Das Verfassen (oder das Vortragen) eines Liedes zu Ehren der Heimat wird damit verglichen, daß eine junge Frau mit einem Haarkamm besonders hübsch 'frisiert' wird (vgl. die Belege für κόcμοc/κοcμέω: [3.16ff.]).

Die Bildsphäre 'Kleidung' klingt bereits im 'Purpur' von Alkmans Partheneion [10.5] an. Pindar setzt die Kleidermetaphorik in der Weise um, daß er sich – ähnlich wie in [10.6] – als denjenigen darstellt, der den Liedgegenstand 'einkleidet':

[10.7] Pi. *I.* 1.32–34: B

ἐγὼ δὲ Ποcειδάωνι Ἰcθμῶι τε ζαθέαι
Ὀγχηcτίαιcίν τ' ἀϊόνεccιν π ε ρ ι c τ έ λ λ ω ν ἀοιδάν
γαρύcομαι

'Ich aber, Poseidon und dem heiligen Isthmos und den Ufern von Onchestos ein Lied um die Schultern legend, werde singen...'[3]

Der Anlaß ist ein Sieg bei den Isthmischen Spielen, die zu Ehren Poseidons gefeiert wurden, der auch in Onchestos (Boiotien) ein Heiligtum hat. Um sie alle legt Pindar seinen 'Liedmantel'.

Auf einer ähnlichen Vorstellung basiert wohl der folgende Passus:

[3] Nicht aufgenommen wird dagegen *N.* 11.15: θνατὰ μεμνάcθω περιcτέλλων μέλη – (Wer im Wettkampf erfolgreich war) 'soll dessen eingedenk sein, daß er mit sterblichen Gliedern umhüllt ist' (*non-plus-ultra*-Motiv). Verdenius (1988, z.St.) hält Hubbards Vermutung (1985, 79 Anm. 138) einer Anspielung auf die Bedeutung 'Lieder' (μέλη) zu Recht entgegen, daß Pindar seine Lieder für alles andere als 'sterblich' hält.

[10.8] Pi. *P.* 9.87–88: D

κωφὸς ἀνήρ τις, ὃς Ἡρακλεῖ στόμα μὴ π ε ρ ι β ά λ λ ε ι,
μηδὲ Διρκαίων ὑδάτων ἀὲ μέ-
μναται, τά νιν θρέψαντο καὶ Ἰφικλέα·

'Stumm müßte ein Mann sein, der nicht seinen Mund um Herakles legt, und nicht dauernd die Dirke-Wasser erwähnt, die ihn und Iphikles ernährten'.

Dornseiff (1921, 63) zufolge ist περιβάλλω eine Metapher des Kleidens (vgl. auch LfgrE s.v.). Sollte dies das Richtige treffen, würde in Verbindung mit στόμα eine Bildervermischung vorliegen, die selbst für Pindar außergewöhnlich ist.[4]

Schließlich benutzt auch Epicharm das Bild des Kleidens. Er setzt es allerdings anders um als Pindar:

[10.9] Epicharmos VS 23 B 6.1–4 DK: B

σάφα ἴσαμι τοῦθ', ὅτι
τῶν ἐμῶν μνάμα ποκ' ἐσσεῖται λόγων τούτων ἔτι.
καὶ λαβών τις αὐτὰ π ε ρ ι δ ύ σ α ς τὸ μέτρον ὃ νῦν ἔχει,
ε ἷ μ α δοὺς καὶ πορφυροῦν, λόγοισι ποικίλας καλοῖς,

'Dies weiß ich ganz genau: daß man sich einmal noch an diese meine Worte erinnern wird. Und einer wird sie nehmen, ihnen das Versgewand, das sie jetzt haben, ausziehen, ihnen sogar ein purpurnes Gewand umlegen, es mit schönen Reden bunt bestickend'.[5] — [3.94]

Epicharm legt nicht ein Lied-Gewand um die Schultern des Adressaten. Vielmehr bringt er in figurativer Sprache gewissermaßen eine Gegenüberstellung von Form und Inhalt zum Ausdruck. Die (metrische) Form wird wie ein Gewand um den Inhalt und gelegt und kann entsprechend entfernt und ausgetauscht werden.[6]

Parallele:

Vedisch: Das Lied des vedischen Sängers ist in 'schöne, helle Gewänder gekleidet' (Rigveda 3.39.2).

---

[4] Dornseiff (1921, 63) und andere halten auch die πτυχαί ('Lagen' oder 'Falten') in Pi. *O.* 1.105 für eine Kleidungsmetapher. Gerbers Deutung als 'Lagen' des Schilds ist aber der Vorzug zu geben: [3.67].

[5] **FL** Vgl. das 'Ausbessern eines alten Kleides' Lysipp fr. 4 K-A.

[6] Die Gegenüberstellung von Form und Inhalt ist hier zumindest angelegt. Verdenius, der die Epicharm-Stelle nicht diskutiert, geht deshalb mit seiner grundsätzlichen Feststellung zu weit: "In the archaic and classical periods literary form was never distinguished from content as an autonomous element" (Verdenius 1983, 20).

11. Weg 1 – zu Fuss

Die Weg-Metapher ist die wohl problematischste überhaupt und stellt die Untersuchung vor Darstellungsprobleme. Eine der Ursachen ist darin zu sehen, daß die poetologischen Weg-Bilder sehr zahlreich sind, woraus eine gewisse Unübersichtlichkeit resultieren könnte. Die Untersuchung versucht dem dadurch entgegenzuwirken, daß die Stellen je nach Fortbewegungsart auf vier verschiedene Teilkapitel verteilt werden: zu Fuß (Kap. 11); mit dem Wagen (Kap. 12); zu Schiff (Kap. 13); fliegen (Kap. 14). – Sofern nicht eindeutige Anzeichen für eine andere Fortbewegungsart vorliegen, wird für diese Aufteilung davon ausgegangen, daß der Weg zu Fuß zurückgelegt wird.[1]

Gerade bei diesen weniger spezifischen Weg-Bildern wird man (nicht zuletzt wegen ihrer großen Fülle) im einen oder anderen Fall Zweifel haben, ob die Metapher noch als solche empfunden wurde, ob sie – mit anderen Worten – noch 'lebendig' ist. Auch hier gelten die in der Einleitung (S. 29) dargelegten Beweggründe für eine vollständige Wiedergabe der fraglichen Stellen: Eine methodisch zu rechtfertigende Differenzierung zwischen (noch) metaphorisch und nicht mehr metaphorisch verstandenen Belegen ist angesichts der Quellenlage nicht möglich. Das Risiko, allenfalls lexikalisierte Metaphern mitzubehandeln, muß dabei (jedenfalls im vorliegenden Kapitel) in Kauf genommen werden.

Parallelen:

Vedisch: "Im Veda muß der himmlische Weg, den das Lied durchläuft, nicht jedesmal ex novo gebahnt werden, da ihn schon die 'ursprünglichen Ṛṣis' gebaut und gekannt haben, nämlich die legendären Vorfahren der Dichter" (Durante 1968, 244). Vgl. z.B. Rigveda 9.91.5: 'Wie die anderen Male mache die Wege bereit für das neue Lied, du mit allen Gütern Ausgestatteter'.

Avestisch: Yasna 50.6: 'Der Schöpfer des Verstandes lehre durch Vohu Manah seine Gesetze, damit meine Zunge den (rechten) Weg finde', vgl. [11.63].

Hebräisch: Auch im AT ist einmal davon die Rede, daß der Sprecher die 'Wege seiner Zunge' beachten will (Psalm 39.2). Außerdem ist die Wendung gut bezeugt, daß 'das Wort aus dem Mund herausgeht' (Numeri 30.3; 1. Samuel 2.3; Jesaja 45.23; 48.3; 55.10–11), vgl. [11.78] und [11.79].

---

[1] Vgl. allgemein zu den Weg-Bildern die einschlägige Studie von Becker 1937.

Akkadisch: Hier heißt es analog: 'The words which come from her mouth go around her' (Foster 1993, 82). In einem anderen Text beschreitet Marduk 'the road of jubilation, the path of gladness, and the way (that signified his) hearing and acceptance of their prayers' (299). Besondere Beachtung verdient in einem Gebet (727) das Bild der Zunge, die nicht über die Lippen stolpern möge (gemeint wohl: wie ein Mensch über die Türschwelle).

An griechischen Vorstufen sind zum einen die Stellen zu nennen, an denen akustische Signale (Stimmen, Geschrei, Lärm) einen Weg zurücklegen (z.B. *Il.* 15.686: φωνὴ δέ οἱ αἰθέρ' ἵκανεν – 'seine Stimme gelangte zum Himmel'). Zum andern werden Wörter aus dem Bildbereich 'Weg' verwendet, um bestimmte Formen des Redens zu bezeichnen, insbesondere das Erreichen des (Rede-)Ziels (z.B. ἐπιτροχάδην ἀγορεύειν – 'geläufig reden', *Il.* 3.213; διικνεῖcθαι – 'durchgehen', 9.61; 19.186; *hDem* 416). Schließlich ist noch folgende Stelle zu erwähnen: Das sich abzeichnende Scheitern des Bittgangs zu Achilleus kommentiert Aias mit den Worten, οὐ γάρ μοι δοκέει μύθοιο τελευτὴ | τῇδέ γ' ὁδῶι κρανέεcθαι – 'Denn mir scheint, wir werden das Ziel der Rede nicht auf diesem Wege vollenden!' (*Il.* 9.625–626). Ohne Zweifel spricht Aias vom Bittgang in konkreter *und* in übertragener Hinsicht.[2]

In Analogie zu der bisher getroffenen Unterscheidung zwischen produzenten- und produktbezogenen Vergleichungen ist hier zu unterscheiden, ob der Dichter oder das Lied den Weg zurücklegt. Im ersten Fall ist in der Forschung eine deutliche Tendenz zu erkennen, in bezug auf das Weg-Bild überhaupt keine übertragene, sondern lediglich eine wörtliche Bedeutung anzunehmen. Texte wie Pi. *O.* 9 und *I.* 5 zeigen aber, daß diese Annahme problematisch ist: Beide Texte sprechen sowohl davon, daß der Dichter kommt, als auch davon, daß das Lied geschickt wird.[3] Auch bei den scheinbar so eindeutigen Bildern des Kommens ist also bei der Rekonstruktion der 'tatsächlichen' Aufführungsbedingungen Vorsicht am Platz.

Eine erste Gruppe von Belegen läßt den Erzähler davon berichten, daß/wie er an den Ort gelangt sei, an dem der Liedvortrag stattfindet:

11.1] Pi. *I.* 5.19–22: B

τὸ δ' ἐμόν,
οὐκ ἄτερ Αἰακιδᾶν, κέαρ ὕμνων γεύεται·
cὺν Χάριcιν δ' ἔ μ ο λ ο ν Λάμπωνοc υἱοῖc
τάνδ' ἐc εὔνομον πόλιν.

[2] Zu οἴμη s. [11.84ff.].

[3] Pi. *O.* 9.25 [16.10] vs. 83 [11.11]; *I.* 5.21 [11.1] vs. 63 [16.8]; vgl. auch *P.* 2.4 [11.7] vs. 68 [16.9], wo Cingano (1995, 390) seltsamerweise glaubt, erkennen zu können, daß ersteres 'real', letzteres 'fiktiv' sei. Umgekehrt faßt Herington (1985, 189–191) alle Stelle für 'schicken' wörtlich auf. Alles in allem behält die Skepsis Pérons (1974, 27 Anm. 3) ihre Berechtigung: "La prudence commande donc, quand aucun autre témoignage ne vient les appuyer, de ne tirer de ces verbes aucune conclusion biographique".

'Mein Herz kostet nicht ohne die Aiakiden von den Liedern: sondern mit den Chariten kam ich für Lampons Söhne (sc. die Sieger) in diese wohlgeordnete Stadt hier (sc. Aigina)'.[4] — [19.21]

Die Litotes 'nicht ohne die Aiakiden (≈ Agineten)' kann sowohl auf den Inhalt des Lieds als auch auf die Vortragsumstände ('nicht ohne das Beisein der Agineten') bezogen sein. In beiden Fällen hat das Weg-Bild begründende Funktion.

Auch die nächsten beiden Stellen betreffen die Insel Aigina:

[11.2] Pi. *I.* 6.19–21: B

ὔμμε τ', ὦ χρυσάρματοι Αἰακίδαι,
τέθμιόν μοι φαμὶ cαφέcτατον ἔμμεν
τάνδ' ἐπιcτείχοντα νᾶcον ῥαινέμεν εὐλογίαιc.

'Und euch, ihr Aiakiden mit den goldenen Wagen, mit Lobliedern zu besprengen ist für mich – so sage ich – das deutlichste Gebot, wenn ich meinen Fuß auf diese Insel hier (sc. Aigina) setze.' (Fortsetzung: [11.71]) — [8.20]

Zwar erfolgt die Fahrt auf die Insel Aigina per Schiff, aber ἐπιcτείχω bezeichnet den bedeutungsvollen Moment, in dem der Dichter das Schiff verläßt und seinen Fuß auf die Insel setzt.

Pindar wird in [11.1] von den Chariten begleitet, bei Bakchylides ist es Nike, die dem Dichter voranschreitet (zum Voranschreiten einer Gottheit vgl. [11.41]):

[11.3] B. 12.4–7: B

ἐc γὰρ ὀλβίαν
ξείνοιcί με πότνια Νίκα
νᾶcον Αἰγίναc ἀπάρχει
ἐλθόντα κοcμῆcαι θεόδματον πόλιν

'Denn die göttliche Nike schreitet mir voran nach der gesegneten Insel Aigina, (mir,) der ich komme, meinen Gastfreunden die gottgebaute Stadt zu schmücken'. — [3.30]

Die eher lapidare Feststellung 'ich bin gekommen' wird regelmäßig um eine Funktionsangabe erweitert. Mehrfach handelt es sich dabei um das Bild des Boten, so daß der Erzähler gleichsam in 'offizieller Mission' am Aufführungsort eintrifft (zu den Einzelheiten vgl. Kap. 2):

[11.4] Sol. 1.1–2 (Gedichtanfang): B

αὐτὸc κῆρυξ ἦλθον ἀφ' ἱμερτῆc Cαλαμῖνοc,
κόcμον ἐπέων †ὠιδὴν ἀντ' ἀγορῆc θέμενοc.

'Selbst kam ich als Herold von der lieblichen (Insel) Salamis, eine Lied-Anordnung an die Stelle einer Rede setzend'. — [2.1], [3.18]

[11.5] Pi. *N.* 4.73–74 (Strophenbeginn): B

Θεανδρίδαιcι δ' ἀεξιγυίων ἀέθλων
κάρυξ ἑτοῖμοc ἔβαν

'Für die Theandriden als Herold der gliederstärkenden Wettkämpfe kam ich gerne'. — [2.5]

---

[4] Das Verb μολεῖν deutet nicht darauf, daß spezifisch von der Schiffahrt auf die Insel Aigina die Rede ist. Daher die Behandlung in diesem Kapitel.

11.6] Pi. *N.* 6.57b–59: B

ἄγγελος ἔ β α ν,
πέμπτον ἐπὶ εἴκοσι τοῦτο γαρύων
εὖχος

'Ich komme als Bote, diesen fünfundzwanzigsten rühmlichen Sieg zu verkünden'. — [2.3]

11.7] Pi. *P.* 2.3–4: B

ὔμμιν τόδε τᾶν λιπαρᾶν ἀπὸ Θηβᾶν φέρων
μέλος ἔ ρ χ ο μ α ι ἀγγελίαν τετραορίας ἐλελίχθονος,

'Dir (sc. der Stadt Syrakus) dieses Lied hier vom reichen Theben her bringend als Botschaft des erderschütternden Vierspänners komme ich'. — [2.15]

Mit der Funktion des Boten verwandt ist, wie zu [2.28] dargelegt, diejenige des Zeugen:

11.8] Pi. fr. 94b.38–39: B

πιστὰ δ' Ἀγασικλέει
μάρτυς ἤ λ υ θ ο ν ἐς χορόν

'Für Agasikles (sc. den Adressaten) als vertrauenswürdige Zeugin bin ich zum Tanz gekommen'. — [2.35]

Der Erzähler kann außerdem als militärischer Verbündeter kommen:

11.9] Pi. *O.* 13.96–97: B

Μοίσαις γὰρ ἀγλαοθρόνοις ἑκὼν
Ὀλιγαιθίδαισίν τ' ἔ β α ν ἐπίκουρος.

'Denn den herrlich thronenden Musen und den Oligaithiden (= der Familie des Siegers) bin ich willig gekommen als Verbündeter'. — [19.8]

Um eine 'Hilfeleistung' anderer Art geht es im nächsten Passus. Der Erzähler spricht von einem (angeblichen) Mangel an Chorliedern in Delphi (vgl. das Durst-Motiv [8.42] bis [8.44]), den er durch seinen 'Auftritt' beheben will:

1.10] Pi. fr. 52f.7–11: B

ὕδατι γὰρ ἐπὶ χαλκοπύλωι
ψόφον ἀϊὼν Κασταλίας
ὀρφανὸν ἀνδρῶν χορεύσιος ἦ λ θ ο ν
ἔταις ἀμαχανίαν ἀ[λ]έξων
τεοῖσιν ἐμαῖς τε τιμ[α]ῖς·

'Denn da ich hörte, daß beim bronzetorigen Wasser der Kastalia (= in Delphi) der Klang des Chortanzes der Männer entbehre, kam ich, um deinen Verwandten (= den Bewohnern von Delphi) und meiner Ehre aus dieser unmöglichen Situation zu helfen'.

Der Erzähler kommt als Gastfreund seiner Adressaten:

1.11] Pi. *O.* 9.83–84: B

προξενίαι δ' ἀρετᾶι τ' ἦ λ θ ο ν
τιμάορος Ἰσθμίαισι Λαμπρομάχου
μίτραις,

'Um der Gastfreundschaft und der Leistung des Lampromachos (sc. eines Verwandten des Siegers) willen kam ich, um die am Isthmos gewonnenen Mitren zu ehren'. — [16.1]

Er kommt zu den Adressaten als 'Verwalter der Festumzüge':

[11.12] Pi. *I.* 6.57–58: B

Φυλακίδαι γὰρ ἦλθον, ὦ Μοῖcα, ταμίαc
Πυθέαι τε κώμων Εὐθυμέ-
νει τε·

'Für Phylakides (sc. den Sieger) und Pytheas und Euthymenes (sc. seine Verwandten) kam ich, o Muse, als Verwalter der Festumzüge'. — [19.14]

Er kommt als Bittflehender des Zeus:

[11.13] Pi. *O.* 5.19: B

ἱκέταc cέθεν ἔρχομαι Λυδίοιc ἀπύων ἐν αὐλοῖc,

'Als dein (sc. des Zeus Cωτήρ) Bittflehender komme ich singend zu den lydischen Auloi'. — [19.7]

Die Häufigkeit, mit der der Erzähler darauf hinweist, nicht nur die jeweilige Funktion zu haben, sondern in dieser Funktion (an)gekommen zu sein, ist auffällig. Es ist daher berechtigt, mit Bundy (1962, 23–28) von einem eigentlichen 'Ankunftsmotiv' zu sprechen (vgl. oben S. 32).

Die religiös-kultische Bedeutung, die schon in [11.13] anklingt, wird vollends deutlich, wenn der Weg den Dichter bzw. den/die Vortragenden zu einem kultischen Ort führt, z.B. zu einem Tempel:

[11.14] Pi. *P.* 6.1–4 (Liedbeginn): B

Ἀκούcατ'· ἦ γὰρ ἑλικώπιδοc Ἀφροδίταc
ἄρουραν ἢ Χαρίτων
ἀναπολίζομεν, ὀμφαλὸν ἐριβρόμου
χθονὸc ἐc νάϊον προcοιχόμενοι·

'Hört! denn wahrhaft der rundäugigen Aphrodite oder der Chariten Feld pflügen wir von neuem um, zum Nabel der lautdröhnenden Erde (= nach Delphi), zum Tempel (sc. Apollons) kommend'. — [5.8]

Ganz analog ist im sechsten Paian zweimal davon die Rede, daß der Chor in Apollons heiligen Bezirk 'hinabgestiegen' ist:

[11.15] Pi. fr. 52f.13–15: B

κατέβαν cτεφάνων
καὶ θαλιᾶν τροφὸν ἄλcοc Ἀ-
πόλλωνοc,

'Ich bin in den Hain des Apollon hinabgestiegen, der Kränze und Feste nährt'.

Das Bild wird am Ende der gleichen Strophe wiederholt:

[11.16] Pi. fr. 52f.58–61 (Strophenende): B

ἔρα[ται] δέ μο[ι]
γλῶccα μέλιτοc ἄωτον γλυκὺν [⏑⏑––

ἀγῶνα Λοξία{ι} καταβάντ' εὐρὺν
ἐν θεῶν ξενίαι.

'Es sehnt sich meine Zunge, die höchste Süße des Honigs zu [...], nachdem ich auf Loxias' (= Apollons) breiten Versammlungsplatz hinabgestiegen bin an den Theoxenien'. — [18.4]

Das Betreten des Versammlungsplatzes ist schon bei Alkman Teil einer Selbstbeschreibung des Chores:

1.17] Alkm. 3.8–9: B

]c δέ μ' ἄγει πεδ' ἀγῶν' ἴμεν
ἆχι μά]λιcτα κόμ[αν ξ]ανθὰν τινάξω·

(Subjekt verloren) 'veranlaßt (wörtlich: führt) mich, zum Versammlungsplatz zu gehen, wo ich besonders das blonde Haar schütteln werde'.

Rhetorisch gesehen liegt ein Ankündigungsfutur vor: Der Chor hat den Versammlungsplatz bereits erreicht und trägt dort sein von Tanz begleitetes Lied vor.

Die religiös-kultische Bedeutung des Gangs scheint nicht zuletzt darauf zu basieren, daß die Gottheit sieht, wie der Dichter bzw. der Komos herankommt. Jedenfalls dürften entsprechende Aufforderungen an verschiedene Götter so zu deuten sein (vgl. δέξαι-Motiv):

1.18] Pi. *O.* 14.15–18: B

Θαλία τε
ἐραcίμολπε, ἰδοῖcα τόνδε κῶμον ἐπ' εὐμενεῖ τύχαι
κοῦφα βιβῶντα· Λυδῶι γὰρ Ἀcώπιχον ἐν τρόπωι
ἐν μελέταιc τ' ἀείδων ἔμολον,

'Liederliebende Thalia: sieh auf diesen Festzug hier, der zu glücklicher Fügung leicht schreitet. Denn den Asopichos (sc. den Sieger) in der lydischen Weise und mit Sorgfalt besingend kam ich'.

Im zweiten Teil liegt mit ἔμολον noch einmal ein Ankunftsmotiv vor. – Das Schauen der Götter ist auch ein Thema im Dithyrambos für die Athener:

1.19] Pi. fr. 75.7–9 (Apostrophe an die Olympischen Götter): B

Διόθεν τέ με cὺν ἀγλαΐαι
ἴδετε πορευθέντ' ἀοιδᾶν δεύτερον
ἐπὶ τὸν κιccοδαῆ θεόν,

'Und seht, wie ich von Zeus her mit dem Glanz der Gesänge zum zweiten Mal zu dem mit Efeu gebundenen Gott (sc. Dionysos) komme'.[5]

Auf diesem Hintergrund erschließt sich auch der tiefere Sinn einer detaillierten 'Prozessions-Instruktion' in einem Partheneion:

---

[5] Gegen eine Bezugnahme auf den Dichter wendet sich Podlecki mit wenig überzeugenden Argumenten (1984, 232): "but in fact such a personal remark is not in keeping with Pindar's style, where the chorus speaks primarily for itself, or at least in some more objective, general way."

[11.20] Pi. fr. 94b.66–70 (wohl Apostrophe an den 'Vater der Damaina'): B

Δαμαίνας πα[..]ρ ..[...]ωι νῦν μοι ποδὶ
    στείχων ἁγέο· [τ]ὶν γὰρ ε[ὔ]φρων ἕψεται
πρώτα θυγάτηρ [ὁ]δοῦ
    δάφνας εὐπετάλου σχεδ[ό]ν
βαίνοισα πεδίλοις,

'Vater (?) der Damaina: Gehe mir nun mit [...?] Fuß schreitend voraus. Denn dir wird freudig folgen als erste auf den Weg die Tochter, nahe dem schönblättrigen Lorbeer gehend auf den Sandalen'.

Das in [11.18] und [11.19] erbetene Betrachten des/der Vortragenden bedeutet letztlich nichts anderes, als daß die Gottheit den Festzug aufnimmt. Diese Form des δέξαι-Motivs wird einmal auch an Hieron, den Herrscher der Heimatstadt des Siegers, gerichtet:

[11.21] Pi. *O.* 6.98–99: B

σὺν δὲ φιλοφροσύναις εὐ-
    ηράτοις Ἁγησία δέξαιτο κῶμον
οἴκοθεν οἴκαδ' ἀπὸ Στυμ-
    φαλίων τειχέων ποτινισόμενον,

'Mit der liebevollen Gesinnung eines Freundes möge er (sc. Hieron) den Festzug des Hagesias (sc. des Siegers) empfangen, wenn er von Hause, von den stymphalischen Mauern, nach Hause kommt'.

Die Stelle macht gleichzeitig deutlich, daß das konkrete Bild des vom Komos beschrittenen Wegs sehr schnell ins Übertragene springen kann: Denn der Weg führt von der Heimat der Vorfahren in Arkadien (Stymphalos) in die Heimat des Siegers nach Syrakus. Der imaginierte Gang des Komos von Arkadien nach Sizilien versinnbildlicht zentrale Bauteile eines Epinikions: Lob der Familie des Siegers und Sieger-Lob.

Übertragen ist auch der Gang des Komos in der vierten Olympie:

[11.22] Pi. *O.* 4.9–11: B

δέξαι Χαρίτων θ' ἕκατι τόνδε κῶμον,
χρονιώτατον φάος εὐρυσθενέων ἀρετᾶν.
    Ψαύμιος γὰρ ἵκει
ὀχέων,

'Nimm auf (sc. Zeus) um der Chariten willen diesen Festzug hier, das am längsten dauernde Licht gewaltiger Leistungen. Denn von Psaumis' (sc. des Siegers) Wagen kommt er (sc. der Komos[6])'. — [7.24]

---

[6] Die Frage, ob κῶμος oder φάος als Subjekt zu ἵκει zu ergänzen ist, wird in der jüngeren Forschung meist zugunsten von κῶμος beantwortet; vgl. den Kommentar von Mader (1990, z.St.) und die Übersetzung von Race (1997, 1.89 Anm. 3).

Psaumis' Sieg im Wagenrennen stellt den Anlaß für die aktuelle Siegesfeier dar, so daß der Komos, um dessen gnädige Aufnahme Zeus mit dem δέξαι-Motiv gebeten wird, gewissermaßen von Psaumis' Wagen kommt.

Ein dem Ankündigungsfutur in [11.17] ähnlicher rhetorischer Gestus liegt den drei folgenden Stellen zugrunde, bei denen das Ankunftsmotiv ebenfalls scheinbar in der Zukunft angesiedelt wird. Zweimal handelt es sich um eine imperativische Aufforderung, zunächst an die Teilnehmer am Komos:

1.23] Pi. *I.* 8.1–4 (Liedbeginn): B

Κλεάνδρωι τιϲ ἁλικίαι
τε λύτρον εὔδοξον, ὦ νέοι, καμάτων
πατρὸϲ ἀγλαὸν Τελεϲάρχου παρὰ πρόθυρον
ἰὼν ἀνεγειρέτω
κῶμον,

'Für Kleandros (sc. den Sieger) und für seine Altersgenossen soll einer, ihr jungen Leute, zur glänzenden Vorhalle seines Vaters Telesarchos gehend als ruhmverleihendes Lösegeld für die Anstrengung den Komos wecken'. — [15.14], [17.6]

Die zweite Aufforderung richtet sich an einen Nikesippos, dessen genaue Funktion/Bedeutung unsicher ist (s. zu [2.12]):

1.24] Pi. *I.* 2.47–48 (Liedschluß): B

ταῦτα, Νικάϲιππ', ἀπόνειμον, ὅταν
ξεῖνον ἐμὸν ἠθαῖον ἔλθηιϲ.

'Dies (sc. das vorangegangene Lied), Nikesippos, richte aus, wenn du zu meinem verehrten Gastfreund (= dem Sieger) kommst'. — [2.12]

Der rhetorische Gestus ist hier besonders deutlich, weil das Lied, das Nikesippos 'ausrichten' soll, mit dem Auftrag selbst zu Ende geht.

Zu vergleichen ist eine Selbstapostrophe in Form eines Konditionalsatzes, die ebenfalls nur wenige Verse vor dem Liedende steht:

1.25] Pi. *N.* 5.50–51 (Selbstapostrophe): B

εἰ δὲ Θεμίϲτιον ἵκειϲ
ὥϲτ' ἀείδειν, μηκέτι ῥίγει· δίδοι
φωνάν,

'Wenn du jetzt zu Themistios (sc. einem Verwandten des Siegers) kommst, um zu singen, sei nicht mehr klamm: Gib Stimme'. (Fortsetzung [13.2])

Allen drei Stellen gemeinsam ist, daß das Erreichen des Adressaten nur scheinbar in der Zukunft liegt.

Das Erreichen des Orts, an dem das Lied vorgetragen wird, wird von den Dichtern noch in zwei weiteren Zusammenhängen thematisiert. Beim ersten handelt es sich um eine Form des Leichtigkeitsmotivs. Der zu besingende Anlaß ist so großartig, daß der 'Zugang' dem Dichter ganz leicht fällt:

[11.26] Pi. *N.* 6.45–46 (Strophenbeginn): B

πλατεῖαι πάντοθεν λογίοιcιν ἐντὶ πρόcοδοι
νᾶcον εὐκλέα τάνδε κοcμεῖν·

'Breit sind von allen Seiten her für Erzähler die Zugänge, diese ruhmreiche Insel hier (sc. Aigina) zu schmücken'. — [3.29]

Wo immer der Dichter herkommt (damit ist eine Vielzahl möglicher Zugangswege angedeutet, ein weiteres Leichtigkeitsmotiv: [11.34], [11.35]): die Straße ist 'gut ausgebaut'. Dies hat zur Folge, daß der Weg nicht beschwerlich ist, wie Pindar selbst – ebenfalls in Form einer Litotes – an anderer Stelle sagt:

[11.27] Pi. *I.* 2.33–34 (Strophenbeginn): B

οὐ γὰρ πάγοc, οὐδὲ προcάντηc
ἁ κέλευθοc γίνεται,
εἴ τιc εὐδόξων ἐc ἀν-
δρῶν ἄγοι τιμὰc Ἑλικωνιάδων.

'Denn es ist kein Hügel, und der Weg wird auch nicht ansteigend, wenn einer in das Haus hochberühmter Männer bringt die Auszeichnungen der Helikoniaden (= der Musen)'.

Die zweite Beleggruppe besteht aus Anrufungen, mit denen die Muse gebeten wird, an den Aufführungsort zu kommen, um unterstützend auf das dortige Geschehen einzuwirken:[7]

[11.28] Pi. *P.* 4.1–3 (Liedbeginn): B

Cάμερον μὲν χρή cε παρ' ἀνδρὶ φίλωι
cτᾶμεν, εὐίππου βαcιλῆϊ Κυράναc,
ὄφρα κωμάζοντι cὺν Ἀρκεcίλαι
Μοῖcα, Λατοίδαιcιν ὀφειλόμενον Πυ-
θῶνί τ' αὔξηιc οὖρον ὕμνων,

'Heute mußt du neben den befreundeten Mann treten, den König des pferdereichen Kyrene, Muse, damit du zusammen mit dem feiernden Arkesilaos (sc. dem Sieger) den Fahrwind der Lieder vermehrst, der den Leto-Kindern und Pytho (= Delphi) geschuldet wird'. — [13.4], [15.2]

---

[7] Die gleiche Konzeption liegt auch den Stellen zugrunde, an denen eine Inspirationsgottheit mit der Aufforderung δεῦρο/δεῦτε zum Dichter 'bestellt' wird:

Hes. *Op.* 1–2: Μοῦcαι Πιερίηθεν ἀοιδῆιcι κλείουcαι, | δεῦτε – 'Ihr Musen [kommt] aus Pierien ein Preislied singend hierher...'

Stesich. 193.9–10 (Liedbeginn): Δεῦρ' αὖτε θεὰ φιλόμολπε – 'Hierher wiederum [komm], gesangliebende Göttin'.

Stesich. 240 (Liedbeginn?): δεῦρ' ἄγε Καλλιόπεια λίγεια – 'Hierher, auf!, hellstimmige Kalliope'.

Sapph. 127 (Liedbeginn): Δεῦρο δηὖτε Μοῖcαι χρύcιον λίποιcαι – '[Kommt] wiederum hierher, ihr Musen, das goldene (Haus?) verlassend'.

Sapph. 128 (Liedbeginn): Δεῦτέ νυν ἄβραι Χάριτεc καλλίκομοί τε Μοῖcαι – 'Hierher [kommt] nun, ihr zarten Chariten und ihr schönhaarigen Musen'.

Solche 'kletischen Hymnen' sind z.B. auch im Akkadischen belegt (Foster 1993, 72).

Die Invokation nennt den Ort, die zu leistende Aufgabe und – als neue Komponente – den Zeitpunkt. Alle diese Elemente finden sich auch zu Beginn der 3. Nemee:

1.29] Pi. *N.* 3.1–3 (Liedbeginn): B

> Ὦ πότνια Μοῖcα, μᾶτερ ἁμετέρα, λίccομαι,
> τὰν πολυξέναν ἐν ἱερομηνίαι Νεμεάδι
> ἵ κ ε ο Δωρίδα νᾶcον Αἴγιναν·

'O hehre Muse, unsere Mutter, ich bitte dich, komm im heiligen Monat der Nemeen zur vielbesuchten dorischen Insel Aigina (sc. der Heimat des Siegers).' (Fortsetzung mit Angabe der Funktion der Muse: [3.49])

Das Verhältnis zur Muse ist hier besonders eng, weil Pindar sie als seine Mutter apostrophiert (vgl. Kap. 21, Abschnitt a).

Mit [11.29] vergleichbar ist Empedokles' Bitte, die Muse Kalliope möge sich als Helferin an seine Seite stellen:

1.30] Emp. VS 31 B 131.3–4 DK: B

> εὐχομένωι νῦν αὖτε π α ρ ί c τ α c ο , Καλλιόπεια,
> ἀμφὶ θεῶν μακάρων ἀγαθὸν λόγον ἐμφαίνοντι.

'Tritt jetzt dem Betenden wiederum helfend zur Seite, Kalliope, der ich eine gute Erzählung über die seligen Götter aufscheinen lasse'. — [7.3]

Nicht als Gebet, sondern als beteuernde Feststellung ist das gleiche Bild auch bei Pindar bezeugt:

1.31] Pi. *O.* 3.4–5: B

> Μοῖcα δ' οὕτω ποι π α ρ έ -
> c τ α μοι νεοcίγαλον εὑρόντι τρόπον
> Δωρίωι φωνὰν ἐναρμόξαι πεδίλωι

'Wirklich auf diese Weise trat die Muse an meine Seite, der ich eine neuerglänzende Weise fand, dorischem Schuh meine Stimme anzupassen'.[8] — [3.45]

Ähnlich wie in [11.28] und [11.29] wirbt Pindar an einem weiteren Liedbeginn bei den Musen um Unterstützung für den Sieges-Komos:

1.32] Pi. *N.* 9.1–2 (Liedbeginn): B

> Κωμάcομεν παρ' Ἀπόλλωνοc Cικυωνόθε, Μοῖcαι,
> τὰν νεοκτίcταν ἐc Αἴτναν,

'Einen Festzug wollen wir veranstalten von Apollon aus Sikyon, Musen, in das neugegründete Aitna'.

Wie in [11.21] handelt es sich um einen imaginierten Festzug, der von Sikyon, dem Wettspielort am korinthischen Golf, nach Aitna auf Sizilien führt. Die bei-

[8] Verdenius' Interpretation (1983, 41 Anm. 129), daß die Muse neben den Dichter auf den Dichter*wagen* steigt, hat keinen Anhaltspunkt im Text. – Herington (1985, 182) deutet die 'Anpassung an den dorischen Schuh' metrisch. Allerdings setzen die Belege für ποῦc im Sinn von 'Versfuß' erst mit Aristophanes (*Ra.* 1323) ein (LSJ, s.v. IV).

den Stationen stehen also für die Programmpunkte Sieger-Lob und Lob seiner Heimat.

Gegen Ende von *O.* 11 werden die Musen ein weiteres Mal dazu aufgefordert, am Komos teilzunehmen:

[11.33] Pi. *O.* 11.16–19: B

ἔνθα ϲυγκωμάξατ'· ἐγγυάϲομαι
ὔμμιν, ὦ Μοῖϲαι, φυγόξεινον ϲτρατόν
μήτ' ἀπείρατον καλῶν
ἀκρόϲοφόν τε καὶ αἰχματὰν ἀ φ ί ξ ε-
ϲ θ α ι.

'Dort (sc. in der Heimat des Siegers) feiert mit den Komos: Ich will es euch bezeugen, o Musen: ihr werdet zu einem Volke kommen, das Gäste nicht abweist und nicht unerfahren ist im Schönen, besonders klug und lanzenstark'.

Falls *O.* 11 tatsächlich noch am Wettspielort vorgetragen wurde (so z.B. Gelzer 1985, 98), stellt diese Aufforderung eine ähnliche Verbindung zwischen dem Liedanlaß und der Heimat des Siegers (Lokroi Epizephyrioi in Kalabrien) her wie [11.32].[9]

Soweit die zahlreichen Varianten des Ankunftsmotivs, bei dem die konkrete und die übertragene Bedeutung des Weg-Bilds miteinander verzahnt sind.

Eine weitere Gruppe von primär metaphorisch zu deutenden Stellen behandelt den Weg, den der Dichter beschreitet. Innerhalb dieser Gruppe dienen nicht wenige Weg-Bilder dazu, das Lied zu strukturieren, indem signifikante Stationen dieses 'Wegs' benannt werden.

Noch bevor er den Weg überhaupt 'betritt', kann der Erzähler sich Gedanken über diesen Weg machen, z.B. über die einzuschlagende Richtung:

[11.34] Pi. *I.* 3/4.19 (Strophenbeginn[10]): B

ἔϲτι μοι θεῶν ἕκατι μυρία π α ν τ ᾶ ι κ έ λ ε υ θ ο ϲ,

'Ich habe durch der Götter Hilfe überallhin zehntausend Pfade'.

[11.35] B. 19.1–4 (Liedbeginn): B

Πάρεϲτι μυρία κ έ λ ε υ θ ο ϲ
ἀμβροϲίων μελέων,
ὃϲ ἂν παρὰ Πιερίδων λά-
χηϲι δῶρα Μουϲᾶν,

'Offen sind unzählige Pfade ambrosischer Lieder für denjenigen, der von den Pieriden die Musengeschenke erhält'.

Die auf göttlichen Beistand zurückzuführende Fülle der Wege, die der Dichter beschreiten könnte, hat die Funktion eines Leichtigkeitsmotivs (vgl. [11.26]).

[9] *O.* 11 ist aber nicht die 'Ankündigung' von *O.* 10 (Bundy 1962, 1–33, gegen die Erklärung der Scholien).

[10] Falls *I.* 3 und 4 zwei verschiedene Lieder sein sollten, handelt es sich um einen Liedbeginn.

Statt über die möglichen Richtungen (bzw. deren Vielzahl) nachzudenken, kann der Dichter noch einmal 'tief durchatmen' wie ein Athlet vor dem Start:

1.36] Pi. *N.* 8.19: B

ἵϲταμαι δὴ ποϲϲὶ κούφοιϲ, ἀμπνέων τε πρίν τι φάμεν.

'Ich stehe mit leichten Füßen und hole Atem, ehe ich etwas sage'.

Das Bild des Athleten, der sich mit gelockerten Muskeln auf den Start vorbereitet, könnte davon beeinflußt sein, daß das Lied einem Sieg in einer Laufdisziplin (Diaulos) gewidmet ist (vgl. allgemein Kap. 6).

In allgemeinerer Form kann der Dichter sich zu Beginn seines Lieds 'auf den Weg machen':

1.37] *Od.* 8.499: B

ὁ δ' ὁ ρ μ η θ ε ὶ ϲ θεοῦ ἤρχετο, φαῖνε δ' ἀοιδήν,

'Der aber (sc. Demodokos) machte sich auf den (Lied-)Weg, begann mit dem Gott und ließ den Gesang aufscheinen'.[11] — [7.2]

Während die Formel in [11.35] (und gewissermaßen auch in [11.37]) durch ihre Stellung am Liedbeginn deutlich den Neueinsatz markiert, fungiert sie in [11.36] eher als Übergangsformel. Solche transitorischen Formeln bedienen sich nicht selten der Weg-Metapher.[12] Mehrfach ist von einem 'Wechseln des Wegs' die Rede:

1.38] *Od.* 8.492–493 (Odysseus zu Demodokos): B

ἀλλ' ἄγε δὴ μ ε τ ά β η θ ι καὶ ἵππου κόϲμον ἄειϲον
δουρατέου, τὸν Ἐπειὸϲ ἐποίηϲεν ϲὺν Ἀθήνηι,

'Doch auf, wechsle den (Lied-)Weg und singe die (Lied-)Anordnung von dem hölzernen Pferde, das Epeios mit Athenes Hilfe gemacht hat'. — [3.16]

Dieses μεταβαίνειν in der Bedeutung 'ein neues Lied anstimmen' entwickelt sich in den homerischen Hymnen zu einem formelhaften Liedschluß:

1.39] *hAphr* 293 = *hh* 9.9 = *hh* 18.11:[13] B

ϲεῦ δ' ἐγὼ ἀρξάμενοϲ μ ε τ α β ή ϲ ο μ α ι ἄλλον ἐϲ ὕμνον.

'Nachdem ich mit dir (sc. Aphrodite bzw. Artemis bzw. Hermes) begonnen habe, werde ich jetzt zu einem weiteren Hymnos übergehen'.

---

[11] Zu ὁρμάομαι vgl. Braswell (1992, zu Pi. *N.* 1.5 [11.82]): "the image is that of the *path* of song (rightly Becker [1937] 69, n. 52, 70, n. 57, who aptly compares *Od.* 8.499)".

[12] Sie sind auch in der Prosa gut bezeugt, insbesondere bei Herodot (Becker 1937, 101). Vgl. die Wendungen ἔρχομαι φράϲων, λέξων, ἐρέων (2.11.1; 2.35.1; 2.99.1; 6.109.4; 7.49.3; 7.102.2); ἤια λέξων (4.82; 5.62.1); ἄνειμι, ἀναβήϲομαι, ἐπάνειμι (1.140.3; 4.82; 7.137.3; 7.239.1). Besonders dicht sind die Weg-Bilder in 1.5.3: ἐγὼ δὲ περὶ μὲν τούτων οὐκ ἔρχομαι ἐρέων ὡϲ οὕτωϲ ἢ ἄλλωϲ κωϲ ταῦτα ἐγένετο, τὸν δὲ οἶδα αὐτὸϲ πρῶτον ὑπάρξαντα ἀδίκων ἔργων ἐϲ τοὺϲ Ἕλληναϲ, τοῦτον ϲημήναϲ προβήϲομαι ἐϲ τὸ πρόϲω τοῦ λόγου, ὁμοίωϲ ϲμικρὰ καὶ μεγάλα ἄϲτεα ἀνθρώπων ἐπεξιών.

[13] Bei *hAphr* 293 und *hh* 9.9 handelt es sich jeweils um den Liedschluß, auf *hh* 18.11 folgt noch ein Vers.

Unabhängig von der Frage, ob diese Texte tatsächlich das Prooimion zum 'eigentlichen' Hymnos darstellen (*hAphr* scheint dafür etwas lang), bringt die Formel das Gedicht zunächst zum Abschluß. Das Gegenstück zu diesen abschließenden Übergangsformeln bilden die einsetzenden Formeln, die auf das Vorangegangene Bezug nehmen:

[11.40] Xenoph. 7 (Gedichtanfang): B

νῦν αὖτ' ἄλλον ἔπειμι λόγον, δείξω δὲ κέλευθον.

'Jetzt wiederum werde ich eine neue Erzählung angehen, ich werde den Weg zeigen.'

An diesem Passus fällt nicht zuletzt auf, daß Xenophanes selbst die führende Rolle übernimmt und den Weg weist, vgl. dagegen [11.3] und das Prooimion von Choirilos' 'Persika':

[11.41] Choirilos fr. 1 Bernabé (= 1a Colace; 316 SH) (Gedichtanfang): B

῞Ηγεό μοι λόγον ἄλλον, ὅπωϲ 'Αϲίηϲ ἀπὸ γαίηϲ
ἦλθεν ἐϲ Εὐρώπην πόλεμοϲ μέγαϲ.

'Zeige mir (sc. Muse) den Weg zu einer anderen Erzählung, wie von Asien nach Europa kam der große Krieg'.

Ebenfalls in den Bereich des Prooimions weist ein Stesichoros-Fragment, bei dem freilich einiges ungeklärt bleibt:

[11.42] Stesich. 241: B

μέτειμι δ' ἐφ' ἕτερον προοίμιον κατὰ Cτηϲίχορον.

'Ich gehe zu einem anderen Prooimion über gemäß Stesichoros'.

Unsicher ist zunächst, ob die (für die vorliegende Untersuchung entscheidende) Formulierung μέτειμι ... auf Stesichoros zurückgeht oder ob Aristeides (*or.* 33.2) lediglich 'im Stil des Stesichoros' zu einem anderen Prooimion übergehen will. Dies wiederum ist seltsam: Warum zu einem zweiten *Prooimion*? Enthielten Stesichoros' Lieder gelegentlich zwei Prooimien? Oder ist es eine Anspielung auf die Palinodie?

Empedokles benutzt ein ähnliches Bild, um die Rückkehr zu einem früher behandelten Thema anzuzeigen:

[11.43] Emp. VS 31 B 35.1–2 DK: B

αὐτὰρ ἐγὼ παλίνορϲοϲ ἐλεύϲομαι ἐϲ πόρον ὕμνων,
τὸν πρότερον κατέλεξα, λόγου λόγον ἐξοχετεύων,

'Doch ich will zurückkehrend kommen zum Fluß der Gesänge, den ich als vorangehenden dargelegt habe, aus einem Redestrom den anderen ableitend'. — [8.29]

Diesen Übergangsformeln liegt die Vorstellung zugrunde, daß der Dichter den Pfad wechselt oder zumindest eine neue Richtung einschlägt bzw. auf den alten Weg zurückkehrt. Diese letzte Konzeption begegnet öfter in der Form des Verirrmotivs, einer Variante der Abbruchsformel: Der Dichter gibt vor, 'vom Weg abgekommen' zu sein, und ruft sich zur Rückkehr auf:

1.44] Pi. *P.* 11.38–39: B

ἦρ', ὦ φίλοι, κατ' ἀμευσίπορον τρίοδον ἐδινάθην,
ὀρθὰν κέλευθον ἰὼν
τὸ πρίν·

'Wahrhaftig, ihr Freunde, ich bin auf einem sich teilenden Dreiweg irregegangen und war doch geraden Wegs gegangen zuvor'.

Pindar bricht den mythischen Teil, der von Orest handelt, ab. In der unmittelbaren Fortsetzung erscheint das Verirrmotiv nochmals, diesmal in Form eines Schiffahrts-Bildes [13.11].

An Stelle des falschen Wegs kann auch der zu weite Weg als Argument für einen Abbruch der Erzählung dienen:

1.45] Pi. *P.* 4.247–248: B

μακρά μοι νεῖσθαι κατ' ἀμαξιτόν. ὥρα
γὰρ συνάπτει καί τινα
οἶμον ἴσαμι βραχύν·

'Zu lang ist es mir, auf dem Fahrweg weiterzugehen; denn die Stunde drängt, und ich weiß auch einen kurzen Pfad.'

Mit diesen Worten geht Pindar dazu über, das Ende des (im Vergleich zu seiner übrigen Dichtung langen) Argonauten-Mythos in einer stärker gerafften Fassung (οἶμος βραχύς) zu berichten. Vielleicht liegt in dem Hinweis auf Länge und Zeit ein leicht selbstironisches Augenzwinkern (vgl. den Liedschluß [8.58]).[14]

Eine solche Abbruchsformel kann auch ausgesprochen kurz sein. In einem Fall genügt Pindar, nachdem er schon seine Scheu (αἰδέομαι 14), den Mythos zu erzählen, signalisiert hat (eine *praeteritio*: es geht um die Ermordung des Phokos durch Telamon und Peleus und deren Zwangsexil), die lapidare Bemerkung:

1.46] Pi. *N.* 5.16: B

στάσομαι·

'Ich will (hier) stehenbleiben'.

Nach Pindars Auffassung darf der Mensch die ihm gesetzten Grenzen nicht verlassen und nicht versuchen, das Unerreichbare zu erreichen (*non-plus-ultra*-Motiv). Er wendet diesen Grundsatz in Form einer Abbruchsformel auch auf sich selbst an:

---

[14] Die Bedeutung 'kurzer Lied-Weg' schwingt auch in der Gnome ὠκεῖα δ' ἐπειγομένων ἤδη θεῶν | πρᾶξις ὁδοί τε βραχεῖαι (Pi. *P.* 9.67–68: 'Wenn Götter eine Sache eifrig betreiben, ist der Vollzug schnell und die Wege sind kurz.'). Vordergründig ist davon die Rede, daß Apollon die angestrebte Vereinigung mit Kyrene in kurzer Frist zum Vollzug bringt. Gleichzeitig wird aber auch angedeutet, daß damit dieser Teil der mythischen Erzählung beendet ist.

[11.47] Pi. *O.* 3.44–45 (Liedschluß): B

τὸ πόρσω δ' ἐστὶ σοφοῖς ἄβατον
κἀσόφοις. οὔ νιν διώξω· κεινὸς εἴην.

'Das Darüberhinaus ist den Klugen und den Nicht-Klugen unzugänglich. Ich werde es nicht verfolgen, fruchtlos wäre ich.' — [6.46]

Die Selbstbezüglichkeit geht hier so weit, daß der Inhalt des Textes ('Ende') gewissermaßen von der äußeren Form des Textes abgebildet wird.

Die im vorstehenden aufgeführten strukturierenden Formeln werden v.a. dann benutzt, wenn eine Änderung der Bewegungsart bzw. -richtung zum Ausdruck gebracht werden soll (sich in Bewegung setzen, die Richtung ändern, anhalten). Der in [11.34] bis [11.37] thematisierte Beginn des Wegs kann in einem umfassenderen Sinn auch die Inspiration bzw. 'Initiation' bedeuten:

[11.48] Hes. *Op.* 658–659: B

τὸν μὲν ἐγὼ Μούσῃς' Ἑλικωνιάδεσσ' ἀνέθηκα
ἔνθα με τὸ πρῶτον λιγυρῆς ἐπέβησαν ἀοιδῆς.

'Den (sc. den im Dichter-Agon errungenen Dreifuß) habe ich den Helikonischen Musen dort geweiht, wo sie erstmals mich (sc. Hesiod) den Fuß auf den hellen Gesang setzen ließen'.[15]

Während Hesiod ἐπιβαίνω hier kausativ verwendet (vgl. *Il.* 8.285), hat es im homerischen Hermes-Hymnos intransitive Bedeutung:

[11.49] *hHerm* 464–465 (Hermes zu Apollon): B

αὐτὰρ ἐγώ σοι
τέχνης ἡμετέρης ἐπιβήμεναι οὔ τι μεγαίρω.

'Aber ich habe nichts dagegen, daß du den Fuß auf meine Fertigkeit (sc. das Leierspiel) setzt'.

Dieses Weg-Bild antwortet möglicherweise auf Apollons Frage, mit welcher 'Methode' (τρίβος) er das (nach der Erfindung durch Hermes erstmals gehörte) Leierspiel erlernen könne (vgl. die Übersetzung von Càssola 1975):

[11.50] *hHerm* 447–448 (Apollon zu Hermes): B

τίς τέχνη; τίς μοῦσα ἀμηχανέων μελεδώνων,
τίς τρίβος;

'Was ist das für eine Technik? Was ist das für ein Lied, das unwiderstehliches Verlangen hervorruft? Welcher Weg (sc. führt zum Erlernen des Leierspiels)?'

Pindar verwendet ἐπιβαίνω im Sinn von 'an ein Thema herangehen' (vgl. ἔπειμι [11.40]). Diese Vorstellung liegt bereits dem Leichtigkeitsmotiv der einfachen Zugänge zugrunde ([11.26], [11.27]):

---

[15] Fränkels Vermutung (1969, 400 Anm. 4), daß ein Wagen-Bild zugrunde liegt, läßt sich nicht beweisen.

[11.51] Pi. *N.* 1.18 (Strophenende): B

πολλῶν ἐπέβαν
καιρὸν οὐ ψεύδει βαλών·

'Viele Dinge bin ich angegangen und habe das je Passende getroffen – ohne Lüge'. — [6.29]

Mit dieser Beteuerung in Form einer Litotes (vgl. zu [6.29]) schließt Pindar den ersten Teil und gleichzeitig die erste Strophe seines Epinikions ab.

Dieses 'An-den-Stoff-Herangehen' hat Wilamowitz überzeugend in einer Lücke von Ibykos' Polykrates-Ode ergänzt:

[11.52] Ibyk. S151.15–17: B

οὐδ' ἐπ[ελεύcομαι (suppl. Wilamowitz)
ἡρ]ώων ἀρετάν
ὑπ]εράφανον

('Den troianischen Krieg einschließlich Eroberung will ich nicht besingen') 'und ich werde auch nicht an die übermäßige Leistung der Helden herangehen'.[16]

In einem Lied-Fragment, das mit einiger Sicherheit Simonides zuzuschreiben ist, wird dieses 'Herangehen' von der Muse gesagt:

[11.53] *mel. adesp.* 947a (= Simon.?): B

ἁ Μοῦcα γὰρ οὐκ ἀπόρωc γεύει τὸ παρὸν μόνον ἀλλ' ἐπέρχεται
πάντα θεριζομένα.

'Die Muse probiert nicht nur bewegungslos, was ihr gerade zur Hand ist, sondern geht auf alles zu und erntet es'.[17] — [5.15], dort auch zur Frage des Autors, [19.22]

Das Prinzip der lyrischen Dichtung (vgl. die Bienen-Vergleichung [1.52]) besteht nicht darin, passiv die Stoffe auf sich zukommen zu lassen, sondern ihnen aktiv entgegenzugehen und sie 'erntend' auszuwählen.

In einem ganz allgemeinen Sinn kann 'gehen' so viel bedeuten wie 'behandeln' (vgl. νεῖcθαι in [11.45]):

[11.54] Pi. *P.* 8.67–69: B

ὦναξ, ἑκόντι δ' εὔχομαι νόωι
κατά τιν' ἁρμονίαν βλέπειν
ἀμφ' ἕκαcτον, ὅcα νέομαι.

'O Herrscher (sc. Apollon), ich bete zu dir, blicke mit geneigtem Sinn eine gewisse Harmonie hernieder auf jede einzelne Sache, welche ich angehe'.

Liegt hier der Nachdruck auf jedem einzelnen Schritt, den der Dichter macht, ist in anderen Zusammenhängen vom 'Durchlaufen' einer bestimmten Erzählstrekke die Rede; so bereits bei Semonides (als Abbruchsformel oder als *praeteritio*):

---

[16] Bereits Grenfell und Hunt hatten in der *ed. pr.* an ein Weg-Bild gedacht und ἐπ[ανέρχομαι ergänzt.

[17] Die etymologisierende Deutung von ἀ-πόρωc beruht auf der Annahme, daß alle drei Bestandteile der Replik ein Gegenstück haben: πάντα vs. τὸ παρὸν μόνον, θεριζομένα vs. γεύει, ἐπέρχεται vs. ἀπόρωc.

[11.55] Semon. 10: B

τί ταῦτα †διὰ μακρῶν λόγων† ἀ ν έ δ ρ α μ ο ν;

'Was soll ich dies (mit langen Reden?) durchlaufen?'[18]

Auch Pindar 'durchläuft' sein Epinikion:

[11.56] Pi. *O.* 8.54–55: B

εἰ δ' ἐγὼ Μεληςίᾳ ἐξ ἀγενείων
κῦδος ἀ ν έ δ ρ α μ ο ν ὕμνωι,
μὴ βαλέτω με λίθωι τραχεῖ φθόνος·

'Wenn ich den Ruhm des Melesias, den er sich mit den Bartlosen (sc. die er trainiert hat) erworben hat, durchlaufen habe mit dem Lied, soll nicht mit einem scharfen Stein mich treffen der Neid'.

An anderer Stelle spricht Pindar von der Unmöglichkeit des Durchlaufens (im Sinn einer Behandlung 'von A bis Z'):

[11.57] Pi. *N.* 4.71–72 (Strophenende): B

ἄ π ο ρ α γὰρ λόγον Αἰακοῦ
παίδων τὸν ἅπαντά μοι δ ι ε λ θ ε ῖ ν.

'Denn ich finde keinen Weg, die ganze Geschichte von Aiakos' Söhnen durchzugehen'.

Mit dieser Abbruchsformel beendet Pindar die genealogische Erzählung. Durch seine Stellung zwischen einem Schiffahrts-Bild [13.13] und διελθεῖν wird ἄπορα 'etymologisiert' und damit als Metapher revitalisiert (vgl. [11.53]).

Epicharm benutzt das Bild des 'Durchgehens', um auf die Diskrepanz zwischen Theorie und Praxis aufmerksam zu machen:

[11.58] Epicharmos VS 23 B 39 DK: B

τῶι λόγωι μὲν εὖ δ ι έ ρ χ η ι πάντα, τῶι δ' ἔργωι κακῶς.

'In der Theorie gehst du alles gut durch, in der Praxis aber schlecht'.

Ganz allgemein ist also der Dichter derjenige, der 'den Liedweg beschreitet':

[11.59] Pi. fr. 191: B

Αἰολεὺς ἔ β α ι ν ε Δώριαν κ έ λ ε υ θ ο ν ὕμνων

'Der Aiolier beschritt den dorischen Weg der Lieder'.

Die Identifikation dieses 'Aioliers' ist unsicher. Nach Auskunft des Tradenten (Schol. Pi. *P.* 2.128b) handelt es sich um einen Boiotier, also wohl Pindar selbst (vgl. den App. von Snell-Maehler).

Das Beschreiten des Liedwegs erfolgt am besten mit Unterstützung der Musen (vgl. [11.48]):

[11.60] Pi. fr. 52h.18–20: B

τ]υφλα[ὶ γὰ]ρ ἀνδρῶν φρένες,
ὅ]ςτις ἄνευθ' Ἑλικωνιάδων

[18] Der Scholiast, der den korrupten Vers überliefert (Schol. E. *Ph.* 207), umschreibt ihn mit ἀντὶ τοῦ ἀνδραμεῖν μέλλω.

βαθεῖαν ἐμ[πα]τῶν ἐρευνᾶι coφίαc ὁδόν.[19]

'Denn blind ist der Sinn des Menschen, der ohne die Helikoniaden (= Musen) den tiefen Weg der Dichtkunst sucht und betritt'.[20]

Vom 'Suchen' und 'Beschreiten des Wegs' handelt auch eine Gnome bei Bakchylides:

1.61] B. 10.35–38: B

ματεύει
δ' ἄλλ[οc ἀλλοί]αν κέλευθον,
ἄντι[να cτείχ]ων ἀριγνώτοιο δόξαc
τεύξεται. μυρίαι δ' ἀνδρῶν ἐπιcτᾶμαι πέλονται·

'Es sucht der eine diesen, der andre jenen Weg, auf dem schreitend er sich augenfälligen Ruhm zu gewinnen hofft. Zahllos sind ja die Fertigkeiten der Menschen'.

Daß die Gnome auch auf den Dichter zu beziehen ist, ergibt sich aus der unmittelbaren Fortsetzung.

Die Vergleichungen, die den Dichter 'unterwegs' zeigen, ermöglichen es, bestimmte Formen des Gehens zu thematisieren. Der 'gerade' Gang (vgl. [11.44]) ist gleichbedeutend mit dem 'wahrheitsgemäßen' Gang:

1.62] Thgn. 945–946: B

εἶμι παρὰ cτάθμην ὀρθὴν ὁδόν, οὐδετέρωcε
κλινόμενοc· χρὴ γάρ μ' ἄρτια πάντα νοεῖν.

'Ich werde entlang der Richtschnur auf geradem Wege gehen, mich zu keiner Seite neigend; denn alles, was ich denke, muß ›passen‹'. — [3.63]

Ähnlich gelagert ist ein Passus bei Bakchylides, der den 'geraden' Gang in Form eines negierten Verirrmotivs zum Ausdruck bringt. Bemerkenswert ist, daß von der Zunge des Dichters die Rede ist, die er dem Adressaten 'schickt':

1.63] B. 5.195–197: D

πείθομαι εὐμαρέωc
εὐκλέα κελεύθου γλῶccαν οὐ[––⏑–
πέμπειν Ἱέρωνι·

'Gerne finde ich mich bereit, meine rühmende Zunge, die nicht vom Weg (abweicht?), Hieron zu senden'.[21] — [16.7]

Um der aristokratischen Maxime 'hilf den Freunden, bekämpfe die Feinde' gerecht zu werden, kann es für Pindar (abweichend von [11.44]) auch einmal erforderlich sein, einen 'krummen' Weg zu wählen:

---

19 ἐμ[πα]τῶν coni. Snell, ε..[..].ων pap.

20 Die Wendung coφίαc ὁδόc kehrt in einem anderen Paian-Fragment (fr. 52k.4) wieder.

21 Die Wiedergabe von γλῶccα mit 'Lied' (Maehler 1982, z.St., im Anschluß an Jebb 1905, z.St., ebenso Gerber 1984, s.v.) 'zähmt' die Metapher unnötig. Vgl. auch B. 10.51–52 [12.18].

[11.64] Pi. *P.* 2.83–85: B

φίλον εἴη φιλεῖν·
ποτὶ δ' ἐχθρὸν ἅτ' ἐχθρὸς ἐὼν λύκοιο
δίκαν ὑποθεύσομαι,
ἄλλ' ἄλλοτε πατέων ὁδοῖς σκολιαῖς.

'Dem Freund möchte ich Freund sein, den Feind aber will ich als Feind nach Art des Wolfs anspringen, bald hier, bald da auf krummen Wegen gehend'. — [1.56]

Die Auseinandersetzung zwischen dem Adler und den Krähen [1.43] hatte mit den unterschiedlich hohen Sphären operiert, in denen sie sich je bewegen. Analog wünscht Pindar sich:

[11.65] Pi. *N.* 4.37–38: B

σφόδρα δόξομεν
δαΐων ὑπέρτεροι ἐν φάει καταβαίνειν·

'Deutlich soll man es sehen, wie wir höher als die Feinde im Lichte schreiten'. — [7.33]

Zusätzlich zum breiten [11.26], nicht ansteigenden [11.27], geraden [11.62] oder krummen [11.64] Weg gibt es auch den Fahrweg (ἁμαξιτός), auf dem man mit einem Wagen fahren kann (vgl. insgesamt Kap. 12, v.a. [12.14]). Da er besser 'ausgebaut' ist, fällt auch das Gehen leichter. Ein Nachteil besteht allerdings darin, daß er gelegentlich ein Umweg ist (vgl. [11.45]).

Nach Auffassung zahlreicher Forscher (s. Asper 1997, 66–67) lehnt Pindar es ab, diesen Fahrweg zu beschreiten, oder tut es nur unwirsch [11.67]. Diese Auffassung ist zu revidieren, weil sie sich auf eine problematische Ergänzung einer vielbesprochenen Stelle im Paian 7b stützt. Der fragliche Passus lautet nach der Ausgabe von Snell-Maehler:

[11.66] Pi. fr. 52h.10–12 (suppl. Lobel, Snell): B

κελαδ[ήσαθ' ὕμ]νους,
Ὁμήρου [δὲ μὴ τρι]πτὸν κατ' ἁμαξιτόν
ἰόντες, ἀ[λλ' ἀλ]λοτρίαις ἀν' ἵπποις,

'Singt Lieder, nicht auf dem ausgetretenen Fahrweg Homers gehend, sondern auf fremden Stuten'.

Die Probleme dieses Textes sind vielfältig (vgl. Asper 1997, 66–69): (1) Der Gegensatz zwischen Ὁμήρου [δὲ μὴ τρι]πτὸν κατ' ἁμαξιτὸν und ἀ[λλ' ἀλ]λοτρίαις ἀν' ἵπποις überzeugt nicht. (2) ἁμαξιτός ist immer feminin, τριπτός immer dreieindig. (3) Das π in τρι]π̣τὸν ist unsicher, "ρ oder vielleicht ο" näherliegend (Maehler bei Asper 1997, 67 Anm. 190). Die Zahl der möglichen Ergänzungen – am ehesten ein Kompositum – wird damit fast unendlich groß. Außerdem hat Asper wahrscheinlich gemacht, daß die Ergänzung τρι]π̣τὸν erst im Zusammenhang mit Kallimachos fr. 1.27–28 Pf. (κελεύθους | ἀτρίπτο]υ̣ς) aufgekommen ist, dessen 'Homer-Polemik' man fälschlich auf Pindar hat zurückführen wollen.

Eine spekulative Deutung der Verse könnte von einem 'Gegensatz' zwischen Homers Fahrweg und *fremden* Pferden einerseits und Pindars *eigenem* geflügelten Musenwagen andererseits ausgehen:[22]

.66a] Pi. fr. 52h.10–14: B

κελαδ[ήcαθ' ὕμ]νους,
'Ομήρου [..... ..] τὸν κατ' ἀμαξιτόν
ἰόντες, μ[ηδ' ἀλ]λοτρίαις ἀν' ἵπποις,
ἐπεὶ αυ[π]τανὸν ἅρμα
Μοιcα[ ]μεν.

'Singt Lieder, (nicht?) auf dem [...?] Fahrweg Homers gehend, und nicht auf fremden Stuten, da ja den geflügelten Musenwagen (wir bestiegen/angeschirrt haben?)'. — [12.8]

Was auch immer in der Lücke gestanden haben mag: eine Polemik gegen Homers 'ausgetretenen' Fahrweg ist Paian 7b jedenfalls nicht.

Ebensowenig polemisch ist der Bezug auf den Fahrweg in *N.* 6:

1.67] Pi. *N.* 6.53–54: B

καὶ ταῦτα μὲν παλαιότεροι
ὁδὸν ἀμαξιτὸν εὗρον· ἕπο-
μαι δὲ καὶ αὐτὸς ἔχων μελέταν·

'Dafür haben schon frühere (sc. Dichter) einen Weg gefunden, einen Fahrweg; ich folge aber auch selbst, indem ich mich anstrenge'.

Im Zusammenhang geht es um die Heldentaten des Achilleus, ein 'episches' Thema *par excellence*. Asper (1997, 31) zieht aus seiner Korrektur zu [11.66] noch nicht die nötigen Konsequenzen und erkennt in [11.67] nach wie vor ein "verhaltene[s] Naserümpfen" Pindars. Diese Deutung, die weit verbreitet ist (vgl. Asper 1997, 31 Anm. 44), paßt schlecht zum 'enkomiastischen Ton' eines Epinikions (Bundy-Argument) und ist aus drei Gründen problematisch: (1) ἀμαξιτόc ist – wie gesehen – nicht *a priori* pejorativ;[23] (2) παλαιόc konnotiert bei Pindar nicht 'veraltet', sondern 'altehrwürdig, vorbildlich';[24] (3) Pindar folgt selbst diesem Weg, indem er *sich anstrengt* (ἔχων μελέταν). Die Aussage scheint also viel eher zu sein: 'Über das Thema ›Achilleus‹ haben zwar schon meine berühmten Dichtervorfahren berichtet, dennoch lasse ich mich auf dieses Thema ein und versuche mein Bestes' (vgl. dagegen Choirilos' vorgebliche 'Kapitulation' [12.5]).

Soweit die Belege, an denen der Dichter den Weg beschreitet. Wie zu Beginn des Kapitels angedeutet, sind davon diejenigen Stellen zu trennen, an denen das

---

[22] Vgl. zum rhetorischen Gestus [8.42] und v.a. Ar. *V.* 1022: οὐκ ἀλλοτρίων ἀλλ' οἰκείων Μουcῶν cτόμαθ' ἡνιοχήcαc.

[23] Die 'breiten Zugänge' [11.26] entstammen ebenfalls *N.* 6 und fügen sich gut zum 'Fahrweg', den die früheren Dichter angelegt haben.

[24] Vgl. speziell zu den Dichtern den Beginn von *I.* 2 [12.7].

Lied einen Weg zurücklegt. In dieser Bildlogik ist das Lied oft nicht mehr an die Person des Dichters gebunden und kann seine Wirkung unabhängig von dessen raumzeitlichen Beschränkungen entfalten (vgl. ausführlicher S. 355ff.).

Besonders deutlich wird dies in einem Passus aus *I.* 3/4:

[11.68] Pi. *I.* 3/4.58–60: B

τοῦτο γὰρ ἀθάνατον φωνᾶεν ἕ ρ π ε ι,
εἴ τις εὖ εἴπηι τι· καὶ πάγ-
    καρπον ἐπὶ χθόνα καὶ διὰ πόντον β έ β α κ ε ν
ἐργμάτων ἀκτὶς καλῶν ἄςβεςτος αἰεί.

'Denn das geht als ein unsterblich Klingendes, wenn einer etwas schön sagt; und über das fruchtvolle Land und über das Meer schreitet der Strahl schöner Taten unerloschen, ewig'. — [7.26]

Das Lied erreicht die ganze Welt und ist unvergänglich.

Ähnlich, wenn auch weniger pathetisch, sind zwei Stellen aus Bakchylides' neuntem Epinikion:

[11.69] B. 9.40–41: B

τοῦ κ[λέος π]ᾶςαν χθόνα
ἦ λ θ ε [ν καὶ] ἐπ' ἔςχατα Νείλου,

'Dessen (sc. des Asopos, Heimatfluß des Siegers) Ruhm ging in jedes Land, sogar zu den fernen Gegenden des Nil'.[25]

Mit den 'fernen Gegenden des Nil' ist der eine Endpunkt des Mittelmeers bezeichnet, das für die Griechen längere Zeit gleichbedeutend war mit dem Konzept der 'bekannten Welt' (vgl. [11.71]).

An der zweiten Stelle ist das Weg-Bild spezifischer und detaillierter:

[11.70] B. 9.47–50: B

ϲ τ ε ί χ ε ι δι' εὐρείαϲ κ ε λ ε [ύ] θ ο υ
μυρία πάνται[26] φάτιϲ
ϲᾶϲ γενεᾶϲ λιπαρο-
    ζώνων θυγατρῶν

'Es schreitet dahin auf breitem Pfad überallhin tausendfache Kunde von deiner (sc. Asopos') Familie, von den Töchtern (sc. den Ahnmüttern der Aiakiden) mit glänzendem Gürtel'.[27]

Der breite Pfad und die Vielzahl der möglichen Richtungen erinnern an [11.26],

---

[25] Vgl. Hes. fr. 204.61–64: ὄφρ̣[α ἴδοιτο | 'Α]ρ̣[γείην] 'Ελένην, μηδ' ἄλλ̣ων ο̣ἶο̣ν̣ ἀ̣κ[ούοι | μῦθον, ὃϲ] ἤ̣δ̣η̣ πᾶϲαν ἐ̣π̣ὶ [χθ]όνα δῖαν ἵκαν̣[εν – (Idomeneus machte sich auf,) 'damit er die Argiverin Helena sehe und nicht nur von den andern das Wort höre, das schon über die ganze heilige Erde gegangen war'.

[26] Die Akzentsetzung bei πάνται folgt Snell-Maehler 1970 und Maehler 1982. Gerber (1984, s.v.) schlägt vor, wie in den Pindar-Codices und -Editionen πανταῖ zu schreiben.

[27] Vergleichbare Formulierungen finden sich bereits in der *Odyssee*. Der Hauptunterschied besteht darin, daß dort φάτιϲ nicht zwingend die *in Liedform* verbreitete Kunde bezeichnet. *Od.* 6.29–30: φάτιϲ ἀνθρώπουϲ ἀναβαίνει | ἐϲθλή, vgl. 23.362.

wo sie allerdings die Funktion eines Leichtigkeitsmotivs haben. Hier illustrieren sie die umfassende Verbreitung, die der Ruhm der Vorfahren des Siegers gefunden hat, was implizit auf das aktuelle Lied übertragen wird.

Den Bildern in [11.70] ähnlich ist der folgende Passus:

1.71] Pi. *I.* 6.22–23: B

μυρίαι δ' ἔργων καλῶν τέ-
τμανθ' ἑκατόμπεδοι ἐν cχερῶι κέλευθοι
καὶ πέραν Νείλοιο παγᾶν καὶ δι' Ὑπερβορέουc·

'Für schöne Taten sind zehntausend Pfade von hundert Fuß Breite geschnitten ohne Unterbruch bis über die Quellen des Nil hinaus und durch das Land der Hyperboreer'.

Für Lieder, die ἔργα καλά besingen, stehen zahlreiche und besonders großzügig angelegte Straßen zur Verfügung, so daß sie selbst über das Ende der bekannten Welt hinaus führen. Der Weg-Vergleichung liegt zunächst die Vorstellung des Gehens zugrunde, das sich dann infolge der thematisierten Grenzenlosigkeit zur Schiffahrt (πέραν Νείλοιο παγᾶν) und zum Flug (δι' Ὑπερβορέουc) ausweitet (vgl. Kap. 13 und 14).

Xenophanes beschränkt sich in lokaler Hinsicht zwar auf Griechenland, betont dafür aber durch die Verwendung des Futurs die zeitliche Dimension:

1.72] Xenoph. 6.3–4: B

τοῦ κλέοc Ἑλλάδα πᾶcαν ἀφίξεται, οὐδ' ἀπολήξει,
ἔcτ' ἂν ἀοιδάων ἦι γένοc Ἑλλαδικόν.

'(Für den Mann) dessen Ruhm ganz Hellas erreichen und nie vergehen wird, solange nur das Geschlecht der Helladischen Lieder besteht'.

Ebenfalls mit der weiten zeitlichen und örtlichen Verbreitung operieren drei Stellen bei Bakchylides und Pindar, an denen personifizierte 'Gute Nachrichten' vom Dichter aufgefordert werden, zu den Rezipienten zu 'gehen' (vgl. zu [2.24] bis [2.26]):

.73] B. 2.1–3 (Liedbeginn): B

Ἄ[ïξον, ὦ] cεμνοδότειρα Φήμα,
ἐc Κ[έον ἱ]εράν, χαριτώ-
νυμ[ον] φέρουc' ἀγγελίαν,

'Eile, o würdespendende Pheme, zur heiligen (Insel) Keos und bringe die Botschaft mit dem lieblichen Namen, daß...' — [2.24]

1.74] B. 10.1–2 (Liedbeginn, suppl. Jebb): B

Φή]μα, cὺ γ[ὰ]ρ̣ ἀ[γγελίαιc θνατῶν ἐ]π̣οιχνεῖc
φῦ]λα,

('Dich rufe ich an') 'Pheme, denn du gelangst mit deinen Botschaften zu den Völkern der Menschen' (unmittelbare Fortsetzung unverständlich).[28] — [2.25]

---

[28] Bakchylides ist allein in diesem ersten Weg-Kapitel mit 8 Belegstellen vertreten. Die Behauptung von Auger (1987, 48: "Bacchylide use peu de ces métaphores [sc. du chemin]") ist unerklärlich,

Die von Pindar apostrophierte Echo soll sogar die Toten zu erreichen imstande sein:

[11.75] Pi. *O.* 14.20–21: B

μελαντειχέα νῦν δόμον
Φερcεφόνας ἔλθ', Ἀ-
χοῖ, πατρὶ κλυτὰν φέροιc' ἀγγελίαν,

'Jetzt geh zum schwarzwandigen Haus der Persephone, Echo, dem Vater (sc. des Siegers) die rühmliche Botschaft bringend, daß...' — [2.26]

In einer anderen Gruppe von Belegen beziehen die Vergleichungen sich konkreter auf den Liedvortrag: Das Lied (bzw. sein Gegenstand) 'kommt auf die Zunge', 'kommt aus dem Mund' oder 'geht durch den Kopf'. Zunächst kommt der Gegenstand 'auf die Zunge':

[11.76] *mel. adesp.* 1020: B

πᾶν ὅττι κεν ἐπ' ἀκαιρίμαν
γλῶccαν ἴηι κελαδεῖν.

(Für Homer schickt es sich) 'alles zu besingen, was ihm gerade auf die Zunge kommt – auch zu einem unglücklichen Zeitpunkt'.

Dann geht er 'durch die Zungen':

[11.77] Emp. VS 31 B 39 DK: B

εἴπερ ἀπείρονα γῆc τε βάθη καὶ δαψιλὸc αἰθήρ,
ὡc διὰ πολλῶν δὴ γλώccαc ἐλθόντα ματαίωc
ἐκκέχυται cτομάτων ὀλίγον τοῦ παντὸc ἰδόντων...

'Wenn wirklich die Tiefen der Erde unendlich und der Äther überreichlich wäre, wie es in der Tat schon über die Lippen [wörtlich: durch die Zungen] von vielen vergeblich gegangen ist und aus dem Munde von solchen hervorströmt, die nur wenig vom Ganzen erblickten...'

In etwas schwächerer Metaphorisierung geht das Wort 'durch den Mund':

[11.78] Thgn. 18: B

τοῦτ' ἔπος ἀθανάτων ἦλθε διὰ cτομάτων.

'Dieses Wort ging durch den unsterblichen Mund (sc. der Musen und Chariten)'.

Oder ein bestimmter Laut geht 'aus dem Mund':

[11.79] Pi. fr. 70b.1–3 (Liedbeginn): B

Π̣ιρὶν μὲν ἕρπε cχοινοτένειά τ' ἀοιδὰ
δ̣ι̣θ̣ιυράμβων
καὶ τὸ c̣ὰ̣ιν κίβδηλον ἀνθρώποιcιν ἀπὸ cτομάτων,

'Früher gingen sowohl das wie ein Seil langgezogene Lied der Dithyramben als auch das unrein(klingend)e 'S' den Menschen aus dem Mund'. — [3.89]

Empedokles kennt zudem die Vorstellung, daß seine dichterischen Bemühungen der Muse 'durch den Kopf gehen':

---

zumal sie die einschlägige Arbeit von Becker (1937) kennt (53 Anm. 42).

1.80] Emp. VS 31 B 131.1–2 DK: B

εἰ γὰρ ἐφημερίων ἕνεκέν τινος, ἄμβροτε Μοῦςα,
ἡμετέρας μελέτας ⟨ἅδε τοι⟩ διὰ φροντίδος ἐλθεῖν,

'Denn wenn es dir gefiel, unsterbliche Muse, um eines sterblichen Menschen willen dir unsere Dichterbemühung durch den Sinn gehen zu lassen'.

Ion von Chios bringt mit einer wenig spezifischen Ausformung des Weg-Bilds den Wunsch zum Ausdruck, daß der Gesang am Symposion die ganze Nacht dauern möge:

1.81] Ion 27.7: B

πίνωμεν, παίζωμεν· ἴτω διὰ νυκτὸς ἀοιδή,

'Wir wollen trinken und Spaß haben: Es gehe durch die Nacht hindurch der Gesang'.

Analog zu [11.37] und [11.22], die davon handeln, wo der Dichter seinen Weg beginnt, kann auch der Ausgangspunkt des Lied-Wegs thematisiert werden:

1.82] Pi. *N.* 1.4–6: B

céθεν ἁδυεπής
ὕμνος ὁρμᾶται θέμεν
αἶνον ἀελλοπόδων
μέγαν ἵππων,

'Von dir (sc. Ortygia, der Heimat des Siegers) nimmt das süßsprechende Lied seinen Anfang, um großes Lob für die Pferde mit den sturmschnellen Füßen zu setzen'.

Mit anderen Worten: Das Epinikion für den Sieg im Wagenrennen beginnt mit dem Lob der Heimat des Siegers. – In *O.* 3 ist der Wettspielort Ausgangspunkt für den Lied-Weg:

1.83] Pi. *O.* 3.9–10: B

τᾶς ἄπο
θεόμοροι νίςοντ' ἐπ' ἀνθρώπους ἀοιδαί,

'Von da (sc. Olympia) kommen zu den Menschen die gottgegebenen Gesänge'.

Allen diesen Vergleichungen liegt mehr oder weniger ausdrücklich die Vorstellung des 'Lied-Wegs' zugrunde. Dieser 'Lied-Weg' erscheint an einer großen Anzahl von Belegstellen und in verschiedenen Ausdrucksweisen, wobei die ältesten Stellen in etymologisch-semantischer Hinsicht umstritten sind. Gemeint sind die drei *Odyssee*-Belege für den Begriff οἴμη, dessen etymologisches Verhältnis zu οἶμος (bzw. οἷμος) 'Pfad' nicht völlig geklärt ist:[29]

[29] Vgl. Frisk 1954–72, s.v.; Chantraine 1968–80, s.v. – Selbst wenn die moderne Etymologie beweisen könnte, daß οἴμη und οἶμος nicht verwandt sind, kann natürlich dennoch ein Zusammenhang empfunden worden sein. – Zum Akzent von οἶμος/οἷμος s. Lloyd-Jones/Parsons zu fr. 705.22 SH.

[11.84] *Od.* 8.73–74: D

Μοῦϲ' ἄρ' ἀοιδὸν ἀνῆκεν ἀειδέμεναι κλέα ἀνδρῶν,
οἴμηϲ, τῆϲ τότ' ἄρα κλέοϲ οὐρανὸν εὐρὺν ἵκανε,

'Da trieb die Muse den Sänger an, daß er den Ruhm der Männer sänge aus einem (Lied-)Pfad, dessen Ruhm damals zum breiten Himmel reichte'.

[11.85] *Od.* 8.480–481: D

οὕνεκ' ἄρα ϲφέαϲ
οἴμαϲ Μοῦϲ' ἐδίδαξε,

'Weil die Muse sie (sc. die Sänger) die (Lied-)Pfade gelehrt hat'.

[11.86] *Od.* 22.347–348 (Phemios zu Odysseus): D

αὐτοδίδακτοϲ δ' εἰμί, θεὸϲ δέ μοι ἐν φρεϲὶν οἴμαϲ
παντοίαϲ ἐνέφυϲεν·

'Selbstgelehrt bin ich, und ein Gott hat mir vielfältige (Lied-)Pfade in den Sinn gepflanzt'. — [9.49]

Das Wort οἴμη, das Homer nur im Zusammenhang mit Lieddichtung verwendet, steht also sowohl für die von der Muse verliehene Sangesgabe als auch für das Lied selbst [11.84]. Letzteres gilt auch von οἶμοϲ/οἶμοϲ:

[11.87] *hHerm* 450–451 (Apollon zu Hermes): B

καὶ γὰρ ἐγὼ Μούϲηιϲιν 'Ολυμπιάδεϲϲιν ὀπηδόϲ,
τῆιϲι χοροί τε μέλουϲι καὶ ἀγλαὸϲ οἶμοϲ ἀοιδῆϲ,

'Denn auch ich bin ein Diener der Olympischen Musen, die besorgt sind um die Tänze und den glänzenden Pfad des Gesangs'.

Auch bei Pindar ist οἶμοϲ Teil einer Kenning:

[11.88] Pi. *O.* 9.47 (Selbstapostrophe): B

ἔγειρ' ἐπέων ϲφιν οἶμον λιγύν,

'Wecke ihnen (sc. Deukalion und Pyrrha) den hellklingenden Pfad der Worte!' — [17.4]

Auffällig an diesem Beleg ist die extreme Bildervermischung ('einen Pfad wecken'). In dieser Hinsicht ist allenfalls eine Simonides-Elegie vergleichbar (sofern Wests Ergänzung das Richtige trifft):

[11.89] Simon. *eleg.* 22.17–18 (suppl. West e.g.): D

Μο[ύϲαιϲ] δ' ἱμερόεντα λιγὺν π̣[ροχέοιμί κεν οἶμον
ἀρτι̣[επέα] νωμῶν γλῶϲϲαν ἀ[πὸ ϲτόματοϲ

'Mit Hilfe der Musen dürfte ich wohl einen reizenden, hellklingenden (Lied-)Pfad hervorströmen lassen, die in gefügter Ordnung sprechende Zunge vom Mund her steuernd'.[30] — [8.11]

In Ergänzung zu diesen Belegen für οἶμοϲ ist auf den 'terminus technicus' προοίμιον hinzuweisen: Stesich. 241 [11.42], Pi. *P.* 1.4, *P.* 7.2 [3.53], *N.* 2.3 [3.91], fr. 78.2.

[30] **FL** (οἶμοϲ) Kall. *h.* 1.78 (λύρηϲ ... οἴμουϲ); Philitas fr. 10.4 Powell (μύθων παντοίων οἶμον).

Außer οἶμος erscheinen auch andere Wörter für 'Weg' in Genetiv-Verbindungen:

1.90] Pi. *N.* 7.50–52: B

> Αἴγινα, τεῶν Διός τ' ἐκγόνων. θρασύ μοι τόδ' εἰπεῖν
> φαενναῖς ἀρεταῖς ὁδὸν κυρίαν λόγων
> οἴκοθεν·

'Aigina! Kühn kann ich folgendes sagen: Für strahlende Leistungen von deinen und des Zeus Nachkommen beginnt der gültige Weg der Worte beim Ursprung'.[31]

Die programmatische Aussage ist inhaltlich derjenigen in [11.82] verwandt.[32]

Bemerkenswerterweise gibt es auch einen 'Weg des Schweigens':

1.91] Pi. fr. 180.2: B

> ἔσθ' ὅτε πιστόταται σιγᾶς ὁδοί·

(Man darf nicht immer alles öffentlich bekanntmachen) 'bisweilen sind die Wege des Schweigens die vertrauenswürdigsten'.

Der Gedanke, daß man gewisse Dinge nicht aussprechen soll, findet sich auch sonst in Pindars Wertewelt (vgl. *N.* 5.18), aber das Bild ist außergewöhnlich.

Bei Empedokles finden sich noch die spezielleren Verbindungen λόγου στόλος und μύθων ἀτραπός:

1.92] Emp. VS 31 B 17.26 DK: B

> σὺ δ' ἄκουε λόγου στόλον οὐκ ἀπατηλόν.

'Du aber vernimm der Rede untrüglichen Gang!'

Dieser Passus ist Empedokles' Entgegnung auf Parmenides ([3.23] s. dort).

1.92] Emp. VS 31 B 24 DK: B

> κορυφὰς ἑτέρας ἑτέρῃσι προσάπτων
> μύθων μὴ τελέειν ἀτραπὸν μίαν,

'Gipfel an Gipfel fügend nicht nur *einen* Pfad der Reden vollenden'.

Am Schluß dieses Kapitels folgen drei Belegstellen, die etwas aus dem Rahmen fallen, zunächst ein schwer zu deutendes Fragment des Eumelos:

1.94] Eumelos 696: D

> τῶι γὰρ Ἰθωμάται καταθύμιος ἔπλετο Μοῖσα
> ἁ καθαρὰ† καὶ ἐλεύθερα σάμβαλ' ἔχοισα.

'Denn der Gott von Ithome (sc. Zeus) hatte Freude an der Muse, der reinen, die die Sandalen der Freiheit trug'.

Die Erwähnung von Sandalen könnte darauf deuten, daß die 'Prozession' (vgl. [11.20]) oder der Tanz der Muse(n) (vgl. Hes. *Th.* 1ff.) beschrieben wurde.

---

[31] Janko (1991) hält κυρίαν für korrupt und konjiziert μυρίαν, so daß die Stelle sich in die Reihe der Leichtigkeitsmotive [11.34] und [11.35] einfügen würde.

[32] **FL** (ὁδὸς λόγων) Ar. *Ra.* 896; *Pax* 733; Hdt. 1.95; vgl. A. *Eu.* 989; [E.] *Rh.* 422–423.

Nach den Worten Alkmans tritt die Liedkunst dem Kriegshandwerk entgegen (inhaltliche Parallelen s. zu [9.18]):

[11.95] Alkm. 41: B

ἕρπει γὰρ ἄντα τῶ σιδάρω τὸ καλῶς κιθαρίσδην,

'Denn dem Eisen tritt das Schön-auf-der-Leier-Spielen entgegen'.

Die in der Forschung umstrittene Frage, ob hier von Konfrontation oder von Kooperation die Rede ist (vgl. Calame 1983, 550, mit Lit.), bleibt für den Nachweis des Bildes von untergeordneter Bedeutung.

Schließlich ist die einzige Adjektiv-Metapher dieses Kapitels anzuführen:

[11.96] *mel. adesp.* 948 (Liedbeginn):[33] B

τηλέπορόν τι βόαμα λύρας

'Ein weitreichender Ruf der Lyra'.

So wie Pindar *O.* 6 mit einer 'weithin strahlenden Vorderseite' (τηλαυγὲς πρόσωπον [3.56]) beginnen läßt, setzt der Anonymus mit dem 'weitreichenden Ruf der Lyra' (einem außergewöhnlichen Bild für dieses eher leise Instrument) ein.

Zusammenfassung: Unter den Belegstellen dieses Kapitels fallen insbesondere das Ankunftsmotiv und die strukturierenden Formeln auf. Die zahlreichen wenig spezifischen Weg-Bilder sind aber wohl fast wichtiger, weil sie in ihrer Gesamtheit zeigen, daß diese Vergleichung unabhängig von Autor, Gattung und Epoche regelmäßig verwendet wird.

Mit Blick auf das nächste Kapitel ist festzuhalten, daß sich in den Vergleichungen des Gehens kein Anhaltspunkt finden läßt, daß das Gehen gegenüber der Wagenfahrt irgendwie 'abfiele'. Die später geläufige Unterscheidung der Weg-Bilder zwischen 'zu Fuß' (= prosaisch, kolloquial) und 'auf dem Wagen' (= dichterisch, erhaben) läßt sich in den hier untersuchten Texten nicht nachweisen.[34]

---

[33] Campbell (1991, 328–329) tritt für die Zuweisung an Kydias von Hermione (PMG 714, *flor.* 500) ein.

[34] Zur metaphorischen Unterscheidung zwischen Prosa-Rede (πεζὸς λόγος) und Dichtungs-Fahrt s. Nünlist 1996–97.

12. Weg 2 – mit dem Wagen

Parallelen:

Vedisch: "Im vedischen Lied spielt das Motiv des Rennpferdes oder Wagens oft in allegorischer Weise auf einen Sängerwettkampf an, um sich die Gunst der Götter oder auch einen tatsächlich ausgesetzten Preis zu sichern." (Durante 1968, 252: Rigveda 2.31.1–4 u.ö.). Unter diesen zahlreichen Belegen findet sich auch die Vergleichung des anschirrenden Dichters (z.B. 2.18.3).

Avestisch: "Das Bild von dem Dichter, der die Rosse an den Wagen anschirrt, ist auch avestisch." (Durante 1968a, 257: Yasna 50.7).

Ägyptisch: Eine Anweisung der 'Lebenslehre des Amenemope' lautet: 'Let him (sc. the heated man) not cast his speech to catch you, nor give free rein to your answer' (Lichtheim 1976, 153).[1]

Pindar verwendet in der 6. Olympie, die einen Sieg im Rennen der Maultierwagen (ἀπήνη) feiert, eine längere Allegorie, die die meisten Aspekte der Wagen-Vergleichung in sich vereinigt:[2]

[12.1] Pi. *O.* 6.22–28: B

ὦ Φίντιϲ, ἀλλὰ ζεῦξον ἤ-
δη μοι ϲθένοϲ ἡμιόνων,
ἇι τάχοϲ, ὄφρα κελεύθωι τ' ἐν καθαρᾶι
βάϲομεν ὄκχον, ἵκωμαί τε πρὸϲ ἀνδρῶν
καὶ γένοϲ· κεῖναι γὰρ ἐξ ἀλ-
λᾶν ὁδὸν ἁγεμονεῦϲαι
ταύταν ἐπίϲτανται, ϲτεφάνουϲ ἐν Ὀλυμπίαι
ἐπεὶ δέξαντο· χρὴ τοίνυν πύλαϲ ὕ-
μνων ἀναπιτνάμεν αὐταῖϲ·
πρὸϲ Πιτάναν δὲ παρ' Εὐρώ-
τα πόρον δεῖ ϲάμερον ἐλθεῖν ἐν ὥραι·

'O Phintis (= der Wagenlenker des Siegers), auf! schirre mir nun an die Kraft der Maultiere, so schnell wie möglich, damit wir auf reinem Weg den Wagen treiben und ich auch zum Ursprung der Männer gelange. Denn jene (sc. die Maultiere) verstehen es besser als alle andern (Maultiere), den Weg dorthin zu führen, da sie die Kränze in Olympia erhielten. Deshalb muß

[1] Beides sind Seil-Metaphern: der Lassowurf und das Schießenlassen der Zügel (*ntf*).

[2] Eine gute Zusammenstellung der Wagen-Bilder (mit weiterer Lit.) bei Häußler 1976, 73 Anm. 158. – Zum Verhältnis zwischen 'zu Fuß gehen' und 'auf dem Wagen fahren' s. S. 254.

man ihnen das Tor der Lieder öffnen. Denn nach Pitana am Eurotas-Fluß muß ich heute kommen zur rechten Zeit'.

Die einzelnen Punkte sind: (a) Anschirren: Phintis, der reale Wagenlenker, wird aufgefordert, den poetologischen Wagen anzuschirren. (b) Beginn der Wagenfahrt: Er wird gekennzeichnet durch das 'Öffnen des Hymnen-Tores' (χρὴ ... πύλας ὕμνων ἀναπιτνάμεν). Dazwischengeschaltet sind die im Finalsatz 'in der Zukunft' angesiedelten Punkte:[3] (c) Lenken des Wagens: Zwar ist auch der Dichter selbst daran beteiligt (βάσομεν ὄκχον), die Hauptaufgabe kommt aber den Maultieren zu, die den Weg, der ja auch ihren Sieg schildert, aufgrund eben dieses Sieges besonders gut kennen. (d) Fahrt und Ankunft: Der Wagen gelangt auf seiner Fahrt auf 'reinem Weg' zum 'Ursprung der Männer' (mit anderen Worten: Das Lied behandelt den Programmpunkt der Sieger-Genealogie), woher die Familie des Siegers stammt (Sparta; der Sieger selbst stammt aus Syrakus).

Mit der an Phintis gerichteten Aufforderung des Anschirrens macht Pindar in [12.1] deutlich, daß die Wagenfahrt ihren Ausgangspunkt beim konkreten Wagensieg nimmt (vgl. [11.22]). Eine ähnliche Funktion hat das Bild des Anschirrens in der 1. Nemee, die einem Sieg im Wagenrennen gilt:

[12.2] Pi. *N.* 1.7: B

ἅρμα δ' ὀτρύνει Χρομίου Νεμέα
τ' ἔργμασιν νικαφόροις ἐγκώμιον ζ ε ῦ ξ α ι μέλος.

'Der Wagen des Chromios (sc. des Siegers) und Nemea drängen (mich) dazu, den Taten, die den Sieg brachten, ein Preislied vorzuspannen'.

In der Vorstellung, daß das Lied wie ein Pferd vor den Wagen gespannt wird, ist das Sieg-Lied-Motiv in sehr anschaulicher Weise umgesetzt: Chromios' Wagen bleibt gewissermaßen 'stehen', wenn nicht Pindars Lied-Pferde davor gespannt werden und den Sieg publik machen.

Ein Epinikion kommt also dadurch zustande, daß eine Person oder eine Sache die Pferde an den Lied-Wagen schirrt. Entsprechend kann das Anschirren das Erteilen des Auftrags zu einem Epinikion bezeichnen:

[12.3] Pi. *P.* 10.64–65: B

πέποιθα ξενίαι προσανέϊ Θώρα-
κος, ὅσπερ ἐμὰν ποιπνύων χάριν
τόδ' ἔ ζ ε υ ξ ε ν ἅ ρ μ α Πιερίδων τετράορον,

'Ich vertraue auf die sanfte Gastfreundschaft des Thorax (sc. eines Verwandten des Siegers), der in seinem Bemühen, mir eine Gunst zu erweisen, diesen vierspännigen Pieridenwagen hier angeschirrt hat'. — [16.3]

[3] Dieses 'Sich-in-die-Zukunft-Versetzen' ist ähnlich wie im Ankündigungsfutur lediglich rhetorisch.

Der ‘Pieridenwagen’ (= Musenwagen) als Bezeichnung für den Dichterwagen kehrt regelmäßig wieder.[4]

Im Grunde kann man ἔζευξεν in [12.3] auch kausativ auffassen: der Auftraggeber läßt anschirren; jedenfalls ist es an einer weiteren Stelle (wie in [12.2]) der Dichter selbst, der seinen Wagen anschirrt:

[12.4] Pi. *I.* 1.6–10: B

εἶξον, ὦ Ἀπολλωνιάϲ· ἀμφοτερᾶν
τοι χαρίτων ϲὺν θεοῖϲ ζ ε ύ ξ ω τέλοϲ,
καὶ τὸν ἀκερϲεκόμαν Φοῖβον χορεύων
ἐν Κέωι ἀμφιρύται ϲὺν ποντίοιϲ
ἀνδράϲιν, καὶ τὰν ἁλιερκέα Ἰϲθμοῦ
δειράδ'·

‘Geh zur Seite, Insel des Apollon (= Delos)! Ich will mit Hilfe der Götter die Vollendung *beider* Gaben (= Lieder für Delos und Theben) zusammenschirren, indem ich sowohl Apollon mit den ungeschorenen Haaren tanzend feiere, auf der umflossenen (Insel) Keos mit den Seeleuten, als auch den vom Meer umgürteten Grat des Isthmos’.

Inhaltlich geht es darum, daß Pindar ein Lied für Delos zugunsten des Isthmien-Siegs eines thebanischen ‘Landsmanns’ für einen Moment zurückstellen will (vgl. [8.32]). Er spannt beide gleichzeitig vor seinen Dichterwagen.

Bei Choirilos von Samos ist das Anschirren Ausdruck für das Neuheitsmotiv, das ihm – dem ‘ewigen Epigonen’ (vgl. [9.21]) – vorgeblich nicht mehr gelingt:

[12.5] Choirilos fr. 2.4–5 Bernabé (= 1.4–5 Colace; 317.4–5 SH): B

οὐδέ πηι ἔϲτι
πάντηι παπταίνοντα ν ε ο ζ υ γ ὲ ϲ ἅ ρ μ α πελάϲϲαι.

‘Und auch wenn man sich ringsum umsieht, ist es auf keine Weise möglich, einen neuangeschirrten Wagen vorfahren zu lassen’.

In erster Linie handelt es sich hierbei um ein rhetorisches Hindernismotiv, das unmittelbar davor bereits als Wiesen-Metapher [9.21] formuliert worden ist.

Ein letztes Bild des Anschirrens ist bei Pindar Teil einer Bildervermischung:

[12.6] Pi. *I.* 7.18–19 (Strophenbeginn): B

ὅ τι μὴ ϲοφίαϲ ἄωτον ἄκρον
κλυταῖϲ ἐπέων ῥοαῖϲιν ἐ ξ ί κ η τ α ι ζ υ γ έ ν·

(‘Bei den Menschen gerät in Vergessenheit’: [17.12]) ‘was nicht zu der besten und höchsten Dichterweisheit gelangt, an die ruhmverleihenden Fluten der Worte angeschirrt’. — [8.36]

Das Gespann, das den Weg zur Dichterweisheit zurücklegt, setzt sich aus dem Liedinhalt und dem Dichtungs-Fluß zusammen.

Als nächster Schritt folgt das Besteigen des Dichterwagens, das in [12.1] nicht ausdrücklich erwähnt ist:

---

[4] [12.7], [12.8], [12.10], [12.11], [12.12], [12.20] und [12.21]; vgl. auch den Wagen der Chariten: Sappho 194; Antigenes 10 Diehl (= 447 EG). – Archäologisch lassen sich die Musen als Begleiterinnen eines Wagens fassen, vgl. LIMC s.v. Mousa Nr. 120–121.

[12.7] Pi. *I.* 2.1–2 (Liedbeginn): B

Οἱ μὲν πάλαι, ὦ Θρασύβουλε,
φῶτες, οἳ χρυσαμπύκων
ἐς δίφρον Μοισᾶν ἔβαι-
νον

'Die früheren Männer, o Thrasybulos, die auf den Wagen der Musen mit dem goldenen Stirnband stiegen, ...'

Unmittelbar anschließend folgt eine Pfeil-Vergleichung: [6.12].

Snell und Maehler (im App.) vergleichen mit dieser Stelle einen Passus aus dem Paian 7b (ausführlicher zu [11.66a]):

[12.8] Pi. fr. 52h.13–14: B

ἐπεὶ αυ[π]τανὸν ἅρμα
Μοισᾶ[ν]μεν.

'da den geflügelten Musenwagen [...?] wir'.

Allerdings ist infolge der Textlücke nicht deutlich, was mit diesem Musenwagen geschieht: Wird er bestiegen (ἀνέβα]μεν)? Angeschirrt (ἐζεύξα]μεν)? ...?

Eindeutig auf das Besteigen des Wagens (allerdings der Nike) bezieht sich ein Fragment aus Simonides' Epinikien:

[12.9] Simon. 519.79.10–12 (suppl. e.g. Lobel): D

εὐωνύμου
Νίκας ἐς (vel ἐφ') ἅρ]μα (βά)ντες
ἐνὶ δ' οἴωι] εἴκει θ[εὰ δίφρ]ον ἐς μέγαν θορέν

'... auf den Wagen der berühmten Nike steigend; nur einem einzigen erlaubte es die Göttin auf den Wagen zu springen'.[5]

Abgesehen von der Unsicherheit der Ergänzungen, ist zu betonen, daß nicht deutlich wird, wer auf den Wagen der Nike gestiegen ist. Die Hypothese einer poetologischen Deutung basiert v.a. auf einem Epigramm aus der *Anthologia Palatina*, das Simonides mehrmals als siegreichen Dichter auf den Wagen der Nike steigen läßt.[6] Sicherheit ist nicht zu gewinnen.

Der Beginn der Fahrt wird in [12.1] durch das Öffnen des Tores signalisiert. In zwei anderen Textpassagen wird die Muse aufgefordert, den Wagen in Bewegung zu setzen:

---

[5] Page kommentiert die Ergänzungen im Apparat wie folgt: *quod valde probabile videtur, praesertim cum sententia ipsa infinitivum desiderare videatur, 'uni tantummodo dea cedit in currum <ut ascendat>' equidem* οἷον εἴκει *praetulerim*; vgl. dazu Poltera (1997, 303–304).

[6] *AP* 6.213.3–4: τοσσάκι δ' ἱμερόεντα διδαξάμενος χορὸν ἀνδρῶν | εὐδόξου Νίκας ἀγλαὸν ἅρμ' ἐπέβης (sc. ὦ Σιμωνίδη) – 'So oft bist du (sc. Simonides) dadurch, daß du den sehnsuchtsvollen Chor der Männer einstudiert hast, auf den glänzenden Wagen der ruhmverleihenden Nike gestiegen'. Lobels Ergänzungsvorschläge stützten sich bereits auf dieses Epigramm (Page im App.).

2.10] Emp. VS 31 B 3.3–5 DK: B

καὶ cέ, πολυμνήcτη λευκώλενε παρθένε Μοῦcα,
ἄντομαι, ὧν θέμις ἐcτὶν ἐφημερίοιcιν ἀκούειν,
πέμπε παρ' Εὐcεβίηc ἐλάουc' εὐήνιον ἅρμα.

'und dich, Muse, die du an vieles erinnerst, weißarmige Jungfrau, flehe ich an: Soviel den Tagwesen erlaubt ist zu hören, geleite von der Eusebie her lenkend den leicht zu steuernden Wagen (sc. des Gesanges)!'

Die Muse möge dafür sorgen, daß der erbetene Beginn von Empedokles' Wagenfahrt vom richtigen Ausgangspunkt (der Eusebie) aus erfolgt (vgl. die unmittelbar vorausgehende Bitte um einen reinen Dichtungs-Fluß [8.30]).

Bei Pindar fungiert die an die Muse gerichtete Aufforderung als Übergangsformel:

2.11] Pi. *I.* 5.38–39: B

ἔλα νῦν μοι πεδόθεν·
λέγε, τίνες Κύκνον, τίνες Ἕκτορα πέφνον, ...

'Bringe mir nun vom Boden weg (sc. den Wagen) in Fahrt. Sag, wer hat Kyknos, wer Hektor getötet, ...'[7]

Daß der Imperativ sich an die Muse richtet, ergibt sich aus der Nähe des Fragenkatalogs zu entsprechenden impliziten Museninvokationen (z.B. *Il.* 5.703–704). Gegenüber Empedokles fallen Bild und Ausdrucksweise dynamischer aus. Die Aufforderung ἔλα erinnert etwas an das 'Hü!' eines Wagenlenkers. Gleichzeitig deutet πεδόθεν an, daß der Musenwagen nicht nur fahren, sondern auch fliegen kann (vgl. Kap. 14 und schon [12.8]).

Im Anschluß an das Besteigen des Wagens und das Losfahren ist in anderen Vergleichungen davon die Rede, wie der Dichter auf dem Wagen 'unterwegs' ist:

2.12] Pi. *O.* 9.80–81: B

εἴην εὑρηcιεπὴc ἀναγεῖcθαι
πρόcφοροc ἐν Μοιcᾶν δίφρωι·

'Möge es mir vergönnt sein, als Wortefinder auf nützliche Weise im Musenwagen zu fahren'.[8]

Auch der nächste Passus bringt eine Hoffnung zum Ausdruck. Der Dichter möchte nicht nur Worte, sondern den richtigen Weg der Worte finden:

2.13] Pi. *O.* 1.109–111: B

ἔτι γλυκυτέραν κεν ἔλπομαι
cὺν ἅρματι θοῷι κλεΐ-
ξειν ἐπίκουρον εὑρὼν ὁδὸν λόγων

---

[7] Interpretation nach Slater 1969, s.v. ἐλαύνω.

[8] Pindar spielt hier mit den beiden Bedeutungen von ἀναγεῖcθαι, 'fahren' und 'darlegen, erzählen' (Slater 1969, s.v.).

παρ' εὐδείελον ἐλθὼν Κρόνιον.

'Ich hoffe, einen noch süßeren (sc. Sieg) mit dem schnellen Wagen zu feiern, einen Weg der Worte findend, der ein Verbündeter ist, indem ich zum sonnigen Kronoshügel (= nach Olympia) komme'. — [19.9]

Vordergründig bezeichnet der schnelle Wagen die prestigeträchtigere Disziplin, in der Pindar Hieron einen Sieg wünscht (*O.* 1 feiert einen Sieg im Rennen der Einzelpferde). Die Wortstellung zwischen γλυκυτέραν (νίκαν) und κλεΐξειν und der zu findende 'Weg der Worte' zeigen aber, daß der Wagen durchaus sylleptisch zu verstehen ist: Pindar möchte einen Wagensieg Hierons auf seinem Dichterwagen feiern.

Die berühmte Allegorie zu Beginn von Parmenides' Lehrgedicht verwendet mehrere Bilder, wie sie im vorstehenden dokumentiert worden sind:

[12.14] Parm. VS 28 B 1.1–5; 20–21 DK: B

ἵπποι ταί με φέρουσιν, ὅσον τ' ἐπὶ θυμὸς ἱκάνοι,
πέμπον, ἐπεί μ' ἐς ὁδὸν βῆσαν πολύφημον ἄγουσαι
δαίμονες, ἣ κατὰ πάντ' ἄστη φέρει εἰδότα φῶτα·
τῆι φερόμην· τῆι γάρ με πολύφραστοι φέρον ἵπποι
ἅρμα τιταίνουσαι, κοῦραι δ' ὁδὸν ἡγεμόνευον.
[...]
τῆι ῥα δι' αὐτέων (sc. πυλέων)
ἰθὺς ἔχον κοῦραι κατ' ἀμαξιτὸν ἅρμα καὶ ἵππους.

'Die Pferde, die mich fahren, geleiteten mich, so weit mir der Sinn stand, nachdem sie mich auf den berühmten Weg gebracht hatten, die Göttinnen, der den wissenden Mann durch alle Städte führt. Auf diesem Weg fuhr ich; auf ihm fuhren mich nämlich die verständigen Pferde, die den Wagen zogen, und die Mädchen (= die Töchter der Sonne) wiesen den Weg. [...] Dort also mitten durch das Tor (sc. der Erkenntnis) lenkten die Mädchen die Straße entlang den Wagen und die Pferde.'

Besonders eng sind – nicht zuletzt aufgrund der Länge der Allegorie – die Berührungspunkte mit [12.1], insbesondere der Nachdruck, der auf der Funktion der Zugtiere liegt, und das Tor, das für die Wagenfahrt des Dichters aufgestoßen wird.[9] Unterschiedlich ist in bezug auf die Bildwelt insbesondere, daß bei Parmenides die Heliaden (und nicht die Zugtiere) für den 'Kurs' des Wagens verantwortlich sind.

Parmenides kombiniert in diesem Prooimion traditionelle Philosophen-Metaphorik mit traditioneller Dichter-Metaphorik: Das Bild des philosophisch richtigen Wegs (der philosophisch richtigen 'Methode') begegnet schon bei Heraklit

[9] Angesichts der Bedeutung des Tores in [12.1] und [12.14], das auf der Wagenfahrt die Grenze signalisiert (vgl. dazu auch *Il.* 5.748–752), ist das folgende Bakchylides-Fragment möglicherweise eine Weg- und nicht eine Gebäude-Metapher (fr. 5.3–4): ἀρρήτων ἐπέων πύλας | ἐξευρεῖν. – '(es ist nicht leicht) für ungesagte Worte ein Tor zu finden'. – Vgl. auch das 'Tor der Inspiration' in der vedischen Literatur: Rigveda 9.10.6.

und wird von Parmenides auch an anderen Stellen verwendet.[10] Auf seiten der Dichter-Metaphorik ist zu betonen, daß Parmenides mit Hilfe der Heliaden von den Pferden des *Dichter*wagens auf den Weg gebracht wird, der zur wahren Erkenntnis führt. Dies ist in seiner Bedeutung nicht zu unterschätzen. Denn letztlich erzwingt es den Schluß, daß die Darlegung seines philosophischen Werks in dichterischer Form (zumindest für Parmenides selbst) nicht ein unpassendes Relikt aus vergangenen Zeiten darstellt. Vielmehr ist darin geradezu der Auslöser seiner philosophischen Bemühungen zu sehen und damit ein konstitutives Element seiner Philosophie.[11] Das gleiche gilt *mutatis mutandis* auch für Empedokles [12.10].

Weitere Stellen nehmen – wie [12.1], Punkt (c) – Bezug auf das Lenken des Wagens bzw. der Pferde:

[12.15] Pi. fr. 52b.1–5 (Liedbeginn): B

Ναΐδ]οϲ Θρονίαϲ Ἄβδηρε χαλκοθώραξ
Ποϲ]ειδᾶνόϲ τε παῖ,
ϲέθ]εν Ἰάονι τόνδε λαῶι
παι]ᾶνα [δ ι] ώ ξ ω
Δηρηνὸν Ἀπόλλωνα πάρ τ' Ἀφρο[δίταν

'Der Naiade Thronia und des Poseidon Sohn, Abderos mit ehernem Panzer, von dir her will ich für das ionische Volk diesen Paian hier treiben zu Apollon Derenos und Aphrodite'.

Abderos, der eponyme Heros der Stadt Abdera, bildet in ähnlicher Weise den Ausgangspunkt der poetologischen Wagenfahrt wie Olympia in [11.83]. Zur Deutung von διώκω vgl. Slater (1969, s.v.): "a metaphor derived from the chariot of song".

Im gleichen Sinn deutet Slater das folgende Fragment, wobei er sich zusätzlich auf das Adjektiv καμπύλοϲ stützen kann, das *I.* 3/4.47 mit δίφροϲ verbunden ist (vgl. Slater 1969, s.vv.):

[12.16] Pi. fr. 107a.1–3 (Liedbeginn): B

Πελαϲγὸν ἵππον ἢ κύνα
Ἀμυκλαίαν ἀγωνίωι
ἐλελιζόμενοϲ ποδὶ μιμέο κ α μ π ύ λ ο ν μέλοϲ δ ι ώ κ ω ν,

'Ein pelasgisches Pferd oder einen Hund aus Amyklai ahme im Agon mit deinem Fuß nach, das runde Lied treibend'.

[10] Becker (1937, 143) nennt in diesem Zusammenhang Heraklit VS 22 B 18 und B 108, die vielleicht um B 45 ergänzt werden können. Parmenides spricht von der ὁδὸϲ διζήϲιοϲ (B 2.2; 6.3; 7.2).

[11] Vgl. auch Martinelli 1987.

Der erste Teil dürfte eine choreographische Instruktion sein, die Lefkowitz (gegen Slater) auch im zweiten Teil erkennen möchte.[12] Mit Slater ist dagegen eher die bei Pindar nicht seltene Reihung von verschiedenen Bildern anzunehmen.

Das καμπύλον μέλος gibt vielleicht einen Anhaltspunkt für einen ganz aus dem Zusammenhang gerissenen metrischen Beispielvers:

[12.17] Pi. fr. 177c: D

τροχὸν μέλος, ⟨τ⟩αὶ δὲ Χίρωνος ἐντολαί

'Ein gerädertes (?) Lied, die Anweisungen Chirons aber...'

Die Deutung als Wagen-Metapher ist rein hypothetisch. Slater (1969, s.v.) vermutet ein Lied, das 'quick moving' ist.

Das Lenken des Wagens spielt auch in der Umsetzung des Verirrmotivs eine Rolle, das regelmäßig mit Schiffahrts-Bildern zum Ausdruck gebracht wird [13.11ff.]: Der Dichter gibt vor, den eigentlich vorgesehenen Weg (≈ das eigentliche Thema) verlassen zu haben, und fordert sich – mit einer Abbruchsformel – auf, dorthin zurückzukehren:

[12.18] B. 10.51–52: B

τί μακρὰν γ[λ]ῶ[c]cαν ἰθύcαc ἐλαύνω

ἐκτὸc ὁδοῦ;

'Doch wozu lenke ich meine Zunge treibend so weit vom Weg ab?'[13]

Auffälligerweise ist es die Zunge, die Bakchylides wie einen Wagen lenkt.

Mit dieser Stelle ist daher ein anderer Bakchylides-Beleg zu vergleichen, auch wenn offen bleibt, ob es sich beim Weg-Bild speziell um ein Wagen-Bild handelt:

[12.19] = [11.63] B. 5.195–197: D

πείθομαι εὐμαρέως

εὐκλέα κελεύθου γλῶccαν οὐ[––⏑–

πέμπειν Ἱέρωνι·

'Gerne finde ich mich bereit, meine rühmende Zunge, die nicht vom Weg (abweicht?), Hieron zu senden'.[14] — [16.7]

---

[12] Die Ausdehnung dieser Bedeutung auf alle Fragmente kann aber keinesfalls richtig sein: "in the fragments the metaphor (sc. διώκω) clearly signifies dancing" (Lefkowitz 1991, 13 Anm. 12, mit Lit.).

[13] Maehler (1982, z.St.) erkennt einen spezifischen Bezug auf das Wagen*rennen*: "wenn er (sc. der Dichter-Wagenlenker) lange geradeaus fährt, verpaßt er die Wendung um den καμπτήρ am Ende der Rennbahn, er muß also rasch noch die Kurve nehmen und wieder zum Siegesfest zurücklenken." Aufgrund der weiten Verbreitung von Wagen-Metapher und Verirrmotiv ist dieser spezifische Bezug eher unwahrscheinlich.

[14] **FL** (Lenken des Wagens) Eine Grabinschrift des 4. Jh. v. Chr. (CEG 568.4) bezeichnet den Verstorbenen als ἡνίοχος τέχνηc τραγικῆc ('Wagenlenker der tragischen Kunst'); Lobon von Argos (fr. 518.2 SH) nennt den Dichter Timotheos κιθάραc δεξιὸν ἡνίοχον ('den geschickten Wagenlenker der Kithara'); vgl. auch Ar. *V.* 1022 (Μουcῶν cτόμαθ' ἡνιοχήcαc).

Das 'Unterwegssein' (vgl. [12.12]) kann in dynamischerer Weise auch in der Form zum Ausdruck kommen, daß der Musenwagen selbst auf sein Ziel losfährt:

2.20] Pi. *I.* 8.61–62: B

ἔϲ-
ϲυταί τε Μοιϲαῖον ἅ ρ μ α Νικοκλέοϲ
μνᾶμα πυγμάχου κελαδῆϲαι.

'Und es rast der Musenwagen, ein Denkmal für Nikokles, den Faustkämpfer (= Vetter des Siegers), zu singen'.

Die hohe Geschwindigkeit des Wagens versinnbildlicht die Dringlichkeit des Sieg-Lied-Motivs.

Die letzte Station der Wagenfahrt ist das Erreichen des Ziels. Erneut ist es Bakchylides, der mit einer Abbruchsformel die Muse Kalliope dazu auffordert, den Wagen zum Stehen zu bringen (vgl. die Aufforderungen zur Abfahrt [12.10] und [12.11]):[15]

2.21] B. 5.176–178: B

λευκώλενε Καλλιόπα,
ϲτᾶϲον εὐποίητον ἅ ρ μ α
αὐτοῦ.

'Weißarmige Kalliope, halte den wohlgefügten Wagen hier an'.

Diese Übergangsformel beendet die mythische Erzählung, in der Meleagers Schatten in der Unterwelt Herakles zuletzt dazu aufgefordert hatte, seine Schwester Deianeira zu heiraten.

Eine besonders subtile Verwendung der poetologischen Wagen-Metapher läßt sich in einem Pindar-Fragment nachweisen:

2.22] Pi. fr. 106.5–6: B

ὅπλα δ᾽ ἀπ᾽ Ἄργεοϲ, ἅ ρ μ α Θη-
βαῖον, ἀλλ᾽ ἀπὸ τᾶϲ ἀγλαοκάρπου
Ϲικελίαϲ ὄχημα δαιδάλεον ματεύειν.

'Waffen muß man in Argos, einen Wagen in Theben, einen kunstreichen Lastwagen aber im früchtereichen Sizilien holen'.

Es handelt sich um eine Priamel, mit der Pindar die Heimat seines Adressaten Hieron besonders ehren will. Das zweite Glied der Priamel dient sozusagen als Scharnier zur Bildersprache. Die Waffen aus Argos sind konkret gemeint. Im thebanischen Wagen ist zweierlei enthalten: Zum einen der konkrete Wagen, dessen Beherrschung für Theben sozusagen sprichwörtlich ist (vgl. Pi. *O.* 6.85 und fr. 52a.7, aber auch schon *Il.* 4.391). Zum andern der Lied-Wagen; denn Pindar stammt ja aus Theben. Der sizilische Lastwagen schließlich ist ganz übertragen gemeint und auf Hierons Großzügigkeit zu beziehen.

---

[15] Vgl. Rigveda 10.18.14 (Liedschluß): 'Ich habe die Rede zurückgehalten wie ein Roß mit dem Zügel'.

Der Lastwagen selbst (ὄχημα) begegnet auch im poetologischen Kontext. Er transportiert Lieder (vgl. die poetologische Schiffsladung [13.20ff.]):[16]

[12.23] Pi. fr. 124a.1–2 (Liedbeginn):

Ὦ Θρασύβουλ', ἐρατᾶν ὄχημ' ἀοιδᾶν
τοῦτό ⟨τοι⟩ πέμπω μεταδόρπιον.

'O Thrasybulos, diesen Lastwagen voll Liebeslieder sende ich dir zum Nachtisch'. — [19.19]

Bemerkenswert ist einmal mehr die Bildervermischung. Pindar schickt Thrasybulos einen mit Liebesliedern vollgeladenen Wagen zum Nachtisch.

Mit hoher Wahrscheinlichkeit findet sich ein zweites poetologisches ὄχημα in Pindars Œuvre, auch wenn der Passus schlecht überliefert ist (vgl. Fileni 1987, 18):

[12.24] Pi. fr. 140b.8–11: B

οἷον [ὄ]χημα λιγ[υ εὐπλε-]
κὲς λό[γ]ον παιηο[ν
Ἀπόλλωνί τε καὶ [
ἄρμενον.

'Wie einen Lastwagen ... hell[klingend?] wohlgeflochten ... Wort ... Paian(e) ... für Apollon und ... wohlgefügt'.

Offenbar wird ein für Apollon bestimmtes 'Wort' mit einem Lastwagen verglichen, wodurch die poetologische Deutung gesichert ist. Über die weiteren Einzelheiten kann dagegen nur spekuliert werden.

Aus [12.1] (und etwas weniger eindeutig aus [12.14]) geht hervor, daß der 'Kurs' des Wagens maßgeblich von den Zugtieren bestimmt wird. Um ein ähnliches Problem geht es auch in Alkmans Partheneion – allerdings in bezug auf den Liedvortrag. Das Verhältnis zwischen Chorführerin und Choreutinnen wird in Form einer Wagen- und einer Schiffahrts-Metapher thematisiert:

[12.25] Alkm. 1.92–95: B

τῶ]ι τε γὰρ cηραφόρωι
..]τῶc εδ..... .....
τ[ῶι] κυβερνάται δὲ χρή
κ[ή]ν νᾶϊ μάλιcτ' ἀκούην·

'Denn dem Beipferd ... und dem Steuermann muß man im Schiff ganz besonders gehorchen'. — [13.18]

Damit das Unterfangen gelingt, muß die Besatzung (die Choreutinnen) dem Steuermann (der Chorführerin) genauestens folgen, desgleichen die anderen Pferde (?) dem Beipferd, das den Kurs des Wagens bestimmt.

[16] Zur Konzeption der aus Liedern bestehenden Wagenladung in der griechischen und römischen Literatur und ihrer Bedeutung für den sog. 'Thespiskarren' s. Nünlist 1996–97.

13. Weg 3 – zu Schiff

Parallelen:

Vedisch: "Der vedische Dichter ist mit dem Meer nicht sonderlich vertraut, dennoch ist auch ihm das Bild nicht unbekannt, vgl. 2.16.7: [...] 'Im Wettkampf stoße ich kühn zu dir (Indra) gleichsam ein Schiff des Gesangs mittels des Lieds, während der Herrichtung des Soma'; 8.42.3: [...] 'mögen wir das rettende Schiff besteigen, mit dem wir alle Schwierigkeiten überwinden können [die in der Dichtung liegen]'." (Durante 1968, 250–251; dazu Anm. 13 mit weiteren Belegen). Auffällig ist außerdem das Inspirations-Bild 'ins Schiff setzen' = 'zum Dichter machen' (7.88.4).

Ägyptisch: Hier findet sich die außergewöhnliche Vergleichung von Büchern mit Schiffen (Lichtheim 1973, 185): 'There's nothing better than books! | It's like a boat on water'.[1] Dann ist davon die Rede, daß die Zunge das Steuerruder eines Schiffs sei (Lichtheim 1976, 158). Schließlich sind die gelernten Lebensweisheiten 'ein Ankerplatz für die Zunge, wenn ein Wirbelwind von Wörtern sich erhebt' (149).

Viele der Gedanken und Aspekte, die mit Hilfe maritimer Vergleichungen zum Ausdruck gebracht werden, sind bereits in den beiden anderen Weg-Kapiteln in ähnlicher Form vorgekommen. Diesen Analogien soll im folgenden besondere Aufmerksamkeit gelten.

In [11.34ff.] und in [12.1ff.] ist jeweils davon die Rede, daß der Dichter sich zu Fuß aufmachen bzw. seine Wagenfahrt beginnen will. Entsprechend heißt es in einer Übergangsformel in *P.* 2:

13.1] Pi. *P.* 2.62–63: B

εὐανθέα δ' ἀναβάσομαι στόλον ἀμφ' ἀρετᾷ
κελαδέων.

'Eine blütenreiche Fahrt will ich antreten, indem ich von großer Leistung künde'. — [9.12]

Was für die bevorstehende Wagenfahrt das Anschirren der Pferde ([12.1] bis [12.6]), ist für den Beginn der Schiffahrt das Hissen der Segel:

13.2] Pi. *N.* 5.50–51 (Selbstapostrophe): B

δίδοι
φωνάν, ἀνὰ δ' ἱστία τεῖνον

[1] Der Zusammenhang deutet darauf, daß die Vergleichung gewählt wurde, weil das Schiff nicht untergeht (vgl. [19.10]) und deshalb zuverlässig ist.

πρὸς ζυγὸν καρχασίου,

'Laß deine Stimme erklingen [wörtlich: gib Stimme], zieh auf die Segel bis zum Joch des Mastes'.[2]

Mit anderen Worten: Nutze den günstigen Fahrwind dadurch so gut wie möglich aus, daß du die volle Größe des Segels einsetzt. – Diesen günstigen Fahrwind (οὖρος) schickt üblicherweise ein Gott (vgl. *Il.* 1.479 u.ö.). Der Seefahrer-Dichter bittet die Muse in gleicher Weise um diesen Wind wie der Wagenlenker in [12.11] darum, daß sie den Wagen in Bewegung setzen möge:

[13.3] Pi. *N.* 6.28–30: B

εὔ-
θυν' ἐπὶ τοῦτον, ἄγε, Μοῖσα,
οὖρον ἐπέων
εὐκλέα· παροιχομένων γὰρ ἀνέρων,
ἀοιδαὶ καὶ λόγοι τὰ καλά σφιν ἔργ' ἐκόμισαν·

'Richte auf dieses (sc. das Haus der Siegerfamilie), auf! o Muse, den rühmenden Fahrwind der Worte! Denn wenn Männer gestorben sind, bringen Lieder und Rede ihnen die schönen Taten'.

Wird hier mehr die günstige Richtung des Windes erbeten (ist noch auf den Inspirationshauch angespielt? vgl. Hes. *Th.* 31–32: ἐνέπνευσαν δέ μοι αὐδὴν | θέσπιν), geht es im Prooimion von *P.* 4 um die Windstärke:

[13.4] Pi. *P.* 4.1–3 (Liedbeginn): B

Σάμερον μὲν χρή σε παρ' ἀνδρὶ φίλωι
στᾶμεν, εὐίππου βασιλῆϊ Κυράνας,
ὄφρα κωμάζοντι σὺν Ἀρκεσίλαι
Μοῖσα, Λατοίδαισιν ὀφειλόμενον Πυ-
θῶνί τ' αὔξηις οὖρον ὕμνων,

'Heute mußt du neben den befreundeten Mann treten, den König des pferdereichen Kyrene, Muse, damit du zusammen mit dem feiernden Arkesilaos (sc. dem Sieger) den Fahrwind der Lieder vermehrst, der den Leto-Kindern und Pytho (= Delphi) geschuldet wird'. — [11.28], [15.2]

Die maritime Metaphorik – eingebettet in eine Bildervermischung (der Fahrwind der Lieder wird 'geschuldet') – ist hier besonders passend, weil *P.* 4 über weite Strecken von der Argonautenfahrt handeln wird.[3]

---

[2] Wenn Pindar das Wort ζυγόν "als eine Art Querstange im Masttopp auffaßt, zu der das Segel gehißt wird" (Kurt 1979, 122), muß das nicht auch heißen, daß er es "gründlich mißversteht", weil es anderswo die Sitzbank der Ruderer bezeichnet. Offenbar kann ζυγόν verschiedene Querverbindungen bezeichnen.

[3] Für [13.3] und [13.4] sind neben dem Fahrwind als Schiffahrts-Bild (Bowra 1964, 11; ähnlich schon Dornseiff 1921, 65) noch andere Bildbereiche postuliert worden: göttliche Gunst (Fränkel 1969, 497 Anm. 3); der konkrete Atem des Sängers (Braswell 1988, 64). Die verschiedenen Möglichkeiten müssen sich nicht ausschließen.

Das Gebet um günstigen Fahrwind hat seinen Ursprung zweifellos in der realen Seefahrt. Ein lediglich als Paraphrase erhaltenes Lied des Simonides scheint, sofern die Paraphrase ausreichend genau ist, dieses Nebeneinander von konkreter und übertragener Bedeutung zum Ausdruck zu bringen:

[13.5] Simon. 535: B

λύcει δὲ τῆc νεὼc ᾠιδὴ τὰ πείcματα, ἣν ἱερὸc προcᾴιδουcιν Ἀθηναῖοι χορόc, καλοῦντεc ἐπὶ τὸ cκάφοc τὸν ἄνεμον παρεῖναί τε αὐτὸν καὶ τῆι θεωρίδι cυμπέτεcθαι. ὁ δὲ ἐπιγνοὺc οἶμαι τὴν Κείαν ᾠιδὴν ἣν Cιμωνίδηc αὐτῶι προcῆιcε μετὰ τὴν θάλατταν, ἀκολουθεῖ μὲν εὐθὺc τοῖc μέλεcι, πολὺc δὲ πνεύcαc κατὰ πρύμνηc οὔριοc ἐλαύνει τὴν ὁλκάδα τῶι πνεύματι. (Himer. *or.* 47.117).

'Lösen wird die Haltetaue des Schiffs das Lied, das der heilige Chor der Athener singt, wenn er den Wind(gott?) anruft, er möge beim Schiff zugegen sein und zusammen mit der heiligen Fahrt fliegen. Er aber – so glaube ich – erkannte das Keïsche Lied, das Simonides ihm nach dem Meer (?) gesungen hat, und folgte sogleich den Liedern; vom Heck her stark blasend treibt er das Frachtschiff auf günstiger Fahrt mit seinem Wehen'.

νῦν γὰρ ποιητικῶc ἐθέλων καλέcαι τὸν ἄνεμον, εἶτα οὐκ ἔχων ποιητικὴν ἀφεῖναι φωνήν, ἐκ τῆc Κείαc μούcηc προcειπεῖν ἐθέλω τὸν ἄνεμον. (Himer. *or.* 12.141).

'Da ich nun den Wind nach Art der Dichter anrufen will, (selbst) aber keine Dichtertöne von mir zu geben vermag, will ich den Wind gemäß der Muse von Keos (= Simonides) ansprechen'.

Das Lied, das Simonides anläßlich einer 'Schiffsprozession' (θεωρίc, vgl. z.B. Hdt. 6.87) durch einen athenischen Chor hat vortragen lassen, begann offenbar mit der Invokation einer Gottheit. Darin wurde diese um günstigen Fahrwind gebeten, den sie offenbar auch gewährt hat; denn das Schiff setzt sich in Bewegung.[4] Aus anderen Stellen geht deutlich hervor, daß Himerios die poetologische Schiffsmetapher geläufig ist.[5] Er hat Simonides' Liedbeginn offenbar so verstanden, daß die Fahrt des Prozessionsschiffs und die des 'Lied-Schiffs' zusammenfallen, indem der Windgott beide gleichzeitig losfahren läßt. Auf dem Hintergrund anderer poetologischer Schiffahrts-Vergleichungen bei Simonides [13.9] und angesichts der Invokationen [13.3] und [13.4] ist diese Deutung durchaus plausibel.[6]

---

[4] Ort, Anlaß etc. der Feier zu rekonstruieren bleibt Spekulation; vgl. z.B. Wilamowitz 1913, 206–209.

[5] Vgl. insbesondere Him. *or.* 12.35–37: τάχα δέ cοι καὶ ἀηδόνεc καὶ κύκνοι καὶ πάντα τὰ μέλη cυναποπτήcεται. αἱ μὲν γὰρ ἡμέτεραι Μοῦcαι καὶ cκάφη ἤδη τολμῶcι πήγνυcθαι – 'Gleich werden mit dir Nachtigallen und Schwäne und die Lieder insgesamt hinwegfliegen. Denn unsere Musen wagen es auch schon, Schiffe zu bauen'. Als Teil eines Propemptikons ergibt das Bild sich zwanglos, was aber nichts daran ändert, daß die cκάφη metaphorisch zu deuten sind. (Der zweite Passus im Haupttext entstammt der gleichen Rede.)

[6] Die Möglichkeit der metaphorischen Deutung wird von Podlecki (1984, 193) flüchtig gestreift,

Analog zu ihrer Funktion als Wagenlenkerin [12.10] kann die Muse auch die Aufgabe des Steuermanns übernehmen:

[13.6] B. 12.1–3 (Liedbeginn): B

Ὡςεὶ κυβερνήτας σοφός, ὑμνοάνας-
c' εὔθυνε Κλειοῖ
νῦν φρένας ἁμετέρας,

'Wie ein kundiger Steuermann, liederbeherrschende Kleio, so lenke nun unseren Sinn'.

Die Stelle ist etwas anders gelagert, weil Kleio primär Bakchylides' Denken 'navigiert'.

Auch das für das erste Weg-Kapitel zentrale Ankunftsmotiv findet sich in Form maritimer Vergleichungen. Der Passus [11.2] hatte die Fahrt nach Aigina damit enden lassen, daß der Erzähler zu Fuß die Insel betritt. Pindar spricht an anderer Stelle von seiner 'Landung':

[13.7] Pi. *O.* 7.13–14: B

καί νυν ὑπ' ἀμφοτέρων cὺν
Διαγόραι κατέβαν, τὰν ποντίαν
ὑμνέων,

'Auch jetzt bin ich, von beiden (sc. Aulos und Phorminx) begleitet, mit Diagoras (sc. dem Sieger) gelandet, die Meeresinsel (sc. Rhodos, seine Heimat) preisend'.

Eine besondere Stellung nimmt das maritime Ankunftsmotiv in *P.* 3 ein. Pindar imaginiert darin, wie er zusammen mit einem Arzt übers Meer nach Sizilien fährt, um dem erkrankten Hieron zu helfen:

[13.8] Pi. *P.* 3.68–69; 72–73; 75–76: B

καί κεν ἐν ναυcὶν μόλον Ἰονίαν τάμνων θάλαccαν
Ἀρέθοιcαν ἐπὶ κράναν παρ' Αἰτναῖον ξένον,
[...]
τῶι μὲν διδύμαc χάριταc
εἰ κατέβαν ὑγίειαν ἄγων χρυcέαν
κῶμόν τ' [...]
ἀcτέροc οὐρανίου
φαμὶ τηλαυγέcτερον κείνωι φάοc
ἐξικόμαν κε βαθὺν πόντον περάcαιc.

(Wenn Chiron noch lebte) 'käme ich – auf Schiffen das Ionische Meer durchschneidend – zur Arethusa-Quelle zum Gastfreund von Aitna (sc. Hieron) [...]. Wenn ich dem bei meiner Landung zwei Freuden bringen würde: goldene Gesundheit und einen Festumzug [...], dann würde ich (als) ein Licht, weiter strahlend als ein Stern am Himmel, glaube ich, zu ihm kommen, nach einer Fahrt über das tiefe Meer'. — [4.9], [7.29]

Wie in der ausführlicheren Interpretation zu [4.9] dargelegt, handelt es sich bei der irrealen Periode um ein 'scheinbares Adynaton': Der Dichter kommt und bringt an Stelle eines Arztes sein Lied.

ohne daß er näher darauf einginge.

In einer der neuen Elegien imaginiert Simonides eine Fahrt zu der Insel der Seligen:[7]

13.9] Simon. *eleg.* 22.5–8 (suppl. West e.g.):[8] B

πρήςς]οιμι κέλευθο[ν,
φόρτον ἄγων Μουςέω]ν̣ κόςμ[ο]ν̣ ἰος̣[τ]εφάνων
εὐαγέων δ' ἀνδρῶν ἐς] ἕδος πολύδενδρον ἱ̣κο[ίμην
ε̣ς[....] εὐαγέα νῆςον,

'O daß ich den Weg zurücklegte, als Fracht den (Lied-)Bau der veilchenbekränzten Musen führend, und zum baumreichen Sitz glückseliger Menschen gelangte, zur glückseligen Insel'. — [3.26]

Der Erzähler begibt sich in Gedanken auf eine Lied-Reise zu der Insel der Seligen und hofft, wenigstens auf diese Weise mit dem (wohl verstorbenen) ἐρώμενος zusammenzutreffen (zur Fracht des Schiffs s. zu [13.20ff.]).[9]

In [12.3] wird das Erteilen des Auftrags an den Epinikien-Dichter metaphorisch als 'Anschirren des Wagens' bezeichnet. Auf diesem Hintergrund läßt sich möglicherweise ein schwieriger Passus erklären:

3.10] Pi. *O.* 13.49–52: D

ἐγὼ δὲ ἴδιος ἐν κοινῶι cταλείc
μῆτίν τε γαρύων παλαιγόνων
πόλεμόν τ' ἐν ἡρωίαις ἀρεταῖcιν
οὐ ψεύcομ' ἀμφὶ Κορίνθωι,

'Ich, als Privatmann in offizieller Mission (auf eine Schiffahrt) geschickt, den klugen Sinn der Vorfahren und den Krieg im Verbund mit heroischen Leistungen verkündend, werde nicht lügen über Korinth'.

Péron (1974, 36–37) hat die Stelle richtig als Übergangsformel gedeutet, die zum Mythos überleitet. Die ἴδιος-κοινόν-Opposition besteht m.E. aber nicht zwischen Sieger-Lob und Lob der Heimat des Siegers ("Pindare se prépare à passer de l'ἴδιον – c'est à dire de l'éloge personnel du vainqueur – au κοινόν – c'est à dire aux exemples mythiques et à la louange de la cité entière"). Vielmehr wird der 'Privatmann' Pindar durch den Liedauftrag auf eine 'offizielle Seereise' geschickt.

Mit [13.10] ist die Untersuchung bei den strukturierenden Formeln angelangt, die auch bei den nautischen Weg-Bildern eine wichtige Rolle spielen, zu-

---

7 Bei allen Unterschieden im einzelnen herrscht unter den Interpreten fast durchwegs Einigkeit darüber, daß es sich um eine *imaginierte* Reise handelt, s. zuletzt Yatromanolakis 1998 (mit Lit.).

8 Der Text folgt in V. 8 (εὐαγέα) der Ergänzung Wests in P. Oxy. 3965 + 2327 (Bd. 59). In IEG hatte er εὐαγ[.]α̣ noch in den Apparat und εὐαέα in den Text gesetzt. – Auf dem Hintergrund einer poetologischen Deutung der Stelle ist erwähnenswert, daß in P. Oxy. 2327 πολύδενδρον (V. 7) über der Zeile zu πολύυμνον korrigiert worden ist (vgl. zu [13.26]).

9 **FL** Zur imaginierten poetologischen Fahrt eines Dichters zur Insel der Seligen vgl. Poseidippos fr. 705.21ff. SH

nächst in Form des Verirrmotivs. In *P.* 11 liegt das Motiv zuerst in bezug auf das Zu-Fuß-Gehen vor [11.44], unmittelbar anschließend heißt es:

[13.11] Pi. *P.* 11.39–40: B

ἦ μέ τις ἄνεμος ἔξω πλόου
ἔβαλεν, ὡς ὅτ' ἄκατον ἐνναλίαν;

'Oder hat mich ein Wind aus der Bahn geworfen wie ein Boot im Meer?'[10]

Für dieses Verlassen des vorgesehenen Kurses wird an einer anderen Stelle das eigene Herz verantwortlich gemacht:

[13.12] Pi. *N.* 3.26–27: B

θυμέ, τίνα πρὸς ἀλλοδαπάν
ἄκραν ἐμὸν πλόον παραμείβεαι;

'Mein Herz, zu welchem fremden Kap verschlägst du meine Fahrt?'.

Zusätzlich zum falschen Kurs deutet das 'Kap' an, daß man auf dieser gefährlichen Fahrt Schiffbruch erleiden könnte (vgl. [13.16]).

Analog zu [11.45] schreckt der Dichter vor einer zu weiten Fahrt zurück (*non-plus-ultra*-Motiv) und 'wendet' (Abbruchsformel):

[13.13] Pi. *N.* 4.69–70 (Selbstapostrophe): B

Γαδείρων τὸ πρὸς ζόφον οὐ περατόν· ἀπότρεπε
αὖτις Εὐρώπαν ποτὶ χέρσον ἔντεα ναός·

'Den dunklen Westen von Gadeira kann man nicht erreichen. Wende wieder zurück zum europäischen Festland die Takelage des Schiffs!' (Fortsetzung: [11.57], eine weitere Abbruchsformel)

So, wie der Dichter stehenbleibt [11.46] und Kalliope den Wagen bremst [12.21], hält der Dichter mit dem Rudern inne und wirft den Anker:

[13.14] Pi. *P.* 10.51–52 (Selbstapostrophe): B

κώπαν σχάσον, ταχὺ δ' ἄγκυραν ἔρεισον χθονί
πρῴραθε, χοιράδος ἄλκαρ πέτρας.

'Das Ruder halt an, und schnell wirf den Anker auf den Grund vom Bug aus, die Rettung vor felsiger Klippe!'

Obwohl sie zu den großen Seefahrernationen der Antike gehören, haben die Griechen den Respekt vor dem Meer nie verloren. Deshalb werden die möglichen Gefahren der Seefahrt auch in den poetologischen Vergleichungen wiederholt thematisiert:

[13.15] Pi. *O.* 6.100–105 (Liedschluß): B

ἀγαθαὶ δὲ πέλοντ' ἐν χειμερίαι
νυκτὶ θοᾶς ἐκ ναὸς ἀπεσκίμ-
φθαι δύ' ἄγκυραι. θεός

[10] Dieses Aus-dem-Ruder-Laufen kehrt bei Herodot wieder als Bild für geistige Verwirrung. In 6.12.3 beschreiben sich die Ionier als παραφρονήσαντες καὶ ἐκπλώσαντες ἐκ τοῦ νόου (ähnlich 3.155.3; dazu Becker 1937, 161).

τῶνδε κείνων τε κλυτὰν αἶcαν παρέχοι φιλέων.
δέcποτα ποντόμεδον, εὐθὺν δὲ π λ ό ο ν καμάτων
ἐκτὸc ἐόντα δίδοι, χρυcαλακάτοιο πόcιc
'Αμφιτρίταc, ἐμῶν δ' ὕ-
μνων ἄεξ' εὐτερπὲc ἄνθοc.

'Gut ist es, wenn man in stürmischer Nacht zwei Anker vom schnellen Schiff ausgeworfen hat. Ein Gott möge freundlich über dieses und jenes ein gutes Los gewähren. Herr, Meeresgebieter (= Poseidon), gib eine gerade Fahrt, die außerhalb bleibt der Mühsale, Gatte der Amphitrite mit der goldenen Spindel, lasse gedeihen die erfreuliche Blüte meiner Lieder'. — [9.7]

Zuvor hatte Pindar geschildert, wie der Komos 'von Hause nach Hause' gelangt, d.h. von einer Heimatstadt in die andere [11.21]. Thummer (1968, 57) hat daraus den Schluß gezogen, daß die beiden Anker (die freilich für antike Schiffe normal sind: Szemerényi 1986, 426) für die beiden Städte stehen. Gleichzeitig liegt im weitesten Sinn eine Abbruchsformel vor, weil das Schiff ja von den Ankern zum Stillstand gebracht wird. Jedenfalls wird die angedeutete Genealogie nicht ausgebreitet, sondern das Lied endet mit dem zweiteiligen Segenswunsch, einmal als Seefahrts-, einmal als Vegetations-Vergleichung.

Der Gedanke an die möglichen Gefahren einer Schiffahrt beschäftigt auch Anakreon:

3.16] Anakr. 403: B

ἀcήμων
ὑπὲρ ἑ ρ μ ά τ ω ν φορέομαι.

'Ich werde über unsichtbare Riffe getragen'.

Page (im App.) verbindet dieses Fragment mit einem antiken Alkaios-Kommentar, der mit ausdrücklichem Bezug auf dieses Fragment davon spricht, daß 'Anakreon ... gern allegorisiert'.[11] Offenbar spricht das Dichter-Ich davon, daß es sich in 'unsicheren Gewässern' bewegt. Als Steuermann ist der Dichter bestrebt, sein Schiff möglichst ohne Schaden durch diese hindurchzulotsen.

Zu diesem Zweck achtet der Steuermann auch auf die Welle, die als nächste auf das Schiff zurollt:

3.17] Pi. *N.* 6.55–57: B

τὸ δὲ πὰρ ποδὶ ν α ὸ c ἑλιccόμενον αἰεὶ κ υ μ ά τ ω ν
λέγεται παντὶ μάλιcτα δονεῖν
θυμόν.

'Doch die Welle, die sich jeweils am Fuße des Schiffes wälzt, bewegt, so heißt es, jedem am meisten den Sinn'.

Der in bezug auf die nautischen Details schwierige Passus dürfte am ehesten mit Stellen zu vergleichen sein, an denen Pindar sich mit ähnlichen Wendungen

[11] Alk. 306 i col. I.10–13: ὑ]π̣ὲρ ἑ̣ρμάτω[ν | 'Α]νακρέων | [ἀλ]λ̣ηγορῶν χαί|[ρει.

dazu aufruft, das Nächstliegende zu behandeln.[12] In diesem Fall handelt es sich um eine Abbruchsformel.[13]

Das Verhältnis zwischen Steuermann und Mannschaft dient Alkman als Folie für das Verhältnis von Chorführerin und Chor:

[13.18] Alkm. 1.94–95: B

τ[ῶι] κυβερνάται δὲ χρή
κ[ή]ν νᾶϊ μάλιστ' ἀκούην·

'Dem Steuermann muß man im Schiff ganz besonders gehorchen'. — [12.25]

Die Stelle ist zu [12.25] kommentiert.

Unsicher bleibt die Interpretation des folgenden Pindar-Fragments:

[13.19] Pi. fr. 340: D

μελικτὰς ὁδοιπόρους θαλάσσας

'Die reisenden Sänger des Meeres'. — [1.58]

Ist von Delphinen die Rede (Slater 1969, s.v. μελικτάς)? Oder von Dichtern?

Die Stellen [13.3] und (unter der Voraussetzung, daß Wests Ergänzungen das Richtige treffen) [13.9] deuten die Thematik 'Fracht des Schiffes' an. Die Vorstellung der dichterischen 'Ladung' ist bereits mit den Wagen-Bildern [12.23] und [12.24] dokumentiert worden. Sie findet sich auch in maritimen Vergleichungen. Das Analogon zum ὄχημα ('Lastwagen') bildet dabei die ὁλκάς ('Frachtschiff').[14] Für Bakchylides ist sie ein Bild der Inspiration:

[13.20] B. 16.1–4: B

ἐπεί
ὁλκ]άδ' ἔπεμψεν ἐμοὶ χρυσέαν
Πιερ]ίαθεν ἐ[ύθ]ρονος [Ο]ὐρανία,
πολυφ]άτων γέμουσαν ὕμνων

'Denn ein goldenes Frachtschiff hat mir gesandt von Pierien her Urania, die auf prächtigem Thron sitzt, voll von rühmenden Liedern'.

Der Dichter braucht aus dieser Fülle nur auszuwählen (Leichtigkeitsmotiv).

---

12 Vgl. πὰρ ποδί (*O.* 1.74), πὰρ ποδός (*P.* 3.60; 10.62), πρὸ ποδός (*I.* 8.12).

13 Die gleiche rhetorische Funktion erkennt Péron, der den 'Fuß' allerdings als Steuerruder deutet (1974, 141–143, mit Lit.).

14 Die Konzeption, daß Übertragenes wie der Inhalt von Schmähreden die 'Fracht' eines Schiffes darstellen kann, ist vorgebildet in der *Ilias* (20.246–247): ἔστι γὰρ ἀμφοτέροισιν ὀνείδεα μυθήσασθαι | πολλὰ μάλ', οὐδ' ἂν νηῦς ἑκατόζυγος ἄχθος ἄροιτο – 'Ist es doch uns beiden (sc. Achilleus und Aineias) möglich, Schmähungen zu reden, sehr viele: auch nicht ein Schiff, ein hundertrudriges, trüge die Last'. – Ein Zusammenhang zwischen Lied und Schiff läßt sich möglicherweise auch für Alkman (142) nachweisen (Glosse): ὁλκάς· πλοῖον. καὶ παρὰ 'Αλκμᾶνι ἀηδών (αειδῶν cod.: corr. Edmonds). καὶ εἰρήνη. καὶ εἶδος πλοίου. Vgl. Hesych s.v. ὁλκάς: πλοῖον. ναῦς φορτηγός. ἀηδών. εἰρήνη (Σειρήν coni. Voss., ἀοιδὰ Σειρήνων Latte, qui <καὶ παρὰ 'Αλκμᾶνι ὁλκάς> ante haec verba suppl.). – Das Wort ὁλκάς ist bei Alkman möglicherweise noch in 3.98 belegt.

Pindar seinerseits rückt – ähnlich wie in [11.69] bis [11.71] – den Gedanken der Breiten- und Nachwirkung in den Vordergrund:

[13.21] Pi. *N.* 5.2–3: B

ἀλλ' ἐπὶ πάσας
ὁλκάδος ἔν τ' ἀκάτωι, γλυκεῖ' ἀοιδά,
στεῖχ' ἀπ' Αἰγίνας διαγγέλλοισ', ὅτι...

(Voraus geht das Gegen-Bild der Statik: [3.101]) 'sondern auf jedem Frachtschiff und in jedem Boot, süßes Lied, schreite du aus Aigina meldend, daß...' — [2.20]

Das Lied soll als 'Schiffsladung' den Ort der Feier mit den damals üblichen Mitteln des 'Fernverkehrs' verlassen und für die Verbreitung der Siegmeldung sorgen.

Auch das folgende Fragment gehört hierher:

[13.22] Pi. fr. 355: B

ὁλκάδα μυριοφόρον

'Ein Lastschiff, das tausend Maß führt'.

Die poetologische Deutung stützt sich darauf, daß der Tradent den Passus im Rahmen einer Zusammenstellung poetologischer Metaphern zitiert. Das Attribut bringt wie [13.20] zum Ausdruck, daß die Fracht einen beträchtlichen Umfang hat, und ist wohl ebenfalls ein Leichtigkeitsmotiv.

Den Gedanken der poetologischen 'Fracht' setzt Pindar in einem seiner zahlreichen Sieg-Lied-Motive in bemerkenswerter Weise um:

[13.23] Pi. *N.* 6.31–33: B

Βασσίδαισιν ἅ τ' οὐ σπανίζει, παλαίφατος γενεά,
ἴδια ναυστολέοντες ἐπι-
κώμια, Πιερίδων ἀρόταις
δυνατοὶ παρέχειν πολὺν ὕμνον

'Die Bassiden (= das Siegergeschlecht) haben daran (sc. an großen Leistungen) keinen Mangel, das Geschlecht ist altberühmt; indem sie eigene Preislieder (als Fracht) auf das Schiff laden, sind sie imstande, den Pflügern der Pieriden viel (Stoff für ein) Lied darzubringen'. — [5.11]

Durch ihre herausragenden Leistungen beladen die Angehörigen der Siegerfamilie das Lied-Schiff und 'chartern' es gewissermaßen. Diese 'Fracht' muß der Dichter behandeln, was er mit einer außergewöhnlichen Bildervermischung zum Ausdruck bringt: Die Fracht wird gepflügt.

Ebenso wie [13.21] ist auch der folgende Passus auf dem Hintergrund zu deuten, daß die Verbreitung von materiellen und immateriellen Kulturgütern in der Antike nachhaltig an den Handel und dessen 'Routen' geknüpft ist:

[13.24] Pi. *P.* 2.67–68: B

τόδε μὲν κατὰ Φοίνιccαν ἐμπολάν
μέλος ὑπὲρ πολιᾶς ἁλὸς πέμπεται·

'Dieses Lied hier wird wie phoinikische Ware über das graue Meer geschickt'. — [16.9]

Die Stelle wird meist in dem Sinn gedeutet, daß das Lied dem Adressaten Hieron geschickt wird wie phoinikisches Handelsgut. Die Aussage von [13.21] und das Fehlen eines Dativobjekts erweisen diese Deutung als zu eng. Das Lied wird wie phoinikisches Handelsgut (potentiell) in die ganze Welt 'geliefert'.

Diese Verbreitungsart ist (nach antikem Maßstab) äußerst schnell. Pindar vermag aber selbst sie zu übertreffen:

[13.25] Pi. *O.* 9.23–25: B

καὶ ἀγάνορος ἵππου
θᾶccον καὶ ναὸc ὑποπτέρου παντᾶι
ἀγγελίαν πέμψω ταύταν,

'Und schneller als ein stolzes Pferd und als ein geflügeltes Schiff werde ich überallhin diese Botschaft schicken'. — [2.16], [16.10]

Den Abschluß dieses Kapitels macht mit der Polykrates-Ode des Ibykos ein Text, in dem nautische Metaphorik eine ganz zentrale Rolle spielt:[15]

[13.26] Ibyk. S151.23–29: B

καὶ τὰ μὲ[ν ἂν] Μοίcαι cεcοφι[c]μέναι
εὖ Ἑλικωνίδ[εc] ἐμβαίεν λόγω[ι,
θνατ[ὸ]c δ' οὔ κ[ε]ν ἀνήρ
διερὸc τὰ ἕκαcτα εἴποι,
ναῶν ὅ[ccoc ἀρι]θμὸc ἀπ' Αὐλίδοc
Αἰγαῖον διὰ [πό]ντον ἀπ' Ἄργεοc
ἠλύθο[ν ἐc Τροία]ν

'Und dieses (sc. den troianischen Krieg und sein Drum und Dran) gut dichtend könnten die Musen vom Helikon in die (Schiffs-)Erzählung einsteigen – ein sterblicher Mann dürfte die Einzelheiten kaum flüssig erzählen können, eine wie große Anzahl von Schiffen, die von Aulis durch das aigaiische Meer von Argos kam nach Troia'.[16] — [8.31]

Es ist längst gesehen (z.B. von Barron 1969), daß die für Ibykos' Dichtungsauffassung zentrale Passage zwei (ebenfalls programmatische) 'Praetexte' verarbeitet: (1) die Musenanrufung unmittelbar vor dem Schiffskatalog der *Ilias* (2.484–493); (2) Hesiods Beschreibung seiner 'Fahrt' von Aulis nach Euboia, wo er an-

[15] Ibykos S151, Anakr. 403 [13.16] und Simon. 535 [13.5] beweisen, daß Pindar nicht der Erfinder dieser Metaphorik sein kann (gegen Péron 1974, 334). Für poetologische Vergleichungen einen (griechischen) πρῶτοc εὑρετήc zu finden ist grundsätzlich problematisch (s.o. S. 27).

[16] Die (v.a. metrischen) Einwände, die gegen λόγω[ι], | θνατ[ό]c vorgebracht worden sind, bleiben hier beiseite, weil sie nicht unbedingt zwingend sind (Gostoli 1979). Außerdem tangieren sie die vorliegende Argumentation nicht. – Die Übersetzung von cεcοφι[c]μέναι mit 'dichten' erfolgt auf der Grundlage von Parallelstellen wie Thgn. 19 und Ar. *Nu.* 547; vgl. insgesamt Verdenius 1983, 21 mit Anm. 36 und 37.

läßlich der Leichenspiele für Amphidamas im Dichter-Agon siegte (Hes. *Op.* 646–662).

In seiner *praeteritio* bedient sich Ibykos des folgenden Verfahrens (vgl. Latacz 1992b, 215–217): Zunächst entwickelt er das Thema 'Troianischer Krieg' in mindestens 22 Versen (der Liedanfang ist verloren) gleichsam in 'epischer Breite' und suggeriert durch die Nennung von Paris (Kriegsauslöser, 10) und Kassandra (letzte Kriegshandlung, 12) auf subtile Weise die Behandlung des Kriegs von A bis Z, zitiert homerische Formelsprache – und dies alles nur, um das Thema als überholt von sich zu weisen. Dies sei, sagt Ibykos mit leisem Spott, ein Thema für die Μοίcαι cεcοφι̣[c]μ̣έναι | εὖ Ἑλικωνί̣δ[εc], zwei deutliche Anspielungen auf den auf Katalogdichtung spezialisierten Hesiod.[17] Ein Mensch sei nicht in der Lage, alle Einzelheiten wie z.B. den Schiffskatalog flüssig zu erzählen. Damit spielt Ibykos auf die von Homer gegebene Begründung an, weshalb er der Unterstützung durch die Musen bedürfe.[18] Gleichzeitig läßt Ibykos durchblicken, daß er das Experiment 'Schiffskatalog' für nicht mehr zeitgemäß hält. (Daß das Thema 'Troia' verbraucht ist, hatte er bereits mit dem ironischen Attribut πολύυμνοc 'vielbesungen' in V. 6 angedeutet.)

Eine weitere Bedeutungsebene erschließt sich von der nautischen Metapher ἐ̣μβαίεν her. Dadurch, daß Ibykos die Helikonischen Musen ein 'Lied-Schiff besteigen' läßt, erhält die 'Anzahl der Schiffe, die nach Troia gefahren ist', eine deutlich poetologische Konnotation: Die Anzahl der 'Lied-Schiffe', die nach Troia gefahren ist, ist so groß, daß ein 'Spätgeborener' wie Ibykos (vgl. [12.5]) den Überblick und damit auch das Interesse verlieren muß.[19]

Die poetologische Bedeutungsebene der Schiffe hat Auswirkungen auf einen Passus, der [13.26] um wenige Verse vorausgeht:

3.27] Ibyk. S151.17–19: B

οὕc τε̣ κοίλα̣[ι
ν ᾶ ε c] πολυγόμφο̣ι ἐλεύcα̣[ν
Τροί]α̣ι κακόν,

('Ich will nicht handeln von den Helden') 'die die hohlen Schiffe, mit vielen Pflöcken versehen, hinüberfuhren, Troia zum Untergang'.[20]

---

[17] Vgl. Hes. *Op.* 649 (cεcοφιcμένοc); 658 (Μοῦcηιc' Ἑλικωνιάδεcc'); vgl. auch *Th.* 1.

[18] *Il.* 2.484–486: ἔcπετε νῦν μοι, Μοῦcαι Ὀλύμπια δώματ' ἔχουcαι – | ὑμεῖc γὰρ θεαί ἐcτε, πάρεcτέ τε, ἴcτε τε πάντα, | ἡμεῖc δὲ κλέοc οἶον ἀκούομεν οὐδέ τι ἴδμεν. – 'Sagt mir nun, Musen, die ihr die Olympischen Häuser bewohnt, – denn ihr seid Göttinnen und seid (jeweils) anwesend und wißt alles, wir aber hören nur die Kunde, wissen aber gar nichts.'

[19] Ibykos' Kritik geht hier über Homer und Hesiod hinaus und richtet sich wohl gegen die Autoren des 'Epischen Kyklos'. Dies ist im Grunde bereits in den Versen 10–12 der Fall gewesen, wo Ibykos die durchgängige Behandlung des troianischen Kriegs von A bis Z gerügt hat, ein Vorwurf, der Homer ja gerade nicht trifft.

[20] **FL** (Dichter = Seefahrer) Das Bild wird von Aristophanes in eigentümlicher Weise umge-

Wenn die Schiffe, die nach Troia gefahren sind, poetologisch konnotiert sind, ist πολυγόμφοc nicht nur ein 'Zitat' von Hes. *Op.* 660 (Barron 1969, 134), sondern auch eine versteckte Kritik an der epischen Dichtung, vermutlich an ihrer (aus dem Vollständigkeitsstreben resultierenden) Länge.

Mit diesem Vollständigkeitsstreben setzt Ibykos sich noch in einer weiteren Form auseinander, die m.E. in der Forschung lange mißverstanden wurde und Ibykos zu Unrecht Kritik eingetragen hat: Sowohl die zwei Genealogien Agamemnons (Πλειcθ[ενί]δαc ... Ἀτρέοc ἐc[θλοῦ π]άιc, 21–22) als auch die zwei Abfahrtsorte der griechischen Flotte (ἀπ' Αὐλίδοc ... ἀπ' Ἄργεοc, 27–28) schließen sich im Grunde aus (Bowra 1961, 254). Zwei grobe 'Patzer' innerhalb von nur 8 Versen, zudem ähnlicher Art, deuten weit eher auf augenzwinkernde Ironie denn auf wirkliche Fehlleistung. Ibykos macht sich über den *horror vacui* der Katalogdichtung lustig. Das von Bowra an Ibykos' Verwendung der epischen Epitheta entwickelte Urteil gilt auch hier: Der Tonfall signalisiert "cheerful and playful mockery", das Lied strahlt aus "[an] air of unconcern, of *studied* ignorance" (Bowra 1961, 255; Hervorhebung: R.N.).

Bleibt zu klären, ob Hesiods 'Schiffahrt' nach Euboia,[21] die Ibykos wohl als poetologische Metapher gedeutet hat, eine solche ist. Rosen (1990) hat die Stelle in dem Sinn gedeutet – m.E. zu Unrecht. Gegen Rosens Deutung sprechen nicht zuletzt die Weg-Metaphern selbst. In *Op.* 659 beschreibt Hesiod (mit eindeutigem Bezug auf *Th.* 22ff.) seine Dichterweihe mit der Weg-Metapher [11.48]: (auf dem Helikon) ἔνθα με τὸ πρῶτον λιγυρῆc ἐπέβηcαν (sc. αἱ Μοῦcαι) ἀοιδῆc. Wie kann Hesiod da behaupten *οὐ γάρ πώ ποτε* νηὶ γ' ἐπέπλων εὐρέα πόντον, | εἰ μὴ ἐc Εὔβοιαν ἐξ Αὐλίδοc (*Op.* 650–651)? Man müßte annehmen, (a) daß er betont, er habe den Dichtungs-Weg noch nie *per Schiff* zurückgelegt, oder (b), daß er die auf dem Helikon erfolgte Dichterweihe mit seiner Fahrt nach Euboia gleichsetzt (wo er *vielleicht* die 'Theogonie' vorgetragen hat: West 1966, 44–45). Beide Annahmen sind unwahrscheinlich. Kommt hinzu, daß eine poetologisch-metaphorische Deutung der 'Schiffahrt' nur schlecht zum übrigen Œuvre Hesiods paßt.[22]

---

setzt. Die übertriebene Vorsicht des Dichters wird mit einer nautischen Allegorie beschrieben (Ar. *Eq.* 541–544): ἔφαςκεν | ἐρέτην χρῆναι πρῶτα γενέcθαι πρὶν πηδαλίοιc ἐπιχειρεῖν, | κᾆιτ' ἐντεῦθεν πρωιρατεῦcαι καὶ τοὺc ἀνέμουc διαθρῆcαι, | κᾆιτα κυβερνᾶν αὐτὸν ἑαυτῶι. – 'Er behauptete, man müsse zuerst als Ruderer fungieren, bevor man das Steuer ergreife, und dann müsse man zuerst auf dem Vorderdeck die Winde beobachten und erst dann auf eigene Faust selber steuern'.

[21] Die 'Fahrt' von Aulis nach Chalkis ging über nur ca. 65m (West 1978, z.St.). Richardson (1979, 171) attestiert Hesiod deshalb "an unexpected touch of dry humour".

[22] Die Thematik 'Symposion als Schiffahrt' wird im Kap. 20 gesondert behandelt.

14. WEG 4 – FLIEGEN

Bei der vierten Fortbewegungsart ergibt sich die Bildhaftigkeit von selbst. Fliegen ist bis heute ein (nur partiell erfüllter) Wunschtraum des Menschen geblieben.

Die Belege des vorliegenden Kapitels weisen – zusätzlich zu den übrigen Weg-Bildern – insbesondere Berührungspunkte mit der Adler-Vergleichung [1.42ff.] und mit dem Pfeil-Bild (v.a. [6.10] und [6.11]) auf.

Als Adler befindet sich der Dichter in einer unangefochten-souveränen Position [1.43]. Niemand kann ihm etwas anhaben [1.44]. Er verfügt über eine grenzenlose Freiheit und ist nicht an die räumlichen Beschränkungen des Erdenbewohners gebunden ([1.42], [1.45]). Dies alles ist impliziert, wenn der Erzähler am Ende der ausgedehnten Adler-Allegorie in Bakchylides' fünftem Epinikion [1.45] zu sich selbst zurückkehrt:

14.1] B. 5.31–33: B

τὼς νῦν καὶ ⟨ἐ⟩μοὶ μυρία πάνται κ έ λ ε υ θ ο ς
ὑμετέραν ἀρετάν
ὑμνεῖν,

'So stehen nun auch mir überallhin ungezählte Wege offen, zu besingen, was ihr geleistet habt'.

Im Wortlaut dieser Textstelle, die inhaltlich und lexikalisch Übereinstimmungen mit den Leichtigkeitsmotiven [11.34] und [11.35] aufweist, deutet zunächst nichts auf die Fortbewegungsart 'Fliegen'. Aufgrund der vorausgegangenen Adler-Vergleichung drängt sich diese Auslegung des Weg-Bilds jedoch auf.

Fliegen wird von den Dichtern auch so definiert, daß man weder über Land geht noch übers Wasser fährt (vgl. [1.45], ähnlich [14.17]). Deshalb gehört auch der folgende Passus hierher:

14.2] Pi. *P.* 10.29–30 (Selbstapostrophe): B

ναυσὶ δ' οὔτε πεζὸς ἰ ὼ ν ⟨κεν⟩ εὕροις
ἐς Ὑπερβορέων ἀγῶνα θαυμαστὰν ὁ δ ό ν .

'Weder mit Schiffen noch zu Fuß gehend dürftest du wohl einen wundersamen Weg zur Versammlung der Hyperboreer finden'.

Mit dieser doppelten Litotes leitet Pindar allusiv zu seinem nächsten Thema über: Perseus' Flug zu den Hyperboreern (Péron 1974, 70). Gleichzeitig deutet er an, daß auch er selbst die Hyperboreer nur im Dichter-Flug erreichen kann.[1]

Diesen poetologischen Flug findet man bereits bei Anakreon:

[14.3] Anakr. 378: B

ἀναπέτομαι δὴ πρὸς Ὄλυμπον πτερύγεσσι κούφηις
διὰ τὸν Ἔρωτ'· οὐ γὰρ ἐμοὶ ⟨–⏑⟩ θέλει συνηβᾶν.

'Schau, ich fliege auf zum Olympos mit leichten Flügeln um Eros willen. Denn nicht will XY (?) mit mir zusammen die Jugend genießen'.[2]

Die poetologische Deutung von Anakreons Flug stützt sich auf eine Stelle in Aristophanes 'Vögeln', die das Fragment 'zitiert'.[3] In seinem Bestreben, die Gunst des geliebten jungen Mannes zu gewinnen, versucht Anakreon sogar, im Lied zum Olymp zu fliegen, d.h. sich als Dichter zum Allerhöchsten aufzuschwingen.

Ein anderer Flug Anakreons führt geradewegs in die Katastrophe:

[14.4] Anakr. 376: B

ἀρθεὶς δηὖτ' ἀπὸ Λευκάδος
πέτρης ἐς πολιὸν κῦμα κολυμβῶ μεθύων ἔρωτι.

'Wieder einmal hoch erhoben stürze ich mich vom leukadischen Felsen in die graue Flut, von Liebe betrunken'.[4]

Anakreon spielt hier auf die Geschichte an, daß die unglücklich Verliebte sich vom Leukadischen Felsen in den Tod stürzt (Stes. 277 etc.), die irgendwann auch Teil der Sappho-Legende wurde.[5] Bei Anakreon ist der Tonfall selbstironisch und leicht spöttisch, wenn er 'schon wieder' (δηὖτ') aus der Höhe 'in den Tod' stürzt.

---

[1] Der gleiche Gedanke könnte bereits einem Alkman-Fragment zugrunde liegen (148: ἑτέρωθι τοίνυν καλλωπιζόμενος (scil. ὁ Λάκων) παρ' ὅσοις εὐδοκιμεῖ, τοσαῦτα καὶ τοιαῦτα ἔθνη καταλέγει ὥστ' ἔτι νῦν τοὺς ἀθλίους γραμματιστὰς ζητεῖν οὗ γῆς ταῦτ' εἶναι): Nisbet-Hubbard (1978, 332–333, zu Hor. *c.* 2.20), die allerdings zu Recht betonen, daß das Bild des Fliegens aus Aristeides' Paraphrase nicht hervorgeht (ungenau Nannini 1988, 74 Anm. 30).

[2] Anders Rosenmeyer 1992, 47: 'I fly up to Olympus on light wings | to find Eros; for he no longer wishes to be young with me.'

[3] **FL** Ar. *Av.* 1373–1374: ἀναπέτομαι δὴ πρὸς Ὄλυμπον πτερύγεσσι κούφαις· | πέτομαι δ' ὁδὸν ἄλλοτ' ἐπ' ἄλλαν μελέων – 'Ich fliege auf zum Olympos mit leichten Flügeln, ich fliege bald auf diesen, bald auf jenen Liedweg'. Das Scholion zur Stelle überliefert den Wortlaut des Anakreon-Fragments; vgl. auch Ar. *Av.* 1385, 1388–1389. – Vgl. Schiller, 'Die Dichter der alten und neuen Welt': "Sagt, wo sind die Vortrefflichen hin, wo find ich die Sänger, | Die mit dem lebenden Wort horchende Völker entzückt, | Die vom Himmel den Gott, zum Himmel den Menschen gesungen, | Und getragen den Geist hoch auf den Flügeln des Lieds?" (Hay-Steinsdorff 1986, 99)

[4] Zu ἀρθείς als Flug-Metapher vgl. Degani-Burzacchini (1977, 278) und [14.15ff.].

[5] Sappho test. 23 Campbell (Strabon 10.2.9), mit Stellensammlung in Anm. 4.

Neben diesen Bildern für den fliegenden Dichter gibt es auch die Vorstellung, daß das Lied fliegt:

14.5] Telestes 805b: B

ἀλλὰ μάταν ἀχόρευτος ἅδε ματαιολόγων
φάμα π ρ ο c έ π τ α θ ' Ἑλλάδα μουcοπόλων
cοφᾶc ἐπίφθονον βροτοῖc τέχναc ὄνειδοc.

'Aber unnötigerweise flog diese Geschichte hier von Unsinn redenden Musenanhängern nach Griechenland, (eine Geschichte) die nicht zum Chorlied taugt, den Menschen ein neiderfüllter Vorwurf an die Adresse einer geschickten Technik'.

Gemeint ist die Geschichte, Athena habe den Aulos als Instrument abgelehnt, weil er beim Spielen ihre Gesichtszüge entstellt habe.

Mit dem Flug des Lieds verbreitet sich auch der Name derjenigen, die im Lied besungen werden (vgl. [11.68] bis [11.72]):

14.6] Pi. *N.* 6.48–49: B

π έ τ α τ α ι δ' ἐπί τε χθόνα καὶ διὰ θαλάccαc τηλόθεν
ὄνυμ' αὐτῶν·

'Es fliegt über die Erde und durch das Meer von weither ihr (sc. der Aiakiden) Name'.

Der Passus ist der Weg-Vergleichung [11.68] besonders ähnlich. Während dort die Verbreitung 'schreitend' erfolgt (ἕρπει), ist hier mit dem Bild des Fliegens das Tempo (vgl. [13.25]) und die Mühelosigkeit betont.

Auf der Vorstellung des Fliegens gründet, wie S. 143 dargelegt, die homerische Formel ἔπεα πτερόεντα und die an diese anschließenden Pfeil-Vergleichungen Pindars:

14.7] Pi. *O.* 9.11–12 (Selbstapostrophe): B

π τ ε ρ ό ε ν τ α δ' ἵει γλυκύν
Πυθῶνάδ' ὀϊcτόν· οὔτοι χαμαιπετέων λόγων ἐφάψεαι.

'Entsende den gefiederten süßen Pfeil (auch) nach Pytho (= Delphi). Wahrlich nicht Worte, die zu Boden stürzen, wirst du berühren'. — [6.10]

Auch die Litotes 'nicht zu Boden stürzen' ist eine Negativfolie für das Fliegen (vgl. [6.19] bis [6.21]).

14.8] Pi. *I.* 5.63 (Liedschluß; Selbstapostrophe): B

καὶ π τ ε ρ ό ε ν τ α νέον cύμπεμψον ὕμνον.

'Und sende mit ein gefiedertes neues Lied!' — [6.11], [16.8]

Dieses zweite Pfeil-Bild enthält mit πτερόειc eine reine Adjektiv-Metapher, wie sie in der frühgriechischen Dichtung insgesamt selten sind. Die Thematik 'Fliegen' bildet eine kleine Ausnahme von dieser Regel, wie die Belege für den 'geflügelten (Musen-)Wagen' (vgl. [12.8] und [12.11]) und das folgende Pratinas-Fragment zeigen:

[14.9] Pratinas 708.3–5: B

ἐμὲ δεῖ κελαδεῖν, ἐμὲ δεῖ παταγεῖν
ἀν' ὄρεα cύμενον μετὰ Ναϊάδων
οἷά τε κύκνον ἄγοντα ποικιλόπτερον μέλοc.

'Ich, der ich mit den Naiaden auf den Bergen herumrase, muß singen, ich muß (ein Lied) erdröhnen lassen wie der Schwan, der ein buntgeflügeltes Lied vorträgt'. — [1.34]

Die Kombination mit dem Bild des Schwans läßt vermuten, daß hier eher an den Vogel- als an den Pfeilflug gedacht ist.

Ganz außergewöhnlich ist die Adjektiv-Metapher in einem Adespoton, das aber – nicht zuletzt wegen dieser Metapher – wohl als hellenistisch anzusehen ist:

[14.10] *mel. adesp.* 954b: B

μέλεα μελιπτέρωτα Μουcᾶν

'Musenlieder mit Honigfedern'.

Die Bildervermischung in der Adjektiv-Metapher ist singulär. Eine Rolle dürfte bei dieser Wortschöpfung (μελιπτέρωτοc ist ein 'absolutes' *hapax*) auch die Assonanz von *μέλεα* und *μελιπτέρωτα* gespielt haben, verbunden mit einem möglicherweise empfundenen etymologischen Zusammenhang zwischen den beiden Wörtern (vgl. S. 303 Anm. 5).

In die Reihe dieser Belege fügt sich eine Stelle bei Bakchylides, an der eine 'goldene Feder der Musen' gleichsam als Synekdoche für das gefiederte Lied aufgefaßt wird:

[14.11] B. fr. 20B.3–5: B

ὁρμαίνω τι πέμπ[ειν
χρύϲεον Μουcᾶν Ἀλεξάνδρωι πτερὸν
καὶ cυμποϲ[ίαι]cιν ἄγαλμ' [ἐν] εἰκάδεϲ[cιν,

'Ich habe vor, Alexander etwas zu schicken, eine goldene Feder der Musen und ein Zierstück für die Symposiasten am Ende des Monats'. — [3.107]

Zusätzlich zum Weg-Bild des 'Fliegens' vermittelt die einzelne goldene Feder auch die Vorstellung von Zartheit und Anmut.[6]

Der folgende Passus enthält eine weitere Adjektiv-Metapher:

[14.12] Pi. *N.* 7.20–23: B

ἐγὼ δὲ πλέον' ἔλπομαι
λόγον Ὀδυccέοc ἢ πάθαν
διὰ τὸν ἁδυεπῆ γενέcθ' Ὅμηρον·
ἐπεὶ ψεύδεcί οἱ ποτανᾶι ⟨τε⟩ μαχανᾶι
cεμνὸν ἔπεcτί τι·

---

[6] Vgl. Alkm. 3.68, wo Astymelousa mit 'einem goldenen Zweig oder einer sanften Feder' (ἢ χρύcιον ἔρνοc ἢ ἁπαλὸ[ν ψίλ]ον) verglichen wird.

'Ich aber bin der Ansicht, Odysseus' Erzählung sei größer als das (tatsächlich erlittene) Leid geworden infolge des süßsprechenden Homer. Denn durch die Lügen und die geflügelte Kunst kommt etwas Ehrwürdiges zu ihm hinzu'.[7]

Zum einen schließt das Bild einer 'geflügelten Dichtkunst' nahtlos an die bisherigen Belege an, zum andern hat die Dichtung aber nicht nur selbst Flügel, sondern vermag ihrem Gegenstand solche zu verleihen.

Parallele:

Vedisch: Die Lobrede des Dichters ist 'schwungvoll, beflügelt' (Rigveda 6.22.5; vgl. 1.142.4).

Der gleiche Gedanke wie in [14.12] findet sich auch an der folgenden Stelle als Teil einer Bildervermischung:

[14.13] Pi. *P.* 8.32–34: B

τὸ δ' ἐν ποςί μοι τράχον
ἴτω τεὸν χρέος, ὦ παῖ, νεώτατον καλῶν,
ἐμᾶι π ο τ α ν ὸ ν ἀμφὶ μαχανᾶι.

'Was mir vor den Füßen läuft, das dir Geschuldete (= das Lied, s. [15.5]), o Knabe, das jüngste Schöne, soll eilen beflügelt durch meine Kunst'.

Der Flug repräsentiert hier sowohl Erhabenheit als auch Geschwindigkeit (vgl. V. 29). Der aktuelle Sieg drängt danach, im Lied besungen zu werden, wodurch die 'Schuld getilgt' wird.

'In den Musen beflügelt' kann somit ein Metapher für 'im Lied besungen' sein:

[14.14] Pi. *P.* 5.114–115: B

ἔν τε Μοίcαιcι π ο τ α ν ὸ c ἀπὸ ματρὸc φίλαc,
πέφανταί θ' ἁρματηλάταc cοφόc·

'In den Musen ist er (sc. der Sieger) beflügelt von Kindheit an und hat sich als kundiger Wagenlenker erwiesen'.

Der zweite Teil begründet den ersten: Weil er ein guter Wagenlenker war, konnte man ihn seit frühester Jugend als Sieger im Lied feiern.

Das Epinikion soll den Sieger auch moralisch 'beflügeln' und Ansporn zu (noch) größeren Taten sein:

[14.15] Pi. *I.* 1.64–66: B

εἴη νιν εὐφώνων π τ ε ρ ύ γ ε c c ι ν ἀ ε ρ θ έ ν τ ' ἀγλααῖc
Πιερίδων, ἔτι καὶ Πυ-
θῶθεν 'Ολυμπιάδων τ' ἐξαιρέτοιc
'Αλφεοῦ ἔρνεcι φράξαι χεῖρα

[7] Die Forschung ist an dieser Stelle darüber uneins, ob Pindar die 'Lügen' und die 'geflügelte Kunst' Homers oder des Odysseus meint (dazu ausführlich Köhnken 1971, 47–56). Unter Umständen ist die Frage falsch gestellt, weil Pindar gerade dadurch, daß er es offenläßt, zeigt, wie sehr Homer und Odysseus miteinander verglichen werden können und ihre Bedeutung derjenigen des je anderen verdanken (ähnlich Kromer 1974–75).

'Möge ihm vergönnt sein, von den strahlenden Schwingen der schönsingenden Pieriden erhoben auch noch in Pytho (= Delphi) und an den Olympischen Spielen die Hand mit auserlesenen Zweigen vom Alpheios zu umwinden'.

Das Lied aus Anlaß des etwas weniger ehrenvollen Isthmien-Siegs soll Pindars Landsmann Herodotos zu einem ganz großen Sieg motivieren, der dann seinerseits wieder besungen werden wird.

Aufgrund des Wortgebrauchs von ἀείρω dürfte auch das folgende Fragment hierher gehören. Allerdings ist darin nicht ausdrücklich von Dichtung die Rede:

[14.16] Pi. fr. 227: B

... νέων δὲ μέριμναι cὺν πόνοιc εἱλιccόμεναι
δόξαν εὑρίcκοντι· λάμπει δὲ χρόνωι
ἔργα μετ' αἰθέρ' ⟨ἀερ⟩θέντα

'Die Bemühungen junger Menschen finden Ruhm, wenn sie mit Anstrengung betrieben werden; in den Himmel erhoben leuchten die Taten lange Zeit'. — [7.15]

Die Breiten- und Nachwirkung der mit Anstrengung verbundenen Leistungen ist örtlich und zeitlich garantiert.

Fast alle bisher dokumentierten Facetten der Flug-Vergleichung finden sich bereits in einem längeren Gedicht des Theognis:[8]

[14.17] Thgn. 237–254 (vollständiges Gedicht): B

cοὶ μὲν ἐγὼ πτέρ' ἔδωκα, cὺν οἷc ἐπ' ἀπείρονα πόντον
πωτήcηι καὶ γῆν πᾶcαν ἀειρόμενοc
ῥηϊδίωc· θοίνηιc δὲ καὶ εἰλαπίνηιcι παρέccηι
ἐν πάcαιc, πολλῶν κείμενοc ἐν cτόμαcιν,
καί cε cὺν αὐλίcκοιcι λιγυφθόγγοιc νέοι ἄνδρεc
εὐκόcμωc ἐρατοὶ καλά τε καὶ λιγέα
ᾄcονται. καὶ ὅταν δνοφερῆc ὑπὸ κεύθεcι γαίηc
βῆιc πολυκωκύτουc εἰc 'Αΐδαο δόμουc,
οὐδέποτ' οὐδὲ θανὼν ἀπολεῖc κλέοc, ἀλλὰ μελήcειc
ἄφθιτον ἀνθρώποιc αἰὲν ἔχων ὄνομα
Κύρνε, καθ' 'Ελλάδα γῆν cτρωφώμενοc ἠδ' ἀνὰ νήcουc
ἰχθυόεντα περῶν πόντον ἐπ' ἀτρύγετον,
οὐχ ἵππων νώτοιcιν ἐφήμενοc, ἀλλά cε πέμψει
ἀγλαὰ Μουcάων δῶρα ἰοcτεφάνων.
πᾶcι δ' ὅcοιcι μέμηλε καὶ ἐccομένοιcιν ἀοιδή
ἔccηι ὁμῶc, ὄφρ' ἂν γῆ τε καὶ ἠέλιοc·
αὐτὰρ ἐγὼν ὀλίγηc παρὰ cεῦ οὐ τυγχάνω αἰδοῦc,
ἀλλ' ὥcπερ μικρὸν παῖδα λόγοιc μ'ˌ ἀπατᾶιˌc.

[8] Nicht berücksichtigt ist in diesem Kapitel Archil. 181.10–11: κέ]λ̣ε̣υθον ὠκέωc δι' αἰθέροc | ˌλαιψηρὰ κυˌκ̣λ̣ώ̣cαc πτερά – '(Schnitt?) den Weg schnell durch den Himmel, die leichten Flügel schwingend'. Das Subjekt ist nicht mit Sicherheit zu erschließen, weil die Kommentare Plutarchs zur Stelle (bei West 1989, z.St.) widersprüchlich sind, was Stoneman (1976, 189) übersieht.

'*Dir* (sc. Kyrnos) habe *ich* Flügel gegeben: übers grenzenlose Meer hin wirst du mit ihnen fliegen, übers ganze Land im hohen Flug, ganz leicht. An Festen und Mählern wirst du zugegen sein – an allen. Du wirst in aller Munde sein; und mit hellklingenden Auliskoi werden anmutige junge Männer dich in guter Ordnung, schön und hell besingen. Und wenn du in die Höhlen der dunklen Erde zu den jammervollen Häusern des Hades gelangst, wirst du niemals – auch im Tode nicht – deinen Ruhm verlieren, sondern die Menschen werden sich um dich kümmern, der du jetzt einen ewigen unvergänglichen Namen hast, Kyrnos. Du kommst im (ganzen) griechischen Land herum und auf den (griechischen) Inseln, deinen Weg übers fischreiche rauschende Meer vollendend, nicht auf dem Rücken von Pferden sitzend, sondern das Geleit geben werden dir die strahlenden Geschenke der veilchenbekränzten Musen. Für alle, denen daran gelegen ist, auch in Zukunft, wirst du in gleicher Weise ein Lied sein, solange es Erde und Sonne gibt. Doch *ich* erhalte von *dir* nicht die geringste Achtung, sondern wie einen kleinen Knaben täuschst du mich mit Worten'.

Der Vokativ 'Kyrnos' hat, wie Theognis in V. 19ff. erklärt, die Funktion eines 'Copyright'-Siegels, mit dem er sicherstellen will, daß die entsprechenden Verse als die seinen gelten und damit vor Fälschung und Plagiat geschützt sind.[9] 'Kyrnos' erweist sich damit als Textperson (hinter der ursprünglich eine historische Person gestanden haben mag, was aber unerheblich ist). Das vorliegende Gedicht handelt ausführlich vom Verhältnis des Autors Theognis zu seiner Sphragis 'Kyrnos', wie die emphatische Verwendung der Personalpronomina gleich zu Beginn signalisiert. Dieses Verhältnis ist notgedrungen ein ungleiches, weil 'Kyrnos' eine Schöpfung des Autors ist, die nur aus Worten besteht. Alles, was 'Kyrnos' seinem Autor verdankt (über 16 Verse minutiös dargelegt), kann er ihm nicht entgelten, weil er nur *flatus vocis* ist, oder wie Theognis sagt: 'Kyrnos' täuscht ihn mit Worten.

Entscheidend ist, daß 'Kyrnos' nur in den Genuß der beschriebenen 'Vergünstigungen' kommen kann, *weil* er *flatus vocis* ist: Nur als Sphragis von Theognis' Dichtung kann er die ganze Welt im Flug erreichen, in aller Munde sein, ewigen Ruhm genießen und so alt wie die Erde selbst werden. Als Schöpfer der Sphragis 'Kyrnos' ist sich Theognis zweifellos bewußt, daß 'Kyrnos' höchstens dafür sorgen kann, daß (indirekt) Theognis' *Name* Verbreitung findet. Der in 253f. an den eigenen narrativen Adressaten gerichtete 'Vorwurf' kann daher kaum sehr ernst gemeint sein, sondern bringt das im vorstehenden erläuterte ungleiche Verhältnis zwischen Autor und Sphragis prägnant auf den Punkt.

[9] Zu dieser Erklärung der Sphragis s. Latacz 1998, 210–212 u. 216–217 Anm. 1. – Theognis hat das eine seiner Ziele grundsätzlich erreicht: Sein letzter Herausgeber hält jeweils die 'Kyrnos'-Gedichte für echt (West 1989, z.St.; vgl. die Begründung im 'Delectus': 1980, 185). Freilich ist nicht auszuschließen, daß sich unter diesen nicht auch 'Fälschungen' befinden.

15. GELD

Dichtung als Einlösung einer finanziellen Verpflichtung aufzufassen ist im Griechischen ein Spezifikum der Epinikien-Dichtung.[1] Zweifellos ist einer Auffassung von Dichtung in ökonomischen Begriffen und Bildern förderlich gewesen, daß es sich bei den Epinikien um Auftragsdichtung handelt. Darin die Ursache dieses Bildkomplexes zu sehen ist aber keineswegs zwingend.[2]

Parallele:

Vedisch: Auch der vedische Sänger bringt gleichsam einen Lohn dar (Rigveda 9.103.1), hofft gleichzeitig aber auch auf einen solchen (z.B. 9.98.10; vgl. [15.9]).

Sichere Belege finden sich innerhalb der griechischen Epinikien-Dichtung nur bei Pindar und Bakchylides, doch dürfte Simonides' sprichwörtliche Geldgier (test. 22–23 Campbell) auf entsprechende Bilder in seinen Liedern zurückzuführen sein.

Ein längerer Passus bei Pindar vereinigt die wichtigsten Aspekte des Bildkomplexes:

[15.1] Pi. *O.* 10.3–12: B

γλυκὺ γὰρ αὐτῶι μέλος ὀ φ ε ί λ ω ν
ἐπιλέλαθ'· ὦ Μοῖϲ', ἀλλὰ cὺ καὶ θυγάτηρ
'Αλάθεια Διόϲ, ὀρθᾶι χερί
ἐρύκετον ψευδέων
ἐνιπὰν ἀλιτόξενον.
ἕκαθεν γὰρ ἐπελθὼν ὁ μέλλων χρόνος
ἐμὸν καταίϲχυνε βαθὺ χ ρ έ ο ϲ.
ὅμωϲ δὲ λ ῦ ϲ α ι δυνατὸϲ ὀξεῖαν ἐπιμομφὰν
τ ό κ ο ϲ †θνατῶν· νῦν ψᾶφον ἑλιϲϲομέναν
ὁπᾶι κῦμα κατακλύϲϲει ῥέον,
ὁπᾶι τε κοινὸν λόγον
φίλαν τ ε ί ϲ ο μ ε ν ἐϲ χάριν.

[1] 'Geld' ist im Grunde ein Anachronismus; es soll nur die ökonomisch geprägte Sprache der betreffenden Vergleichungen auf den Punkt bringen.

[2] Vgl. auch S. 124f.

'Denn ich habe vergessen, daß ich ihm (sc. dem Sieger) ein süßes Lied schuldig bin. O Muse, und auch du Zeustochter Wahrheit, wehrt ab mit gerader Hand den lügnerischen Vorwurf, daß ich den Freunden unrecht tue. Denn von fernher kommt die drängende Zeit heran und beschämt meine tiefe Schuld. Dennoch vermag der Zins den scharfen Vorwurf zu begleichen. Wie wird jetzt den Kiesel die fließende Welle kollernd hinunterschwemmen und wie werden wir mit einem gemeinsamen Lied eine Schuld abzahlen dem Freund zum Dank!' — [8.38]

Die zentralen Punkte sind: (1) Die Dichter 'schuldet' (ὀφείλων) dem Sieger ein Lied (vgl. Schuldmotiv).[3] Diese 'Schuld' (χρέος) ist während der Zeit, die infolge des 'Vergessens' verstrichen ist, gewachsen.[4] (2) Der Dichter 'bezahlt' (τείσομεν) nun diese Lied-Schuld – wegen der Verspätung mit 'Zinsen' (τόκος). (3) Somit ist das Lied eine 'Entschädigung' (λῦσαι).

Die drei Punkte 'Schuld', 'Bezahlen' und 'Enschädigung' kehren in Pindars Dichtung regelmäßig wieder. Zumal was die Belege für die 'Schuld' betrifft, fällt auf, daß derjenige, der im Text die Funktion des 'Gläubigers' einnimmt, nie mit dem Auftraggeber (dem tatsächlichen 'Gläubiger') identisch ist.[5] Auch von daher verbietet sich eine zu enge Anbindung der ökonomischen Vergleichungen an das Genos der Auftragsdichtung und an die 'realen Geschäftsverhältnisse'. Vielmehr faßt das Schuldmotiv eine allgemeinere Verpflichtung in ökonomische Begriffe. Deshalb kann das Lied auch den Göttern 'geschuldet' werden:

[15.2] Pi. *P.* 4.2–3: B

ὄφρα κωμάζοντι σὺν Ἀρκεσίλαι,
Μοῖσα, Λατοίδαισιν ὀ φ ε ι λ ό μ ε ν ο ν Πυ-
θῶνί τ' αὔξῃς οὖρον ὕμνων,

(Heute mußt du nach Kyrene kommen: [11.28]) 'Muse, damit du zusammen mit dem feiernden Arkesilaos (sc. dem Sieger) den Fahrwind der Lieder vermehrst, der den Leto-Kindern und Pytho (= Delphi) geschuldet wird'.[6] — [13.4]

Die aus dem ὀφείλειν resultierende 'Schuld' heißt – wie in [15.1] gesehen – χρέος. Insgesamt sind die Belege für diese Nominal-Metapher zahlreicher als die verbalen. Sind es in [15.2] der Wettspielort und die dort verehrten Götter, denen der Dichter sein Lied schuldet, so ist es an anderer Stelle der konkrete Siegespreis, der die 'Schulden einfordert':

---

[3] Schadewaldts Schuldmotiv (1928, 278 Anm. 1) schließt auch "manches prägnant zu fassende χρή" ein (z.B. *I.* 1.43; 3/4.7; 8.15a). In der vorliegenden Zusammenstellung ökonomischer Vergleichungen bleiben diese Stellen dagegen beiseite.

[4] Bundy (1962, 1–33) hat in seiner Interpretation von [15.1] wahrscheinlich gemacht, daß die Verspätung, aus der das Anwachsen der Schuld resultiert, in erster Linie rhetorische Funktion hat (Hindernismotiv) und deshalb eher nicht zum Nennwert genommen werden sollte.

[5] Diese Feststellung gilt auch für [15.1] und [15.5], in denen der Dichter das Lied zwar dem Sieger 'schuldet', der aber nicht der Auftraggeber sein kann, weil es in beiden Fällen um einen Sieg bei den 'Junioren' geht.

[6] **FL** (ὀφείλω) Kall. fr. 254.1 SH.

[15.3] Pi. *O.* 3.6–7: B

ἐπεὶ χαίταιcι μὲν
ζευχθέντες ἔπι cτέφανοι
πράccοντί με τοῦτο θεόδματον χρέοc,

'Denn die auf die Haare gejochten Kränze (sc. des Siegers) treiben von mir diese von Göttern gestiftete Schuld ein'.

Daß der Siegeskranz von Pindar eine Lied-Schuld einfordert, ist im Grunde nichts anderes als das Sieg-Lied-Motiv in ökonomischer Ausdrucksweise. Allerdings signalisiert das Attribut θεόδματοc auch hier die Beteiligung der Götter.

In einem anderen Passus wird nicht genauer bezeichnet, wer die Schuld eintreibt. Pindar spricht ganz allgemein von τιc:[7]

[15.4] Pi. *P.* 9.103–104: B

ἐμὲ δ' οὖν τιc ἀοιδᾶν
δίψαν ἀκειόμενον πράccει χρέοc,

'Von mir allerdings, der ich den Durst nach Liedern stille, treibt einer die Schuld ein'. — [8.44]

Die Verpflichtung des Dichters kommt hier in einer zweifachen Erwartungshaltung des Publikums zum Ausdruck: es ist 'durstig' und fordert das Geschuldete zurück (Bildervermischung).

Auf diesem Hintergrund ist χρέοc auch an den beiden folgenden Stellen zweifellos eine Metapher für das Epinikion:

[15.5] Pi. *P.* 8.32–34: B

τὸ δ' ἐν ποcί μοι τράχον
ἴτω τεὸν χρέοc, ὦ παῖ, νεώτατον καλῶν,
ἐμᾶι ποτανὸν ἀμφὶ μαχανᾶι.

'Was mir vor den Füßen läuft, das dir Geschuldete (= das Lied), o Knabe, das jüngste Schöne, soll eilen beflügelt durch meine Kunst'. — [14.13]

In der gleichen Bedeutung ist χρέοc einmal auch bei Bakchylides nachzuweisen, der einzige Passus innerhalb dieses Bildkomplexes, der nicht aus Pindar stammt:

[15.6] B. 8.20–21: B

κομπάcομαι· cὺν ἀλα-
θείαι δὲ πᾶν λάμπει χρέοc·

'Laut will ich ausrufen – das dir Geschuldete (= das Lied), leuchtet ganz, zusammen mit der Wahrheit'. — [7.21]

Soweit die Belege für die 'Schuld'. – Der Dichter entledigt sich dieser Schuld, indem er 'ein Lied bezahlt':

[7] Aufgrund der anschließenden Forderung, 'den Ruhm seiner Vorfahren wieder zu wecken' [17.11] dürfte am ehesten der Sieger oder einer seiner Verwandten gemeint sein.

[15.7] Pi. *P.* 2.13–14: B

ἄλλοις δέ τις ἐτέλεσσεν ἄλλος ἀνήρ
εὐαχέα βασιλεῦσιν ὕμνον ἄποιν' ἀρετᾶς.

'Der eine zahlt diesem, der andere jenem König ein wohlklingendes Lied als Entschädigung für seine Qualitäten'.[8]

Wenige Verse später legt Pindar Ixion eine Gnome in den Mund, die implizit auch auf den Dichter selbst gemünzt ist:

[15.8] Pi. *P.* 2.24: B

τὸν εὐεργέταν ἀγαναῖς
ἀμοιβαῖς ἐποιχομένους τίνεσθαι.

(Ixion verkündet) 'man soll dem Wohltäter freundlich begegnen und ihn mit sanfter Belohnung entschädigen'.

Um zu verhindern, daß es ihm ergehen könnte wie Ixion, ist es für Pindar geboten, seinen Wohltäter (Hieron) mit einem Lied zu entschädigen.

In einem anderen, ebenfalls an Hieron gerichteten Lied setzt Pindar die ökonomische Bildersprache auf vielschichtige Weise um:

[15.9] Pi. *P.* 1.75–80: B

ἀρέομαι
πὰρ μὲν Σαλαμῖνος Ἀθαναίων χάριν
μισθόν, ἐν Σπάρται δ' ⟨ἀπὸ⟩ τᾶν πρὸ Κιθαιρῶ-
νος μαχᾶν,
[...]
παρὰ δὲ τὰν εὔυδρον ἀκτὰν
Ἱμέρα παίδεσσιν ὕμνον Δεινομένεος τελέσαις,
τὸν ἐδέξαντ' ἀμφ' ἀρετᾶι, πολεμίων ἀνδρῶν καμόντων.

'Bei den Athenern werde ich mir wegen Salamis Dank gewinnen als Lohn, in Sparta durch die Schlachten am Kithairon, [...] am wasserreichen Ufer des Himera aber, indem ich den Kindern des Deinomenes (= Hieron und Gelon) ein Lied bezahle, das sie sich gewannen durch ihre Leistung, als ihre Feinde untergingen'.

In einer Priamel beschreibt Pindar, mit welchen Themen er wo besonders gut ankommen wird: In Athen mit der Schlacht bei Salamis, in Sparta mit der Schlacht bei Plataiai und auf Sizilien mit der Schlacht bei Himera (gegen die Karthager). Bemerkenswert für das vorliegende Thema ist, daß Pindar sich mit der 'Bezahlung' eines Lieds an Hieron und Gelon den Dank als 'Lohn' erwirbt.

In [15.1] und in [15.7] ist davon die Rede, daß das Lied eine 'Entschädigung' sei. Auf dieser Konzeption basiert eine größere Anzahl poetologischer Vergleichungen:

Das Lied ist für den Adressaten eine 'Entschädigung' (ἄποινα).[9] Sie hält ihn 'schad-los' – z.B. für seine besondere Leistung (vgl. [15.7]):

[8] Zu dieser ökonomischen Deutung von τελέω vgl. Schadewaldt 1928, 278 Anm. 1.

[9] ἄποινα bezeichnet ursprünglich (*Il.* 1.13 u.ö.) das 'Lösegeld' (vgl. [15.14] und [15.15]). –

[15.10] Pi. *I.* 3/4.7: B

εὐκλέων δ' ἔργων ἄ π ο ι ν α χρὴ μὲν ὑμνῆcαι τὸν ἐcλόν,

'Als Entschädigung für seine berühmt(machend)en Taten muß man den Adligen besingen'.

In anderem Zusammenhang wird betont, daß hinter dieser großen Leistung eine besondere Anstrengung steht:

[15.11] Pi. *N.* 7.15–16: B

εἰ Μναμοcύναc ἕκατι λιπαράμπυκοc
εὕρηται {τιc} ἄ π ο ι ν α μόχθων κλυταῖc ἐπέων ἀοιδαῖc.

'Wenn mit Hilfe der Mnemosyne mit dem glänzenden Stirnband eine Entschädigung für die Mühen gefunden wird mit den berühmt(machend)en Liedern der Worte'.

Oder der Dichter nennt konkret die Disziplin, in der der Athlet seine Leistung vollbracht hat:

[15.12] Pi. *O.* 7.15–16: B

ὄφρα πελώριον ἄνδρα παρ' Ἀλ-
φειῶι cτεφανωcάμενον
αἰνέcω πυγμᾶc ἄ π ο ι ν α

'Damit ich den gewaltigen Mann, der am Alpheios (= in Olympia) bekränzt worden ist, lobe als Entschädigung für den Faustkampf'.

Analog verwendet Pindar das zum gleichen Wortstamm gehörige ποινή:

[15.13] Pi. *P.* 1.58–59: B

Μοῖcα, καὶ πὰρ Δεινομένει κελαδῆcαι
πίθεό μοι π ο ι ν ὰ ν τεθρίππων·

'Muse, laß dich von mir überzeugen, auch von Deinomenes (sc. dem Sieger) zu singen als Entschädigung für das Rennen mit dem Viergespann'.

Der letzte Beleg für ἄποινα bringt die Kombination mit einer spezifischeren ökonomischen Bedeutung, die es selbst ursprünglich auch hatte: Lösegeld (λύτρον, vgl. LfgrE s.v. λύω I 1 d):

[15.14] Pi. *I.* 8.1–4 (Liedbeginn): B

Κλεάνδρωι τιc ἁλικίαι
τε λ ύ τ ρ ο ν εὔδοξον, ὦ νέοι, καμάτων
πατρὸc ἀγλαὸν Τελεcάρχου παρὰ πρόθυρον
ἰὼν ἀνεγειρέτω
κῶμον, Ἰcθμιάδοc τε νί-
καc ἄ π ο ι ν α,

''Für Kleandros (sc. den Sieger) und für seine Altersgenossen soll einer, ihr jungen Leute, zur glänzenden Vorhalle seines Vaters Telesarchos gehend als ruhmverleihendes Lösegeld für die Anstrengung den Komos wecken, die Entschädigung für den Sieg an den Isthmien'. — [11.23], [17.6]

Wegen ihrer zahlreichen Belege (z.B. in der Tragödie) besteht bei der Wendung ἄποινα mit Gen. der Verdacht auf Cliché, vgl. A. *Pers.* 808; *Ag.* 1420; 1670; E. *Alk.* 7; *El.* 1181; *IT* 1459; *Ba.* 516.

Die Siegesfeier und das dabei vorgetragene Lied bezahlen dem Sieger Lösegeld für seine Anstrengungen.

In die gleiche Richtung geht das Adjektiv λυτήριος aus der gleichen Wortfamilie:

[15.15] Pi. *P.* 5.105–107: B

ἔχοντα Πυθωνόθεν
τὸ καλλίνικον λυτήριον δαπανᾶν
μέλος χαρίεν.

'(den Sieger), der von Pytho (= Delphi) her das anmutige Lied hat, das den Sieg besingt und für den Aufwand entschädigt'.

Während der Sieger in [15.11] und [15.14] für den physischen Aufwand (μόχθος, κάματος) entschädigt wird, ist hier vom materiellen Aufwand (δαπάνη) die Rede, was die ökonomische Konnotation von λυτήριος unterstreicht.

Das Wort κέρδος weist oft auf den rein materiellen Gewinn, weshalb Pindar mehrfach davor warnt (Stellen bei Verdenius 1988, 116). Daneben gibt es aber zwei Stellen, an denen κέρδος (bzw. κερδαίνω) positiv besetzt ist:[10]

[15.16] Pi. *I.* 1.50–51 (Strophenende): B

ὃς δ' ἀμφ' ἀέθλοις ἢ πολεμίζων ἄρηται κῦδος ἁβρόν,
εὐαγορηθεὶς κέρδος ὕψιστον δέκεται, πολια-
τᾶν καὶ ξένων γλώσσας ἄωτον.

'Wer bei Wettspielen oder im Krieg sich zarten Ruhm erwirbt, hat darin den größten Gewinn, daß er gelobt wird, die Krönung der Zungen von Mitbürgern und Fremden'.

Erst die Preisung im Lied bedeutet wirklichen Gewinn (Sieg-Lied-Motiv):

[15.17] Pi. *I.* 5.26–28: B

καὶ γὰρ ἡρώων ἀγαθοὶ πολεμισταί
λόγον ἐκέρδαναν· κλέονται δ' ἔν τε φορμίγ-
γεσσιν ἐν αὐλῶν τε παμφώνοις ὁμοκλαῖς
μυρίον χρόνον·

'Denn unter den Heroen haben sich die guten Krieger Ruhm erwirtschaftet. Sie werden besungen mit Leiern und allklingenden Harmonien von Auloi – ewig'.[11]

Daß die Argumentation in [15.16] ökonomisch geprägt ist, deutet sich schon wenige Verse vorher an, wo vom 'Lohn' (μισθός, vgl. [15.9]) des Siegers die Rede ist:

---

[10] Poiss' Deutung von κέρδος bei Pindar ist daher zu einseitig negativ (1993, 227 Anm. 44; im Index glossiert er das Wort mit 'falscher Gewinn').

[11] Keltisch *cerdd* 'Handwerk, Dichtung' ist etymologisch verwandt mit κέρδος (Watkins 1995, 76).

[15.18] Pi. *I.* 1.45–47: B

ἐπεὶ κοῦφα δόϲιϲ ἀνδρὶ ϲοφῶι
ἀντὶ μόχθων παντοδαπῶν ἔποϲ εἰ-
πόντ' ἀγαθὸν ξυνὸν ὀρθῶϲαι καλόν.
μ ι ϲ θ ὸ ϲ γὰρ ἄλλοιϲ ἄλλοϲ ἐπ' ἔργμαϲιν ἀνθρώποιϲ γλυκύϲ,

'Denn es ist für einen Dichter eine leichte Gabe, für die vielfältigen Mühen ein gutes Wort zu sprechen und so das gemeinsame Schöne aufzurichten. Denn die Menschen finden bei ihren Tätigkeiten bald diesen, bald jenen süßen Lohn'. — [3.60]

Die an den zitierten Passus anschließende erläuternde Priamel (Hirte, Bauer, Vogelfänger) kulminiert schließlich in [15.16] und macht vollends deutlich, daß das Epinikion der 'Lohn' für den siegreichen Athleten ist.

Ebenso:

[15.19] Pi. *N.* 7.62–63 (Strophenende): B

ὕδατοϲ ὥτε ῥοὰϲ φίλον ἐϲ ἄνδρ' ἄγων
κλέοϲ ἐτήτυμον αἰνέϲω·
ποτίφοροϲ δ' ἀγαθοῖϲι μ ι ϲ θ ὸ ϲ οὗτοϲ.

'Ich will wie Wassergüsse zum Freunde führend wahren Ruhm ihn preisen: das ist ein Lohn, der den Guten von Nutzen ist'. — [8.28], [16.5]

Zusammenfassung: Die Mehrheit der Belegstellen dieses Kapitels faßt das Epinikion als ökonomische Kompensation für den (materiellen und ideellen) Aufwand, den der Adressat für seine große Tat hat leisten müssen. Als wichtige Ergänzung ist festzuhalten, daß auch andere (z.B. die Ortsgottheiten) in den Genuß einer 'Entschädigung' kommen; einmal [15.9] erhält auch der Dichter selbst einen 'Lohn'.

16. Xenia

Ging es im vorangehenden Kapitel um das 'geschäftliche' Verhältnis zwischen Dichter und Adressat, steht im vorliegenden die (Gast-)Freundschaft im Zentrum: Zwischen Dichter und Adressat besteht ein ξενία-Verhältnis (vgl. Xeinos-Motiv).

Parallele:

Vedisch: In einem an den Gott Agni gerichteten Hymnos (Rigveda 4.4.10–11) "*aithyám* 'guest-friendship' is applied equally to the reciprocity relation between host and guest, poet and patron, and god and worshiper" (Watkins 1995, 72).

Nagy (1979, 232–234) hat in der *Odyssee* eine Vorstufe zum ξενία-Verhältnis zwischen Adressat und Dichter erkannt: Der verkleidete Odysseus, der in vielfacher Hinsicht als 'Modellsänger' dargestellt ist (s.o. S. 16ff.), verkehrt in seinem eigenen Haus als ξένος (17.345; 350; 382 etc.). Entsprechend redet er Antinoos mit φίλος an (17.415) und bittet ihn um Essen, wofür er ihm als Gegenleistung κλέος anbietet.[1]

Das freundschaftliche Verhältnis zu seinem Adressaten ist eine mögliche Motivation für den Erzähler, an den Aufführungsort zu kommen (Ankunftsmotiv):

16.1] Pi. *O.* 9.83–84: B

προξενίαι δ' ἀρετᾶι τ' ἦλθον
τιμάορος Ἰσθμίαισι Λαμπρομάχου
μίτραις,

'Um der Gastfreundschaft und der Leistung des Lampromachos (sc. eines Verwandten des Siegers) willen kam ich, um die am Isthmos gewonnenen Mitren zu ehren'. — [11.11]

Fast identisch ist die Formulierung in einem Partheneion:

[1] *Od.* 17.418: ἐγὼ δέ κέ σε κλείω κατ' ἀπείρονα γαῖαν – 'Ich aber will dich berühmt machen auf der grenzenlosen Erde'. Zur spezifisch sozialen Bedeutung von ξένος und φιλότης s. Benveniste (1969, 1.278, angeführt bei Nagy 1979, 232–233). – Die besondere Ironie der Szene, in der Antinoos sich gar nicht *comme il faut* benimmt, liegt darin, daß Odysseus einst in einer entsprechenden Situation Antinoos' Vater als ξένος aufgenommen hatte (Nagy 1979, 233, mit Hinweis auf *Od.* 16.424–432).

[16.2] Pi. fr. 94b.38–41: B

πιcτὰ δ' Ἀγαcικλέει
μάρτυc ἤλυθον ἐc χορόν
ἐcλοῖc τε γονεῦcιν
ἀμφὶ προξενίαιcι·

'Für Agasikles (sc. den Adressaten) als vertrauenswürdige Zeugin bin ich zum Tanz gekommen und für seine edlen Eltern um der Gastfreundschaft willen'. — [2.35], [11.8]

Die Xenia schafft eine Vertrauensbasis, auf die der Dichter sich berufen kann:

[16.3] Pi. *P.* 10.64–66: B

πέποιθα ξενίαι προcανέϊ Θώρα-
κοc, ὅcπερ ἐμὰν ποιπνύων χάριν
τόδ' ἔζευξεν ἅρμα Πιερίδων τετράορον,
φιλέων φιλέοντ',

'Ich vertraue auf die sanfte Gastfreundschaft des Thorax (sc. eines Verwandten des Siegers), der in seinem Bemühen, mir eine Gunst zu erweisen, diesen vierspännigen Pieridenwagen hier angeschirrt hat, bei gegenseitiger Freundschaft'. — [12.3]

Damit ist eine fast identische Formulierung aus *N.* 7 zu vergleichen:

[16.4] Pi. *N.* 7.65: B

καὶ προξενίαι πέποιθ(α)

'und ich vertraue auf die Gastfreundschaft'

Wenige Verse zuvor hatte Pindar zunächst ganz lapidar erklärt: 'ich bin Xeinos', um daran anschließend zu erläutern, was es für einen Dichter bedeutet, Xeinos zu sein:

[16.5] Pi. *N.* 7.61–63: B

ξεῖνόc εἰμι· cκοτεινὸν ἀπέχων ψόγον,
ὕδατοc ὥτε ῥοὰc φίλον ἐc ἄνδρ' ἄγων
κλέοc ἐτήτυμον αἰνέcω·

'Gastfreund bin ich. Fernhaltend dunklen Tadel will ich, wie Wassergüsse zum Freunde wahren Ruhm führend, ihn preisen'. — [7.32], [8.28]

Auf die Möglichkeit, daß es sich bei diesen Stellen um (poetologische) Bilder handelt, hat schon Fränkel aufmerksam gemacht: "Aus einem Hinweis auf 'Gastfreundschaft' läßt sich also nicht ohne weiteres schließen, daß Pindar bei dem Betreffenden zu Besuch gewesen war."[2] Maehler (1982, 1.4) geht sogar noch weiter: "Zwischen ihm (sc. dem Dichter) und dem Auftraggeber hat sicher nicht immer eine wirkliche Gastfreundschaft bestanden, das ist gewöhnlich nur

[2] Fränkel 1969, 492 Anm. 14, mit dem Hinweis auf Theokrit 7.129: ἐκ Μοιcᾶν ξεινήιον = 'Lohn für das Lied'.

eine façon de parler zur Umschreibung der Beziehung."[3]

Hierher gehören im Grunde auch die Stellen, die von der Xenia des Adressaten sprechen: Pi. *O.* 1.103 [3.67]; *P.* 3.69 [13.8] (Ankunftsmotiv); *N.* 9.2; *I.* 2.48 [11.24] (Ankunftsmotiv); B. 12.5 [11.3]; 13.224 [7.4]. Sie gehen dadurch über das spezifisch Poetologische hinaus, daß die Xenia des Lied-Adressaten weit mehr Leute einschließt als nur den Dichter (vgl. insbesondere *N.* 9.2).

Während die Xenia-Vergleichung in [16.1] mit dem Ankunftsmotiv verbunden wird, kann sie auch mit einem Bild des Schickens illustriert werden:[4]

[16.6] B. 5.9–14: B

ἦ cὺν Χαρίτεccι βαθυζώνοιc ὑφάναc
ὕμνον ἀπὸ ζαθέαc
νάcου ξένοc ὑμετέραν
ἐc κλυτὰν πέμπει πόλιν,
χρυcάμπυκοc Οὐρανίαc
κλεινὸc θεράπων·

'Da hat mit Hilfe der tiefgegürteten Chariten ein Lied gewoben und als Gastfreund schickt er es von der heiligen Insel (sc. Keos) nach eurer ruhmreichen Stadt (sc. Syrakus), der berühmte Diener der Urania mit dem goldenen Stirnband'. — [3.78]

Gegen Ende desselben Lieds greift Bakchylides das Bild des Schickens noch einmal auf:

[16.7] B. 5.195–197: B

πείθομαι εὐμαρέωc
εὐκλέα κελεύθου γλῶccαν οὐ[––⏑–
πέμπειν Ἱέρωνι·

'Gerne finde ich mich bereit, meine rühmende Zunge, die nicht vom Weg (abweicht?), Hieron zu senden'. — [11.63], [12.19]

Die Metaphorisierung ist hier noch stärker, weil Bakchylides nicht nur das 'gewobene Lied', sondern seine (nicht vom Weg abweichende) Zunge nach Syrakus schickt.

Vergleichbar ist das Bild am Ende von Pindars 5. Isthmie:

[16.8] Pi. *I.* 5.63 (Liedschluß; Selbstapostrophe): B

καὶ πτερόεντα νέον cύμπεμψον ὕμνον.

'Und sende mit ein gefiedertes neues Lied!' — [6.11], [14.8]

Daneben gibt es weitere Belege für πέμπω, von denen die ersten beiden aber wohl eher im Bereich des Warenhandels anzusiedeln sind und daher wohl weniger mit 'Xenia' zu tun haben:

---

[3] Herodot (7.228.3–4) erwähnt, daß Simonides das Epigramm für Megistias (= 99–102 EG) κατὰ ξεινίην verfaßt habe. Es handelt sich also um etwas Außergewöhnliches, das Herodot für erwähnenswert hält.

[4] Zum Nebeneinander von Ankunftsmotiv und Bild des Schickens im gleichen Lied s. S. 229.

[16.9] Pi. *P.* 2.67–68: D

τόδε μὲν κατὰ Φοίνιccαν ἐμπολάν
μέλοc ὑπὲρ πολιᾶc ἁλὸc πέμπεται·

'Dieses Lied hier wird wie phoinikische Ware über das graue Meer geschickt'. — [13.24], dort auch zur Interpretation.

[16.10] Pi. *O.* 9.23–25: D

καὶ ἀγάνοροc ἵππου
θᾶccον καὶ ναὸc ὑποπτέρου παντᾶι
ἀγγελίαν πέμψω ταύταν,

'Und schneller als ein stolzes Pferd und als ein geflügeltes Schiff werde ich überallhin diese Botschaft schicken'. — [2.16], [13.25]

Ähnlich wie in [16.6] gibt es auch bei Pindar eine Kombination einer Xenia-Vergleichung mit einem Bild des Schickens:

[16.11] Pi. *N.* 3.76–78: B

χαῖρε, φίλοc· ἐγὼ τόδε τοι
πέμπω μεμιγμένον μέλι λευκῶι
cὺν γάλακτι,

'Leb wohl, Freund. Ich sende dir dieses Gemisch hier aus Honig und weißer Milch'. — [8.66], [18.10]

Hier nimmt Pindar allerdings mit dem Verb πέμπω spezifisch Bezug auf das Symposion, wo es 'kredenzen, servieren lassen' bedeutet.[5]

Zusammenfassung: Die insgesamt nicht sehr zahlreichen Xenia-Vergleichungen suggerieren ein Freundschaftsverhältnis zwischen Dichter und Adressat (vgl. auch [19.1] bis [19.3]), das darin gipfelt, daß der Dichter dem Adressaten sein Lied als 'Gastgeschenk' überreicht oder zuschickt.

[5] Vgl. Pi. *O.* 7.8 [8.76]; fr. 124a.2 [19.19]; B. fr. 20B.3 [14.11]; fr. 20C.6 [9.11]; Dionysios Chalkous 1.2 [8.74].

17. Wecken

Die poetologische Vergleichung des Weckens ist außergewöhnlich, aber zumal bei Pindar gut bezeugt. Das Wecken schließt implizit das Schlafen ein, das gelegentlich als Folie in die Vergleichung mit aufgenommen wird. Mit wecken bzw. erwachen wird somit insbesondere der (Neu-)Anfang assoziiert. Daher ist es zunächst die Person des Dichters, die von der ihn inspirierenden Gottheit zum Singen erweckt wird.

Parallelen:

Vedisch: Die Inspirationsgottheit weckt den Sänger (Atharvaveda 20.127.11: 'Indra hat den Barden aufgeweckt: Steh auf. Wandere singend umher.'). Angelegt ist dieses Bild darin, daß es im Rigveda heißt, der Sänger (bzw. die Dichtung) sei früh wach (3.39.1–2; 3.41.7; 5.30.2).

Akkadisch: Der Erzähler des Epos 'Ischum und Erra' berichtet in der abschließenden 'Sphragis', wie ihm der Text beim Erwachen vom Gott eingegeben wurde (*TUAT* III 4.801; Foster 1993, 803–804).

Pindar verwendet dieses Inspirations-Bild in der leicht 'unlogischen' Form, daß er die Muse anruft, sie möge ihn wecken:[1]

[17.1] Pi. fr. 6a.e: B

] Μ̣οῖϲ', ἀ ν έ γ ε ι ρ ' ἐμέ

'Muse, weck mich auf'.

Die Vorstellung der Dichtererweckung liegt möglicherweise auch einem Sappho- und einem Alkman-Fragment zugrunde:

[17.2] Sapph. 135 (Liedbeginn): D

Τί με Πανδίονιϲ, ὦ Εἴρανα, χελίδων ...;

'Was hat mich, o Eirene, die Schwalbe Pandions (so früh geweckt?)?' — [1.11], dort auch zur Selbstreferentialität.

Obwohl ein Verb des Weckens in den erhaltenen Versen nicht belegt ist, handelt es sich um eine plausible Vermutung (z.B. Campbell 1982, z.St.), zumal auf dem Hintergrund von Hes. *Op.* 568.

---

[1] Die Form ist letztlich nicht 'unlogischer' als die vom Erzähler an die Muse gerichtete Aufforderung, zu singen (*Il.* 1.1 usw.).

Bei Alkman besteht die Unsicherheit im Fehlen des Subjekts:

[17.3] Alkm. 3.7: D

ὕπνον ἀ]πὸ γλεφάρων cκεδ[α]cεῖ γλυκύν

'Den Schlaf wird von den Lidern vertreiben (die inspirierende Gottheit? ihr Lied?)'

Da im unmittelbaren Kontext von den Musen, von ihrem Gesang und von der Veranlassung zum Tanzen die Rede ist, dürfte Segal mit seiner Deutung das Richtige treffen (1985, 177): "The inspiration for the new song takes the form of an awakening from sleep."[2]

In einem zweiten Schritt 'weckt' der Dichter den Gesang.

Parallelen:

Ägyptisch: Die Inschrift auf einer Stele des Königs Wahankh Intef II zu Ehren der Göttin Hathor verkündet: 'I am he who makes the singer waken [*srsj*] music for Hathor, | Every day at any hour she wishes.' (Lichtheim 1973, 95).

Vedisch: Hier findet sich die Vorstellung, daß der Sänger einen Gott mit seinem Lied weckt (Rigveda 3.61.6; vgl. 7.67.1).

Bei Pindar präsentiert sich das Bild in Form einer Bildervermischung:

[17.4] Pi. *O.* 9.47 (Selbstapostrophe): B

ἔγειρ' ἐπέων cφιν οἶμον λιγύν,

'Wecke ihnen (sc. Deukalion und Pyrrha) den hellklingenden Pfad der Worte!' — [11.88]

Vergleichbar ist ein aiolischer Liedbeginn, der trotz seines fragmentarischen Zustands wohl hierher gehört:

[17.5] Lesb. inc. auct. S286.iii.4 (Liedbeginn): D

ἐγρέcθω μ̣ο̣[

'Es erwache...'

Folgende Ergänzungsvarianten bieten sich an:

ἐγρέcθω, Μ̣ο̣[ῖcα, ...

'Es erwache, Muse, ...!'

ἐγρέcθω μ̣ο̣[ῖcα

'Es erwache die Muse!'

ἐγρέcθω μ̣ο̣[ι ἀοίδα (vel sim.)

'Mir erwache das Lied!'

Der Liedbeginn ist also wohl ähnlich selbstreferentiell wie [17.2] und wie der folgende Liedbeginn, der das Bild des Weckens auf den Komos insgesamt bezieht:

---

[2] **FL** (Dichter wird geweckt bzw. im Traum inspiriert) Chamaileon fr. 32a/b Wehrli (über Pindar); Paus. 1.21.2 (über Aischylos); Opp. *Kyn.* 1.20–21; *AP* 7.42 (über Kallimachos, vgl. Prop. 2.34.32). – Vgl. Cervantes: "al cabo de tantos años como ha que duermo en el silencio del olvido, salgo ahora [...] con una leyenda..." ('nach so vielen Jahren, die ich im Schweigen der Vergessenheit schlafe, trete ich jetzt mit einer Geschichte hervor...': Murillo 1987, 1.52).

17.6] Pi. *I.* 8.1–4 (Liedbeginn): B

Κλεάνδρωι τις ἁλικίαι
τε λύτρον εὔδοξον, ὦ νέοι, καμάτων
πατρὸς ἀγλαὸν Τελεσάρχου παρὰ πρόθυρον
ἰὼν ἀ ν ε γ ε ι ρ έ τ ω
κῶμον, Ἰσθμιάδος τε νί-
κας ἄποινα,

'Für Kleandros (sc. den Sieger) und für seine Altersgenossen soll einer, ihr jungen Leute, zur glänzenden Vorhalle seines Vaters Telesarchos gehend als ruhmverleihendes Lösegeld für die Anstrengung den Komos wecken, die Entschädigung für den Sieg an den Isthmien'. — [11.23], [15.14]

Rhetorisch ist der Imperativ dem Ankündigungsfutur verwandt. – So, wie hier einer der Komasten den Komos wecken soll, wecken die Sängerinnen ihre Stimmen:

17.7] Pi. fr. 52n.a17–18 (suppl. Snell): B

σφιν ἔ γ ε ι ρ ο ν [φθέγματα
αἰθέρι',

'Sie (sc. die Sängerinnen) weckten für sie himmlische Stimmen'.

An Stelle der Stimmen kann der Dichter auch sein Instrument 'wecken':

17.8] Pi. *N.* 10.21–22 (Selbstapostrophe): B

ἀλλ' ὅμως εὔχορδον ἔ γ ε ι ρ ε λύραν,
καὶ παλαισμάτων λάβε φροντίδ'·

'Aber dennoch wecke die wohlbesaitete Lyra und fasse den Gedanken an Ringkämpfe'.[3]

Die Formel dient Pindar als Überleitung zum Sieger-Lob.

In einem Paian-Fragment des Sophokles sind die Aufgaben anders verteilt: Das Lied wird nicht geweckt, sondern weckt selbst:

17.9] Sophokles 737b.i.2 (suppl. Oliver): B

σέ[θ]εν ἄρξομαι̣ [ὕμ]νον ἐ γ ε ρ σ ι β ό α ν

'mit Dir (sc. Koronis, Mutter des Asklepios) werde ich ein Lied beginnen, das Schreie weckt'.

Bemerkenswert ist, daß hier eine der wenigen Adjektiv-Metaphern vorliegt und daß das Lied seinerseits βοαί 'weckt' (über deren Charakter allerdings nur spekuliert werden kann). Die Rede ist also von der Wirkung des Lieds.

Um sie geht es im Grunde auch in einer anderen Gruppe von Belegen, die davon handeln, daß der (Nach-)Ruhm, die Erinnerung oder der gute Ruf 'geweckt' wird.

---

[3] **FL** (ἐγείρειν) S. *OK* 1778; Kratinos fr. 171.63 K-A; fr. 237 K-A; Ar. *Av.* 203; *Ra.* 370; Kall. *h.* 4.312; Plut. *mor.* 389C. – Vgl. Hölderlin, 'An unsere Dichter': "O weckt, ihr Dichter! weckt sie vom Schlummer auch, | Die jetzt noch schlafen, gebt die Gesetze, gebt | Uns Leben, siegt, Heroen! ihr nur | Habt der Eroberung Recht, wie Bacchus." (Hay-Steinsdorff 1986, 108)

Parallele:

Akkadisch: Das Ende von 'Ischtars Höllenfahrt' faßt dieses Wecken ganz konkret, indem mit Musik die Toten zum Leben erweckt werden: 'Do not rob me of my only brother! I On the day Tammuz (says) ›Hurrah!‹ I the *lapis flute* and carnelian ring (say) ›Hurrah!‹ I With him (say) ›Hurrah!‹ the wailing men and wailing women, I Let the dead come up and smell the incense.' (Foster 1993, 409; vgl. Dalley 1989, 160; *TUAT* III 4.766).

[17.10] Pi. *O.* 8.74–75: B

ἀλλ' ἐμὲ χρὴ μναμοcύναν ἀ ν ε γ ε ί ρ ο ν τ α φράcαι
χειρῶν ἄωτον Βλεψιάδαιc ἐπίνικον,

'Doch ich muß die Erinnerung weckend künden den Blepsiaden (sc. den Verwandten des Siegers) den krönenden Sieg der Hände (sc. im Ringkampf)'.

Daß dieses Wecken der Erinnerung im Zusammenhang mit dem Lob der Siegerfamilie steht, ist kein Einzelfall:

[17.11] Pi. *P.* 9.103–105: B

ἐμὲ δ' οὖν τιc ἀοιδᾶν
δίψαν ἀκειόμενον πράccει χρέοc, αὖτιc ἐ γ ε ῖ ρ α ι
καὶ παλαιὰν δόξαν ἑῶν προγόνων.

'Von mir allerdings, der ich den Durst nach Liedern stille, treibt einer die Schuld ein, wieder aufzuwecken auch den alten Ruhm seiner Vorfahren'. — [8.44], [15.4]

Entsprechend bedarf der siegreiche Athlet im Sinn des Sieg-Lied-Motivs des Dichters und umgekehrt, sonst fallen sie dem Vergessen anheim und die Erinnerung 'schläft':

[17.12] Pi. *I.* 7.16–17: B

ἀλλὰ παλαιὰ γάρ
ε ὕ δ ε ι χάριc, ἀμνάμονεc δὲ βροτοί,

'Aber die Freude über alte Begebenheiten schläft nämlich, und die Menschen erinnern sich nicht' (wenn die Leistung unbesungen bleibt: [8.36]).

Diesen Zusammenhang von Schlafen und Wecken hat Pindar auch in einer längeren Allegorie deutlich zum Ausdruck gebracht und mit einer Licht-Vergleichung verbunden:

[17.13] Pi. *I.* 3/4.39–42: B

τόνδε πορὼν γενεᾶι θαυμαcτὸν ὕμνον
ἐκ λ ε χ έ ω ν ἀνάγει φάμαν παλαιάν
εὐκλέων ἔργων· ἐν ὕ π ν ω ι
γὰρ πέcεν· ἀλλ' ἀ ν ε γ ε ι ρ ο μ έ ν α χρῶτα λάμπει,
'Αοcφόροc θαητὸc ὣc ἄcτροιc ἐν ἄλλοιc·

'Indem er (sc. Poseidon, dem zu Ehren die Isthmischen Spiele abgehalten werden) dem Geschlecht dieses wunderbare Lied hier schenkt, erhebt er vom Bett die alte Kunde der berühmt(machend)en Taten. Denn in Schlaf war sie gesunken, aber aufgeweckt leuchtet ihr Leib wie der wunderbare Morgenstern unter den anderen Gestirnen'. — [7.14]

Das Sieg-Lied-Motiv wird hier um eine göttliche Komponente erweitert. Durch die Stiftung der Isthmischen Spiele hat Poseidon dem Athleten und dem Dichter die Möglichkeit gegeben, in ihren jeweiligen 'Disziplinen' eine Höchstleistung zu vollbringen. Hinzuweisen ist außerdem auf die in die Nähe einer Personifikation kommende Behandlung der Φήμη (vgl. [2.24] und [2.25]), die fast wie Dornröschen geweckt wird.

18. Honig

Die Honig-Vergleichung unterscheidet sich nicht unwesentlich von den anderen Vergleichungen. Sie ist zwar sehr oft belegt, steht aber nur an wenigen Stellen im Zentrum und hat meistens lediglich auxiliare Funktion: sie wird mit anderen figurativen und nicht-figurativen Ausdrücken kombiniert.

Daher werden im folgenden nur die Stellen ausgeschrieben, an denen die Honig-Vergleichung eine zentrale Stellung einnimmt.

Eine weitere Eigenart des Honig-Bildes besteht darin, daß mit der Wirkung von Dichtung auf den Rezipienten ein Aspekt besondere Berücksichtigung findet, der in den übrigen Kapiteln eher selten zur Sprache kommt.[1]

Parallelen:

Vedisch: Dichtung wird hier ausdrücklich mit Honig verglichen. Verse sind 'von den Dichtern gesammelte Honigsüße' (Rigveda 9.17.3; ähnlich 9.67.31). Außerdem ist die Vorstellung nachzuweisen, daß eine Rede süßer als Honig ist (Rigveda 8.24.20).

Hebräisch: Im Psalm 119.103 heißt es: 'Wie süß ist deine Rede meinem Gaumen, süßer als Honig meinem Munde!' Der Gedanke der Rezeption wird also ausdrücklich hervorgehoben. Allerdings kann das Bild auch negative Konnotationen haben: 'Denn Honig trieft von den Lippen der Hure, und glätter als Öl ist ihre Kehle; aber hernach bitter wie Wermut' (Sprüche 5.3–4).

In der griechischen Dichtung ist als Vorstufe an die bereits früher zitierte Vergleichung von Nestors Rede mit einem Honig-Fluß zu erinnern:

[18.1] *Il.* 1.249: F

τοῦ καὶ ἀπὸ γλώϲϲηϲ μ έ λ ι τ ο ϲ γλυκίων ῥέεν αὐδή·

'Dem (sc. Nestor) von der Zunge süßer als Honig floß die Stimme'. — [8.1]

[1] Anders Waszinks Einschätzung der Honig-Vergleichung: "Es handelt sich dabei um die Vorstellung von der *Süße* und von der *Wahrhaftigkeit* des Gesanges." (1974, 6 und passim). Daß das Honig-Bild für sich selbst genommen die Wahrhaftigkeit des Gesangs bezeichnen soll, leuchtet jedoch nicht unmittelbar ein. Waszink dürfte vor allem an *hHerm* 558–561 [18.9] gedacht haben, doch bleibt fraglich, ob dieses Honig-Bild als repräsentativ angesehen werden kann (s. dort). – Im übrigen ist Honig eine kultisch bedeutsame Substanz, v.a. im Dionysos-Kult: vgl. E. *Ba.* 142–143; 711; und insgesamt Usener (1902).

Wirklich zentral ist das Bild erstmals in der Bienen-Vergleichung des Simonides:

[18.2] Simon. 593: B

ὥσπερ γὰρ ἄνθεσιν ὁμιλεῖν ὁ Σιμωνίδης φησὶ τὴν μέλιτταν "ξανθὸν μ έ λ ι μηδομέναν",

'Wie Simonides sagt, daß die Biene mit Blüten verkehrt, wenn sie ›gelben Honig planmäßig ins Werk setzt‹'. — [1.47]

Pindar kombiniert gewissermaßen [18.1] und [18.2], indem er den Honig, der bei ihm wie bei Simonides für das dichterische Produkt steht, in ein Fließ-Bild integriert:

[18.3] Pi. *O.* 10.97–99: B

ἐγὼ δὲ συνεφαπτόμενος σπουδᾶι, κλυτὸν ἔθνος
Λοκρῶν ἀμφέπεσον, μ έ λ ι τ ι
εὐάνορα πόλιν καταβρέχων·

'Ich aber, mit Eifer mit anpackend, bin dem ruhmreichen Geschlecht der Lokrer um den Hals gefallen, die Stadt mit den guten Männern mit Honig überschüttend'. — [8.22], [19.3]

Der folgende Passus aus dem 6. Paian dürfte in die gleiche Richtung gehen. Das Fließ-Bild beruht freilich nur auf Ergänzungen:

[18.4] Pi. fr. 52f.58–59: B

ἔρα[ται] δέ μο[ι]
γλῶσσα μ έ λ ι τ ο ς ἄωτον γλυκὺν [⏑⏑––

'Es sehnt sich meine Zunge, die höchste Süße des Honigs (auszugießen?)'.[2]

Die meisten Honig-Vergleichungen weisen einen Bezug zu einem Fließ-Bild auf. Pindar hat daraus an einer Stelle die bemerkenswerte Vorstellung abgeleitet, daß er 'wie (Bienen-)Wachs zerfließt':

[18.5] Pi. fr. 123.10–11: B

ἀλλ' ἐγὼ τᾶς ἕκατι κ η ρ ὸ ς ὣς δαχθεὶς ἕλαι
ἱρᾶν μελισσᾶν τάκομαι,

(Wer beim Anblick von Theoxenos, dem jungen Adressaten des Enkomions, nicht hingerissen ist, hat kein Gefühl:) 'Ich aber zerfließe ihretwegen (sc. Aphrodites) wie Wachs von heiligen Bienen von der Wärme ›gebissen‹' ('wenn ich ihn sehe'). — [8.33], dort ausführlicher zur Interpretation.

Wie in der ausführlicheren Interpretation zu [1.48] dargelegt, ist mit hoher Wahrscheinlichkeit auch der Liedschluß von *P.* 6 eine poetologische Vergleichung:

---

2 Der Übersetzung liegen die Ergänzungsvorschläge καταλείβειν (Wilamowitz) bzw. καταχεῦαι (Kamerbeek) zugrunde. Wegen der Unsicherheit des Textes ist die Stelle im Kapitel 8 (Fließen) nicht behandelt.

[18.6] Pi. *P.* 6.52–54 (Liedschluß): B

γλυκεῖα δὲ φρὴν καὶ cυμπόταιcιν ὁμιλεῖν
μελιccᾶν ἀμείβεται τρητὸν πόνον.

'Süß ist sein (sc. des Thrasybulos) Geist auch im Umgang mit den Mitsymposiasten, er kommt gleich der durchbohrten Arbeit von Bienen (= Honigwaben)'. — [1.48]

Das Adjektiv γλυκύc bereitet die Honig-Vergleichung vor. Bei dieser ist – analog zu [18.2] – der Aspekt der Leistung des Dichters ebenso wichtig wie die angenehme Wirkung auf den Rezipienten.

Auch in einem Adespoton steht die eigene Arbeit des 'exzerpierenden' Dichters im Vordergrund:

[18.7] *mel. adesp.* 979 (= SH 1001): B

ἐκ Cαπφῶc τόδ' ἀμελγόμενοc μέλι τοι φέρω.

'Aus Sappho saugend bringe ich dir diesen Honig hier'. — [1.49], [9.5]

Schließlich steht 'Honig' als Chiffre für 'das Angenehme schlechthin' bei Pindar in einer Reihe mit den Themen 'Dichtung' und 'Liebe':

[18.8] Pi. *N.* 7.52–53: B

ἀλλὰ γὰρ ἀνάπαυ-
cιc ἐν παντὶ γλυκεῖα ἔργωι· κόρον δ' ἔχει
καὶ μέλι καὶ τὰ τέρπν' ἄνθε' Ἀφροδίcια.

'Aber das ›Pausemachen‹ ist bei jeder Tätigkeit süß. Überdruß verursachen sogar Honig und die mit Freude erfüllenden aphrodisischen Blumen'.

Die Stelle sieht zunächst nach einer allgemeinen Gnome aus, doch erweist die Wendung ἀλλὰ γάρ diese als Abbruchsformel, mit der Pindar die Erzählung über die Genealogie der Aigineten unterbricht, um von seiner Dichtung das Risiko des κόροc ('Überdruß') abzuwenden.[3] Rhetorisch handelt es sich um ein *argumentum a maiore*: Wenn die Liebe und Honig zwischendurch eine Pause erforderlich machen, dann gilt das erst recht für die Dichtung.

Unsicher bleibt – wie in Anm. 1 angedeutet – die poetologische Deutung der Bienen und des Honigs im Hermes-Hymnos (vgl. aber S. 63 Anm. 45):

[18.9] *hHerm* 558–561: D

ἐντεῦθεν δήπειτα ποτώμεναι ἄλλοτε ἄλληι
κηρία βόcκονται καί τε κραίνουcιν ἕκαcτα.
αἱ δ' ὅτε μὲν θυίωcιν ἐδηδυῖαι μέλι χλωρόν
προφρονέωc ἐθέλουcιν ἀληθείην ἀγορεύειν·

'Von dort fliegen sie (sc. die Bienen) dann bald hierhin, bald dorthin und ernähren sich von Honig und weissagen die einzelnen Dinge. Wenn sie nach dem Verzehr des gelben Honigs rasend sind, wollen sie gerne die Wahrheit künden'.

---

[3] Der Gedanke begegnet bereits in der *Ilias* (13.636–637): πάντων μὲν κόροc ἐcτί, καὶ ὕπνου καὶ φιλότητοc | μολπῆc τε γλυκερῆc καὶ ἀμύμονοc ὀρχηθμοῖο – 'Gibt es doch bei allem ein ›Genug‹: beim Schlaf, bei der Liebe, beim süßen Gesang und beim untadligen Reigentanz'.

Der Honig wird hier nicht den Rezipienten dargeboten, sondern von den Bienen selbst – gleichsam als Quelle der Inspiration – verzehrt.

In vielen Honig-Vergleichungen stellt der Honig lediglich einen Bestandteil dar, der z.B. in die (poetologische) Flüssigkeit hineingemischt wird:

8.10] Pi. *N.* 3.76–79: B

ἐγὼ τόδε τοι
πέμπω μεμιγμένον μ έ λ ι λευκῶι
cὺν γάλακτι, κιρναμένα δ' ἕερc' ἀμφέπει,
πόμ' ἀοίδιμον Αἰολίcciν ἐν πνοαῖcιν αὐλῶν,

'Ich sende dir dieses Gemisch hier aus Honig und weißer Milch – beim Mischen entstandener Schaum umgibt es –, einen Trunk zum Singen zu aiolischen Klängen der Auloi'. — [8.66], [16.11]

An einer anderen Stelle besteht das Lied gleichsam ganz aus Honig (vgl. [18.3]):

8.11] Pi. *I.* 5.53–54: B

ἐν δ' ἐρατεινῶι
μ έ λ ι τ ι καὶ τοιαίδε τιμαὶ καλλίνικον
χάρμ' ἀγαπάζοντι.

'Ein Siegesloblied in lieblichem Honig heißen auch solche Ehrentaten (sc. die Siege) willkommen'.

Pindar erläutert, daß er trotz des zuvor formulierten *non-plus-ultra*-Motivs nicht in unmittelbares Schweigen verfallen muß, weil die besungenen Taten ganz besonders herausragend sind.

Die überwiegende Mehrzahl der Stellen, an denen der Honig wie in [18.10] einen Bestandteil der Vergleichung ausmacht, hat die Form attributiver μέλι-Komposita. Die Fülle dieser Stellen (49) läßt vermuten, daß zumindest einzelne dieser Adjektive zum Cliché geworden sind. An Stelle des bisher gewählten Verfahrens werden die Adjektive daher semasiologisch aufgeführt (unter Beifügung des Bezugsworts in Klammern). Um die thematische Verteilung deutlich zu machen, umfaßt die Zusammenstellung ausnahmsweise auch die nicht-poetologischen Belege (unter Ausschluß Homers und Hesiods).[4]

μελιβόαc: Lasos 702.2 (ὕμνοc);
μελίγδουποc: Pi. *N.* 11.18 (ἀοιδαί [3.40]);[5]
μελιγηθήc: Pi. fr. 198b.1 (ὕδωρ);
μελίγηρυc: *hAp* 519 (ἀοιδή); *hh* 19.18 (ἀοιδή [8.6]);

[4] Nicht erfaßt sind die Belege von μείλιχ(ι)οc und Ableitungen, wo die Volksetymologie wohl eine Verbindung zu μέλι gesehen hat (LfgrE s.v.).

[5] μελιγδούποιcι δαιδαλθέντα μελίζεν ἀοιδαῖc – (Es ziemt sich,) 'den mit süßklingenden Liedern Geschmückten zu besingen'. Auffällig ist neben den Bildern sicher auch die Assonanz von *μελιγδούποιcι* und *μελίζειν*. Vielleicht wird sogar ein etymologischer Zusammenhang zwischen μελίζειν und μέλι angenommen.

Thebais fr. dub. 11 Bern. (Ἄδραστος);[6]

Alkm. 26.1 (παρσενικαὶ μελιγάρυες ἱαρόφωνοι [1.46]);

Pi. *O.* 11.4 (ὕμνοι); *P.* 3.64 (ὕμνοι [4.9]); *N.* 3.4 (κῶμοι [3.49]); *I.* 2.3 (ὕμνοι [6.12]); fr. 52c.12 (Bezugswort wegen Lücke unklar; Grenfell-Hunt schlagen ὄψ oder φωνά vor); fr. 52e.47 (ὀμφά);

Korinna 693.1.3 (φωνά – alles sehr unsicher);

Antigenes 9 Diehl (= 446 EG; κύκλος);

μελίγλωσσος: B. 3.97 (ἀηδών [1.17]); fr. 4.63 (ἀοιδαί [9.10]);

μελιηδής: Alk. 112.25 (Bezugswort nicht überliefert, am ehesten οἶνος); 367.2 (Substantiviert für οἶνος); 369.1 (dito);

Thgn. 475 (οἶνος);

Anakr. 352.2 (τρύξ);

Simon. 595.3 (γᾶρυς [3.43]);

Pi. *P.* 9.37 (ποία); fr. 166.2 (οἶνος);

μελίκομπος: Pi. *I.* 2.32 (ἀοιδαί);

μελίκρατος: Alk. 179.11 (Bezugswort nicht überliefert);

μελίλωτος: Sapph. 96.14 (ein Pflanzenname);

μελίπηκτος: Philoxenos v. Leukas 836e.17 (Kontext nicht ganz geklärt, am ehesten eine Speise als Bezugswort);

μελιπτέρωτος: *mel. adesp.* 954b (μέλος [14.10]);

μελίρροθος: Pi. fr. 246a (Kontext unklar);

μελίρρυτος: Philoxenos v. Leukas 836e.9 (παγά);

μελιτερπής: [Simon.] 126.9 Diehl (μολπή);

μελιτευχής:[7] B. 28.14 (παγά [8.59]);

μελιτόεις: Pi. *O.* 1.98 (εὐδία);

μελίφθογγος: Pi. *O.* 6.21 (Μοῖσαι [2.29]); *I.* 2.7 (Τερψιχόρα); *I.* 6.9 (ἀοιδαί [8.63]);

μελίφρων: Simon. *eleg.* 11.23 (κόσμος ἀοιδῆς [3.20]);

Pi. *N.* 7.11 (αἰτία [8.37]); fr. 52i.78 (αὐδά); fr. 122.13 (σκόλιον); fr. 215a.10 (? vgl. App.);

B. 1.50 (ὕπνος); fr. 4.76 (ὕπνος);

μελίφωνος: Sapph. 185 (Bezugswort unklar[8]);

μελιχρός: Alk. 338.7 (οἶνος);

Anakr. 383.1 (οἶνος); '429.4' (οἶνος).[9]

---

[6] Davies (1980) und Bernabé (1987, im Apparat) ziehen das Fragment in Zweifel und erwägen, daß Platon Tyrt. 12.8 (γλῶσσαν δ' Ἀδρήστου μειλιχόγηρυν) 'falsch' zitiert bzw. adaptiert.

[7] Fehlt bei Fatouros 1966.

[8] Vgl. Sapph. 217, wo der Tradent das Wort Sappho zuschreibt und es für παρθένοι benutzt.

[9] Anakr. 429, das bei Page nur zwei Verse umfaßt, konnte durch einen inschriftlichen Neufund um zwei Verse ergänzt werden (Blanchard 1973). Zur Textgestaltung: Führer 1976.

Unter den 49 Belegen können 6 wegen des fehlenden Kontexts nicht gedeutet werden. 9 Belege in Verbindung mit Wein und 2 mit Schlaf bringen schon bei Homer gut bezeugte Konzeptionen zum Ausdruck, teilweise sind sogar die Attribute identisch (μελιηδής, μελίφρων).[10] Dazu kommt ein Einzelfall (Wiese als Metapher für die weiblichen Genitalien); alle übrigen 31 Belege sind im weitesten Sinn poetologisch zu deuten. Zusätzlich zu dieser großen Anzahl fällt auf, daß viele Komposita mit Wörtern gebildet sind, die selbst auch (wörtlich und übertragen) in poetologischen Zusammenhängen auftauchen (-βόας, -γηρυς, -γλωςςος, -πτέρωτος, -ρροθος, -ρρυτος, -τερπής, -φθογγος). Hinter einigen dieser Komposita dürften somit spezifisch poetologische (Neu-)Bildungen stehen, weshalb die μέλι-Komposita nicht generell als Clichés anzusehen sind.

Dennoch dürfte die 'süße Dichtung' in nicht wenigen Fällen Cliché-Charakter haben. Diesen Schluß legen auch die Adjektive γλυκύς, γλυκερός und ἡδύς (jeweils mit Ableitungen) nahe, die in einschlägig poetologischen Zusammenhängen sehr zahlreich sind (64 Belege):[11]

ἄγαλμα Μουςῶν: B. 5.4 (γλυκύδωρος [3.103]);
ἀγγελία: Pi. *O.* 4.5 [2.18];
ἀκοή: Pi. *P.* 1.90;
ἀλέκτωρ Οὐρανίας: B. 4.7 (ἀδυεπής [1.35]);
ἀνάπαυςις: Pi. *N.* 7.52 [18.8];
ἀοιδή: *hh* 7.59 [3.22];
Pi. *N.* 5.2 [13.21]; *I.* 2.7;
ἀοιδός: *hAp* 169; *hh* 21.4 (ἡδυεπής);
αὐδή: *hh* 25.5 (= Hes. *Th.* 97) [8.3];
αὐλός: Sapph. 44.24 (ἀδυμέλης [8.60]);
Pi. *O.* 10.94 [9.52]; fr. 52g.11;
ἄωτος: Pi. *O.* 5.1;
ἄωτος μέλιτος: Pi. fr. 52f.59 [18.4];
βοὴ κήρυκος: Pi. *O.* 13.100 (ἀδύγλωςςος);
καναχὴ αὐλῶν: B. 2.12;
καρπὸς φρενός: Pi. *O.* 7.8 [5.4];
κέντρον: Pi. fr. 124a.3 [19.19];
κῆπος: Pi. *P.* 5.24;
κλάϊθρον γλεφάρων: Pi. *P.* 1.8 [8.16];
Κλειώ: B. 3.3 (γλυκύδωρος);

[10] Wein: z.B. *Il.* 4.346 (μελιηδής); 6.264 (μελίφρων); Schlaf: z.B. *Od.* 19.551 (μελιηδής); *Il.* 2.34 (μελίφρων).

[11] Neben dem Bezugswort steht in Klammern auch das Attribut, sofern es sich nicht um eine der drei Simplexformen handelt.

κόcμοc: Pi. *O.* 11.14 (ἀδυμελής [3.27]);
κρατήρ: Pi. *O.* 6.91 [8.65];
κῶμοc: Pi. *P.* 8.70 (ἀδυμελήc);
λύρα: Pi. *O.* 6.96 (ἀδύλογοc); *O.* 10.93 (ἀδυεπήc [9.52]);
μέλοc: Sapph. 71.5;
Pi. *O.* 10.3 [15.1];
Μοῦcα: *hh* 32.2 (ἡδυεπήc);
Alkm. 59b.1;
Pi. *O.* 13.22 (ἀδύπνοοc [9.18]; ist hier noch von Inspirationshauch die Rede?);
B. 5.191; fr. 21.4;
ὁδὸc λόγων: Pi. *O.* 1.109–110 [12.13];
ὀϊcτόc: Pi. *O.* 9.11 [6.10];
῞Ομηροc: Pi. *N.* 7.21 (ἀδυεπήc);
ὀμφή: Pi. *N.* 10.33; fr. 152;
ὄψ: Pi. *P.* 10.56 [8.12]; fr. 52i.75;
Antigenes 7 Diehl (= 444 EG);
παρθένοc: Sapph. 153 (ἀδύφωνοc);
πηκτίc: Sapph. 156 (ἀδυμελεcτέρα);
πνεῦμα: Antigenes 8 Diehl (= 445 EG);
προφήτηc κώμου: Pi. *N.* 9.50 [8.64];
τέττιξ: Alk. 347.3 [1.20];
τρόποc: Pi. fr. 52b.101;
τύχη τερπνῶν: Pi. *O.* 13.115;
ὕμνοc: Pi. *N.* 1.4 (ἀδυεπήc [11.82]); *N.* 9.3; *I.* 7.20 (ἀδυμελήc); fr. 52b.80 (γλυκυμάχανοc);[12]
mel. adesp. 954a;
φόρμιγξ: Pi. *O.* 7.11 (ἀδυμελήc); *N.* 4.44 [3.83];
φωνή: Pi. *N.* 2.25 (ἀδυμελήc); *I.* 2.25 (ἀδύπνοοc);
χελιδών: Anakr. 394a (ἡδυμελήc [1.2]);
Substantiviert: Pi. *O.* 14.6; *N.* 3.32 [3.36]; *I.* 8.8 [9.45].

Die beiden Listen umfassen zusammen annähernd 100 Belege für poetologische Adjektiv-Metaphern der Bedeutung 'süß'. Auf diesem Hintergrund kommt man nicht umhin, die Aussage von Snell (1986, 181–182: "Adjektivische Metaphern, wie etwa die von der 'süßen' Rede und Dichtung, spielen im Frühgriechischen eine geringe Rolle") dahingehend zu korrigieren, daß er eine grundsätzlich richtige Beobachtung (s.u. S. 348) gerade mit demjenigen Wortfeld illustriert hat, das als wichtigste Ausnahme von dieser Regel zu gelten hat.

[12] Der Beleg ist unsicher. Während das Adjektiv sicher überliefert ist, handelt es sich beim Bezugswort ὕμνοc um eine Konjektur Snells. Page konjiziert χρηcμόc.

19. Einzelbilder

Abschließend folgen die poetologischen Bilder, die in den übrigen Kapiteln nicht untergebracht werden können und für ein je eigenes Kapitel zu wenig Belegstellen aufweisen. Zunächst sind die verbalen Vergleichungen aufgeführt, daran anschließend die nominalen.

(a) Umarmen

Das Bild des Umarmens handelt – ähnlich wie die Xenia (Kap. 16) – vom Verhältnis zwischen dem Dichter und dem Adressaten. Allerdings kommt in der Umarmung ein deutlich engeres, fast intimes Verhältnis zum Ausdruck:

19.1] Simon. 519.92.5–7 (suppl. Lobel): B

τόνδ' ε[]
]μα̣ []χαίρων δ' ἀ μ φ ὶ π ᾶ χ υ ν , ὥcθ' υἱῶι μάτηρ ὀψι-
γόνωι]..γμένωc ἔ χ ω ·

'Um diesen hier (sc. den Sieger?) ... halte ich mit Freude meinen Arm wie eine Mutter um ihren Benjamin'.

Dadurch, daß Simonides sich mit einer Mutter und seinen Adressaten mit deren jüngstem Sohn vergleicht, vermittelt er den Eindruck von Fürsorge, Schutz und Behütung.[1]

Ähnlich, wenn auch nicht ganz so anschaulich, ist die Empfehlung Pindars:

19.2] Pi. *I.* 3/4.7–8: B

εὐκλέων δ' ἔργων ἄποινα χρὴ μὲν ὑμνῆcαι τὸν ἐcλόν,
χρὴ δὲ κωμάζοντ' ἀγαναῖc χαρίτεccι β α c τ ά c α ι .

'Als Entschädigung für seine berühmt(machend)en Taten muß man den Adligen (= den Sieger) besingen und muß ihn beim Komos mit zarter Anmut umarmen'. — [15.10]

Parallele:

Vedisch: Die Dichtungen des vedischen Sängers umarmen den Gott Indra. Hier ist das Bild erotisch geprägt: Sie umarmen ihn wie Frauen den Gemahl (Rigveda 10.43.1).

[1] Vgl. Rigveda 3.41.5: 'Die Gedichte liebkosen den Gott Indra wie die Mutterkühe ihr Kalb'; vgl. 9.86.31: 'die Lieder lecken das schreiende Junge'.

An die Stelle dieses anmutigen Sieges-Komos kann – in einer dynamischeren Ausformung des Bilds – der ausgelassene Siegestaumel treten:

[19.3] Pi. *O.* 10.97–98: B

ἐγὼ δὲ ϲυνεφαπτόμενοϲ ϲπουδᾶι, κλυτὸν ἔθνοϲ
Λοκρῶν ἀ μ φ έ π ε ϲ ο ν ,

'Ich aber, mit Eifer mit anpackend, bin dem ruhmreichen Geschlecht der Lokrer um den Hals gefallen'.

(b) Schwimmen

Als Fortbewegungsart im Wasser schließt dieses Bild an das Kapitel 13 an. Die Nähe zu den Weg-Bildern zeigt sich auch darin, daß es sich bei der singulären Belegstelle um eine Abbruchsformel handelt (das Lied endet einen Vers später):

[19.4] Pi. *O.* 13.114 (Selbstapostrophe): B

ἄγε κούφοιϲιν ἔ κ ν ε υ ϲ ο ν ποϲίν·

'Auf! schwimm hinaus mit leichten Füßen!'[2]

Parallelen wie E. *Hipp.* 823 zeigen, daß ἐκνέω 'aus dem Meer hinausschwimmen' (also 'an Land gehen') bedeutet. Etwas problematisch sind die 'leichten Füße'. Péron (1974, 231–233) vergleicht *N.* 8.19 [11.36] und erkennt in der vorliegenden Stelle eine Bildervermischung. Möglich ist auch, daß das Herauswaten gemeint ist, nachdem der Schwimmer wieder festen Boden unter den Füßen hat.

(c) Hervorbrechen

[19.5] *mel. adesp.* 1008: B

εὐρύοπα κέλαδον ἀκροϲόφων
ἀ γ ν ύ μ ε ν ο ν διὰ ϲτομάτων

'Den weitstimmigen Klang, der durch hochbegabte Münder bricht'.[3]

Die Wendung διὰ ϲτομάτων ist bereits in [11.78] vorgekommen und läßt vermuten, daß der Klang sich seinen Weg bahnt und aus dem Mund hervorbricht. Der genaue Vergleichspunkt bleibt aber unklar (vgl. auch [Hes.] *Sc.* 279, wo der Schall sich um die Sänger bricht, d.h. zurückgeworfen wird).

---

[2] **FL** (schwimmen) Kall. fr. 193.38–39 Pf.; Erinna fr. 402.1 SH.

[3] Der Autor dieses Fragments leitet εὐρύοπα offenbar von ὄψ 'Stimme' ab (vgl. Καλλιόπη und βαρύοπα, Pi. *P.* 6.24), während es als Epitheton des Zeus eher 'breitgesichtig' bzw. 'mit weitem Blick' bedeuten dürfte (LfgrE s.v.).

Nominale Vergleichungen

(d) Schutzflehender (Hikesie)

Ist es in der Umarmung [19.1] bis [19.3] der Dichter, der den Schutz selbst gewährt, bittet er jetzt als ἱκέτης eine Gottheit darum:

19.6] Pi. *N.* 8.13–14: B

ἱ κ έ τ α ς Αἰακοῦ
σεμνῶν γονάτων πόλιός θ' ὑπὲρ φίλας
ἀστῶν θ' ὑπὲρ τῶνδ' ἅπτομαι

'Als Bittflehender umfasse ich des Aiakos heilige Knie für die befreundete Stadt (sc. Aigina) und ihre Bürger hier'.[4]

Der kultisch verehrte 'Clan-Heros' Aiakos wird mit der üblichen Hikesie-Geste um göttlichen Schutz für Aigina und seine Bewohner (einschließlich des Siegers) gebeten.

Parallelen:

Vedisch: Die Bitte des Sängers um göttlichen Schutz ist im Rigveda oft bezeugt (z.B. 2.2.12).

An einer anderen Stelle richtet sich die Bitte an Zeus Σωτήρ und ist integriert in ein Ankunftsmotiv:

19.7] Pi. *O.* 5.19: B

ἱ κ έ τ α ς σέθεν ἔρχομαι Λυδίοις ἀπύων ἐν αὐλοῖς,

'Als dein (sc. des Zeus Σωτήρ) Bittflehender komme ich singend zu den lydischen Auloi'. — [11.13]

Wie in [19.6] folgt anschließend ein Segenswunsch für den Sieger und seine Landsleute.

(e) Militärischer Verbündeter

Ganz anders ist der Tonfall, wenn der Dichter als militärischer Verbündeter auftritt (Ankunftsmotiv):

19.8] Pi. *O.* 13.96–97: B

Μοίσαις γὰρ ἀγλαοθρόνοις ἑκών
Ὀλιγαιθίδαισίν τ' ἔβαν ἐ π ί κ ο υ ρ ο ς.

'Denn den herrlich thronenden Musen und den Oligaithiden (= der Familie des Siegers) bin ich willig gekommen als Verbündeter'. — [11.9]

[4] Zum Umfassen der Knie vgl. z.B. *Il.* 1.500 und allgemein Gould (1973).

Das kämpferische Bild des Bundesgenossen dürfte beeinflußt sein von der unmittelbar vorausgehenden Pfeil-Vergleichung [6.24]. Daß der Dichter nicht nur die Siegerfamilie, sondern auch die Musen militärisch unterstützt, ist bemerkenswert. Im allgemeinen wird die Inspirationsgottheit gebeten, ihrerseits ἐπίκουρος zu sein.[5]

In einem anderen Zusammenhang überträgt Pindar in einer Bildervermischung die Bundesgenossen-Funktion auf den 'Weg der Worte':

[19.9] Pi. *O.* 1.109–111: B

ἔτι γλυκυτέραν κεν ἔλπομαι
cὺν ἅρματι θοῶι κλεΐ-
ξειν ἐ π ί κ ο υ ρ ο ν εὑρὼν ὁδὸν λόγων
παρ' εὐδείελον ἐλθὼν Κρόνιον.

'Ich hoffe, einen noch süßeren (sc. Sieg) mit dem schnellen Wagen zu feiern, einen Weg der Worte findend, der ein Verbündeter ist, indem ich zum sonnigen Kronoshügel (= nach Olympia) komme'. — [12.13]

Der Text gibt keine Auskunft darüber, ob der Weg der ἐπίκουρος des Adressaten oder des Dichters ist (vgl. die für den 'schnellen Wagen' nachgewiesene Doppeldeutigkeit [12.13]). Mit Gerber (1982, z.St.) sollte man diese Ambiguität nicht aufheben (anders u.a. Slater 1969, s.v.; Verdenius 1988, z.St.).[6]

(f) Korken

Ähnlich selbstbewußt wie die ἐπίκουρος-Vergleichung ist das Bild des Korkens, der an der Meeresoberfläche schwimmt und sich nicht in die Tiefe reißen läßt:

[19.10] Pi. *P.* 2.79–80: B

ἅτε γὰρ ἐννάλιον πόνον ἐχοίcας βαθύν
cκευᾶς ἑτέρας, ἀ β ά π τ ι c τ ο c εἶμι φ ε λ-
λ ὸ c ὣc ὑπὲρ ἕρκος ἅλμας.

'Denn wie tief unten im Meer das übrige Gerät seine Arbeit verrichtet, so gehe ich unbenetzt wie ein Korken über die Begrenzung des Meers'.

Der Passus setzt die Auseinandersetzung mit den 'verleumderischen Füchsen' (vgl. zu [1.56]) in einer anderen Bildwelt fort – mit einer ähnlichen 'Hoch-Tief-Polemik' wie in der Opposition zwischen Adler und Krähen [1.43]: Die Krähen und die Bleistücke, die das Netz nach unten ziehen (Cingano 1995, z.St.), befinden sich in der Tiefe; in souveräner Höhe dagegen sind der Adler und der Korken.

---

[5] Simon. *eleg.* 11.21: κικλήιcκω] c' ἐπίκουρον ἐμοί, π[ολυώνυμ]ε Μοῦcα; Timotheos 791.204–205: ἐμοῖc ἔλθ' ἐπίκουρος ὕμνοιc ἰήιε Παιάν; vgl. auch die Belege für den Μουcῶν θεράπων (Kap. 21, Abschnitt i).

[6] **FL** (ἐπικουρέω) Ar. *V.* 1018.

(g) Siegestrophäe

Die Epinikien-Dichter vergleichen ihre Lieder mit aktuellen Preisen: Kranz [9.29ff.] und Mitra [10.1ff.]. Einmal spricht Pindar ganz allgemein von seiner 'Trophäe':

9.11] Pi. *O.* 9.108–109 (Selbstapostrophe): B

τοῦτο δὲ προcφέρων ἄεθλον,
ὄρθιον ὤρυcαι θαρcέων,

'Doch wenn du diese Trophäe darbringst, dann jubele hell auf beherzt'.

(h) Schatzhaus

Die Errichtung poetologischer Gebäude ist im Kapitel 'Handwerk' bereits besprochen worden [3.48ff.]. Eine der möglichen Funktionen dieser Gebäude ist es, Güter darin aufzubewahren. Pindar spricht in diesem Zusammenhang von einem 'Schatzhaus der Lieder':

9.12] Pi. *P.* 6.5–14: B

Πυθιόνικοc ἔνθ' ὀλβίοιcιν Ἐμμενίδαιc
ποταμίαι τ' Ἀκράγαντι καὶ μὰν Ξενοκράτει
ἑτοῖμοc ὕμνων θηcαυρὸc ἐν πολυχρύcωι
Ἀπολλωνίαι τετείχιcται νάπαι·
τὸν οὔτε χειμέριοc ὄμβροc, ἐπακτὸc ἐλθών
ἐριβρόμου νεφέλαc
cτρατὸc ἀμείλιχοc, οὔτ' ἄνεμοc ἐc μυχούc
ἁλὸc ἄξοιcι παμφόρωι χεράδει
τυπτόμενον.

'(nach Delphi) wo für die Pythischen Siege der gesegneten Emmeniden und für Akragas am Fluß und besonders für Xenokrates (= den Sieger) ein Schatzhaus von Liedern bereit ist, gemauert im goldreichen Waldtal des Apollon. Das wird weder winterlicher Regen, der von außen herankommt als erbarmungsloses Heer der donnernden (Gewitter-)Wolke, noch der Wind in den Schlund des Meeres reißen, getroffen vom Geröll, das alles mit sich reißt'. — [3.58]

Im Schatzhaus dedizierten die Sieger ihre Trophäen der Gottheit, zu deren Ehren die Spiele abgehalten wurden. Gegenüber diesem 'realen' Schatzhaus hat das aus Liedern bestehende den entscheidenden Vorteil, daß es nicht dem Zerfall ausgesetzt, sondern 'ewig' ist (vgl. [3.96]).

Für Timotheos ist der θηcαυρόc ein von den Musen gehüteter Schatz, der ihm als Fundus für seine neu entwickelte Musik dient (Neuheitsmotiv):

[19.13] Timotheos 791.229–233: B

νῦν δὲ Τιμόθεος μέτροις
ῥυθμοῖς τ' ἑνδεκακρουμάτοις
κίθαριν ἐξανατέλλει,
θ η ς α υ ρ ὸ ν πολύυμνον οἴ-
ξας Μουσᾶν θαλαμευτόν·

'Jetzt aber führt Timotheos die Kithara mit elfsaitigen Metren und Rhythmen zu neuem Leben, indem er den Schatz der Musen öffnet, der sich in einer inneren Kammer befindet und voller Lieder ist'.

Zum 'Öffnen' des Schatzes vgl. das 'Öffnen' des Lied-Fasses [8.72].

Für die Verteilung der im Schatzhaus aufbewahrten (Lied-)Güter sorgt der Dichter. Er ist der 'Verwalter der Festumzüge':

[19.14] Pi. *I.* 6.57–58: B

Φυλακίδαι γὰρ ἦλθον, ὦ Μοῖσα, τ α μ ί α ς
Πυθέαι τε κώμων Εὐθυμέ-
νει τε·

'Für Phylakides (sc. den Sieger) und Pytheas und Euthymenes (sc. seine Verwandten) kam ich, o Muse, als Verwalter der Festumzüge'.[7] — [11.12]

(i) Spiegel

Um angemessen zur Geltung zu kommen, muß der Sieg im Lied besungen werden (Sieg-Lied-Motiv). Mit anderen Worten: Der Sieg wird im Epinikion-Spiegel in idealer Weise 'reflektiert':

[19.15] Pi. *N.* 7.14–16: B

ἔργοις δὲ καλοῖς ἔ ς ο π τ ρ ο ν ἴσαμεν ἑνὶ σὺν τρόπωι,
εἰ Μναμοσύνας ἕκατι λιπαράμπυκος
εὕρηται {τις} ἄποινα μόχθων κλυταῖς ἐπέων ἀοιδαῖς.

'Für schöne Taten kennen wir einen (adäquaten) Spiegel nur auf *eine* Weise: Wenn mit Hilfe der Mnemosyne mit dem glänzenden Stirnband eine Entschädigung für die Mühen gefunden wird mit den berühmt(machend)en Liedern der Worte'. — [15.11]

(j) Spielzeug

Das im Deutschen ebenfalls bestehende Nebeneinander von '(wie ein Kind) spielen' und '(ein Instrument) spielen' läßt sich im Hermes-Hymnos als ein Nacheinander greifen:[8] Die Schildkröte, die für den kleinen Hermes ein lebendiges ἄθυρμα ist (*hHerm* 32), wird kurz darauf als 'totes' Instrument genau gleich bezeichnet (52).

[7] Der ταμίας ist auch derjenige, der die Güter in der Kammer aufhebt. Deshalb können auch die Rezipienten 'Verwalter' sein: ταμίαι τε σοφοὶ | Μοισᾶν ἀγωνίων τ' ἀέθλων (Pi. *I.* 9.7–8, von den Aigineten).

[8] Vgl. die Belege für ἀθύρω '(wie ein Kind) spielen' (*Il.* 15.364; Pi. *N.* 3.44) und '(ein Instrument) spielen' (*hHerm* 485; *hh* 19.15; Alk. 70.3; Sapph. 68b.2 (?); Pi. *I.* 3/4.57).

In einer produktbezogenen Vergleichung bezeichnet Bakchylides seine Dichtung, die den Tod überdauern wird, als 'Spielzeug der Musen':

9.16] B. 9.85–87 (Text nach Maehler 1982): B

cὺν δ' ἀλαθείαι βροτῶν
κάλλιcτον, εἴπ[ερ καὶ θάνηι τιc,
λε[ί]πεται Μουc[ᾶν βαθυζώνων ἄθ]υρμα.

'Wenn aber die Menschen wahrhaftig sind, bleibt als Schönstes, auch wenn einer stirbt, das Spielzeug der tiefgegürteten Musen'.[9]

Bakchylides' Dichtung dient also den Musen gewissermaßen als Zeitvertreib. Die 'Langzeitwirkung' des Lieds steht in einem leichten Spannungsverhältnis zum 'ephemeren' Spielzeug.

Ähnlich lautet die Beschreibung, die Pindar von einem Sieges-Komos gibt. Der 'spielende' Gott ist hier Apollon:

9.17] Pi. *P.* 5.22–23: B

δέδεξαι τόνδε κῶμον ἀνέρων,
'Απολλώνιον ἄθυρμα·

'Du (sc. der Sieger) empfängst diesen Festumzug hier von Männern, ein Spielzeug für Apollon'.

(k) Erbe

Parallele:

Ägyptisch: Nach ägyptischer Vorstellung produzieren die (hochangesehenen) Schreiber Bücher als Erben ihrer selbst (Lichtheim 1976, 176).

In einem längeren Passus vergleicht Pindar sein Lied mit einem erbberechtigten Nachkommen, mit dessen Geburt der Vater kaum mehr gerechnet hatte.

9.18] Pi. *O.* 10.84–90: B

χλιδῶcα δὲ μολπὰ πρὸc κάλαμον
ἀντιάξει μελέων,
τὰ παρ' εὐκλέϊ Δίρκαι χρόνωι μὲν φάνεν·
ἀλλ' ὥτε παῖc ἐξ ἀλόχου πατρί
ποθεινὸc ἵκοντι νεότατοc τὸ πάλιν ἤδη,
μάλα δέ οἱ θερμαίνει φιλότατι νόον·
ἐπεὶ πλοῦτοc ὁ λαχὼν ποιμένα
ἐπακτὸν ἀλλότριον
θνάιcκοντι cτυγερώτατοc·

'Dem Rohr (= dem Aulos) wird delikates Singen von Liedern begegnen, die am ruhmreichen Dirke-Fluß (sc. in Theben) mit der Zeit endlich (im Licht) aufgeschienen sind: wie ein Sohn,

[9] Die Verwendung von ἄθυρμα in B. *ep.* 1.3–4 weist deutlich stärker ins Übertragene, weshalb das Epigramm kaum echt sein dürfte: πολέαc δ' ἐν ἀθύρμαcι Μουcᾶν | Κηΐωι ἀμφιτίθει Βακχυλίδηι cτεφάνουc. – 'Lege (sc. Nike) im Musenspiel viele (Sieges-)Kränze um den Keer Bakchylides'.

der dem Vater, der bereits an der Wende des Jugendalters steht, als (ein Sohn) von der Ehefrau, (dem Vater) ersehnt, (erscheint und) ihm den Sinn sehr mit Liebe erwärmt. Denn Besitz, der einen von außen hinzugekommenen fremden Verwalter erhält, ist für den Sterbenden besonders schmerzlich'. — [7.23]

Ausgangspunkt ist einmal mehr das Sieg-Lied-Motiv: Ein nicht besungener Sieg ist ebenso verloren wie ein Vermögen, das mangels Erben einem 'dahergelaufenen Nutznießer' in den Schoß fällt. Dagegen ist der Erbe (das Lied) ein Garant für die Zukunft und für die Erhaltung des Vermögens über den Tod des Erblassers (des Siegers) hinaus. Gesteigert wird die Argumentation durch das Hindernismotiv der Verspätung (χρόνωι, vgl. [15.1]): Je länger der Vater warten muß, um so willkommener ist ihm die Geburt des Erben.[10]

(l) Speise

Zweimal wird bei Pindar zum 'Nachtisch' ein Lied gereicht, zunächst in einer Bildervermischung:

[19.19] Pi. fr. 124a.1–4 (Liedbeginn): B

Ὦ Θραϲύβουλ', ἐρατᾶν ὄχημ' ἀοιδᾶν
τοῦτό ⟨τοι⟩ πέμπω μεταδόρπιον. ἐν ξυνῶι κεν εἴη
ϲυμπόταιϲίν τε γλυκερὸν καὶ Διωνύϲοιο καρπῶι
καὶ κυλίκεϲϲιν Ἀθαναίαιϲι κέντρον·

'O Thrasybulos, diesen Lastwagen voll Liebeslieder sende ich dir zum Nachtisch. Möge er in der Gemeinschaft für die Symposiasten, für die Frucht des Dionysos (= den Wein) und für die athenischen Schalen ein süßer Stachel sein'. — [12.23]

An der zweiten Stelle besteht das zum Nachtisch gereichte Lied aus Früchten:

[19.20] Pi. fr. 124c: B

δείπνου δὲ λήγοντοϲ γλυκὺ τρωγάλιον
καίπερ πεδ' ἄφθονον βοράν

'Wenn das Mahl zu Ende geht, ist süß die Frucht zum Nachtisch, mag sie auch auf ein reichliches Essen folgen'.

Die poetologische Auslegung dieser Stelle geht bereits auf Philodem zurück (*de mus.* 4.12; vgl. Snell-Maehler 1989, z.St.). Möglicherweise ist auch das 'reichliche Essen' eine poetologische Metapher. Jedenfalls basieren [19.19] und [19.20] auf der Vorstellung des 'poetologischen Essens', dem Gegenstück zum Lied als Trunk [8.42ff.].

In vergleichbarer Weise bezeichnet Pindar seine Tätigkeit einmal als 'Kosten von Liedern':

---

[10] **FL** Indirekt verwandt ist die Vorstellung, Lieder zu erzeugen bzw. zur Welt zu bringen: Philiskos 5 [2.27]; E. *Supp.* 180; *HF* 767; Kall. fr. 1.20 Pf.; fr. 203.14; vgl. auch die Lieder als Kinder der Muse: Pi. *N.* 4.3 [4.2]; Ar. *Nu.* 530–532 und (mit eindeutig zweideutiger Metaphorik) *Ra.* 94–97.

9.21] Pi. *I.* 5.19–22: B

τὸ δ᾽ ἐμόν,
οὐκ ἄτερ Αἰακιδᾶν, κέαρ ὕμνων γ ε ύ ε τ α ι·
cὺν Χάριcιν δ᾽ ἔμολον Λάμπωνοc υἱοῖc
τάνδ᾽ ἐc εὔνομον πόλιν.

'Mein Herz kostet nicht ohne die Aiakiden von den Liedern: sondern mit den Chariten kam ich für Lampons Söhne (sc. die Sieger) in diese wohlgeordnete Stadt hier (sc. Aigina)'. — [11.1]

Bei Simonides (?) ist es die Muse, die 'kostet':

9.22] *mel. adesp.* 947a (= Simon.?): B

ἁ Μοῦcα γὰρ οὐκ ἀπόρωc γ ε ύ ε ι τὸ παρὸν μόνον ἀλλ᾽ ἐπέρχεται πάντα θεριζομένα.

'Die Muse probiert nicht nur bewegungslos, was ihr gerade zur Hand ist, sondern geht auf alles zu und erntet es'. — [5.15], dort auch zur Frage des Autors, [11.53]

Eine poetologisch-gastronomische Deutung ist auch für zwei Alkman-Fragmente vorgeschlagen worden (Pizzocaro 1990):

9.23] Alkm. 17 (Text nach Pizzocaro 1990): D

καί ποκά τοι δώcω τρίποδοc κύτοc
ὧι κ᾽ ἔνι ⟨–⏑⏓–⟩ †λε† ἀγείρηιc·
ἀλλ᾽ ἔτι νῦν γ᾽ ἄπυροc, τάχα δὲ πλέοc
ἔ τ ν ε ο c, οἷον ὁ παμφάγοc ᾽Αλκμάν
ἠράcθη χλιαρὸν πεδὰ τὰc τροπάc·
οὔτι γὰρ οὔ γε τ ε τ υ γ μ έ ν ο ν ἔ c θ ε ι,
ἀλλὰ τὰ καινὰ γάρ, ὥπερ ὁ δᾶμοc,
ζατεύει

'Und einmal werde ich dir einen Dreifußkessel geben, in dem du ... sammeln kannst. Aber noch ist er ganz neu, bald wird er voll sein von Erbsensuppe, wie der ›Allesfresser‹ Alkman sie heiß liebt nach dem kürzesten Tag. Denn nicht ißt er nicht Zubereitetes, sondern sucht – wie das Volk – das Neue'.[11] — [3.8]

Zu Recht vergleicht Pizzocaro für die Überreichung des Dreifußes das Offerieren der Weinschale in [8.76]. Auch die Aristophanes-Parallele für die poetologische Erbsensuppe ist schlagend.[12] Schwierig ist einzig, die beiden Stränge zu-

[11] Pizzocaros Text unterscheidet sich im letzten Satz an zwei Stellen vom Text Calames und Pages: οὔτι γὰρ οὔ γε τετυγμένον (οὐ τετυμμένον cod.: †οὐ τετυμμένον† Page: ἠὺ τετυγμένον Calame post Anon.) ergibt einen befriedigenden Sinn und ist paläographisch plausibel. Als Folge kann (auch im Anschluß an den 'neuen Dreifuß') auf Casaubons Konjektur κοινά (καινά cod.), die von allen Editoren übernommen wird, verzichtet werden (ausführlicher Pizzocaro 1990, 287–306).

[12] **FL** Ar. *Ra.* 60–67: (Δι.) οὐκ ἔχω φράcαι. | ὅμωc γε μέντοι cοι δι᾽ αἰνιγμῶν ἐρῶ. | ἤδη ποτ᾽ ἐπεθύμηcαc ἐξαίφνηc ἔτνουc; | (ʽΗρ.) ἔτνουc; βαβαιάξ, μυριάκιc γ᾽ ἐν τῶι βίωι. | (Δι.) ἆρ᾽ ἐκδιδάcκω τὸ caφὲc ἢ ᾽τέραι φράcω; | (ʽΗρ.) μὴ δῆτα περὶ ἔτνουc γε· πάνυ γὰρ μανθάνω. | (Δι.) τοιουτοcὶ τοίνυν με δαρδάπτει πόθοc | Εὐριπίδου. – [Dionysos] 'Ich kann's nicht sagen. Freilich werde ich es dir mit einem Gleichnis sagen. Hast du schon einmal ganz plötzlich Lust auf Erbsensuppe bekommen?' [Herakles] 'Auf Erbsensuppe? Mann, schon zigtausendmal.' [D:] 'Mache ich

sammenzuführen. Wenn Alkman seinem Adressaten einen Dreifuß schenkt, um darin Speisen zu sammeln, steht 'essen' für die Rezeption von Dichtung (vgl. 'Dichtung trinken' [8.45] und [8.46]). Alkman müßte dann aber in erster Linie der Dichter-Koch sein (ein sehr beliebtes Komödienmotiv[13]) und nicht derjenige, der die zubereiteten Speisen selbst wegißt (παμφάγος 'Αλκμάν, ἔcθει). Angesichts dieser Ungereimtheit bleibt die Stelle vorderhand ein Dubium.

Vom (in [19.23] vermißten) Zubereiten eines Essens ist im zweiten Fragment zwar die Rede, doch fehlt der für eine Beurteilung der Bildhaftigkeit unentbehrliche Kontext:[14]

[19.24] Alkm. 95b: D

αἶκλον 'Αλκμάων ἁρμόξατο

'Alkman hat ein Festessen zubereitet'.

meinen Punkt deutlich oder braucht's noch mehr?' [H:] 'Nicht über Erbsensuppe. Die kenne ich bestens.' [D:] 'Eine ebensolche Lust nagt also an mir – nach Euripides.'

[13] Taillardat 1962, 439–441. – Möglicherweise ist Alkm. 96 Teil einer solchen Koch-Vergleichung: ἤδη παρεξεῖ πυάνιόν τε πολτὸν | χίδρον τε λευκὸν κηρίναν τ' ὀπώραν. – 'Schon wird er servieren Bohnenbrei, weißen Weizen und die Frucht des Wachses.' Zu παρέχω 'servieren' vgl. Astydamas II (TrGF 60 fr. 4.1–4): ἀλλ' ὥcπερ δείπνου γλαφυροῦ ποικίλην εὐωχίαν | τὸν ποιητὴν δεῖ παρέχειν τοῖc θεαταῖc τὸν cοφόν, | ἵν' ἀπίηι τιc τοῦτο φαγὼν καὶ πιών, ὅπερ λαβὼν | χαίρει ⟨τιc⟩, καὶ cκευαcία μὴ μί' ἦι τῆc μουcικῆc – 'Doch gleichsam eines vollendeten Mahles vielfältige Bewirtung muß der Dichter seinen Zuschauern anbieten, wenn er sein Handwerk versteht, damit ein jeder, wenn er heimkehrt, das gegessen und getrunken hat, was er gerne mag, und damit es nicht nur *eine* Zubereitungsart der Musenkunst gibt'.

[14] Pizzocaros Deutung von [19.24] basiert maßgeblich auf seiner – wie gesehen – nicht restlos überzeugenden Interpretation von [19.23].

20. APPENDIX 1: DAS SCHIFF DER SYMPOSIASTEN

In Ergänzung zu den maritimen Bildern des Kapitels 13 sind die Vergleichungen zu behandeln, die die Vorgänge rund um das Symposion in nautische Metaphorik kleiden. Eine Verbindung zu den poetologischen Schiffs-Bildern liegt angesichts der großen Bedeutung des Symposions für den Vortrag von Dichtung (S. 199ff.) nahe.[1]

Besonders augenfällig ist die Vergleichung des Symposions mit einem Schiff bzw. der Symposiasten mit Matrosen in zwei Fragmenten von Dionysios Chalkous:

[20.1] Dionysios Chalkous 5.1–2: F

καί τινες οἶνον ἄγοντες ἐν εἰρεσίαι Διονύσου,
    συμποσίου ναῦται καὶ κυλίκων ἐρέται,

'Und einige ›importieren‹ den Wein im Rudern des Dionysos, Matrosen des Symposions und Ruderer der Trinkschalen'.[2]

[20.2] Dionysios Chalkous 4:[3] B

ὕμνους οἰνοχοεῖν ἐπιδέξια σοί τε καὶ ἡμῖν·
    τόν τε σὸν ἀρχαῖον τηλεδαπόν τε φίλον
εἰρεσίηι γλώσσης ἀποπέμψομεν εἰς μέγαν αἶνον
    τοῦδ' ἐπὶ συμποσίου· δεξιότης τε λόγου
Φαίακος Μουσῶν ἐρέτας ἐπὶ σέλματα πέμπει.

'... dir und uns rechtsherum Lieder als Wein auszuschenken. Deinen alten und von weither kommenden Freund werden wir im Rudern der Zunge auf eine große Lobesfahrt schicken auf diesem Symposion hier. Und das Gelingen der phaiakischen Rede schickt die Ruderer der Musen auf die (Ruder-)Bänke'.[4] — [8.75]

Während [20.1] einfach ein Beleg dafür ist, wie detailliert Dionysios das Symposion mit der Seefahrt vergleicht, ist die poetologische Bedeutungsebene in [20.2]

---

[1] Der Exkurs basiert großenteils auf den Ansätzen und der Stellensammlung von Slater (1976), der allerdings den Bezug zur poetologischen Bildersprache nicht herstellt.

[2] Zu dieser Deutung von ἄγω vgl. *Il.* 7.467: νῆες δ' ἐκ Λήμνοιο παρέσταcαν οἶνον ἄγουσαι – 'Und Schiffe aus Lemnos waren angekommen, die Wein brachten' (ähnlich: 9.72; Thgn. 84).

[3] Diese Belegstelle fehlt bei Slater 1976.

[4] **FL** (Rudern) In *AP* 9.88.7–8 ist vom Rudern der Delphine für die Musen die Rede (εἰρεσίην δελφῖνες ἀεὶ Μούσῃσιν ἄμισθον | ἤνυσαν).

mit Händen zu greifen: Lieder werden im Kreis ausgeschenkt. Die Symposiasten sind Ruderer der Musen. Mit dem Rudern ihrer Zunge singen sie jemandem (wohl Dionysos) ein Preislied, das auf das Genos 'Propemptikon' anspielt (ἀποπέμψομεν) und den Adressaten auf eine Liedreise schickt, auf der sie ihn auf den Ruderbänken begleiten.

Grundlage für die nautische Metaphorik dürften äußerliche Ähnlichkeiten bilden: Es handelt sich jeweils um eine 'abgeschlossene' Gruppe von Männern, die auf 'Bänken' sitzen, die von einem Steuermann/Symposiarchen 'befehligt' werden und die ein Aulet beim Singen/Rudern 'im Takt' hält.

Eine weitere Analogie kommt in einem Fragment Pindars zum Ausdruck:

[20.3] Pi. fr. 124ab (Liedbeginn): F

Ὦ Θραςύβουλ', ἐρατᾶν ὄχημ' ἀοιδᾶν
τοῦτό ⟨τοι⟩ πέμπω μεταδόρπιον. ἐν ξυνῶι κεν εἴη
ςυμπόταιςίν τε γλυκερὸν καὶ Διωνύςοιο καρπῶι
καὶ κυλίκεςςιν Ἀθαναίαιςι κέντρον·
ἀνίκ' ἀνθρώπων καματώδεες οἴχονται μέριμναι
ςτηθέων ἔξω· πελάγει δ' ἐν πολυχρύςοιο πλούτου
πάντες ἴςαι νέομεν ψευδῆ πρὸς ἀκτάν·
ὃς μὲν ἀχρήμων, ἀφνεὸς τότε, τοὶ δ' αὖ πλουτέοντες

'O Thrasybulos, diesen Lastwagen voll Liebeslieder sende ich dir zum Nachtisch. Möge er in der Gemeinschaft für die Symposiasten, für die Frucht des Dionysos (= den Wein) und für die athenischen Schalen ein süßer Stachel sein. Wenn die ermüdenden Sorgen der Menschen aus der Brust entweichen, treiben wir im Meer des vielgoldenen Reichtums alle gleichermaßen an eine Scheinküste: wer mittellos war, ist im Überfluß jetzt, die Reichen wiederum...' — [12.23], [19.19]

Der durch die Liedkunst gesteigerte Weinkonsum führt dazu, daß die alkoholisierten Symposiasten sich auf einem wankenden Schiff inmitten eines Meers von Illusionen befinden.

Aufschlußreich ist in diesem Zusammenhang auch ein attisches Skolion:

[20.4] *carm. conv.* 917c.5–11:[5] F

[νῆα τ]ο̣ι τέγξαν Ἀχελώιου δρός[οι·]
[παῦε] πα̣ραπροϊών, ὑφίει̣ πόδα,
λῦ' ε̣ανοῦ π̣τέρ̣υγα̣ς̣, τάχος ἵεςο
λεπτ̣ολίθων̣ [λ̣ι̣μ̣έ̣ν̣ω]ν̣·
εὖ̣· καθόρα πέλαγος,
πα̣ρὰ γᾶν ἔκφευγε νότου χαλεπάν
φοβερὰ[ν διαπο]ντοπλανῆ μα̣νίαν.[6]

[5] Bei Slater (1976, 168) wird das Skolion nur *en passant* erwähnt. Der sonst vorzügliche Kommentar von Ferrari (1988) stellt keinen Bezug zur nautischen Symposions-Metaphorik her.

[6] 5–6 suppl. *ed. pr.* 8 [λιμένω]ν̣ Pellizer: [ψαμάθω]ν̣ Page: alii alia.

'Siehe, der Tau des Acheloos hat das Schiff benetzt, hör auf, weiterzufahren, löse die Schote, löse die Flügel des linnenen (Segels), strebe schnell in Häfen mit kleinen Kieselsteinen. Gut! Beobachte das Meer! Suche am Festland dem furchtbaren, angsterfüllenden, übers Meer irrenden Wahn des Südwinds zu entfliehen'.

Inhaltlich geht es darum, das in einen Sturm geratene Schiff in Sicherheit zu bringen wie bei Alk. 6.8 [20.6]. Die Güsse des Acheloos bezeichnen auf einer ersten Ebene das ins Schiff schwappende Meerwasser, hinter dem auf einer zweiten Ebene der (zu) ausgiebige Weingenuß stehen dürfte, der das Schiff ins Schlingern bringt und damit letztlich auch den Vortrag von Dichtung gefährdet (vgl. die Aufrufe zur Mäßigung bei Xenoph. 1.17–19, Thgn. 475–485).

Wie selbstverständlich die nautische Symposions-Metaphorik in dieser Zeit war, wird zumal an einem Choirilos-Fragment deutlich:

20.5] Choirilos fr. 9 Bernabé (= 7 Colace; 329 SH): F

χέρςιν⟨ον⟩ ὄλβον ἔχω κύλικος τρύφος ἀμφὶς ἐαγός,
ἀνδρῶν δαιτυμόνων ν α υ ά γ ι ο ν , οἷά τε πολλά
πνεῦμα Διωνύςοιο πρὸς Ὕβριος ἔκβαλεν ἀ κ τ ά ς .

'Als tönernen Glücksbringer (?) halte ich eine ringsum abgebrochene Scherbe von einer Trinkschale, ein Schiffswrack von Männern beim Symposion, wie der Windstoß des Dionysos sie oft an den Felsen der Hybris prallen läßt'.[7]

Die Scherbe einer Kylix als 'Schiffswrack von Männern beim Symposion' zu bezeichnen setzt voraus, daß die zugrundeliegende Vergleichung allgemein bekannt ist. Eine Rolle dürfte hier auch der (vor allem in der Komödie nachzuweisende) Usus spielen, Trinkgefäße nach Schiffstypen zu bezeichnen.[8]

Das Bild des Symposion-Schiffs, das sich z.B. noch bei Timaios (566 FGrHist 149) findet, ist damit für das 5. Jh. (und später) ausreichend dokumentiert. Darauf aufbauend ist im folgenden eine Gruppe von Texten unter diesem Gesichtspunkt zu diskutieren, deren Behandlung Slater bereits suggeriert hat: die allegorischen Schiffs-Lieder von Alkaios (und möglicherweise Archilochos).[9] Slater ist der Meinung (1976, 168), "that the so-called ship of state passages in early Greek lyric need to be reread in a new light", ohne den Vorschlag weiter-

[7] Vgl. A. fr. 180 Radt: ὅδ' ἔςτιν, ὅς ποτ' ἀμφ' ἐμοὶ βέλος | γελωτοποιόν, τὴν κάκοςμον οὐράνην, | ἔρριψεν οὐδ' ἥμαρτε· περὶ δ' ἐμῶι κάραι | πληγεῖς' ἐναυάγηςεν ὀςτρακουμένη | χωρὶς μυρηρῶν τευχέων πνέους' ἐμοί.

[8] Vgl. Péron 1974, 311: ἄκατος (Antiphanes fr. 3.2 K-A); κύμβιον (Alexis fr. 100.1 K-A); ναῦς (Nikostratos fr. 9.1–2 K-A); ὁλκάς (Pherekrates fr. 152.4–5 K-A). – Zu vergleichen sind auch die Gefäße, deren Hals am Innenrand mit Schiffen bemalt sind, die – bei gefülltem Gefäß – aussehen, als ob sie auf dem Wein-Wasser-Gemisch schwimmen würden (z.B. *ABV* 146.20).

[9] Daß die fraglichen Lieder allegorisch zu deuten sind, wird – zumindest für Alkaios – kaum mehr ernsthaft bestritten (Rösler 1980, 117). In der jüngeren Vergangenheit wird der allegorische Charakter, soweit ich sehe, nur von Bowie (1986, 17) in Frage gestellt – freilich ohne Beweisführung. Die Ablehnung ist um so erstaunlicher, als Bowie umgekehrt durchaus bereit ist, Archil. 4 [20.11] figurativ zu deuten (1986, 16–18). Weniger Einigkeit herrscht darüber, was Alkaios' Schiffsallegorien jeweils bedeuten.

zuentwickeln. Röslers Alkaios-Buch (1980) führt hier entscheidend weiter.

Darin hat Rösler den Nachweis erbracht, daß die letztlich auf die Interpretation von Horaz *c.* 1.14 zurückgehende Deutung des allegorischen Schiffs irreführend ist. Das allegorische Schiff bezeichnet bei Alkaios nicht das *Staats*schiff, sondern vielmehr die stärker begrenzte Hetairie. Die Gesamt-Polis ist gerade nicht gemeint.[10] Nimmt man hinzu, daß das Symposion für Alkaios den bevorzugten Ort des Liedvortrags darstellt, ergibt sich die folgende Hypothese fast von selbst: Das allegorische Schiff kann nicht nur die Hetairie, sondern auch die Hetairie beim Symposion bezeichnen.[11]

Diese Hypothese ist im folgenden zu prüfen. Die Abfolge der Lied-Fragmente ergibt sich aus inhaltlichen Kriterien. Die Versuche, Alkaios-Lieder chronologisch zu ordnen, hat Rösler (1980, 26 Anm. 2) überzeugend ins Reich der Spekulation verbannt.

Alkaios' 'Lied von der Welle' ist unzweifelhaft eine politische Allegorie:

[20.6] Alk. 6.1–14: F

Τόδ' αὖ˩τε κῦμα τὼ πι˪ρ˩οτέρ̣˪ω 'νέμω
στείχει,˩ παρέξει δ' ἄ˪μμι πόνον π˩όλυν
ἄντλην, ἐπ˩εί κε νᾶ˪ος ἔμβαι
]̣.όμεθ' ε[
]..[..]·[
[ ]
φαρξώμεθ' ὠς ὤκιστα̣[
ἐς δ' ἔχυρον λίμενα̣ δρό[μωμεν,
καὶ μή τιν' ὄκνος μόλθ[ακος
λάβῃ· πρόδηλον γάρ· μεγ[
μνάσθητε τὼν πάροιθε ν̣[
νῦν τις ἄνηρ δόκιμος γε̣[νέσθω
καὶ μὴ καταισχύνωμεν [
ἔσλοις τόκηας γᾶς ὕπα κε̣[ιμένοις

'Da! wieder kommt eine Woge des vergangenen Sturms heran; sie wird uns viel Mühe bescheren beim Schöpfen, wenn sie einmal ins Schiff gekommen ist [...] Laßt uns so schnell wie möglich (das Schiff) mit einem Schanzkleid versehen und in einen sicheren Hafen laufen! Daß nur keinen von uns weichliches Zaudern ergreift! Denn es ist nur zu deutlich: Seid eingedenk

---

[10] Rösler 1980, passim. – Die Interpretation als Staatsschiff erfreut sich in der Literatur einer fast ungebrochenen Beliebtheit (auch nach 1980, zuletzt MacLachlan 1997, 144ff.). Das mag damit zusammenhängen, daß Röslers Buch (noch) nicht die ihm zustehende Verbreitung gefunden hat. Im übrigen mag die Ablehnung der von ihm angewandten pragmatischen Methode mit dazu beigetragen haben, am Staatsschiff festzuhalten. Besonders verwirrend ist es freilich, wenn ein klarer Befürworter wie Gentili das allegorische Schiff nach wie vor als Staatsschiff deutet, ohne sich mit Röslers anderslautender Interpretation auseinanderzusetzen (1989, 257–283).

[11] West (1997, 531–532) vergleicht mit Alkaios' Schiffsallegorien Ezechiel (27.3–9, 26–36) und Jesaja (33.23), wo aber erneut vom Staatsschiff die Rede ist; vgl. dazu Archil. 105 und 106.

der früheren (Worte). *Jetzt* beweise ein Jeder, daß er glaubwürdig ist. Und laßt uns nicht beschämen die edlen Eltern, die unter der Erde liegen [...]'

Interpretation (weitgehend nach Rösler 1980, 126–134): Die Hetairie wird als Besatzung des Schiffs in parainetischer Form zu einer außergewöhnlichen Anstrengung aufgerufen, um die drohende Gefahr (Welle) zu bestehen. "Angesichts einer unmittelbar bevorstehenden Entscheidungssituation im politischen Kampf der Hetairie will Alkaios zur gemeinsamen Anspannung aller Kräfte aufrufen" (1980, 129).[12] Die Ausgangshypothese (Schiff = Symposion) trägt dazu bei, die unmittelbar anschauliche Ausdrucksweise (τόδ' αὖ͜τε κῦμα: zur Bedeutung der Deixis Rösler 1980, 130), die gewisse Interpreten zu einer nicht-allegorischen Auslegung verleitet hat, plausibler erscheinen zu lassen. Eine Gruppe von Symposiasten, die sich als Schiffsbesatzung versteht, wird 'Da! Schaut! wieder kommt eine Woge!' ohne Anstoß und dennoch allegorisch verstehen.

Das folgende Fragment weist eine ähnliche Grundstimmung auf; die Katastrophe, die Alkaios in [20.6] noch abzuwenden sucht, ist hier bereits eingetreten:[13]

20.7] Alk. 208.1–15: F

ἀcυν⟨ν⟩έτημμι τὼν ἀνέμων cτάcιν,
τὸ μὲν γὰρ ἔνθεν κῦμα κυλίνδεται,
τὸ δ' ἔνθεν, ἄμμες δ' ὂν τὸ μέccον
    νᾶϊ φορήμεθα cὺν μελαίναι
χείμωνι μόχθεντες μεγάλωι μάλα·
πὲρ μὲν γὰρ ἄντλος ἰcτοπέδαν ἔχει,
λαῖφος δὲ πὰν ζάδηλον ἤδη,
    καὶ λάκιδες μέγαλαι κὰτ αὖτο,]
χάλαιcι δ' ἄγκυραι[14], ⟨τὰ δ' ὀήϊα⟩]
[ ]
.[...].[–]
    τοι πόδες ἀμφότεροι μενο̣[ ]
ἐ⟨ν⟩ βιμβλίδεccι· τοῦτό με καὶ c̣[άοι]

[12] Was für ein Kampf bevorsteht, bleibt Spekulation. Freilich ist anzumerken, daß Rösler das 'Fahren in einen sicheren Hafen' (V. 8) nur wenig berücksichtigt. Denkt man die Bilderfolge konsequent zu Ende, muß die Möglichkeit erwogen werden, daß Alkaios anläßlich eines 'Rückzugsgefechts' aktiv wird nach dem Motto: 'Retten, was zu retten ist'.

[13] Rösler (1980, 139) betont zu Recht, daß daraus keine Schlüsse auf die relative Chronologie der beiden Lieder gezogen werden dürfen. Ob es sich jeweils um die gleiche Gefahr handelt, läßt sich nicht entscheiden. Im übrigen fungieren die Lieder ja nicht als Chronik, die die einzelnen Phasen des Kampfes 'protokolliert'.

[14] Die Einwände gegen das einhellig überlieferte ἄγκυραι sind nicht zwingend (seit Bergk wird ἄγκοιναι bzw. ἄγκονναι 'Rahfall' konjiziert). Aus Pi. *O.* 6.100–101 [13.15] geht hervor, daß man im Sturm das Schiff mit Hilfe der Anker zu stabilisieren gesucht hat. φορήμεθα (4) bezeichnet eine "unintended motion" (Kirkwood 1974, 235–236 Anm. 54).

μόνον· τὰ δ' ἄχματ' ἐκπεπ[.].άχμενα
..]μεν.[.]ρηντ' ἔπερθα· τὼν[...].

'Ich verstehe nicht, wie der Wind steht;[15] denn bald wälzt sich von hier eine Woge heran, bald von dort. Wir aber treiben in der Mitte dahin mit dem schwarzen Schiff und mühen uns gar sehr mit dem großen Sturm ab. Denn das Bilgewasser steht schon über dem Mastschuh, das Segel ist schon ganz zerfetzt, und die Risse darin sind groß; es geben nach die Anker, aber die Ruder [...] die Schoten halten beide noch im Tauwerk aus Bast. Dies ist das einzige, was mich noch rettet. Die Fracht ist schon hinausgerollt [...]'

Interpretation (nach Rösler 1980, 134–148): Ausgangspunkt ist eine Klage aus der Sicht des Betroffenen (V. 1), die begründet wird, zunächst allgemein (2–5), dann mit einer Reihe von Einzelheiten (6ff.).[16] Für die Verse 12–14a hat Rösler plausibel machen können, daß sie nicht (optimistisch) eine Rettung für Alkaios als Einzelperson in Aussicht stellen, sondern daß – eher pessimistisch – der 'Faden' bezeichnet ist, an dem das Schicksal des Schiffs noch hängt. Worin dieser 'Faden' besteht, kann nicht bestimmt werden, weil der inhaltliche Bezug von τοῦτο (13) unklar ist. Auffällig ist immerhin, daß Alkaios für sich eine besondere Aufgabe vorgesehen hat: "Vielleicht darf [...] sogar vermutet werden, daß sich Alkaios, damit die Geschlossenheit der Allegorie noch erhöhend, in dem Lied überhaupt in der Funktion des Steuermannes dargestellt hat, wozu insbesondere die Bekundung der eigenen Orientierungslosigkeit am Beginn [in der 1. Pers. Sing.! R.N.] passen würde." (147 Anm. 88). Die Möglichkeit, daß Alkaios' Steuermannsfunktion darin liegt, daß er der Dichter der Hetairie ist, sollte nicht von vornherein ausgeschlossen werden.

Ein drittes Lied-Fragment gehört auch in diese Reihe:

[20.8] Alk. 73: F

πὰν φόρτι[ο]ν δ..[
δ' ὄττι μάλιcταcάλ[
καὶ κύματι πλάγειc[α(ν)
ὄμβρω⟨ι⟩ μάχεcθαι ..[
φαῖc' οὐδὲν ἰμέρρη[ν [17]
δ' ἔρματι τυπτομ[ένα(ν)
κῆνα μὲν ἐν τούτ[
τούτων λελάθων ὠ.[
cύν τ' ὔμμι τέρπ[..]α[⟨]άβαιc⟩
καὶ πεδὰ Βύκχιδοc αὐ..[

[15] Kassels (1973) Deutung von cτάcιc als Windrichtung hat allgemeine Anerkennung gefunden.

[16] Die nautischen Details sind nicht restlos geklärt.

[17] Zur Begründung dieser Textgestaltung (ohne das bei Voigt im Anschluß an Lobel abgedruckte ἀcάμωι) s. Rösler 1980, 121.

τὼ δ' ἄμμες ἐς τὰν ἄψερον ἀ[μέραν
αἰ καί τις αφ[...]..αντ..[
δείχνυντε[

'Die ganze Ladung [...] möglichst [...] und von der Welle gepeitscht und vom Riff gebrochen sagt es (sc. das Schiff[18]), sich nicht danach zu sehnen, mit dem Sturmwind zu kämpfen. Jenes (verhalte sich so). Diese Dinge vergessend (will ich) mit euch (Mitsymposiasten) lustig sein und mit Bykchis [...] Das aber (verschieben?) wir auf den morgigen Tag, auch wenn [...] zeigen [...]'

Interpretation (nach und in Auseinandersetzung mit Rösler 1980, 115–126): Das Fragment besteht aus zwei Teilen. Im ersten Teil (1–6) ist von einem Schiff die Rede, das schwer beschädigt ist und deshalb keine weiteren Gefahren mehr bestehen kann/will.[19] Vers 7 leitet zum zweiten Teil (8–13) über, in dem die Aufforderung ergeht, sich den angenehmen Seiten des Symposions zuzuwenden und die anstehenden Probleme auf einen späteren Zeitpunkt zu verschieben. Diese Probleme haben offenbar in allegorischer Form das Thema des ersten Teils gebildet. Wie ist die Schiffsallegorie zu deuten?

Rösler zufolge gehört die Hetairie nicht zu 'jenem Schiff' (7). Er beruft sich dafür auf die distanzierende Wirkung (a) der indirekten Rede der Verse 3–6 (kein zwingendes Argument, vgl. Anm. 19) und (b) des Demonstrativpronomens κῆνα. Er vermutet deshalb, daß das Schiff eine außerhalb der Hetairie liegende Gruppe bezeichne; konkreter: die Bevölkerung Mytilenes, die 'bürgerkriegsmüde' ist und Pittakos zum Aisymneten bestellt hat (Alk. 348). Das ist eine plausible Deutung, doch ist Röslers Argument, daß die Hetairie sich unmöglich mit den Rückzugsabsichten des Schiffs identifizieren könne, nicht zwingend.[20] Immerhin wird die Gruppe dazu aufgefordert, sich – zumindest zwischenzeitlich – vom politischen Geschehen abzuwenden (8–13).[21] Daß die Verschiebung der Probleme auf 'morgen' keine Rückwendung zu den politischen Zielen der Gruppe bezeichnen kann (wie Rösler anzunehmen scheint[22]), leuchtet nicht unmittelbar ein.

Somit ist es legitim, Röslers Hypothese eine etwas abweichende an die Seite zu stellen, derzufolge das Schiff doch die eigene Hetairie bezeichnet. Ausgangs-

[18] Zur Frage des Subjekts siehe folgende Anm.

[19] Bei der Form φαῖς' (5) läßt sich nicht mit Sicherheit sagen, ob es eine Singular- oder ein Pluralform ist (vgl. Voigt 1971, im kritischen App. z.St., und Hamm 1958, 162). Deshalb muß offenbleiben, ob das Schiff selbst spricht oder 'die Leute' über das Schiff.

[20] "Denn es ist ja offenkundig, daß sich die Hetairie nicht mit der Absicht des Schiffes, weiteren Kampf zu meiden, identifizieren kann." (Rösler 1980, 122). Den Gedanken des Rückzugs hat Rösler schon in [20.6] etwas vernachlässigt (s. Anm. 12).

[21] Vgl. Rösler selbst (1980, 116): "Auch nach der Hinwendung zur Gegenwart des Symposions wird das Unbefriedigende der äußeren Lage noch einmal angesprochen, indem die Auseinandersetzung mit den entsprechenden Problemen auf einen späteren Zeitpunkt verschoben wird."

[22] Insgesamt ist das Lied nach Rösler von einem "resignierte[n] Ton" geprägt (1980, 117).

punkt bildet die Auffassung, daß κῆνα *μὲν* (7) ein Gegenstück verlangt, das mit diesem vergleichbar ist. Dies ist bei Röslers Interpretation nicht der Fall; denn das Gegenstück zu 'die Bevölkerung von Mytilene ist müde' kann doch wohl kaum 'so laßt uns ein Symposion feiern' sein. Nach meiner Hypothese könnte der Gedankengang etwa wie folgt gelautet haben: 'In politischer Hinsicht geht es uns momentan schlecht. Das wollen wir für heute auf sich beruhen lassen ('*jenes* Schiff fahre dahin!'). Heute ('*dieses* Schiff aber...') wollen wir ein Symposion feiern. Morgen können wir uns wieder der Politik zuwenden.'[23]

Zu den allegorischen Schiffsliedern gehört auch Alk. 298 (verbesserter Text: S262). Für die vorliegende Fragestellung genügt eine kurze Inhaltsangabe (basierend auf Rösler 1980, 204–211). Das Lied besteht zu großen Teilen aus einem mythischen Paradeigma. Es handelt vom Frevel des 'kleinen' Aias, der Kassandra vom Kultbild der Athena wegzerrt und damit den Zorn der Göttin auf das Griechenheer zieht. So wie die Athener es versäumt haben, Aias rechtzeitig 'aus dem Verkehr zu ziehen', so haben Alkaios und seine Hetairoi es versäumt, ihren 'Aias', Pittakos, rechtzeitig (d.h. vor seinem 'Überlaufen' zu Myrsilos) unter Kontrolle zu bringen. Jetzt ist es zu spät, und sie müssen darunter leiden. – Rösler streicht heraus, daß der Mythos in ähnlicher Weise verwendet wird wie die Allegorie in den Schiffs-Liedern. Diese Deutung kann in einem kleinen, aber für das vorliegende Thema bedeutungsvollen Punkt ergänzt werden: Die Athener geraten wegen Athenas Zorn in *Seenot.* In den Versen 24ff. ist geschildert, wie Athena das Meer aufwühlt.[24] Ob das Lied geschildert hat, daß das Schiff von Alkaios' Hetairie sich in Seenot befindet, muß offenbleiben. Alkaios' Hetairoi werden es in jedem Fall verstanden haben, die Seenot der Athener auf ihre eigene Not zu übertragen.

Im weiteren sind zwei (freilich sehr fragmentarische) Liedanfänge zu nennen, in denen jeweils davon die Rede ist, daß 'Schiffe ins Meer gezogen werden'. Bei ihnen könnte es sich um die selbstreferentiellen Anfänge von Symposions-Liedern handeln:

[20.9] Alk. 118.1–2 (Liedbeginn): D

Ταμ[...]εδ.....[
]π̣όντ̣[ο]ν κατελκε.[ ].

'Ins Meer ziehen'.

---

[23] Röslers Auffassung, es handle sich um ein Exilgedicht (mit νόϲτω anstelle von τούτων in Vers 8), wird von dieser Deutung nicht tangiert.

[24] Der genaue Wortlaut dieser Verse ist Gegenstand einer Debatte, die sich um die Funktion der Obeloi vor den Versen 24–31 im Kölner Papyrus dreht; vgl. Rösler 1980, 211 Anm. 242, mit Lit.; außerdem: Fowler 1979; Koenen 1981; van Erp 1984; Führer 1984. – Für die vorliegende Fragestellung kann das Problem vernachlässigt werden.

).10] Alk. 167.19–20 (Liedbeginn?[25]): D

θάλ]αϲϲαν εὖ (suppl. L-P in ind.)
] ὠκυά̣[λοι]ϲ̣ νᾶαϲ ἐρ̣ύϲϲομεν·

'Gut (ins?) Meer ... wir wollen die schnellen Schiffe ziehen'.[26]

Schließlich gibt es gute Gründe, ein Archilochos-Gedicht metaphorisch zu deuten:

).11] Archil. 4.6–9: F

ἀλλ' ἄγε ϲὺν κώ⸥θωνι θοῆϲ διὰ ϲ έ λ μ α τ α ν η ό ϲ
φοίτα καὶ κοίλ⸤ων πώματ' ἄφελκε κάδων,
ἄγρει δ' οἶνον ⸤ἐρυθρὸν ἀπὸ τρυγόϲ· οὐδὲ γὰρ ἡμεῖϲ
νηφέμεν ⸤ἐν φυλακῆι τῆιδε δυνηϲόμεθα.

'Aber auf! geh mit dem Krug über die Duchten des schnellen Schiffs und nimm den Deckel vom gewölbten Faß! Nimm roten Wein, ohne Hefe! Denn wir werden nie und nimmer imstande sein, auf *dieser* Wache *hier* nüchtern zu bleiben!'

Schon Gerber nahm an, daß [20.11] an einem Symposion vorgetragen wurde, bezog den Inhalt aber auf eine 'reale' Nachwache.[27] Die figurative Deutung von Bowie (1986, 16–18) schließt ohne Schwierigkeiten an die der übrigen Belege dieses Kapitels an: Die Aufforderung, über die Bänke des 'Schiffs' zu gehen und Wein einzuschenken, paßt vorzüglich in einen sympotischen Kontext. Diese Deutung hat außerdem den Vorteil, daß sie die Verwendung des deiktischen Demonstrativpronomens τῆιδε (9) überzeugend zu klären vermag.[28]

Zusammenfassung: Der vorliegende Exkurs hat die Belege zusammengestellt, in denen das Thema 'eine Gruppe von Männern beim Symposion' in nautische Bilder gekleidet wird. Obwohl eine poetologische Vergleichung nur in einem Fall [20.2] zweifelsfrei nachgewiesen werden konnte, dürfte die Zusammenstellung deutlich werden lassen, daß die Nähe von Symposions-Metaphorik zu einschlägigen poetologischen Bildern (vgl. Kap. 8 und 13) die Möglichkeit einschließt, daß in der einen oder anderen nautischen Symposions-Vergleichung auch ein poetologischer Nebensinn mitschwingt.

---

25 Textliche und metrische Argumente machen einen Liedbeginn wahrscheinlich: Voigt 1971, z.St.; Campbell 1982, 313 Anm. 3.

26 ἐρύϲϲομεν ist voluntatives Futur. – Eine metaphorische Deutung dieses Fragments hatte schon Barner erwogen (1967, 73: "auf dem Hintergrunde der bekannten Schiffsallegorien", also wohl politisch).

27 Gerber 1981, 11 Anm. 6: "My assumption is that it was recited at some convivial gathering [...]. I see no reason why Archilochus at a symposium could not have said something like, 'Here are some verses I composed recently when on watch'."

28 Zur Deixis in τῆιδε: Vetta 1983, 15; Steinrück 1992, 326.

21. Appendix 2: Inspirationsgottheiten

In den 19 Bild-Kapiteln haben die Inspiration und die für sie 'zuständigen' Gottheiten immer wieder eine Rolle gespielt, zum einen dann, wenn der Inspirationsprozeß mit gleichen oder ähnlichen Bildern beschrieben wurde wie der Dichtungsprozeß;[1] zum andern dann, wenn die poetologische Deutung einer Stelle maßgeblich von Bezugnahmen auf Inspirationsgottheiten im unmittelbaren Kontext abhing.[2] Aus diesem Grund schien es sinnvoll, diesen Gottheiten einen eigenen Exkurs zu widmen. Dieser versteht sich in erster Linie als Ergänzung zu den im Hauptteil bereits diskutierten Stellen und berücksichtigt zu diesem Zweck auch nicht-figurative Stellen. Primäres Erfassungskriterium ist, daß aus der Stelle abgeleitet werden kann, welche 'poetologische Funktion' die Inspirationsgottheit dem Dichter zufolge hat oder übernehmen soll. Bei dieser Inspirationsgottheit handelt es sich in den meisten Fällen um die Muse(n).[3] Allerdings spielen auch die Chariten eine bedeutsame Rolle.[4] Außerdem haben einzelne Dichter eine 'Lieblingsgottheit', die für ihre Dichtung gewissermaßen Inspirationsfunktion haben (z.B. Aphrodite für Sappho [8.53], Dionysos für Archilochos [7.28], Eros für Anakreon [14.3]):

(a) Die Inspirationsgottheit gebiert den Dichter bzw. das Lied[5]

Muse: Hes. *Th.* 94–95; *hh* 25.2–3; Pi. *N.* 3.1 [11.29]; *N.* 4.3 [4.2]; *carm. conv.* 917c.1–2;[6] vgl. auch Philiskos 5.

[1] Vgl. [3.20], [4.7], [7.1], [7.27], [8.30], [8.47], [8.48], [8.50] bis [8.54], [9.16], [9.46] bis [9.49], [11.30], [11.31], [11.41], [11.48], [12.10], [12.11], [12.21], [13.3], [13.4], [13.6], [13.20], [13.26], [17.1].

[2] Z.B. [10.6].

[3] Ein signifikanter Unterschied zwischen Singular und Plural scheint nicht zu bestehen.

[4] Tendenziell sind die Musen für die Inspiration und die Chariten für die Wirkung zuständig. Freilich sollten die Funktionen nicht zu scharf getrennt werden, vgl. S. 221 Anm. 32.

[5] Vgl. Rigveda 3.53.9.

[6] *carm. conv.* 917c.1–2 (Liedbeginn): ὦ Μοῦϲ' ἀγανόμματε μᾶτερ, | ϲυνεπίϲπεο ϲῶν τέκνων [ἁγ]νῶι [...]ωι· – 'O Muse, sanftäugige Mutter, folge dem reinen (Geschlecht? – [γόν]ωι) deiner Kinder.' Angesichts der im Haupttext aufgeführten Stellen für die Konzeption 'Muse = Mutter des Dichters' erschließt sich der Sinn dieses Skolions ohne Schwierigkeiten. Die Angabe im Papyrus,

(b) Die Inspirationsgottheit ernährt und zieht auf

Muse: Pi. *O.* 1.112 [6.18]; 10.95–96; fr. 70a.14 [9.48]; fr. 352; B. 3.92 [7.17]; Philoxenos v. Kythera 815.69–71; vgl. auch *Od.* 22.347–348 [9.49]; B. 19.35.

Charis: Pi. *O.* 7.11 [9.17].

(c) Die Inspirationsgottheit lehrt den Dichter

Muse: *Od.* 8.481 [11.85]; 8.488; Hes. *Th.* 22; *Op.* 662; Sol. 13.51.

(d) Die Inspirationsgottheit liebt den Dichter

Muse: *Od.* 8.63; 8.481; Hes. *Th.* 96–97 (= *hh* 25.4–5) [8.3]; Pi. fr. 155.2.

(e) Die Inspirationsgottheit schenkt den Gesang

Muse: *Od.* 8.44; Hes. *Th.* 30; 93; 104; *hh* 10.5; Archil. 1.2; Alkm. 59b.1–2; Sol. 13.51; Sapph. 32;[7] 44Ab.5;[8] 58.11;[9] Alk. 309;[10] Thgn. 250; Anakr. 346.11.8–9; *eleg.* 2.3; Simon. *eleg.* 11.16–17; Pi. *O.* 7.7 [8.76]; B. 3.3; 5.4 [3.103]; 19.3–4 [11.35]; fr. 55.2 [6.41]; Korinna 654.ii.13–14.[11]

(f) Die Inspirationsgottheit treibt den Dichter an

Muse: *Od.* 8.73 [11.84]; Hes. *Th.* 33; Pi. fr. 151; B. 2.11; Korinna 655.1–2.[12]

(g) Die Inspirationsgottheit setzt den Dichter in sein Amt ein[13]

Muse: Pi. fr. 70b.25 [2.10]; vgl. Pratinas 708.6.

(h) Die Inspirationsgottheit ist eine militärische Verbündete

Muse: Simon. *eleg.* 11.21.

(i) Der Dichter ist ein Diener der Inspirationsgottheit

Muse: Hes. *Th.* 100; *hh* 32.20; [Hom.] *Margites* 1.2; Sapph. 150.1; Thgn. 769 [2.9]; B. 5.13–14 [16.5]; 5.192–193; fr. 63.1; Choirilos fr. 2.2

daß es sich um ein Lied an Mnemosyne handelt, kann daher kaum richtig sein.

[7] αἴ με τιμίαν ἐπόησαν ἔργα τὰ σφὰ δοῖσαι – 'Die mich dadurch zu einer geehrten machten, daß sie mir ihre Werke (sc. die Dichtkunst) gaben'. Volger hat im frühen 19. Jh. die plausible Vermutung geäußert, daß die Musen gemeint sind (s. Voigt, z.St.).

[8] Vgl. Voigt z.St.

[9] Vgl. Voigt z.St.

[10] Vgl. Voigt z.St.

[11] Vgl. Campbell in der Loeb-Ausgabe (1992, 28–29) z.St.

[12] Mit der Ergänzung von West (1970, 282), vgl. Loeb-Ausgabe (1992, 36–37).

[13] Vgl. Rigveda 7.88.4.

Bernabé [9.21];[14] vgl. auch *hHerm* 450; Pi. *P.* 3.109.[15]

(j) Der Dichter ist ein Priester der Inspirationsgottheit

Muse: Pi. fr. 52f.6; 150; B. 9.3; vgl. auch Pi. fr. 75.13; 94a.5; *mel. adesp.* 941 [8.15].[16]

---

[14] Nicht berücksichtigt ist Archil. 1 (εἰμὶ δ' ἐγὼ θεράπων μὲν 'Ενυαλίοιο ἄνακτος | καὶ Μουςέων ἐρατὸν δῶρον ἐπιςτάμενος – 'Ich bin der Diener des Herrn Enyalios (≈ Ares), auch auf der Muse liebliches Geschenk verstehe ich mich'). Die Möglichkeit, Μουςέων auch mit θεράπων zu verbinden, wird von den meisten Erklärern abgelehnt.

[15] **FL** Ar. *Av.* 909; 913; Lobon von Argos fr. 506 SH; Archil. test. 67 Tarditi.

[16] **FL** Die Konzeption des *Musarum sacerdos* (Hor. *c.* 3.1.3) und des *vates* ist zentraler Bestandteil der römischen Dichtungsauffassung (Newman 1967). Die *vates*-Konzeption hat überdies über Klopstock nachhaltig auf die deutsche Klassik eingewirkt (Vöhler 1997, 19ff.).

C. Zusammenfassende Auswertung

Die Auswertung der im vorstehenden detailliert vorgeführten poetologischen Bilder in der frühgriechischen Dichtung erfolgt in fünf Schritten:

(a) In Fortführung der bisher eingenommenen Perspektive werden zunächst die *Bilder in ihrer Gesamtheit* in den Blick genommen. Ausgangspunkt ist die Frage, was für Inhalte die poetologischen Bilder vermitteln. Daran schließt die Frage an, in welchem Verhältnis die einzelnen Bilder und Bildkomplexe zueinander stehen. Im weitern ist zu diskutieren, wie das Verhältnis von bildlichem und nicht-bildlichem dichterischem Programm grundsätzlich einzuschätzen ist.

(b) Sodann verlagert sich die Aufmerksamkeit mit einem Perspektivenwechsel auf die *einzelnen Dichter*. In einem chronologischen Gang durch die frühgriechische Literaturepoche wird kurz zusammengefaßt, welche der über die verschiedenen Kapitel verteilten Bilder und Bildkomplexe die Dichter benutzen. Wann immer das Material dazu ausreicht, werden außerdem Angaben dazu gemacht, in welcher Form der einzelne Dichter poetologische Bildersprache umsetzt.

(c) Im Anschluß an die Behandlung der einzelnen Autoren wird gefragt, ob innerhalb des gesamten untersuchten Textkorpus *allgemeine autorenübergreifende Tendenzen* auszumachen sind. Dabei ist zu klären, ob eine solche Tendenz eine Zeiterscheinung ist, ein Gattungsspezifikum darstellt oder mit der Thematik der Texte zusammenhängt.

(d) Der vierte Abschnitt widmet sich einem Thema, dessen Behandlung im Hauptteil zurückgestellt worden ist, um den Argumentationsfluß nicht zu hemmen. In einer kurzen Zusammenschau werden die Aussagen der Dichter zur *Verbreitung* ihrer Lieder zusammengestellt. Diese Aussagen bilden die Grundlage für eine kurze Behandlung des Problems von Mündlichkeit und Schriftlichkeit.

(e) Abschließend werden in einem kurzen *Fazit* die Ergebnisse der vorliegenden Arbeit zusammengefaßt und in den weiteren Rahmen der gegenwärtigen Lyrikforschung gestellt.

(a) Die poetologischen Bilder in ihrer Gesamtheit

Zunächst ist als Ergebnis festzuhalten, daß die wichtigeren und umfangreicheren poetologischen Bildkomplexe auch in nicht- und meist vor-griechischen Literaturen nachgewiesen werden können. Für dieses Phänomen gibt es grundsätzlich drei Erklärungsmöglichkeiten: (1) Es handelt sich um spontane Parallelschöpfungen, unabhängig und in Unkenntnis von entsprechenden Parallelen. (2) Die Bilder sind tradiert. (3) Die Bilder sind entlehnt.

Eine grundsätzliche Entscheidung zwischen diesen Möglichkeiten ist zum gegenwärtigen Zeitpunkt nicht möglich. Die vor-griechische Dichtersprache wurde lange Zeit fast ausschließlich im Bereich der indogermanischen Sprachen untersucht. Entsprechend ist die poetologische Bildersprache der gemein-indogermanischen Dichtersprache relativ gut erforscht,[1] aber die Sprachen der semitischen Nachbarvölker bleiben dabei definitionsgemäß unberücksichtigt. Eine systematische Erforschung des kulturellen Austauschs mit den vorderasiatischen Völkern hat erst in den vergangenen zwei Jahrzehnten begonnen und befindet sich – trotz wichtiger Arbeiten wie Burkert 1992 (≈ 1984) oder West 1997 – nach wie vor in einem Anfangsstadium. Das gilt auch und im besonderen für das vorliegende Thema. Die unterschiedlichen Forschungstraditionen und die hohen Anforderungen an den einzelnen Forscher (Materialfülle, Sprachkompetenz usw.) werden rasche Fortschritte kaum zulassen. Als Interimslösung wird in dieser Arbeit durch den (notgedrungen punktuellen und methodisch zweifellos zu optimierenden) Einbezug semitischer Texte angedeutet, daß der Nachweis einer indogermanischen Parallele nicht von vornherein ausschließt, daß das Bild Teil einer *allgemeinen* Dichtersprache ist.[2] Im Grundsätzlichen besteht daher Übereinstimmung mit den Argumenten, die West (1997, viii–ix) für die Relevanz vorderasiatischer Parallelen vorgelegt hat. Wenn er diese anführt "as evidence that the concept, the

---

[1] Vgl. die einschlägigen Arbeiten von Schmitt 1967, Durante 1968 und 1968a, Dunkel 1979, Campanile 1990, Klein 1992, Watkins 1995.

[2] Indogermanistische Arbeiten suggerieren gelegentlich (z.T. wohl ungewollt) einen entsprechenden Exklusivitätsanspruch: "Wenn es sich nun aber um eine solche 'Elementarparallele' [= spontane Parallelschöpfung] handelt, kann man ebenso naiv wie durchschlagend fragen, warum diese nicht auch schon gemein-indogermanisch gewesen sein soll?" (Schmitt 1967, 4); vgl. Campanile (1990, 71): "dobbiamo, cioè, riconoscere in essa un elemento della cultura poetica indoeuropea, che testimonia come l'elaborazione di formule guaritrici rientrasse nella competenza del poeta. Solo la volontà di sfuggire a questa conclusione ovvia può suggerire l'ipotesi di un prestito dalla cultura indiana a quelle occidentali (Eis 1964, 7) o può spingere a vedere in queste formule creazioni parallele ma reciprocamente indipendenti (Fromm 1967, 111) o a parlare addirittura di mera comunanza tipologica (Schlerath 1962)." – Diese (bisweilen wohl auch politisch motivierte) Forschungstradition hat z.B. zur Folge, daß Martin West seine Studie zu den vorderasiatischen Parallelen ('The East Face of Helicon', 1997) als "large and *shocking* book" angekündigt hat (1994, 1 Anm. 1; Hervorhebung: R.N.).

form of expression, or whatever, was current in one or more of the West Asiatic literatures and might have come into Greek literature from the East" (viii), wird man am besten auf weitere systematische Forschungsergebnisse warten, wie West sie selbst ankündigt,[3] und die Frage 'Spontane Parallelschöpfung, indogermanisches Erbe oder Entlehnung/Einfluß aus dem Semitischen?' vorerst offen lassen.

Angesichts des Befunds, daß die meisten poetologischen Bilder der frühgriechischen Dichtung bereits in früheren Literaturen nachweisbar sind, wird Versuchen, für bestimmte Bilder einen griechischen πρῶτος εὑρετής zu finden, vollends der Boden entzogen.[4] Umgekehrt könnte die große räumliche und zeitliche Verbreitung der Bilder Zweifel an der Berechtigung aufkommen lassen, aus diesen 'konventionellen' Bildern Rückschlüsse auf die Selbsteinschätzung der Dichter zu ziehen. Dem ist entgegenzuhalten, daß die Dichter in dem Bereich, der maßgeblich von ihnen selbst handelt, Bildersprache doch wohl bewußt und gezielt einsetzen. Daß sie zur Beschreibung ihrer eigenen Tätigkeit auf sinnentleerte 'Formeln' zurückgreifen, ist wenig wahrscheinlich. Außerdem ist an die in der Einleitung (S. 7) ausführlicher begründete Unterscheidung zwischen Konzeption und sprachlicher Formulierung zu erinnern. Auch wenn der Dichter eine gängige Vorstellung (einen 'Topos') übernimmt, kann er sie dennoch 'lebendig' umsetzen. Freilich ist aus den in der Einleitung (S. 3ff.) dargelegten Gründen nach heutigem Kenntnisstand eine Entscheidung darüber meist nicht mehr möglich, wo dies der Fall ist. Aufgrund der angenommenen bewußten Bilderverwendung seitens der Dichter wird man aber nicht allzu oft fehlgehen, wenn man von einer 'Lebendigkeit' des poetologischen Bildes ausgeht.

Als weiteres bemerkenswertes Charakteristikum der hier untersuchten Bilder ist ihre hohe *Anschaulichkeit* zu nennen, die sich insbesondere im Vergleich mit der modernen Lyrik zeigt (Gentili 1990, 1). Die Anschaulichkeit der Bilder ermöglicht es dem Dichter, einen letztlich schwer faß- und beschreibbaren Vorgang – daran hat sich bis heute wenig geändert – in die Erfahrungs- und Erlebniswelt der Alltagsgegenwart einzubinden und damit eher verständlich zu machen. Ein weiteres Merkmal dieser Anschaulichkeit besteht darin, daß die Dichter einen namhaften Teil ihrer poetologischen Bilder aus dem unmittelbaren Um-

[3] In den ersten zwei Abschnitten seines 'Preface' macht West (1997, vii) deutlich, daß die Untersuchung der vorderasiatischen Parallelen als Teil eines größeren Projekts anzusehen ist, das auch zum Ziel hat, "to assess how much the (sc. Greek epic) tradition owed to Indo-European inheritance".

[4] In der Tat waren diese Versuche angesichts der bruchstückhaften Überlieferung schon immer problematisch. Entsprechend divergierten die Resultate. So stammt z.B. das Bild des Musenwagens nach Maehler (1963, 92 Anm. 1) "wahrscheinlich von Simonides"; für Harriott (1969, 69) dagegen ist es "probably his (sc. Pindar's) own invention".

feld des Ereignisses beziehen, das (im weitesten Sinn) Anlaß für das jeweilige Lied gewesen ist. Die Folge ist, daß Dichter und Publikum die Bilder ganz unmittelbar vor dem geistigen (gelegentlich auch dem realen) Auge präsent haben. Die weitere Konsequenz ist, daß die Eindrücke sich gegenseitig verstärken und daß die verwendeten Bilder einen hohen Appellcharakter aufweisen, wodurch sie integrativ und identifikationsstiftend werden.

Nicht weniger signifikant ist die *Vielfalt* der Bildkomplexe. Die verschiedensten Bereiche, Formen und Situationen der menschlichen Erfahrungswelt dienen als Fundus für poetologische Bilder. Ein zentrales Gebiet, das bewußt oder unbewußt ausgeklammert wird, läßt sich nicht nachweisen.[5] Jeder einzelne dieser Bildbereiche vermag seinerseits wieder eine Vielzahl von Assoziationsfeldern zu evozieren, so daß die Anzahl der durch die poetologischen Bilder vermittelten Inhalte fast ins Unendliche wächst. Der Fülle dieser möglichen Inhalte soll im folgenden etwas nachgegangen werden.

Ein auffälliges Merkmal dieser Fülle besteht darin, daß die Dichter ihre poetologischen Bilder aus so weit gestreuten Zusammenhängen beziehen, daß einzelne der vermittelten Inhalte einander auf den ersten Blick zu widersprechen scheinen. Freilich handelt es sich dabei lediglich um scheinbare Widersprüche, die sich eher komplementär als konträr zueinander verhalten.

Eine dieser Gegenüberstellungen läßt sich mit der Begriffsopposition 'Finden-Imitieren vs. Schaffen-Formen' auf den Punkt bringen. Auf der einen Seite steht der zumal in den Vogel-Vergleichungen (Kap. 1) dominierende Gedanke der Mimesis, der suggeriert, daß der Dichter seinen Gegenstand *vor*findet und etwas bereits Vorhandenes imitiert. Auf der anderen Seite werden insbesondere viele Handwerks-Bilder (Kap. 3) von der Vorstellung beherrscht, daß der Dichter sein Lied (das 'Produkt') durch seine formende Tätigkeit überhaupt erst hervorbringt (d.h. *er*findet). Eine analoge Gegenüberstellung läßt sich im Bereich der nicht-figurativen immanenten Poetik nachweisen: der 'Gegensatz' zwischen göttlicher Inspiration (Kap. 21) und dem Erlernen der Dichtkunst, der ebenfalls eine Spannung zwischen einem 'passiven' und einem 'aktiven' Dichter zur Folge hat.[6] Daß auch diese Gegenüberstellung im wesentlichen komplementär und nicht ausschließend ist, läßt sich zumal an Pindar zeigen. Obwohl er gegen diejenigen polemisiert, die *nur* gelernt haben und nicht über die notwendige φυά verfügen (z.B. *O.* 2.86–87 [1.44]), erkennt er durchaus an, daß Dichtung ein 'Handwerk' ist, das erlernt werden muß (z.B. fr. 52k.39).

---

[5] Eine Ausnahme von dieser Regel wird unten S. 355ff. diskutiert.

[6] Für die Thematik 'Erlernen' (der Dichtkunst) sind – in Ergänzung zu den Andeutungen im Kapitel 3 – insbesondere folgende Wörter (und Ableitungen) wichtig: *δάω, ἐπίσταμαι, μανθάνω, οἶδα, σοφία.

Schon eine der ältesten erhaltenen Selbsteinschätzungen eines griechischen Dichters hatte mit dieser scheinbaren Gegensätzlichkeit zwischen Inspiration und Erlernen operiert:

Od. 22.347–348 (Phemios zu Odysseus):

αὐτοδίδακτος δ' εἰμί, θεὸς δέ μοι ἐν φρεσὶν οἴμας
παντοίας ἐνέφυσεν·

'Selbstgelehrt bin ich, und ein Gott hat mir vielfältige (Lied-)Pfade in den Sinn gepflanzt'. — [9.49], [11.86]

Im Unterschied zu zahlreichen Interpreten vor ihr, die jeweils eine der beiden Hälften als Hauptaussage auffaßten, insistiert P. Murray (1981, 97) zu Recht darauf, daß "the two halves of Phemius' statement are therefore complementary rather than contradictory". Sie sind Zeichen dafür, wie facettenreich die frühgriechische Auffassung des Dichterberufs ist. Überhaupt sollte deutlich geworden sein, daß es niemals das Ziel einer Untersuchung wie der vorliegenden sein kann, die beiden Hälften einer solchen Gegenüberstellung gegeneinander auszuspielen oder gar zu entscheiden, welcher von beiden der Vorzug zu geben ist.[7] Vielmehr sollen die einzelnen divergierenden, teilweise direkt konträren Aspekte in ihrer Vielschichtigkeit und Vielfalt nebeneinander stehen bleiben. Die vorliegende Studie erbringt den Nachweis, daß gerade diese Vielschichtigkeit ein zentrales Charakteristikum der Selbsteinschätzung frühgriechischer Dichter ist. Forschungsbeiträge, die sich mit einzelnen Bildern auseinandersetzen, laufen latent Gefahr, einseitige Schlüsse zu ziehen und die Vielfalt unnötig einzuschränken.[8]

Gelegentlich kann diese Dialektik sogar in einem einzelnen Bild auftreten. So rufen z.B. Sapphos 'Rosen aus Pierien' (55 [9.1]) einerseits den Eindruck des Zarten, Anmutigen, Reizenden und damit Vergänglichen hervor, sind aber andererseits gerade dadurch gekennzeichnet, daß sie unvergänglich sind. Diese Spannung von 'Natur' und 'Kultur' kommt in mehreren Vergleichungskomplexen zum Ausdruck, wenn Dichtung als kulturelles Phänomen *par excellence* mit Natur-Bildern umschrieben wird (Kap. 1, 7, 8 und 9). Ein bemerkenswertes Bild

[7] Anders z.B. Gentili 1989, 6: "già Omero, nell'*Odissea* (17.382 sgg.), riconduce esplicitamente l'aedo alla categoria degli artigiani (demiurghi), ponendolo sullo stesso piano dell'indovino, del medico e del carpentiere. Il fare poetico non si colloca a livello *creativo-estetico* ma *euristico-imitativo*, come riproduzione sia del dato naturale sia dei modelli poetici tradizionali." Der Widerspruch in Gentilis Argumentation zeigt sich spätestens in der Fußnote zum zitierten Passus, wo er sich zu Recht gegen Havelocks Auffassung der Handwerksmetaphern richtet, zugleich aber gewissermaßen sich selbst widerlegt (1989, 6 Anm. 4): "In realtà un'analisi dei termini pertinenti al fare poetico, usati già nei poemi omerici, mostra come il narrare e, più in generale, il parlare abilmente, fossero sentiti come capacità tecnica di costruire il discorso. Questo è il senso che ha in Omero l'epiteto *artiepés*, attribuito ad Achille (*Il.* 22.281) [Hinweis auf Calame 1977a]. Tale il valore anche di altri termini connotanti la composizione poetica, quali *thésis*, *synthesis*, *syntíthemi*, *kósmos epéon* ecc."

[8] Eine Auseinandersetzung mit solchen Arbeiten erfolgt in den jeweiligen Kapiteln: S. 69 Anm. 5, 110 Anm. 56, 124f., 134 Anm. 20, 178 Anm. 1.

ist in diesem Zusammenhang der Kranz [9.29ff.], weil er die gelungene Vermittlung zwischen 'Natur' und 'Kultur' unmittelbar anschaulich werden läßt.

Im weiteren kommt die Vielfalt der poetologischen Bilder darin zum Ausdruck, daß die Dichter die im Bildkomplex angelegten möglichen Ausformungen auf vielfältige Weise umsetzen. So fällt z.B. bei den Bildern, die dem *sinnlich-ästhetischen* Bereich zuzuordnen sind, auf, daß sie sich auf sämtliche fünf Sinne erstrecken. Besonders zahlreich sind die Bilder, die (1) die *visuellen* Qualitäten von Dichtung zum Ausdruck bringen. Zu erwähnen ist zunächst der Bildkomplex Licht (Kap. 7), dann aber auch die Blumen-, Blüten- und Kranz-Bilder (Kap. 9), die verschiedenen Erzeugnisse der Handwerkskunst (Kap. 3), insbesondere die Vergleichung mit der bildenden Kunst (Marmorstatuen usw.), der Metall- (Gold!) und der Textilverarbeitung, die ihrerseits auch in die Thematik Körperschmuck (Mitra usw.: Kap. 10) hineinreicht. Hinweise auf (2) *akustische* Qualitäten drängen sich beim Thema Lied-Dichtung auf und finden sich auch in zahlreichen nicht-figurativen Passagen. In figurativer Form liegen sie vor allem in den Belegen der Vogel-Mimesis (Kap. 1) vor. Die (3) *geschmackliche* Besonderheit von Dichtung äußert sich vor allem in den überaus zahlreichen Honig-Vergleichungen (Kap. 18). Sie schwingt aber auch bei den poetologischen Speisen [19.19ff.] und beim Wein mit, der in den Bildern des Mischens und Kredenzens [8.60ff.] eine wichtige Rolle spielt. Die (4) *taktilen* Eigenschaften kommen dann zum Ausdruck, wenn von der erfrischenden Wirkung des Wassers (Kap. 8) die Rede ist. Die (5) *olfaktorischen* Qualitäten sind nicht eigens thematisiert, sind aber sowohl bei den Blumen (Kap. 9) wie auch beim Wein (Kap. 8) mitzudenken.

Die Verbindung des primär akustischen *tenor* 'Dichtung' mit einem sinnlich-ästhetischen *vehicle* resultiert – mit Ausnahme von (2) – in einem *synästhetischen Spannungsverhältnis*.[9] Diese Synästhesie wird gelegentlich durch ein das Akustische bezeichnendes Wort zusätzlich hervorgehoben.[10]

Auch was *berufliche und andere Tätigkeiten* betrifft, dokumentieren die poetologischen Vergleichungen eine vielfältige Bilderverwendung. Daß dabei Tätigkeiten überwiegen, die ein hohes soziales Prestige genießen oder emotional ansprechen, dürfte kaum erstaunen. Die zahlreichen Demiurgen-Vergleichungen (Bote/Herold, Handwerker, Arzt[11]) weisen den Dichter als Spezialisten aus, dessen Kompetenz so wichtig ist, daß man ihn gelegentlich von außerhalb der

---

[9] Zur Geschichte und Anwendung des Begriffs 'Synästhesie' vgl. Schrader 1969, 11–55.

[10] Z.B. die 'klingend bestickte Mitra' (μίτραν καναχηδὰ πεποικιλμέναν, Pi. *N.* 8.15 [10.3]).

[11] Demiurgen sind nach *Od.* 17.384–385: μάντιν ἢ ἰητῆρα κακῶν ἢ τέκτονα δούρων, | ἢ καὶ θέσπιν ἀοιδόν, ὅ κεν τέρπῃσιν ἀείδων, 19.135 nennt noch die κήρυκες; vgl. auch Sol. 13.43–58 und Emp. VS 31 B 146.

eigenen Gemeinschaft engagiert. Bei mehreren dieser Berufe (vgl. auch den 'Musenpriester' [Kap. 21] und die Libations-Bilder im Kap. 8) spielt die Vermittlungsfunktion zwischen Göttern und Menschen hinein, die dem Dichter eine Sonderstellung zwischen den beiden Lebensbereichen einräumt: Der Bote/Herold vermittelt eine von den Göttern autorisierte Botschaft. Der Priester fungiert als 'Dolmetscher' zwischen Göttern und Menschen. Der Dichter-Arzt, der das Leben zwar nur verlängern und nicht ewiges Leben garantieren kann, vermag wenigstens für die unendliche Verbreitung des κλέος der Besungenen zu sorgen. Die Bedeutung von landwirtschaftlichen Vergleichungen wiederum liegt in einer agrarischen Gesellschaft auf der Hand.

Außerdem sind Bilder aus dem sportlichen Agon zu nennen, namentlich Reiten und Wagenrennen (Kap. 12), die der Oberschicht vorbehalten sind. Ähnliches gilt für die Bilder mit Bezug zum Symposion (Kap. 8, 9) und zu allen Formen des Götterkults. Dabei handelt es sich um Tätigkeiten, die für das Leben der Gemeinschaft von zentraler Bedeutung sind, sich an Feiertagen und in der 'Freizeit' abspielen und daher *a priori* nicht allen zugänglich sind. Dadurch, daß der Dichter sich in der Funktion eines Priesters oder eines Symposiarchen darstellt, versetzt er sich in den Kreis der Personen, die den Lauf des gesellschaftlichen Lebens mitbestimmen. Nicht zuletzt geben die impliziten oder expliziten Parallelisierungen zwischen den Dichtern und den Mächtigen (z.B. Hes. *Th.* 80ff., vgl. [8.3]; Ibyk. S151.46–48; Pi. *O.* 1.115–116 [7.30]) einen Hinweis darauf, wo die Dichter sich innerhalb der Gesellschaft situieren. Das gilt auch für die Stellen, an denen der Dichter sich auf die ξενία beruft (Kap. 16). Zudem genießt er als erfolgreicher Athlet (Kap. 6) öffentliche Anerkennung, ja Bewunderung.[12]

Hinsichtlich der *Werte*, die sie mit ihren poetologischen Bildern vermitteln, vertreten die Dichter eine differenzierte Auffassung. Auf der einen Seite nehmen sie in den Vergleichungen wiederholt Bezug auf materielle Güter (z.B. in den Gold-Vergleichungen) oder sprechen scheinbar ganz unverblümt vom materiellen Gewinn, der für den Adressaten und den Dichter dabei herausspringt (Kap. 15). Aber gerade Stellen wie Pi. *I.* 1.50–51 [15.16] oder Simon. 531.1–5 [3.87] zeigen, daß der wahre 'Gewinn' der Dichtung eben immateriell ist.

Am weitesten gefächert dürften die Assoziationsfelder bei den beiden Grundelementen Wasser (Kap. 8) und Licht (Kap. 7) sein. Beiden ist gemeinsam, daß sie das Leben als solches überhaupt erst ermöglichen. Sie sind lebensspendend in

---

[12] An dieser Stelle ist daran zu erinnern, daß es sich um poetologische *Bilder* handelt. Ob und zu welchem Grad sie der 'Realität' entsprechen, muß offenbleiben (vgl. oben S. 23). Zu welchen Fehldeutungen man kommen kann, wenn man die Bilder und Selbstaussagen einfach zum Nennwert nimmt, läßt sich besonders deutlich an Hipponax zeigen, den man viel zu lange für einen "hungrigen Kläffer, der den Leuten an die Beine fährt", gehalten hat (so noch Lesky 1971, 141; vgl. jetzt Degani 1984; Latacz 1998, 284–305).

einem ganz konkreten Sinn. Wasser wird dadurch zu einer überaus kostbaren Sache.[13] Daneben hat es große Bedeutung im Kult: als Reinigungs- und als Spendeflüssigkeit. Eben deshalb befinden sich sehr viele Heiligtümer in unmittelbarer Nähe von Quellen, Bächen und Flüssen. Der Aspekt des Göttlichen schwingt auch im Regen mit, der ja 'von Zeus' kommt, oder in der Darstellung des Wassers als Naturgewalt. Im sinnlich-ästhetischen Bereich spielen neben den bereits erwähnten taktilen Qualitäten (angenehm erfrischend) auch visuelle eine Rolle (*locus amoenus*). Nicht zuletzt sind Wasserläufe und stehende Gewässer als Transportwege wichtig.

Auch das Licht ist göttlicher Herkunft, was zumal in den Gestirnsvergleichungen zum Ausdruck kommt. Im weiteren ist es das Licht, das den Menschen die Dinge (im wörtlichen Sinn) erkennen läßt und sich deshalb besonders gut als Metapher für das Erkennen im übertragenen Sinn eignet. Das Licht des Lieds befördert die Erkenntnis. Das Licht ist damit praktisch das einzige poetologische Bild, das einen 'intellektuellen' Inhalt vermittelt. Sonst wird dieser Aspekt zumeist mit abstrakten Begriffen zum Ausdruck gebracht (vgl. Anm. 6). Wie fast alle hier untersuchten Bildkomplexe weisen 'Licht' und die mit ihm verwandten Konzeptionen (strahlen, glänzen, brillieren) ausgesprochen positive Konnotationen auf: Leben (im Unterschied zum Dunkel des Todes), Freude, Hoffnung, Glück, Schönheit, Erfolg, Ruhm, Rettung, Wärme – kurz: Licht zieht die Aufmerksamkeit auf sich.

Im vorstehenden ist versucht worden, einen Eindruck von der außergewöhnlichen Fülle der Inhalte und möglichen Assoziationen der poetologischen Bilder zu vermitteln. Der 'Assoziationen-Katalog' bleibt dabei notgedrungen fragmentarisch. Welche Assoziationen Dichter und Publikum tatsächlich mit den Bildern verbunden haben, läßt sich nicht mit der nötigen Sicherheit ermitteln. Die Assoziationen von Dichter und Publikum können auch nicht kongruent gewesen sein. Denn durch die Formulierung seiner immanenten Poetik in figurativer Sprache verliert der Dichter etwas die Kontrolle über die Interpretation, weil eine figurative Poetik gewissermaßen eine 'offene' Poetik ist.

Damit ist die Frage nach dem *Verhältnis von figurativer und nicht-figurativer immanenter Poetik* gestellt: Auch wenn die nicht-figurativen programmatischen Aussagen im Rahmen der vorliegenden Arbeit nicht umfassend aufgearbeitet werden können, ist kaum zu bezweifeln, daß sie umfang- und bedeutungsmäßig hinter der Bildersprache zurückbleiben. Dieser Befund ist nicht wirklich überraschend. Denn nach allem, was man über die frühgriechische Literaturepoche

[13] Als Angehöriger einer Industrienation des ausgehenden 20. Jh. vergißt man diese materielle Bedeutung des Wassers nur zu leicht, doch genügt ein Blick z.B. auf den 'Wasserkrieg' im Nahen Osten, um sie sich klar zu machen.

weiß, ist es ausgesprochen unwahrscheinlich, daß zu diesem Zeitpunkt eine ausgedehnte nicht-bildliche Poetik-Terminologie bestanden hat. Prosa und mit ihr die 'Verwissenschaftlichung' der Sprache werden erst in dieser Periode entwikkelt. Eine der Folgen davon ist, daß die (ungefähr vom 5. Jh. an greifbare) 'literaturwissenschaftliche' Terminologie zu einem nicht geringen Maß auf der poetologischen Bildersprache basiert, die die Dichter vorgeprägt haben.[14]

Aber selbst wenn eine nicht-bildliche Terminologie bereits vorhanden gewesen wäre, hätten die Dichter kaum im großen Stil auf sie zurückgegriffen. Denn die sprachliche Form der Poetik ist von der literarischen Gattung abhängig, in der sie erscheint. Selbst wenn die Texte vom gleichen Autor stammen, kann die (poetologische) Sprache eines Texts in gebundener Form nicht mit der eines Prosa-Traktats identisch sein.[15] Sämtliche hier untersuchten Texte sind dichterische Texte. Die in ihnen zum Ausdruck gebrachten poetologischen Aussagen sind dadurch von einer außergewöhnlichen Komplexität, daß der poetische Text nicht nur sagen kann, was Dichtung ist, sondern gleich selbst die Probe aufs Exempel liefern muß. Der (gelungene) dichterische Text läßt seine Poetik unmittelbar anschaulich werden und ist daher latent selbstreflexiv. 'Theoretische' Zielsetzung und 'praktische' Umsetzung gehen dabei Hand in Hand. Auf diesem Hintergrund ist das Überwiegen der poetologischen *Bilder*sprache eigentlich nur die logische Konsequenz. Auch wenn heute zu Recht betont wird, daß Dichtung keinen Exklusivanspruch auf Bildersprache im allgemeinen und Metaphorik im speziellen erheben kann (z.B. Kurz 1993, 8), handelt es sich dennoch um ausgesprochen 'poetische' Elemente der literarischen Rhetorik. Somit ist anzunehmen, daß die oben angedeutete Frage, ob der Dichter auch nicht-figurative Ausdrucksmöglichkeiten gehabt hätte, sich in dieser Form dem Dichter meist gar nicht gestellt hat.[16]

---

[14] Z.B. κόϲμοϲ und κοϲμέω (Kap. 3), weitere Beispiele bei Verdenius (1983) und Richardson (1985).

[15] In diesem Zusammenhang wäre es interessant zu wissen, in was für einer Terminologie Sophokles den Traktat περὶ τοῦ χοροῦ (was immer damit gemeint ist) verfaßt hat, den er der Suda zufolge geschrieben haben soll.

[16] Am Primat der Bildersprache in der Poetologie der Lyrik hat sich dementsprechend bis in die Neuzeit wenig geändert. Pape (1987, 87) hält – mit Blick auf lyrische Texte der Moderne – fest, daß "den Metaphern, den Symbolen oder Allegorien für Dichtung, Dichten oder den Dichter [...] in poetologischer Lyrik zentrale Bedeutung" zukommt.

(b) Die einzelnen Dichter und ihr poetologischen Bilder

War bisher vornehmlich von den qualitativen Aspekten der Bilder die Rede gewesen, kommen im vorliegenden Abschnitt vermehrt auch quantitative Argumente zum Tragen.[17] Auf das erneute Zitieren von Stellen wird dabei verzichtet. Die aus einer Zusammenschau der Stellen resultierenden Schlüsse lassen sich mit Hilfe der Querverweise leicht nachprüfen.

Die nachfolgenden Zusammenfassungen zu den einzelnen Autoren verfolgen ein limitiertes Ziel. Es handelt sich um eine summarische Beantwortung der Frage, welche poetologischen Bilder die Autoren verwenden. Wann immer die Materialfülle es zuläßt, wird die Zusammenstellung um weitere Fragen ergänzt: Wie wird poetologische Bildersprache umgesetzt? Wo? Wie oft? Insgesamt beschränken sich die Aussagen auf die poetologische Bildersprache. Eine Zusammenführung mit anderen Aspekten des Œuvres der jeweiligen Dichter würde je einzelne Spezialstudien erforderlich machen.

Die Behandlung der Autoren erfolgt im wesentlichen chronologisch, gelegentlich (mit Blick auf Abschnitt c) in Kombination mit der Kategorie 'Gattung'. Die in Klammern beigefügten Grobdatierungen dienen lediglich der ungefähren Orientierung. Spezifische Datierungsfragen können aus den in der Einleitung (S. 27) dargelegten Gründen für die vorliegende Fragestellung weitgehend vernachlässigt werden.[18]

ILIAS und *ODYSSEE* (2. Hälfte 8. Jh.)

Bildersprache, die sich spezifisch auf die *dichterische* Rede bezieht, findet sich in der *Ilias* so gut wie gar nicht. Dagegen konnte eine Reihe von (meist als Vorstufen dokumentierten) Belegen nachgewiesen werden, die das allgemeine Reden in Bilder kleiden und damit eine entfernte Verwandtschaft mit den poetologischen Bildern aufweisen. Daß der Ilias-Dichter dennoch ein Bewußtsein für seine Kunst erkennen läßt, ist an der Schmiedeszene des 18. Buches gezeigt worden (im Anschluß an [3.1]). Daneben gibt es nicht-bildliche Szenen, etwa Achilleus' Leierspiel (9.186–191) oder die Thamyris-Episode (2.594–600), die die Selbsteinschätzung des Aoiden indirekt zum Ausdruck bringen. Dennoch ist insbesondere im Vergleich mit der *Odyssee* offensichtlich, daß Poetologie – zumal in Form von Bildersprache – in der *Ilias* von eher marginaler Bedeutung ist.

Die *Odyssee* hingegen verfügt über eine vielschichtige immanente Poetik. An einem guten Dutzend Stellen bedient sie sich poetologischer Bilder, die sich auf

[17] Freilich behalten die in der Einleitung (S. 25f.) gemachten Vorbehalte gegenüber quantitativen Aussagen ihre Gültigkeit. Die 1992 erstmals publizierten Simonides-Elegien haben klar in Erinnerung gerufen, wie unsicher und provisorisch die Textgrundlage in der frühgriechischen Lyrik ist.

[18] In diesem Abschnitt sind nicht berücksichtigt: Adespota (mit Ausnahme der homerischen Hymnen, s. Anm. 23) und allgemein anerkannte Spuria (z.B. [Hes.] *Sc.*).

mehrere Bildbereiche verteilen.[19] Die bildlichen Aussagen und die nicht-bildlichen (v.a. die 'Porträts' von Demodokos und Phemios) lassen sich so zu einer ziemlich kohärenten Darstellung des homerischen Sängers ergänzen. Die Skizze einer solchen Darstellung ist in der Einleitung (S. 14ff.) vorgelegt worden.

Woher rührt dieser Unterschied zwischen *Ilias* und *Odyssee*? Den markanten Anstieg auf eine zwischen *Ilias* und *Odyssee* anzusetzende Entwicklung zurückzuführen widerspricht jeder Wahrscheinlichkeit. Eine solche Vermutung verträgt sich weder mit den für Oral poetry erschlossenen Entstehungsbedingungen noch mit den vorgriechischen Parallelen. Die Annahme verschiedener Verfasser ist als Begründung nicht unmöglich, steht aber im Verdacht, eine *petitio principii* zu sein. Am plausibelsten dürfte die je verschiedene Thematik sein. Die Handlung der *Ilias* ist für eine explizite 'Selbstdarstellung' des Dichters über weite Strekken nicht geeignet. Nicht von ungefähr stammen sowohl die Schmiedeszene als auch Achilleus' Leierspiel aus inhaltlich nicht zentralen Episoden. Immerhin kennt der Ilias-Dichter Bilder für das allgemeine Reden. Entsprechend hat sich die Forschung bisher selten gescheut, die aus der *Odyssee* abgeleiteten Erkenntnisse über den Sänger auch auf die *Ilias* zu übertragen. Deshalb werden *Ilias* und *Odyssee* hier unter einer Rubrik behandelt.

HESIOD von Askra (um 700)

Hesiods poetologische Bildersprache schließt sich eng an diejenige von *Ilias* und *Odyssee* an. Wie der Ilias-Dichter läßt Hesiod seine Bilder vor allem auf das allgemeine Sprechen bezogen sein. Außerdem verwendet er ähnliche Bilder: das Fließen der Stimme und die 'Weide der Worte'.[20] In zwei Punkten zeigt Hesiod eine stärkere Neigung, eine direkte Verbindung zum Dichter bzw. zu sich selbst herzustellen: (1) Die Vogel-Vergleichung [1.14] ist bei Hesiod eindeutiger als in der *Odyssee* auf den Dichter selbst zu beziehen. (2) Die Berufung zum Dichter ist nicht mehr an Figuren der Handlung beschrieben (Thamyris; Demodokos, Phemios), sondern Hesiod schildert die Musenweihe ausdrücklich unter Nennung seines Namens.[21] Insgesamt bleibt poetologische Bildersprache auch bei Hesiod eher am Rande.[22]

---

[19] [3.3], [3.9], [3.16], [3.17], [3.19], [4.13], [4.14], [4.15], [8.5], [9.49], [11.37], [11.38], [11.84], [11.85], [11.86]; vgl. auch [1.5], [6.16], [7.1] und [7.2].

[20] Fließen: [8.2], [8.3], [8.47]; Weide der Worte: [5.2].

[21] Thamyris (*Il.* 2.594–600); Demodokos (*Od.* 8.487–488), Phemios (*Od.* 22.347–348 [9.49]); Hesiod (*Th.* 22–35; *Op.* 658–659 [11.48]).

[22] Zur Frage der poetologischen Deutung von *Op.* 646–662 (Leichenspiele des Amphidamas) s. zu [13.26] und [13.27].

Die HOMERISCHEN HYMNEN[23]

Ein flüchtiger Blick in den Index könnte den Eindruck vermitteln, poetologische Bildersprache gehöre zu den wichtigeren Themen der homerischen Hymnen. Dieser erste Eindruck ist zu differenzieren. Insbesondere die Bilder der kurzen Hymnen sind im wesentlichen konventionell. Eine erste Gruppe besteht vor allem aus Vogel-Vergleichungen (Kap. 1) und aus dem Fließen der Stimme (Kap. 8). Einzelne dieser Stellen (z.B. [8.3]) sind mehr oder weniger wörtliche Zitate aus der älteren Dichtung, die in ihrem neuen Kontext wenig neue Kräfte entfalten. Bei einer zweiten Gruppe handelt es sich um eine regelmäßig wiederkehrende Abschlußformel [11.39], die auf einem Weg-Bild der *Odyssee* [11.38] basiert.

Anders präsentiert sich die Lage im Apollon- und im Hermes-Hymnos, die beide eine signifikantere Verwendung poetologischer Bilder aufweisen. Der selbstbewußte 'blinde Sänger von Chios' (*hAp* 172), der schon Thukydides' Aufmerksamkeit auf sich zu lenken vermochte (Thuk. 3.104), ragt durch die thematische Vielfalt seiner Bilder heraus.[24] Die Verwendung der poetologischen Bilder wirft außerdem ein Licht auf Kompositions- und Verfasserfragen; denn mit Ausnahme des konventionelleren der beiden Honig-Bilder (μελίγηρυς ἀοιδή, *hAp* 519) stehen alle poetologischen Bilder im 'Delischen' Teil des Hymnos. – Im Unterschied zum Apollon-Hymnos ist der Hermes-Hymnos geprägt von der fast ausschließlichen Verwendung eines einzigen Bildkomplexes (s. Kap. 3), dafür mit relativ vielen Belegen. Diese 'technische' Auffassung der Dichtkunst steht in einem engen Zusammenhang mit dem Inhalt des Hymnos, der u.a. vom Bau der ersten Lyra durch Hermes handelt.

ARCHILOCHOS von Paros (ca. 680–630); SEMONIDES von Amorgos (ca. 700–nach 650)[25]

In quantitativer Hinsicht spielt poetologische Bildersprache bei den ältesten Iambographen eine eher geringe Rolle. Semonides verfügt lediglich über ein einzelnes Weg-Bild [11.55], das zudem den Eindruck des Konventionellen macht. Was Archilochos betrifft, bringt das literarische Genos der Fabel es zwar mit sich, daß er regelmäßig zum Mittel der Tier-Vergleichung greift. Wie zu

---

[23] Die Behandlung der homerischen Hymnen an dieser Stelle begründet sich damit, daß ihre Diktion eng mit der des homerischen Epos verwandt ist. (Von der chronologischen und genetischen Abfolge 'epic—sub-epic' [z.B. Kirk 1985, 110] rückt man allerdings vermehrt ab: Clay 1997, 493–494.) Die Datierung der einzelnen Hymnen bleibt – trotz Janko (1982) – ein schwieriges, um nicht zu sagen unmögliches Unterfangen.

[24] [3.42], [4.16], [5.3]; vgl. auch *hAp* 169.

[25] Diese höhere Datierung wird vertreten und begründet von Pellizer 1983.

[1.54] dargelegt, verhindert der fragmentarische Zustand aber eine Entscheidung darüber, wann die auf die erste Person bezogenen Tier-Bilder dem *Dichter* Archilochos gelten. In bezug auf das übrige Werk zeigt sich ein Merkmal, das unten bei Ibykos und Hipponax wiederkehren wird: Geringe Quantität poetologischer Bilder setzt nicht zwingend geringe Bedeutung voraus. In der Tat finden sich bei Archilochos nur wenige Bilder. Freilich fallen zwei davon ganz aus dem Rahmen: Seine Ausformung des Zikaden-Bilds [1.25] unterscheidet sich maßgeblich von der der anderen Dichter, und das Bild des dionysischen Inspirations-Wein-Blitzes [7.28] ist völlig singulär. Beide zeugen von einem hohen Bewußtsein für die Aussagekraft poetologischer Bilder.

ALKMAN von Sparta (2. Hälfte 7. Jh.)

Alkmans poetologische Bildersprache fällt zunächst durch ihren Umfang auf (gegen 20 poetologische Bilder).[26] Sofern die Überlieferung hier kein Zerrbild produziert hat, wird man poetologische Bildersprache zu den festen und regelmäßig wiederkehrenden Bestandteilen von Alkmans Dichtung rechnen dürfen. Eine besonders große Bandbreite weisen dabei die Vogel-Vergleichungen auf. Alkman scheint eine Vorliebe dafür zu haben.[27] Auffällig ist auch die Subtilität von Alkmans poetologischer Bildersprache. Das von den Choreutinnen im großen Partheneion in Form poetologischer Bilder zum Ausdruck gebrachte *understatement* (vgl. [1.40] und [10.5]), das dazu dient, die Chorführerin und mit ihr indirekt den Dichter zu preisen, ist in der erhaltenen frühesten griechischen Dichtung ohne Parallele.

EUMELOS von Korinth (8./7. Jh.); TERPANDER von Antissa (um 650?)

Die für diese beiden Dichter vermuteten Belege müssen wegen Authentizitäts- und Interpretationsproblemen als unsicher gelten.[28] Immerhin deuten sie darauf hin, daß Alkman mit seiner poetologischen Bildersprache unter den frühen Melikern kein Einzelphänomen darstellt.

---

26 [1.32], [1.33], [1.37], [1.39], [1.40], [1.46], [3.8], [3.50], [3.86], [6.42], [7.31], [9.42], [10.5], [11.17], [11.95], [12.25], [13.18], [17.3]; vgl. auch [19.23] und [19.24].

27 Gegenüber den eher konventionellen Vogel-Bildern wirken die 'gastronomischen' Vergleichungen selbstironisch und leicht überdreht. Allerdings ist die poetologische Deutung dieser Bilder nicht unproblematisch (s. zu [19.23]).

28 Eumelos: [11.94]; Terpander: [8.15], [9.19].

Die frühen Elegiker: KALLINOS von Ephesos; TYRTAIOS von Sparta (beide um 650); MIMNERMOS von Kolophon (2. Hälfte 7. Jh.); SOLON von Athen (640–560); THEOGNIS von Megara (585–nach 540); XENOPHANES von Kolophon (565–470)

In der frühen Elegie spielt poetologische Bildersprache eine untergeordnete Rolle. Für Kallinos, Tyrtaios und Mimnermos konnten in den erhaltenen Fragmenten keine einschlägigen Stellen nachgewiesen werden, bei Solon, Theognis und Xenophanes ist ihre Anzahl relativ gering. Einzelne dieser Bilder machen einen eher konventionellen Eindruck;[29] andere verdienen es, besonders erwähnt zu werden: Das Bild des Boten in Solons Salamis-Elegie [2.1] und die (nicht zuletzt durch ihre Länge) exzeptionelle Flug-Allegorie in Theognis' 'Epilog-Gedicht' [14.17].

ALKAIOS von Mytilene (um 600)

Die Mehrheit der Lied-Fragmente des Alkaios, die wenigstens noch einen ungefähren Eindruck von ihrem ursprünglichen Inhalt zu vermitteln vermögen, behandeln das Thema (Bürger-) Krieg.[30] Dichterische Selbstreflexion liegt dagegen bei Alkaios nur in geringem Maße vor. Immerhin zeigen vereinzelte Tier- und Handwerks-Bilder (darunter die wichtige Stelle über die 'Setzung' [sc. von Wörtern?]: [3.12]), daß dieser Aspekt der Dichtkunst ihm nicht völlig fremd war. Nicht zuletzt darauf basiert die in der Appendix 1 entwickelte Hypothese, daß Alkaios' 'Schiffslieder' nicht nur als Allegorie der politischen Zustände, sondern auch als Allegorie des Symposions zu deuten sind. Offenbar hat Alkaios in den 'sympotischen' Liedern gelegentlich auch über die Funktion von Dichtung nachgedacht. Dennoch kann dies nicht darüber hinwegtäuschen, daß diese Aspekte nicht im Zentrum seiner Dichtung stehen. Obwohl der heutige Interpret Alkaios seinen politischen Kampf in erster Linie mit seinen Liedern führen sieht, ist angesichts der erhaltenen Lied-Fragmente zu bezweifeln, daß Alkaios das selbst auch so gesehen hat. Allenfalls deuten Stellen wie 140.3 [3.64] und 208.13–14 [20.7] darauf, daß Alkaios auch über die Funktion des Dichters im politischen Kampf reflektiert hat, aber ein Vers wie 'Rede Dolche, rede Schwerter!' findet sich in seinen erhaltenen Werkresten nicht.[31]

---

[29] [1.15], [11.4], [11.40], [11.62], [11.72], [11.78].

[30] Mit Blick auf Strabon 13.2.3 (= Alk. test. 468) ist zu vermuten, daß dies zwar eine beträchtliche Verminderung, aber keine eigentliche Verzerrung des ursprünglichen Charakters von Alkaios' Werk bedeutet (Latacz 1998, 367–368).

[31] Das Zitat stammt aus Heines Gedicht 'Die Tendenz' (Briegleb 1997, 4.422–423). Heine will den Vers allerdings ironisch verstanden wissen und demontiert damit die politische Tendenzpoesie seiner Zeit (Rudorf 1988, 160–161).

SAPPHO von Eresos (um 600)

Auch in der Frage der poetologischen Bildersprache zeigt sich ein markanter Gegensatz zwischen Sappho und Alkaios. Obwohl das Leben von Alkaios' Hetairie sich zu einem nicht geringen Maß rund um das Symposion abgespielt hat, ist die Bedeutung der Dichtung (in ihren vielfältigsten Ausformungen) für Sapphos *thiasos* offenbar ungleich viel größer. Poetologische Bilder finden sich bei Sappho in größerer Anzahl und thematisch weiter gefächert als bei Alkaios. Neben den konventionelleren Vogel- und Honig-Vergleichungen finden sich insbesondere Bilder, die auf die stark vom Götterkult geprägten Tätigkeiten des Kreises um Sappho Bezug nehmen.[32] Das einprägsamste (und sicher auch meistbesprochene) poetologische Bild Sapphos sind die 'Rosen aus Pierien' [9.1]. Wer an ihnen keinen Anteil hat, fällt der Vergessenheit anheim. Daß Sappho davon ausgegangen ist, daß ihr dieses Schicksal aufgrund ihrer Dichtkunst nicht widerfährt, wird zumeist mit eben diesen 'Rosen aus Pierien', den 'Geschenken [wahrscheinlich] der Musen' (fr. 32) und dem Fragment 147 belegt.[33] Dazu treten jetzt noch die beiden Nektar-Bilder ([8.53], [8.54]) und der Tithonos-Mythos [1.41], die ebenfalls im Sinn der 'Unsterblichkeit' zu deuten sein dürften. Hervorzuheben ist allerdings, *wie* Sappho diesen Gedanken zum Ausdruck bringt. Ihn mit 'Ruhmeserwartung' wiederzugeben ist etwas unglücklich, weil der Begriff den Ton Sapphos nicht wirklich trifft. Er erinnert eher an Horaz' stolzgeschwelltes *exegi monumentum aere perennius*. Sappho hingegen spricht nicht von Denkmälern, die errichtet werden, sondern von Nektar, der gereicht wird – ἄβρως 'ganz zart'.

STESICHOROS von Himera (geb. um 630)

Stesichoros stellt unter den melischen Dichtern eine Ausnahme dar. Poetologische Bilder finden sich bei ihm – wenn überhaupt – nur in geringer Anzahl. Der Grund dürfte im Charakter und in der Thematik von Stesichoros' Dichtung zu suchen sein. Pindar zeigt eine deutliche Zurückhaltung, poetologische Bilder im narrativ-mythischen Teil unterzubringen (s.u.). Ihr Fehlen in einer Dichtung, in der "die Mythen um ihrer selbst willen erzählt" werden (Latacz 1998, 343), kann deshalb nicht erstaunen. Inhaltlich tendieren die Dichtungen des schon in der Antike mit Homer verglichenen Stesichoros (test. B 5–20 Davies) stark zum

[32] [8.53], [8.54], [9.2], [9.3].

[33] Sapph. 32: αἴ με τιμίαν ἐπόηcαν ἔργα τὰ cφὰ δοῖcαι – (die Musen?) 'die mich dadurch zu einer geehrten machten, daß sie mir ihre Werke (sc. die Dichtkunst) gaben'.

Sapph. 147: μνάcεcθαί τινα φα⟨ῖ⟩μι †καὶ ἔτερον† ἀμμέων – Erinnern wird sich, so behaupte ich, noch ein anderer an uns'.

Vgl. z.B. Maehler 1963, 61; Latacz 1990, 244 [= 1994, 374].

Heroisch-Kriegerischen hin. Dies schränkt die Möglichkeit zu dichterischer Selbstreflexion zusätzlich ein.

IBYKOS von Rhegion (geb. 576)

Ibykos ist ein besonders gutes Beispiel dafür, daß poetologische Bildersprache auf keinen Fall nur nach quantitativen Kriterien beurteilt werden darf. Denn mit einer Handvoll Belegen, die (mit einer unsicheren Ausnahme) alle dem gleichen Lied entstammen, gehört Ibykos auf den ersten Blick zu den weniger gut dokumentierten Dichtern.[34] Betrachtet man allerdings dieses eine Lied (Polykrates-Ode: S151) genauer, ändert sich dieser Eindruck nachhaltig. In subtiler Auseinandersetzung mit programmatischen Aussagen der 'Altmeister' der griechischen Dichtung, Homers und Hesiods, entwickelt Ibykos ein eigenes Dichtungsprogramm, das maßgeblich mit Hilfe von poetologischen Bildern vermittelt wird.[35] – Ibykos' souveräne Handhabung der Mittel dichterischer Selbstdarstellung hat Konsequenzen für seine Situierung in der Geschichte der griechischen Literatur. Diese Konsequenzen haben sich in den vergangenen Jahren bereits aus anderen Gründen abzuzeichnen begonnen. Traditionellerweise wird das Verbindende zwischen Stesichoros und Ibykos betont: Herkunft, Dialekt, Metrik. Mit jedem Neufund treten die Differenzen aber immer deutlicher zutage. Textlänge, Inhalt (insbesondere die Behandlung der Mythen), 'Tonfall' weisen klar in verschiedene Richtungen. Für die poetologische Bildersprache ergibt sich der gleiche Befund. Ihre Umsetzung bei Ibykos weist weit weniger zurück auf Stesichoros als voraus auf Simonides, Pindar und Bakchylides. Die detaillierte poetologische Deutung der Polykrates-Ode müßte im übrigen dafür sorgen, daß die speziell an ihr geübte Kritik endgültig verstummt.[36]

---

[34] S151: [8.31], [11.52], [13.26], [13.27]; S257a: [8.52].

[35] Vgl. die Detailinterpretation zu [13.26] und [13.27].

[36] Das Urteil der Fachwelt über Ibykos' Polykrates-Ode fällt oft wenig schmeichelhaft aus: "konventionell und banal" (Fränkel 1969, 327). "The clear parts of the poem are dull, the few interesting parts unclear" (Campbell 1967, 307). "Die lange Aufzählung [...] ist in Komposition und sprachlichem Ausdruck gleich unbefriedigend und steht in einem merkwürdigen Gegensatze zu dem hastig angeklebten Schlusse" (Lesky 1971, 216–217). S151 "is insipid by comparison" (Campbell 1985, 216). Anders urteilen z.B. Fowler (1987, 37: "the poem represents a dramatic departure from the norm and bespeaks a growing precision and sophistication in the art of lyric composition") und Latacz (1992b, 214–217): "Das Lied ist lang und scheinbar schwierig, denn es ist in hohem Maße [...] 'selektiv': Es tippt nur an, springt von Gedanken zu Gedanken und überläßt die Herstellung der gemeinten Sinnlinie dem Hörer. [...] Reflektierende Lyrik begründet hier [...] ihre eigene Selbstgewißheit." (vgl. auch 1998, 449–451).

ANAKREON von Teos (geb. 570)

Auch in den spärlichen Resten von Anakreons Liedern ist poetologische Bildersprache nachzuweisen. Neben den auch anderswo gut dokumentierten Tier-Vergleichungen sind es insbesondere ausgefallene Weg-Bilder ([13.16], [14.3], [14.4]) und das zweimal belegte Bild des Faustkampfs ([6.38], [6.39]), die seine poetologische Bildersprache prägen. An ihnen kann man außerdem eine Eigenheit von Anakreons Diktion aufzeigen: Anakreon neigt dazu, das *vehicle* seiner poetologischen Bilder in den Verben (weniger in den Nomina) zum Ausdruck zu bringen. Schließlich ist erwähnenswert, daß Anakreons poetologische Bilder sich nicht auf seine Lied-Dichtung beschränken, sondern zumindest einmal auch in der Elegie vorkommen (vgl. zu Simonides).[37]

HIPPONAX von Ephesos (560–490)

Wie bei Archilochos liegt Hipponax' Bedeutung nicht in der Quantität, sondern in der Intensität der Bilder. Insbesondere seine Bilder des Prügelns ([6.36], [6.37]) und der Biß der gemalten Schlange [1.55] sind von einer fast schockierenden Ausdrücklichkeit geprägt, für die kaum Parallelen vorliegen und die von der Provokationsabsicht ihres Schöpfers zeugen. Gerade bei Hipponax kann man sehen, daß Gattung und Thema nicht nur die Anzahl der Bilder mitbestimmen, sondern auch die Diktion. Ein 'handgreifliches' Genos wie der Iambos verwendet entsprechend drastische (poetologische) Bilder.

PRATINAS von Phleius (um 500)

Pratinas' lyrisches Werk ist (ebenso wie sein dramatisches) bis auf wenige Fragmente verloren.[38] Auf diesem Hintergrund von 5 wörtlichen Zitaten (708–712: insgesamt ca. 27 Verse) sind 6 Belege für poetologische Bilder viel. Auch wenn man eine Extrapolation dieser Werte besser unterläßt, wird man Pratinas unter die Dichter rechnen, die ein hohes Maß an Selbstreflexion aufweisen. Aus den Belegen scheint eine Vorliebe für Tier-Vergleichungen ([1.24], [1.34]) und vor allem für das zweimal nachweisbare Bild des Pflügens ([5.6], [5.9]) hervorzugehen.

---

[37] Insgesamt ist Anakreons Werk zu schlecht überliefert, als daß mehr über das Verhältnis der Gattungen gesagt werden könnte. Daß die Elegie in dieser Untersuchung untervertreten, der Iambos gar nicht vertreten ist, muß angesichts von 5 Elegie-Fragmenten (zusammen ca. 8 Verse) und 7 Iambos-Fragmenten (ca. 11 Verse) nicht viel besagen.

[38] Authentizität und Gattungszugehörigkeit der unter Pratinas' Namen überlieferten Fragmente sind umstritten. Die in PMG abgedruckten Fragmente (v.a. 708) gelten seit Seaford (1977–78) als Satyrspiel-Fragmente und sind entsprechend in TrGF aufgenommen worden. Zuletzt hat Zimmermann (1986) die Fragmente wieder dem Dithyrambos zugewiesen, hält sie aber für Pseudepigrapha aus der Zeit zwischen 450 und 400.

SIMONIDES von Keos (532/529–468/7)[39]

Daß Simonides hinsichtlich der Anzahl poetologischer Bilder gegenüber seinen Zeitgenossen Bakchylides und Pindar abfällt, dürfte in erster Linie mit der unterschiedlichen Überlieferungslage zusammenhängen. Insgesamt kann kein Zweifel bestehen, daß dichterische Selbstreflexion einen festen Platz in Simonides' Dichtung einnahm. Besondere Erwähnung verdient, daß Simonides sich intensiv mit dem Verhältnis zwischen Wortkunst und anderen Kunstformen auseinandergesetzt zu haben scheint ([3.95], [3.96], vgl. auch [3.87]). Als besonders einprägsames Einzelbild ist die poetologische Umarmung [19.1] in Erinnerung zu rufen. Im weitern hat der Neufund von 1992 ein bemerkenswertes Merkmal Simonideischer Bildersprache zum Vorschein gebracht. Simonides verwendet auch in seinen Elegien regelmäßig poetologische Bilder. Im Vergleich mit den anderen Elegikern war dies überraschend. Nicht nur die Anzahl der Bilder überrascht, sondern vor allem auch ihr Vorkommen in einer Elegie, die ein Kriegsthema behandelt.[40] Zwei sich ergänzende Begründungen bieten sich an: (1) Die (ohnehin schwachen) Grenzen zwischen den Gattungen (S. 27) zerfließen bei gleichem Autor gänzlich. Ist der Dichter gewohnt, in seinen melischen Texten poetologische Bildersprache zu benutzen, verändert sich seine Sprache in den Elegien nicht grundlegend (vgl. Anakreon). (2) Die Häufigkeit poetologischer Bilder bei Simonides paßt zum 'Trend', der auch bei seinen Zeitgenossen auszumachen ist (vgl. Abschnitt c).

PINDAR von Theben (518–446)

"No Greek poet says so much as Pindar about his art." Gerade die vorliegende Arbeit, die auch das Ziel verfolgt, Pindar aus seiner scheinbaren Isolation zu lösen, hat die Gültigkeit dieses Satz, mit dem Bowra sein Pindarbuch beginnt (1964, 1), wieder erwiesen. In der Tat nimmt Pindar eine herausragende Stellung ein. Dies gilt in bezug auf die Menge, die Vielfalt und die Diktion seiner poetologischen Bilder.

Zunächst zur Menge: Die Untersuchung hat mehrere Hundert Pindar-Belege zusammengestellt. Von den 44 vollständig erhaltenen Epinikien weist nur die relativ kurze *O.* 12 kein poetologisches Bild auf.[41] Im allgemeinen besteht eine Korrespondenz zwischen der Anzahl der Bilder und der Länge der Ode – von

---

[39] Zur Begründung dieser tieferen Datierung Poltera 1997, 543–544.

[40] *eleg.* 11 (über die Schlacht bei Plataiai): [3.20], [8.34].

[41] Die Zahl 44 ergibt sich, wenn man *I.* 3/4 als *ein* Lied ansieht. – Nach der Tabelle von Hamilton (1974, 31–32) ist *O.* 12 mit 118 Wörtern das viertkürzeste Epinikion. Nur *P.* 7 (86), *O.* 11 (97) und *I.* 3 (116, von Hamilton separat berechnet) sind kürzer.

Extremfällen einmal abgesehen.[42] Poetologische Bildersprache ist ein fester Bestandteil des Programms eines Pindarischen Epinikions. Aber auch in den anderen, fragmentarisch überlieferten Liedformen sind poetologische Bilder in großer Anzahl anzutreffen.

Was die thematische Verteilung betrifft, ist als Ergebnis festzuhalten, daß Pindar in sämtlichen 19 Bild-Kapiteln dieser Arbeit mit mehreren Belegen vertreten ist. Beides – zahlenmäßige und thematische Verteilung – ist exzeptionell, nur Bakchylides kommt annähernd auf die Werte Pindars (s.u.).

Der Umstand, daß Pindars erhaltenes Œuvre eine Reihe von vollständigen Liedern enthält, erlaubt es, Angaben über die Stellung poetologischer Bilder in den Liedern zu machen. Hier fällt zum einen auf, daß Pindar eine Tendenz zeigt, seine Lieder mit poetologischen Bildern beginnen und/oder enden zu lassen. Eine Statistik mag dies verdeutlichen: Berücksichtigt man jeweils nur die ersten drei Verse bzw. die letzten drei, beginnen 21 und enden 20 (von jeweils 44) Epinikien mit poetologischen Bildern.[43] Nimmt man die nicht-bildlichen programmatischen Aussagen dazu, erhöhen die Werte sich auf 26 bzw. 23.[44] Diese Tendenz läßt sich auch im restlichen Werk Pindars und bei verschiedenen anderen Dichtern nachweisen (s. Abschnitt c).

Ein weiterer Kristallisationspunkt für poetologische Bilder sind Übergangsstellen, an denen der Erzählfluß strukturiert wird (Abbruchs- bzw. Übergangsformeln, insbesondere in Form von Weg-Bildern). Zwischen diesen Übergangsstellen und den Liedanfängen bzw. -schlüssen besteht eine innere Verwandtschaft, weil der Erzähler hier besonders stark in den Gang seiner Erzählung eingreift. Infolgedessen ist es nicht erstaunlich, daß poetologische Bildersprache gerade an diesen Stellen massiert auftritt. Umgekehrt ist eine deutliche Tendenz auszumachen, narrativ-mythische Erzählteile, die von diesen strukturierenden Übergangsstellen eingerahmt werden, von poetologischen Bildern freizuhalten.[45]

---

[42] Die relativ lange *O.* 2 (600 Wörter: Hamilton 1974, 31) weist nur gerade 4 Belege auf, die ein Fünftel kürzere *N.* 4 (480 Wörter) nicht weniger als 17. Deutlicher als durch das reine Zahlenverhältnis wird der Unterschied, wenn man sich die Verteilung über den Text vor Augen hält. In *O.* 2 liegen die Belege alle in der letzten Triade, wogegen poetologische Bildersprache sich wie ein roter Faden durch *N.* 4 hindurchzieht.

[43] Beginn: *O.* 1, 3, 4, 6, 7, 10, *P.* 2, 4, 6, 7, 9, *N.* 2, 3, 4, 5, 9, 10, *I.* 1, 2, 6, 8. Ende: *O.* 1, 2, 3, 6, 11, 13, *P.* 3, 4, 6, *N.* 3, 4, 5, 6, 7, 8, 9, *I.* 2, 3/4, 5, 6, 7.

[44] Dazu kommen: Beginn: *O.* 2, 9, 14, *P.* 1, *I.* 3/4. Ende: *P.* 1, *N.* 2, *I.* 8.

[45] Péron konnte die gleiche Tendenz an den maritimen Bildern (einschließlich der nicht-poetologischen) aufzeigen (1974, 329–330): "Sur ce total considérable (sc. 70 images maritimes), deux images seulement se trouvent à l'intérieur d'un mythe; [...] Toutes les autres se situent dans les parties non mythiques, et selon une disposition qui se présente dans ses grandes lignes comme suit: un certain nombre d'entre elles figurent au début d'un développement: [...] plus précisément elles se trouvent au point de jonction de l'actualité et du mythe: soit avant le début du récit mythique [...] soit à l'issue de ce récit."

Im wesentlichen wird diese 'Regel' nur dann durchbrochen, wenn das mythische Paradeigma gleichzeitig auf Adressaten *und* Dichter angewendet wird.[46]

Schließlich noch zu Pindars außergewöhnlicher Diktion: Die Fülle poetologischer Bilder äußert sich bei Pindar relativ oft in Form von Bilderreihung, die gelegentlich in eigentliche Bildervermischung übergehen kann. Beides kann zu ganz eigentümlichen Wendungen führen.[47] Die Literaturkritik tut sich im allgemeinen schwer mit Bildervermischung. Vielen gilt sie als dichterische 'Untugend'. Die Folge ist, daß der Dichter scharf dafür gerügt wird (z.B. von Dornseiff 1921, 67–68), oder daß sie mit zweifelhaften Argumenten 'weginterpretiert' wird (z.B. von Stoneman 1981, dessen gewundene Auffassung von Metonymie wenige überzeugen wird). Beides basiert auf einer Grundhaltung, derzufolge Bildervermischung abzulehnen ist. Diese Grundhaltung ist methodisch anfechtbar, weil sie ein stilistisches Kriterium an den Text heranträgt, das aus der Literatur einer anderen Zeit abgeleitet wurde und nicht vergleichbaren Umständen und Mentalitäten entsprungen ist. Bildervermischung ist als Bestandteil von Pindars Poetik zu konstatieren und zu akzeptieren.[48]

Ein zweites Charakteristikum Pindarischer Diktion betrifft seine Behandlung der Adjektive. Untersucht man alle in dieser Arbeit zusammengestellten *vehicles* nach dem Kriterium, in welcher sprachlichen Form sie erscheinen, stellt man (zumal in den älteren Texten) fest: als Verb, als Substantiv, als Substantiv-Attribut-Verbindung, dagegen so gut wie nie ausschließlich als Adjektiv. Insofern ist die oben (S. 306) bereits zitierte Feststellung Snells (1986, 181–182) im Grundsätzlichen richtig: "Adjektivische Metaphern [...] spielen im Frühgriechischen eine geringe Rolle." Bei Pindar wird das anders. Auch in bezug auf die Anzahl und die thematische Verteilung der adjektivischen Metaphern fällt er aus dem Rahmen. Poetologische Adjektiv-Metaphern lassen sich für ihn in folgenden Kapiteln nachweisen:[49]

---

[46] Zu diesem 'doppelten' Verstehen mythischer Paradeigmata vgl. Hubbard (1985, 133): "But what is especially interesting, and what has not been recognized at all, is the possibility that Pindar uses the same myth to refer simultaneously to the activities of both *laudator* and *laudandus*."

[47] Bilderreihung: Pi. *I.* 5.62–63: [6.11], [9.35], [10.1], [14.8], [16.8]. Für die Bildervermischung sei daran erinnert, daß Pindar 'den Musen einen Kranz zum Pflügen gibt' (*N.* 10.26: [5.12]), 'einen (Lied-)Weg wecken' will (*O.* 9.47: [11.88], [17.4]) oder die Dichtung 'an die Fluten der Worte anschirrt' (*I.* 7.19: [8.36], [12.6]). Die 'klingend bestickte lydische Mitra' (s.o. Anm. 10) geht in eine ähnliche Richtung, ist aber keine Bildervermischung im eigentlichen Sinn, weil καναχηδά metonymisch ist.

[48] Im übrigen ist Bildervermischung auch in vedischen poetologischen Bildern nachzuweisen. In Rigveda 2.18.1 apostrophiert der Dichter sein Lied als Wagen, der unter anderem mit Rudern ausgerüstet ist.

[49] In dieser Zusammenstellung sind weggelassen: (1) Metaphern, die im weitesten Sinn 'süß' bedeuten (Kap. 18). Anzahl und Verbreitung lassen vermuten, daß sie zu einem hohen Grad konven-

Handwerk: εὐπλεκής [3.73]; ῥαπτός [3.91]; σχοινοτενής [3.89];

Jagd & Sport: ἀπάλαιστος [6.32];

Licht: μαλερός [7.7]; πρόφαντος [7.30]; σκοτεινός [7.32]; vgl. auch νεοσίγαλος (*O.* 3.4);

Fließen: ἄδορπος [8.45];

Blumen: ἐαρίδροπος [9.20]; εὐανθής [9.12]; ζωθάλμιος [9.15];

Weg: καμπύλος [12.16];

Militärischer Verbündeter: ἐπίκουρος [19.9];

Speisen: μεταδόρπιος [19.19].

Beachtung verdient zudem, daß Pindar die homerische Formel ἔπεα πτερόεντα aufbricht und die poetologische Adjektiv-Metapher πτερόεις mit anderen Substantiven verbindet (ὕμνος [6.11]). Wichtiger noch: Die in ἔπεα πτερόεντα liegende Konzeption des 'erfolgreich fliegenden Lied-Pfeils' wird mit anderen Adjektiv-Metaphern zum Ausdruck gebracht: ποτανός ([14.12] bis [14.14]); (οὐ) χαμαιπετής ([6.10], [6.20]).

Schließlich ist noch auf die beiden (absoluten) *hapax legomena* ποικιλόγαρυς (*O.* 3.8) und ποικιλοφόρμιγξ (*O.* 4.2) aufmerksam zu machen, bei denen es sich möglicherweise um Pindarische Neuprägungen handelt.

Pindar ist nicht der einzige Dichter, der poetologische Adjektiv-Metaphern benutzt. Zu nennen sind etwa noch Pratinas (ποικιλόπτερος [14.9]), *mel. adesp.* 954b (μελιπτέρωτος [14.10]) und *mel. adesp.* 1027a (νεόχυτος [8.57]).[50] Was die Anzahl der Adjektiv-Metaphern betrifft, kann aber höchstens ein Vergleich mit Bakchylides relevant sein. Und hier fällt tatsächlich auf, daß Bakchylides (unter Ausschluß der in Anm. 49 erwähnten zwei Gruppen) nur gerade drei adjektivische Metaphern aufweist: πολύφαντος [7.18], πανθαλής [9.16], δυσμάχητος [6.41]. Bei Pindar dagegen sind es 23. Die Ursache für dieses Mißverhältnis nur im unterschiedlichen Grad der Überlieferung zu sehen überzeugt als Argument nicht. Vielmehr sieht es sehr danach aus, daß Pindar in dieser Hinsicht der 'modernere' von beiden Dichtern ist. In seiner Verwendung der adjektivischen Metaphern erweist Pindar sich als Zeitgenosse des Aischylos.

---

tionell sind. (2) Adjektivische Metaphern, die die Metaphorik des Substantivs lediglich unterstützen (Typ: ἀνθέων ποιάεντα στεφανώματα, *N.* 5.54: [9.39]).

[50] Außer acht bleibt an dieser Stelle Sophokles (ἐγερσιβόας [17.9]). Eine Beurteilung seiner adjektivischen Metaphern müßte das dramatische Werk miteinbeziehen.

BAKCHYLIDES von Keos (516–451)

Auch wenn die Bakchylides-Forschung sich in der jüngeren Vergangenheit zu Recht dagegen gewandt hat (z.B. Segal 1985a, 235), Bakchylides immer nur an Pindar zu messen und anschließend für inferior zu erklären, drängt sich ein Vergleich der beiden Autoren in der vorliegenden Frage geradezu auf.

Zunächst sind die Gemeinsamkeiten herauszustreichen. Sie betreffen Quantität, Distribution und Stellung der poetologischen Bilder. Wie bei Pindar ist die Anzahl der poetologischen Bilder hoch (rund 80). Mit Ausnahme der relativ kurzen Kapitel 5 (Landwirtschaft) und 17 (Wecken) ist Bakchylides in sämtlichen Kapiteln vertreten. Der Katalog seiner Epinikien weist unwesentlich mehr 'Lükken' auf als derjenige Pindars: neben den sehr kurzen Epinikien 6 und 7 fällt von den längeren nur 11 durch das Fehlen poetologischer Bilder aus dem Rahmen.[51] Was die Stellung der Bilder betrifft, zeigt Bakchylides die gleiche Neigung wie Pindar, seine Epinikien mit poetologischen Bildern beginnen und enden zu lassen. Bei Anwendung der oben zu Pindar erläuterten Kriterien finden sie sich in 7 der 13 erhaltenen Liedanfänge und in 5 der 10 erhaltenen Liedschlüsse. Die Zahl der programmatischen Liedschlüsse erhöht sich auf 7, wenn man auch nicht-bildliche Aussagen berücksichtigt.[52] Und ebenso wie Pindar vermeidet Bakchylides poetologische Bilder im mythisch-narrativen Teil seiner Lieder.

Gerade in bezug auf die Stellung der poetologischen Bilder im Erzählablauf machen sich aber auch deutliche Unterschiede bemerkbar. Grundsätzlich grenzt Bakchylides die verschiedenen Bauteile seiner Lieder deutlicher voneinander ab als Pindar (Hamilton 1974, 79–84), was sich unter anderem an der Behandlung poetologischer Bilder zeigen läßt. Im Unterschied zu Pindar setzt Bakchylides die poetologischen Bilder *fast ausschließlich* an den Liedbeginn bzw. Liedschluß. Die überwiegende Mehrzahl der Bilder steht in der ersten oder in der letzten Triade seiner Lieder. Auch das fünfte Epinikion stellt nur eine scheinbare Ausnahme dar. Infolge der ausgedehnten Adler-Allegorie [1.45] ist die erste Triade fast ganz den poetologischen Bildern vorbehalten (Vv. 3–33). Anschließend aber tritt diese Thematik ganz zurück, um erst zu Beginn der fünften und letzten Antistrophos (Vv. 176–178 [12.21]) und vor allem in der letzten Epodos (Vv. 191ff. [11.63], [16.7], [8.25]) wieder voll zum Tragen zu kommen. Zwar ist auch bei Pindar eine vergleichbare Tendenz nachzuweisen, doch werden die 'Grenzen' zwischen den Bauteilen immer wieder durchbrochen. Während Bak-

[51] Epinikion 6 umfaßt 16 Verse bzw. 47 Wörter, Epinikion 7 18 (teils fragmentarische) Verse bzw. ca. 50 Wörter (Pindars kürzestes Lied, *P.* 7, ist 21 Verse bzw. 86 Wörter lang: Hamilton 1974, 31). B. 11 dagegen zählt 125 Verse bzw. 450 Wörter. Eine weitere Besonderheit von B. 11 besteht darin, daß das Epinikion mit dem Mythos endet.

[52] Liedbeginn: 1, 2, 3, 5, 9, 10, 12. Liedschluß: 1, 2, 3, 5, 13. Nicht-bildlicher Liedschluß: 4, 11.

chylides klare Struktureinheiten aufweist und zu Beginn oder am Ende über sein Dichtersein räsonniert, zieht sich poetologische Bildersprache wie ein Faden durch Pindars Liedgeflecht, der bald an die Oberfläche tritt, bald wieder hinter anderen Erzählsträngen verschwindet.[53]

Unterschiedlich ist auch die Diktion der beiden Dichter. Im Abschnitt über Pindar ist festgehalten worden, daß Bakchylides – im Unterschied zu Pindar – fast keine poetologischen Adjektiv-Metaphern benutzt. Dieser Befund ist um so erstaunlicher, als ein Schwerpunkt von Bakchylides' Dichtersprache gerade auf der Neubildung von (vor allem zusammengesetzten) Adjektiven gelegen hat (Maehler 1982, 1.24–25). Zusätzlich zu den oben bereits erwähnten Adjektiven (πολύφαντος, πανθαλής, δυςμάχητος) liegen aber an poetologischen Metaphern nur die Neuprägungen μελίγλωςςος und γλυκύδωρος vor (Kap. 18), die beide eine eher konventionelle Konzeption von Dichtung zum Ausdruck bringen und deshalb von der genaueren Betrachtung der adjektivischen Metaphern ausgeschlossen wurden (s. Anm. 49).

Eine besondere Eigenart von Bakchylides' Diktion besteht darin, daß Tier-Vergleichungen nicht nur den Dichter im allgemeinen, sondern den bestimmten Dichter Bakchylides von Keos bezeichnen. Das anschaulichste Beispiel ist sicher die Sphragis 'die honigzüngige Nachtigall von Keos' (3.97–98 [1.17]), aber auch die '*Inselbewohnerin*, die hellklingende Biene' (10.10 [1.51]), und der 'süßsprechende Hahn der leierbeherrschenden Urania' (4.7–8 [1.35]) weisen in diese Richtung. Diese Umwandlung eines Appellativums in einen Eigennamen findet sich vor dem Hellenismus nur bei Bakchylides.[54]

Außergewöhnlich ist auch Bakchylides' Vorliebe für individualisierte Musen. Kein Dichter nennt die Musen so oft bei ihrem Namen, wobei Bakchylides nicht eine 'Lieblingsmuse' hat, sondern insgesamt drei Musen (Kalliope, Kleio und Urania) heraushebt. Mit Pindar verbindet Bakchylides die Tendenz, Museninvokationen mit einem Weg-Bild zu kombinieren.

---

[53] Diese unterschiedliche Bauweise wird in den codierten Strukturplänen Hamiltons (1974, 90–103) augenfällig deutlich, wenn man den Code PT ('Poet's Task') verfolgt. Allerdings ist zu betonen, daß Hamiltons 'Poet's Task' (Definition: 16–17) nicht mit der hier untersuchten poetologischen Bildersprache deckungsgleich ist, weil er nicht zwischen figurativer und nicht-figurativer Sprache unterscheidet. Für den strukturellen Unterschied zwischen Pindar und Bakchylides ist diese Differenz zu Hamilton unerheblich. – Anzumerken ist außerdem, daß Hamilton in *I.* 3, die er als einzelne Ode behandelt, das PT-Motiv zu Unrecht vermißt (1974, 16). *I.* 3.7 (εὐκλέων δ' ἔργων ἄποινα χρὴ μὲν ὑμνῆcαι τὸν ἐcλόν [15.10]) entspricht durchaus seiner Definition von 'Poet's Task'. Das Versäumnis ist um so erstaunlicher, als Hamilton sein PT-Motiv ausdrücklich auf Schadewaldts Definition des 'Sieg-Lied-Motivs' zurückführt. In der dazugehörigen Fußnote (1928, 294 Anm. 2) erwähnt dieser *I.* 3.7 als "Keimstelle".

[54] Vgl. Simias von Rhodos, der sich selbst als 'Dorische Nachtigall' (fr. 26.4 Powell), und Poseidippos von Pella, der Archilochos als 'Nachtigall von Paros' bezeichnet (fr. 705.18 SH).

PARMENIDES von Elea (geb. ca. 515); EMPEDOKLES von Akragas (ca. 483–423)

Die Behandlung der beiden Philosophen im Rahmen der vorliegenden Untersuchung hat sich als berechtigt erwiesen. Zwar entstammt die Mehrzahl ihrer poetologischen Bilder dem Komplex 'Weg', der auch mit Belegen aus der Prosa dokumentiert werden kann. Dennoch weisen beide in der spezifischen Verwendung der poetologischen Bilder eine sprachliche und vor allem konzeptionelle Nähe zu den übrigen Dichtern auf. Insbesondere die Wagenfahrt zu Beginn von Parmenides' Lehrgedicht [12.14], aber auch die außergewöhnlichen Fließ-Bilder des Empedokles ([8.29], [8.30], vgl. [8.56]) zeigen, daß die Darlegung ihrer philosophischen Lehrmeinung in hexametrischer Form zum philosophischen Grundkonzept der beiden gehört und mitnichten *faute de mieux* erfolgt ist. Vielmehr läßt die Verwendung poetologischer Bildersprache erkennen, daß Parmenides und Empedokles *Dichter*-Philosophen im strengen Sinn des Worts sind.

KRITIAS von Athen (460–403); DIONYSIOS CHALKOUS (um 450)

Symposion-Dichtung hat über die ganze hier untersuchte Zeitspanne eine starke Tendenz, anlaßspezifische Bilder für die Poetologie nutzbar zu machen. Daß dieses Phänomen spätestens gegen Ende der hier untersuchten Periode auch in der Elegie seinen Niederschlag findet, läßt sich an den Fragmenten des Kritias und vor allem des Dionysios Chalkous zeigen. Neben der Anzahl ist es insbesondere die Diktion der poetologischen Bilder, die auffällig ist. Bei Dionysios Chalkous finden sich poetologische Bilderreihungen, die in ihrer Ausdrücklichkeit und Dichte eigentlich nur mit denjenigen Pindars verglichen werden können. Zu erinnern ist hier vor allem an die Schiffsmetaphorik der Fragmente 4 und 5 ([20.1], [20.2]). Eine ähnliche Bilderdichte weisen auch die anonymen Skolia 917b ([8.73], [2.7], [3.76]) und 917c ([3.57], [9.14], [20.4]) auf, die aber nicht sicher zu datieren sind.

(c) Übergreifende Tendenzen in der Verwendung poetologischer Bilder

Bei der Behandlung der einzelnen Autoren haben sich bereits übergreifende Tendenzen abzuzeichnen begonnen. Zunächst kann ganz allgemein die in der Einleitung formulierte Hypothese bestätigt und dahingehend zugespitzt werden, daß poetologische Bildersprache nicht nur in jedem dichterischen Text vorkommen kann (S. 25f.), sondern daß jeder dichterische Text eine ausgesprochene Neigung aufweist, sich in Form von poetologischen Bildern *als dichterischen Text* zu reflektieren. Wendet man diese Feststellung auf die ältesten bekannten

Lyriker an, erweist es sich – abgesehen von den vorgriechischen Parallelen – als unwahrscheinlich, daß Archilochos oder Alkman die poetologische Bildersprache als Neuerung eingeführt haben. Daß die gleichzeitig mit der epischen Tradition (also schon *vor* Homer) existierende lyrische Tradition bereits poetologische Bildersprache verwendet hat, ist mehr als wahrscheinlich. Somit ergibt sich bezüglich der poetologischen Bildersprache der gleiche Befund wie z.B. in der Verwendung der 1. Person Singular: Die frühesten Dichter stehen für *uns* am Anfang. Ihre Texte bringen nicht ein 'Erwachen der Persönlichkeit' zum Ausdruck, sondern ein 'Wachsein'.

Der universellen Tendenz dichterischer Texte, sich selbst zu reflektieren, sind nun in bezug auf das hier untersuchte Textkorpus spezifischere Tendenzen an die Seite zu stellen. Aufgezeigt werden diese Tendenzen an den sich ergänzenden Kriterien: (1) Zeiterscheinung, (2) Gattung, (3) Thematik.

(1) Zeiterscheinung: Zwischen Anfang und Ende der untersuchten Periode ist ein markanter quantitativer Anstieg der poetologischen Bilder zu verzeichnen. Diese Tendenz läßt sich in mehreren Gattungen nachweisen. Obgleich sowohl die Hexameter-Dichtung (v.a. in der *Odyssee*) als auch die Melik (Alkman) über nicht unerhebliche 'Anfänge' verfügen, ist unverkennbar, daß am Übergang von 6. zum 5. Jh. eine eigentliche Flut poetologischer Bilder zu verzeichnen ist.[55] Die gleiche Tendenz kann mit Blick auf Dichter wie Simonides und Dionysios Chalkous auch für die Elegie vermutet werden (s. zu [2]). Daß poetologische Bildersprache sich im Verlauf der ersten Hälfte des 5. Jh. zu einem eigentlichen Trend entwickelt hat, läßt sich zusätzlich besonders deutlich von zwei anderen, hier nicht eigens untersuchten Gattungen her erkennen: Einmal lassen sich auch in der unwesentlich jüngeren Tragödie zahlreiche poetologische Bilder nachweisen. Den besten Beweis für diesen Trend (um nicht zu sagen: für diese Modeerscheinung) liefert allerdings die Komödie, die die mittlerweile wohl teilweise konventionalisierte poetologische Bildersprache arg zaust und regelrecht verballhornt.[56]

(2) Gattungen: Die 'gesprochenen' lyrischen Formen Elegie und (mit Vorbehalt) Iambos fallen gegenüber den 'gesungenen' melischen Formen quantitativ

[55] In der Hexameter-Dichtung ist hier zumal zu berücksichtigen, daß die Anzahl der poetologischen Bilder bei den späteren Autoren (v.a. Parmenides, Empedokles, Choirilos) auf dem Hintergrund ihrer (im Vergleich zum homerischen Epos) verschwindend kleinen Textmenge zu beurteilen ist. – Für die Lyrik ist neben Pindar und Bakchylides vor allem auf die (gemessen am Textumfang) beachtlichen Werte bei Simonides hinzuweisen. (Pratinas muß hier wegen der erwähnten Gattungs- und Datierungsprobleme beiseite bleiben.)

[56] Zu Tragödie und Komödie vgl. die **FL**-Fußnoten.

deutlich ab.[57] Dieser Befund bezieht sich maßgeblich auf den Anfang der hier untersuchten Periode. Einmal sind drei Dichter, die nach heutigem Kenntnisstand nur Elegien verfaßt haben (West 1974, 10), gar nicht vertreten: Kallinos, Tyrtaios, Mimnermos. Dann weisen Dichter, die in mehreren Genera tätig sind (Archilochos, Solon, Xenophanes) wenig oder keine poetologischen Bilder in ihren Elegien auf. Umgekehrt ist der Meliker Alkman gleich zu Beginn des untersuchten Zeitraums mit einer erstaunlich hohen Anzahl vertreten.[58] Die relative Absenz der Elegie wird erst (gegen Ende der Periode) in dem Moment durchbrochen, als die aus dem Symposion hervorgegangene Metaphorik sich auch in der Elegie voll entwickelt (Dionysios Chalkous). Schon in der Frühzeit beschränken sich die poetologischen Bilder auf die 'sympotischen' unter den Elegien.[59] – *Kein* signifikanter Unterschied läßt sich zwischen chorlyrischen und monodischen Formen nachweisen.[60]

(3) Thematik: Neben Zeiterscheinung und Gattung hat offenbar auch die Thematik einen maßgeblichen Einfluß auf das Vorhandensein bzw. Fehlen poetologischer Bildersprache. Zumal ein Vergleich von Alkaios mit Sappho und von Stesichoros mit Ibykos macht deutlich, daß bestimmte Themen sich weniger für die Verwendung poetologischer Bilder eignen als andere. Kämpferisch geprägte Stasiotika (Alkaios) sind offenbar ebensowenig geeignet wie andere Formen der Appell-Dichtung (Elegie, insbesondere Kallinos und Tyrtaios). Auch ausgedehnte narrativ-mythische Formen (Stesichoros) sind nicht der passende Ort für dichterische Selbstreflexion. Welchen Einfluß die Thematik auf die Verwendung poetologischer Bildersprache hat, kann im wesentlichen nur negativ durch die Nennung derjenigen Themen erfolgen, die weniger dafür geeignet sind.

Sozusagen als Ersatz für eine positive Aussage zur Thematik läßt sich eine solche zur *Stellung* der poetologischen Bilder machen. An den vollständig über-

---

[57] In bezug auf den Iambos erfolgt diese Feststellung nur unter Vorbehalt. Die Textbasis und vor allem die Anzahl der überlieferten Autoren sind für derartige Schlüsse im Grunde zu gering.

[58] Angesichts dieses Befunds ist die von West angenommene weitreichende Übereinstimmung zwischen Melos, Iambos und Elegie zu differenzieren: "Virtually every type of subject can be matched from melic or iambic poetry: accounts of recent battles, comment on current affairs, political speeches, moral philosophy, advice, prayers, attitudinizing, lamentation, remonstrance, lovers' appeals, bantering messages, eulogies" (West 1974, 18). Darüber hinaus ist in der Melik mit dichterischer Selbstreflexion ein Thema präsent, das in der Elegie zumindest seltener zur Sprache kommt.

[59] Bowie (1986) hat (gegen die acht Typen von West 1974, 10–13) das Korpus der Elegien im wesentlichen auf zwei Grundtypen reduziert: (1) 'kürzere' Elegien, die praktisch ausschließlich an Symposien vorgetragen wurden; (2) 'längere' narrative Elegien, für die Vortrag am Symposion wegen der Länge unwahrscheinlich ist.

[60] Zu dieser Form der Unterscheidung (im Unterschied zu derjenigen zwischen Monodikern und Chorlyrikern) vgl. S. 24. – Poetologische Bildersprache wird als Spezifikum der Chorlyrik reklamiert z.B. von Dietel (1939, 149 und 159); ähnlich Maehler (1963, 19).

lieferten Liedern von Pindar und Bakchylides kann gezeigt werden, daß poetologische Bilder gerne an den Liedanfang bzw. -schluß gesetzt werden. Hierbei handelt es sich um eine allgemeine Tendenz, die keinem der drei genannten Kriterien unterliegt. Denn auch die Liedanfänge bzw. -schlüsse zahlreicher anderer Dichter weisen poetologische Bildersprache auf. Aus diesem Grund sind sie zur einzelnen Belegstelle jeweils gekennzeichnet worden. Es ist zu vermuten, daß noch weitere, bisher nicht gekennzeichnete Belege in diese Gruppe gehören, doch gehört die Bestimmung von Liedanfängen und -schlüssen zu den unsichersten Gebieten der gräzistischen Lyrikforschung.

(d) Die Verbreitung der Lieder

In dieser Untersuchung wird zwischen produzenten- und produktbezogenen Vergleichungen unterschieden (vgl. S. 28). Die produktbezogenen sind für die Selbsteinschätzung der Dichter und ihrer Kunst deshalb besonders wichtig, weil die Bildlogik über die unmittelbare Gegenwart des Vortrags hinausweist. Die reine produktbezogene Vergleichung bringt auf rhetorisch subtile Weise zum Ausdruck, daß das Lied eine vom Dichter unabhängige Selbständigkeit erlangt.[61] Mit andern Worten: Die Verbreitung des Lieds ist nicht mehr an die Person gebunden, die es als erste vorträgt und (historisch gesehen) meist mit dem Dichter identisch gewesen sein dürfte.

Das Lied ist nicht an den Ort der Aufführung gebunden, sondern verbreitet sich selbständig auf den damals üblichen Verkehrswegen:

Pi. *N.* 5.1–3 (Liedbeginn):

Οὐκ ἀνδριαντοποιός εἰμ', ὥcτ' ἐλινύcοντα ἐργά-
ζεcθαι ἀγάλματ' ἐπ ' αὐτᾶc βαθμίδοc
ἑcταότ'· ἀλλ' ἐπὶ πάcαc
ὁλκάδοc ἔν τ' ἀκάτωι, γλυκεῖ' ἀοιδά,
cτεῖχ' ἀπ' Αἰγίναc διαγγέλλοιc', ὅτι...

'Nicht Bildhauer bin ich, daß ich Standbilder verfertigte, die auf ihrem Sockel unbewegt stehen bleiben, sondern auf jedem Frachtschiff und in jedem Boot, süßes Lied, schreite du aus Aigina meldend, daß...'[62] — [3.101], [2.20], [13.21]; inhaltlich verwandt ist [3.102].

Das Lied erreicht somit potentiell die ganze Welt:

[61] Den gleichen Sachverhalt kann der Dichter auch ausdrücklich thematisieren, z.B. Pi. *O.* 9.23–25 [2.19].

[62] Die für die Einschätzung zentrale Richtungsangabe 'von Aigina *weg*' (cτεῖχ' ἀπ' Αἰγίναc) wird von Nash (1990, 25–32) übersehen. Nur so ist verständlich, warum sie die Stelle mit B. 2.1–3 (ἐc Κέον) vergleicht.

B. 9.47–48:

> ϲτείχει δι' εὐρείαϲ κελε[ύ]θου
> μυρία πάνται φάτιϲ

'Es schreitet dahin auf breitem Pfad überallhin tausendfache Kunde'. — [11.70]

Theognis hat diesen Gedanken und die damit verbundenen Implikationen in seinem Epilog-Gedicht besonders ausführlich dargelegt:

Thgn. 237–239, 247–250:

> ϲοὶ μὲν ἐγὼ πτέρ' ἔδωκα, ϲὺν οἷϲ ἐπ' ἀπείρονα πόντον
> πωτήϲηι καὶ γῆν πᾶϲαν ἀειρόμενοϲ
> ῥηϊδίωϲ· [...]
> 247 Κύρνε, καθ' Ἑλλάδα γῆν ϲτρωφώμενοϲ ἠδ' ἀνὰ νήϲουϲ
> ἰχθυόεντα περῶν πόντον ἐπ' ἀτρύγετον,
> οὐχ ἵππων νώτοιϲιν ἐφήμενοϲ, ἀλλά ϲε πέμψει
> ἀγλαὰ Μουϲάων δῶρα ἰοϲτεφάνων.

'*Dir* (sc. Kyrnos) habe *ich* Flügel gegeben: übers grenzenlose Meer hin wirst du mit ihnen fliegen, übers ganze Land im hohen Flug, ganz leicht. [...] Kyrnos, du kommst im (ganzen) griechischen Land herum und auf den (griechischen) Inseln, deinen Weg übers fischreiche rauschende Meer vollendend, nicht auf dem Rücken von Pferden sitzend, sondern das Geleit geben werden dir die strahlenden Geschenke der veilchenbekränzten Musen.' — [14.17]

Von dieser lokalen Verbreitung handeln z.B. auch: Hes. fr. 204.62–63; Ibyk. S151.27–29 [13.26]; Xenoph. 6.3–4 [11.72]; Pi. *P.* 2.67–68 [13.24]; Telestes 805b.1–2 [14.5].

Das Lied überlebt auf diese Weise den Tod des Besungenen...

B. 1.181–184 (Liedschluß):

> ἀρετὰ δ' ἐπίμοχθοϲ
> μέν, τ]ελευταθεῖϲα δ' ὀρθῶϲ
> ἀνδρὶ κ]αὶ εὖτε θάνηι λεί-
> π[ει πολυ]ζήλωτον εὐκλείαϲ ἄ[γαλ]μα.

'Große Leistung ist zwar mühevoll; doch wenn sie recht vollbracht wird, hinterläßt sie dem Mann, auch nach seinem Tod, ein vielbeneidetes Monument des Ruhmes'. — [3.106]

... und auch den Tod des Dichters:

Simon. *eleg.* 11.14–15:

> Δαναοί[,
> οἷϲιν ἐπ' ἀθά]νατον κέχυται κλέοϲ ἀν[δρὸϲ] ἕκητι

'Die Danaer, auf die unsterblicher Ruhm ausgegossen ist durch den Mann' (dem die Musen die Möglichkeit dazu gegeben haben: gemeint ist sicher Homer, dessen 'Lied-Fluß' weiterfließt, s. zu [8.34]).

Pi. *I.* 3/4.58–60:

τοῦτο γὰρ ἀθάνατον φωνᾶεν ἕρπει,
εἴ τις εὖ εἴπῃ τι· καὶ πάγ-
καρπον ἐπὶ χθόνα καὶ διὰ πόντον βέβακεν
ἐργμάτων ἀκτὶς καλῶν ἄσβεστος αἰεί.

'Denn das geht als ein unsterblich Klingendes, wenn einer etwas schön sagt; und über das fruchtvolle Land und über das Meer schreitet der Strahl schöner Taten unerloschen, ewig'. — [7.26], [11.68]; inhaltlich verwandt sind z.B. [8.35] und [2.22].

Daß die genannten Dichter ('Hesiod', Theognis, Ibykos, Xenophanes, Simonides, Pindar, Bakchylides, Telestes) mit der weiteren Verbreitung ihrer Dichtung gerechnet haben, läßt sich zwingend aus der Logik ihrer poetologischen Bilder ableiten.[63] Bei anderen (Homer, Tyrtaios, Sappho, Timokreon, *hAp*) ergibt sich diese 'Erwartung' aus anderen Indizien, so daß man nicht fehlgehen wird, wenn man sie grundsätzlich auf alle Dichter überträgt, auch wenn sie in verschiedener Form und Intensität zum Ausdruck gekommen sein wird.

Diese Erkenntnis ist (zumal für Pindar) durchaus nicht neu.[64] Allerdings ist ein namhafter Teil der Forscher in der jüngeren Vergangenheit unter dem Einfluß der Pragmatik andere Wege gegangen und hat das Augenmerk vor allem auf die Erstaufführung gerichtet. Sie haben durch die Aufarbeitung wichtiger Einzelheiten den für das Verständnis notwendigen Erfahrungshintergrund aufhellen und damit die Interpretation nachhaltig befördern können. Freilich werden die Grenzen dieses Erfahrungshintergrunds ('Gruppensprache') gelegentlich etwas zu eng gezogen. Gentilis Deutung, woher Bildersprache im allgemeinen und die des Alkaios im speziellen rührt, mag diesen Punkt verdeutlichen. Er beschreibt das Verhältnis des Dichters zu seinem Publikum wie folgt:

"Si tratta di un atteggiamento mentale o, come è stata definita, di una psicologia della *performance* poetica che mira a publicizzare il personale e il soggettivo per renderlo immediatamente percepibile e istituire così un rapporto di emozionalità con l'uditorio. Di qui il frequente uso delle metafore, delle immagini, delle simili-

[63] Auf diesem Hintergrund drängt sich eine differenziertere Auffassung des 'Ankündigungsfuturs' auf. In Auseinandersetzung mit der streng wörtlichen Deutung der Ankündigungen durch den Historismus haben Bundy und andere den Nachweis erbracht, daß sie sich auf das jeweils vorliegende Lied beziehen. Eine doppelte Bezugnahme dieser Futurformen – auf das vorliegende Lied und auf spätere 'Wiederaufführungen' – stünde im Einklang mit der oben herausgearbeiteten Bildlogik. Insbesondere Ankündigungsfutura, die gegen/am Liedende stehen, würden durch diese doppelte Interpretation an Bedeutung gewinnen: Pi. *O.* 11.17–19; *I.* 3/4.89–90; B. 3.97–98; 13.230–231.

[64] Vgl. z.B. Schadewaldt (1928, 274): "Der Vergleich (sc. von *N.* 5.1–3) mit *I.* 2.46 [...] beweist, daß Pindar die weitere Verbreitung des Gedichtes über die Kreise Aiginas hinaus anstrebt." Ähnlich Fränkel (1969, 488–489); Maehler (1963, 89–90); Rösler (1980, 103–104 Anm. 176); Gentili (1989, 214 mit Anm. 47). Young (1983, 31–42) ist auf einem anderen Weg zum gleichen Resultat gelangt. Pindars Verwendung von 'inscriptional ποτέ' in *N.* 9.52 und in *P.* 3.74 macht deutlich, daß Pindar den aktuellen Sieg aus der Perspektive eines späteren Rezipienten schildert. Young dokumentiert dieses 'inschriftliche ποτέ' u.a. mit den Epigrammen 17.1–2, 26.1–2, 55.1–3 und 61 Ebert.

tudini che in particolari contesti sociali potevano assumere significati connotanti situazioni individuali o colletive soltanto nell'ambito di una ristretta comunità; un linguaggio per così dire esoterico o di gruppo, come è sopratutto evidente dal carattere delle allegorie alcaiche." (Gentili 1989, 56).

Die 'Esoterik' von Alkaios' allegorischen Schiffs-Bildern, auf die Gentili sich hier bezieht, dürfte durch den Exkurs zu den sympotischen Schiffsmetaphern (Kap. 20) einiges von ihrer Exklusivität verloren haben.[65] Auf dem Hintergrund des vorliegenden Abschnitts, dem zufolge die Dichter mit einer Verbreitung ihrer Lieder gerechnet haben, ist das auch nicht sehr erstaunlich. Ein Dichter, der auch nur entfernt mit der Möglichkeit rechnet, weitere Verbreitung zu finden, wird sich diese Möglichkeit im allgemeinen nicht durch eine absichtlich unverständliche (weil nur aus der Situation verstehbare) Sprache verbauen. Ohne Zweifel wird er aufgrund der Entstehungsbedingungen seiner Dichtung zwingend und 'unbewußt' weniger Konzessionen machen als ein Verfasser von Lese-Lyrik (vgl. oben S. 8f.), aber seine Dichtung bleibt auch für ein sekundäres Publikum zu einem beträchtlichen Grad verständlich.

Bisher ist noch nicht davon die Rede gewesen, wie man sich die Verbreitung der Lieder technisch vorzustellen hat. Das Problem 'Mündlichkeit-Schriftlichkeit' hat sich in der jüngeren Vergangenheit zu einem Forschungsschwerpunkt entwickelt, dessen Akten ganze Regale füllen.[66] Eine eingehende Auseinandersetzung ist deshalb in diesem Rahmen nicht möglich. Eine grobe Skizze muß genügen, wobei wie bisher die Selbsteinschätzung der Dichter im Vordergrund stehen soll.

Schriftliche Verbreitung galt bis in die frühen 1960er-Jahre als nicht problematisierungsbedürftiges Faktum. Erst die Übertragung der Erkenntnisse der Oral poetry-Forschung auf die (früh-)griechische Kultur als ganze hat in den Jahren 1962–63 zu einer eigentlichen Kehrtwendung geführt.[67] Die von Havelock und anderen vertretene Hypothese einer weitgehend mündlich geprägten griechischen

---

[65] Das Argument, daß Allegorien sich aus besonders schwer verständlicher Gruppensprache zusammensetzen, wird gelegentlich (z.B. von Gentili 1989, 58) mit einer Stelle aus dem Corpus Theognideum belegt. Eine längere politische Schiffsallegorie (Thgn. 671–680) wird dort abschließend wie folgt kommentiert (681–682): ταῦτά μοι ἠινίχθω κεκρυμμένα τοῖϲ ἀγαθοῖϲιν· | γινώϲκοι δ' ἄν τιϲ καὶ κακόϲ, ἂν ϲοφὸϲ ἦι – 'Dies ist meine verschlüsselte Botschaft an den Adel. Verstehen wird sie auch ein Nicht-Adliger, sofern er Verstand hat'. Diese Allegorie ist aber gerade *nicht* 'esoterisch'. Mit seinem nicht unbedingt subtilen Schlußkommentar stellt der Verfasser sicher, daß die Allegorie als solche erkannt wird.

[66] Einen Zugang eröffnet die chronologisch geordnete Bibliographie von Latacz (1990, 259–261 = 1994, 390–392).

[67] Vgl. Havelock (1986, 24–25), der fünf zentrale Arbeiten nennt, die diese Wende herbeigeführt haben: Lévi-Strauss 1962; Goody/Watt 1968 (erstmals: 1962); McLuhan 1962; Mayr 1963 und Havelock 1963.

Gesellschaft bis ins ausgehende 5. Jh. hat die Schriftlichkeitsfrage aus dem Umfeld der Homerphilologie herausgerissen. Seither wird darüber debattiert, ob und in welcher Form Schriftlichkeit für die frühgriechische Dichtung eine Bedeutung hat. Eine Mehrheit von Forschern ist sich heute darüber einig, daß angesichts der hohen Qualität der Überlieferung nur eine relativ frühe schriftliche Fixierung der Lieder in Frage kommt.[68] Ein vergleichbares Argument wird mit Blick auf die für das 7. und 6. Jh. zu erschließende Textmenge ins Feld geführt.[69] Umstritten ist vor allem, ob und in welcher Form der Dichter selbst an dieser schriftlichen Fixierung beteiligt ist: Verfaßt der Dichter die Lieder unter Zuhilfenahme der Schrift? Fixiert er ein im wesentlichen mündlich konzipiertes Lied? Wird das Lied von Dritten niedergeschrieben? – Sicher ist nur, daß wir als durch und durch von Schriftlichkeit geprägte Menschen das Funktionieren mündlicher und 'frühschriftlicher' Gesellschaften nicht wirklich nachvollziehen können.

Programmatische Äußerungen der Dichter, die auf Verwendung der Schrift weisen, würden sicher den Ausschlag geben, aber der Befund ist eindeutig: In den hier untersuchten immanenten Poetiken ist Schriftlichkeit kein Thema.[70] Die

---

[68] Barner (1967, 117–119) und Rösler (1980, 96–99) haben dies vor allem am 'Zersingen' des Alkaios-Lieds 249 im attischen Skolion 891 gezeigt. Diese Auffassung wird jetzt bestritten von Rossi (1993). Seiner Meinung nach hat das (angeblich) zersungene Skolion mit κατίδην den besseren Text bewahrt als der auf die alexandrinische Edition zurückgehende Papyrus (προΐδην).

[69] Vgl. die Berechnungen von Latacz (1990, 239; 258 Abb. 3 [= 1994, 369; 389 Abb. 3]), die sich allein für das 7. Jh. auf mindestens 15'000 Verse belaufen.

[70] Vgl. dagegen die Schriftlichkeitsmetaphern in der Tragödie (Auswahl): A. *Pers.* 254; *Supp.* 946–947; *Pr.* 789; S. *El.* 639; E. *IA* 797. Ebenso in der hellenistischen Dichtung (Auswahl): Kall. fr. 1.21 Pf., Poseidippos von Pella fr. 705.5–6. – Im AT bezeichnet der Dichter seine Zunge als 'Griffel eines Schreibers' (Psalm 45.2); vgl. auch die akkadische Parallele (S. 173 Anm. 20).

Der Anfang von Pi. *O.* 10 ist nur eine scheinbare Ausnahme und ist ganz anders gelagert (1–3): Τὸν Ὀλυμπιονίκαν ἀνάγνωτέ μοι Ἀρχεστράτου παῖδα, πόθι φρενὸς ἐμᾶς γέγραπται – 'Den Olympiasieger lest mir vor, den Sohn des Archestratos, wo er in meinem Geist aufgeschrieben ist'. Die Stelle handelt von einem 'inschriftlichen Memorandum' in der φρήν des vorgeblich vergeßlichen Dichters und nicht von der Komposition oder Verbreitung von Dichtung. In ihrer Untersuchung zu den Metaphern Pindars, die auf Siegesmonumente Bezug nehmen, die Inschriften tragen können (Statuenbasen, Schatzhäuser etc.), kommt Steiner letztlich zum gleichen Schluß (1993, 178; Hervorhebung: R.N.): "The *seeming* likeness (sc. between Pi. *O.* 10.1–3 and encomiastic inscriptions) [...] quickly disappears as Pindar's 'inscription' glides into the metaphoric writing in the poet's φρήν." Was die Studie insgesamt betrifft, streicht Steiner zu Recht die gleiche Funktion von Siegesmonument und Epinikion heraus ('Verewigung' des Siegs), berücksichtigt aber zu wenig, daß das Epinikion sich eben nicht der gleichen Mittel bedient. Neben dem Fehlen von Schriftlichkeits-Bildern ist in diesem Zusammenhang daran zu erinnern, daß Pindar gegen die 'unbeweglichen Statuen' ([3.101], [3.102]) und insbesondere gegen die dem natürlichen Zerfall ausgesetzten Siegesmonumente polemisiert [19.12].

Der Versuch, Archilochos' cκυτάλη (185.2) als Schriftlichkeitssignal zu deuten, wird überzeugend zurückgewiesen von West 1988: s. zu [2.8].

Bilder deuten darauf, daß die Dichter von *mündlicher* Wiedergabe ihrer Lieder ausgehen. Ziel des Dichters ist es, daß seine Lieder immer wieder *gesungen* bzw. *vorgetragen* werden.[71] Ob Schriftlichkeit diese Zielsetzung begleitet und gefördert hat, darüber sagen die poetologischen Bilder nichts aus. Schriftlichkeit kann, sofern sie beteiligt gewesen ist, aus der Sicht der Dichter nicht mehr als ein Nebenprodukt gewesen sein. Die von ihnen imaginierte Rezeption von Dichtung ist ausschließlich *aural*. Lyrik, die primär für die Lektüre verfaßt wird, findet sich erst im Hellenismus.[72]

Daß nicht einmal schriftliche Thesaurierung, von der heute die meisten Erklärer ausgehen, zum Thema gemacht wird, muß insbesondere an den Stellen erstaunen, an denen die Dichter ausdrücklich die mit der Überlieferung verbundenen Gefahren zum Thema machen.[73] Aber Theognis' Sphragis (19–23) bringt die (wie man heute sieht: berechtigte) Angst vor dem *Plagiat* zum Ausdruck. Seine Befürchtungen gelten nicht dem 'Zersingen'. Somit ist es auch kein Widerspruch, wenn Theognis' Gegenmittel, das 'Copyright'-Siegel 'Kyrnos', ein mündliches ist.[74] Seine Wirkung hängt nicht von der Frage ab, ob die Sphragis-Elegie eine von Theognis selbst besorgte Buchausgabe eingeleitet hat.[75] Die Vorstellung, daß der Vortragende, der sich kaum streng an die Reihenfolge des 'Kommersbuches' gehalten haben wird, von Mitsymposiasten mit Hilfe einer (für diese Zwecke äußerst unpraktischen) Buch*rolle* 'kontrolliert' wird, ist nicht nur realitätsfremd, sie läßt sich auch nicht mit Theognis' eigener Aussage vereinbaren. Daß die Schriftlichkeit das Authentizitätsproblem löst, darf m.E. nicht in die Sphragis-Elegie hineingelesen werden.[76]

---

[71] Besonders aufschlußreich sind in diesem Zusammenhang Thgn. 240 (πολλῶν κείμενος ἐν ςτόμαςιν) und Pi. *N.* 4.13–16: εἰ δ' ἔτι ζαμενεῖ Τιμόκριτος ἁλίωι | ςὸς πατὴρ ἐθάλπετο, ποικίλον κιθαρίζων | θαμά κε, τῶιδε μέλει κλιθείς, | ὕμνον κελάδηςε καλλίνικον – 'Wenn Timokritos, dein (sc. des Siegers) Vater, sich noch an der kräftigen Sonne erwärmen würde, hätte er wohl oft, in Anlehnung an dieses Lied hier, die Leier bunt spielend das Siegeslied erklingen lassen'.

[72] Vgl. zusätzlich zu Anm. 70 die auf die Rezeption bezogenen Schriftlichkeitsmetaphern: Kall. fr. 468; *ep.* 6; fr. 398; fr. 532 (mit dem Kommentar von Pfeiffer zu fr. 468 mit weiteren Stellen); Poseidippos fr. 706.16 SH.

[73] Vgl. dagegen den S. 115 zitierten ägyptischen Text.

[74] Zum Siegel s.o. S. 283 mit Anm. 9.

[75] Die Frage der von Theognis selbst besorgten Buchausgabe ist in der Forschung umstritten, und mit ihr die Frage, ob die Sphragis-Elegie zu diesem Zweck verfaßt worden ist (pro: z.B. Rösler 1980, 82–83 mit Anm. 128 u. 129; contra: z.B. West 1974, 42).

[76] Die kürzlich von Pratt (1995) vorgelegte Hypothese (übernommen von Gerber 1997, 126), daß Theognis' Sphragis in der Schriftlichkeit liegt, vermag mich nicht zu überzeugen. Pratt konzediert selbst, daß "certain features of the Theognidea become intelligible if we apply standards appropriate to a corpus of poetry that was originally oral rather than written" (180) und daß eine schriftliche Fassung primär mnemotechnische Bedeutung hat (175). Wenn also der Vortrag weiterhin mündlich ist, wie sollte dann *jeder* (πᾶς τις ἐρεῖ, 22) sogleich erkennen können, wenn eine Fälschung vorgetragen würde?

Simonides wiederum polemisiert gegen die dem Zerfall ausgesetzten materiellen Erzeugnisse der bildenden Kunst [3.96] und stellt ihnen die 'immaterielle' Liedkunst entgegen ([3.87], vgl. [19.12]). Auch das läßt sich nicht recht mit schriftlicher Überlieferung vereinbaren, die ja nicht weniger dem Zerfall ausgesetzt ist. Liedkunst, die diesem Zerfall entzogen ist, muß mündlich gedacht sein.

Nicht anders als bei der Überlieferung präsentiert sich der Befund in bezug auf die Kompositionsweise: Obwohl eine größere Anzahl von bildlichen und nicht-bildlichen Aussagen sich mit der Komposition von Dichtung auseinandersetzt, deutet keine auf Zuhilfenahme der Schrift.

Somit sind die sich ergebenden Indizien widersprüchlich: Auf der einen Seite steht der aus der immanenten Poetik abgeleitete Befund, der überdies im Einklang mit anderen Ergebnissen zur antiken Buchkultur steht: (1) 'Buchhandel' setzt erst gegen Ende des 5. Jh. ein (Turner 1952). (2) Hinweise auf andere Formen von Textsammlungen (z.B. 'Archive') finden sich ebenfalls nicht vor dem 5. Jh.[77] Sie stehen deshalb im Verdacht, zeitgenössische Praxis in die Frühzeit zurückzuprojizieren. Auf der anderen Seite steht die in der modernen Forschung weithin geteilte Ansicht, daß nur eine relativ frühe schriftliche Fixierung für das Überleben der Lieder in so hoher Qualität gesorgt haben kann. Ich schlage folgende, oben bereits angedeutete Synthese vor:

Aus heutiger Sicht ist weiterhin damit zu rechnen, daß die Texte relativ bald schriftlich fixiert worden sind. Hingegen ist das Schweigen der Dichter (der direkt Betroffenen) zu diesem Punkt als Indiz dafür zu werten, daß Schriftlichkeit für sie kein Thema war. Für die Dichter sind der orale Vortrag und die aurale Rezeption von Dichtung wichtig, die beide einen lebendigen Bestandteil des aktiven Soziallebens darstellen. Der 'tote Buchstabe' und mit ihm der Einzelleser stehen erst für Kallimachos und seinesgleichen im Zentrum.

[77] Vgl. die Liste der einschlägigen Stellen bei Herington (1985, 201–206). In bezug auf die Datierung muß man im Grunde präzisieren: Einzig die auf Vasen dargestellten Schulszenen setzen bereits im frühen 5. Jh. ein. Die literarischen Quellen fallen alle ins 4. Jh. und später (Hdt. 5.90.2 und 7.6.3 spricht von *Orakel*-Sammlungen). Auch diese 'Schulbücher' müssen noch nicht unbedingt den Ausschlag geben, weil aus Stellen wie Ar. *Nu.* 964–971 hervorgeht, daß die 'alte' (d.h. vor dem letzten Drittel des 5. Jh. praktizierte) Lernmethode aural ist.

(e) Fazit

Die prekäre Überlieferungslage der frühgriechischen Lyrik bringt es mit sich, daß die diesem Forschungsgegenstand gewidmeten Bemühungen zu einem beträchtlichen Grad von der Wiedergewinnung der Materials (Papyrologie, Textkritik, Dialektforschung usw.) und der Etablierung eines Primärverständnisses (Kommentierung, Worterklärung, Übersetzung usw.) absorbiert wurden und auch weiterhin absorbiert werden. Folgerichtig konnte der Erforschung der künstlerischen Durchgestaltung nur beschränkte Aufmerksamkeit geschenkt werden. Allerdings lassen die in jüngerer Vergangenheit in diesem Bereich vermehrt erzielten Ergebnisse trotz nach wie vor bruchstückhafter Kenntnis immer deutlicher erkennen, wie differenziert und facettenreich die frühgriechische Lyrik ist. Von den ältesten heute bekannten Texten an präsentiert sie sich als hochentwickelte Wortkunst, was nicht mit der Konzeption einer 'in den Anfängen steckenden' Gesellschaft zusammenpaßt. Entsprechend kommt man immer mehr von der Vorstellung einer 'archaischen' griechischen Lyrik ab – leider noch nicht immer mit den nötigen terminologischen Konsequenzen. Denn frühgriechische Lyrik ist eben nicht 'archaisch' (im Sinn von 'einfach', 'noch nicht entwickelt', 'urtümlich') und auch nicht, um einen älteren Terminus zu verwenden, 'naiv' (im Sinn Schillers).

Die vorliegende Untersuchung bringt eine nachdrückliche Bestätigung dieser Auffassung, die sie zusätzlich mit dem Argument stützen kann, daß die frühgriechische Lyrik nicht nur nicht 'archaisch' ist, sondern sich selbst auch gar nicht so wahrnimmt und darstellt. Unter Verzicht auf die Verwendung des (in mehrfacher Hinsicht problematischen) biographischen Materials kann allein durch die Untersuchung der poetologischen Bildersprache, die in dieser Arbeit möglichst vollständig erfaßt und nach inhaltlichen und typologischen Kriterien geordnet ist, gezeigt werden, daß der frühgriechische Dichter *qua* Dichter ein differenziertes Bewußtsein für Funktion und Qualität seiner dichterischen Produktion aufweist und darin zum Ausdruck bringt. Frühgriechische Lyrik ist nicht 'nur' elaborierte Wortkunst, sondern elaborierte Wortkunst, die sich als solche 'inszeniert'. Das vorherrschende Ausdrucksmittel dafür ist die poetologische Bildersprache. In Verbindung mit den nicht-figurativen programmatischen Aussagen stellt sie das Werkzeug in der Hand des Dichters dar, mit dem er die Interpretation seines eigenen Textes nachhaltig und nuancenreich zu lenken vermag. Daß dabei die figurative Sprache deutlich überwiegt, liegt zunächst an einer generellen Affinität von poetischer Sprache und Bildersprache. Es hat aber auch zur Folge, daß die im Text enthaltene ‘Rezeptionsanleitung’ gleichzeitig subtil, attraktiv und effizient ist: Mit Hilfe der selbstreferentiellen poetologischen Bildersprache signalisiert der poetische Text, wie er *als poetischer Text* verstanden werden möchte.

BIBLIOGRAPHIE

Editionen

BERGK	Bergk, Th. (Hrsg.): Poetae Lyrici Graeci. Leipzig ^{4}1878–82 (^{1}1843, ^{2}1853, ^{3}1866–67).
BERNABÉ	Bernabé, A. (Hrsg.): Poetae Epici Graeci. Testimonia et fragmenta. Tl. 1. Leipzig 1987.
CALAME	Calame, C. (Hrsg.): Alcman. Introduction, texte critique, témoignages, traduction et commentaire. Roma 1983.
CAMPBELL	Campbell, D.A. (Hrsg.): Greek Lyric. 5 Bde. Cambridge/Mass. 1982–93 (Inhaltsübersicht: Bd. 1: Sappho, Alkaios (1982). Bd. 2: Anakreon, Anacreontea, Alkman und PMG 696–698 (1988). Bd. 3: Stesichoros, Ibykos, Simonides und PMG 699–715 (1991). Bd. 4: Bakchylides und PMG 716–756 (1992). Bd. 5: PMG 757–1045 (1993), jeweils mit testimonia).
CEG	Hansen, P.A. (Hrsg.): Carmina Epigraphica Graeca. Bd. 1: Saeculorum VIII–V a. Chr. n. Berlin–New York 1983. Bd. 2: Saeculi IV a. Chr. n. Berlin–New York 1989.
COLACE	Radici Colace, P. (Hrsg.): Choerili Samii Reliquiae. Introduzione, testo critico e commento. Roma 1979.
DAVIES	Davies, M. (Hrsg.): Epicorum Graecorum Fragmenta. Göttingen 1988.
DEGANI	Degani, E. (Hrsg.): Hipponax. Testimonia et fragmenta. Stuttgart–Leipzig ^{2}1991 (^{1}1983).
DIEHL	Diehl, E. (Hrsg.): Anthologia lyrica Graeca. 3 Bde. Leipzig ^{3}1949–52.
DK	Diels, H.; Kranz, W. (Hrsg.): Die Fragmente der Vorsokratiker. Griechisch und Deutsch. 3 Bde. Zürich ^{6}1951–52 (repr. 1989).
EG	Page, D.L. (Hrsg.): Epigrammata Graeca. Oxford 1975.
IEG	West, M.L. (Hrsg.): Iambi et Elegi Graeci ante Alexandrum cantati. Bd. 1: Oxford ^{2}1989. Bd. 2: Oxford ^{2}1992.
GENTILI	Gentili, B. (Hrsg.): Anacreon. Roma 1958.
GENTILI-PRATO	Gentili, B.; Prato, C. (Hrsg.): Poetae Elegiaci. Testimonia et fragmenta. Tl. 1: Leipzig ^{2}1988. Tl. 2: Leipzig 1985.
GOSTOLI	Gostoli, A. (Hrsg.): Terpander. Veterum testimonia. Fragmenta. Roma 1990.
LGS	Page, D.L. (Hrsg.): Lyrica Graeca Selecta. Oxford 1968.

LOBEL-PAGE	Lobel, E.; Page, D.L. (Hrsg.): Poetarum Lesbiorum Fragmenta. Oxford 1955.
MARTINA	Martina, A. (Hrsg.): Solon. Roma 1968 (nur testimonia).
PELLIZER-TEDESCHI	Pellizer, E.; Tedeschi, G. (Hrsg.): Semonides. Roma 1990.
PFEIFFER	Pfeiffer, R. (Hrsg.): Callimachus. Bd. 1: Fragmenta. Oxford 1949. Bd. 2: Hymni et epigrammata. Oxford 1953.
PMG	Page, D.L. (Hrsg.): Poetae Melici Graeci. Oxford 1962.
PMGF	Davies, M. (Hrsg.): Poetarum Melicorum Graecorum Fragmenta. Vol. 1: Oxford 1991.
PRATO	Prato, C. (Hrsg.): Tyrtaeus. Roma 1968.
SH	Lloyd-Jones, H.; Parsons, P. (Hrsg.): Supplementum Hellenisticum. Berlin–New York 1983.
SLG	Page, D.L. (Hrsg.): Supplementum Lyricis Graecis. Oxford 1974.
SNELL-MAEHLER	Snell, B.; Maehler, H. (Hrsg.): Bacchylides. Leipzig [10]1970.
SNELL-MAEHLER	Snell, B.; Maehler, H. (Hrsg.): Pindari carmina cum fragmentis. Tl. 1: Epinicia. Leipzig [8]1987. Tl. 2: Fragmenta. Indices. Leipzig 1989.
TARDITI	Tarditi, G. (Hrsg.): Archilochus. Roma 1968.
VETTA	Vetta, M. (Hrsg.): Theognis. Elegiarum liber secundus. Roma 1980.
VOIGT	Voigt, E.-M. (Hrsg.): Sappho et Alcaeus. Amsterdam 1971.

Forschungsberichte

GERBER 1987–88 – D.E. Gerber: Studies in Greek Lyric Poetry: 1975–1985. *CW* 81, 1987–88, 73–144; 417–479.

GERBER 1989/90 – D.E. Gerber: Pindar and Bacchylides 1934–1987. *Lustrum* 31, 1989, 97–269; 32, 1990 (erschienen: 1992), 7–98; 283–292.

GERBER 1991 – D.E. Gerber: Early Greek Elegy and Iambus 1921–1989. *Lustrum* 33, 1991 (erschienen: 1993), 7–225; 401–409.

GERBER 1993 – D.E. Gerber: Greek Lyric Poetry since 1920. Part I: General, Lesbian Poets. *Lustrum* 35, 1993 (erschienen: 1995), 7–179.

GERBER 1994 – D.E. Gerber: Greek Lyric Poetry since 1920. Part II: From Alcman to Fragmenta Adespota. *Lustrum* 36, 1994 (erschienen: 1996), 7–188; 285–297.

Übersetzungen und Anthologien nicht-griechischer Texte

ANET – Ancient Near Eastern Texts relating to the Old Testament. Ed. by J.B. Pritchard. Princeton [3]1969 ([1]1950).

COOGAN 1978 – M.D. Coogan: Stories From Ancient Canaan. Philadelphia 1978.

DALLEY 1989 – S. Dalley: Myths from Mesopotamia. Creation, The Flood, Gilgamesh and others. Translated with an Introduction and Notes. Oxford 1989.

FOSTER 1993 – B.R. Foster: Before the Muses. An Anthology of Akkadian Literature. 2 Bde. Bethesda/Maryland 1993.

GELDNER 1951–57 – Der Rig-Veda aus dem Sanskrit ins Deutsche übersetzt und mit einem laufenden Kommentar versehen von K.F. Geldner. 4 Bde. Cambridge/Mass. 1951–57.

HOFFNER 1990 – H.A. Hoffner: Hittite Myths. Atlanta 1990.

HORNUNG 1996 – E. Hornung: Altägyptische Dichtung. Ausgewählt, übersetzt und erläutert. Stuttgart 1996.

LICHTHEIM 1973/76/80 – M. Lichtheim: Ancient Egyptian Literature. A Book of Readings. 3 Bde. Berkeley 1973, 1976, 1980.

TUAT – Texte aus dem Umfeld des Alten Testaments. Hrsg. v. O. Kaiser et al. 3 Bde. Gütersloh 1982–1997.

Sekundärliteratur

ADKINS 1985 – A.W.H. Adkins: Poetic Craft in the Early Greek Elegists. Chicago–London 1985.

AKURGAL 1983 – E. Akurgal: Altsmyrna. Bd. 1: Wohnschichten und Athenatempel. Ankara 1983.

ALLEMANN 1963 – B. Allemann: Dichter über Dichtung. in: Frisé, A. (Hrsg.): Definitionen. Essays zur Literatur. Frankfurt/M. 1963, 9–34.

ALLEN-HALLIDAY-SIKES 1936 – T.W. Allen; W.R. Halliday; E.E. Sikes: The Homeric Hymns. Oxford ^{2}1936.

ALONI 1993 – A. Aloni: Lirici greci. Poeti giambici. Milano 1993.

ALONI 1994 – A. Aloni: Lirici greci. Alcmane e Stesicoro. In appendice Simonide 'Elegia per la battaglia di Platea'. Milano 1994.

ANGELI BERNARDINI 1967 – P. Angeli Bernardini: Linguaggio e programma poetico in Pindaro. *QUCC* 4, 1967, 80–97.

ANGELI BERNARDINI 1977 – P. Angeli Bernardini: L'›aquila tebana‹ vola ancora. *QUCC* 26, 1977, 121–126.

ANGELI BERNARDINI 1990 – P. Angeli Bernardini: 'sfairai' e 'kylikes' nel simposio: un'immagine agonistica in Dionisio Calco, fr. 2.3–4 Gent.-Pr. *Nikephoros* 3, 1990, 127–132.

ARRIGHETTI 1976 – G. Arrighetti: In tema di poetica greca arcaica e tardo-arcaica (Esiodo, Pindaro, Bacchilide). *SCO* 25, 1976, 255–314.

ASPER 1997 – M. Asper: Onomata allotria. Zur Genese, Struktur und Funktion poetologischer Metaphern bei Kallimachos. Stuttgart 1997.

ASSMANN 1989 – A. Assmann: Fiktion als Differenz. *Poetica* 21, 1989, 239–260.

AUGER 1987 – D. Auger: De l'artisan à l'athlète: les métaphores de la création poétique dans l'épinicie et chez Pindar. in: Costantini, M. et al. (Hrsg.): Le texte et ses représentations. Paris 1987, 39–56.

BARKHUIZEN-HENDERSON-VAN ROOY 1986/88 – J.H. Barkhuizen; W.J. Henderson; C.A. van Rooy: Kalliope. Bd. 1: Griekse jambiese en elegiese poësie van Archilochos tot Theognis. Pretoria 1986. Bd. 2: 'n bloemlesing van griekse liriese poësie van Alkman tot Pindaros. Pretoria 1988.

BARNER 1967 – W. Barner: Neuere Alkaios-Papyri aus Oxyrhynchos. Hildesheim 1967.

BARRON 1969 – J.P. Barron: Ibycus: To Polycrates. *BICS* 16, 1969, 119–149.

BARRON 1984 – J.P. Barron: Ibycus: *Gorgias* and other Poems. *BICS* 31, 1984, 13–24.

BECKER 1937 – O. Becker: Das Bild des Weges und verwandte Vorstellungen im frühgriechischen Denken. Berlin 1937.

BEISSNER 1951 – Fr. Beißner (Hrsg.): Hölderlin. Sämtliche Werke (= StA). Bd 2.1. Stuttgart 1951.

BENGTSON 1983 – H. Bengtson: Die Olympischen Spiele in der Antike. Zürich–München ^{3}1983 (^{1}1971).

BENKENDORFF 1966 – K.-A. Benkendorff: Untersuchungen zu den platonischen Gleichnissen, Vergleichen und Metaphern aus dem Bereich der Gymnastik und Agonistik. Tübingen 1966.

BENVENISTE 1969 – E. Benveniste: Le vocabulaire des institutions indo-européennes. Bd. 1: Economie, parenté, société. Bd. 2: Pouvoir, droit, religion. Paris 1969.

BERNARD 1963 – M. Bernard: Pindars Denken in Bildern. Vom Wesen der Metapher. Pfullingen 1963.

BERTOLINI 1988 – F. Bertolini: Odisseo aedo, Omero carpentiere: *Odissea* 17.384–85. *Lexis* 2, 1988, 145–164.

BING 1988 – P. Bing: The Well-Read Muse. Present and Past in Callimachus and the Hellenistic Poets. Göttingen 1988.

BLANCHARD 1973 – A. & M. Blanchard: Le mosaïque d'Anacréon à Autun. *REA* 75, 1973, 268–279.

BLECH 1982 – M. Blech: Studien zum Kranz bei den Griechen. Berlin–New York 1982.

BODSON 1976 – L. Bodson: La stridulation des cigales. Poésie grecque et réalité entomologique. *AC* 45, 1976, 75–94.

BOECKH 1821 – A. Boeckh: Pindari epiniciorum interpretatio latina cum commentario perpetuo. Fragmenta et indices. Leipzig 1821 (repr. Hildesheim 1963).

BOLLACK 1968 – J. Bollack: Une histoire de σοφίη. *REG* 81, 1968, 550–554.

BONANNO 1978–79 – M.G. Bonanno: Ibyc. S151.23ss. P. *MCr* 13–14, 1978–79, 143–146.

BOWIE 1986 – E.L. Bowie: Early Greek Elegy, Symposium and Public Festival. *JHS* 106, 1986, 13–35.

BOWIE 1993 – E.L. Bowie: Lies, Fiction and Slander in Early Greek Poetry. in: Gill, Ch.; Wiseman, T.P. (Hrsg.): Lies and Fiction in the Ancient World. Exeter 1993, 1–37.

BOWRA 1952 – C.M. Bowra: Heroic Poetry. London 1952.

BOWRA 1961 – C.M. Bowra: Greek Lyric Poetry. From Alcman to Simonides. Oxford ^{2}1961.

BOWRA 1964 – C.M. Bowra: Pindar. Oxford 1964.

BRANDENBURG 1966 – H. Brandenburg: Studien zur Mitra. Beiträge zur Waffen- und Trachtgeschichte der Antike. Münster 1966.

BRASWELL 1988 – B.K. Braswell: A Commentary on the Fourth Pythian Ode of Pindar. Berlin–New York 1988 (dazu: Index of Passages Cited in ... Compiled by M. Somazzi. Fribourg 1992).

BRASWELL 1992 – B.K. Braswell: A Commentary on Pindar Nemean One. Fribourg 1992.

BRECHT 1930 – F.J. Brecht: Motiv- und Typengeschichte des griechischen Spottepigramms. Leipzig 1930.

BRECHT 1967 – B. Brecht: Gesammelte Werke. 20 Bde. Frankfurt/M. 1967.

BREMER 1976 – D. Bremer: Licht und Dunkel in der frühgriechischen Dichtung. Interpretationen zur Vorgeschichte der Lichtmetaphysik. Bonn 1976.

BREMER 1978 – J.M. Bremer: Het gemaskerde Ik. Amsterdam 1978.

BREMER 1990 – J.M. Bremer: Pindar's Paradoxical ἐγώ and a Recent Controversy about the Performance of his Epinicia. in: Slings, S.R. (Hrsg.): The Poet's I in Archaic Greek Lyric. Proceedings of a Symposium Held at the Vrije Universiteit Amsterdam. Amsterdam 1990, 41–58.

BREMER-VAN ERP-SLINGS 1987 – J.M. Bremer; A.M. van Erp Taalman Kip; S.R. Slings: Some Recently Found Greek Poems. Leiden 1987.

BRIEGLEB 1997 – K. Briegleb (Hrsg.): Heinrich Heine. Sämtliche Schriften. 7 Bde. München 1997 (= repr. der 2./3. Auflage 1975–1995).

BRUSSICH 1976 – G.F. Brussich: Su alcuni frammenti adespoti dei *Poetae Melici Graeci* del Page. *QUCC* 22, 1976, 131–146.

BUNDY 1962 – E.L. Bundy: Studia Pindarica. Berkeley–Los Angeles 1962 (repr. 1986).

BURCKHARDT 1977 – J. Burckhardt: Griechische Kulturgeschichte. München 1977 (repr. der Ausgabe Basel 1956–57).

BURKERT 1977 – W. Burkert: Griechische Religion der archaischen und klassischen Epoche. Stuttgart etc. 1977.

BURKERT 1984 – W. Burkert: Die orientalisierende Epoche in der griechischen Religion und Literatur. Heidelberg 1984.

BURKERT 1992 – W. Burkert: The Orientalizing Revolution. Near Eastern Influence on Greek Culture in the Early Archaic Age. Cambridge/Mass. 1992 (≈ Burkert 1984).

BURN 1960 – E.A. Burn: The Lyric Age of Greece. London 1960.

BURNETT 1983 – A.P. Burnett: Three Archaic Poets. Archilochus, Alcaeus, Sappho. London 1983.

BURNETT 1985 – A.P. Burnett: The Art of Bacchylides. Cambridge 1985.

BURNETT 1989 – A.P. Burnett: Performing Pindar's Odes. *CPh* 84, 1989, 283–293.

BURTON 1962 – R.W.B. Burton: Pindar's Pythian Odes. Essays in Interpretation. Oxford 1962.

BYWATER 1909 – I. Bywater: Aristotle on the Art of Poetry. A Revised Text with Critical Introduction, Translation and Commentary. Oxford 1909.

CALAME 1977 – C. Calame: Les chœurs des jeunes filles en Grèce archaïque. Bd. 1: Morphologie, fonction religieuse et sociale. Bd. 2: Alcman. Roma 1977.

CALAME 1977a – C. Calame: Die Komposita mit ἀρτι– im frühgriechischen Epos. *MH* 34, 1977, 209–220.

CALAME 1993 – C. Calame: Rez. von Latacz 1991. *MH* 50, 1993, 225–226.

CAMPANILE 1990 – E. Campanile: La ricostruzione della cultura indoeuropea. Pisa 1990.

CAMPBELL 1967 – D.A. Campbell: Greek Lyric Poetry. A Selection of Early Greek Lyric, Elegiac and Iambic Poetry. London 1967 (repr. Bristol 1982).

CAMPBELL 1976 – D.A. Campbell: The Language of the New Archilochus. *Arethusa* 9.2, 1976, 151–157.

CAMPBELL 1983 – D.A. Campbell: The Golden Lyre. The Themes of the Greek Lyric Poets. London 1983.

CAMPBELL 1985 – D.A. Campbell: Monody. in: Easterling-Knox 1985, 202–221.

CAREY 1981 – C. Carey: A Commentary on Five Odes of Pindar. *Pythian* 2, *Pythian* 9, *Nemean* 1, *Nemean* 7, *Isthmian* 8. New York 1981.

CAREY 1989 – C. Carey: The Performance of the Victory Ode. *AJPh* 110, 1989, 545–565.

CAREY 1991 – C. Carey: The Victory Ode in Performance: the Case for the Chorus. *CPh* 86, 1991, 192–200.

CARNE-ROSS 1976 – D.S. Carne-Ross: Weaving with Points of Gold: Pindar's Sixth Olympian. *Arion* n.s. 3, 1976, 5–44 (repr. in: ders.: Instaurations. Essays in and out of Literature. From Pindar to Pound. Berkeley–Los Angeles–London 1979, 29–60).

CÀSSOLA 1975 – F. Càssola: Inni omerici. Milano 1975.

CASSON 1971 – L. Casson: Ships and Seamanship in the Ancient World. Princeton 1971.

CAVALLINI 1990 – E. Cavallini: Sull' avvento della primavera. *Eikasmos* 1, 1990, 27–29.

CERRI 1985 – G. Cerri: Dal canto citarodico al coro tragico: La *palinodia* di Stesicoro, l'*Elena* di Euripide e le Sirene. *Dioniso* 56, 1985, 157–174.

CHADWICK 1932 – H.M. & N.K. Chadwick: The Growth of Literature. Vol. 1: The Ancient Literatures of Europe. Cambridge 1932.

CHANTRAINE 1968–80 – P. Chantraine: Dictionnaire étymologique de la langue grecque. 4 Bde. Paris 1968–1980.

CLAY 1997 – J.S. Clay: The Homeric Hymns. in: Powell, B.; Morris, I. (Hrsg.): A New Companion to Homer. Leiden 1997, 489–507.

CORDES 1994 – P. Cordes: Iatros. Das Bild des Arztes in der griechischen Literatur von Homer bis Aristoteles. Stuttgart 1994.

CROTTY 1982 – K. Crotty: Song and Action. The Victory Odes of Pindar. Baltimore–London 1982.

CURTIUS 1984 – E.R. Curtius: Europäische Literatur und lateinisches Mittelalter. Bern ^{10}1984 (^{1}1948).

DAEMMRICH 1995 – H.S. & I. Daemmrich: Themen und Motive in der Literatur. Tübingen ^{2}1995 (^{1}1987).

D'ALESSIO 1994 – G.B. D'Alessio: First-Person Problems in Pindar. *BICS* 41, 1994, 117–139.

DANIELEWICZ 1990 – J. Danielewicz: *Deixis* in Greek Choral Lyric. *QUCC* 34, 1990, 7–17.

DAVIES 1980 – M. Davies: Poetry in Plato: A New Epic Fragment? *MH* 37, 1980, 129–132.

DAVIES 1982 – M. Davies: The Paroemiographers on Τὰ τρία τῶν Cτηcιχόρου. *JHS* 102, 1982, 206–210.

DAVIES 1986 – M. Davies: The Motif of the πρῶτοc εὑρετήc in Alcman. *ZPE* 65, 1986, 25–27.

DAVIES 1988 – M. Davies: Monody, Choral Lyric, and the Tyranny of the Hand-Book. *CQ* 38, 1988, 52–64.

DAVIES-KATHIRITHAMBY 1986 – M. Davies; J. Kathirithamby: Greek Insects. London 1986.

DECKER 1995 – W. Decker: Sport in der griechischen Antike. Vom minoischen Wettkampf bis zu den Olympischen Spielen. München 1995.

DEGANI 1984 – E. Degani: Studi su Ipponatte. Bari 1984.

DEGANI-BURZACCHINI 1977 – E. Degani; G. Burzacchini: Lirici greci. Antologia. Firenze 1977.

DE JONG 1987 – I. de Jong: Narrators and Focalizers. The Presentation of the Story in the Iliad. Amsterdam 1987.

DETIENNE 1967 – M. Detienne: Les maîtres de vérité dans la Grèce archaïque. Paris 1967.

DIANO 1968 – C. Diano: Saggezza e poetiche degli antichi. Vicenza 1968.

DI BENEDETTO 1991 – V. di Benedetto: Pindaro, *Pae.* 7b, 11–14. *RFIC* 119, 1991, 164–176.

DIEHL 1940 – E. Diehl: ...fuerunt ante Homerum poetae. *RhM* 89, 1940, 81–114.

DIETEL 1939 – K. Dietel: Das Gleichnis in der frühen griechischen Lyrik. Würzburg 1939.

DILLER 1956 – H. Diller: Der vorphilosophische Gebrauch von κόcμοc und κοcμεῖν. Fs Snell. München 1956, 47–60.

DÖNT 1986 – E. Dönt: Pindar. Oden. Griechisch/Deutsch. Stuttgart 1986.

DORNSEIFF 1921 – F. Dornseiff: Pindars Stil. Berlin 1921.

DORNSEIFF 1965 – F. Dornseiff: Pindars Dichtungen. Übertragen und erläutert. Leipzig ^{2}1965 (^{1}1921).

DOVER 1964 – K.J. Dover: The Poetry of Archilochos. in: Archiloque. Entretiens sur l'antiquité classique. Tome 10. Vandœuvres–Genève 1964, 181–222.

DUCHEMIN 1955 – J. Duchemin: Pindare. Poète et prophète. Paris 1955.

DÜHRSEN 1994–95 – N.Ch. Dührsen: πείραcιν ἐν μεγάλοιc (Hes. *Th.* 335). *WJA* 20, 1994–95, 87–90.

DUNKEL 1979 – G. Dunkel: Fighting Words: Alcman *Partheneion* 63 μάχονται. *JIES* 7, 1979, 249–272.

DURANTE 1968 – M. Durante: Epea pteroenta. Die Rede als 'Weg' in griechischen und vedischen Bildern. in: Schmitt, R. (Hrsg.): Indogermanische Dichtersprache. WdF 165. Darmstadt 1968, 242–260.

DURANTE 1968a – M. Durante: Untersuchungen zur Vorgeschichte der griechischen Dichtersprache. Die Terminologie für das dichterische Schaffen. in: Schmitt, R. (Hrsg.): Indogermanische Dichtersprache. WdF 165. Darmstadt 1968, 261–290.

DURANTE 1971/76 – M. Durante: Sulla preistoria della tradizione poetica Greca. Tl. 1: Continuità della tradizione poetica dall'età micenea ai primi documenti. Roma 1971. Tl. 2: Risultanze della comparazione indoeuropea. Roma 1976.

EASTERLING-KNOX 1985 – P. Easterling; B.M.W. Knox (Hrsg.): The Cambridge History of Classical Literature. Bd. 1: Greek Literature. Cambridge 1985.

ECO 1987 – U. Eco: Lector in fabula. Die Mitarbeit der Interpretation in erzählenden Texten. Übers. v. H.-G. Held. München 1987 (ital.: Lector in fabula. La cooperazione interpretativa nei testi narrativi. Milano 1979).

EDWARDS 1971 – G.P. Edwards: The Language of Hesiod in Its Traditional Context. Oxford 1971.

EVANS 1930 – A. Evans: The Palace of Minos. Bd. 3. London 1930.

FABIAN-PELLIZER-TEDESCHI 1991 – K. Fabian; E. Pellizer; G. Tedeschi: Οἰνηρὰ τεύχη. Studi triestini di poesia conviviale. Torino 1991.

FALTER 1934 – O. Falter: Der Dichter und sein Gott bei den Griechen und Römern. Würzburg 1934.

FARNELL 1932 – L.R. Farnell: Critical Commentary to the Works of Pindar. London 1932 (repr. Amsterdam 1961).

FATOUROS 1966 – G. Fatouros: Index Verborum zur frühgriechischen Lyrik. Heidelberg 1966.

FENNELL 1893 – C.A.M. Fennell: Pindar. The Olympian and Pythian Odes. Cambridge ²1893.

FERRARI 1988 – F. Ferrari: *P. Berol.* Inv. 13270: I canti de Elefantina. *SCO* 38, 1988, 181–227.

FILENI 1987 – M.G. Fileni: Senocrito di Locri e Pindaro (fr. 140b Sn.-Maehl.). Roma 1987.

FINLEY 1955 – J.R. Finley: Pindar and Aeschylus. Cambridge/Mass. 1955.

FOGELMARK 1972 – S. Fogelmark: Studies in Pindar. Lund 1972.

FORNARO 1994 – S. Fornaro: La memoria e il canto. Roma 1994.

FOWLER 1979 – R.L. Fowler: Reconstructing the Cologne Alcaeus. *ZPE* 33, 1979, 17–28.

FOWLER 1987 – R.L. Fowler: The Nature of Early Greek Lyric: Three Preliminary Studies. Toronto 1987.

FRAENKEL 1962 – Ed. Fraenkel: Beobachtungen zu Aristophanes. Roma 1962.

FRAENKEL 1910 – E. Fraenkel: Geschichte der griechischen Nomina agentis auf -τήρ, -τωρ, -τηϲ (-τ-). Tl. 1: Straßburg 1910.

FRÄNKEL 1921 – H. Fränkel: Die homerischen Gleichnisse. Göttingen 1921 (repr. 1977).

FRÄNKEL 1968 – H. Fränkel: Wege und Formen frühgriechischen Denkens. München ³1968 (¹1955).

FRÄNKEL 1969 – H. Fränkel: Dichtung und Philosophie des frühen Griechentums. München ³1969 (New York ¹1951).

FRAZER 1919 – J.G. Frazer: Folk-Lore in the Old Testament. Studies in Comparative Religion Legend and Law. 3 Bde. London 1919.

FRISK 1954–72 – H. Frisk: Griechisches Etymologisches Wörterbuch. 3 Bde. Heidelberg 1954–1972.

FÜHRER 1976 – R. Führer: Zum neuesten Anakreon. *ZPE* 20, 1976, 54.

FÜHRER 1984 – R. Führer: Zum Kölner Alkaios (S 262, 24 Page). *ZPE* 57, 1984, 41.

FUHRER 1992 – Th. Fuhrer: Die Auseinandersetzung mit den Chorlyrikern in den Epinikien des Kallimachos. Basel–Kassel 1992.

GARZYA 1952 – A. Garzya: Dionisio Calco. *RFIC* 30, 1952, 193–207.

GELZER 1985 – Th. Gelzer: Μοῦϲα αὐθιγενήϲ. Bemerkungen zu einem Typ Pindarischer und Bacchylideischer Epinikien. *MH* 42, 1985, 95–120.

GENETTE 1972 – G. Genette: Figures III. Paris 1972.

GENETTE 1983 – G. Genette: Nouveau discours du récit. Paris 1983.

GENETTE 1994 – G. Genette: Die Erzählung. Aus dem Französischen von A. Knop, mit einem Vorwort hrsg. von J. Vogt. München 1994 (dt. Übers. von Genette 1972 und 1983).

GENTILI 1971 – B. Gentili: I frr. 39 e 40 P. di Alcmane e la poetica delle mimesi nella cultura greca arcaica. in: Studi in onore di V. De Falco. Napoli 1971, 57–67.

GENTILI 1989 – B. Gentili: Poesia e pubblico nella Grecia antica. Roma ^{2}1989 (^{1}1984).

GENTILI 1990 – B. Gentili: Die pragmatischen Aspekte der archaischen griechischen Dichtung. *A&A* 36, 1990, 1–17.

GENTILI-ANGELI BERNARDINI-CINGANO-GIANNINI 1995 – Pindaro. Le Pitiche. A cura di B. Gentili, P. Angeli Bernardini, E. Cingano e P. Giannini. Milano 1995.

GERBER 1970 – D.E. Gerber: Euterpe. An Anthology of Early Greek Lyric, Elegiac, and Iambic Poetry. Amsterdam 1970.

GERBER 1981 – D.E. Gerber: Archilochus, fr. 4 West: A Commentary. *ICS* 6, 1981, 1–11.

GERBER 1982 – D.E. Gerber: Pindar's Olympian One: A Commentary. Toronto 1982.

GERBER 1984 – D.E. Gerber: Lexicon in Bacchylidem. Hildesheim etc. 1984.

GERBER 1997 – D.E. Gerber (Hrsg.): A Companion to the Greek Lyric Poets. Leiden 1997.

GIANOTTI 1975 – G.F. Gianotti: Per una poetica pindarica. Torino 1975.

GIL FERNANDEZ 1959 – L. Gil Fernandez: Nombres de insectos en griego antiguo. Madrid 1959.

GILDERSLEEVE 1890 – B.L. Gildersleeve: Pindar. The Olympian and Pythian Odes. New York 1890 (repr. Amsterdam 1965).

GLADIGOW 1965 – B. Gladigow: Sophia und Kosmos. Untersuchungen zur Frühgeschichte von coφóc und coφίη. Hildesheim 1965.

GÖRGEMANNS 1990 – H. Görgemanns: Zum Ursprung des Begriffs 'Lyrik'. in: von Albrecht, M.; Schubert, W. (Hrsg.): Musik und Dichtung. Neue Forschungsbeiträge, Viktor Pöschl zum 80. Geburtstag gewidmet. Frankfurt/M. 1990, 51–61.

GOLDHILL 1991 – S.D. Goldhill: The Poet's Voice. Essays on Poetics and Greek Literature. Cambridge 1991.

GONDA 1975 – J. Gonda: Vedic Literature. Wiesbaden 1975.

GOODY-WATT 1968 – J. Goody; I. Watt: The Consequences of Literacy. in: Goody, J. (Hrsg.): Literacy in Traditional Societies. Cambridge 1968, 27–68 (dt.: Konsequenzen der Literalität. in: Literalität in traditionalen Gesellschaften. Frankfurt/M. 1981, 45–104).

GOSTOLI 1979 – A. Gostoli: Osservazioni metriche sull'encomio a Policrate di Ibico. *QUCC* 2, 1979, 93–99.

GOSTOLI 1990a – A. Gostoli: I frr. 1 e 2 di Terpandro (*SLG* 6 e *PMG* 697 Page). *AION* 12, 1990, 143–149.

GOULD 1973 – J. Gould: Hiketeia. *JHS* 93, 1973, 74–103.

GOW 1950 – A.S.F. Gow: Theocritus. Edited with a Translation and Commentary. 2 Bde. Cambridge 1950.

GRAF 1986 – F. Graf: Orpheus: A Poet Among Men. in: Bremmer, J. (Hrsg.): Interpretations of Greek Mythology. Totowa/New Jersey 1986, 80–106.

GRANDOLINI 1996 – S. Grandolini: Canti e aedi nei poemi Omerici. Pisa–Roma 1996.

GROENEBOOM 1928 – P. Groeneboom: Aeschylus' Prometheus. Met inleiding, critische noten en commentaar. Groningen–Den Haag 1928.

GUIDORIZZI 1993 – G. Guidorizzi: Lirici Greci. Saffo, Alceo, Anacreonte, Ibico. Milano 1993.

GUNDERT 1935 – H. Gundert: Pindar und sein Dichterberuf. Frankfurt/M. 1935.

HAEBLER 1967 – C. Haebler: Kosmos. Eine etymologisch-wortgeschichtliche Untersuchung. *ABG* 11, 1967, 101–118.

HÄGG 1983 – R. Hägg (Hrsg.): The Greek Renaissance of the Eighth Century B.C.: Tradition and Innovation. Stockholm 1983.

HAMILTON 1974 – R. Hamilton: Epinikion. General Form in the Odes of Pindar. Den Haag–Paris 1974.

HAMM 1958 – E.-M. Hamm: Grammatik zu Sappho und Alkaios. Berlin ²1958 (¹1957).

HARRIOTT 1969 – R. Harriott: Poetry and Criticism Before Plato. London 1969.

HARVEY 1957 – A.E. Harvey: Homeric Epithets in Greek Lyric Poetry. *CQ* 7, 1957, 206–223.

HASLAM 1974 – M. Haslam: Stesichorean Metre. *QUCC* 17, 1974, 9–57.

HASLER 1959 – F.S. Hasler: Untersuchungen zu Theognis. Winterthur 1959.

HÄUSSLER 1976 – R. Häußler: Das historische Epos der Griechen und Römer bis Vergil. Studien zum historischen Epos der Antike. 1. Teil: Von Homer zu Vergil. Heidelberg 1976.

HAVELOCK 1963 – E.A. Havelock: Preface to Plato. Cambridge/Mass. 1963.

HAVELOCK 1978 – E.A. Havelock: The Greek Concept of Justice. Cambridge/Mass. 1978.

HAVELOCK 1978a – E.A. Havelock: The Alphabetization of Homer. in: Havelock, E.A.; Hershbell, J.B. (Hrsg.): Communication Arts in the Ancient World. New York 1978, 3–21.

HAVELOCK 1986 – E.A. Havelock: The Muse Learns to Write. Reflections on Orality and Literacy from Antiquity to the Present. New Haven–London 1986.

HAY-STEINSDORFF 1986 – G. Hay; S. von Steinsdorff (Hrsg.): Deutsche Lyrik vom Barock bis zur Gegenwart. München ³1986.

HEATH 1988 – M. Heath: Receiving the *Komos*: The Context and Performance of the Epinician. *AJPh* 109, 1988, 180–195.

HENDERSON 1992 – W.J. Henderson: Pindar fr. 140b Snell-Maehler: The Chariot and the Dolphin. *Hermes* 120, 1992, 148–158.

HERINGTON 1985 – J. Herington: Poetry into Drama. Early Tragedy and the Greek Poetic Tradition. Berkeley–Los Angeles–London 1985.

HEUBECK 1972 – A. Heubeck: Nochmal zur 'innerhomerischen Chronologie'. *Glotta* 50, 1972, 129–143.

HEUBECK-WEST-HAINSWORTH-HOEKSTRA-RUSSO-FERNÁNDEZ-GALIANO 1988–92 – A. Heubeck; S. West; J.B. Hainsworth; A. Hoekstra; J. Russo; M. Fernández-Galiano: A Commentary on Homer's Odyssey. 3 Bde. Oxford 1988–92.

HIRZEL 1890 – A. Hirzel: Gleichnisse und Metaphern im Ṛgveda in culturhistorischer Hinsicht zusammengestellt und verglichen mit den Bildern bei Homer, Hesiod, Aeschylos, Sophokles und Euripides. Leipzig 1890.

HOEKSTRA 1965 – A. Hoekstra: Homeric Modifications of Formulaic Prototypes. Amsterdam 1965.

HÖLSCHER 1986 – U. Hölscher: Parmenides. Vom Wesen des Seienden. Frankfurt/M. 1986.

HOEY 1965 – Th. Hoey: Fusion in Pindar. *HSPh* 70, 1965, 235–262.

HOMMEL 1988 – H. Hommel: Zur Herkunft der Bau-Metapher. *GB* 15, 1988, 187–189.

HUBBARD 1985 – Th.K. Hubbard: The Pindaric Mind. A Study of Logical Structure in Early Greek Poetry. Leiden 1985.

HUMMEL 1993 – P. Hummel: La syntaxe de Pindare. Paris 1993.

IMMISCH 1889 – O. Immisch: Zur Geschichte der griechischen Lyrik. *RhM* 44, 1889, 553–567.

ISER 1983 – W. Iser: Akte des Fingierens oder Was ist das Fiktive im fiktionalen Text? in: Henrich, D.; Iser, W. (Hrsg.): Poetik und Hermeneutik 10: Funktionen des Fiktiven. München 1983, 121–151.

ISER 1991 – W. Iser: Das Fiktive und das Imaginäre. Perspektiven literarischer Anthropologie. Frankfurt/M. 1991.

JACOBY 1913 – F. Jacoby: Herodot. *RE* Suppl. 2. Stuttgart 1913, 205–520.

JANKO 1982 – R. Janko: Homer, Hesiod and the Hymns. Diachronic Development in Epic Diction. Cambridge 1982.

JANKO 1991 – R. Janko: Another Path of Song: Pindar, Nemean 7.51. *AJPh* 112, 1991, 301–302.

JEBB 1905 – R.C. Jebb: Bacchylides. The Poems and Fragments. Cambridge 1905.

JENNER 1986 – E.A.B. Jenner: Further Speculations on Ibycus and the Epinician Ode: S220, S176, and the 'Bellerophon' Ode. *BICS* 33, 1986, 59–66.

JÜTHNER 1928 – J. Jüthner: Körperkultur im Altertum. Jena 1928.

KAHLMEYER 1934 – J. Kahlmeyer: Seesturm und Schiffbruch als Bild im antiken Schrifttum. Hildesheim 1934.

KAIBEL 1896 – G. Kaibel: Sophokles. Elektra. Leipzig 1896.

KAIMIO 1977 – M. Kaimio: Characterization of Sound in Early Greek Literature. Helsinki 1977.

KAKRIDIS 1930 – J.Th. Kakridis: ΤΙΘΩΝΟϹ. *WSt* 48, 1930, 25–38.

KAMBYLIS 1965 – A. Kambylis: Die Dichterweihe und ihre Symbolik. Untersuchungen zu Hesiodos, Kallimachos, Properz und Ennius. Heidelberg 1965.

KANNICHT 1969 – R. Kannicht: Euripides. Helena. Bd. 1: Einleitung und Text. Bd. 2: Kommentar. Heidelberg 1969.

KANNICHT 1980 – R. Kannicht: "Der alte Streit zwischen Philosophie und Dichtung". Zwei Vorlesungen über Grundzüge der griechischen Literaturauffassung. *AU* 23.6, 1980, 6–36.

KANNICHT 1989 – R. Kannicht: Thalia. Über den Zusammenhang zwischen Fest und Poesie bei den Griechen. in: Haug, W.; Warning, R. (Hrsg.): Das Fest (Poetik und Hermeneutik 14). München 1989, 29–52.

KASSEL 1973 – R. Kassel: Kritische und exegetische Kleinigkeiten IV. *RhM* 116, 1973, 97–112.

KAYSER 1840 – C.L. Kayser: Lectiones Pindaricae. Heidelberg 1840.

KAYSER 1983 – W. Kayser: Das Sprachliche Kunstwerk. Eine Einführung in die Literaturwissenschaft. Bern ^{19}1983 (^{1}1948).

KENNEDY 1991 – G.A. Kennedy: Aristotle. On Rhetoric. A Theory of Civic Discourse. Newly translated with Introduction, Notes, and Appendices. New York–Oxford 1991.

KERSCHENSTEINER 1962 – J. Kerschensteiner: Kosmos. Quellenkritische Untersuchungen zu den Vorsokratikern. München 1962.

KIRK 1985 – G.S. Kirk: The Homeric Hymns. in: Easterling-Knox 1985, 110–116.

KIRK-RAVEN-SCHOFIELD 1983 – G.S. Kirk; J.E. Raven; M. Schofield: The Presocratic Philosophers. A Critical History with a Selection of Texts. Cambridge ²1983 (¹1957).

KIRKWOOD 1974 – G.M. Kirkwood: Early Greek Monody. Ithaca–London 1974.

KLEIN 1992 – J.S. Klein: Some Indo-European Systems of Conjunction: Rigveda, Old Persian, Homer. *HSPh* 94, 1992, 1–51.

KÖHNKEN 1971 – A. Köhnken: Die Funktion des Mythos bei Pindar. Berlin–New York 1971.

KOENEN 1981 – L. Koenen: Alkaios: P. Köln II 59 and P. Oxy. XXI 2303. *ZPE* 44, 1981, 183–184.

KÖSSLING 1965 – R. Kößling: Dichterisches Selbstbewußtsein und Dichterstolz in der altgriechischen Literatur. Diss. Leipzig 1965 (masch.).

KOLLMANN 1989 – O. Kollmann: Das Prooimion der ersten Pythischen Ode Pindars. Ein sprachlich-poetischer Kommentar. Wien–Berlin 1989.

KROMER 1974–75 – G. Kromer: Homer and Odysseus in *Nemean* 7.20–27. *CW* 68, 1974–75, 437–438.

KRUMMEN 1990 – E. Krummen: Pyrsos Hymnon. Festliche Gegenwart und mythisch-rituelle Tradition als Voraussetzung einer Pindarinterpretation (Isthmie 4, Pythie 5, Olympie 1 und 3). Berlin–New York 1990.

KUHLMANN 1906 – G. Kuhlmann: De poetae et poematis Graecorum appellationibus. Marburg 1906.

KULLMANN-REICHEL 1990 – W. Kullmann; M. Reichel (Hrsg.): Der Übergang von der Mündlichkeit zur Literatur bei den Griechen. Tübingen 1990.

KURT 1979 – Ch. Kurt: Seemännische Fachausdrücke bei Homer. Unter Berücksichtigung Hesiods und der Lyriker bis Bakchylides. Göttingen 1979.

KURZ 1993 – G. Kurz: Metapher, Allegorie, Symbol. Göttingen ³1993 (¹1982).

LAÍN ENTRALGO 1958 – P. Laín Entralgo: La curación por la palabra en la antigüedad clasica. Madrid 1958.

LANATA 1963 – G. Lanata: Poetica pre-platonica. Testimonianze e frammenti. Firenze 1963.

LANG 1969 – M.L. Lang: The Palace of Nestor at Pylos in Western Messenia. Bd. 2: The Frescoes. Princeton 1969.

LATACZ 1968 – J. Latacz: ἄπτερος μῦθος – ἄπτερος φάτις: ungeflügelte Worte? *Glotta* 46, 1968, 27–47 (= 1994, 605–624).

LATACZ 1977 – J. Latacz: Kampfparänese, Kampfdarstellung und Kampfwirklichkeit in der Ilias, bei Kallinos und Tyrtaios. München 1977.

LATACZ 1982 – J. Latacz: Rez. von Rösler 1980. *Gymnasium* 89, 1982, 337–339 (= 1994, 309–312).

LATACZ 1985 – J. Latacz: Realität und Imagination. Eine neue Lyrik-Theorie und Sapphos φαίνεταί μοι κῆνος-Lied. *MH* 42, 1985, 67–94 (= 1994, 313–344).

LATACZ 1986 – J. Latacz: Zu den 'pragmatischen' Tendenzen der gegenwärtigen gräzistischen Lyrik-Interpretation. *WJA* 12, 1986, 35–56 (= 1994, 283–307).

LATACZ 1988 – J. Latacz: Zu Umfang und Art der Vergangenheitsbewahrung in der mündlichen Überlieferungsphase des griechischen Heldenepos. in: v. Ungern-Sternberg, J.; Reinau, Hj. (Hrsg.): Vergangenheit in mündlicher Überlieferung. Colloquium Rauricum I. Stuttgart 1988, 153–183 (= 1994, 37–69).

LATACZ 1990 – J. Latacz: Die Funktion des Symposions für die entstehende griechische Literatur. in: Kullmann-Reichel 1990, 227–264 (= 1994, 357–395).

LATACZ 1991 – J. Latacz: Die Erforschung der Ilias-Struktur. in: ders. (Hrsg.): Zweihundert Jahre Homer-Forschung. Colloquium Rauricum II. Stuttgart–Leipzig 1991, 381–414 (= 1994, 137–174).

LATACZ 1992 – J. Latacz: Neuere Erkenntnisse zur epischen Versifikationstechnik. *SIFC* 10.1–2, 1992, 807–826 (= 1994, 235–255).

LATACZ 1992a – J. Latacz: 'Freuden der Göttin gibt's ja für junge Männer mehrere...' Zur Kölner Epode des Archilochos (Fr. 196a W.). *MH* 49, 1992, 3–12 (= 1994, 345–356).

LATACZ 1992b – J. Latacz: Homers Ilias und die Folgen. Wie der Mythos Troia entstand. in: Gamer-Wallert, I. (Hrsg.): Troia. Brücke zwischen Orient und Okzident. Tübingen 1992, 201–218.

LATACZ 1994 – J. Latacz: Erschließung der Antike. Kleine Schriften zur Literatur der Griechen und Römer. Hrsg. v. F. Graf et al. Stuttgart–Leipzig 1994.

LATACZ 1997 – J. Latacz: Homer. Der erste Dichter des Abendlands. Düsseldorf–Zürich ^{3}1997 (^{1}1985).

LATACZ 1998 – J. Latacz: Die griechische Literatur in Text und Darstellung. Bd. 1: Archaische Periode. Stuttgart ^{2}1998 (^{1}1991).

LATTE 1953 – K. Latte: Rez. von Fränkel 1969 (^{1}1951). *GGA* 207, 1953, 30–42. (= Kleine Schriften. München 1968, 713–726).

LAUSBERG 1990 – H. Lausberg: Handbuch der literarischen Rhetorik. Stuttgart ^{3}1990 (^{1}1960).

LAUTER 1974 – H. Lauter: Zur gesellschaftlichen Stellung des bildenden Künstlers in der Griechischen Klassik. Erlangen 1974.

LEE 1976 – H.M. Lee: The τέρμα and the Javelin in Pindar, *Nemean* vii 70–3, and Greek Athletics. *JHS* 96, 1976, 70–79.

LEE TOO 1991 – Y. Lee Too: Ἥρα Παρθενία and Poetic Self-Reference in Pindar 'Olympian' 6.87–90. *Hermes* 119, 1991, 257–264.

LEFKOWITZ 1981 – M.R. Lefkowitz: The Lives of the Greek Poets. London 1981.

LEFKOWITZ 1984 – M.R. Lefkowitz: The Poet as Athlete. *SIFC* 3.2, 1984, 5–12.

LEFKOWITZ 1991 – M.R. Lefkowitz: First-Person Fictions. Pindar's Poetic 'I'. Oxford 1991.

LEFKOWITZ 1995 – M.R. Lefkowitz: The First Person in Pindar Reconsidered – Again. *BICS* 42, 1995, 139–150.

LEFKOWITZ-HEATH 1991 – M.R. Lefkowitz; M. Heath: Epinician Performance. *CPh* 86, 1991, 173–191.

LESKY 1971 – A. Lesky: Geschichte der griechischen Literatur. Bern ^{3}1971.

LEUMANN 1950 – M. Leumann: Homerische Wörter. Basel 1950.

LÉVI-STRAUSS 1962 – C. Lévi-Strauss: La pensée sauvage. Paris 1962.

LLOYD-JONES 1983 – H. Lloyd-Jones: The Justice of Zeus. Berkeley ^{2}1983 (^{1}1971).

LUCE 1982 – T.J. Luce (Hrsg.): Ancient Writers. Greece and Rome. Bd. 1: Homer to Caesar. New York 1982.

LURIA 1947 – S. Luria: Annotationes Alcaicae. *PP* 2, 1947, 79–87.

MACLACHLAN 1997 – B.C. MacLachlan: Personal Poetry. in: Gerber 1997, 133–220.

MADER 1990 – W. Mader: Die Psaumis-Oden Pindars (O. 4 und O. 5). Ein Kommentar. Innsbruck 1990.

MAEDER 1991 – D. Maeder: Au seuil des romans grecs: Effets de réel et effets de création. *Groningen Colloquia on the Novel* 4, 1991, 1–33.

MAEHLER 1963 – H. Maehler: Die Auffassung des Dichterberufs im frühen Griechentum bis zur Zeit Pindars. Göttingen 1963.

MAEHLER 1968 – H. Maehler: Bakchylides. Lieder und Fragmente. Berlin 1968.

MAEHLER 1982/97 – H. Maehler: Die Lieder des Bakchylides. Erster Teil: Die Siegeslieder. Bd. 1: Edition des Textes mit Einleitung. Bd. 2: Kommentar. Leiden 1982. Zweiter Teil: Die Dithyramben und Fragmente. Leiden 1997.

MAHARAM 1994 – W.-A. Maharam: Solon und die Tradition der epischen Sprache. Berlin 1994.

MARG 1971 – W. Marg: Homer über die Dichtung. Der Schild des Achilleus. Münster ^{2}1971 (^{1}1957).

MARINONE 1967 – N. Marinone: Lessico di Senofane. Roma 1967 (repr. Hildesheim 1972).

MARTINELLI 1987 – F. Martinelli: Fra Omero e Pindaro: Parmenide poeta. in: Capizzi, A.; Casertano, G. (Hrsg.): Forme del sapere nei presocratici. Roma 1987, 169–186.

MARZULLO 1965 – B. Marzullo: Frammenti della lirica greca. Firenze 1965.

MAYR 1963 – E. Mayr: Animal Species and Evolution. Cambridge/Mass. 1963.

MCCRACKEN 1934 – G. McCracken: Pindar's Figurative Use of Plants. *AJPh* 55, 1934, 340–345.

MCLUHAN 1962 – M. McLuhan: The Gutenberg Galaxy. The Making of Typographic Man. Toronto 1962.

MEID 1978 – W. Meid: Dichter und Dichtkunst in indogermanischer Zeit. Einige allgemeine Gedanken zum Problem der indogermanischen Dichtersprache und der sprachlichen Tradition überhaupt. Innsbruck 1978.

MERKELBACH 1956 – R. Merkelbach: Literarische Texte unter Ausschluß der christlichen. *AFP* 16, 1956, 82–129.

MERKELBACH-WEST 1974 – R. Merkelbach; M.L. West: Ein Archilochos-Papyros. *ZPE* 14, 1974, 97–113.

MEYERHOFF 1984 – D. Meyerhoff: Traditioneller Stoff und individuelle Gestaltung. Untersuchungen zu Sappho und Alkaios. Hildesheim 1984.

MILLER 1994 – P.A. Miller: Lyric Texts and Lyric Consciousness. The Birth of a Genre from Archaic Greece to Augustan Rome. London–New York 1994.

MINDLIN 1987 – M. Mindlin et al. (Hrsg.): Figurative Language in the Ancient Near East. London 1987.

MIRALLES 1993 – C. Miralles: Dionisio Calco: tradizione e innovazione nell'elegia del V secolo. in: Tradizione e innovazione nella cultura greca da Omero all'età ellenistica. Scritti in onore di B. Gentili. A cura di R. Pretagostini. Roma 1993, 501–512.

MOCKER 1893 – G.B. Mocker: De Musis a poetis Graecorum in componendis carminibus invocatis. Leipzig 1893.

MOLYNEUX 1992 – J.H. Molyneux: Simonides. A Historical Study. Wauconda 1992.

MONTANARI 1995 – F. Montanari: Vocabolario della lingua greca. Milano 1995.

MORAVCSIK 1965 – E. Moravcsik: A koszorú mint költeszetszimbólum Pindarosnál (Der Kranz als Symbol der Dichtung bei Pindar). *Antik tanulmányok* 10, 1963, 167–179 (dt. Res.: *BCO* 10, 1965, 130–131).

MOST 1982 – G.W. Most: Greek Lyric Poets. in: Luce 1982, 75–98.

MOST 1985 – G.W. Most: The Measures of Praise. Structure and Function in Pindar's Second Pythian and Seventh Nemean Odes. Göttingen 1985.

MOST 1989 – G.W. Most: Zur Archäologie der Archaik. *A&A* 35, 1989, 1–23.

MÜLLER 1974 – D. Müller: Handwerk und Sprache. Die sprachlichen Bilder aus dem Bereich des Handwerks in der griechischen Literatur bis 400 v. Chr. Meisenheim/Glan 1974.

MURILLO 1987 – L. Andrés Murillo (Hrsg.): Miguel de Cervantes. El ingenioso hidalgo Don Quijote de la Mancha. Edición, introducción y notas. 2 Bde. Madrid ^{5}1987.

MURRAY 1980 – O. Murray: Early Greece. Sussex 1980.

MURRAY 1990 – O. Murray (Hrsg.): Sympotica. Oxford 1990.

MURRAY 1981 – P. Murray: Poetic Inspiration in Early Greece. *JHS* 101, 1981, 87–100.

NAGY 1974 – G. Nagy: Comparative Studies in Greek and Indic Meter. Cambridge/Mass. 1974.

NAGY 1979 – G. Nagy: The Best of the Achaeans. Baltimore–London 1979.

NAGY 1982 – G. Nagy: Theognis of Megara: The Poet as Seer, Pilot, and Revenant. *Arethusa* 15, 1982, 109–128.

NAGY 1989 – G. Nagy: Early Greek Views of Poets and Poetry. in: Kennedy, G.A. (Hrsg.): The Cambridge History of Literary Criticism. Vol. 1: Classical Criticism. Cambridge 1989, 1–77.

NAGY 1990 – G. Nagy: Pindar's Homer. The Lyric Possession of an Epic Past. Baltimore–London 1990.

NANNINI 1988 – S. Nannini: Simboli e metafore nella poesia simposiale greca. Roma 1988.

NASH 1990 – L.L. Nash: The *Aggelia* in Pindar. New York–London 1990.

NEWMAN 1967 – J.K. Newman: Augustus and the New Poetry. Brüssel 1967.

NIERAAD 1977 – J. Nieraad: 'Bildgesegnet und bildverflucht'. Forschungen zur sprachlichen Metaphorik. Darmstadt 1977.

NILSSON 1906 – M.P. Nilsson: Griechische Feste von religiöser Bedeutung mit Ausschluß der Attischen. Leipzig 1906.

NINCK 1921 – M. Ninck: Die Bedeutung des Wassers im Kult und Leben der Alten. Eine symbolgeschichtliche Untersuchung. Leipzig 1921.

NISBET-HUBBARD 1970/78 – R.G.M. Nisbet; M. Hubbard: A Commentary on Horace: Vol. 1: Odes Book 1. Oxford 1970. Vol. 2: Odes Book 2. Oxford 1978.

NISETICH 1975 – F.J. Nisetich: Olympian 1.8–11: An Epinician Metaphor. *HSPh* 79, 1975, 55–68.

NISETICH 1980 – F.J. Nisetich: Pindar's Victory Odes. Baltimore–London 1980.

NÖTHIGER 1971 – M. Nöthiger: Die Sprache des Stesichorus und des Ibycus. Zürich 1971.

NOICA 1983 – S. Noica: Les oiseaux chez les lyriques grecs. *BAGB* 42, 1983, 2–21.

NORDEN 1909 – E. Norden: Die antike Kunstprosa vom VI. Jahrhundert v. Chr. bis in die Zeit der Renaissance. 2 Bde. Leipzig–Berlin ^{2}1909.

NÜNLIST 1996-97 – R. Nünlist: Der Theaterkarren des Thespis: eine poetologische Metapher. *WJA* 21, 1996–97, 259–271.

ONG 1982 – W.J. Ong: Orality and Literacy. The Technologizing of the Word. London–New York 1982.

OTTO 1955 – W.F. Otto: Die Musen und der göttliche Ursprung des Singens und Sagens. Düsseldorf–Köln 1955.

PAGE 1951 – D.L. Page: Alcman. The Partheneion. Oxford 1951 (repr. New York 1979).

PAGE 1955 – D.L. Page: Sappho and Alcaeus. An Introduction to the Study of Ancient Lesbian Poetry. Oxford 1955.

PAGE 1964 – D.L. Page: Archilochus and the Oral Tradition. in: Archiloque. Entretiens sur l'antiquité classique. Tome 10. Vandœuvres–Genève 1964, 117–179.

PAGE 1981 – D.L. Page (Hrsg.): Further Greek Epigrams. Cambridge 1981.

PAPE 1987 – W. Pape: 'Ein Orpheus – mit den Liedern anderer!' Ferdinand Freiligraths poetologische Anthologie 'Dichtung und Wahrheit'. in: Grabbe-Jahrbuch 6, 1987, 82–104.

PARRY 1992 – H. Parry: Thelxis. Magic and Imagination in Greek Myth and Poetry. Lanham 1992.

PARRY 1971 – M. Parry: The Traditional Epithet in Homer. in: Parry, A. (Hrsg.): The Making of Homeric Verse. The Collected Papers of Milman Parry. Oxford 1971, 1–190 (urspr. erschienen als: M.P.: L'Épithète traditionelle dans Homère. Essai sur un problème de style homérique. Paris 1928).

PATRUCCO 1972 – R. Patrucco: Lo sport nella Grecia antica. Firenze 1972.

PAVEL 1986 – Th. Pavel: Fictional Worlds. Cambridge/Mass. 1986.

PAVESE 1987 – C.O. Pavese: Il più antico frammento di lirica corale greco. in: Filologia e forme letterarie. Fs Della Corte. Bd. 1: Urbino 1987, 53–57.

PAVESE 1992 – C.O. Pavese: Il grande Partenio di Alcmane. Amsterdam 1992.

PELLIZER 1983 – E. Pellizer: Sulla cronologia, la vita e l'opera di Semonide Amorgino. *QUCC* 14, 1983, 17–28.

PELLIZER-TEDESCHI 1983 – E. Pellizer; G. Tedeschi: Poesia conviviale in un papiro di Elefantina (Berliner Klassikertexte V, 2, 1907, pp. 56–63). Edizione critica e commento. *QFC* 4, 1983, 5–23 (repr. in: Fabian-Pellizer-Tedeschi 1991, 211–233).

PÉRON 1974 – J. Péron: Les images maritimes de Pindare. Paris 1974.

PERROTTA-GENTILI 1965 – G. Perrotta; B. Gentili (Hrsg.): Polinnia, Poesia greca arcaica. Messina–Firenze 1965.

PISCHINGER 1901 – A. Pischinger: Der Vogelgesang bei den griechischen Dichtern des Altertums. Ein Beitrag zur Würdigung des Naturgefühls der antiken Poesie. Eichstätt 1901.

PIZZOCARO 1985 – M. Pizzocaro: Archiloco e le Sirene: una congettura dimenticata. *AION* 7/8, 1985/6, 55–66.

PIZZOCARO 1990 – M. Pizzocaro: Alcmane e la gastronomia poetica. *AION* 12, 1990, 285–308.

PODLECKI 1984 – A.J. Podlecki: The Early Greek Poets and Their Times. Vancouver 1984.

PÖSCHL 1964 – V. Pöschl (Hrsg.): Bibliographie zur antiken Bildersprache. Heidelberg 1964.

POISS 1993 – Th. Poiss: Momente der Einheit. Interpretationen zu Pindars Epinikion und Hölderlins *Andenken*. Wien 1993.

POLIAKOFF 1980 – M. Poliakoff: Nectar, Springs, and the Sea: Critical Terminology in Pindar and Callimachus. *ZPE* 39, 1980, 41–47.

POLLARD 1952 – J.R.T. Pollard: Muses and Sirens. *CR* 2, 1952, 60–63.

POLTERA 1997 – O. Poltera: Le langage de Simonide. Étude sur la tradition poétique et son renouvellement. Bern 1997.

PRATT 1993 – L.H. Pratt: Lying and Poetry from Homer to Pindar. Falsehood and Deception in Archaic Greek Poetics. Ann Arbor 1993.

PRATT 1995 – L.H. Pratt: The Seal of Theognis, Writing, and Oral Poetry. *AJPh* 116, 1995, 171–184.

PRIVITERA 1988 – G.A. Privitera: Pindaro, *Nem.* III 1–5, e l'acqua di Egina. *QUCC* 29, 1988, 63–70.

PROFF 1992 – P. Proff: Konkordanz der griechischen Melos-Dichter. Würzburg 1992.

PUELMA 1972 – M. Puelma: Sänger und König. Zum Verständnis von Hesiods Tierfabel. *MH* 29, 1972, 86–109 (≈ 1995, 25–50).

PUELMA 1977 – M. Puelma: Die Selbstbeschreibung des Chores in Alkmans grossem Partheneion-Fragment. *MH* 34, 1977, 1–55 (≈ 1995, 51–110).

PUELMA 1989 – M. Puelma: Der Dichter und die Wahrheit in der griechischen Poetik von Homer bis Aristoteles. *MH* 46, 1989, 65–100 (≈ 1995, 111–151).

PUELMA 1995 – M. Puelma: Labor et lima. Kleine Schriften und Nachträge. Hrsg. v. I. Fasel. Basel 1995.

PUHVEL 1976 – J. Puhvel: The Origins of Greek *kosmos* and Latin *mundus*. *AJPh* 97, 1976, 154–167.

RACE 1997 – W.H. Race: Pindar. 2 Bde. Cambridge/Mass. 1997.

RADT 1958 – S.L. Radt: Pindars zweiter und sechster Paian. Text, Scholien und Kommentar. Amsterdam 1958.

RAGUSE 1994 – H. Raguse: Der Raum des Textes. Elemente einer transdisziplinären theologischen Hermeneutik. Stuttgart–Berlin–Köln 1994.

RAMAN 1975 – R.A. Raman: Homeric ἄωτος and Pindaric ἄωτος. A Semantic Problem. *Glotta* 53, 1975, 195–207.

RAUCHENSTEIN 1843 – R. Rauchenstein: Zur Einleitung in Pindars Siegeslieder. Aarau 1843.

REITZENSTEIN 1893 – R. Reitzenstein: Epigramm und Skolion. Ein Beitrag zur Geschichte der alexandrinischen Dichtung. Gießen 1893 (repr. Hildesheim 1970).

RICHARDS 1965 – I.A. Richards: The Philosophy of Rhetoric. New York ²1965 (¹1936).

RICHARDSON 1979 – N.J. Richardson: Rez. von West 1978. *JHS* 99, 1979, 169–171.

RICHARDSON 1985 – N.J. Richardson: Pindar and Later Literary Criticism in Antiquity. *PLLS* 5, 1985, 383–401.

RICŒUR 1975 – P. Ricœur: La métaphore vive. Paris 1975.

RIEGL 1927 – A. Riegl: Spätrömische Kunstindustrie. Wien 1927.

RIFFATERRE 1980 – M. Riffaterre: Syllepsis. *Classical Inquiry* 6, 1980, 625–638.

RÖSLER 1975 – W. Rösler: Ein Gedicht und sein Publikum. Überlegungen zu Sappho Fr. 44 Lobel-Page. *Hermes* 103, 1975, 275–285.

RÖSLER 1976 – W. Rösler: Die Dichtung des Archilochos und die neue Kölner Epode. *RhM* 119, 1976, 289–310.

RÖSLER 1980 – W. Rösler: Dichter und Gruppe. Eine Untersuchung zu den Bedingungen und zur historischen Funktion früher griechischer Lyrik am Beispiel Alkaios. München 1980.

RÖSLER 1980a – W. Rösler: Die Entdeckung der Fiktionalität in der Antike. *Poetica* 12, 1980, 283–319.

RÖSLER 1983 – W. Rösler: Über Deixis und einige Aspekte mündlichen und schriftlichen Stils in antiker Lyrik. *WJA* 9, 1983, 7–28.

RÖSLER 1984 – W. Rösler: Die frühe griechische Lyrik und ihre Interpretation. Versuch einer Situationsbeschreibung. *Poetica* 16, 1984, 179–205.

RÖSLER 1985 – W. Rösler: Persona reale o persona poetica? L'interpretazione dell' 'io' nella lirica greca arcaica. *QUCC* 48, 1985, 131–144.

RÖSLER 1985a – W. Rösler: Rez. von Meyerhoff 1984. *GGA* 237, 1985, 149–162.

RÖSLER 1985b – W. Rösler: Alte und neue Mündlichkeit. Über kulturellen Wandel im antiken Griechenland und heute. *AU* 28.4, 1985, 4–26.

RÖSLER 1990 – W. Rösler: Realitätsbezug und Imagination in Sapphos Gedicht Φαίνεταί μοι κῆνος. in: Kullmann-Reichel 1990, 271–287.

ROSCHER 1883 – W.H. Roscher: Nektar und Ambrosia. Leipzig 1883.

ROSEN 1990 – R.M. Rosen: Poetry and Sailing in Hesiod's *Works and Days*. *ClAnt* 9, 1990, 99–113.

ROSENMEYER 1991 – P.A. Rosenmeyer: Simonides' Danae Fragment Reconsidered. *Arethusa* 24, 1991, 5–29.

ROSENMEYER 1992 – P.A. Rosenmeyer: The Poetics of Imitation. Anacreon and the Anacreontic Tradition. Cambridge 1992.

ROSSI 1993 – L.E. Rossi: Lirica arcaica e scoli simposiali (Alc. 249, 6–9 V. e *carm. conv.* 891 P.). in: Tradizione e innovazione nella cultura greca da Omero all'età ellenistica. Scritti in onore di B. Gentili. A cura di R. Pretagostini. Roma 1993, 237–246.

RUCK 1968 – C.A.P. Ruck: Marginalia Pindarica. *Hermes* 96, 1968, 129–142.

RUDORF 1988 – F. Rudorf: Poetologische Lyrik und politische Dichtung. Theorie und Probleme der modernen politischen Dichtung in den Reflexionen poetologischer Gedichte von der Aufklärung bis zur Gegenwart. Frankfurt/M. etc. 1988.

RUIJGH 1967 – C.J. Ruijgh: Etudes sur la grammaire et le vocabulaire du grec mycénien. Amsterdam 1967.

RUSSELLO 1993 – N. Russello: Archiloco. Frammenti. Traduzione e note, con un saggio di B. Gentili. Roma 1993.

SCHADEWALDT 1928 – W. Schadewaldt: Der Aufbau des Pindarischen Epinikion. Halle 1928.

SCHADEWALDT 1958 – W. Schadewaldt: Homer. Odyssee. Reinbek b. Hamburg 1958.

SCHADEWALDT 1966 – W. Schadewaldt: Iliasstudien. Darmstadt ^{3}1966 (Leipzig ^{1}1938).

SCHADEWALDT 1975 – W. Schadewaldt: Homer. Ilias. Frankfurt/M. 1975.

SCHADEWALDT 1989 – W. Schadewaldt: Die frühgriechische Lyrik. Frankfurt/M. 1989.

SCHEFFER 1965 – Hesiod. Sämtliche Werke. Deutsch von Th. von Scheffer. Hrsg. von E.G. Schmidt. Leipzig 1965.

SCHEID-SVENBRO 1994 – J. Scheid; J. Svenbro: Le métier de Zeus. Mythe du tissage et du tissu dans le monde gréco-romain. Paris 1994.

SCHEINBERG 1979 – S. Scheinberg: The Bee Maidens of the Homeric *Hymn to Hermes*. *HSPh* 83, 1979, 1–28.

SCHMITT 1967 – R. Schmitt: Dichtung und Dichtersprache in indogermanischer Zeit. Wiesbaden 1967.

SCHMITZ 1970 – H. Schmitz: Hypsos und Bios. Stilistische Untersuchungen zum Alltagsrealismus in der archaischen griechischen Chorlyrik. Bern 1970.

SCHRADER 1969 – L. Schrader: Sinne und Sinnesverknüpfungen. Studien und Materialien zur Vorgeschichte der Synästhesie und zur Bewertung der Sinne in der italienischen, spanischen und französischen Literatur. Heidelberg 1969.

SCHWINGE 1981 – E.-R. Schwinge: Griechische Poesie und die Lehre von der Gattungstrinität in der Moderne. *A&A* 27, 1981, 130–162.

SEAFORD 1977–78 – R. Seaford: The 'Hyporchema' of Pratinas. *Maia* 29–30, 1977–78, 81–94.

SEGAL 1968 – Ch.P. Segal: Two Agonistic Problems in Pindar, *Nemean* 7.70–74 and *Pythian* 1.42–45. *GRBS* 9, 1968, 31–45.

SEGAL 1985 – Ch.P. Segal: Archaic Choral Lyric. in: Easterling-Knox 1985, 165–201.

SEGAL 1985a – Ch.P. Segal: Choral Lyric in the Fifth Century. in: Easterling-Knox 1985, 222–244.

SEIDENSTICKER 1978 – B. Seidensticker: Archilochus and Odysseus. *GRBS* 19, 1978, 5–22.

SILK 1974 – M.S. Silk: Interaction in Poetic Imagery with Special Reference to Early Greek Poetry. Cambridge 1974.

SIMPSON 1969 – M. Simpson: The Chariot and the Bow as Metaphors for Poetry in Pindar's Odes. *TAPhA* 100, 1969, 437–473.

SLATER 1969 – W.J. Slater (Hrsg.): Lexicon to Pindar. Berlin 1969.

SLATER 1969a – W.J. Slater: Futures in Pindar. *CQ* 19, 1969, 86–94.

SLATER 1976 – W.J. Slater: Symposium at Sea. *HSPh* 80, 1976, 161–170.

SLATER 1991 – W.J. Slater (Hrsg.): Dining in a Classical Context. Ann Arbor 1991.

SLINGS 1990 – S.R. Slings: The I in Personal Archaic Lyric. An Introduction. in: ders. (Hrsg.): The Poet's I in Archaic Greek Lyric. Proceedings of a Symposium Held at the Vrije Universiteit Amsterdam. Amsterdam 1990, 1–30.

SNELL 1924 – B. Snell: Die Ausdrücke für den Begriff des Wissens in der vorplatonischen Philosophie. Berlin 1924.

SNELL 1966 – B. Snell: "ΑΛΙΟΣ. in: Gesammelte Schriften. Göttingen 1966, 65–67.

SNELL 1969 – B. Snell: Tyrtaios und die Sprache des Epos. Göttingen 1969.

SNELL 1986 – B. Snell: Die Entdeckung des Geistes. Göttingen ^{6}1986 (Hamburg ^{1}1946).

SNYDER 1980 – J.M. Snyder: The Web of Song: Weaving Imagery in Homer and the Lyric Poets. *CJ* 76, 1980–81, 193–196.

SNYDER 1989 – J.M. Snyder: The Woman and the Lyre. Women Writers in Classical Greece and Rome. Bristol 1989.

STANFORD 1936 – W.B. Stanford: Greek Metaphor. Studies in Theory and Practice. Oxford 1936.

STEIN 1990 – E. Stein: Autorbewußtsein in der frühen griechischen Literatur. Tübingen 1990.

STEIN 1990a – E. Stein: Probleme der Entwicklung vom Sänger zum Autor. in: Kullmann-Reichel 1990, 265–270.

STEINER 1986 – D. Steiner: The Crown of Song. Metaphor in Pindar. London 1986.

STEINER 1993 – D. Steiner: Pindar's 'Oggetti parlanti'. *HSPh* 95, 1993, 159–180.

STEINER 1994 – D.T. Steiner: The Tyrant's Writ. Myth and Images of Writing in Ancient Greece. Princeton 1994.

STEINRÜCK 1992 – M. Steinrück: Rede und Kontext. Zum Verhältnis von Person und Erzähler in frühgriechischen Texten. Bonn 1992.

STEINRÜCK 1994 – M. Steinrück: Regards sur la femme. Analyse rythmique et interprétation de Sémonide fr. 7 Pellizer-Tedeschi. Roma 1994.

STERN 1970 – J. Stern: An Essay on Bacchilidean Criticism. in: Calder, W.M.; Stern, J. (Hrsg.): Pindaros und Bakchylides. WdF 134. Darmstadt 1970, 290–307.

STONEMAN 1976 – R. Stoneman: The 'Theban Eagle'. *CQ* 26, 1976, 188–197.

STONEMAN 1981 – R. Stoneman: Ploughing a Garland: Metaphors and Metonymy in Pindar. *Maia* 33, 1981, 125–138.

SVENBRO 1976 – J. Svenbro: La parole et le marbre. Aux origines de la poétique grecque. Lund 1976.

SZEMERÉNYI 1986 – O. Szemerényi: Etyma Graeca V (30–32): Vocabula Maritima Tria. in: *O-o-pe-ro-si.* Fs Risch. Berlin–New York 1986, 425–450.

TAILLARDAT 1962 – J. Taillardat: Les images d'Aristophane. Études de langue et de style. Paris 1962.

TARDITI 1989 – G. Tarditi: Le muse e le chariti tra fede del poeta ed *ethos poietikon. Aevum(ant)* 2, 1989, 19–45.

TARKOW 1977 – T.A. Tarkow: Theognis 237–254: A Reexamination. *QUCC* 26, 1977, 99–114.

TEDESCHI 1985 – A. Tedeschi: L'invio del carme nella poesia lirica arcaica: Pindaro e Bacchilide. *SIFC* 3, 1985, 29–54.

TERGUM 1991 – P. Tergum: Leise Laute. Arbeiten über das Verhältnis von Rhythmus und Lautresponsion bei Archilochos. Lausanne–Basel 1991.

THEANDER 1936 – C. Theander: Studia Sapphica II. *Eranos* 34, 1936, 49–77.

THEANDER 1937 – C. Theander: Zum neuesten Sapphofund. *Philologus* 112, 1937, 465–469.

THOMAS 1891 – R. Thomas: Zur historischen Entwicklung der Metapher im Griechischen. Erlangen 1891.

THOMPSON 1936 – D.W. Thompson: A Glossary of Greek Birds. Oxford ²1936.

THOMPSON 1947 – D.W. Thompson: A Glossary of Greek Fishes. Oxford 1947.

THUMMER 1968/69 – E. Thummer: Pindar. Die isthmischen Gedichte. Bd. 1: Analyse der pindarischen Epinikien. Text und Übersetzung der isthmischen Gedichte. Heidelberg 1968. Bd. 2: Kommentar. Heidelberg 1969.

TREU 1965 – M. Treu: Licht und Leuchtendes in der archaischen griechischen Poesie. *Stud Gen* 18, 1965, 83–97.

TREU 1968 – M. Treu: Von Homer zur Lyrik. Wandlungen des griechischen Weltbildes im Spiegel der Sprache. München ²1968 (¹1955).

TREU 1980 – M. Treu (Hrsg.): Alkaios. Griechisch/Deutsch. München ³1980.

TSAGARAKIS 1977 – O. Tsagarakis: Self-Expression in Early Greek Lyric, Elegiac and Iambic Poetry. Wiesbaden 1977.

TURNER 1952 – E.G. Turner: Athenian Books in the Fifth and Fourth Centuries B.C. London 1952.

UFFHAUSEN 1989 – D. Uffhausen (Hrsg.): Friedrich Hölderlin. 'Bevestigter Gesang'. Die neu zu entdeckende Spätdichtung bis 1806. Stuttgart 1989.

USENER 1902 – H. Usener: Milch und Honig. *RhM* 57, 1902, 177–195.

VÄISÄNEN 1983 – M. Väisänen: Una nave d'Alceo in tempesta: Che tipo de allegoria? Un commento al 'Dichter und Gruppe' di W. Rösler. *Arctos* 17, 1983, 123–133.

VAN DER WEIDEN 1991 – M.J.H. van der Weiden (Hrsg.): The Dithyrambs of Pindar. Introduction, Text and Commentary. Amsterdam 1991.

VAN ERP 1984 – A.M. van Erp Taalman Kip: Some Remarks on Alcaeus Fr. 298 (Voigt). *Mnemosyne* 4.37, 1984, 1–13.

VAN GRONINGEN 1958 – B.A. van Groningen: La composition littéraire archaïque grecque. Procédés et réalisations. Amsterdam 1958.

VAN GRONINGEN 1966 – B.A. van Groningen: Théognis. Le premier livre. Edité avec un commentaire. Amsterdam 1966.

VAN NES 1963 – D. van Nes: Die maritime Bildersprache des Aischylos. Groningen 1963.

VERDENIUS 1983 – W.J. Verdenius: The Principles of Greek Literary Criticism. *Mnemosyne* 4.36, 1983, 14–59.

VERDENIUS 1987/88 – W.J. Verdenius: Commentaries on Pindar. Vol. 1: *Olympian Odes* 3, 7, 12, 14. Leiden 1987. Vol. 2: *Olympians* 1, 10, 11, *Nemean* 11, *Isthmian* 2. Leiden 1988.

VETTA 1983 – M. Vetta (Hrsg.): Poesia e simposio nella Grecia antica. Guida storica e critica. Roma–Bari 1983.

VISSER 1987 – E. Visser: Homerische Versifikationstechnik. Versuch einer Rekonstruktion. Frankfurt/M. etc. 1987.

VÖHLER 1997 – M. Vöhler: "Danken möcht' ich, aber wofür?". Zur Tradition und Komposition von Hölderlins Hymnik. München 1997.

VOX 1983 – O. Vox: Solone 'nero'. Aspetti della saggezza nella poesia solonica. *QS* 9, 1983, 305–321.

WACE-STUBBINGS 1962 – A.J.B. Wace; F.H. Stubbings (Hrsg.): A Companion to Homer. London 1962.

WALSH 1984 – G.B. Walsh: The Varieties of Enchantment. Early Greek Views of the Nature and Function of Poetry. Chapel Hill–London 1984.

WALTON 1990 – K.L. Walton: Mimesis as Make-Believe: On the Foundations of the Representational Arts. Cambridge/Mass. 1990.

WASZINK 1974 – J.H. Waszink: Biene und Honig als Symbol des Dichters und der Dichtung in der griechisch-römischen Antike. Opladen 1974.

WATKINS 1995 – C. Watkins: How to Kill a Dragon. Aspects of Indo-European Poetics. Oxford 1995.

WEIMAR 1993 – K. Weimar: Enzyklopädie der Literaturwissenschaft. Tübingen–Basel ²1993 (¹1980).

WELLEK-WARREN 1963 – R. Wellek; A. Warren: Theory of Literature. Harmondsworth ^{3}1963 (^{1}1949).

WEST 1966 – M.L. West: Hesiod. Theogony. Edited with Prolegomena and Commentary. Oxford 1966.

WEST 1970 – M.L. West: Corinna. *CQ* 20, 1970, 277–287.

WEST 1971 – M.L. West: Stesichorus. *CQ* 21, 1971, 302–314.

WEST 1974 – M.L. West: Studies in Greek Elegy and Iambus. Berlin–New York 1974.

WEST 1975 – M.L. West: Archilochus ludens. Epilogue of the Other Editor. *ZPE* 16, 1975, 217–219.

WEST 1978 – M.L. West: Hesiod. Works and Days. Edited with Prolegomena and Commentary. Oxford 1978.

WEST 1984 – M.L. West: New Fragments of Ibycus' Love Songs. *ZPE* 57, 1984, 23–32.

WEST 1990 – M.L. West: Notes on Sappho and Alcaeus. *ZPE* 80, 1990, 1–8.

WEST 1992a – M.L. West: Ancient Greek Music. Oxford 1992.

WEST 1993 – M.L. West: Greek Lyric Poetry. Oxford 1993.

WEST 1994 – M.L. West: Some Oriental Motifs in Archilochus. *ZPE* 102, 1994, 1–5.

WEST 1997 – M.L. West: The East Face of Helicon. West Asiatic Elements in Greek Poetry and Myth. Oxford 1997.

WEST 1988 – S. West: Archilochus' Message-Stick. *CQ* 38, 1988, 42–48.

WILAMOWITZ 1886 – U. v. Wilamowitz-Moellendorff: Isyllos von Epidauros. Berlin 1886.

WILAMOWITZ 1903 – U. v. Wilamowitz-Moellendorff: Timotheus, die Perser. Berlin 1903.

WILAMOWITZ 1913 – U. v. Wilamowitz-Moellendorff: Sappho und Simonides. Untersuchungen über griechische Lyriker. Berlin 1913.

WILAMOWITZ 1921 – U. v. Wilamowitz-Moellendorff: Griechische Verskunst. Berlin 1921 (repr. Darmstadt 1958).

WILAMOWITZ 1922 – U. v. Wilamowitz-Moellendorff: Pindaros. Berlin 1922.

WILAMOWITZ 1959 – U. v. Wilamowitz-Moellendorff: Euripides. Herakles. 3 Bde. Darmstadt 1959.

WILHELMI 1967 – G. Wilhelmi: Untersuchungen zum Bild vom Fließen der Sprache in der griechischen Literatur. Bamberg 1967.

WILLCOCK 1995 – M.M. Willcock: Pindar. Victory Odes. Olympians 2, 7 and 11, Nemean 4, Isthmians 3, 4 and 7. Cambridge 1995.

WILPERT 1989 – G. von Wilpert: Sachwörterbuch der Literatur. Stuttgart ^{7}1989.

WÖHRLE 1993 – G. Wöhrle: War Parmenides ein schlechter Dichter? Oder: Zur Form der Wissensvermittlung in der frühgriechischen Philosophie. in: Kullmann, W.; Althoff, J. (Hrsg.): Vermittlung und Tradierung von Wissen in der griechischen Kultur. Tübingen 1993, 167–180.

WOODBURY 1968 – L. Woodbury: Pindar and the Mercenary Muse: *Isthm.* 2.1–13. *TAPhA* 99, 1968, 527–534.

WOODBURY 1985 – L. Woodbury: Ibycus and Polycrates. *Phoenix* 39, 1985, 193–220.

WRIGHT 1995 – M.R. Wright: Empedocles: The Extant Fragments. Edited, with an Introduction, Commentary, and Concordance. Bristol ²1995 (New Haven–London ¹1982).

WÜST 1968 – W. Wüst: Dichtersprachliche Zusammenhänge zwischen Veda und Pindar. in: Stiehl, R.; Stier, H.E. (Hrsg.): Beiträge zur Alten Geschichte und deren Nachleben. Fs Altheim. Bd. 1. Berlin–New York 1968, 26–34.

WÜST 1969 – W. Wüst: Von indogermanischer Dichtersprache. Probleme – Theorien – Pragmatisches. PHMA. Mitteilungen zur idg., vornehmlich indo-iranischen Wortkunde sowie zur holothetischen Sprachtheorie, Heft 12, 1967/68, München 1969.

YATROMANOLAKIS 1998 – D. Yatromanolakis: Simonides fr. eleg. 22 W^2: To Sing or to Mourn. *ZPE* 120, 1998, 1–11.

YOUNG 1968 – D.C. Young: Three Odes of Pindar. A Literary Study of Pythian 11, Pythian 3, and Olympian 7. Leiden 1968.

YOUNG 1970 – D.C. Young: Pindaric Criticism. in: Calder, W.M.; Stern, J. (Hrsg.): Pindaros und Bakchylides. WdF 134. Darmstadt 1970, 1–95.

YOUNG 1971 – D.C. Young: Pindar Isthmian 7, Myth and Exempla. Leiden 1971.

YOUNG 1982 – D.C. Young: Pindar. in: Luce 1982, 157–177.

YOUNG 1983 – D.C. Young: Pindar *Pythians* 2 and 3: Inscriptional ποτέ and the 'Poetic Epistle'. *HSPh* 87, 1983, 31–48.

ZIMMERMANN 1986 – B. Zimmermann: Überlegungen zum sogenannten Pratinasfragment. *MH* 43, 1986, 145–154.

ZIMMERMANN 1992 – B. Zimmermann: Dithyrambos. Geschichte einer Gattung. Göttingen 1992.

INDEX DER *VEHICLE*-WÖRTER

Verb-Komposita sind in der Regel unter den Simplex-Formen berücksichtigt.

STELLENINDEX

VEDISCHE, ALTIRANISCHE UND VORDERASIATISCHE LITERATUR